"十二五"国家重点图书出版规划项目
材料科学研究与工程技术系列

塑料成型工艺与模具设计

主　编　杨永顺　郭俊卿
副主编　钱应平　杨　茜　郑　重
　　　　帅玉妹　刘丹丹　陈国清

哈爾濱工業大學出版社

内容提要

本书从材料工程类材料成型与控制(模具)专业实际需要和塑料模具行业实际情况与需求出发,在介绍塑料的成型理论基础和注射成形工艺的基础上,重点讲述了普通注射模具的工作原理、基本结构、各部分的组成及作用、注射模具的设计方法,同时也对其他注射成型工艺和较常用的压缩成型、压注成型、挤出成型、气动成型等塑料成型工艺与模具结构作了较详细的介绍。本书注重联系实际和反映本学科的新近成果,书中的相关内容采用了新的国家标准。

本书可作为高等院校材料工程类专业本科生的教材,也可作为相关专业技术人员的参考书。

图书在版编目(CIP)数据

塑料成型工艺与模具设计/杨永顺,郭俊卿主编. —哈尔滨:哈尔滨工业大学出版社,2008.10(2016.8 重印)

ISBN 978-7-5603-2765-5

Ⅰ.①塑… Ⅱ.①杨…②郭… Ⅲ.①塑料成型-工艺-高等学校-教材②塑料模具-设计-高等学校-教材 Ⅳ.①TQ320.66

中国版本图书馆 CIP 数据核字(2008)第 128609 号

策划编辑 张秀华 杨 桦
责任编辑 张秀华
封面设计 卞秉利
出版发行 哈尔滨工业大学出版社
社 址 哈尔滨市南岗区复华四道街 10 号 邮编 150006
传 真 0451-86414749
网 址 http://hitpress.hit.edu.cn
印 刷 哈尔滨工业大学印刷厂
开 本 787mm×1092mm 1/16 印张 21.75 字数 527 千字
版 次 2008 年 10 月第 1 版 2016 年 8 月第 3 次印刷
书 号 ISBN 978-7-5603-2765-5
定 价 30.00 元

前　　言

塑料种类繁多，性能独特，加工成型方便，越来越受到人们的青睐。塑料制品在诸如工业、农业、交通、家用电器、仪器仪表、电子行业得到广泛应用，在日常生活中更为常见，已成为不可缺少的生活必需品。目前，随着塑料成型技术不断发展和完善，塑料模具的产值产量逐年快速增长，在各类模具中的地位更显突出。塑料行业的发展，对塑料成型技术及其模具制造水平提出了更高的要求。

为适应模具行业结构调整与人才培养的需要，我们重新编写了《塑料成型工艺与模具设计》一书。根据塑料模具行业的实际情况与需要，结合普通高等学校的人才培养目标，本书重点讲述了注射成型的基本原理和普通注射成型模具的结构原理与设计方法，同时也对其他注射成型工艺和较常用的压缩成型、压注成型、挤出成型、气动成型等塑料成型工艺与模具结构做了较详细的介绍。本书内容力求重点突出，概念清楚，重视基本理论的掌握和实际技能的培养。书中对像“表面粗糙度”、“粘度”及和“粘”相关的术语给予了保留，请读者谅解。

本书由 19 章组成，第 1 章为绪论；第 2、3 章主要介绍塑料成型基础，为学习塑料成型工艺提供基本知识；第 4 ~ 14 章重点介绍注射成型工艺与模具设计；第15 ~ 19 章主要介绍其他塑料成型工艺与模具设计方法。

本书绪论、第 1、6 ~ 11 章由河南科技大学杨永顺编写；第 2 章由长江大学刘丹丹编写；第 3 章由长江大学帅玉妹编写；第 4、5 章由西北工业大学杨茜编写；第12 ~ 14 章由河南科技大学郭俊卿编写；第 15、17 章由湖北工业大学郑重编写；第 16、18 章由湖北工业大学钱应平编写；第 19 章由大连理工大学陈国清编写。全书由杨永顺教授和郭俊卿博士任主编，河南科技大学杨蕴林教授主审。

由于编者理论水平和经验有限，书中难免有不当和错误之处，恳请读者批评指正。

编　者

2007 年 11 月

目　　录

第1章 绪 论

1.1 塑料及其应用

自20世纪初酚醛塑料实现工业化生产以来，塑料就以电气材料为起点而发展起来。尽管目前塑料已成为随处可见的材料而被广泛使用于各个领域，但对其进行明确的定义仍然具有一定的困难。目前比较通用的定义是根据我国1980年的国家标准（GB 2035—1980）得来的，“塑料是指以树脂（或在加工过程中用单体直接聚合）为主要成分，以增塑剂、填充剂、润滑剂、着色剂等添加剂为辅助成分，在加工过程中能流动成型的材料”。随着塑料工业的发展及其应用的推广，关于塑料的定义也在不断地修正和补充。

1.1.1 塑料及其性能特点

塑料是以高分子聚合物（简称高聚物）为主要成分，并在加工为成品的某个阶段可流动成型的材料。所谓高聚物，其相对分子质量都大于1万，有的甚至可达数百万，它在一定温度和压力下具有可塑性，可以利用模具成型为一定几何形状和尺寸的制件。除聚合物外，塑料中还有增塑剂、稳定剂、增强剂、固化剂、填料等添加剂。

塑料具有优良的性能，其应用非常普遍，与其他材料相比，塑料的主要性能如下。

1.密度小

塑料的密度大多为1.0～1.4 g/cm^3，约为钢铁材料密度的1/6。同一制品，用塑料替代钢材，其质量要小得多，这对于要求减轻自重的车辆、船舶和飞机有着特别重要的意义。据美国20世纪80年代统计，汽车上采用塑料零件之后，平均每辆汽车可以减重180 kg，这样一来，可使汽车每升油行程增加0.4 km，美国每年将会因此节约1 400万桶汽油。仅在1975～1985的10年间，美国因减轻车重而节约的能耗价值已经高达900亿美元。如此之大的经济效益，正在力促世界各国加速汽车零件塑料化的发展步伐。除此之外，塑料零件在航空航天工业中应用也很多，例如，美国波音717客机有重达2 t的2 500个零部件是用塑料制造的，美国全塑火箭中所用的玻璃钢占总重量的80%。飞机和火箭使用塑料零件除了减重之外，还能满足其他一些特殊的性能要求。由于质量小，塑料特别适合制造轻巧的日用品和家用电器零件。目前，塑料已从代替部分金属、木材、皮革及无机材料发展成为国民经济各行业不可缺少的重要材料之一。

2.比强度高

材料强度与密度之比称为比强度。比强度越高，在承担相同载荷条件下，所需零件的质量就越小。由于塑料的密度小，所以其比强度比较高，若按比强度大小来评价材料的使用性能，则一些特殊的塑料品种将会名列前茅。例如，一般40Cr钢的拉伸比强度约为160，而用玻璃纤维增强的塑料的拉伸比强度可达170～400。因此，纤维增强的塑料已用于一些负载较大的结构零件，且比例越来越大。

3.耐化学腐蚀能力强

塑料对酸、碱、盐等化学物质均有良好的耐腐蚀能力，其中化学性能最稳定的聚四氟乙烯塑料，其化学稳定性超过了所有的已知金属材料（包括金与铂）。硬聚氯乙烯塑料可以耐质量分数达90%的浓硫酸和各种质量分数的盐酸及碱液，被广泛用于制造管道、密封圈和容器。

4.绝缘性能及隔热隔音性能好

塑料有良好的绝缘性能和隔热隔音性能,被广泛地用来制造电绝缘材料、绝热保温材料,以及隔音吸音材料。塑料优越的电气绝缘性能和极低的介电损耗性能,可以与陶瓷和橡胶媲美,许多电器用的插头、插座、开关、手柄等,都是用塑料制成的。除用作绝缘外,现已开发出半导体塑料、导电导磁塑料等,对电子工业的发展更具有独特的意义。

5.减摩耐磨性能好

大多数塑料都具有良好的减摩和耐磨性能,它们可以在水、油或带有腐蚀性的液体中工作,也可以在半干摩擦或者完全干摩擦的条件下工作,这是一般金属零件无法与其相比的。因此,现代工业中已有许多齿轮、轴承和密封圈等机械零件开始采用塑料制造,甚至出现了使用塑料制造的自润滑轴承。

6.抗震减振性能好

聚合物大分子的柔韧性和弹性使塑料具有良好的减振性能,因而使塑料成为现代工业中抗震减振性能极好的材料,不仅可以用于高速运转机械,还可以用作汽车中的一些结构零部件(如保险杠和内装饰板等),国外一些轿车已经开始采用碳纤维增强塑料制造板弹簧。目前大部分电器产品也基本采用泡沫塑料作减震包装材料。

7.光学性能好

不加填充剂的非结晶塑料大都可以制成透光性良好的制品,折光率较高,并且具有很好的光泽。如有机玻璃、聚苯乙烯、聚碳酸酯等都可制成晶莹透明的制品,这些塑料已广泛地被用来制造玻璃罩壳、透明薄膜以及光导纤维材料。

8.多种防护性能

塑料除具有良好的耐腐蚀性、绝缘性外,还具有防水、防潮、防辐射、防震等多种防护性能,被广泛地用来制造食品、化工、航天、原子能工业的包装材料和防护材料。

应该指出的是,塑料也存在着一些缺点,使其在应用中受到一定限制。一般塑料的刚性差,如尼龙的弹性模量仅为钢铁的1/100。塑料的耐热性差,长时间工作的使用温度一般在100 ℃以下,即使被称为耐高温塑料的聚酰亚胺和聚四氟乙烯等,能够连续工作的最高温度也不超过250 ℃;塑料在低温下性脆易开裂。塑料的导热系数只有金属的1/200~1/600,这对散热不利。若在一定载荷的长期作用下,即使温度不高,塑料也会渐渐产生塑性流动,即产生"蠕变"现象。塑料易燃烧,在光和热的作用下性能容易变坏,发生老化现象。所以,在选择塑料时要注意扬长避短。在成型加工生产中,塑料还具有加热时线膨胀系数大、冷却后成型收缩率大等工艺问题,这些问题常常使得塑料制品的精度不容易控制,因此,从精度方面讲,塑料制品的使用范围也受到一定限制。

1.1.2 塑料工业的发展

塑料工业是一门新兴的工业,是随着石油工业的发展应运而生的。塑料工业的发展大致分为以下几个阶段。

1.初创阶段

20世纪30年代以前,研制成了酚醛、硝酸纤维素及醋酸纤维素等塑料,其工业化特征仅是间歇法、小批量生产。

2.发展阶段

20世纪30年代,低密度聚乙烯、聚苯乙烯、聚氯乙烯和聚酰胺等热塑性塑料相继实现工业化生产,奠定了塑料工业的基础。

3. 飞跃发展阶段

20 世纪 50 年代中期到 60 年代末，石油化工的高速发展为塑料工业提供了丰富而廉价的原料。齐格勒与纳塔用有机金属配合物定向催化体系聚合工艺的创立、高分子学科的进一步发展及聚合技术的开拓，使得高密度聚乙烯和聚丙烯实现工业化生产。同时因聚碳酸酯和聚甲醛、聚酰亚胺等的相继出现且实现工业化生产，使得塑料向耐高温的领域发展。增强及复合材料的出现使塑料步入高强度、耐高温的尖端材料领域。这一阶段塑料的产量和品种不断增加，成型加工技术更趋完善。

4. 稳定增长阶段

20 世纪 70 年代以来，由于原材料价格猛涨，塑料的增长速度显著减缓。这一阶段塑料工业的特点是通过共聚、交联、共混、复合、增强、填充和发泡等方法来改进塑料的性能，提高产品的质量，扩大应用领域，生产技术更趋合理。塑料工业向着生产的自动化、连续化、系列化，以及不断开拓功能性塑料的新领域发展。

我国的塑料工业起步较晚，20 世纪 40 年代只有酚醛和赛璐珞两种塑料，年产量仅 200 t。50 年代末万吨级聚氯乙烯装置的投产和 70 年代中期几套引进石油化工装置的建成投产，使塑料工业有了两次跃进，与此同时，塑料成型加工机械和工艺方法也得到迅速发展，各种加工工艺都已齐全。

塑料作为一种新的工程材料，由于其不断被开发与应用，加之成型工艺不断完善，极大地促进了塑料成型模具的开发与制造。随着工业塑料制件、日用塑料制件的品种和需求量日益增加，产品的更新换代周期也越来越短，对塑料的产量和质量提出了越来越高的要求，也对成型技术与模具的要求更加苛刻。

1.2 塑料制品成型工艺及模具分类

1.2.1 塑料制品及成型方法分类

塑料工业分为塑料生产和塑料制件生产两大部分。塑料生产是指树脂或塑料制件原材料的生产，通常由树脂厂来完成。塑料制件生产（即塑料成型加工）是根据塑料性能，利用各种成型加工手段，使其成为具有一定形状和使用价值的物件或定型材料。

塑料制件生产主要包括成型、机械加工、修饰和装配四个生产过程。成型是将各种形态的塑料，制成所需形状的制件或型坯的过程。它是塑料制件生产中最重要且必不可少的过程，其他三个过程视制件要求而取舍。塑料制件生产过程与成型方法如图 1.1 所示。

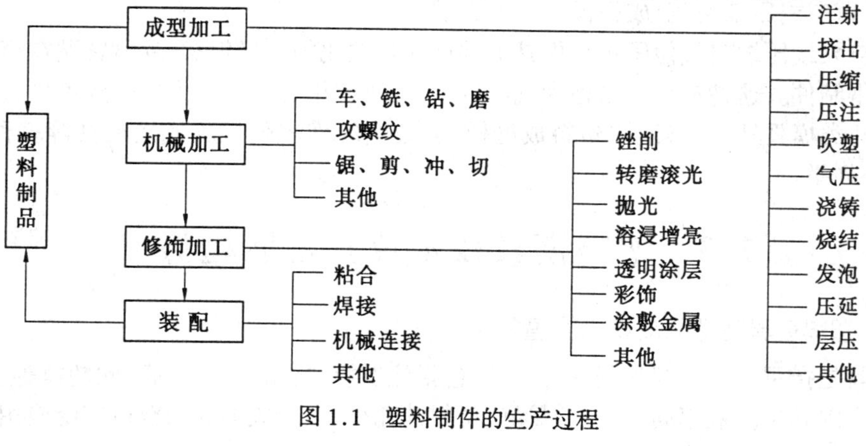

图 1.1 塑料制件的生产过程

1.2.2 塑料成型模具及其分类

塑料成型模具是成型塑料制件的主要工艺装备之一。成型模具使塑料获得一定的形状和所需性能，对达到塑料加工工艺要求、使用要求和造型设计要求起着重要作用。在塑料加工行业中约有95%的产品靠模具生产，产品的更新都是以工艺的改进和模具的更新为前提的。

塑料成型方法的种类繁多，其中主要有注射成型、压缩成型、压注成型、挤出成型、吹塑成型、气压成型等，因而成型模具也有多种类型。

1.注射模

通过注射机的螺杆或柱塞使料桶内的熔融塑料经喷嘴和模具的浇注系统注入型腔，并在型腔内保压冷却固化成型。这种成型方法称为注射成型，其所使用的模具称为注射成型模具或注射模。注射模主要用于热塑性塑料制件的成型，近年来也越来越多地用于热固性塑料制件成型。注射成型以能够成型形状复杂的制件及生产率高等特点，使其在塑料制件生产中占有很大的比重，据统计，注射制件约占所有塑料制件总产量的30%，注射模产量约占世界塑料成型模具产量的半数之多。

2.压缩模

借助加热和加压使直接放入型腔内的塑料熔融并固化成型，这种成型方法称为压缩成型，其所使用的模具称为压缩成型模具或压缩模。压缩模多用于成型热固性塑料制件，也有用于成型热塑性塑料制件。另外还有不加热的冷压缩模，主要用于成型聚四氟乙烯坯件。

3.压注模

通过柱塞使在加料腔内受热塑化熔融的塑料，经浇注系统压入被加热的闭合型腔并固化成型，这种成型方法称为压注成型，其所使用的模具称为压注成型模具或压注模。压注模多用于成型热固性塑料制件。

4.挤出模

利用挤出机的加热加压装置，使处于粘流状态的塑料在高温高压下，通过具有特定断面形状的机头口模，并经冷却定型装置硬化定型，以获得具有所需断面形状的连续型材，这种成型方法称为挤出成型，其所使用的模具称为挤出成型模具或挤出模，也称为挤出机头。

5.中空吹塑成型模具

将挤出或注射出来的高弹状态的管状坯料置于模具型腔内，借助压缩空气使管坯膨胀贴紧于模具型腔壁上，冷却硬化后获得中空塑件，这种成型方法称为中空吹塑成型，其所使用的模具称为中空塑件吹塑模具或吹塑模。

6.气压(真空或压缩空气)成型模具

借助真空泵或压缩空气使固定在模具上并被加热软化的塑料板材、片材紧贴在模具型腔，冷却定型即得制件。这种成型方法称为气压成型，其所使用的模具称为气压成型模具。

除上述几类模具外，尚有泡沫塑料成型模具、玻璃纤维增强低压成型模具等多种类型模具，不再一一列举。

1.3 塑料模具技术及其发展趋势

1.3.1 塑料模具在塑料成型中的重要性

塑料模具是指用于成型塑料制件的模具，包括注射模、挤出模、吸塑膜、吹塑模等。

模具成型因其生产效率高、产品质量好、材料消耗少、生产成本低而获得广泛应用，统计表明，利用模具制造的零件数量，在飞机、汽车、摩托车、拖拉机、电机、电器、仪器仪表等机电产品中占80%以上；在计算机、电视机、摄像机、照相机、录像机等电子产品中占85%以上；在电冰箱、洗衣机、空调、电风扇、自行车、手表等轻工业产品中占90%以上；在子弹、枪支等兵器产品中占95%以上。

据1991年统计，日本模具工业已实现了高度的专业化、标准化和商品化，在全国一万多家企业中，生产塑料模和生产冲压模的企业各占40%。对韩国模具工业的最新统计表明，全国模具专业厂中生产塑料模的占43.9%，生产冲压模的占44.8%。新加坡国内460家模具加工企业中，60%生产塑料模，35%生产冲压模和夹具。由以上统计结果可以看出，由于塑料成型工业的发展，塑料模具已处于同冲压模具并驾齐驱的地位。

模具是最重要的工业生产手段和工艺发展方向，模具生产的工艺水平及科技含量的高低，在很大程度上决定着产品的质量、效益、新产品的开发能力，也成为衡量一个国家科技与产品制造水平的重要标志，决定着一个国家制造业的国际竞争力。美国工业界认为“模具工业是美国工业的基石”；日本称模具工业为“进入富裕社会的原动力”；德国给模具工业冠之以“金属加工业中的帝王”称号；欧盟一些国家称“模具就是黄金”；新加坡则把模具工业作为“磁力工业”；中国则称“模具是印钞机”。可见模具工业在世界各国经济发展中所具有的重要地位。目前，美国、日本、德国等发达国家的模具总产值都已超过机床总产值。模具技术的进步极大地促进了工业产品的发展，模具是“效益放大器”，用模具生产的最终产品的价值将超过模具自身价格的几十倍乃至上百倍、上千倍。

1.3.2 我国模具工业的发展状况

我国使用模具的历史已有数千年，当时的模具水平可谓世界最先进的技术水平，但近代与发达国家的模具工业相比，已明显落后。我国于1984年成立了模具协会，1987年以后模具工业才开始形成规模。经过20多年的发展，目前我国已成为模具生产大国，模具工业水平在世界上的竞争力与影响力正日益增大。

据不完全统计，全国现有模具生产厂家1.7万个，从业人员50多万人(2001年)，其中年产值500万元以上的规模企业，2006年已达1 317个。国内模具工业的销售额已由1985年的近2亿元增长到2006年的720亿元，20年间增长360倍，模具的进出口总额由1984年的2.56万美元增长到2006年的30亿美元，21年间增长了120倍。2001年进口模具11.2亿美元，出口模具仅1.88亿美元，而2006年进口模具为20亿美元，出口模具达10亿美元，进口额的增长开始变缓，出口幅度继续增加。表1.1为规模500万元以上企业的发展情况。

表1.1 规模500万元以上企业的发展情况

年份	企业数/个	工业总产值/亿元	从业人数/万人	销售收入/亿元	利润总额/亿元
2006	1 317	555.6	24.4	539.6	46.7
2005	1 173	414.5	21.3	409.0	35.7

我国模具工业的技术水平近年来也取得了长足的进步。大型、精密、复杂、高效和长寿命模具上了一个新台阶，部分模具已达到国际水平，有的已被国际大企业采用。在大型塑料模具方面，我国已能生产48英寸电视的塑壳模具、65 kg大容量洗衣机全套塑料模具，以及汽车保险杠、整体仪表板等模具。在精密塑料模具方面，已能生产照相机塑料模具、多型腔小模数齿轮模具及塑封模具等。其他塑料模具，例如塑料门窗异型材挤出模等，也都达到了较高的水平，并可替代进口模具。

模具 CAD/CAE/CAM 技术得到广泛应用，开发出自主版权的模具 CAD/CAE/CAM 软件。电加工、数控加工在模具制造技术发展中发挥了重要作用。热流道和气辅技术、快速原型技术、高速加工技术等都有了很大的进步。

但是，我国模具工业与发达国家相比还存在一定的差距，主要表现在以下几个方面。

1.供需矛盾比较突出

目前国内模具市场的满足率仅在 70%左右，大部分模具是企业自产自用，真正作为商品流通的模具仅占 1/3，所产模具基本上以中低档为主，一些大型、精密、复杂和长寿命的高档模具在技术上还无法与发达国家相比，生产能力远不能满足国民经济发展的需要。

2.产品结构和企业结构不合理

我国模具产品结构中冲压模具约占 50%，塑料模具约占 34%，压铸模具约占 6%，其他各类模具约占 10%。而发达国家对发展塑料模具普遍比较重视，塑料模具所占比例一般在 40%左右；大型、精密、长寿命模具所占比例为 50%以上，而我国仅为 25%左右；我国主要模具生产能力集中在各主机厂的模具分厂（或车间）内，所产模具商品化率很低，模具自产自销比例高达 60%～70%，而国外 70%以上是商品模具；即使是专业模具厂，我国也大多数是“大而全”、“小而全”，而国外大多是“小而专”、“小而精”，生产效率和经济效益俱佳。

3.专业化、标准化程度低

我国的模具生产除少量标准件外购外，大部分工作均需要模具厂自己去完成，加之企业管理体制上的约束，造成模具制造周期长，不能适应市场需求。

4.设计和工艺技术落后

如模具 CAD/CAM 技术普及率不高，加工设备数控化程度低等，也造成了模具生产效率不高，周期较长。

5.产品水平低

衡量模具产品的水平主要是模具加工的制造精度和表面粗糙度，加工模具的复杂程度，模具的使用寿命和制造周期等。国内外模具产品水平仍有较大差距，如国外塑料模具的最高加工精度为 0.005～0.01 mm，表面粗糙度 Ra 为 0.1～0.05 μm。而我国的加工精度为 0.02 mm 和 Ra 为0.2 μm。国外模具的交货期约为 1 个月，我国模具的交货期则为 2～4 个月。

6.工艺装备水平较差

我国机床工具行业已经可以提供成套的高精度模具加工设备，如加工中心、数控铣床、数控仿形铣床、电加工机床、坐标磨床、光曲磨床和三坐标测量机等。但在加工和定位精度、加工表面粗糙度、机床刚性、稳定性、可靠性、刀具和附件的配套性方面，与国外相比仍有较大差距。

1.3.3 模具成型技术的发展趋势

随着工业产品塑料化趋势的不断增强，塑料制件应用范围的不断扩大，对塑料制件在数量、质量、精度等方面均提出了越来越高的要求，并促使塑料成型技术不断向前发展。目前塑料成型技术正朝着精密化、微型化、超大型化和自动化成型的生产方向发展，其发展趋势有以下几个方面。

1.塑料成型理论的深入研究

加深对塑料成型过程中所发生的物理、化学变化和力学行为的认识，借以改进生产技术、方法和设备。到目前为止，有关挤出成型的流动理论和数学模型已经基本建立，并且在生产中得到应用。有关注射成型的流动理论和数学模型尚在探讨，注射成型的塑料熔体在一维和二维简单模腔中的流动理论和数学模型已经解决，今后的工作是如何将理论和生产实际相结合，并进一步加强对塑料熔体在三维模腔中流动行为的研究。

2.改革创新成型工艺

为适应新型塑料制件的要求及提高塑件质量和生产率需要，新的塑料成型工艺正不断涌现，如多种塑料共注射成型、多种工艺复合模塑成型、无流道注射成型、低发泡注射成型、反应注射成型和气辅注射成型等。

国外模具已有一半用上了无流道技术，有的企业甚至已达80%以上，该技术大幅度提高原材料利用率和节约能源，是塑料模的一大变革。气体辅助注射成型新工艺具有注射压力低、易于成型、制品翘曲变形少、表面质量好、壁厚差异小等优点，可在保证产品质量的前提下，大幅度降低成本。

3.发展模具新结构、新材料和新工艺

重点开发精密、复杂、大型、微型、高效、长寿命模具，以满足塑料制件精密化、微型化和大型化的要求；发展多腔、多层、多工位模具及多功能模具、组合模具。

随着注射机注射速度与压力的提高，以及增强塑料的广泛应用和添加量的不断增多，模具寿命已成为一个突出问题，必须从模具材料及表面处理技术入手发展长寿命模具。

为了提高模具制造精度缩短制造周期，在模具型腔加工中广泛应用高精度、高效率、自动化机床（如仿形、数控、电加工机床和三坐标测量仪等）精密测量设备。此外，对精密铸造、冷挤压、超塑成形、电铸等型腔加工工艺应大力研究和推广应用，还应发展光能、声能和超声波等加工方法，如快速原型制造技术等，为现代模具制造提供新的工艺方法和加工途径。

4.加强电子计算机在模具设计制造中的应用

塑料流变学、几何造型技术、数控加工以及计算机技术突飞猛进，为塑料模具CAD/CAE/CAM系统的开发创造了条件。目前国内外已陆续推出一些相应的软件系统并在生产中获得应用，其内容涉及注射产品造型、模具设计、绘图到数控加工数据的生成，并预测成型工艺及模具结构等有关参数的正确性。例如，采用熔体流动模拟软件考察塑料熔体在模具型腔内的流动过程，以此改进流道系统的设计，提高一次试模的成功率；采用应力分析软件预测塑件出模后的变形或翘曲程度。尽管注射模CAD/CAE/CAM技术在近十年内从理论研究到实际应用都取得飞速进步，但其商品化软件无论在功能和精度上还需要进一步发展和完善。

5.加速模具零部件标准化和专业化

实践证明，标准化和专业化是缩短模具设计制造周期、降低模具成本行之有效的途径，同时也可为计算机辅助设计与制造创造有利条件。各工业化国家对模具标准化和专业化生产均十分重视，美国和日本模具标准化程度已达70%～80%，而我国仅20%；美国和日本的模具专业化生产程度分别达90%和70%，而我国仅为10%。

1.4 学习本课程的目的及方法

塑料成型技术的飞速发展，模具结构的日趋多功能化和复杂化，对模具设计工作提出了更高的要求。合格的塑料制件首先取决于模具的设计与制造的质量，其次取决于合理的成型工艺。发达国家把模具作为机械制造的重要装备，投入大量的财力物力进行开发和研制。近年来，我国也十分重视模具工业的发展和模具人才的培养，各类高等院校相继成立模具专业，“塑料成型工艺与模具设计”被列为模具专业的主要课程之一。

1.4.1 课程的目的与基本要求

本课程介绍常用塑料的成型工艺特性、注射成形工艺；介绍注射成型模具的工作原理、基本结构及各组成部分的作用与设计方法；同时跟踪本学科的发展，简要介绍先进的注射成型工艺和塑料的其他成型工艺。

本课程是模具设计与制造专业的主要专业课之一，通过学习本课程应能达到以下几方面要求：

(1)了解当前塑料工业的现状和发展趋势。

(2)了解聚合物的物理性能、流动成型特性及成型过程中的物理、化学变化；了解塑料的组成、分类及其性能特点。

(3)熟悉常用塑料的成型工艺特性，注射成形的基本原理、工艺过程与工艺参数；正确分析成型工艺对模具的要求。

(4)重点掌握注射成型模具的工作原理、基本结构及模具零部件的设计计算方法。

(5)了解其他常用的塑料成型工艺的基本原理及工艺特点。

(6)熟悉注射成型模具的设计程序，具有独立设计中等复杂程度注射模的能力。

(7)具有初步分析、解决成型现场技术问题的能力，包括具有初步分析成型缺陷产生的原因和提出解决办法的能力。

1.4.2 本课程的学习方法

本课程与有机化学、机械制图、公差配合、金属材料及热处理、模具制造工艺学、塑料原料、塑料成型设备等课程关系紧密，学习时应及时复习相关课程的知识。

本课程是一门实践性很强的课程，学习本课程除了应重视相关工艺原理和结构原理外，应特别注意理论联系实际，配合必要的现场教学、实验、认识实习和生产实习等教学环节，增加感性认识，进一步加深对理论知识的理解。

学习时，应注意提高其设计能力，尤其是注射模的设计能力。通过毕业设计，最好采用实题真做的形式，使理论课学习向工程设计过渡，提高设计能力及解决实际问题的能力。学习时还要注意了解塑料模具的新技术、新工艺和新材料的发展动态，为我国塑料成型模具进入世界先进水平作出贡献。

第 2 章　塑料成型的理论基础

塑料成型是将塑料原材料转变为所需形状和性能的塑料零件(塑件)的一门工程技术。若要很好地掌握和应用这门技术,除需要在生产中不断积累经验外,还必须深入研究注射成型理论,熟悉塑料材料在转变成制品的过程中,其性能的变化和它所表现的变形流动行为与各种加工条件之间的关系。只有了解和掌握了这些关系,才有可能制订出合理的成型工艺方案,并设计出合理的模具结构来生产高质量的塑料制品。

塑料的主要成分是聚合物,常常用聚合物的名称命名。塑料在成型过程中表现出的各种性能变化和变形流动行为主要由聚合物的品种类型和特性决定。

2.1　聚合物大分子结构特点

2.1.1　大分子的形成

高分子聚合物指由许多相同的简单结构单元通过共价键重复连接而成的高相对分子质量(通常可达 $10^4 \sim 10^6$)化合物。例如,聚乙烯分子是由许多乙烯分子结构单元—CH_2CH_2—重复连接而成,因此—CH_2CH_2—又称为结构单元或链节。由能够形成结构单元的小分子所组成的化合物称为单体,是合成聚合物的原料。聚乙烯可缩写成

$$\left[\mathrm{CH_2—CH_2}\right]_n$$

式中,n 代表重复单元数,又称聚合度,n 越大,则聚合物的相对分子质量越高。$n < 100$ 时称为低聚物;只有当 $n > 10^4$ 时才称为高分子聚合物。由一种单体聚合而成的聚合物称为均聚物,如上述的聚乙烯等;由两种以上单体共聚而成的聚合物则称为共聚物,如氯乙烯－醋酸乙烯共聚物等。

2.1.2　大分子的形态特点

聚合物大分子是由单体分子聚合而成的,对其结构进行的研究表明,大分子基本上都属于长链状结构,大分子中的各个单体通常由碳－碳键连接在一起。如乙烯单体中含有双键,该双键在聚合反应过程中可以被活化,通俗地讲,就是可以被打开,双键被打开以后,便可与其他单体进行聚合反应,从而使多个单体连接在一起,形成一个大分子长链,该长链的结构可用下式表达

$$\underbrace{\left[\mathrm{CH_2—CH_2}\right]\left[\mathrm{CH_2—CH_2}\right]\cdots\left[\mathrm{CH_2—CH_2}\right]\left[\mathrm{CH_2—CH_2}\right]}_{n\text{个结构单元}}$$

通过聚合反应形成的大分子长链结构犹如一根细丝,十分容易弯曲。在没有外力作用时,这种细丝总是呈卷曲状,彼此之间互相交缠,恰似一个无规线团,如图 2.1 所示。研究还表明,碳－碳键彼此相接时有一定的角度,这个角度在外力作用下能够增大或减小。此外,碳－碳键还可以自由

(a)大分子链　　(b)大分子链的交缠

图 2.1　大分子的长链结构

旋转,这两种特性称为聚合物大分子的柔顺性。各种聚合物的物理力学性能及其成型性能,都会因其大分子的柔顺性程度不同而呈现差异。

2.1.3 大分子链状结构的类型

1.线型大分子及其线型聚合物

如果整条大分子像一根长长的链条,旁边没有分支,则这种结构的大分子称为线型大分子,如图 2.2(a)所示。由线型大分子构成的聚合物称为线型聚合物或热塑性聚合物,它们可以被反复加热和冷却。

2.支链型大分子及其支链型聚合物

如果整条大分子具有一个线型主链,旁边带有一些支链,则这种结构的大分子称为支链型大分子,如图 2.2(b)所示。由支链型大分子构成的聚合物称为支链型聚合物,一般可以对它们进行反复加热和冷却。

3.体型大分子及其体型聚合物

如果多个大分子之间发生交联化学反应,则它们彼此就会连接起来,形成一种网状的大分子结构,这种大分子结构称为体型大分子或网状大分子,如图 2.2(c)所示。由体型大分子构成的聚合物称为体型聚合物或热固性聚合物,它们一般都是由相对分子质量较小的预聚物经过交联化学反应之后生成的。这种聚合物只能在交联时进行一次加热,交联之后便会永远固化,即使再用高温也不会软化,直到在很高的温度下被烧焦碳化为止。

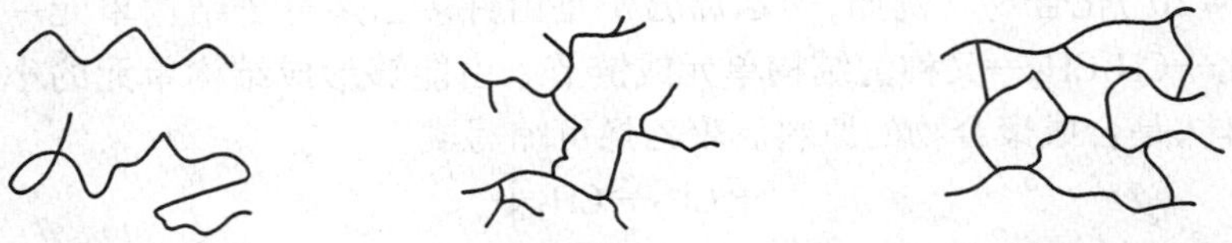

(a)线型大分子 (b)支链型大分子 (c)体型大分子

图 2.2 大分子的长链结构

2.1.4 聚合物的物理状态

聚合物在不同条件下表现出的分子热运动特征称为聚合物的物理状态。聚合物的物理状态分为玻璃态(结晶聚合物称为结晶态)、高弹态和粘流态三种,它们在一定条件下可以发生转变,如图 2.3 所示。

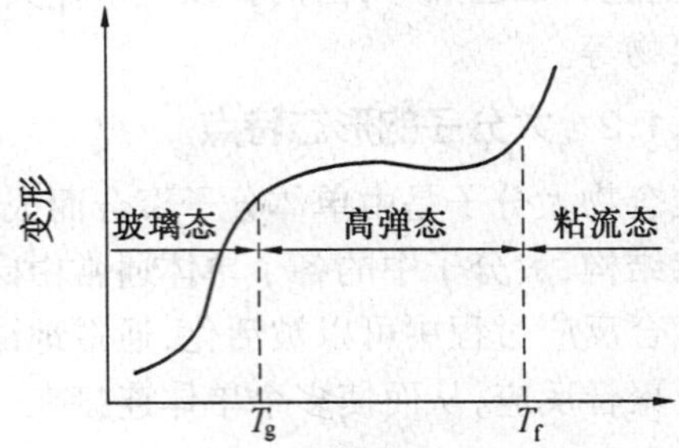

图 2.3 无定形聚合物的力学状态

玻璃态到高弹态的转变温度称为玻璃化温度(T_g),是无定型塑料使用的上限,橡胶使用的是下限温度。从高弹态到粘流态的转变温度称为粘流温度(T_f),是聚合物加工成型的重要参数。

当聚合物处于玻璃态时,整个大分子链和链段的运动均被冻结,宏观性质为硬、脆、形变小,只呈现一般硬性固体的弹性形变。聚合物处于高弹态时,链段运动高度活跃,表现出高形变能力的高弹性。当线型聚合物在粘流温度以上时,聚合物变为熔融、粘滞的液体,受力可以流动,并兼有弹性和粘流行为,称粘弹性。聚合物熔体和浓溶液搅拌时的爬杆现象,挤出物出口模时的膨胀现象,以及减阻效应等,都是粘弹行为的具体表现。其他如聚合物的蠕变、应力松弛和交变应力作用下的发热、内耗等均属粘弹行为。

2.2 聚合物的可加工性

聚合物在加工过程中表现出的许多性质和行为都与聚合物的长链结构和缠结，以及聚集态所处的力学状态有关。聚合物在加工过程中都要经历聚集态的转变，了解这些转变的本质和规律就能选择适当的加工方法和确定合理的加工工艺，在保持聚合物原有性能的条件下，能以最少的能量消耗，高效率地造出质量优良的产品。

1.聚合物的可挤压性

可挤压性是指聚合物通过挤压形变时获得形状和保持形状的能力。通常条件下，聚合物在固体状态时不能通过挤压而成形，只有处于粘流态时才能通过挤压获得宏观而有用的形变。挤压时，熔体主要受剪切作用，故可挤压性主要取决于熔体的剪切粘度和拉伸粘度。如果材料的粘度很低，即使材料有良好的流动性，其保持形状的能力也较差；相反，熔体的剪切粘度很高时，其流动性差、成形困难。此外，大多数聚合物熔体的粘度随剪切力或剪切速率增大而降低。材料的挤压性质还与加工设备的结构有关。

利用聚合物的可挤压性可以生产各种棒材、管材、薄膜、片材。

2.聚合物的可模塑性

可模塑性是指材料在温度和压力作用下形变及在模具中模制成形的能力。具有可模塑性的材料可通过注射、模压和挤出等成型方法制成各种模塑制品。可模塑性主要取决于材料的流变性、热性质和其他物理性质等，热固性聚合物的可模塑性还与化学反应性能有关。

由模塑面积图(图 2.4)可以看出，过高温度下，虽然熔体的流动性大、易于成形，但会引起聚合物分解，制品收缩率大；温度过低时熔体粘度大，流动困难，成形差；适当增加压力，可改善流动性，但压力过高，将引起溢料和增大制品内应力；压力过低，造成缺料(制品成形不完整)，A 区是模塑的最佳区域。

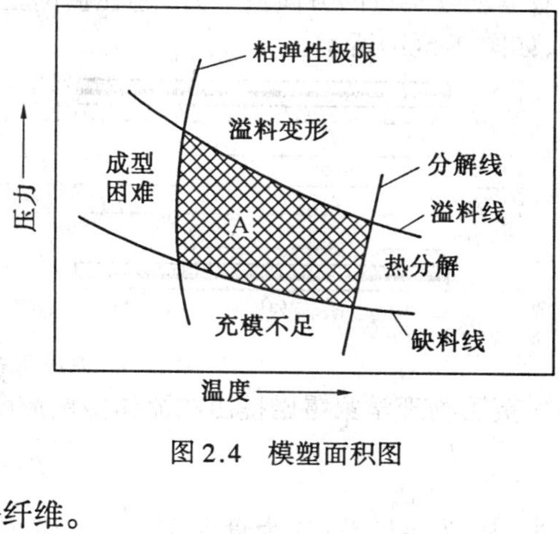

图 2.4 模塑面积图

3.聚合物的可纺性

可纺性是指聚合物材料通过加工形成连续的固态纤维的能力，主要取决于材料的流变性质、熔体粘度、熔体强度以及熔体的热稳定性和化学稳定性等。具有可纺性的聚合物可以进行纺丝，制备纤维。

4.聚合物的可延性

可延性表示无定形或半结晶固体聚合物在一个方向或两个方向上受到压延或拉伸时变形的能力。可延性为生产长径比很大的产品提供了可能。利用可延性，可通过压延或拉伸工艺生产薄膜、片材和纤维，但工业生产上仍以拉伸法用得最多。

2.3 聚合物的流变性质

在大多数加工过程中，聚合物都要产生流动和变形，故流变学研究对聚合物的加工有着重要意义。流变学主要研究应力作用下高分子材料产生弹性、塑性和粘性变形的行为，以及这些行为与各种因素(聚合物结构与性质、温度、力的大小和作用方式、作用时间以及聚合物体系的组成等)之间的相互关系,它对材料的选用、最佳加工工艺条件的确定、加工设备和成型模具的设计,以及提高产品质量等都有极重要的指导作用。

2.3.1 聚合物熔体的流变行为

聚合物在加工过程中的形变是外力作用的结果,材料受力后内部产生应力,通常有剪切应力 τ、拉伸应力 σ 和流体静压力 p 三种压力。

剪切应力对塑料成型最为重要,因为成型时聚合物熔体在设备和模具中流动的压力降、所需功率以及制品的质量等都受其制约。例如,聚合物在挤出机、口模、注塑机、喷嘴和流道中的流动等,主要是剪切应力作用下的剪切流动。聚合物在受到拉应力作用下的流动称为拉伸流动,例如,用吹塑法或拉幅法生产薄膜时都产生拉伸流动。流体静压力对熔体流动性质的影响不及前两者显著,但它对粘度有影响。在实际加工中,材料受力往往是三种简单应力的组合,因而材料的实际应变也往往是两种或多种简单应变的叠加。

加工过程中聚合物熔体的粘度及其变化是聚合物加工过程最为重要的参数之一。根据流动过程中聚合物粘度与应力或应变速率的关系,可将聚合物的流动行为分为牛顿流体和非牛顿流体两大类。

1.牛顿流体

流体在管内一般有层流和湍流两种流动状态。层流的特征是流体质点的流动方向与流道轴线平行,同一层流之间流速相同,但各层之间的速度却不一定相等,而且各层之间无扰动,如图 2.5(a)所示。当流动速度超过某临界值时,则流动转变为湍流,其特点是管内流体质点除了有与轴线平行的方向流动外,还在横向上有不规则的任意流动,质点的流动轨迹成紊乱状态,如图 2.5(b)所示。

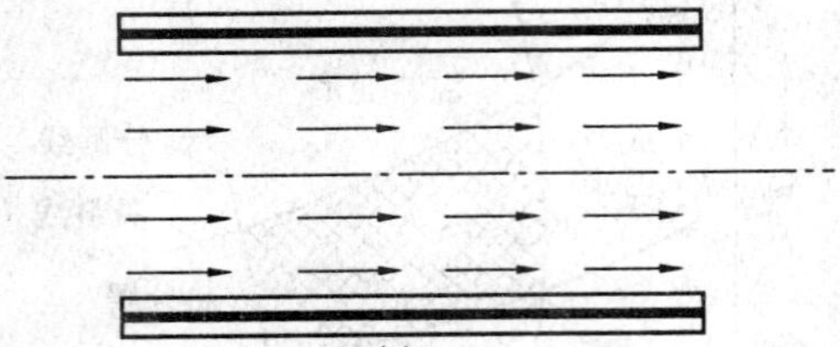
(a)

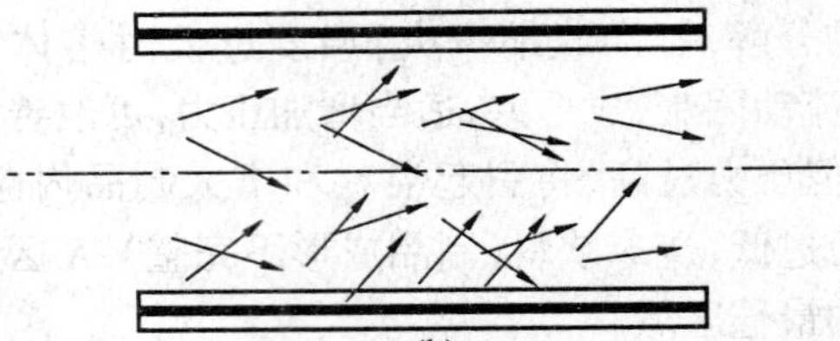
(b)

图 2.5 流体质点在管内流动轨迹示意图

英国物理学家雷诺提出的流体由层流变为湍流的条件为

$$Re = \frac{D\bar{v}\rho}{\eta} > Re_c \tag{2.1}$$

式中,Re 为雷诺数;D 为管道直径;ρ 为流体密度;$\bar{v}$ 为流体速度;η 为流体动力粘度;Re_c 为临界雷诺数。

Re_c 与流道断面形状和流道壁的表面粗糙度有关,对于光滑的圆管,Re_c = 2 000 ~ 2 300,故只有当 Re 大于 2 000 ~ 2 300 时,流体流动的状态才转变为湍流。大多数聚合物熔体的粘度都很高,成型时的流速不大,故 Re 远小于 Re_c,一般为 10 左右,因此,通常可将聚合物熔体的流动视为层流状态进行研究。

牛顿在研究低分子液体的流动行为时,发现剪切应力(τ)和剪切速率成正比,比例常数即粘度,其值不随剪切速率的变化而变化,这类流体被称为牛顿流体,其流变方程为

$$\tau = \eta\dot{\gamma} \tag{2.2}$$

式中,η 为比例常数,称为牛顿粘度,是液体自身固有的性质,表征液体抵抗外力引起流动形变

的能力;$\dot{\gamma}$ 为切变速率。

2. 非牛顿流体

由于聚合物大分子的长链结构和缠结,其熔体的流动行为远比低分子液体复杂,τ 与 $\dot{\gamma}$ 不再成正比关系,η 也不再是一个常数,即其流变行为不服从牛顿流动规律,具有这种流动行为的液体称为非牛顿流体。聚合物加工时除聚碳酸酯等少数几种可近似视为牛顿流体外,其他绝大多数聚合物熔体都表现为非牛顿流体。非牛顿流体流动时,τ 与 $\dot{\gamma}$ 的比值称为表观粘度,用 η_a 表示。η_a 在一定温度下并不是一个常数,可随切应力、切变速率甚至有时还随时间变化。通常把表观粘度 η_a 随剪切应力、剪切速率的变化而变化的系统称为粘性系统。粘性系统又可分为宾汉流体、假塑性流体和膨胀性流体三种,以下介绍聚合物成型加工时最为常见的假塑性流体的流动特征。

假塑性流体包括大多数聚合物的熔体,以及所有聚合物在其良性溶剂中的溶液,这些流体都近似地服从 Qstwald－De Waele 提出的指数流动规律

$$\tau = K\left(\frac{\mathrm{d}v}{\mathrm{d}r}\right)^n = K\left(\frac{\mathrm{d}\gamma}{\mathrm{d}t}\right)^n = K(\dot{\gamma})^n \tag{2.3}$$

式中,K 为稠度系数,反映聚合物熔体的粘稠性;n 为非牛顿指数,反映聚合物熔体偏离牛顿流体性质的程度。

假塑性流体的非牛顿指数 n 通常为 0.25～0.67,当剪切速率较大时,n 值可降至 0.20。具有假塑性流体性质的高聚物有聚乙烯(PE)、聚氯乙烯(PVC)、聚甲基丙烯酸甲脂(PMMA)、聚丙烯(PP)、ABS、聚苯乙烯(PS)等。

一般来说,对于假塑性流体而言,当流体处于中等剪切速率范围时,流体变形和流动所需的切应力随剪切速率的增大呈指数规律增大,流体的表观粘度则呈指数规律减小,这种现象称为假塑性液体的“剪切稀化”。这是因为,聚合物具有大分子结构,当熔体进行假塑性流动时,剪切速率的增大,使熔体所受的切应力加大,因而导致聚合物大分子结构伸长,解缠和滑移的运动加剧。这时,大分子链段的运动相对减少,分子间的相互作用力逐渐减弱,熔体内的自由空间增加,从而导致相对运动加大,宏观上表现为表观粘度相对降低。多数聚合物的表观粘度对熔体内部的剪切速率具有敏感性,对于这些聚合物,可以通过调整剪切速率来控制聚合物的熔体粘度。

2.3.2 影响聚合物流变行为的主要因素

聚合物熔体在任何给定剪切速率下的粘度主要由两方面因素决定:一是聚合物熔体内的自由体积(即空隙),凡使自由体积增加的因素都能活跃大分子运动,导致聚合物熔体粘度降低;二是大分子长链之间的缠结,凡能减少这种缠结作用的因素,都能加速分子运动并导致粘度的降低。各种环境因素如温度、应力、应变速率、低分子物质(如溶剂)等以及聚合物结构对粘度的影响,都能由这两种因素来解释,以下分别讨论。

1. 聚合物结构的影响

(1)分子质量的影响

高聚物的粘性流动是分子链重心沿流动方向发生位移和链间相互滑移的结果,分子质量越大,一个分子链所包含的链段数目就越多,为了实现重心的位移,需要完成的链段协同位移次数就越多。因此高聚物熔体的粘度随分子质量的增大而增加。

(2)相对分子质量分布的影响

平均分子质量相同的高聚物,若相对分子质量分布(大分子之间分子质量的差异)不同,流

动性也不同。分子质量分布对高聚物熔体粘度和流动行为的影响,对高分子的加工有重要的意义。分子质量分布较窄的高聚物,熔体的剪切粘度主要由重均分子质量(用不同分子质量的分子重量平均的统计平均分子质量)决定。而分子质量分布较宽的高聚物,其熔体粘度却可能与重均分子质量没有严格的关系。在高剪切速率下加工时,分子质量分布很窄的高聚物的粘度比宽分布的同种高聚物要高些,在同样的注射或挤出加工中,一般宽分布比窄分布的高聚物(相同分子质量)流动性好。

(3)链支化的影响

聚合物中存在的支链结构对熔体的表观粘度也有影响。当支链不太长时,链支化对熔体粘度的影响一般不大,如果支链长到足以相互缠结,则其影响显著。聚合物大分子中存在的支链越长,支化程度越高,则它们与其他大分子缠结越紧,从而导致流动和变形困难,宏观上表现为表观粘度增大。

(4)其他结构因素的影响

凡是能使玻璃化温度升高的因素往往也能使粘度升高。对分子质量相近的高聚物来讲,柔性链的粘度比刚性链低。此外,分子的极性、氢键和离子键等对高聚物的熔融粘度也有影响。

2.剪切应力或剪切速率的影响

剪切应力或剪切速率对高聚物粘度的影响反映了高聚物熔体的非牛顿流动行为。对大多数聚合物来说,剪切速率越大,熔体粘度越低。柔性高分子(如聚甲醛和聚乙烯等)的粘度比刚性链(如聚碳酸酯和聚甲基丙烯酸甲酯)对剪切应力或剪切速率表现出更大的敏感性。在聚合物加工中,若要通过调整剪切速率(或剪切力)来改变熔体粘度,显然只有针对粘度对剪切速率敏感的一类聚合物才会有较好的效果。

3.温度的影响

聚合物大分子的热运动有赖于温度,因此与热运动有关的熔体流动必然与温度有关系。在聚合物注射成型过程中,温度对熔体粘度的影响与剪切速率同等重要。一般而言,温度升高,大分子间的自由空间随之增大,分子间作用力减小,从而有利于大分子的流动与变形,宏观上表现为聚合物熔体的表观粘度下降,故在加工过程中常常利用提高温度来降低粘度,提高流动性。一般分子链刚度越大,或分子间作用力越大,则流动活化能越高,这类高聚物(如聚碳酸酯和聚甲基丙烯酸甲酯)的粘度对温度有较大的敏感性。而柔性高分子(如聚甲醛和聚乙烯等)的流动活化能较小,表观粘度随温度的变化不大。

4.压力的影响

高聚物在加工过程中,常需要承受相当高的流体静压力,而压力对高聚物熔体的粘度也有影响。聚合物大分子结构复杂,分子间堆砌密度疏松,相互之间有较大的自由空间。因此,当聚合物熔体受到一定压力时,大分子之间的自由空间减少,分子间的堆砌密度增加,分子间距离变小,相互间的作用力增大,宏观上表现为表观粘度的增加。

5.聚合物中添加剂的影响

聚合物中一般都要加入一定量的添加剂,以提高其实用性能。这些添加剂主要有着色剂、润滑剂、稀释剂、增塑剂、稳定剂、抗静电剂、填料等。添加剂在聚合物中所占的比例不大,但加入添加剂后,聚合物大分子间的作用力会发生很大变化,熔体的粘度也会随之改变。例如,增塑剂的加入会使熔体粘度降低,从而提高熔体的流动性,而有的添加剂(如填充剂)则会使熔体粘度提高。

2.4 聚合物在成型过程中的物理化学变化

在成型加工过程中，聚合物会发生一些物理和化学变化。例如，在某些条件下，聚合物能够结晶或改变结晶度；能借外力作用产生分子取向；能发生降解或交联反应等，从而对成型工艺和制件质量产生影响。

2.4.1 聚合物在成型过程中的物理变化

1.聚合物的结晶

聚合物加工过程中，伴随有加热、冷却和加压等作用，这将强烈地影响到结晶聚合物的形态和最终产品的性能。由于结晶聚合物的形态结构不仅与聚合物本身的分子结构有关，还与其结晶形成过程中的条件密切相关，因此从某种意义上讲，加工过程中诸条件对聚合物的最终结构乃至性能起着重要的控制作用。

(1)聚合物的结晶能力与结晶度

聚合物能否结晶的重要因素是其分子结构的规整性。通常，分子结构简单对称性高的聚合物，以及分子间作用力较大的聚合物从高温向低温转变时都能结晶。例如，聚乙烯(PE)的分子结构简单对称性好，故当温度由高到低转变时易发生结晶。但是这并不表明分子链必须有高度的对称性，许多结构对称性不强而空间排列规整的聚合物同样也能结晶。任何破坏结构规整性的因素，如支化、共聚、交联都导致高聚物难结晶甚至不结晶。此外，规整的结构只能说明分子能够排列成整齐的阵列，但不能保证该阵列在分子热运动下的稳定性。因此要保证规整排列的稳定性，分子链节间须有足够的分子间作用力。这些作用力包括偶极力、诱导偶极力和氢键等。例如，聚酰胺的分子链虽比较长，但由于其分子结构中“酰胺”的存在，使得分子之间容易形成氢键，增大了分子间的作用力，因此当温度由高到低转变时也容易出现结晶现象。分子间作用力越强，结晶结构越稳定，而且结晶度和熔点越高。

聚合物结晶的程度可以用结晶度来衡量，结晶度指聚合物中的结晶区在聚合物中所占的质量百分数。一般聚合物的结晶度为10%～60%。测定聚合物结晶度的常用方法有量热法、X射线衍射法、密度法、红外光谱法以及核磁共振波谱法等。

(2)加工成型过程中影响结晶的因素

通常将聚合物在等温条件下的结晶称为静态结晶过程。但在聚合物的实际加工成型过程中的结晶大多不是等温的，而且受到多种外力(拉应力、剪应力和压应力)的作用，这种在多因素影响下的结晶称为动态结晶。影响聚合物动态结晶过程的主要因素有：

①冷却速度的影响。冷却速度实际上决定聚合物晶核生成和晶体生长的条件，聚合物在加工过程中能否结晶、结晶的速度、晶体的形态和尺寸等都与熔体的冷却速度有关。一般而言，随着熔体冷却速度的提高，聚合物结晶时间缩短，结晶度降低，并使达到最大结晶度的温度下降，所以快速冷却不利于结晶。

②熔融温度和熔融时间的影响。任何能结晶的聚合物在成型加工前的聚集态中都具有或多或少的结晶结构，当其被加热到 T_m 温度以上时，熔融温度和在该温度下的停留时间均会影响聚合物中可能残存的微小结晶区或晶核的数量。熔融温度高和熔融时间长时，熔体冷却时晶核的生成主要为均相成核，均相成核需要诱导期，结晶速度慢，晶体尺寸较大；反之，如果熔融温度低和熔融时间短时，体系中原已存在的晶核将起异相成核作用，故结晶速度快，晶体尺寸小而均匀。

③应力的影响。聚合物在成型加工过程中均会受到各种外在应力的作用，在这些外在应力作用下聚合物熔体易发生取向，进而诱发成核，有加速结晶的倾向，即应力越大聚合物的结晶速度加快；同时聚合物的结晶度也随应力或应变的增大而提高，但是如果应力作用的时间足够长，应力松弛会使取向结构减少或消失，熔体结晶速率也就随之降低。

④低分子物和固体杂质的影响。某些低分子物质和固体杂质在一定条件下也能对聚合物的结晶过程产生影响。例如 CCl_4 扩散进入聚合物后能促使内应力作用下的小区域加速结晶，而存在于塑料中的某些固体物质能阻碍或促进聚合物的结晶作用。对聚合物结晶起促进作用的固体物质类似于晶核能形成结晶中心，称为成核剂。

(3)结晶对聚合物性能的影响

虽然结晶聚合物和非晶聚合物在化学结构上没什么差别，但聚合物的结晶度大小对其物理及力学性能有较大的影响。首先，结晶可导致聚合物的密度增加，这是因为结晶使得聚合物结构变得规整而紧密的缘故。这种由结晶导致的规整而紧密的微观结构还可使聚合物的拉伸强度、屈服强度、弹性模量和硬度增大，而冲击韧度降低、脆性增加。同时，结晶有助于提高聚合物的软化温度和热变形温度，使制品表面粗糙度值增大，而且还会导致塑件的透明度降低甚至丧失。提高结晶度使材料的稳定性增强，耐应力、龟裂能力下降。结晶聚合物成型过程的收缩率比非晶聚合物大，且收缩率随结晶度提高而增加。

2.聚合物的取向

当线型高分子受到外力而充分伸展时，其长度远远超过其宽度，这种结构上的不对称性，使它们在某些情况下很容易沿某特定方向平行排列，这种现象称为取向。宏观上取向一般分为拉伸取向和流动取向，拉伸取向是由拉应力引起的，取向方位与应力作用方向一致；而流动取向是在切应力作用下沿着熔体流动方向形成的。取向使得聚合物的链段在某些方向进行择优排列，从而导致材料呈现出各向异性。

高聚物的取向现象从微观上看，主要是高聚物分子的分子链、链段及结晶高聚物的晶片、晶带等沿特定方向进行择优排列。高聚物链段的取向只有在高弹态下才可完成，它主要通过单键的内旋转来导致链段运动完成取向；而整个分子链的取向需要链段的协同运动来完成，因此，只有当高聚物处于粘流态时才可完成。在外力作用下，高聚物一般先发生链段取向，然后才是整个分子的取向。总之，取向过程是一种分子的有序化过程。结晶态高聚物的取向，除了非晶区中可能发生链段取向与分子取向外，还可能发生晶粒的取向，在外力作用下晶粒沿外力方向择优取向。值得注意的是，取向态与结晶态虽然都与高分子的有序程度有关，但它们的有序程度不同，取向态是一维或二维有序，而结晶态是三维有序。

聚合物取向可导致高分子材料的力学性质、光学性质以及热性能等发生显著变化。力学性能中，抗张强度和挠曲疲劳强度在取向方向上显著增加，而与取向方向相垂直的方向上则显著降低。同时，冲击韧度、断裂伸长率等也发生相应的变化。聚合物取向后还会发生光的双折射现象，呈现出光学的各项异性。取向通常还使材料的玻璃化温度升高，对于结晶性聚合物，则密度和结晶度均会升高，因而提高了材料的使用温度。

2.4.2 聚合物在成型过程中的化学变化

1.聚合物的降解

降解是指聚合物在某些特定条件下发生的大分子链断裂、侧基改变、分子链结构改变及相对分子质量降低等高聚物微观分子结构的化学变化。在成型过程中聚合物发生降解是难以避免的，这是因为聚合物中如果存在某些杂质(如引发剂、催化剂以及酸、碱等)，或是在储运过程中吸水或混入某些杂质等都会导致降解的发生。按照聚合物产生降解的条件可把降解分为热降解、水降解、氧化降解、应力降解等。

(1)热降解

高聚物长时间在高温下受热时引起降解的现象称为热降解。聚合物是否容易发生热降解,应从其分子结构和有无微量杂质的存在来判断,但大部分的热降解都与前者有关。聚合物的热降解首先是从分子中最弱的化学键开始的,含有芳环主链和等同立构的聚合物的热降解倾向比较小。某些杂质的存在也可以引起热降解,这些杂质本质上起降解催化剂的作用,它随聚合物种类的不同而不同。

(2)水降解

当聚合物分子中含有容易被水解的化学基团时,在成型加工过程中遇到水分而被分解的现象称为水降解。如果容易被水解的化学基团是在主链上,则降解后的聚合物性能会降低;如果是在支链上,则对其性能影响较小。

(3)氧化降解

高聚物与空气中的氧接触时所导致的降解称为氧化降解。空气中的氧在高温下使聚合物生成键能较弱、极不稳定的过氧化结构,过氧化结构的活化能较低,容易形成游离基,使降解反应大大加速。聚合物结构不同,氧化降解的速率和降解产物也不一样,饱和聚合物氧化很慢,且不易形成过氧化物,但主链中存在薄弱点时,也能形成过氧化结构。不饱和碳链聚合物则相反,由于双键较活跃,容易氧化而形成过氧化物游离基,故更容易发生氧化降解。

聚合物发生氧化降解的速度与氧含量、温度及受热时间有关,当氧含量增加、温度升高、受热时间越长时氧化降解越严重。

(4)应力降解

聚合物受到外力时所导致的微观分子结构发生化学变化,并导致相对分子质量降低的现象称为应力降解。应力降解与聚合物的化学结构及所处的物理状态有关,大分子中含有不饱和双键和分子质量较高的聚合物,较易发生应力降解。聚合物中引入溶剂和增塑剂时,聚合物流动性增大,应力降解作用减弱。另外,聚合物应力降解程度还随应力作用的时间增长而加剧。

了解聚合物降解过程的基本规律对聚合物的成型有着重要的意义,例如,为了达到某种工艺要求需要利用降解反应时,要设法使降解反应加强;而为了提高制品的质量和使用寿命时,要尽可能减少降解反应的程度。

2.聚合物的交联

聚合物从线型结构转变为体型结构的化学反应过程称为交联。热固性聚合物的交联作用,是分子链中带有反应基团(如羟甲基等)或反应活点(如不饱和键等)与交联剂反应的结果。这种反应是聚合物分子链向三维发展并逐渐形成巨型网络结构的过程。随着交联的进行,在未发生交联作用的反应基团之间或反应活点与交联剂之间的接触几率逐渐减少;同时反应过程伴有生成物(如水气)的产生,这些都阻缓了交联的深化。因此可以用交联度来表示交联的程度,即已发生反应的基团和活点与原有基团和活点的比值。

聚合物的交联速度随着温度的升高和应力的增加而加快;聚合物的交联度随着硬化时间的增加而提高;参与交联的反应基团或活点的数目越多,就可能形成更多的交联键,聚合物单位体积内的交联密度就越大。

对聚合物交联的利用通常是针对热固性塑料而言的,在一些对制品强度和尺寸要求较高的场合，交联聚合物有广泛的应用。如热固性塑料经过合适的交联后，其强度、耐热性、化学稳定性、尺寸稳定性均能有所提高。当交联度未达到最适宜的程度时，产品质量会大大降低，如强度、耐热性、化学稳定性和绝缘性等下降，热膨胀、后收缩、残余应力增大，塑件的表面光泽度会降低，甚至可能导致曲翘变形。如果交联度超过了最佳的交联程度时，制品的质量也会受到很大的影响，可能出现强度降低、脆性加大、变色、表面质量降低等现象。

在热塑性塑料的成型过程中，由于工艺条件不当或其他原因也会引起聚合物的交联反应，导致性能降低，应予以避免。

习　题

1.名词解释

聚集态结构；牛顿流体；降解。

2.根据各种塑料不同的使用特性，塑料可分为几类？

3.根据无定形聚合物所表现的力学性质和分子热运动特征，可将聚合物划分几类？

4.考虑到非牛顿流体的特性，在流体方程式推导时，引入流动指数或称非牛顿指数 n，n 取不同的值，对流体的流动速度分布曲线有何影响？

5.试述加工成型过程中影响结晶的因素。

第3章 成型物料

成型物料是指供成型生产所用的塑料原料。塑料又以聚合物(树脂)为基础,可以添加多种助剂来改善单纯聚合物的成型工艺性能和物理力学性能,并减少塑料中聚合物的用量以降低成本。本章主要介绍成型物料的组成及工艺特性,并简要介绍几种常用的成型物料。

3.1 塑料的组成及分类

3.1.1 塑料的组成

1.树脂

树脂是一种高分子有机化合物,其特点是无明显的熔点,受热后逐渐软化,可溶解于有机溶剂,不溶解于水。树脂分天然树脂和合成树脂两种。从松树分泌出的松香、从热带昆虫分泌物中提取的虫胶、石油中的沥青等都属于天然树脂。天然树脂在数量上和性能上都远不能满足工业产品的需要,于是人们根据天然树脂的分子结构和特性,用化学合成的方法制取了各种合成树脂。

合成树脂既保留了天然树脂的优点,又改善了成型工艺性和使用性能等,在现代工业生产中得到了广泛的应用。石油是制取合成树脂的主要原料,常用的合成树脂有聚乙烯、聚丙烯、聚氯乙烯、酚醛树脂、氨基树脂、环氧树脂等。

通常,合成树脂是由低分子有机物经化学聚合反应或缩聚反应制成,故又称其为聚合物。

合成树脂是塑料的主要成分,它联系或胶粘着塑料中的其他组成部分,并决定塑料的类型和性能(如热塑性或热固性、物理、化学及力学性能等)。塑料之所以具有可模塑性或流动性,就是树脂所赋予的。

2.填充剂

填充剂又称填料,它是塑料中重要的但并非必要的成分。在许多情况下填充剂所起的作用并不比树脂小,因而正确选择填充剂可以改善塑料的性能和扩大它的使用范围。

塑料的硬度、刚度、冲击韧度、电绝缘性、耐热性、成型收缩率等皆可通过添加相应的填充剂而得到改善。例如,在酚醛树脂中加入木屑等填料,可以获得强度较高的胶木,加入云母、石英和石棉可以提高塑料的耐热性和绝缘性。

常用的填充剂的形态有粉状、纤维状和片状三种。粉状填充剂如木粉、石棉粉、滑石粉、陶土、云母粉、石墨粉等,纤维状填充剂有石棉、玻璃纤维等,片状填充剂有纸、棉布、玻璃布等。填充剂的用量通常小于塑料组成的40%。

3.增塑剂

凡添加到聚合物中能使其塑性增加的物质都可以称为增塑剂。树脂中加入增塑剂后,加大了其分子间的距离,因而削弱了大分子间的作用力。这样便使树脂分子容易滑移,从而使塑料能在较低温度下具有良好的可模塑性和柔软性。如聚氯乙稀树脂中加入邻苯二甲酸二丁酯,可变为像橡胶一样的软塑料。加入增塑剂虽然可以使塑料的工艺性能和使用性能均得到改善,但也会降低树脂的某些性能,如硬度、抗拉强度等,因此添加增塑剂要适量。对增塑剂的要求是，与树脂有良好的相溶性；挥发性小，不易从塑件中析出；无毒、无味、无色；对光和热比较稳定；不吸湿。常用的增塑剂是液态或低熔点固体有机化合物，主要有二甲酸酯类、磷酸酯类和氯化石蜡等。

4.稳定剂

稳定剂是能阻缓塑料变质的物质，添加稳定剂的目的是阻止或抑制树脂受热、光、氧和霉菌等外界因素作用而发生质量变异和性能下降。对稳定剂的要求是，能耐水、耐油、耐化学药品，并与树脂相溶；在成型过程中不分解、挥发小、无色。常用的稳定剂有硬脂酸盐、铅的化合物及环氧化合物等。稳定剂可分为光稳定剂、热稳定剂、抗氧剂等。

5.润滑剂

为改进塑料熔体的流动性，减少或避免对设备或模具的摩擦和粘附，以及降低塑件表面粗糙度等而加入的添加剂称为润滑剂。常用的润滑剂有硬酯酸及其盐类。

6.着色剂

合成树脂的本色大都是白色半透明或无色透明的，加入着色剂可以使塑料制件获得美丽的色泽，并提高其使用品质。从着色剂的种类可分为无机颜料、有机颜料、染料和特殊着色剂；按形态可分为粉末、液体和色母料着色剂。对着色剂的要求是，性能稳定、着色能力强、不易变色、不与其他成分发生化学反应、与树脂有良好的相容性。日常生活用品应选用无毒、无味、防迁移的着色剂。

7.固化剂

固化剂又称硬化剂，其作用是成型热固性塑料时，使合成树脂完成交联反应而固化。例如，在酚醛树脂中加入六亚甲基四胺，在环氧树脂中加入乙二胺、顺丁烯二酸酐等。

塑料的添加剂除上述几种外，还有发泡剂、阻燃剂、防静电剂、导电剂和导磁剂等。并非每一种塑料都要加入全部添加剂，而是根据塑料品种和使用要求加入某种添加剂。

另外，塑料可以像金属那样制成“合金”，即把不同品种、不同性能的塑料用机械的方法均匀掺和在一起(共混改性)，或者将不同单体的塑料通过化学处理得到新性能的塑料(聚合改性)。例如，ABS 塑料就是由苯乙烯、丁二烯、丙稀腈三种组分制成的三元共聚物。

3.1.2 塑料的分类

塑料的种类繁多，通常可按理化特性和使用特性对其进行分类。

1.按理化特性分类

①热塑性塑料。其树脂为线型或带有支链型结构的聚合物，因而受热变软，成为可以流动的粘稠熔体，具有可模塑性，可流动充模并经冷却定型制成一定形状的塑件。如再加热和成型又可制成另一形状塑件，如此可以反复进行。在成型加工过程中一般只有物理变化，因而其变化过程是可逆的。简言之，热塑性塑料是由可以多次反复加热而仍具有可模塑性的合成树脂制得的塑料。聚乙烯、聚丙烯、聚苯乙烯、聚氯乙稀、有机玻璃、聚酰胺、聚甲醛、ABS、聚碳酸酯、聚砜等塑料均属此类。

②热固性塑料。其树脂是带有体型网状结构的聚合物，在加热之初，分子呈线型结构，具有可溶性和可模塑性，可塑制成一定形状的塑件；当继续加热达到一定温度后，分子转变为网状结构，树脂变成不溶或不熔的体型结构，使形状固定下来。如再加热，也不再软化，不再具有可模塑性。在成型过程中既有物理变化又有化学变化，因而其变化过程是不可逆的。简言之，热固性塑料是由加热硬化的合成树脂制得的塑料。酚醛塑料、氨基塑料、环氧塑料、有机硅塑料、不饱和聚酯塑料等均属此类。

2.按使用特性分类

①通用塑料。一般是指产量大、用途广、成型性好、价格便宜、性能一般的塑料,主要包括六大品种:聚乙烯、聚丙烯、聚苯乙烯、聚氯乙稀、酚醛塑料和氨基塑料,它们的产量占塑料总产量的一大半以上,构成了塑料工业的主体。

②工程塑料。一般是指在工程技术中用作结构材料的塑料,除具有较高的力学性能外,有些还具有良好的耐腐蚀性、耐高、低温性能、自润滑性及尺寸稳定性等,即具有某些金属性能,因而可以代替金属作某些机械构件。常用的工程塑料包括聚酰胺、聚甲醛、聚碳酸酯、ABS、聚砜、聚苯醚、聚四氟乙烯等。

③特种塑料。指具有某种特殊功能的塑料,又称功能塑料。这类塑料有突出的耐热性、电绝缘性、耐腐蚀性及自润滑等,可用于航空、航天等特殊应用领域,如氟塑料、聚酰亚胺塑料、有机硅树脂、环氧树脂等;还包括为专门用途而改性制得的塑料、导磁塑料及导热塑料等。

另外,按聚合物分子聚集状态,亦可分为非结晶(或无定形)塑料和结晶型塑料;按组成与结构,可分为模塑粉、增强塑料和发泡塑料。

3.2 塑料的工艺特性

塑料的工艺性能表现在很多方面,有些性能直接影响成型方法和工艺参数的选择,有些则与操作有关,下面就热塑性塑料与热固性塑料的工艺性能要求分别进行讨论。

3.2.1 热塑性塑料的成型工艺性能

热塑性塑料的成型工艺性能除了第2章讨论的热力学性能、结晶性及取向性外,还应包括收缩性、流动性、相容性、吸湿性以及热稳定性等。

1.收缩性

塑料制品从模具中取出发生尺寸收缩的特性称为塑料的收缩性。收缩性以单位长度塑件收缩量的百分数表示,该值称为收缩率。由于成型模具材料与塑料的线膨胀系数不同,收缩率分为实际收缩率和计算收缩率。实际收缩率表示模具或塑件在成型温度时的尺寸与塑件在室温时的尺寸之间的差别;而计算收缩率则表示室温时模具尺寸与塑件尺寸的差别。

实际收缩率 S_S 和计算收缩率 S 可按下式求得

$$S_S = \frac{L_C - L_S}{L_S} \times 100\% \tag{3.1}$$

$$S = \frac{L_M - L_S}{L_S} \times 100\% \tag{3.2}$$

式中,L_C 为模具或塑件在成型温度时的尺寸;L_S 为塑件在室温时的尺寸;L_M 为模具在室温时的尺寸。

S_S 表示塑件实际发生的收缩,在大型和精密模具成型零件尺寸计算时常采用。在普通中小型模具成型零件尺寸计算时,S 与 S_S 相差很小,所以常采用 S。

收缩率的测定应在标准试验模具里完成,一般用直径为 $\phi100 \pm 0.8$mm、厚为 4 ± 0.2 mm 的圆片模具或每边长 25 ± 0.5 mm 的立方体模具,在该塑料所要求的工艺条件下进行模塑。

产生收缩的原因除热胀冷缩外,往往是由于聚合物固化过程中高分子堆砌密度的不同以及聚集状态的改变造成的。不同聚集状态的塑料,其收缩率亦不同,一般结晶塑料制件的收缩率为1.2%~4%,非结晶塑料制件的收缩率为0.3%~1.0%。熔融状态的塑料有明显的可压缩性，利用这种可压缩性，成型时对塑料熔体施加压力，可以预防制件的凹痕和缩孔的形成，提高制件的尺寸精度。

由于塑料收缩性影响着塑件的尺寸精度，因此设计模具时必须精确计算收缩率的大小。又由于塑料的收缩是体积收缩，所以模具各尺寸均应考虑其收缩的补偿问题。

塑件收缩的形式除了由于热胀冷缩、塑件脱模时的弹性恢复、塑性变形等原因产生的尺寸线性收缩外，还会按塑件形状、料流方向及成型工艺参数的不同产生收缩方向性。此外，塑件脱模后残余应力的缓慢释放和必要的后处理工艺也会对塑件产生后收缩。塑料品种、塑件结构、模具结构及成型工艺条件等是影响塑件成型收缩的主要因素。

不同品种的塑料，其收缩率各不相同，即使同一品种而批号不同的塑料，或同一塑件的不同部位，其收缩率也经常不同。收缩率不是固定值，而是在一定范围内变化的，这个波动范围越小，塑件的尺寸精度就越容易保证，否则就难于控制。在模具设计时应根据影响因素考虑选取塑料的收缩率。

2.流动性

在成型过程中，塑料熔体在一定温度与压力作用下充填模腔的能力，称为塑料的流动性。流动性在很大程度上影响成型工艺的许多参数，如成型温度、压力、成型周期、模具浇注系统的尺寸及其他结构参数。在设计塑件大小与壁厚时，也要考虑流动性的影响。

热塑性塑料的流动性常用的测量方法有熔融指数测定法和螺旋线长度试验法。熔融指数测定法是将被测塑料装入图 3.1(a)所示的标准装置内，在一定的温度和压力下，通过测定熔体在 10 min 内通过标准毛细管出料孔的塑料克数表示熔融指数的大小。熔融指数越大，流动性越好。

螺旋线长度试验法是将被测塑料在一定的温度与压力下注入图 3.2(b)所示的标准的阿基米德螺旋线模具内，用其所能达到的流动长度来表示该塑料的流动性。流动长度越长，流动性越好。

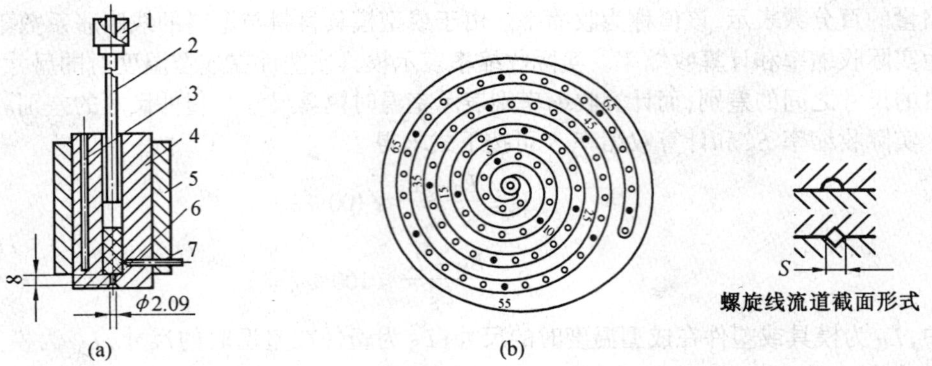

图 3.1　热塑性塑料流动性的测定

1—重锤(重锤加柱塞共重 2 160 g)；2—柱塞；3—加热棒；4—料筒；5—保温层；6—出料孔；7—温度传感器

一般可将常用热塑性塑料的流动性分为三类：流动性好的，如尼龙、聚乙烯、聚丙烯、聚苯乙烯、醋酸纤维素等；流动性中等的，如改性聚苯乙烯、ABS、AS、有机玻璃、聚甲醛、氯化聚醚等；流动性差的，如聚碳酸酯、硬聚氯乙烯、聚苯醚、聚砜、氟塑料等。

影响流动性的主要因素有温度、压力及模具结构等。例如，熔体成型温度高，则流动性好(塑料品种不同，对温度的敏感程度也不同)，注射压力大，流动性好。

3.相容性

相容性也称共混性，是指两种或两种以上的塑料，在熔融状态下不产生相互分离现象的能力。如果两种塑料不相容，则混熔时制件会出现分层、脱皮等表观缺陷。不同塑料的相容性与其分子结构有一定关系，分子结构相似者较易相容，如高压聚乙烯、低压聚乙烯、聚丙烯彼此之间的混熔等；分子结构不同时较难相容，如聚乙烯和聚苯乙烯之间的混熔。

通过塑料的这一特性，可以得到类似共聚物的综合性能，它是改进塑料性能的重要途径之一。例如，聚碳酸酯和 ABS 塑料相容就能改善聚碳酸酯的成型工艺性。

4.吸湿性

吸湿性指塑料对水分的亲疏程度。据此塑料大致可分为两类：第一类是具有吸湿或粘附水分倾向的塑料，例如，聚酰胺、聚碳酸酯、ABS、聚苯醚、聚砜等；第二类是吸湿或粘附水分倾向极小的材料，如聚乙烯、聚丙烯等。造成这种差别的原因主要是由于其组成及分子结构的不同，如聚酰胺分子链中含有酰胺基 CO—NH 极性因子，对水有吸附能力；而聚乙烯类的分子链中是由非极性基因组成，表面是蜡状，对水不具有吸附能力。此外，材料疏松使塑料的表面积增大，也容易增加吸湿性。

凡是具有吸湿或粘附水分的塑料，如果水分含量超过一定的限度，则成型加工过程中水分在成型机械的高温料筒中变成气体，促使塑料高温水解，从而导致塑料降解，成型后的塑件出现气泡、银丝与斑纹等缺陷。因此，塑料在加工成型前一般都要经过干燥，使水分的含量控制在 0.5% ~0.2%，并要在加工过程中防止重新吸潮。

5.热敏性

热敏性指某些热稳定性差的塑料，在高温下受热时间较长或浇口截面过小及剪切作用大时，塑料温度增高，就易发生变色、降解、分解的倾向。具有这种特性的塑料称为热敏性塑料，如硬聚乙烯、聚偏氯乙烯、聚甲醛、聚三氟氯乙烯等。对于热敏性塑料必须严格控制成型温度、模具温度、加热时间及其他成型工艺参数。

3.2.2 热固性塑料的成型工艺性能

热固性塑料与热塑性塑料相比，具有制件尺寸稳定性好、耐热性好和刚性大等特点，在工程上应用十分广泛。热固性塑料的热力学性能明显不同于热塑性塑料，其主要的工艺性能指标有收缩率、流动性、水分及挥发物含量、固化速度等。

1.收缩率

同热塑性塑料一样，热固性塑料也具有因成型加工而引起的尺寸减小，计算方法与热塑性塑料收缩率相同。产生收缩的主要原因有：

①热收缩。这是因热胀冷缩引起的尺寸变化。由于塑料的线胀系数比钢材大几倍甚至十几倍，制件从成型加工温度冷却到室温时，其收缩远大于模具尺寸收缩。热收缩所引起的尺寸减小是可逆的，收缩量大小可用塑料线胀系数的大小来判断。

②结构变化引起的收缩。热固性塑料在成型加工过程中发生化学反应，即产生交联结构，分子链间距缩小，结构紧密，引起体积收缩。这种收缩所引起的体积减小是不可逆的，收缩进行到一定程度时，就不会继续产生。

③弹性回复。塑料制件固化后并非刚性体，脱模时成型压力降低，体积会因弹性回复而略有膨胀。以玻璃纤维和布质为填料的热固性塑料的弹性回复尤为明显。

④塑性变形。在制件脱模时，成型压力迅速降低，但模壁仍紧压着制件的周围，此时，塑件在垂直于开模方向的压应力远大于开模方向，导致垂直于开模方向尺寸减小，开模方向尺寸相

对增大，从而造成收缩的不一致。为了防止两个方向的收缩率相差过大，可采用迅速脱模的办法来补救。

影响热固性塑料收缩率的因素与热塑性塑料相同，如原材料、模具结构或成型方法及成型工艺条件等。塑料中树脂和填料的种类及含量直接影响收缩率的大小。当所用树脂在固化反应中释放出的低分子挥发物较多时，收缩率较大，反之，收缩率较小。在同类塑料中，填料含量增多，收缩率小；填料中无机填料比有机填料塑件的收缩小，例如，以木粉为填料的酚醛塑料收缩率比相同数量无机填料（如硅粉）的酚醛塑料收缩率大（前者为 0.6% ~ 1.0%，后者为 0.15% ~ 0.65%）。

凡有利于提高成型压力、增大塑料充模流动性，使塑料密实的模具结构，均能减少制件的收缩率，例如，用压缩或压注成型的塑件比注射成型的塑件收缩率小；凡能使塑件密实，成型前使低分子挥发物溢出的工艺因素，都能使制件收缩率减少，例如，成形前对酚醛塑料的预热、加压等。

2.流动性

流动性的意义与热塑性塑料流动性类同，但热固性塑料的流动性通常是以拉西格流动性来表示，测定原理如图 3.2 所示，将一定质量的欲测塑料预压成圆锭后，放入压模中，加热到一定温度时，在规定压力和时间内，将塑料压入流料槽，用其所达到的长度来表示该塑料的流动性。流入长度越长，流动性越好。

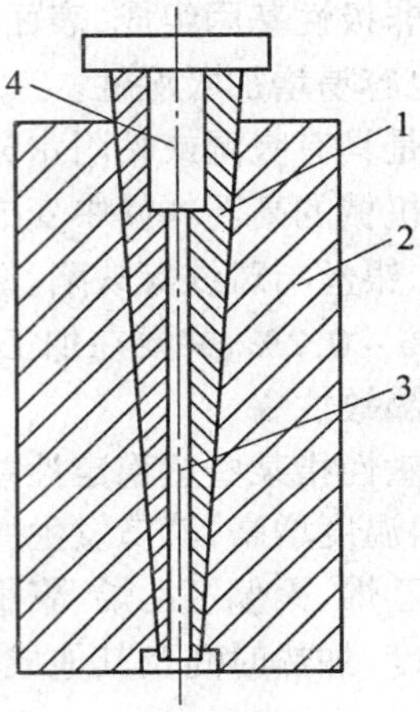

图 3.2　拉西格流动性测定模

1—组合凹模；2—模套；3—流料槽；4—加料室

对每一品种的塑料来说，拉西格流动值为 100 ~ 130 mm，适用于压制无嵌件、形状简单、厚度一般的塑件；拉格西流动值为 131 ~ 150 mm，可用于压制中等复杂程度的塑件；拉格西流动值为 151 ~ 180 mm，可用于压制结构复杂、型腔很深、嵌件较多的薄壁塑件，或用于压注成型。

流动性过大容易造成溢料过多，填充不密实，塑件组织疏松，树脂与填料分头聚积，易粘模而使脱模和清理困难以及过早硬化等缺陷；流动性过小则填充不足，不易成型，成型压力增大。因此选用塑料的流动性必须与塑件要求、成型工艺及成形条件相适应。模具设计时应根据流动性来考虑浇注系统、分型面及进料方向等。

影响热固性塑料流动性的主要因素有：

①塑料品种。不同品种的塑料，其流动性各不相同，即使同一种塑料，由于其中相对分子质量的大小、填料的形状、水分和挥发物的含量以及配方不同，其流动性也不相同。

②模具结构及成型工艺。模具型腔表面光滑，型腔形状简单，采用有利于提高型腔压力的模具结构和适当的预热、预压、合适的模温等，都有利于提高热固性塑料的流动性。

3.比体积和压缩率

比体积是指单位质量的松散塑料所占体积，压缩率是指塑料的体积与塑件体积之比，其值恒大于 1。比体积和压缩率都表示粉状或短纤维状塑料的松散性，都可以用来确定模具加料室的大小。塑料的比体积和压缩率越大，则要求模具加料室尺寸越大，这样便使模具体积增大，操作不便，浪费钢材，不利于加热。同时，塑料内充气增多，排气困难，成型周期长，生产效率低；比体积和压缩率小，使压锭和压缩、压注容易，而且压锭质量也较准确。比体积的大小也常因为塑料的粒度和颗粒不均匀度不同而有误差。

4.硬化速度

硬化速度又称固化速度,通常以硬化 1 mm 厚试样所用时间来表示,此值越小时,硬化速度就越快。硬化速度与塑料品种、塑件形状、壁厚、成型温度及是否预热、预压等有密切关系,例如,采用压锭、预热提高成型温度、增长加压时间,都能显著加快硬化速度。此外,硬化速度还应适应成型方法的要求,例如,压注或注射成型时应要求在塑化、填充时硬化较慢,以保持长时间的流动状态,当充满型腔后,在高温、高压下应快速硬化。硬化速度慢的塑料,会使成形周期变长,生产率降低;硬化速度快的塑料,则不能成型大型复杂的塑件。

5.水分及挥发物含量

塑料中水分主要来自热固性塑料在制备过程中未除尽的水分,或在储存、运输过程中吸收的水分;挥发物主要来自塑料中树脂制备时化学反应的副产物。

适当的水分及挥发物含量在塑料中可起增塑作用,有利于提高充模流动性。例如,在酚醛塑料粉中通常要求水分及挥发物含量为 1.3%;若过多,则会使流动性过大,将导致成型周期增长,制件收缩率增大,易发生翘曲、变形,出现裂纹及表面粗糙,同时会使塑件性能尤其是电绝缘性能降低。

3.3 常用塑料

3.3.1 热塑性塑料

1.聚乙烯(PE)

聚乙烯塑料是塑料工业中产量最大的品种。按聚合时采用的压力不同,可分为高压、中压和低压三种。低压聚乙烯的分子链上支链较少,相对分子质量、结晶度和密度较高(故又称高密度聚乙烯),硬度较高、耐磨、耐蚀、耐热及绝缘性较好。高压聚乙烯分子带有许多支链,因而相对分子质量较小,结晶度和密度较低(故称低密度聚乙烯),具有较好的柔软性、耐冲击性及透明性。

聚乙烯无毒、无味,呈乳白色,密度为 0.91 ~ 0.96 g/cm^3,有一定的机械强度,但表面硬度差。其绝缘性能优异,常温下不溶于任何一种已知的溶剂,有高度的耐水性,长期与水接触,其性能可保持不变。聚乙烯能耐寒,在 -60 ℃时仍有较好的力学性能,在 -70 ℃时仍有一定的柔软性。

低压聚乙烯可用于制造塑料管、塑料板、塑料绳以及承载不高的零件,如齿轮、轴承等;高压聚乙烯常用于制造塑料薄膜、软管、塑料瓶以及电气工业的绝缘零件和包覆电缆等。

聚乙烯成型时流动性较好,在流动方向与垂直方向上的收缩差异较大,注射方向的收缩率大于垂直方向的收缩率,易产生缩孔;冷却速度慢,必须充分冷却,且冷却速度要均匀;质软易脱模,塑件上有浅的侧凹时可强行脱模。

2.聚丙烯(PP)

聚丙烯无色、无味、无毒,外观似聚乙烯,但比聚乙烯更透明更轻,密度仅为 0.90 ~ 0.91 g/cm^3。力学性能比聚乙烯好,定向拉伸后聚丙烯可制作铰链,有特别高的抗弯曲疲劳强度。聚丙烯的高频绝缘性能好,因不吸水,绝缘性能不受湿度的影响,但在氧、热、光的作用下极易解聚、老化,所以必须加入抗老化剂。

聚丙烯可用于制造各种机械零件,如法兰、接头、泵叶轮、汽车零件和自行车零件,水、蒸汽、各种酸碱等的输送管道、化工容器和其他设备的衬里、表面涂层，以及各种绝缘零件等，并可用于医药工业中。

聚丙烯成型时收缩范围大，易发生缩孔、凹痕及变形；聚丙烯热容量大，注射成型模具必须设计能充分进行冷却的冷却回路；其适宜模温为 80 ℃左右，不可低于 50 ℃，否则会造成成型塑件表面光泽差或产生熔接痕等缺陷，但温度过高会产生翘曲现象。

3.聚氯乙烯(PVC)

聚氯乙烯也是世界上产量最大的塑料品种之一，为白色或浅黄色粉末。根据不同的用途可以加入不同的添加剂，使聚氯乙烯塑件呈现不同的物理性能和力学性能。在聚氯乙烯树脂中加入适量的增塑剂，就可制成多种硬质、软质和透明制品。纯聚氯乙烯的密度为 1.4 g/cm^3，加入增塑剂和填料等的聚氯乙烯塑料的密度为 1.15 ~ 2.00 g/cm^3。硬聚氯乙烯不含或含有少量的增塑剂，有较好的抗拉、抗弯、抗压和抗冲击性能，可单独用作结构材料。软聚氯乙烯含有较多的增塑剂，可增加其柔软性、断裂伸长率、耐寒性，但耐热性、机械强度、耐磨性、耐溶剂性及介电性能等不及硬聚氯乙烯。聚氯乙烯有较好的电气绝缘性能，可以用作低频绝缘材料，其化学稳定性也较好。聚氯乙烯的热稳定性较差，长时间加热会导致分解，放出有腐蚀和刺激性气体。

由于聚氯乙烯的化学稳定性高，可用于防腐管道、管件、输油管、离心泵、鼓风机等。聚氯乙烯的硬板广泛用于化学工业上，制作各种储槽的衬里、门窗结构、墙壁装饰物等建筑用材；在电气、电子工业中用于制造插座、插头、开关、电缆等；在日常生活中，用于制造凉鞋、雨衣、玩具、人造革等。

聚氯乙烯流动性差，成型温度范围窄，加热成型时极易分解，成型困难，因此必须严格控制料温。

4.聚苯乙烯(PS)

聚苯乙烯是仅次于聚氯乙烯和聚乙烯的第三大塑料品种。聚苯乙烯无色、透明、无毒无味，落地时发出清脆的金属声，密度为 1.05 g/cm^3。其塑件硬而脆，力学性能与聚合方法、相对分子质量、定向度和杂质含量等有关，相对分子质量越大，机械强度越高。聚苯乙烯具有优良的电性能(尤其是高频绝缘性能)和一定的化学稳定性，它的着色性能优良，能染成各种鲜艳的色彩；但耐热性低，只能在较低的温度下使用，较高的热膨胀系数限制了它在工程上的应用。近几十年来，发展了改性聚苯乙烯和以聚苯乙烯为基体的共聚物，在一定程度上克服了聚苯乙烯的缺点，又保留了它的优点，从而扩大了它的用途。

聚苯乙烯在工业上可作仪表外壳、灯罩、化学仪器零件、透明模型等；在电气方面用作良好的绝缘材料、接线盒、电池盒等；在日用品方面广泛用于包装材料、各种容器、玩具等。

聚苯乙烯流动性和成型性优良，成品率高，但易出现裂纹。塑件的壁厚应均匀，脱模斜度不宜过小，塑件中不宜有嵌件。因其流动性好，模具设计中大多采用点浇口形式。

5.丙烯腈 - 丁二烯 - 苯乙烯共聚物(ABS)

ABS 是丙烯腈、丁二烯、苯乙烯的三元共聚物。三种组分的各自特点使 ABS 具有良好的综合力学性能，其中丙烯腈使 ABS 有良好的耐化学腐蚀性及表面硬度，丁二烯使 ABS 坚韧，苯乙烯使它有良好的加工性和染色性能。

ABS 无毒、无味，呈微黄色，成型塑料件的光泽性好，密度为 1.02 ~ 1.05 g/cm^3。有良好的力学性质和一定的耐磨性、耐寒性、耐油性、耐水性、化学稳定性和电气性能。ABS 有一定的硬度和尺寸稳定性，易于成型加工，经过调色可配成任何颜色。其缺点是耐热性不高，连续工作温度只有 70 ℃左右，耐气候性差，在紫外线作用下易变硬发脆。

ABS 中三种组分的比例不同，其性能也略有差异，从而适应各种不同的应用。根据应用不同，可分为超高抗冲击型、高抗冲击型、中抗冲击型、低抗冲击型和耐热型等。

ABS 在机械工业上用来制造齿轮、泵叶轮、轴承、把手、管道、电机外壳、仪表壳、仪表盘、水箱外壳、蓄电池槽、冷藏库和冰箱衬里等。汽车工业上用 ABS 制造汽车挡泥板、扶手、热空气调节导管、加热器等。ABS 还可用来制作水表壳、纺织器材、电器零件、文体用品、玩具、电子琴及收录机壳体、食品包装容器、农药喷雾器及家具等。

ABS 成型粘度较高，成型压力较高，脱模斜度宜大一些；ABS 易吸水，成型加工前应进行干燥处理；易产生熔接痕，模具设计时应注意尽量减少浇注系统对料流的阻力。

6. 聚甲基丙烯酸甲酯（PMMA）

聚甲基丙烯酸甲酯俗称有机玻璃，是一种透光性塑料，透光率达 92%，优于普通硅玻璃。其密度为 1.18 g/cm^3，比普通硅玻璃轻一半，机械强度为普通硅玻璃的 10 倍以上。它轻而坚韧，容易着色，有较好的电气绝缘性能。化学性能稳定，能耐一般的化学腐蚀，在一般条件下尺寸较稳定。其最大缺点是表面硬度低，容易被硬物擦伤拉毛。

PMMA 用于制造要求具有一定透明度和强度的防震、防爆和观察等方面的零件，如飞机和汽车的窗玻璃、飞机罩盖、油杯、光学镜片、透明模型、透明管道、车灯灯罩、油标及各种仪器零件，也可以用作绝缘材料、广告铭牌等。

PMMA 的流动性中等，为了防止塑件产生气泡、混浊、银丝和发黄等缺陷，原料在成型前要很好地干燥。成型时一般采用低的注射速度，模具浇注系统对料流的阻力也应尽可能小，并应有足够的脱模斜度。

7. 聚酰胺（PA）

聚酰胺通称尼龙，密度一般为 1.04～1.17 g/cm^3。常见的尼龙品种有尼龙 1010、尼龙 610、尼龙 66、尼龙 6 等。尼龙有优良的力学性能，抗拉、抗压、耐磨。其抗冲击强度比一般塑料显著提高，其中尼龙 6 更优。作为机械零件材料，具有良好的消音效果和自润滑性能。尼龙耐碱和弱酸，但强酸和氧化剂能腐蚀它。尼龙本身无毒、无味、不霉烂。其吸水性强、收缩率大，常常因吸水而引起尺寸变化。其稳定性较差，一般只能在 80～100 ℃之间使用。

为进一步改善尼龙的性能，常在尼龙中加入减摩剂、稳定剂、润滑剂、玻璃纤维填料等。

尼龙有较好的力学性能，在工业上被广泛地用于制作各种机械零件、化学和电气零件，如轴承、齿轮、滚子、滑轮、泵叶轮、风扇叶片、蜗轮、高压密封扣圈、垫片、阀座、输油管、绳索、传动带、电器线圈等零件。

尼龙熔融粘度低、流动性良好，容易产生飞边。成型加工前必须进行干燥处理；易吸潮，塑件尺寸变化较大；壁厚和浇口厚度对成型收缩率影响很大，所以塑件壁厚要均匀，防止产生缩孔，模具上应设计冷却均匀的冷却回路；熔融状态的尼龙热稳定性差，易发生降解，使塑件性能下降，因此不允许尼龙在高温料筒内停留时间过长。

8. 聚甲醛（POM）

聚甲醛是继尼龙之后发展起来的一种性能优良的热塑性工程塑料，其性能不亚于尼龙，而价格却比尼龙低廉。

聚甲醛表面硬而滑，呈淡黄或白色，薄壁部分半透明。有较高的抗拉、抗压性能和突出的耐疲劳强度，特别适合于长时间反复承受外力的齿轮材料。聚甲醛尺寸稳定、吸水率小，具有优良的减摩、耐磨性能。能耐扭曲，有突出的回弹能力，可用于制造塑料弹簧制品。常温下一般不溶于有机溶剂，耐汽油及润滑油性能也较好。有较好的电气绝缘性能。

聚甲醛特别适合于制造轴承、凸轮、滚轮、齿轮等耐磨、传动零件，还可用于制造汽车仪表板、汽化器、各种仪器外壳、罩盖、箱体、化工容器、泵叶轮、鼓风机叶片、配电盘、线圈座、各种输油管、塑料弹簧等。

聚甲醛成型收缩率大，熔点明显（为 153～160 ℃），熔体粘度低，粘度随温度变化不大，注射速度要快，注射压力不宜过高；聚甲醛成型收缩率大、热稳定性差、加工温度范围窄，要严格控制成型温度，以免引起温度过高或在允许温度下长时间受热而引起分解；冷却凝固时排除热量多，模具上应设计均匀冷却的冷却回路。

9. 聚碳酸酯（PC）

聚碳酸酯是一种性能优良的热塑性工程材料，密度为 1.2 g/m^3，本色微黄，而加点淡蓝色后，得到无色透明塑件，可见光的透光率接近 90%。它韧而刚，抗冲击性在热塑性塑料中名列前茅。成型零件可达到很好的尺寸精度，并在很宽的温度变化范围内保持其尺寸的稳定性。抗蠕变、耐磨、耐热、耐寒，长期工作温度达 120 ℃。聚碳酸酯吸水率较低，能在较宽的温度范围内保持较好的电性能。其最大缺点是塑件易开裂，耐疲劳强度较差，用玻璃纤维增强聚碳酸酯可克服上述缺点，使聚碳酸酯具有更好的力学性能和尺寸稳定性，更小的成型收缩率，并提高了耐热性和耐药性，降低了成本。

PC 在机械行业主要用作各种齿轮、蜗轮、蜗杆、齿条、芯轴、轴承、滑轮、铰链、螺母、垫圈、泵叶轮、灯罩、节流阀、润滑油输油管、各种外壳、盖板、容器、冷冻和冷却装置零件等。在电器方面用作电机零件、电话交换器零件、信号用继电器、风扇部件、拨号盘、仪表壳、接线板等，还可制作照明灯、高温透镜、视孔镜、防护玻璃等光学零件。

聚碳酸酯虽然吸水性小，但高温时对水分子比较敏感，加工前必须干燥处理，否则会出现银丝、气泡及强度下降现象；聚碳酸酯熔融温度高，熔融粘度大，流动性差，所以成型时要求有较高的温度和压力，且其熔融粘度对温度比较敏感，一般用提高温度的办法来增加熔融塑料的流动性。

10. 聚砜（PSU）

聚砜是 20 世纪 60 年代出现的工程塑料，呈透明而微带琥珀色，也有的是象牙色的不透明体。具有突出的耐热、耐氧化性能，可在 -100～150 ℃的范围内长期使用，有很高的力学性能，其抗蠕变性能比聚碳酸酯还好。有很好的刚性，其介电性能优良，即使在水和湿气中或 190 ℃的高温下，仍保持高的介电性能。聚砜具有较好的化学稳定性和尺寸稳定性，还能进行一般的机械加工和电镀。

聚砜可用于制造高精度、热稳定性、刚性及良好电绝缘性的电气和电子零件，如恒温容器、开关、绝缘电刷、电视机元件、整流器插座、线圈骨架、仪器仪表零件等；制造需要具备热性能好、耐化学性、持久性、刚性好的零件，如电动机罩、飞机导管、电池箱、汽车零件、齿轮、凸轮等。

聚砜熔融料流动性差，塑件易发生银丝、云母斑、气泡甚至开裂，因此加工前原料应充分干燥；对温度变化敏感，冷却速度快，所以模具浇口的阻力要小，模具需加热；成型性能与聚碳酸酯相似，但热稳定性比聚碳酸酯差，可能发生熔融破裂；聚砜为非结晶型塑料，收缩率较小。

11. 聚苯醚（PPO）

聚苯醚是由 2,6 - 二甲基苯酚聚合而成的，全称为聚二甲基苯醚。这种造粒后呈琥珀色透明的热塑性工程塑料，硬而韧，硬度较尼龙、聚甲醛、聚碳酸酯高。蠕变小，有较好的耐磨性能。使用温度范围宽，电绝缘性能优良。耐稀酸、稀碱、盐、水及蒸汽性能特别优良。吸水性小,在沸水中煮沸仍具有尺寸稳定性,且耐污染、无毒。缺点是塑件内应力大,易开裂,熔融粘度大,流动性差,疲劳强度较低。

聚苯醚可用于制造在较高温度下工作的齿轮、轴承、运输机械零件、泵叶轮、鼓风机叶片、水泵零件、化工用管道及各种紧固件、连接件等。还可用于线圈架、高频印刷电路板、电机转子、机壳及外科手术用具、食具等需要进行反复蒸煮消毒的器件。

聚苯醚流动性差,模具上应加粗浇道直径,尽量缩短浇道长度,充分抛光浇口及浇道;为避免塑件出现银丝及气泡,成型加工前应对塑料进行充分的干燥;宜用高料温、高模温、高压、高速注射成型,保压及冷却时间不宜太长;为消除塑件的内应力,防止开裂,应对塑件进行退火处理。

此外,常用的热塑性塑料还有氯化聚醚(CPT)及包括聚四氟乙烯(PTEE)、聚三氟氯乙烯(PCTFE)、聚全氟乙丙烯(PEP)等的含氟塑料,详见有关塑料性能手册。

3.3.2 热固性塑料

1.酚醛塑料(PF)

酚醛塑料的主要组分是酚醛树脂。酚醛树脂通常由酚类化合物和醛类化合物缩聚而成。纯酚醛树脂密度约为 1.25 ~ 1.30 g/cm^3,很脆,呈琥珀玻璃态,使用时必须加入各种纤维或粉末状填料后才能获得具有一定性能要求的酚醛塑料。酚醛塑料大致可分为四类:层压塑料、压塑料、纤维状压塑料和碎屑状压塑料。

酚醛塑料与一般热塑性塑料相比,刚性好,变形小,耐热耐磨,能在 150 ~ 200 ℃的温度范围内长期使用。在水润滑条件下,有极低的摩擦系数,电绝缘性能优良。缺点是质脆,抗冲击强度低。

酚醛层压塑料用浸渍过酚醛树脂溶液的片状填料制成,可制成各种型材和板材。根据所用填料不同,有纸质、布质、木质、石棉和玻璃布等各种层压塑料。布质及玻璃布酚醛层压塑料具有优良的力学性能、耐油性能和一定的介电性能,用于制造齿轮、轴瓦、导向轮、轴承及电工结构材料和电气绝缘材料。木质层压塑料适于制造水润滑冷却下的轴承及齿轮等。石棉布层压塑料主要用于高温下工作的零件。

酚醛纤维状压塑料可以加热模压成各种复杂的机械零件和电器零件,具有优良的电气绝缘性能、耐热、耐水、耐磨,可制作各种线圈架、接线板、电动工具外壳、风扇叶子、耐酸泵叶轮、齿轮、凸轮等。

酚醛塑料成型性能好,特别适用于压缩成型;模温对流动性影响较大,一般当温度超过 160 ℃时流动性迅速下降;硬化时放出大量热,厚壁大型塑件内部温度易过高,发生硬化不均匀及过热现象。

2.氨基塑料

氨基塑料是由氨基化合物与醛类(主要是甲醛)经缩聚反应而制得的塑料,主要包括脲-甲醛、密胺等。

脲-甲醛塑料(UF)是脲-甲醛树脂和漂白纸浆等制成的压塑粉。可染成各种鲜艳的色彩,外观光亮,部分透明,表面硬度较高,耐电弧性能好,耐矿物油、耐霉菌的作用强。但耐水性较差,在水中长期浸泡后电气绝缘性能下降。脲-甲醛塑料大量用于压制日用品及电气照明用设备的零件,如电话机、收音机、钟表外壳、开关插座及电气绝缘零件。

密胺(MF)是由三聚氰胺-甲醛反应制得密胺树脂,再加入石棉滑石粉等制成。密胺塑料可制成各种塑件,耐光、耐电弧、无毒,着色能力强。在 -20 ~ 100 ℃的温度范围内性能变化小,能耐沸水及茶、咖啡等污染性强的物质。能像陶瓷一样方便地去掉茶渍一类污染物,且质量小、不易破碎。密胺塑料主要用作餐具、航空茶杯、电器开关、灭弧罩及防爆电器的配件。

氨基塑料常用压缩、传递方法成型。传递成型收缩率大,含水分及挥发物多,使用前需预热干燥,且成型时有弱酸性分解及水分析出,模具应镀铬防腐,并注意排气;流动性好,硬化速度快,预热及成型温度要适当,装料、合模及加工速度要快;带嵌件的塑料易产生应力集中,尺寸稳定性差。

3.环氧树脂(EP)

环氧树脂是含有环氧基的高分子化合物。未固化之前,是线型的热塑性树脂,只有在加入固化剂(如胺类和酸酐等)之后,才交联成不熔的体型结构聚合物,成为具有实用价值的塑料。环氧树脂有许多优良的性能,其最突出的是粘结能力很强,是人们熟悉的"万能胶"的主要成分。此外,耐化学药品、耐热、电气绝缘性良好,收缩率小。其缺点是脆性大、抗冲击性和耐气候性差。

环氧树脂可用作金属和非金属材料的粘合剂,用于封装各种电子元件。用环氧树脂配以硅粉等可浇注各种模具,还可以作为各种产品的防腐涂料。

环氧树脂流动性好,硬化速度快;浇注时因环氧树脂热刚性差,硬化收缩小,难以脱模,所以浇注前应加脱模剂;环氧树脂硬化时不析出任何副产物,成型时不需排气。

习　　题

1.塑料一般由哪些成分组成?各自起什么作用?

2.塑料是如何进行分类的?热塑性塑料与热固性塑料有何区别?

3.何为塑料的流动性?影响流动性的因素有哪些?

4.如何计算塑料的收缩率?影响收缩率的因素有哪些?

5.如何测定热塑性塑料与热固性塑料的流动性?

6.何为塑料的热敏性?成型时如何避免热敏现象的发生?

7.阐述常用塑料的性能特点,并举例说明其用途。

第4章　注射成型工艺及其制件的结构工艺性设计

在注射成型生产中，塑料原料、注射设备和注射所用的模具是三个必不可少的物质条件。使这三者联系起来并能够生产出塑料制品的技术方法称为注射成型工艺。由于热塑性塑料的注射成型方法应用得较早也较为广泛，且其制品产量也比热固性注射制品或其他特种注射方法生产的制品产量大得多，所以热塑性塑料的注射成型工艺也可称为普通注射成型工艺。本章主要阐述热塑性塑料的注射成型原理、工艺过程及其工艺条件的选择与控制，并对注射成型制件的结构工艺性设计进行了介绍。

4.1　注射成型原理

4.1.1　注射成型原理

注射成型原理如图4.1所示，将粒状或粉状塑料从注射机的料斗送入加热的料筒中加热熔融塑化，使之成为粘流态熔体，然后在注射机柱塞或螺杆的高压推动下，以很高的流速通过

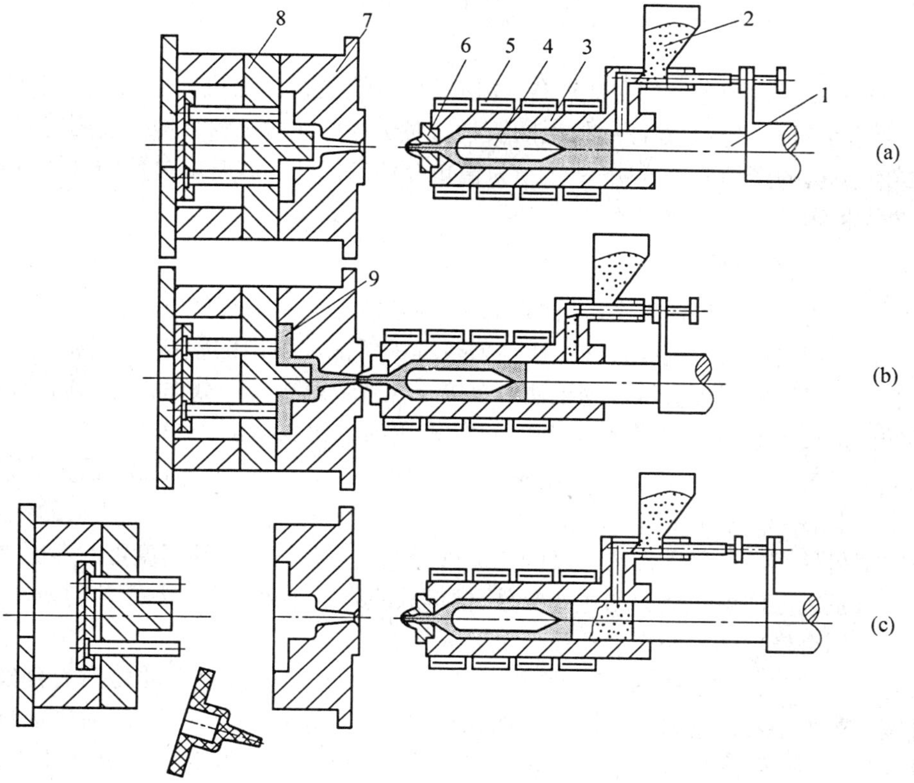

图4.1　注射成型原理

1—柱塞；2—料斗；3—料筒；4—分流梭；5—加热器；6—喷嘴；7—定模；8—动模；9—塑件

料筒前端的喷嘴注入温度较低的闭合模腔中，经过一段时间的保压冷却定型后，开模分型便可从模腔中脱出具有一定形状和尺寸的塑料制品，这样便完成了一个成型周期。通常，一个成型周期从几秒钟至几分钟不等，时间的长短取决于塑件的大小、形状和厚度、塑料的品种、模具的结构、注射机的类型及成型工艺条件等因素。每个塑件的质量可从小于一克至数十千克不等，视注射机的规格及塑件的需要而异。

4.1.2 注射成型的特点及应用

注射成型是热塑性塑料成型的一种重要方法。到目前为止，除氟塑料外，几乎所有的热塑性塑料都可以采用此法成型。注射成型具有对塑料品种适应性强，一次成型形状复杂、尺寸精确、带有金属或非金属嵌件的塑料制件(塑件)，生产效率高，易于实现全自动化生产等优点，因此应用非常广泛，其产品占目前塑料制件的30%左右。但应当注意的是，注射成型的设备价格及模具制造费用较高，不适合单件及小批量塑件的生产。

注射成型工艺发展很快，除了热塑性塑料注射成型以外，一些热固性塑料也可以成功地用于注射成型，且具有效率高，产品质量稳定的特点；低发泡塑料(密度为0.2～0.9 g/cm^3 的发泡塑料)的注射成型可以生产缓冲、隔音、隔热等优良性能的塑料制件；双色或多色注射成型可以生产多种颜色、美观适用的塑料商品。此外，应用热流道注射成型工艺在获得大型塑件、降低或消除浇注系统凝料等方面具有明显优点。注射成型还是获得中空塑料制品型坯的重要工艺方法。

4.2 注射机与注射成型系统

注射机是注射成型生产的主要设备，注射成型系统是指注射机内直接用于成型动作的注射系统、合模系统以及安装在注射机上的模具。对于各种注射机的结构与使用特点，可查阅有关资料或注射机的产品使用说明书，本节只简单介绍它们的一些基本参数和分类方法，以便于制订工艺规程和设计模具时参考。

4.2.1 注射机规格

注射机的规格主要用注射量(即注射能力)与合模力的大小来表征。

注射机料筒内的柱塞或螺杆在一次注射行程中所能注射出的塑料多少称为注射量，可用理论注射量和实际注射量表示。理论注射量等于柱塞或螺杆头部截面积与它们的最大行程的乘积，单位为 cm^3。该方法设计比较简单，目前采用的也比较多。例如，国产注射机 XS－Z60、XS－ZY125 和 XS－ZY1000 的理论注射量分别为 60 cm^3、125 cm^3 和 1 000 cm^3。实际注射量是按 85%的理论注射量折算出的聚苯乙烯(PS)的质量，单位为 g。对于其他塑料的注射量，可以按照这些塑料的密度与聚苯乙烯密度的比值进行换算。各种塑料的密度可参考附录 C。

注射量是表征注射机能力的主要参数，但单从注射量还无法全面判断注射机能力大小，还经常需要使用合模力的大小来表征注射机的规格。

注射机在其工作过程中，锁紧闭合模腔防止模腔内塑料向外溢出的力称为合模力或锁模力。合模力的大小与注射机允许的成型面积有关。按照国际规格规定，注射机规格中标称的注射量，需要用定压条件(注射压力＝100 MPa)下的数值表示。例如，根据轻工部标准SG318－83或国际规格，国产 XS－ZY125 注射机的规格应写为 XS－ZY125/90，它表示这种注射机在 100 MPa 的注射压力下对聚苯乙烯塑料的理论注射量为 125 cm^3，合模力为 900 kN。国际规格的优点是能够直观、简单地用注射量与合模力反映出注射机能力的大小，但目前国内外的注射机规格并没有全部采用国际规格，因此在选择或使用尚未采用国际规格的注射机时，一定要注意阅读它们的使用说明书。

注射机规格除了标称注射量与合模力之外，其铭牌和使用说明书中还会标出其他一些技术参数，如注射压力、注射行程、注射时间、螺杆转速、成型面积和装模尺寸等，这些参数对于制订注射成型工艺和设计注射模均很重要，设计前应详细了解。

4.2.2 注射机的分类

通用注射机有许多不同分类方法，下面介绍常用的四种。

1.按规格大小分类

注射机按规格大小可以分为五种类型，如表 4.1 所示。

表 4.1 注射机的大小规格分类

类 型	合模力/kN	理论注射量/cm^3
超小型	< 160	< 16
小 型	160 ~ 2 000	16 ~ 630
中 型	2 000 ~ 4 000	800 ~ 3 150
大 型	5 000 ~ 12 500	4 000 ~ 10 000
超大型	> 16 000	> 16 000

2.按外形结构特征分类

注射机的外形结构对于生产操作、生产效率和模具设计均有影响，若按它们的特征分类，通常有下面三种类型。

(1)卧式注射机

卧式注射机是注射机产品中最基本、最普通的形式，其结构特征是注射系统与合模机构的轴线重合并与地面平行(图 4.2)。其优点是机身较低稳定，加料、操作及维修均较方便，且制品顶出脱模后可自动坠落，易于实现机械化或自动化，但存在模具装拆不方便，安放嵌件麻烦以及占地面积大等缺点。

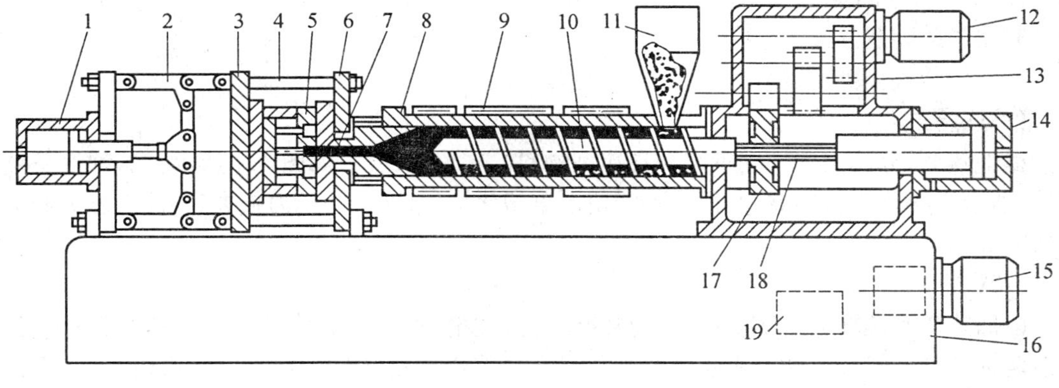

图 4.2 卧式螺杆式注射机结构示意图

1—合模油缸；2—锁模机构；3—动模固定板；4—拉杆；5—模具；6—定模固定板；7—喷嘴 8—料筒；9—加热器；10—螺杆；11—料斗；12—齿轮传动电机；13—齿轮箱；14—注射油缸；15—电动机及油泵；16—机身；17—螺杆传动齿轮；18—螺杆花键；19—油箱

(2)立式注射机

其结构特征是成型物料的注射系统与合模机构的轴线重合并与地面垂直，如图 4.3(a)所示。该结构具有占地面积小、模具拆装方便、安装嵌件较容易、料斗中的物料能均匀地进入料筒等优点。但制品顶出脱模后需要用手取出，不易实现机械化或自动化操作，另外，还有机身高、不稳定、加料不方便、对厂房高度有一定要求等缺点。目前，这类注射机主要用于生产 60 cm^3以下的多嵌件制品，它们的结构也多为柱塞式结构，塑化效果不佳。

(3)直角式注射机

其外形结构特征是合模机构与注射系统的轴线相互垂直。使用和安装特点介于前面两类注射机之间，特别适用于生产形状不对称的塑件和使用侧浇口的模具。目前国内使用较多的直角式注射机为沿水平方向合模，沿垂直方向注射，如图 4.3(b)，合模机构采用丝杠传动，使用也较普遍。图 4.3(c)为水平方向注射，沿垂直方向合模的直角式注射机，用得较少。

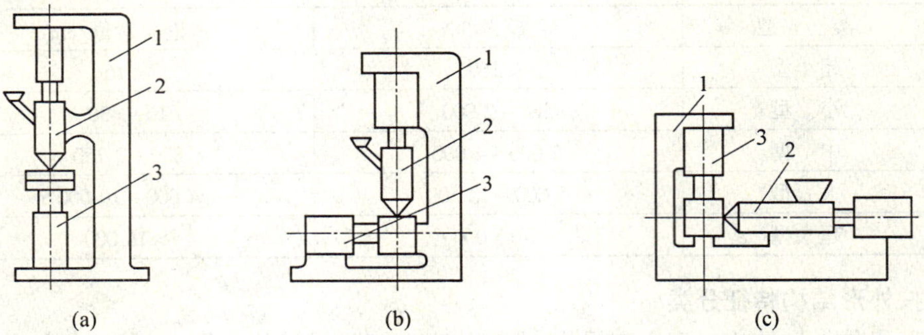

图 4.3　立式注射机和直角式注射机示意图

1—机身;2—注射系统;3—合模系统

以上三种注射机是当前注射成型生产中最常用的成型设备。随着注射成型技术不断发展，不少结构新颖的注射机正在不断出现。例如，在卧式结构基础上发展起来的多工位旋转式注射机可以同时安装多付模具，这些模具能够定时旋转，依次与注射机喷嘴接触，从而充分发挥和利用注射机的塑化能力，使生产效率大大提高。除此之外，还有偏心式注射机、双料筒注射机、双色或多色注射机、双移模系统注射机等。

3.按注射装置分类

按注射装置分类可以分为以下三种类型。

(1)柱塞式

以加热筒、分流梭和柱塞等来实现成型物料的塑化及注射，如图 4.1 所示。这种设备结构简单，适合于小型零件的成型，但物料滞留严重塑化均匀性较差，压力损失大，注射压力约为螺杆式的 2～3 倍。

(2)螺杆式

以加热筒和螺杆等来实现成型物料的塑化及注射，如图 4.2 所示。其中螺杆具有塑化及注射两种功能。螺杆旋转产生强烈的搅拌混合与剪切作用，塑化均匀，物料滞留少，压力损失较小，成型的塑件残余应力较小，设备结构简单，是目前应用较广的机种。

(3)螺杆预塑式

以一套料筒和螺杆进行塑化，另一套料筒和柱塞进行注射，如图 4.4 所示。这类注射机塑化均匀，计量准确，压力损失小，适合精密成型，但物料滞留大，结构复杂。

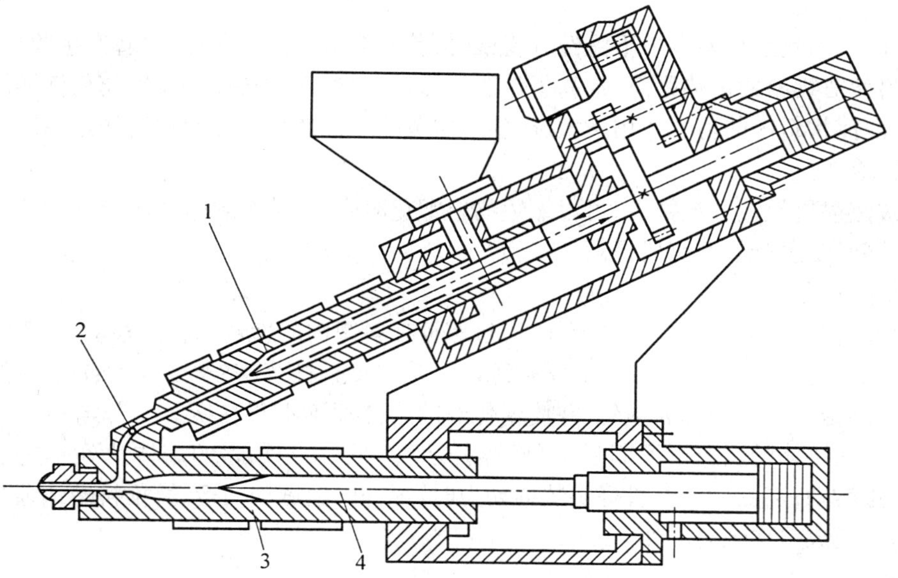

图 4.4 螺杆预塑式注射机结构示意图

1—预塑料桶;2—单向阀;3—注射料桶;4—注射柱塞

4.2.3 注射机的注射系统

注射系统是注射机成型塑料制品时直接与成型物料和熔体接触的零部件,其主要作用是使固体成型物料均匀地塑化成熔体,并以足够的压力和速度将熔体注入模具型腔。注射系统包括加料装置、料筒、柱塞及分流锥(柱塞式注射机)、螺杆(螺杆式注射机)和喷嘴等。

(1)加料装置

加料装置也称料斗,通常为倒圆锥形或方锥形金属容器,安装在注射机的较高部位并与料筒相联。从料斗向料筒加料属间歇性动作,每次加料量应与一次成型所需的注射量相等,为此必须在料斗与料筒之间设置进料计量装置,以便能定容或定量加料。料斗内还可设置加热或干燥装置,可以对吸湿性较大的物料(如聚酰胺,聚碳酸酯等)直接进行干燥。

(2)料筒

料筒即成型物料的塑化室,主要用来加热熔融物料。料筒外部设有加热和温控装置,能对料筒分段温控加热,其温度分布从料斗加料处到料筒前端喷嘴处逐渐升高。料筒的容积取决于注射机的最大注射量。对于柱塞式料筒,其容积大约取注射量的 4~8 倍,以保证物料在料筒内有足够的停留时间并接触较大的传热面(料筒的内壁),有利于塑化。螺杆式料筒因有螺杆在其内部旋转和推挤,传热和混合效果比柱塞式好,塑化效率高,因而容积只需要最大注射量的 2~3 倍。

(3)柱塞和分流锥

柱塞和分流锥是安装在柱塞式注射机料筒内的注射和塑化零部件。柱塞在料筒内作往复直线运动,推挤和压缩塑料熔体通过喷嘴注入模具。分流锥是安装在料筒前端中心部位的一个分流零件,如图 4.5 所示,其形状如纺锥或鱼雷体,两端呈锥形。分流锥的作用是为了加强对物料的塑化

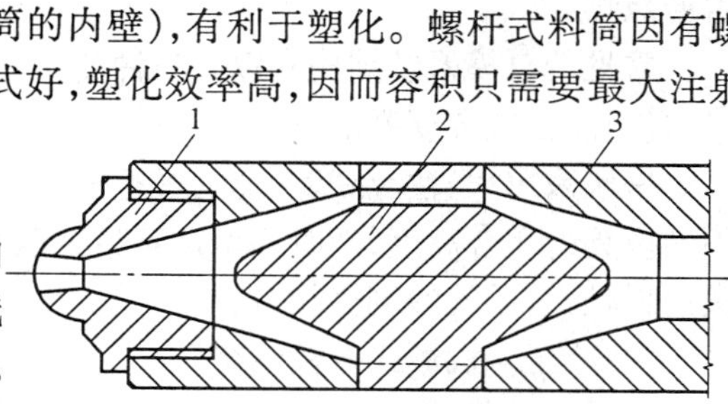

图 4.5 分流锥安装结构图

1—喷嘴;2—分流锥;3—机筒

作用。

其原理为:物料在柱塞推挤下流经分流锥时,首先会被分劈成薄层,接着产生收敛流动,以此缩短了料筒对物料的传热距离,提高了传热效果;同时也使物料在分流锥与料筒的间隙中加速运动,从而使物料内的剪切作用增大,产生一定量的摩擦热。两方面共同作用提高了物料的塑化与均化效果。

柱塞式注射机设置分流锥后,可以缩短物料塑化时间,改善塑料熔体的流动性能和塑件的成型质量,同时使生产效率有所提高。

(4)螺杆

螺杆是螺杆式注射机的重要零部件,通过螺杆在料筒内的旋转和轴向移动,实现对成型物料的输送、压实、塑化和注射等动作。螺杆工作时,首先通过旋转将来自料斗的物料卷进料筒,并将其向前推送、压实、排气和塑化,并使塑化好的熔体逐渐汇集在螺杆头部与料筒上的喷嘴之间。同时,在熔体的反压下不断后退(即螺杆承受背压),当积存的熔体达到一定的供料量后,螺杆停止转动;当受到注射机提供的推动力时,螺杆向前做轴向运动,推挤熔体通过喷嘴注入模具,从而完成一次注射动作。

(5)喷嘴

喷嘴安装在料筒前部,其内部的喷孔是连接料筒和模具的通道,起引导塑料熔体从料筒进入模具的作用。喷嘴的内径一般都带有锥度,且进口处大,出口处小,这样可使熔体通过喷嘴后的流速和切变速率增大,从而提高塑化效果。

4.2.4 注射机的合模系统

合模系统的作用一是锁紧模具,二是实现模具的开合动作,三是开模时推出模内塑件。

注射成型对合模系统最基本的要求是:系统必须能对闭合时的模具提供可靠的合模力,以避免模具在塑料熔体的压力作用下沿分型面涨开。生产中一般要求合模力满足下面条件:

$$F_1 \geqslant kxp_iA \tag{4.9}$$

式中,F_1 为合模力;k 为安全系数,约取 1~1.3,若浇口不在模具中心部位,则取更大值;x 为压力损耗系数,约取 0.25~0.5;p_i 为注射压力;A 为制品(包括浇注系统和飞边)在与注射方向垂直的模具分型面上的投影面积。

注射成型工艺还要求合模系统应能保证模具启闭灵活、准确、迅速、安全,以及开启与闭合的瞬时要有缓冲作用,模具固定板的运动速度应在闭模时先快后慢,而在开模时先慢后快,只有这样才能保证系统可靠工作,防止模具或制品损坏并避免机器受到强烈振动,保证安全操作生产。

常见的合模系统结构有以下三种类型。

(1)液压式合模系统

一般采用大直径活塞和油缸进行模具的开启闭合动作。优点是运动机构简单,能够适应不同模具的闭合高度,随时都可达到最大压力并保压,缺点是合模力大时液压缸体积庞大,能量消耗较大,系统的刚性较差。

(2)液压-机械式合模系统

以液压力驱动系统进行开、合模动作,以曲肘连杆机构实现自锁功能。锁模刚性大,产品不易出飞边;模具的启、闭时间比较短,并有缓冲作用,可以获得较佳的合模运动方式;但结构复杂,机械机构容易磨损,需要经常保养。

(3)机械式合模系统

利用电动机通过齿轮或蜗轮蜗杆减速,并带动曲臂机构实现合模动作。目前只限于在小型注射机和实验性注射机上使用。

4.3 注射成型工艺

4.3.1 注射成型的生产工艺过程

注射成型的生产工艺过程可以用图 4.6 表示,按其先后顺序应包括:成型前的准备、注射过程、塑件的后处理等,下面分别讨论。

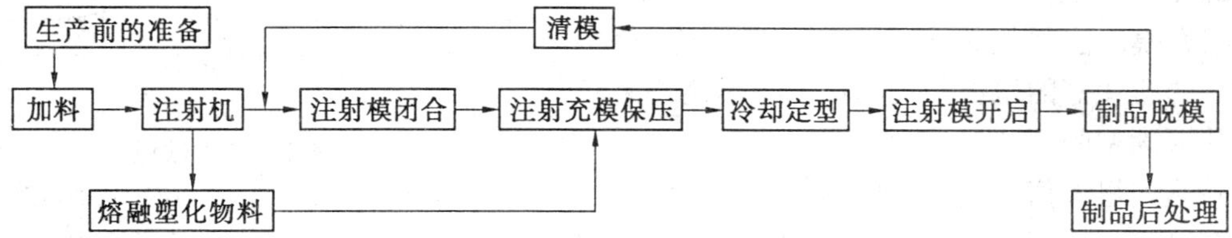

图 4.6 注射成型生产工艺过程

1.成型前的准备

为使注射过程能顺利进行和保证塑料制件的质量,在成型前应进行一些必要的准备工作。如对原料的外观(如色泽、颗粒大小及均匀性等)检验;对其工艺性能(融熔指数、流动性、热性能及收缩率等)进行测定;原料的染色及对粉料的造粒;对于某些易吸湿的塑料(如聚酰胺、聚碳酸酯、ABS 等),成型前应进行充分干燥,以防产品表面出现银丝、斑纹、气泡和降解等缺陷;成型不同种类塑料前或发现塑料中有分解现象时,应对料筒进行清洗;在成型带有嵌件的塑件时,应对嵌件进行预热,以防止嵌件周围的塑料因拉应力而产生裂纹;对脱模困难的塑件,应选好脱模剂。由于注射原料的种类、形态、塑件的结构、有无嵌件以及使用要求的不同,各种塑件成型前的准备工作也不完全一样。

2.注射过程

注射过程一般包括加料、塑化、注射、冷却和脱模几个步骤。

(1)加料

由于注射成型是一个间歇的生产过程,因而需定量(定容)加料以保证操作稳定、塑料塑化均匀,最终获得良好的塑件。加料过多、受热的时间过长等容易引起物料的热降解,并增加注射机的功率损耗;加料过少,料筒内缺少传压介质,型腔中塑料熔体压力降低,难于补塑(即补压),容易引起塑件出现收缩、凹陷、空洞等缺陷。

(2)塑化

使加入的塑料在料筒中进行加热,由固体颗粒转变成粘流态并具有良好可塑性的过程称为塑化。决定塑料塑化质量的主要因素是物料的受热情况和所受到的剪切作用。通过料筒对物料加热,使聚合物分子松弛,由固体向液体转变,一定的温度是塑料得以形变、熔融和塑化的必要条件;而剪切作用则以机械力的方式强化了混合和塑化过程,使混合和塑化扩展到聚合物分子的水平(而不仅是静态的熔融),它使塑料熔体的温度分布、物料组成和分子形态都发生改变,并更趋于均匀;同时螺杆的剪切作用能在塑料中产生更多的摩擦热,促进了塑料的塑化。因而螺杆式注射机的塑化效果比柱塞式注射机好得多。

总之，对塑料塑化的要求是：塑料熔体在进入型腔之前要充分塑化，既要达到规定的成型温度，又要使熔体各处的温度均匀一致，还要使热分解物的含量达到最小值，并能提供足够的熔融塑料以保证生产的连续并顺利地进行。这些要求与塑料的特性、工艺条件的控制及注射机塑化装置的结构等密切相关。

(3)注射

注射指用柱塞或螺杆推动塑化后的塑料熔体充满塑料模型腔，并使熔体在压力下冷却凝固定型，直至制品脱模的全过程。不论何种形式的注射机，注射的过程可分为充模、保压、倒流、浇口冻结后的冷却和脱模等几个阶段，如图4.7所示。

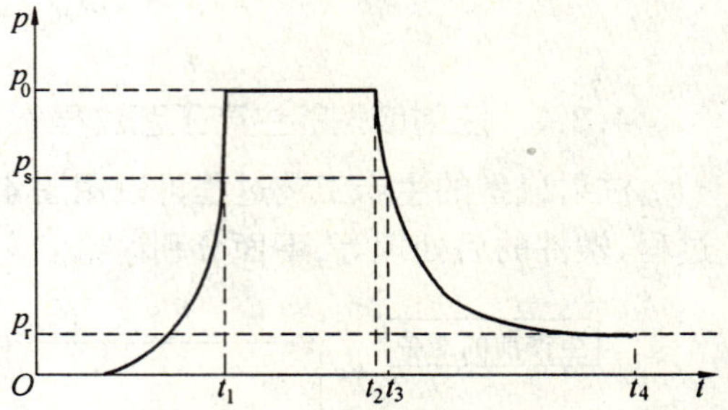

图4.7　注射过程

p_0—模腔最大压力；p_s—浇口冻结时的压力

p_r—脱模时的应力；$t_1 \sim t_4$—各阶段对应时间

①充模。注射机柱塞或螺杆向前推进，使料筒前端的塑化好的熔体经过喷嘴及模具浇注系统进入并填满型腔，此时($t = t_1$)型腔熔体压力迅速上升并达到最大值 p_0，这一阶段称为充模。

②保压。柱塞或螺杆继续保持施压状态，迫使浇口附近的熔体不断补充到模具的模腔中(时间 $t_1 \sim t_2$)，以补充模具中熔体因冷却收缩而引起的压力下降与产生的空间，使其中的塑料能够形成形状完整而致密的塑件，这一阶段称为保压。

③倒流。柱塞或螺杆在料筒中后倒退时(即撤除保压力以后)，型腔内熔体朝着浇口和流道进行的反方向流动称为倒流。很明显，整个倒流过程将从注射压力撤除开始，至浇口处熔体冻结(简称浇口冻结)时为止(时间 $t_2 \sim t_3$)。倒流会使塑件产生收缩、变形及质地疏松等缺陷。引起倒流的原因主要是注射压力撤除后，模腔压力大于流道压力，且熔体与大气相通所造成的结果。如果撤除注射压力时，浇口已经冻结或喷嘴带有止逆阀，则倒流现象就不会存在。

④冷却定型。冷却定型从浇口冻结开始，到制品脱模为止(时间 $t_3 \sim t_4$)，是注射成型工艺过程的最后一个阶段。浇口冻结后，继续保压已不再需要，因此可退回柱塞或螺杆，卸除料筒内塑料的压力，并加入新料重新塑化；同时模腔中的熔体在密闭状态下冷却固化成为塑件。实际上冷却过程从塑料注入型腔起就开始了，它包括从充模完成、保压直到脱模前的这一段时间。

⑤脱模。塑件冷却到一定的温度即可开模，在顶出机构的作用下将塑料制件推出模外。

3.塑件的后处理

塑料制品脱模后，常需要进行适当的后处理来改善制品的性能和提高制品的尺寸稳定性。其主要方法有退火和调湿处理。

(1)退火处理

退火处理是将注射塑件在定温的液体介质(如热水、热的矿物油、甘油、乙二醇和液体石蜡等)或热空气循环烘箱中静置一段时间，然后缓慢冷却的过程。其目的是减少由于塑件在料筒内塑化不均匀或在型腔内冷却速度不同，致使塑件内部产生的内应力。这在生产厚壁或带有金属嵌件的塑件时尤为重要。退火温度的下限为塑件使用温度以上10～20 ℃，上限为塑料的热变形温度以下10～20 ℃。退火处理的时间取决于塑料品种、加热介质温度、塑件的形状和成型条件。退火处理后冷却速度不能太快，以避免重新产生内应力。

退火处理的实质是松弛聚合物中冻结的分子链、消除内应力以及提高结晶度、稳定结晶结构。若制品的使用要求不高，则不必进行退火处理。

(2)调湿处理

有些塑料制品(如聚酰胺等)在高温下与空气接触会氧化变色或容易吸收水分而膨胀。调湿处理是将刚脱模的塑件放在热水中,以隔绝空气,防止对塑件的氧化,加快吸湿平衡的一种后处理方法,其目的是使制件的颜色、性能以及尺寸得到稳定。调湿处理的时间随塑料的品种、塑件的形状、厚度及结晶度大小而异。

4.3.2 注射成型工艺参数

塑料品种、成型设备与模具结构是保证塑件注射成型质量的重要因素。但为了优质高效地进行注射成型,还必须正确制定注射成型工艺。合理的成型工艺应力求得到塑化良好的塑料熔体,并顺利地把它注射到型腔中去,在控制条件下冷却定型,使塑件达到所要求的质量。影响注射成型工艺的重要参数是塑化流动和冷却时的温度、压力以及各阶段的作用时间。

1.温度

注射成型时的温度条件主要指料温和模温,料温影响塑化和注射充模,而模温则同时影响充模与冷却定型。

(1)料温

料温指塑化物料的温度和从喷嘴注射出的熔体温度,前者称为塑化温度,而后者称为注射温度。一般来讲,料温太低时不利于塑化,熔体粘度也比较大,故流动与成型比较困难,成型后的制品容易出现熔接痕迹、表面无光泽和缺料等缺陷。适当提高料温有利于塑化并会降低熔体粘度、流动阻力或注射压力损失,使熔体在模内的流动和充模状况得以改善(流速增大、充模时间缩短),塑件的性能也可得到提高。料温过高则容易引起热降解,导致制品的物理和力学性能变差。塑料料温对成型条件及制品的物理力学性能的影响如图 4.8 所示。

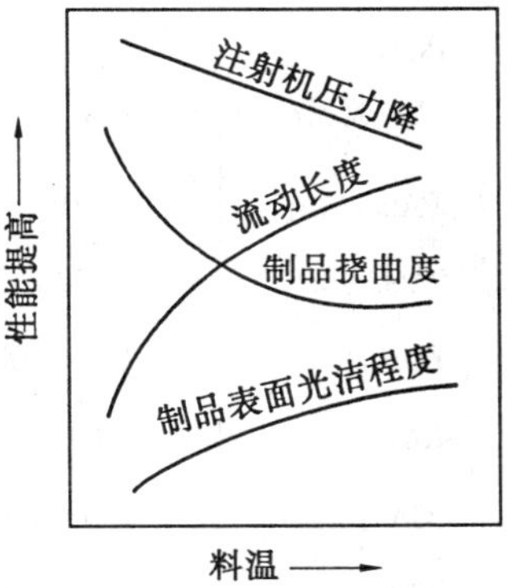

图 4.8 料温对塑件性能的影响

料温主要取决于料筒和喷嘴的温度。料筒温度的选择应保证塑料塑化良好,能顺利实现注射,又不引起塑料分解。料筒温度应根据塑料的热性能确定,不同塑料的流动温度见表4.2。

对非结晶型塑料而言,料筒末端最高温度应高于流动温度,而结晶型塑料应高于熔点,但都必须低于塑料的分解温度,否则将导致熔体分解。此外,还应控制塑料熔体在料筒中的停留时间,时间过长也会引起熔体的逐步分解。

采用不同类型的注射机,塑料在料筒内的塑化过程不同,因此料筒温度的选择也不同。柱塞式注射机的料筒温度应选高些,以使塑料内外层加热、塑化均匀。螺杆式注射机由于螺杆旋转搅动,使物料在高剪切作用下自身摩擦生热,因此料筒温度可选择低一些。

选择料筒温度还应结合塑件及模具结构特点。薄壁塑件的模腔较狭窄,熔体注入阻力大,冷却快,因此料筒温度应选择高一些,以便提高塑料的流动性,达到顺利充模的目的。而对厚壁塑件,则料筒温度可选择低一些。通常,从料斗一侧起至喷嘴,温度分布是逐步升高的,以利于塑料逐步均匀塑化。

喷嘴温度通常略低于料筒最高温度,以防止喷嘴出现流涎现象,但喷嘴温度过低则造成熔体冷凝堵塞喷嘴,或在模腔中流入冷凝料。

料筒和喷嘴温度的选择还与其他工艺条件有关。例如选用较低的注射压力时,为保证塑料流动,应适当提高料筒温度;反之,料筒温度偏低就需要较高的注射压力。

表 4.2　部分塑料适用的料筒和喷嘴温度

塑　料	机筒温度/℃			喷嘴温度/℃
	后段	中段	前段	
PE	160 ~ 170	180 ~ 190	220 ~ 240	220 ~ 240
HDPE	200 ~ 220	220 ~ 240	240 ~ 280	240 ~ 280
PP	150 ~ 210	170 ~ 230	190 ~ 250	240 ~ 250
PS、ABS、SAN	150 ~ 180	180 ~ 230	210 ~ 240	220 ~ 240
SPVC	125 ~ 150	140 ~ 170	160 ~ 180	150 ~ 180
RPVC	140 ~ 160	160 ~ 180	180 ~ 200	180 ~ 200
PCTFE	250 ~ 280	270 ~ 300	290 ~ 330	340 ~ 370
PMMA	150 ~ 180	170 ~ 200	190 ~ 220	220 ~ 220
POM	150 ~ 180	180 ~ 205	195 ~ 215	190 ~ 215
PC	220 ~ 230	240 ~ 250	260 ~ 270	260 ~ 270
PA6	210	220	250	230
PA66	220	240	205	240
PUR	175 ~ 200	180 ~ 210	205 ~ 240	205 ~ 240
CAB	130 ~ 140	150 ~ 175	160 ~ 190	165 ~ 200
CA	130 ~ 140	150 ~ 160	165 ~ 175	165 ~ 180
CP	160 ~ 190	180 ~ 210	190 ~ 220	190 ~ 220
PPO	260 ~ 280	300 ~ 310	320 ~ 340	320 ~ 340
PSU	250 ~ 270	270 ~ 290	290 ~ 320	300 ~ 340
IO	90 ~ 170	130 ~ 215	140 ~ 215	140 ~ 220
TPX	240 ~ 270	250 ~ 280	250 ~ 290	250 ~ 300
线型聚脂	70 ~ 100	70 ~ 100	70 ~ 100	70 ~ 100
醇酸树脂	70	70	70	70

(2)模具温度

模具温度指和制品接触的模腔表壁温度。模具温度对塑料熔体的充型能力及塑件的内在性能和外观质量影响很大。模具温度愈低,冷却速度愈快,熔体温度降低得愈迅速,造成熔体粘度增大、注射压力损失增加,严重时甚至于引起充模不足。随着模具温度的增加,熔体流动性增加,所需充模压力减小,制品表面质量提高,但由于冷却时间增长,制品的生产率下降,同时制品的成型收缩率增大。合理的、分布均匀的模具温度,可以有效地改善熔体的充模流动性能、制品的外观质量以及一些主要的物理和力学性能,还会使制品收缩均匀,脱模后翘曲变形小。

模具温度的高低决定于塑料结晶性的有无、塑件的尺寸和结构、性能要求以及其他工艺条件(熔体温度、注射速度及注射压力、模具周期等)。部分塑料成型时的模具温度见表 4.3。

表 4.3 部分塑料的注射温度与模具温度

塑料	注射温度/℃（熔体温度）	模腔表壁温度/℃	塑料	注射温度/℃（熔体温度）	模腔表壁温度/℃
ABS	200~270	50~90	GRPA66	280~310	70~120
AS	220~280	40~80	矿纤维 PA66	280~305	90~120
ASA	230~260	40~90	PA11,PA12	210~250	40~80
GPPS	180~280	10~70	PA610	230~290	30~60
HIPS	170~260	5~75	POM	180~220	60~120
LDPE	190~240	20~60	PPO	220~300	80~110
HDPE	210~270	30~70	GRPPO	250~345	80~110
PP	250~270	20~60	PC	280~320	80~100
GRPP	260~280	50~80	GRPC	300~330	100~120
TPX	280~320	20~60	PSF	340~400	95~160
CA	170~250	40~70	GRPBT	245~270	65~110
PMMA	170~270	20~90	GRPET	260~310	95~140
聚芳酯	300~360	80~130	PBT	330~360	约 200
软 PVC	170~190	15~50	PET	340~425	65~175
硬 PVC	190~215	20~60	PES	330~370	110~150
PA6	230~260	40~60	PEEK	360~400	160~180
GRPA6	270~290	70~120	PPS	300~360	35~80
PA66	260~290	40~80			

对于非结晶型塑料，模具温度对塑件力学性能的影响较小。在保证顺利注射充模前提下，采用较低的模具温度可缩短冷却时间，提高生产效率。

对于结晶型塑料，由于较高温度有利于结晶，所以升高模具温度能提高制品的密度或结晶度。在较高的模温下制品中聚合物大分子松弛过程较快，分子取向作用和内应力都会降低。

对于厚壁制品，因充模和冷却时间较长，若模温过低，很容易使制品内部产生真空泡和较大的应力，所以不宜采用较低的模具温度。

模具温度通常是由通入定温的流动介质来控制的，也有靠熔体注入模具自然升温和自然散热达到平衡而保持一定的模温。在特殊情况下，也可采用电阻加热圈和加热棒对模具加热等而保持定温。不论是加热或冷却，塑料熔体在模腔内进行的是冷却降温过程。只有当熔体在模具内冷凝获得要求的形状和足够的强度时才能脱模。为保证脱模时不变形，塑料熔体应由粘流态冷却至玻璃态（或结晶态），并必须低于塑料的热变形温度。塑料的热变形温度见表 4.4。

表 4.4　常用热塑性塑料的热变形温度

塑　　料	单位应力/MPa	
	1.82	0.45
	热变形温度/℃	
聚酰胺 6(PA6)	80 ~ 120	140 ~ 176
30%玻纤增强 PA6	204 ~ 259	216 ~ 264
PA1010	55	148
PA66	82 ~ 121	149 ~ 176
30%玻纤增强 PA66	245 ~ 262	292 ~ 265
PA610	57 ~ 100	149 ~ 185
40%玻纤增强 PA610	200 ~ 225	215 ~ 226
聚碳酸酯(PC)	130 ~ 135	132 ~ 141
20% ~ 30%长玻纤增强 PC	143 ~ 149	146 ~ 157
20% ~ 30%短玻纤增强 PC	140 ~ 145	146 ~ 149
聚苯乙烯 PS(一般型)	65 ~ 96	
聚苯乙烯 PS(抗冲型)	64 ~ 92.5	
20% ~ 30%玻纤增强 PS	82 ~ 112	
丙烯腈 - 氯化聚乙烯 - 苯乙烯(ACS)	85 ~ 100	
丙烯腈 - 丁二烯 - 苯乙烯(ABS)	83 ~ 103	90 ~ 108
丙烯腈 - 丙烯酸酯 - 苯乙烯(AAS)	80 ~ 102	106 ~ 108
高密度聚乙烯(HDPE)	48	60 ~ 82
聚甲醛(POM)	110 ~ 157	138 ~ 174
氯化聚醚	100	141
PMMA 和 PS 共聚物	85 ~ 99	
聚甲基丙烯酸甲酯(PMMA)	68 ~ 99	74 ~ 109
聚苯醚(PPO)	175 ~ 193	180 ~ 204
硬聚氯乙烯(HPVC)	54	67 ~ 82
聚丙烯(PP)	56 ~ 67	102 ~ 115
聚砜(PSU)	174	182
30%玻纤增强 PSU	185	191
聚四氟乙烯(PTFE)填充 PSU	100	160 ~ 165
乙基纤维素(EC)	46 ~ 88	
醋酸纤维素(CA)	44 ~ 88	49 ~ 76
聚对苯二甲酸丁二醇酯(PBTP)	70 ~ 200	150

2.压力

注射成型过程中的压力包括塑化压力和注射压力两种,它们直接影响塑料的塑化和塑件质量。

(1)塑化压力

塑化压力又称背压,是指采用螺杆式注射机时,螺杆头部熔体在螺杆转动后退时所受到的压力。该压力可以通过液压系统中的溢流阀来调整。

塑化压力对熔体实际温度、塑化效率及成型周期等均有影响。在其他条件相同的情况下,增加塑化压力,会提高熔体温度及其均匀性,有利于填料的均匀混合,有利于排除熔体中的气体。但塑化压力增高会降低塑化速率,从而延长成型周期,还会导致塑料降解和喷嘴出现流涎。因此应在保证塑件质量的前提下,尽量降低塑化压力,一般不超过 2 MPa。

塑化压力的大小应根据塑料品种而定,对于热敏性塑料,塑化压力应低些,以防止塑料过热分解;对热稳定性高的塑料,塑化压力高时不会有分解的危险;对熔体粘度大的塑料,塑化压力高,螺杆传动系统容易造成超载;注射熔体粘度很低的塑料时,塑化压力要低些,否则塑化效率将很快降低。

(2)注射压力

注射压力是指注射时柱塞或螺杆头部对塑料熔体所施加的压力,一般在40~130 MPa 之间。其作用是克服塑料熔体从料筒流向型腔的流动阻力,使熔体具有一定的充模速率和对熔体进行压实等。选择注射压力时,首先应考虑注射机所允许的注射压力,并在注射机的额定范围内调整出制品所需要的注射压力。注射压力过低会导致型腔压力不足,熔体不能顺利充满型腔;注射压力过大,不仅会造成制品溢料,还会造成制品变形,甚至于系统过载。部分塑料的注射压力见表 4.5。

表 4.5 部分塑料的注射压力

塑料	注射压力/MPa		
	易流动的厚壁制品	中等流动程度的一般制品	难流动的薄壁窄浇口制品
聚乙烯	70~100	100~120	120~150
聚氯乙烯	100~120	120~150	>150
聚苯乙烯	80~100	100~120	120~150
ABS	80~110	100~130	130~150
聚甲醛	85~100	100~120	120~150
聚酰胺	90~110	100~140	>140
聚碳酸酯	100~120	120~150	>150
聚甲基丙烯酸甲酯	100~120	110~150	>150

注射压力的大小取决于塑料品种、注射机类型、模具结构、塑件形状尺寸和表面质量及其他工艺条件,尤其是浇注系统的结构和尺寸。为了保证塑件的质量,对注射速率有一定要求,而注射速率与注射压力有直接关系。在同样条件下,高压注射时,注射速率高,反之亦然;对于熔体粘度高的塑料,其注射压力应比粘度低的塑料高;熔体与模具间的摩擦系数越高,注射压力应越高;对壁薄、面积大、形状复杂及成型时熔体流程长的塑件,注射压力也应该高,而塑件结构简单,浇口尺寸较大的,注射压力可以较低;对于柱塞式注射机,因料筒内压力损失较大,

其注射压力应比螺杆式注射机的高；料筒温度和模具温度较高时，注射压力也可以较低。

型腔充满后，注射压力将主要用于对模内熔体的压实，或称保压。在生产中，保压压力可等于注射压力或适当降低。保压压力高，可得到密度较高、尺寸收缩小、力学性能较好的塑件，但保压压力高，塑件脱模后的残余应力较大，塑件脱模困难，因此，保压压力应适当。

3.时间

指完成一次注射成型过程所需的时间，亦称为成型周期，它包括以下各部分。

- 注射时间
  - 充模时间（柱塞、螺杆前进时间）
  - 保压时间（柱塞、螺杆停留在前进位置的时间）
- 合模冷却时间（柱塞后退、螺杆转动后退的时间均在其中）

（保压时间与合模冷却时间合称总冷却时间）

- 其他时间（开模、脱模、涂脱模剂、放嵌件及合模时间等）

成型周期直接影响到劳动生产率和设备使用率。因此在保证质量的前提下，应尽量缩短成型周期中各个阶段的作用时间。在整个成型周期中，以注射时间和冷却时间最重要，它们对塑件的质量均有决定性的影响。注射时间中的充模时间与充模速率成反比。在生产中，充模时间一般仅为 3 ~ 10 s，而保压时间较长，一般为 20 ~ 100 s（特厚塑件可高达 2 ~ 10 min）主要是对型腔内塑料进行压实。适当延长保压时间，对提高塑件密度和尺寸精度有利，但浇口冻结以后再进行保压则无效果。保压时间的选择不仅与塑件的结构尺寸有关，而且与料温、模温以及主流道和浇口的大小有关。如果主流道和浇口的尺寸合理、工艺条件正常，通常以塑件收缩率波动范围最小的压实时间为最佳值。

冷却时间主要取决于塑件的厚度、塑料的热性能和结晶性能以及模具温度等。冷却时间的长短应以脱模时不引起塑件变形为原则，一般在 30 ~ 120 s 之间。冷却时间过长，不仅延长生产周期，降低生产效率，对复杂塑件还将造成脱模困难。

成型周期中的其他时间则与生产过程是否连续化和自动化程度等有关。

常用塑料注射成型工艺参数见附录 F。

4.4 塑料制件的结构工艺性设计

一个塑料制件（塑件）的最佳设计，不仅要满足其使用性能要求（几何尺寸、精度、物理与力学性能等），而且要有良好的结构工艺性。如果制件的形状结构简单、尺寸适中、精度和表面质量要求合理，则成型比较容易，所需的注射工艺条件比较宽松，模具结构比较简单，能够高效率、低成本、方便地生产出合格的塑件，以获得最大的经济效益，这时可以认为该制品的工艺性比较好；反之，则制品的工艺性比较差。

塑件结构工艺性设计必须遵循以下原则。

①尽量选用成型性能较好、价格低廉的塑料；

②应力求使形状简单、结构合理，以简化模具结构，并利于模具分型、排气、补缩和冷却；

③壁厚均匀，使其成型容易，制件精度高；

④避免明显的各向异性，以免制品翘曲变形；

⑤表面质量、尺寸精度及技术要求尽量放低；

⑥辅助工作量应尽量少（成型后最好不再机加工）。

关于制品工艺性设计中应注意的问题，下面给出的是一些定性的经验总结或说明，更重要的是要不断地在生产实践中进行经验积累和总结。

塑料制件结构工艺性设计主要包括塑件的尺寸精度及表面质量和塑件形状结构设计两个方面。

4.4.1 塑件的尺寸精度及表面质量

1.塑件尺寸及其精度

塑件的尺寸大小主要取决于塑料的流动性。在一定的设备和工艺条件下，流动性好的塑料可以成型较大尺寸的塑件；反之成型出的塑件尺寸就较小。大而薄的塑件在塑料尚未充满型腔时已经固化，或勉强能充满，但前锋冷料已不能很好熔合而形成冷接缝，影响塑件的外观和结构强度。此外塑件尺寸还受到注射机的注射量、锁模力和模板尺寸的限制。从能源、模具制造成本和成型工艺性等条件出发，只要能够满足塑件的使用要求，应将塑件设计得尽量紧凑、尺寸小巧一些。

塑件的尺寸精度是指所获得的塑件尺寸与产品图中尺寸的符合程度，即所获塑件尺寸的准确度。影响塑件尺寸精度的因素较多，如表 4.6 所示，在保证使用要求的前提下，尺寸精度应尽可能选用低精度等级。

表 4.6 塑料制品产生尺寸误差的原因

原因类别	产品误差原因
与模具直接有关的原因	①模具的形式或基本结构 ②模具的制造误差 ③模具的磨损程度、变形、热膨胀
与塑料有关的原因	①不同种类塑料收缩率的变化 ②不同批次塑料成型收缩率、流动性、结晶程度的差别 ③再生塑料的混合、着色剂等附加物的影响 ④塑料中水分及挥发、分解气体的影响
与成型工艺有关的原因	①成型条件变化引起的收缩率变化 ②成型操作变化的影响 ③顶出脱模时的塑料变形
与成型后时效有关的原因	①环境温度、湿度变化造成的尺寸变化 ②残余应力、残余变形引起的变化

由于塑料与金属的性能差异很大，塑料制品不能按金属零件的公差等级确定精度。目前，我国尚没有塑件尺寸精度及公差的国家标准，国内塑件尺寸公差的确定主要依据电子工业部 SJ/T10628—1995 塑料制件公差数值标准。该标准将塑件精度分成 8 个等级，每种塑料可选其中三个等级，即高精度、一般精度和低精度，见表 4.7 和表 4.8。其中 1、2 级精度要求较高，只在特殊要求下使用。对于未注公差尺寸者建议采用标准中的 8 级精度。

该标准只规定标准公差值，而基本尺寸的上下偏差可根据塑件的配合性质来分配。对于孔类尺寸可取表中数值冠以(+)号；对于轴类尺寸可取表中数值冠以(-)号，对于中心距尺寸取表中数值之半再冠以(±)号。

对塑件的精度要求要具体分析，根据装配情况来确定尺寸公差。一般配合部分尺寸精度高于非配合部分尺寸精度。受塑料收缩波动的影响，小尺寸易达到高精度。塑件的精度要求越高，模具的制造精度要求也越高，模具的制造难度及成本亦增高，同时塑件的废品率也会增加。因此在塑件材料和工艺条件一定的情况下，应参照表 4.7 合理地选用精度等级。

表 4.7　塑件精度等级的选用(SJ/T10628—1995)

类　别	塑料品种	建议采用的精度等级		
		高精度	一般精度	低精度
1	聚苯乙烯(PS) ABS 聚甲基丙烯酸甲酯(PMMA) 聚碳酸酯(PC) 聚砜(PSU) 聚苯醚(PPO) 酚醛塑料(PF) 氨基塑料 30%玻璃纤维增强塑料	3	4	5
2	聚酰胺 6、66、610、9、1010(PA) 氯化聚醚(CPT) 聚氯乙烯(硬)(HPVC)	4	5	6
3	聚甲醛(POM) 聚丙烯(PP) 聚乙烯(高密度)(HDPE)	5	6	7
4	聚氯乙烯(软)(LPVC) 聚乙烯(低密度)(LOPE)	6	7	8

表 4.8　塑件精度等级的选用(SJ/T10628—1995)

塑件基本尺寸/mm	精度等级							
	1	2	3	4	5	6	7	8
	公差数值/mm							
~3	0.04	0.06	0.08	0.12	0.16	0.24	0.32	0.48
>3~6	0.05	0.07	0.08	0.14	0.18	0.28	0.36	0.56
>6~10	0.06	0.08	0.10	0.16	0.20	0.32	0.40	0.61
>10~14	0.07	0.09	0.12	0.18	0.22	0.36	0.44	0.72
>14~18	0.08	0.10	0.12	0.20	0.24	0.40	0.48	0.80
>18~24	0.09	0.11	0.14	0.22	0.28	0.44	0.56	0.88
>24~30	0.10	0.12	0.16	0.24	0.32	0.48	0.64	0.96
>30~40	0.11	0.13	0.18	0.26	0.36	0.52	0.72	1.0
>40~50	0.12	0.14	0.20	0.28	0.40	0.56	0.80	1.2
>50~65	0.13	0.16	0.22	0.32	0.46	0.64	0.92	1.4
>65~80	0.14	0.19	0.26	0.38	0.52	0.76	1.0	1.6
>80~100	0.16	0.22	0.30	0.44	0.60	0.88	1.2	1.8
>100~120	0.18	0.25	0.34	0.50	0.68	1.0	1.4	2.0
>120~140		0.29	0.38	0.56	0.76	1.1	1.5	2.2
>140~160		0.31	0.42	0.62	0.84	1.2	1.7	2.4
>160~180		0.34	0.46	0.68	0.92	1.4	1.8	2.7
>180~200		0.37	0.50	0.74	1.0	1.5	2.0	3.0
>200~225		0.41	0.56	0.82	1.1	1.6	2.2	3.3
>225~250		0.46	0.62	0.90	1.2	1.8	2.4	3.6
>250~280		0.50	0.68	1.0	1.3	2.0	2.6	4.0
>280~315		0.55	0.74	1.1	1.4	2.2	2.8	4.4
>315~355		0.60	0.82	1.2	1.6	2.4	3.2	4.8
>355~400		0.65	0.90	1.3	1.8	2.6	3.6	5.2
>400~450		0.70	1.0	1.4	2.0	2.8	4.0	5.6
>150~500		0.80	1.1	1.6	2.2	3.2	4.4	6.4

2.表面质量

塑件的表面质量包括表面粗糙度和表观质量等。塑件的表面粗糙度主要与模具型腔表面的粗糙度有关。目前,注射成型塑件的表面粗糙度 Ra 通常为 0.02 ~ 1.25 μm,一般模具表面粗糙度应比塑件低 1 ~ 2 级,即模腔表壁的表面粗糙度数值应为塑件的 1/2 ~ 1/4。

模具在使用过程中,由于型腔磨损而使表面粗糙度不断加大,应随时进行抛光复原。透明塑件要求型腔和型芯的表面粗糙度相同,而不透明塑件则可以根据使用情况分别确定。

塑件的表观质量指的是塑件成形后的表观缺陷状态,如缺料、溢料、飞边、凹陷、气孔、熔接痕、银纹、斑纹、翘曲、收缩等。它主要取决于塑料原料选择、成型工艺条件、模具总体设计等因素。成型时塑件出现的表观缺陷及其产生原因可参考附录 F 和 G。

4.4.2 塑件的形状结构

塑料制品几何形状的设计包括总体结构、脱模斜度、壁厚、加强筋、圆角、孔、支承面、铰链、标志及花纹等的设计。塑件结构形状的设计原则是在满足使用性能的情况下应尽可能有利于成型和简化模具结构。

1.总体结构

塑件的内外表面形状应尽可能保证有利于成型。由于侧向型芯或瓣合凹模不但使模具结构复杂,制造成本提高,而且还会在分型面上留下飞边,增加塑件的修整量,因此塑件设计时应尽可能避免侧向凹凸,如果必须有侧向凹凸,则在模具设计时应在保证塑件使用要求的前提下,可适当改变塑料制件的结构,以简化模具的结构。

塑件内侧凹较浅并允许带有圆角时,则可以用整体凸模采取强制脱模的方法使塑件从凸模上脱下,如图 4.9(a)所示。但此时塑件在脱模温度下应具有足够的弹性,以使塑件在强制脱下时不会变形,聚乙烯、聚丙烯、聚甲醛等软塑料能适应这种情况。塑件外侧凹凸也可以强制脱模,如图 4.9(b)所示。但是,多数情况下塑件的侧向凹凸难以强制脱模,此时应采用侧向分型抽芯结构的模具。

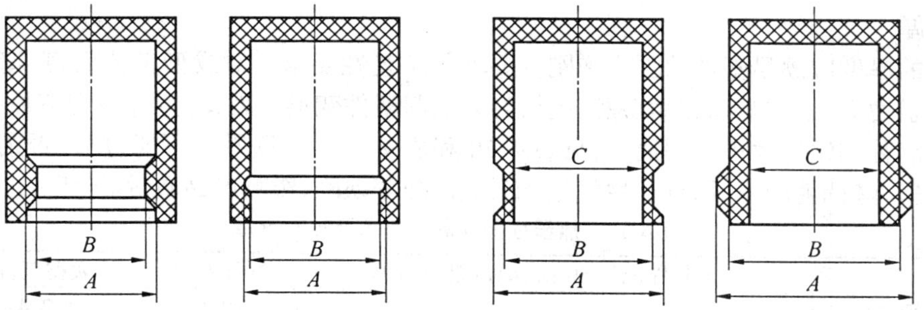

(a) $(A-B)/B \leqslant 0.05$　　(b) $(A-B)/C \leqslant 0.05$

图 4.9　可强制脱模的浅侧凹

2.脱模斜度

由于冷却时产生的收缩,会使塑件紧包在凸模上,或由于粘附作用,使塑件紧贴在凹模型腔内,脱模时会产生塑件表面被划伤、擦毛,甚至使塑件变形等。为便于塑件顺利脱模和保证质量,在设计时应使塑件表面沿脱模方向具有合理的脱模斜度。为满足装配要求,在塑件图上标注斜度时,内孔以小端为基准,斜度由扩大的方向取得,外形以大端为基准,斜度由缩小的方向取得,如图 4.10 所示。塑件脱模斜度的大小与塑料的性质、收缩率、摩擦系数、塑件壁厚和几何形状有关,一般取 30′ ~ 1°30′。表 4.9 列出了部分塑件的脱模斜度,选择时应注意以下原则。

①在不妨碍塑件使用的前提下，脱模斜度可取大些。

②塑料的强度越高或收缩率越大，冷却后对模具的包紧力越大，脱模斜度应取大些。

③塑件的形状越复杂或壁厚增加，对模具的包紧力越大，脱模斜度也应取大些。

④塑件如较高时，为减少对其精度的影响，应取较小的脱模斜度，而塑件高度小于 2～3 mm 时，因脱模力小可不设计斜度。

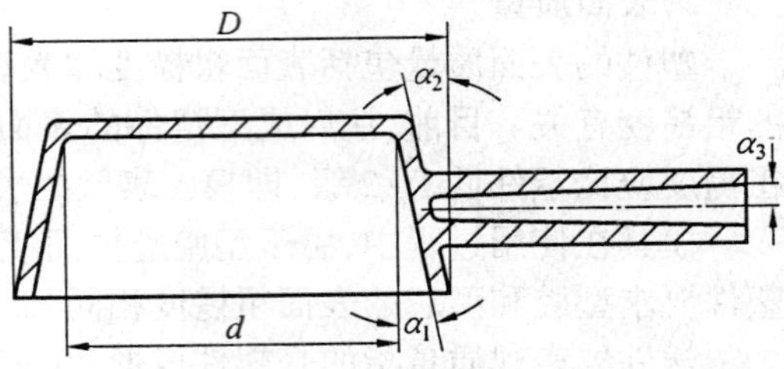

图 4.10　制品脱模斜度

⑤因收缩的原因使塑件尺寸变小，对凹模型腔的紧贴力要小于对凸模的包紧力，外表面斜度可比内表面斜度小些。

⑥当工艺需要脱模时塑件仍留在凸模上时，内表面斜度应比外表面斜度小。

⑦制品上带有雕刻花纹或标记符号时.也应带有脱模斜度。

一般情况下，脱模斜度不包括在塑件的公差范围内。如果塑件有尺寸精度要求，则脱模斜度的设置不能大于塑件的公差范围。

表 4.9　部分塑件的脱模斜度

塑　料　名　称	脱模斜度	
	型　腔	凸　模
聚乙烯(PE)、聚丙烯(PP)、聚氯乙烯(软)(LPVC)、聚酰胺(PA)、氯化聚醚(CPT)	25′～45′	20′～45′
聚氯乙烯(硬)(HPVC)、聚碳酸酯(PC)、聚砜(PSU)	35′～40′	30′～50′
聚苯乙烯(PS)、聚甲基丙烯酸甲酯(PMMA)、ABS、聚甲醛(POM)	35′～1°30′	30′～40′
热固性塑料	25′～40′	20′～50′

注：本表所列脱模斜度适用于开模后塑件留在凸模上的情况。

3.壁厚

塑件的厚度应满足塑件的强度和刚度要求与工艺性要求。对成型工艺而言，壁厚过小成型时流动阻力大，熔体难以充满型腔，脱模时易引起塑件变形。因此，塑件规定有最小壁厚值，它随塑料品种和塑件大小不同而异，见表 4.10 和表 4.11。但壁厚也不能过大，否则不但造成原料的浪费，降低生产率，而且产生气泡、缩孔、凹陷等缺陷，影响产品质量。

表 4.10　热塑性塑件最小壁厚及推荐壁厚

塑料品种	制件流程 50 mm 时的最小壁厚	一般制件壁厚	大型制件壁厚
聚酰胺(PA)	0.45	1.75～2.60	>2.4～3.2
聚乙烯(PE)	0.6	2.25～2.60	>2.4～3.2
聚苯乙烯(PS)	0.75	2.25～2.60	>3.2～5.4
改性聚苯乙烯	0.75	2.29～2.60	>3.2～5.4
聚甲醛(POM)	0.80	2.40～0.60	>3.2～5.4
有机玻璃(PMMA)	0.80	2.50～2.80	>4.0～6.5
聚氯乙烯(软)(LPVC)	0.85	2.25～2.50	>2.4～3.2
氯化聚醚(CPT)	0.85	2.35～2.80	>2.5～3.4
聚丙烯(PP)	0.85	2.45～2.75	>2.4～3.2
聚碳酸酯(PC)	0.95	2.60～2.80	>3.0～4.5
聚氯乙烯(硬)(HPVC)	1.15	2.60～2.80	>3.2～5.8
聚苯醚(PPO)	1.20	2.75～3.1	>3.5～6.4

表 4.11 热固性塑件最小壁厚及推荐壁厚

塑 料 品 种	制件外形高度		
	~50	>50~100	>100
粉状填充的酚醛塑料	0.7~2.0	2.0~3.0	5.0~6.5
纤维状填充的酚醛塑料	1.5~2.0	2.5~3.5	6.0~8.0
氨基塑料	1.0	1.3~2.0	3.0~4.0
聚酯玻璃纤维填充的塑料	1.0~2.0	2.4~3.2	>4.8
聚酯无机填料的塑料	1.0~2.0	3.2~4.8	>4.8

同一塑件的壁厚应尽可能一致，否则会因冷却不均而产生附加内应力，使塑件产生翘曲、缩孔、裂纹甚至开裂。塑件局部过厚，外表面会出现凹痕，内部会产生气泡。表 4.12 为改善塑件壁厚的典型实例。如果结构要求必须有不同壁厚时，不同壁厚的比例不应超过 1:3，且应采用适当的修饰半径以减缓厚薄过渡部分的突然变化。

表 4.12 改善塑件壁厚的典型实例

序号	不合理	合理	说 明
1	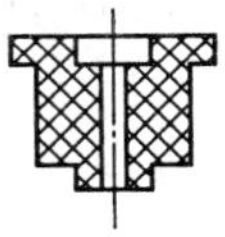	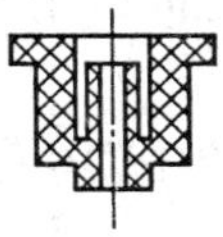	左图壁厚不均匀，易产生气泡及塑件变形，右图壁厚均匀，改善了成型工艺条件，有利于保证质量
2	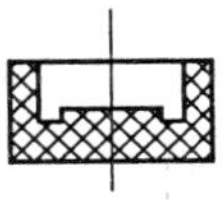	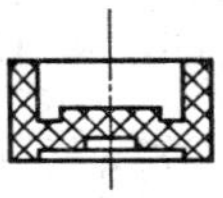	
3	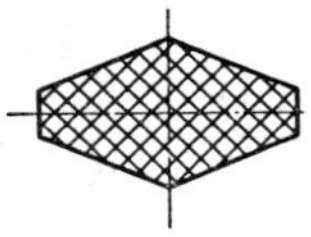	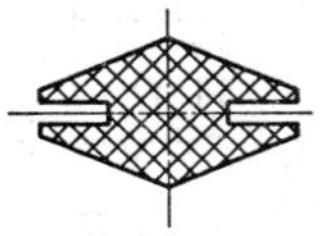	
4	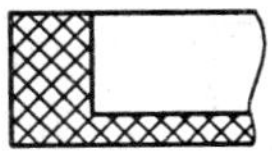	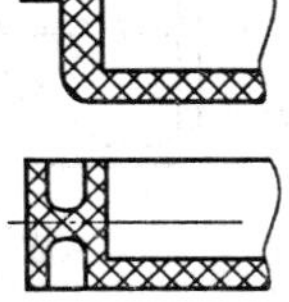	
5	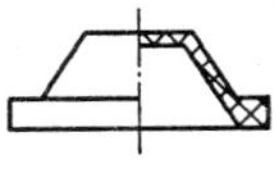	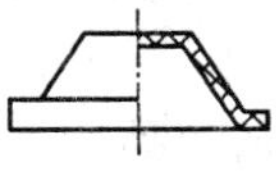	当塑件必须有厚度不均匀时，应使其平缓过渡避免突变，否则易变形
6	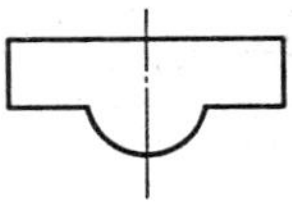	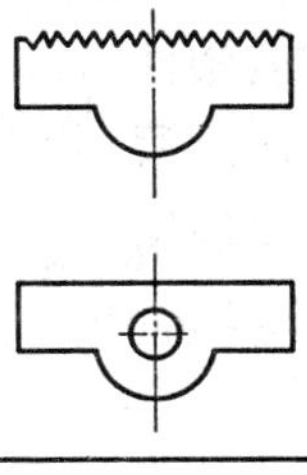	壁厚不均时，可在易产生凹痕表面采用波纹形式或在厚壁处开设工艺孔，以掩盖或消除凹痕

4. 加强筋

在很多情况下，用增加壁厚的办法来提高塑件的强度是不合理的，不仅浪费材料，还易产生缩孔或凹陷，影响塑件质量，如图 4.11(a)、(c)。此时可采用加强筋以增加塑件强度和避免塑件变形翘曲，如图 4.11(b)、(d)。

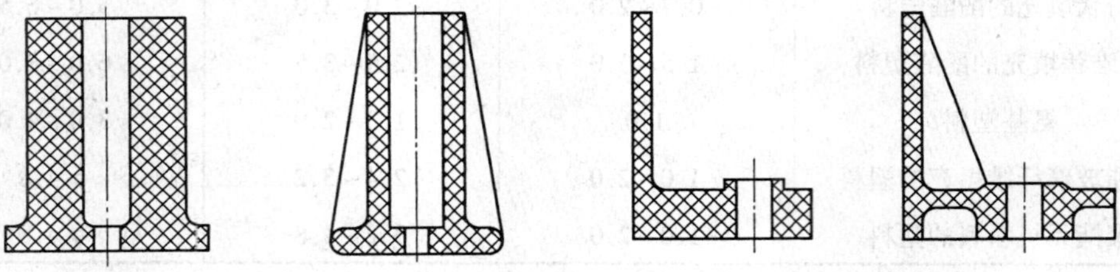
(a) (b) (c) (d)

图 4.11　制品上的加强筋

设计加强筋时，应注意以下原则。

①筋的方向应与熔体的填充方向一致，否则将因筋的干扰而出现成型缺陷。

②在塑件形状容许的情况下，应多设计一些高度较低的筋代替较高的筋，以避免筋本身发生变形破坏。

③为防止塑件因收缩引起的变形，两筋之间的中心距应大于 2 倍以上的塑件壁厚，各条筋的排列应相互错开。

④各筋厚度应尽量相同，防止熔体局部集中而引起缩孔和气泡。

⑤筋与筋间距离应大于筋宽的两倍。

⑥筋的布局应合理，以减小变形和开裂，如图 4.12。

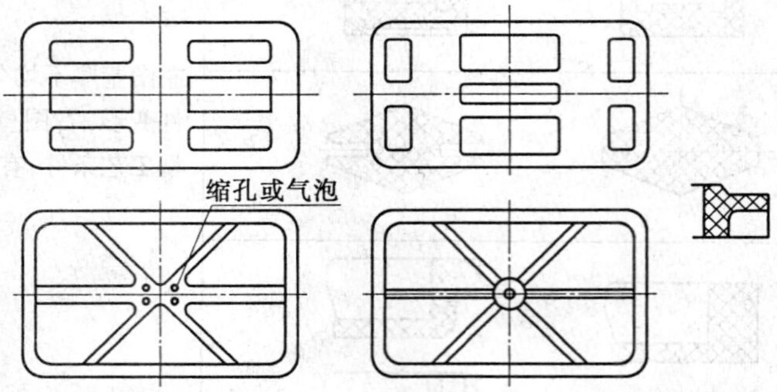

(a)不正确的　(b)正确的

图 4.12　加强筋的布排

⑦筋的宽度 b 不应大于制品壁厚，否则制品的壁面会产生凹陷，如图 4.13(b)。

加强筋的典型结构如图 4.13(a)所示，若塑件厚度为 t，则加强筋的高度 $h=(1\sim3)t$；根部过渡圆角 $R=(1/8\sim l/4)t$，端部圆角 $r=t/8$；脱模斜度 $a=2°\sim5°$；筋根宽 $b=(1/4\sim1)t$，当 $t\leqslant 2$ mm 时，取 $b=t$。

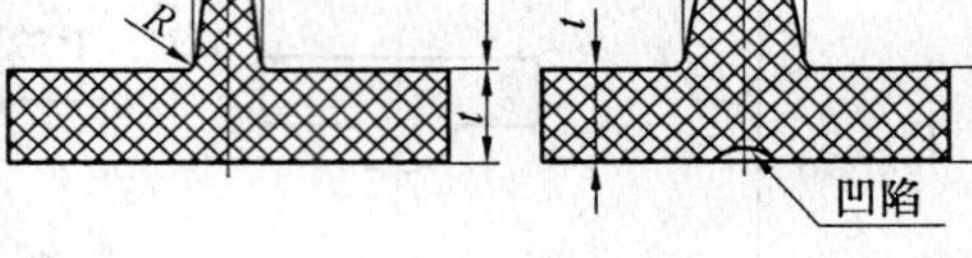

(a)　(b)

图 4.13　加强筋筋尺寸

5.增强结构

对于某些塑件如容器等,设置加强筋会影响其外观质量和使用效果,此时应将塑件的特定部位设计成特殊的形状,使其成为增强结构或称为防变形结构,以增加塑件的强度和刚度。

塑件的增强结构较多,以下为几种常见的设计方法。

①底面加强。对于薄壳状的塑件可制成球面、拱曲面等,如图4.14所示,可有效地增加刚性,减少变形,增加其美感。

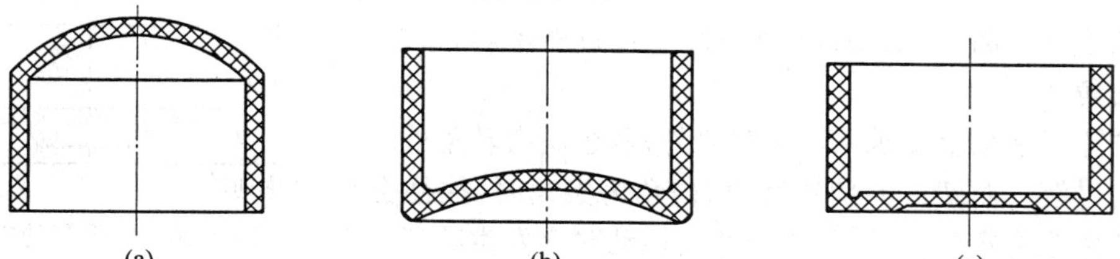

图4.14　容器底部的增强

②边缘加强。对于薄壁容器的边缘,可按图4.15所示设计来增加刚性和减少变形。

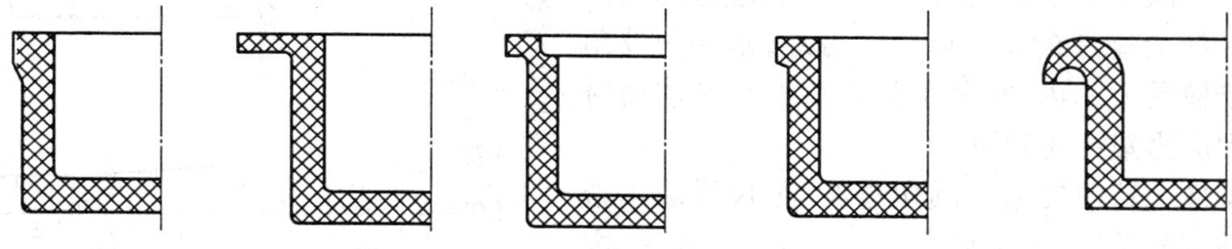

图4.15　容器边缘的增强

③平板加强。对于平板类塑件,可设计成瓦楞形,如图4.16所示,增加其刚性。

④侧壁加强。当侧壁面积较大刚性较差时,可采用图4.17所示的加强结构。

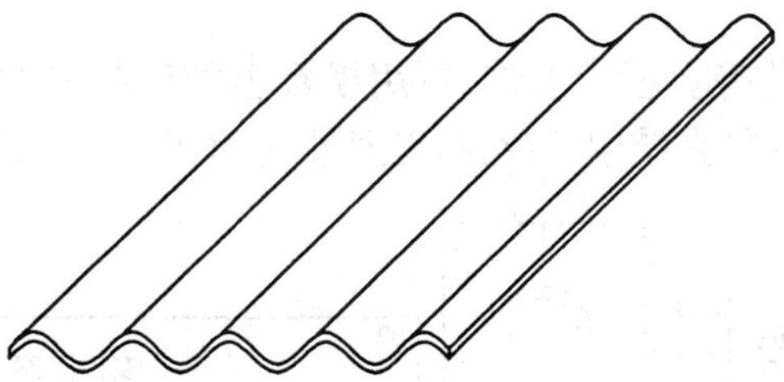

图4.16　平板加强

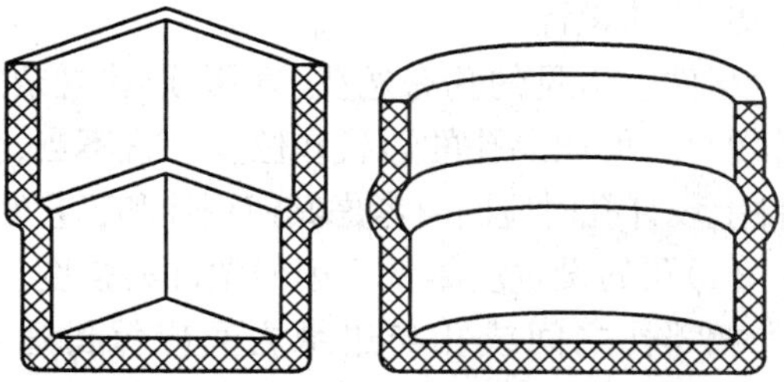

图4.17　侧壁的增强

对于某些塑件,有时采用多种手段复合加强,可得到较佳的效果,如图4.18。

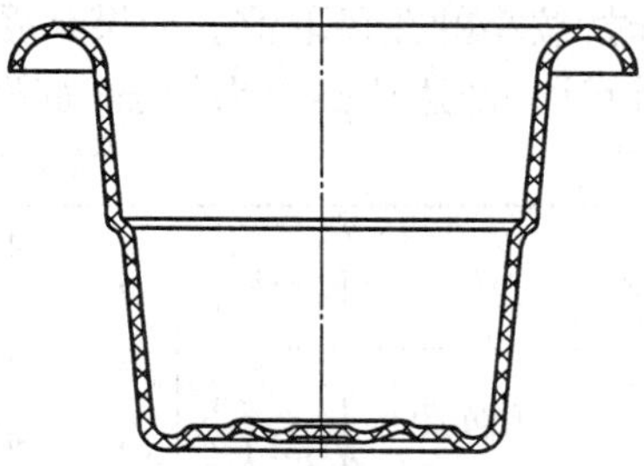

图4.18　复合增强

6.支承面

对于某些需要承重的塑件来讲,以整个底面作为支承面有时是不合理的,因为塑件稍许翘曲或变形就会使底面不平;另外即使塑件底面是平的,如果地面不平,仍影响塑件放置的稳定性。通常采用凸起的边框或底脚(三点或四点)来支承,如图4.19所示。当制品底部有加强筋时,筋的

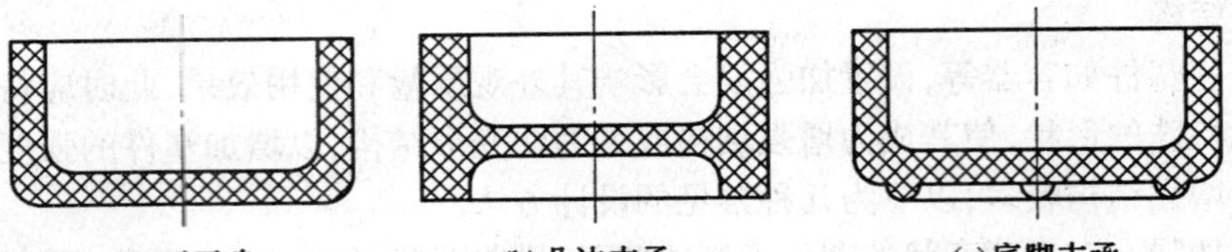

(a)不正确　　(b)凸边支承　　(c)底脚支承

图 4.19　用凸出的底脚或凸边作支承面

端部应低于支承面约 0.5 mm 以上，如图 4.20 所示。

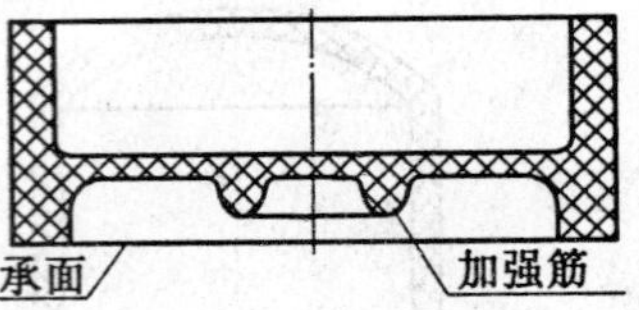

图 4.20　加强筋的支承面

7.圆角

塑件除了使用上要求采用尖角之外，其余所有转角处均应采用圆角过渡。对塑件的使用而言，内角为尖角时，往往会在尖角处产生应力集中，在受力或受冲击振动时会发生破裂。而对塑件成型而言，内尖角因成型内应力可能导致在脱模过程中产生开裂。图 4.21 所示为塑件所受应力与圆角半径的关系，可以看出，理想的内圆角半径应为壁厚的 1/3 以上。另外，塑件的外角对应于模具上的内角，如果是尖角模具在使用时可能因应力集中而开裂。

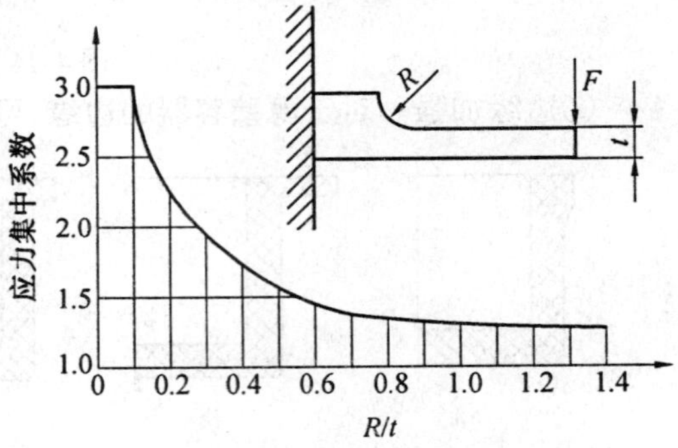

图 4.21　*R*/*t* 与应力集中系数

塑件上转角处采用圆角过渡，不仅增加了塑件的强度与美感，还有利于熔体的流动。通常，内壁圆角半径应为壁厚的一半，外壁圆角半径可为壁厚的 1.5 倍，一般圆角半径不应小于 0.5 mm。壁厚不等的两壁间转角可按平均壁厚确定圆角半径。对于塑件的某些部位，在成型中必须处于分型面、型芯与型腔配合处等位置时，如不便制成圆角，可采用尖角。

8.孔的设计

塑件上常见的孔有通孔、盲孔、形状复杂的孔等。理论上讲，可用模具上的型芯成型任何形状的孔，但如果孔的形状和位置设置不当，会使模具结构复杂，制造困难，成本增加。因此，在塑件上设计孔时应同时考虑其使用性和工艺性。

(1)孔的设置应尽量不削弱塑件的强度

相邻孔之间或孔与边缘之间应保留适当距离。对热固性塑件，其数值如表 4.13 所示，热塑性塑件可按所列数值的 75% 确定。当孔径不同时，按小的孔径取值。如果是受力孔，孔的周围可设计一凸边或凸台来加强，如图 4.22 所示。

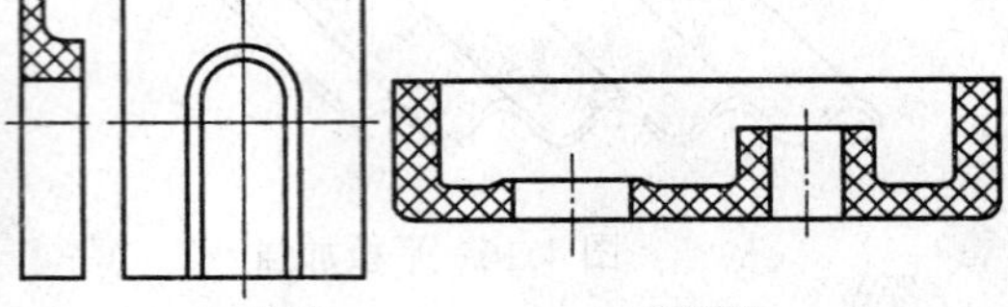

(a)孔座　　(b)圆孔

图 4.22　孔的边缘加强

表 4.13　热固性塑件孔间距、孔边距与孔径关系　　mm

孔径 *d*	~1.5	>1.5~3	>3~6	>6~10	<10~18	>18~30	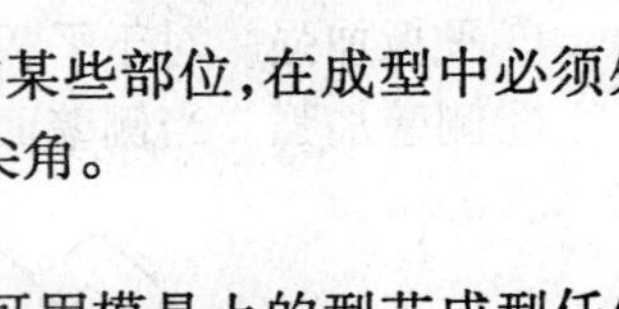
孔间距 孔边距 *b*	1~1.5	>1.5~2	>2~3	>3~4	<4~5	>5~7	

(2)孔的形状应便于成型

通孔的轴线和开模方向一致时，其成型方法比较简单，如图 4.23 所示。可由一端固定的型芯来成型如图(a)。为避免型芯的长度误差引起头部(图中 A 处)产生飞边，或型芯较长较细时易受力弯曲，可采用图(b)的方法，一端固定，另一端导向支撑，其强度和刚性较好，不易产生飞边，轴向精度较高。对于较深的通孔，还可采用图(c)的方法，由两个型芯来成型，型芯减短后刚度得以加强，但两个型芯的结合面会产生飞边。由于两型芯的同轴度不易保证，当成型孔需要装配时，应使其中一个型芯的径向尺寸比另一个大 0.5 ~ 1 mm。

盲孔只能用一端固定的型芯来成型，如图 4.24 所示。此时型芯的刚性较差，使其深度受到限制。一般来讲，注射成型时孔深不应超过孔径的 4 倍；直径小于 1.5 mm 时，孔深以不超过孔径的 2 倍为宜。

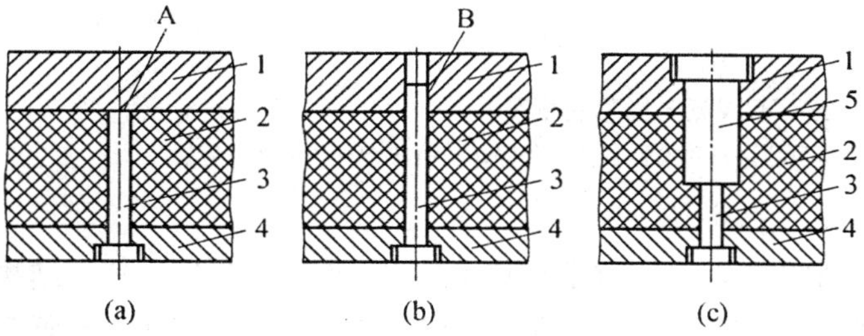

图 4.23 通孔的成型方法

1—定模板；2—塑件；3—定模型芯；4—动模板；5—动模型芯

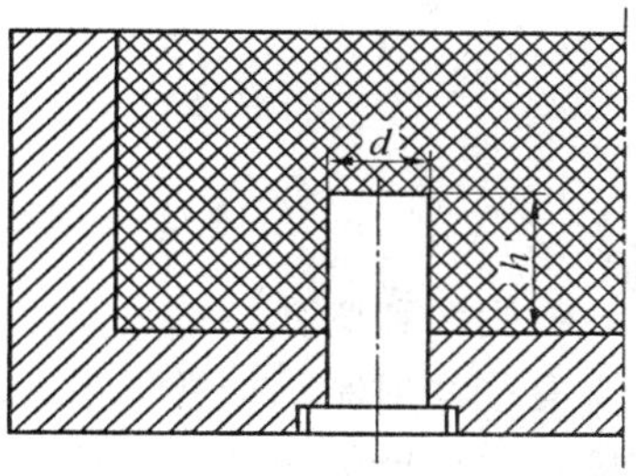

图 4.24 盲孔深度 h 与直径 d 的关系

d/mm	< 1.5	1.5 ~ 5.0	5.0 ~ 10.0
h/mm	$2d$	$3d$	$4d$

各种塑料适宜成型的最小孔径和最大孔深见表 4.14。

表 4.14 塑件的最小孔径与最大孔深

塑 料 名 称	最小孔径 d/mm	最大孔深/mm	
		盲 孔	通 孔
聚酰胺(PA) 聚乙烯(PE) 软聚氯乙烯(LPVC)	0.2	$4d$	$10d$
硬聚氯乙烯(HPVC) 有机玻璃(PMMA)	0.25	$3d$	$8d$
氯化聚醚(CPT) 聚甲醛(POM) 聚苯醚(PPO) 改性聚苯乙烯	0.3	$3d$	$8d$
聚碳酸酯(PC) 聚砜(PS)	0.35	$2d$	$6d$

孔的轴线与开模方向不一致或形状复杂的孔称为异型孔。当孔的形状满足一定要求时，可采用拼合的型芯来成型，以避免侧向抽芯，图 4.25 为几种常见的例子。

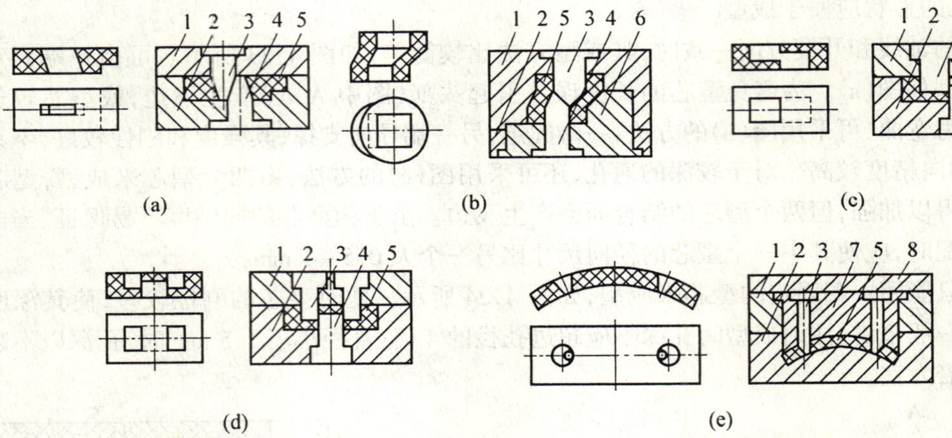

图 4.25　不用侧向抽芯的复杂孔形

1—定模板;2—动模板 3—定模型芯;4—动模型芯;5—塑件;6—镶块;7—凸模;8—垫板

9.侧凹和侧孔

有些注射制品上常常带有侧向凸凹结构(简称侧凹)或侧孔,如果采用瓣合式模具结构或在模具中设计侧向分型与抽芯机构,使得成型工艺和模具结构变得复杂,此时应考虑其工艺性。一种方法是改进侧凹和侧孔的形状,来避免模具侧向分型和侧向抽芯,如图 4.26 和 4.27 所示;另一种办法是尽量采用较浅的侧凹进行强制脱模,但这种方法只适于聚乙烯、聚丙烯和聚甲醛等软性塑料制品。

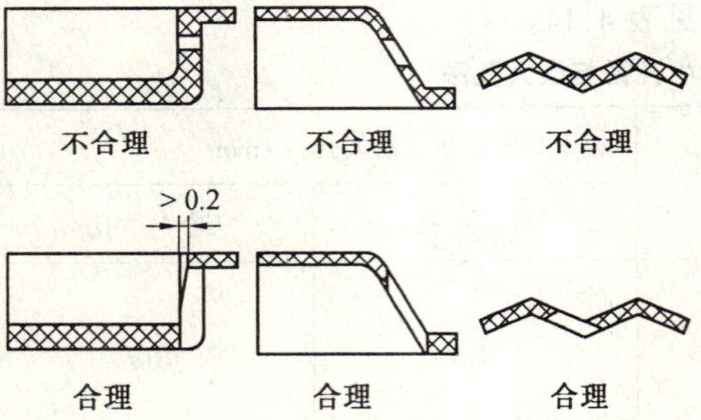

图 4.26　避免侧向型芯的设计

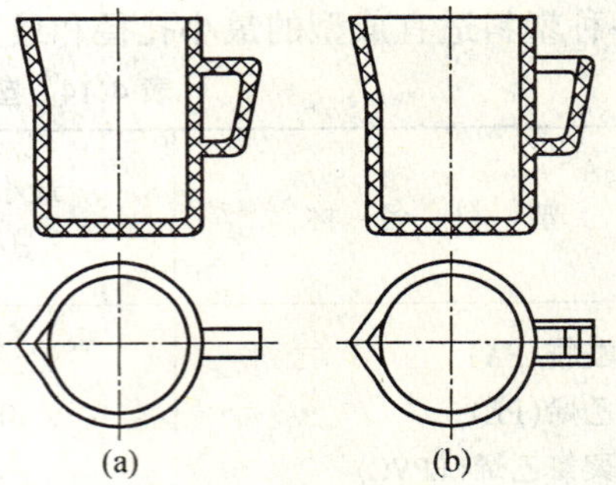

图 4.27　避免侧向分型

10.螺纹设计

塑件上的螺纹一般在注射成型时直接获得,生产批量较小时,可以采用后续机加工成型,对于需要经常装拆和受力较大的螺纹,应采用金属螺纹嵌件。

注射成型时,塑件上的螺纹直径一般不小于 2 mm,精度不超过 IT7 级,并选用较大的螺距,直径较小时应避免选用细牙螺纹,否则会影响使用强度。表 4.15 为塑料螺纹的选用范围。螺纹直径小于 2 mm 时,可采用金属螺纹嵌件。

一般塑料的强度远低于金属材料,螺纹在使用时易产生变形或崩裂,所以注射成型螺纹的螺牙应圆弧过渡,螺纹的始端和末端均不应突然开始和结束,应有一过渡段。如图4.28所示,过渡长度为 l,其数值按表 4.16 选取。

表 4.15　螺纹选用范围

螺纹公称直径/mm	螺纹直径				
	米制标准螺纹	1 级细牙螺纹	2 级细牙螺纹	3 级细牙螺纹	4 级细牙螺纹
<3	+	-	-	-	-
3~6	+	-	-	-	-
6~10	+	+	-	-	-
10~18	+	+	+	-	-
18~30	+	+	+	+	-
30~50	+	+	+	+	+

注:表中“+”号表示能选用的螺纹。

表 4.16　塑料螺纹始末过渡部分长度　mm

螺纹直径	螺距 p		
	<0.5	>0.5	>1
	始末过渡部分长度 l		
≤10	1	2	3
>10~20	2	3	4
>20~34	2	4	6
>34~52	3	6	8
>52	3	8	10

因收缩会引起塑件上的螺距变小,与金属螺纹的匹配性较差,所以塑料螺纹与金属螺纹的配合长度应小于螺纹直径的 1.5 倍,否则会造成塑件上螺纹的损坏及连接强度的降低。

在同一螺纹型芯或螺纹型环上有前后两段螺纹时,应使两段螺纹的旋向相同,螺距相等,如图 4.29(a)所示,否则无法使塑件从整体型芯或型环上脱模,需要采用两段型芯或型环组合进行成型,如图 4.29(b)所示,但会使模具结构变得复杂。

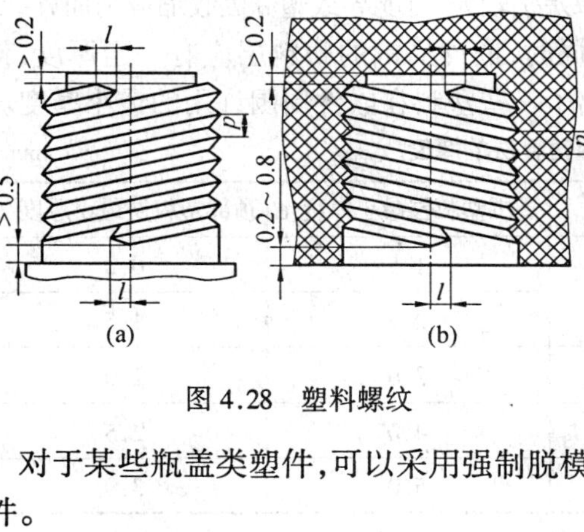

(a)　(b)

图 4.28　塑料螺纹

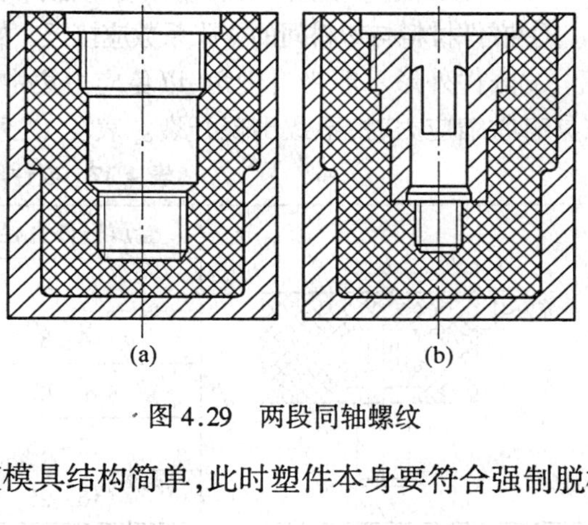
(a)　(b)

图 4.29　两段同轴螺纹

对于某些瓶盖类塑件,可以采用强制脱模使模具结构简单,此时塑件本身要符合强制脱模条件。

11. 嵌件设计

注射成型时，镶嵌在塑料制品内部并与之形成不可拆卸结构的零件称为嵌件。嵌件的作用一方面是为了增加塑件局部的强度、硬度、耐磨性、导磁导电性及某些特殊性能等；另一方面是为了提高塑件精度和尺寸稳定性。

采用嵌件往往会使模具结构复杂，在模具中安装嵌件会降低生产率，难于实现自动化，增加塑件的成本，因此，塑件设计时应慎重合理地选择嵌件结构。

嵌件的材料有金属、玻璃、木材、橡胶和已成型的塑料等，其中金属嵌件用得最为普遍。

图 4.30 为几种常见的金属嵌件的形式：图(a)、(b)为圆筒形螺纹嵌件，有通孔和不通孔两种。带螺纹孔的嵌件是常见的形式，它用于经常拆卸或受力较大的场合以及导电部位的螺纹连接；图(c)～(e)为圆柱形嵌件；图(f)、(g)为片状嵌件，常用作塑件内导体、焊片及钥匙等；图(h)、(i)为细杆状与片状贯穿嵌件，如汽车方向盘、提手把等。

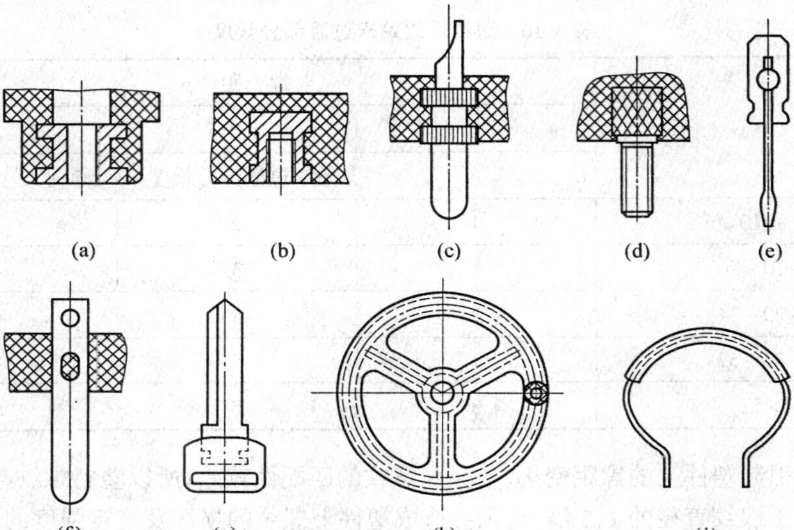

图 4.30　常见的嵌件形式

其他特种用途的嵌件形式很多，如冲制的薄壁嵌件、薄壁管状嵌件等。

为了保证嵌件与塑件的有效结合，充分发挥嵌件的作用，设计时应注意以下事项。

①嵌件材料与塑料间的膨胀系数应接近。如果差别较大，可能导致塑件因收缩应力而开裂。

②嵌件外形不能带有尖角，以免应力集中。同时，嵌件周围的塑料层应有一定厚度，使其在具有收缩应力时，不致出现开裂。表 4.17 列出了一些塑料在嵌件周围许用的最小厚度。

表 4.17　嵌件周围塑料层的厚度　　mm

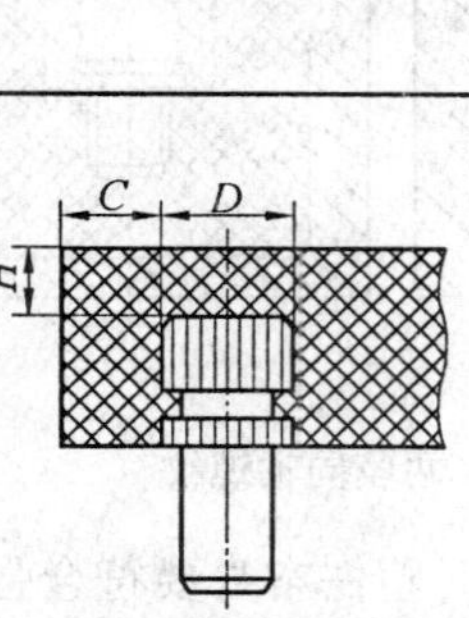

金属嵌件直径 D	周围塑料层最小厚度 C	顶部塑料层最小厚度 H
～4	1.5	0.8
4～8	2.5	1.5
8～12	3.0	2.0
12～16	4.0	2.5
16～25	5.0	3.0

③多嵌件在制品内的放置应尽可能对称，以防止塑件产生不均匀收缩，导致变形或开裂。

④嵌件上应设计止转止退结构，以防受力时出现嵌件的转动与拔脱。例如，对于板片形嵌件可采用图 4.31 所示的形状进行固定；对圆柱形和管套形嵌件可在其表面设计沟槽、滚花或其他特殊形状，也可将圆柱形嵌件局部压扁来稳固嵌件，如图 4.32 所示。

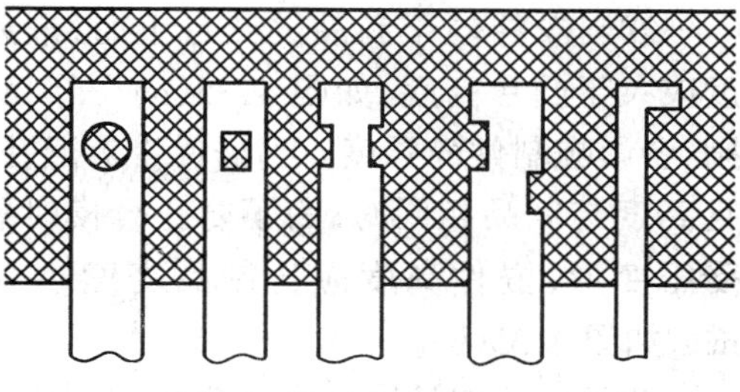

图 4.31　板片形嵌件与制品的连接

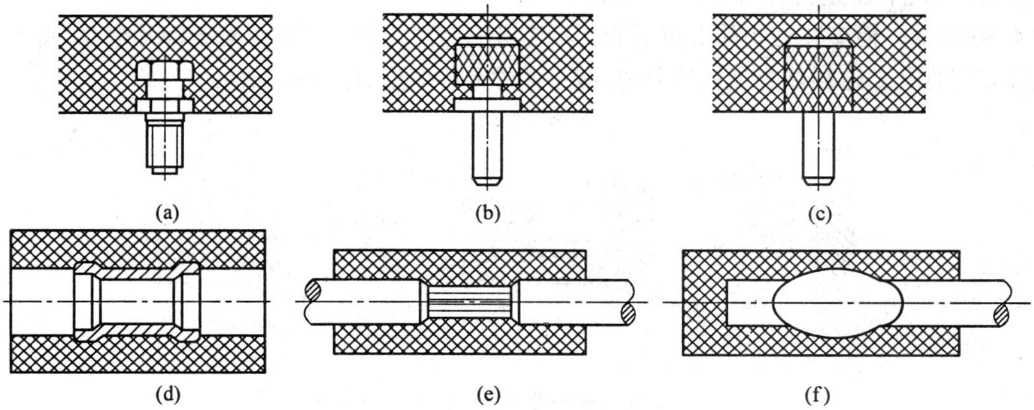

图 4.32　圆柱嵌件与制品的连接

⑤注射成型时应使嵌件在模具中定位正确且牢固。防止嵌件在塑料熔体流动压力作用下产生位移或变形。对于圆柱形嵌件，一般都需要把它们插入模具内的相应孔中进行定位，如图 4.33 所示，其中图(a)直接用螺纹嵌件上的光杆定位，嵌件结构较简单，而图(b)和图(c)则分别用嵌件上的凸肩定位，嵌件结构虽然复杂，但凸肩与模具定位孔压紧后，可防止熔体流入螺纹。对于管套形嵌件，既可以在其外侧设计一定尺寸的台阶，将台阶插进模具内的孔中定位，也可以在模具内设置定位杆，将嵌件套在杆上定位，如图 4.34 所示，其中图(a)采用定位杆定位，图(b)、(c)采用嵌件外侧台阶定位，图(d)采用嵌件内侧台阶定位，图(e)采用螺纹杆对内螺纹孔嵌件定位。

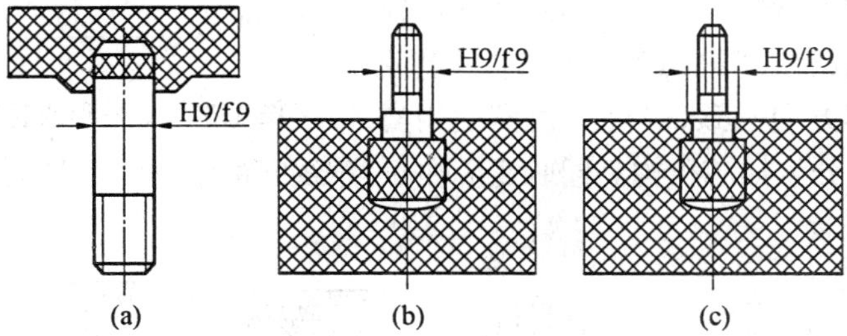

图 4.33　圆柱形嵌件的定位结构

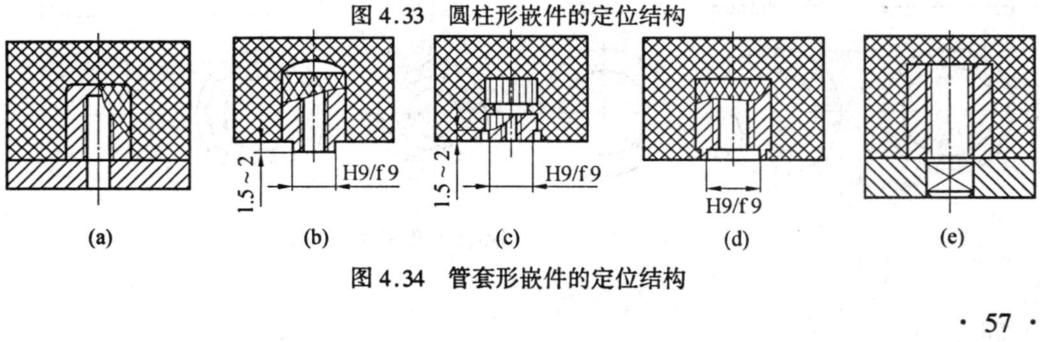

图 4.34　管套形嵌件的定位结构

⑥当嵌件位于制品的凸台上时，嵌入深度应大于凸台高度，如图 4.35(a)，$H > h$，否则，会影响制件的强度。当嵌件带有通孔，而且高度与制品相同时，为了防止合模时嵌件受压变形，嵌件高度应比制品高度小 0.05 mm，如图 4.35(b)。

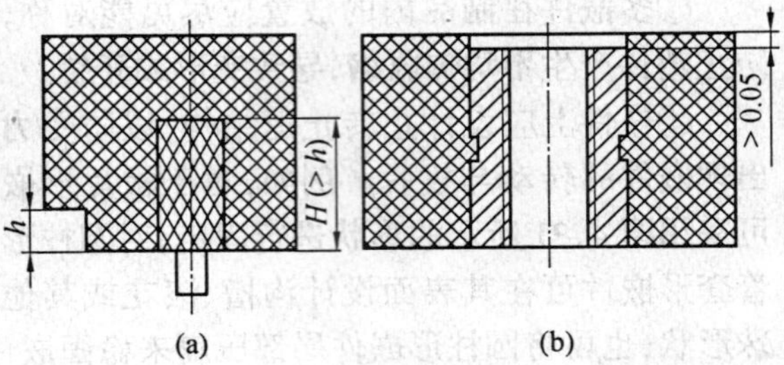

图 4.35　嵌件在制品中的高度

为了防止细长嵌件在成型过程中发生弯曲，应在模具中设置支柱对嵌件进行支撑，如图 4.36 所示。但支柱在制品上留下的孔不应影响制品的使用要求。对于薄片嵌件，可在熔体流动方向打孔。这样能降低料流阻力，减小嵌件受力变形，如图 4.36(c)。

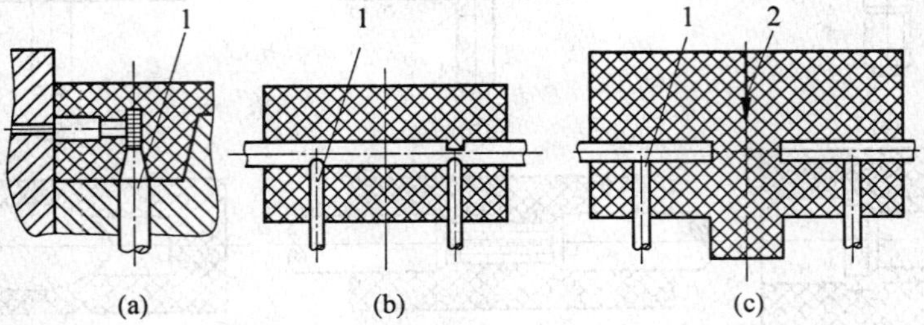

图 4.36　细长薄片嵌件在模内的支撑

1—支柱；2—熔体流动方向

⑦对于圆柱形或管套形嵌件，推荐使用图 4.37所示的尺寸。图中 $h = d_2$，$h_1 = h_2 = 0.3h$，$d_1 = 0.75d_2$。在特殊情况下，可使 $h > d_2$，但 h 最大不能超过 $2d_2$。

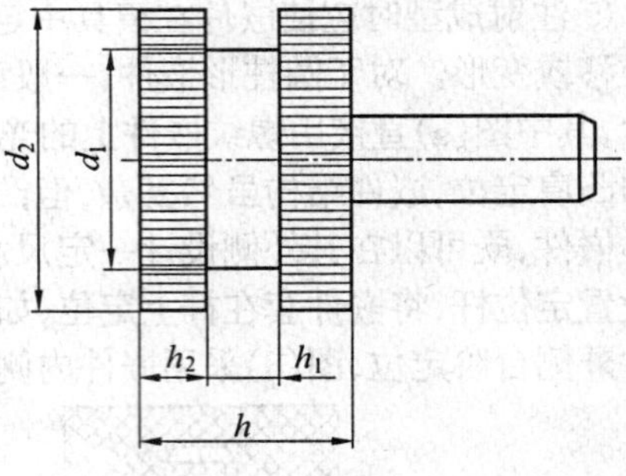

图 4.37　圆柱形或管套形嵌件的尺寸

12. 凸凹纹

为了便于把持或装饰，旋钮、手柄和瓶盖等塑料制品上经常要带有一些凸纹或凹纹，如图 4.38 所示。设计这些凸出或凹进的条纹时，应尽量使它们的方向与脱模方向一致，以免注射模使用瓣合结构或增设侧向分型抽芯机构。同时还应注意，条纹间的距离应尽量取大一些，以便降低模具加工难度。

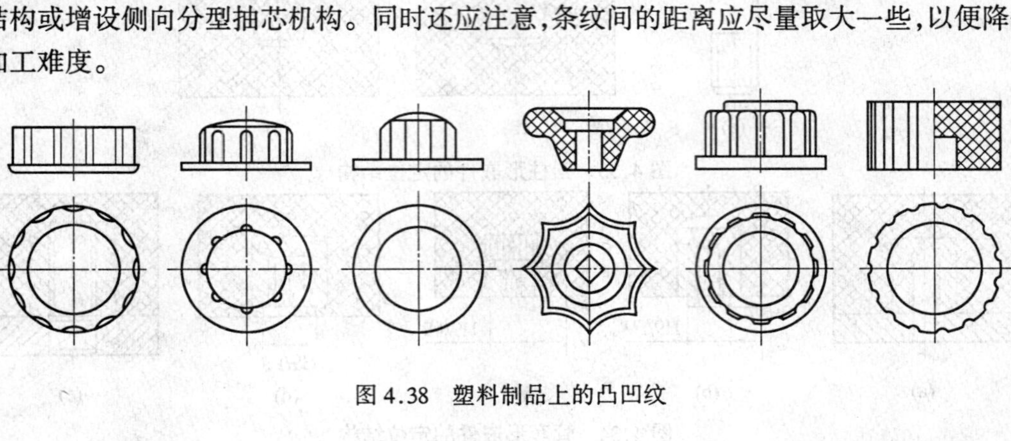

图 4.38　塑料制品上的凸凹纹

13. 铰链

塑料铰链是一种可以绕无固定转动轴转动的绕行连接装置，也称塑料合页。对于聚丙烯和聚乙烯等软性带盖容器，可将其盖子和容器通过铰链注射成一个整体，图 4.39 是这类铰链的一些常见形式，图 4.40 是铰链的基本尺寸。由图示可知，它们实质上都是一些宽度不太大的注射薄片，盖子和容器可通过这层薄片的弯曲而发生转动。

图 4.39　常见塑料铰链

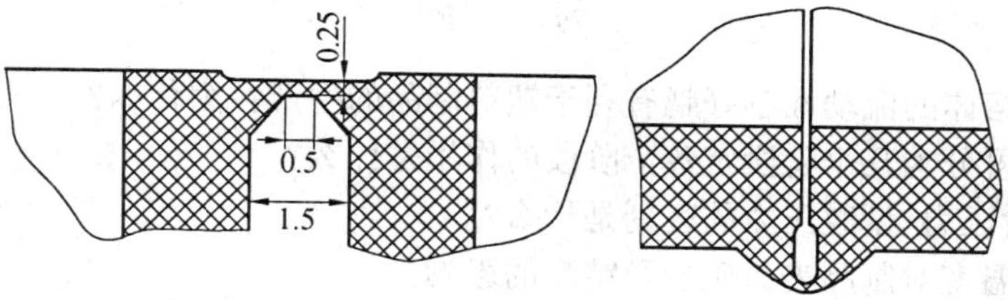

(a)模塑时的铰链位置　　(b)曲折时的匀链位置

图 4.40　塑料铰链的尺寸

设计和成型塑料铰链时应注意以下事项。

①铰链厚度与制品壁厚有关，制品壁厚大时，铰链厚度也可大些，制品壁厚小时，铰链厚度也必须减小。通常，铰链厚度为 0.25 ~ 0.38 mm，宽度约 5 mm，太厚太宽都会失去效用。

②熔体流过铰链的小间隙时，将产生摩擦热，因此铰链区附近的模具应有足够的冷却，以避免出现降解，影响其弯曲强度。

③制品在成型过程中，塑料熔体必须从制品的一边垂直通过铰链流向另一边，以利于利用流动取向提高铰链的弯曲寿命，如果熔体沿着铰链的纵向流动，则会在铰链处出现缺料或熔接痕，影响其寿命。

④脱模后应立即对铰链进行数次折弯，使铰链区拉伸减薄，抗拉强度提高。

14. 文字、符号及标记

为了装璜或某些特殊要求，塑料制品上常常带有凸起或凹进的文字、符号及标记，它们通常可以做成三种不同形式。第一种是在制品上凸起而在模具中凹入，如图 4.41(a)，这种形式便于模具机械加工或手工雕刻，但凸起的标记符号容易被磨损；第二种是在制品上凹入而在模具上凸起，如图 4.41(b)，该形式可以在凹入标记符号涂上各种颜色的油漆而增添美观，但模具需要采用电火花、冷挤压等方法成型，加工比较困难；第三种则是在凸起的标记符号周围设置凹入的装饰框，如图 4.41(c)，由于可以将凹入的标记符号刻制在成型镶块上，并将镶块嵌入模具，这样既可解决第二种形式的加工问题，也可以克服第一种形式容易磨损的缺陷。

文字、符号、标记的位置如果设置不当，将给脱模造成困难。为此，希望使其处于模具的底面。如果必须设置在侧面，则标记处需要较大的脱模斜度。

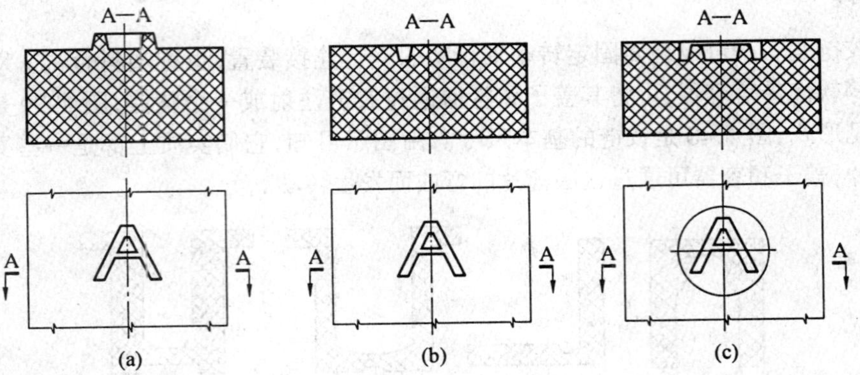

图 4.41　塑料制品上的标记符号

习　　题

1. 是否塑料熔体的流动性越好越有利于塑料制品的生产？为什么？
2. 注射过程可分为几个阶段？各个阶段的作用是什么？
3. 背压、注射压力、型腔压力的区别是什么？
4. 试述模具温度对制品表面质量及精度的影响。
5. 试述制品后处理的原因和方法。
6. 简述三大工艺条件的概念及其对成型工艺的影响。
7. 影响尺寸精度的因素有哪些？
8. 设计塑料制品时，为什么要考虑脱模斜度？
9. 设计塑料制品时，为什么要考虑采用圆角过渡？
10. 说明加强筋的作用和设计原则。
11. 如何改进塑料薄壁容器的形状设计以增强其刚性和减小变形？
12. 影响注射成型工艺性的因素有哪些？
13. 塑料制品的增强结构有哪几种常见形式？
14. 试述嵌件的作用和设计要点。
15. 简述制品厚度对成型工艺和制品质量的影响。
16. 说明孔对成型工艺的影响和设计原则。
17. 符合什么条件时，可以对塑件的侧凹采用强制脱模？

第 5 章　注射模设计概论

塑料注射成型生产中使用的模具(注射模)是成型塑件的一种重要工艺装备。注射模主要用于成型热塑性塑料制件,随着成型技术的发展,近年来在热固性塑料的成型中也得到了日趋广泛的应用,因而注射成型模具对塑料的适应性比较广,而且用这种方法成型塑料制件的内在和外观质量均较好,生产效率特别高(与塑料的其他成型方法相比),所以注射成型模具尤其得到重视。

注射模、塑料原材料和注射机通过注射成型工艺联系在一起,形成注射成型生产单元。当塑料原材料、注射机和注射工艺参数确定以后,注射模结构的合理性将直接影响塑件的成型质量、生产效率,劳动强度、模具寿命及成本等。本章主要阐述热塑性塑料普通注射成型模具的结构、分类及其应注意的基本问题。

5.1　注射模的基本结构

5.1.1　注射模的结构组成

受塑料品种、制品的结构形状、尺寸精度、生产批量以及注射工艺条件和注射机的种类等诸多因素的影响,注射模的结构千变万化,种类繁多,但其工作原理和基本结构大体相同。现以图 5.1 所示典型的注射模结构为例,分析注射模的工作原理和结构组成。

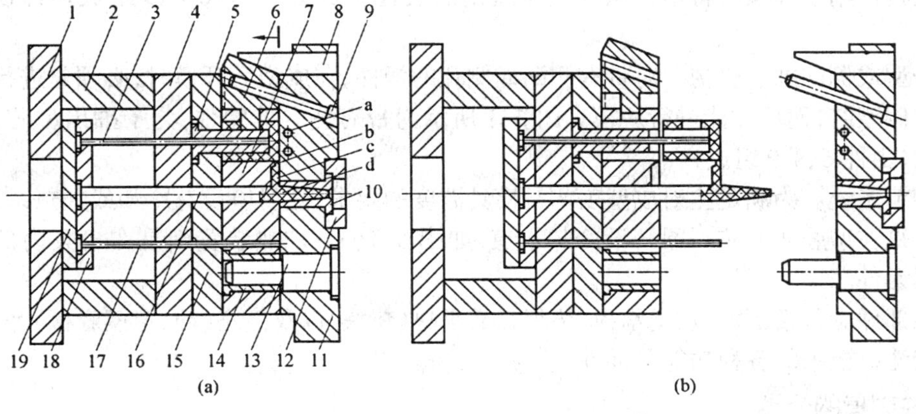

图 5.1　带有侧向抽芯的卧式注射模

1—动模底板;2—垫块;3—顶杆;4—垫板;5—凸模;6—侧向抽芯滑块;7—凹模板;8—压紧块;9—斜导柱;10—主流道衬套;11—定模底板;12—定位环;13—导柱;14—导套;15—凸模固定板;16—拉料杆;17—复位杆;18—顶杆固定板;19—顶杆底板;a—水道;b—浇口;c—分流道;d—主流道

1.注射模的工作原理

注射模包括定模(零件 8 ~ 13)和动模(零件 1 ~ 7,14 ~ 19)两大部分。定模部分安装在注射机的固定模板(定模固定板)上,在注射成型过程中始终保持静止不动;动模部分则安装在注射机的移动模板(动模固定板)上,在注射成型过程中可通过注射机上的合模系统进行运动。开始注射成型时,合模系统带动动模朝着定模方向移动,并在分型面处与定模对合(或称闭合)，其对合的精确度由合模导向机构，即由导柱 13 和导套 14 保证。动模和定模对合之后，固定在定模板(凹模板)中的凹模与固定在动模板(凸模固定板)上的凸模 4 构成与制品形状和尺寸一致的闭合模腔，模腔在注射成型过程可被合模系统提供的合模力锁紧，以避免在塑料熔体的压力作用下涨开。

图 5.1(a)为合模状态，注射机从喷嘴中注射出的塑料熔体经由开设在定模中央的主流道 d 进入模具，再经由分流道 c 和浇口 b 进入模腔，待熔体充满模腔并经过保压、补缩和冷却定型之后，合模系统便带动动模后撤复位，从而使动模和定模从分型面处开启，浇注系统凝料在拉料杆 16 的约束下从主流道衬套 10 中脱出，并和塑件一起随动模运动。滑块 6 在斜导柱 9 的作用下产生侧向运动，使固定在滑块上的型芯脱离制品。当动模后撤到一定位置时，安装在其内部的顶出脱模机构(零件 16～19)，将会在合模系统中的推顶装置作用下与动模其他部分产生相对运动，使制品和浇口及流道中的凝料从凸模上以及从动模一侧的分流道中顶出脱落，就此完成一次注射成型过程，如图 5.1(b)。

2.注射模的组成

根据塑件材料性能、结构形状和工艺条件等要求的不同，注射模结构也不同。按各部件的作用，图 5.1 所示普通注射模可由下列几部分组成。

①成型零部件。通常由凸模(或型芯)、凹模、镶件等组成，合模时构成型腔，用于填充塑料，它决定塑件的形状和尺寸，如图中凸模 5 成型塑件内部形状，凹模 7 成型塑件外部形状。

②浇注系统。它由主流道、分流道、浇口、冷料穴及排气结构等组成。用于将熔体平稳而均衡地引入模腔，并使腔内气体及时顺利排出。

③导向机构。通常由导柱 13 和导套 14 或导向孔组成，用于确定动模与定模合模时的相对位置。有的注射模顶出脱模机构也设置了导向机构以避免推出过程中出现歪斜。

④脱模机构。用于开模时将塑件从模具中脱出的装置。由图中 3、16～19 组成顶杆顶出脱模机构。

⑤侧向分型或侧向抽芯机构。对带有侧凹或侧孔的塑件，在成型后开模时，必须先进行侧向分型或抽出侧型芯，而后才能进行脱模。图 5.1 所示为带有侧孔的塑件，为了抽出型芯，设置了抽芯机构(由件 6、8、9 组成)。

⑥温度调节系统。为满足注射成型工艺对模具温度的要求，注射模设有冷却或加热系统。冷却系统一般是在型腔或型芯周围开设冷却水道，如图 5.1(a)；加热装置则是在模具内部或周围安装加热元件。

⑦支承零部件。包括固定板、支承板(垫板)、支承块(垫块)以及模座(动、定模底板)等，用来安装和固定注射模中的各种功能零部件。

5.1.2 注射模的分类

注射模的结构与塑料品种、制品的结构形状、尺寸精度、生产批量以及注射工艺条件和注射机的种类等许多因素有关。基于不同的考虑，注射模可以有多种分类方法。

1.按注射成型工艺特点分类

可分为热塑性塑料注射模、热固性塑料注射模、低发泡塑料注射模和精密注射模等。本章主要介绍热塑性塑料注射模。

2.按注射机类型分类

①立式注射模。如图 5.2 所示，塑料熔体的入模方向与开合模运动方向均为竖直方向，需要安装在立式注射机上。由于受设备高度的限制，这类模具多为小型模具，其优点是安装嵌件

方便，但开模后制品不容易从模具中脱出。

②卧式注射模。如图5.1所示，塑料熔体的入模方向与开合模运动方向均为水平方向，这种模具必须使用卧式注射机，使用特点与立式注射模相反，容易实现自动化操作，在注射成型中使用最为普遍，特别是大、中型注射模一般都要采用这种结构。

③直角式注射模　图5.3所示为直角式注射模，并带有一个自动卸螺纹的运动机构。由于塑料熔体的入模方向与开合模运动方向相互垂直，所以只能安装在直角式注射机上。它的使用特点介于立式与卧式注射模之间，生产中应用得也比较多，尤其适用于中心不允许留有浇口痕迹的平面制品。

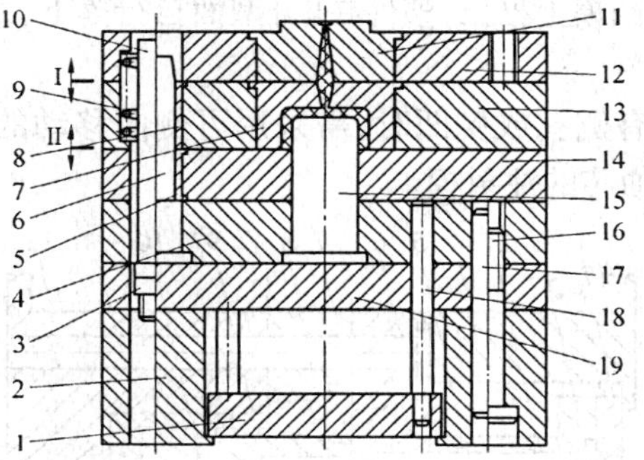

图5.2　立式双分型面注射模

1—顶杆底板；2—动模座；3—螺母；4—凸模固定板；5—导套；6—导柱；7—凹模；8—导套；9—弹簧；10—限位拉杆；11—主流道衬套；12—定模底板；13—凹模固定板（中间板）；14—顶板；15—凸模；16—螺栓；17—圆柱销；18—顶杆；19—支承板（垫板）

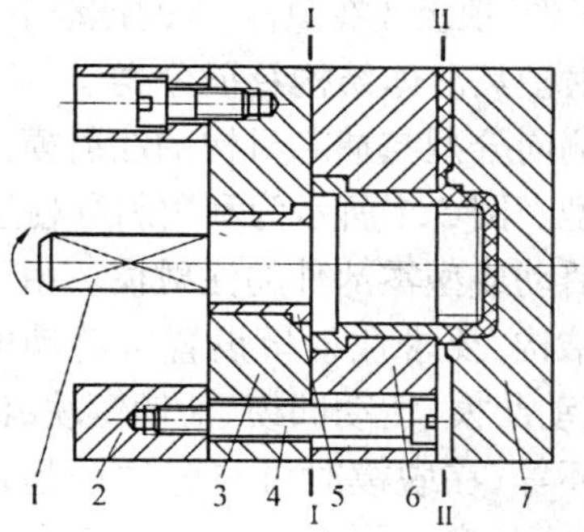

图5.3　直角式注射模（带有自动卸螺纹的结构）

1—螺纹型芯（与注射模开合模丝杠连接）；2—动模座；3—型芯支承板；4—定距螺栓；5—衬套；6—型芯固定板；7—定模型板

3.按模腔数量分类

①单腔注射模。一套模具中只有一个模腔，一次注射成型只能生产一个塑件，如图5.2。

②多腔注射模。一套模具中有2个或2个以上模腔，一次注射成型可以生产多个塑件，如图5.1和5.4。

单腔与多腔注射模具的浇注系统是不一样的。

4.按在注射机上的安装方式分类

①固定式注射模。其动、定模分别固定在注射机上。

②移动式注射模。在注射成型后，将模具移出机外脱模取出塑件，它仅适用于立式注射机。

5.按模具分型面数目分类

①单分型面注射模。如图5.1所示，只有动、定模间的一个分型面，开模时动模与定模分开，从而取出塑件。分型面的左边称作动模板，右边称作定模板，这种模具又称为两板式模具。

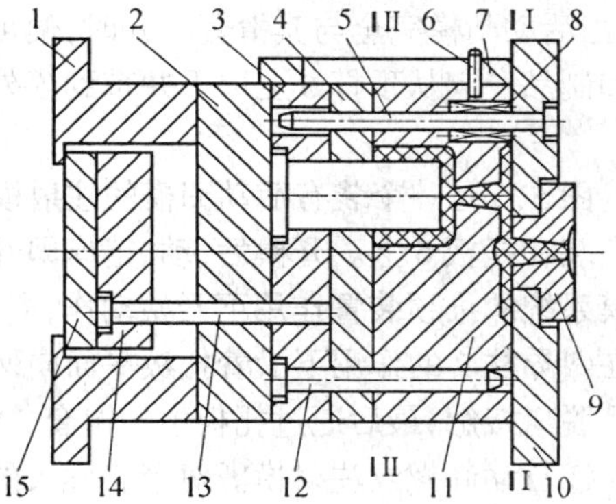

图5.4　卧式双分模面注射模

1—动模座；2—垫板；3—凸模固定板；4—顶板；5—导柱；6—限位钉；7—定距拉板；8—弹簧；9—主流道衬套；10—定模底板；11—中间板（流道板）；12—导柱；13—顶杆；14—顶杆固定板；15—顶杆底板

②双分型面注射模。图5.4所示注射模采用了点浇口浇注系统，塑件与浇注系统凝料需要分别脱模，故增设了一块中间板(件11)。动模板、中间板和定模板组成三板注射模结构，三板间存在两个分型面，所以称为双分型面注射模。

开模时，开合模系统带动动模部分后移，由于弹簧8对中间板11施压，迫使中间板与定模板10首先在Ⅰ处分型，并随动模一起向后移动，主浇道凝料随之拉出。当中间板向后移动到一定距离时，安装在定模板上的定距拉板7挡住装在中间板上的限位销6，中间板停止移动；动模继续后移，Ⅱ分型面分型。塑件包紧在凸模上，使浇注系统凝料在浇口处自行拉断，然后在Ⅰ分型面之间自行脱落或由人工取出。动模继续后移，注射机的顶杆接触顶杆底板15时，顶出机构开始工作，顶板4在顶杆13的推动下将塑件从凸模上推出，塑件在Ⅱ分型面自行落下。

6.按注射模具总体结构特征分类

①带有侧向分型与抽芯机构的注射模。当塑件有侧孔或侧凹时，需采用可侧向移动的型芯或滑块成型。图5.1所示为利用斜导柱进行侧向抽芯的注射模。

②带有活动成型零部件的注射模。由于塑件的某些特殊结构，要求注射模设置可活动的成型零部件，如活动凸模、活动凹模、活动镶块、活动螺纹型芯或型环等，在脱模时可与塑件一起移出模外，然后与塑件分离。图5.5是一个装有活动凸模的注射模结构示意图，活动凸模10与推杆5之间采用间隙配合，两者之间可以脱开。

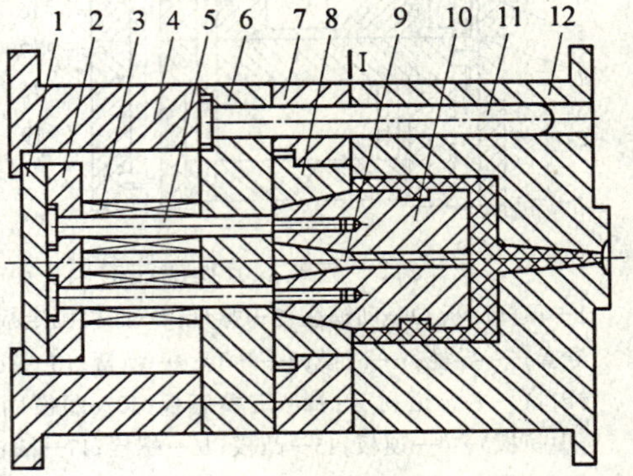

图5.5　带有活动凸模的注射模

1—顶杆底板；2—顶杆固定板；3—弹簧；4—动模座；5—顶杆；6—支承板；7—动模板；8—凸模滑套；9—导向斜楔；10—活动凸模；11—导柱；12—定模板

开模时，内侧带有凸台的制品包覆在活动凸模上，当动模后撤到一定位置时，注射机合模系统中的推顶装置通过顶杆底板1驱使顶杆5相对于动模反向运动，于是活动凸模10可被推出其滑套8。当活动凸模完全与其滑套脱开时，便可用手将它和制品一起从顶杆5上取下并带到模外脱取制品。

图5.6是一个装有活动凹模的注射模结构示意图。活动凹模3由两个或多个瓣合块构成并安装在托板6上。开模后，动、定模即开始脱离接触，然后动模内的顶出脱模机构，在注射机合模系统的推顶装置作用下开始动作，即顶杆8带动托板6运动，于是托板上的活动凹模瓣合块在斜导柱2的作用下沿着托板平面向两侧滑动(即侧向分型)，从而使其内壁上的凸凹槽与制品脱离接触，最后通过托板中的镶套5将制品从凸模上推出。

③自动卸螺纹注射模。对带有螺纹的塑件，当要求自动脱模时，可在模具上设置能够转动的螺纹型芯或型环，利用开模动作或注射机的旋转机构，或设置专门的传动装置，带动螺纹型芯或螺纹型环转动，从而脱出塑件。图5.3为用于角式注射机的自动卸螺纹模具，由注射机开合螺母丝杠带动螺纹型芯1相对于塑件转动，从而脱出塑件。

④定模侧设有顶出脱模机构的注射模。对于一般的注射模，为了使顶出脱模机构工作方便，均要求开模后制品能滞留在动模一侧。但是，由于某些制品具有特殊要求或受形状限制，也可以将制品故意留在定模一侧或制品本身容易滞留在定模一侧。在这些情况下，为了使制品脱模，必须在定模一侧设置顶出脱模机构，并采用拉板、拉杆或链条等传动机构与动模相连。如在图5.7所示的塑料衣刷注射模中，由于受衣刷形状限制，开模后制品会包覆在定模一侧的

凸模 11 上,为了使制品脱模,在动模侧安装了拉板 8。当开模后动模退到一定位置时,拉板通过定距螺栓 6 带动顶板 7 运动,从而将制品从凸模上脱出。

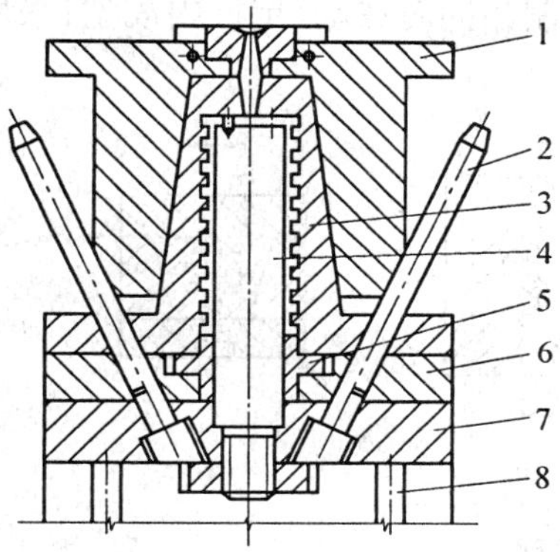

图 5.6　带有活动凹模的注射模

1—定模座;2—斜导柱;3—瓣合式活动凹模;4—凸模;5—镶套;6—托板;7—斜导柱固定板;8—推杆

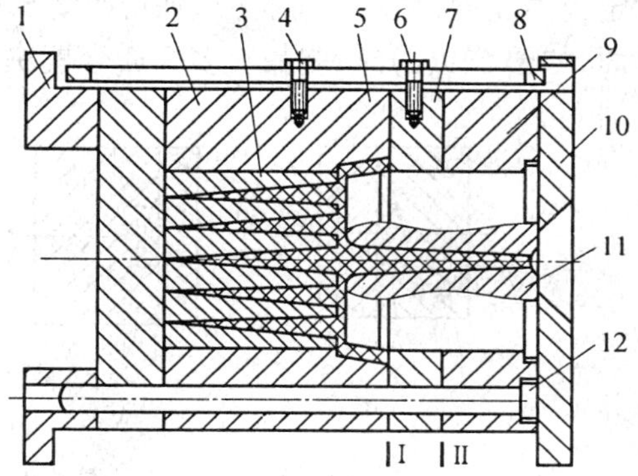

图 5.7　定模侧设有顶出脱模机构的注射模

1—动模座;2—支承板;3—衣刷成型镶块;4—拉板紧固螺拴;5—刷体凹模;6—定距螺栓;7—顶板;8—拉板;9—定模板(凸模固定板);10—定模底板;11—凸模;12—导柱

5.2　注射模的分型面选择

分型面是指分开模具取出制品的界面。分型面的类型、形状及位置选择得是否恰当,设计是否合理,不仅直接关系到模具结构的复杂程度,而且对制品的注射成型质量和生产操作等都有影响。

5.2.1　分型面的形状和类型

注射模的分型面常常是定模和动模的接触面或瓣合式模具结构的瓣合面,常见的分型面形状如图 5.8 所示,主要根据塑件的形状来确定。

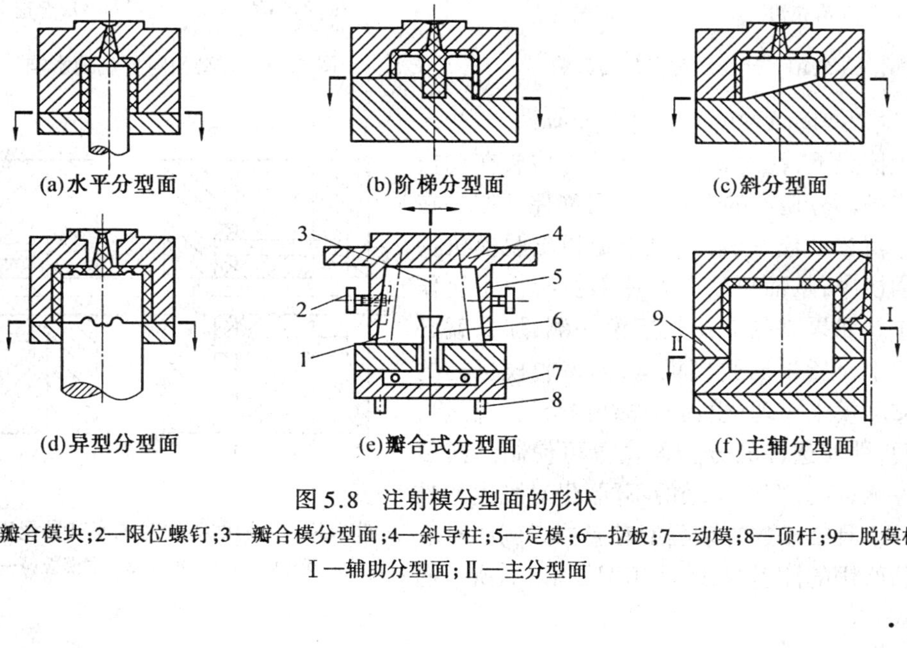

(a)水平分型面　(b)阶梯分型面　(c)斜分型面

(d)异型分型面　(e)瓣合式分型面　(f)主辅分型面

图 5.8　注射模分型面的形状

1—瓣合模块;2—限位螺钉;3—瓣合模分型面;4—斜导柱;5—定模;6—拉板;7—动模;8—顶杆;9—脱模板

Ⅰ—辅助分型面;Ⅱ—主分型面

根据分型面与模腔的相对位置，分型面可以分成图 5.9 所示的四种基本类型。采用第Ⅰ类分型面，如图 5.9(a)时，制品全部在动模内成型；采用第Ⅱ类分型面，如图 5.9(b)时，制品全部在定模内成型；采用第Ⅲ类分型面，如图 5.9(c)时，制品同时在动、定模内成型；采用第Ⅳ类分型面，如图 5.9(d)时，制品在多个瓣合模块中成型。

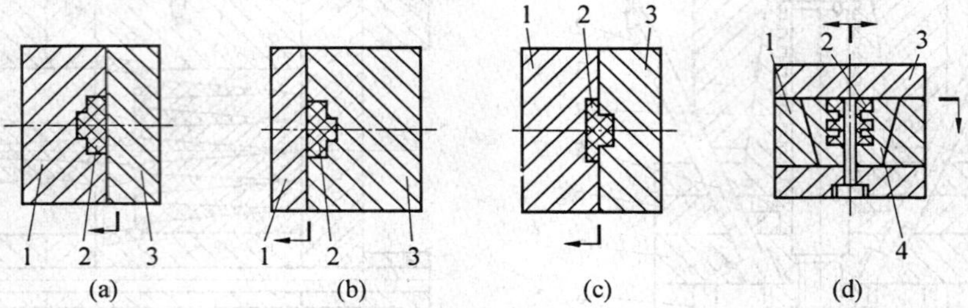

图 5.9　分型面类型

1—动模；2—制品；3—定模；4—瓣合模块

5.2.2　选择分型面的原则

(1)分型面的选择不应影响制品的外观

在分型面处会形成痕迹，故应选择在对制品外观没有影响的位置，还必须考虑如何能比较容易地清除或修整掉分型面处产生的溢料飞边。在可能的情况下，还应避免分型面处产生飞边，如图 5.10 所示。在图 5.11 中，图(a)所示的分型面对外观质量不利，改用图(b)就比较合理。

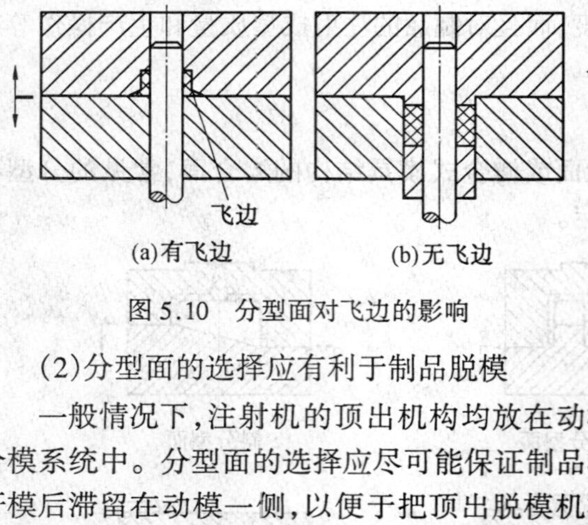

(a)有飞边　(b)无飞边

图 5.10　分型面对飞边的影响

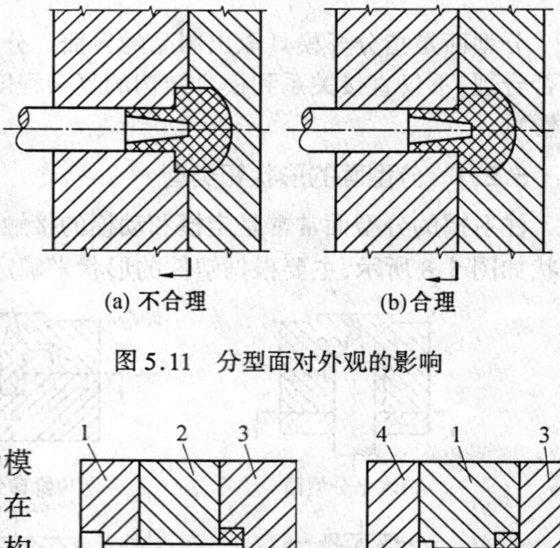

(a) 不合理　(b)合理

图 5.11　分型面对外观的影响

(2)分型面的选择应有利于制品脱模

一般情况下，注射机的顶出机构均放在动模合模系统中。分型面的选择应尽可能保证制品在开模后滞留在动模一侧，以便于把顶出脱模机构设置在动模中，从而可使其在注射机合模系统作用下工作。如果制品滞留在定模一侧，那么就必须在定模中设置顶出脱模机构，而该脱模机构的动作要靠动模来实现，模具整体结构会比较复杂。

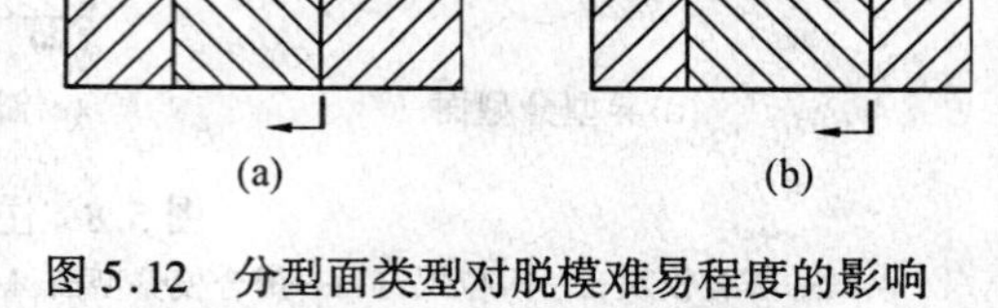

图 5.12　分型面类型对脱模难易程度的影响

1—动模板；2—脱模板；3—定模板；4—垫板

然而，即使选择的分型面位置可使制品滞留在动模一侧，因分型面类型的不同，仍对脱模的难易程度和模具结构的复杂程度有影响。例如对于多孔制品所用的注射模，若选用图 5.12(a)所示的第Ⅱ类分型面，则制品在定模内成型后，由于收缩的作用将会被型芯带出定模型腔，因而在开模时滞留在动模一侧，这时只要在动模上设置一个简单的脱模板机构，制品就可以很容易地从型芯上脱下；反之，如果采用图5.12(b)所示的第Ⅰ类分型面，开模时制品虽然也会滞留在动模一侧，但若各孔之间的距离很小，则顶出脱模机构就很难设置，即使能够设置，制品也很容易在顶出脱模过程中产生翘曲变形。

(3)分型面不应影响制品的尺寸精度

如果精度要求较高的制品表面被分型面分割，则会因为合模不准确造成较大的形状和尺寸偏差，达不到预定的精度要求。如图5.13(a)所示的制品，要求 d_1 和 d_2 同轴，若选用图5.13(b)所示的阶梯形分型面，则由于斜面导向作用，同轴度容易保证；若选用图5.13(c)所示的水平分型面，除了同轴度受合模误差影响外，制品还容易在脱模时受到较大的磨损。

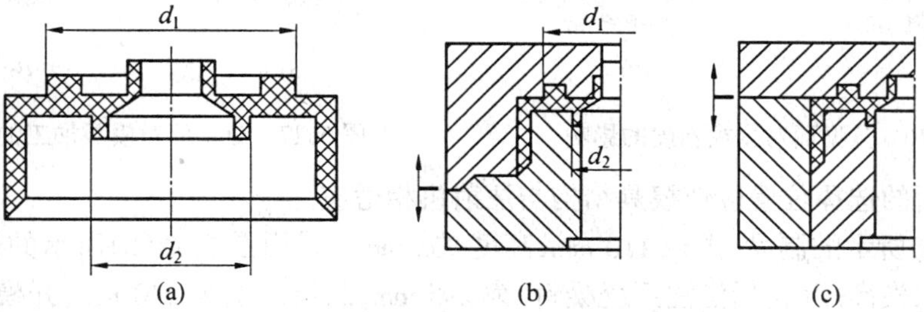

图5.13　分型面对制品同轴度的影响

(4)应尽量减小模腔(即制品)在分型面上的投影面积

以避免此面积接近或超过注射机许用的最大注射面积而造成溢料现象。图5.14中的弯板制品，若采用图5.14(a)所示分型面，则制品的投影面积大易发生溢料。可改用图5.14(b)所示的分型面。

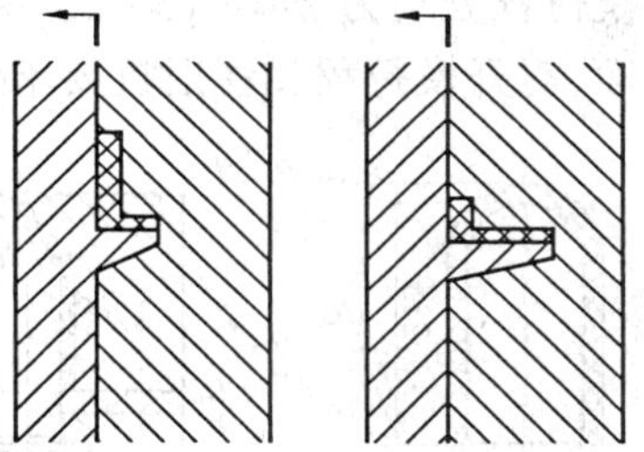

图5.14　分型面对制品投影面积的影响

(5)分型面应尽量与最后充填熔体的模腔表壁重合

以利于注射时模腔中气体的可靠排出。如图5.15所示，图(a)、(c)的分型面欠妥，图(b)、(d)所示的分型面较合理。

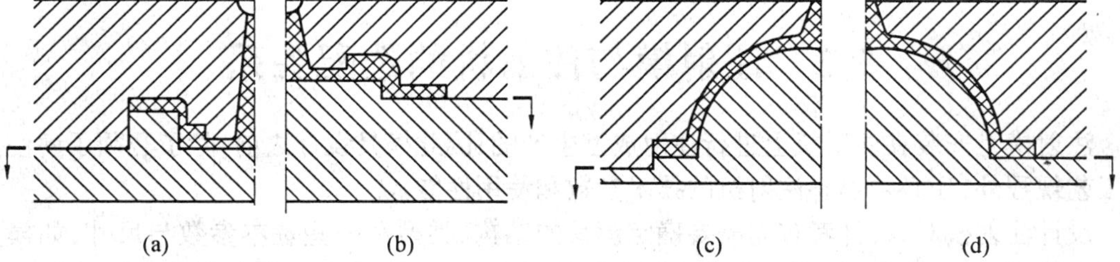

图5.15　分型面对排气的影响

(6)选择分型面时，应尽量减小脱模斜度给制品大小端尺寸带来的差异

如在图5.16中，若采用图(a)所示的分型面，在相同的脱模斜度情况下，制品两端外圆尺寸就会产生较大的差异，而且脱模也比较困难；如果对制品外观没有严格要求，则可用图(b)所示的分型面，这样不仅可以使用较小的脱模斜度，而且还能减小脱模难度。

(7)分型面的位置应使模具加工容易

分型面的位置恰当,可使模具分割成便于加工的零部件,加工难度降低。如采用图 5.17(a)所示的水平分型面时,不仅薄壁顶管 1 加工困难,而且顶管还因受侧向力作用而易发生破坏;若改用图(b)所示的阶梯分型面,采用阶梯面脱模板 2,相对于薄壁顶管来讲加工容易,也不会被侧向力破坏。

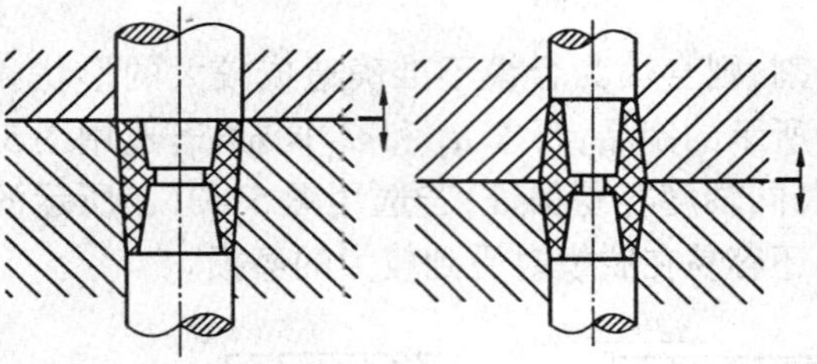

(a) (b)

图 5.16 分型面对脱模斜度的影响

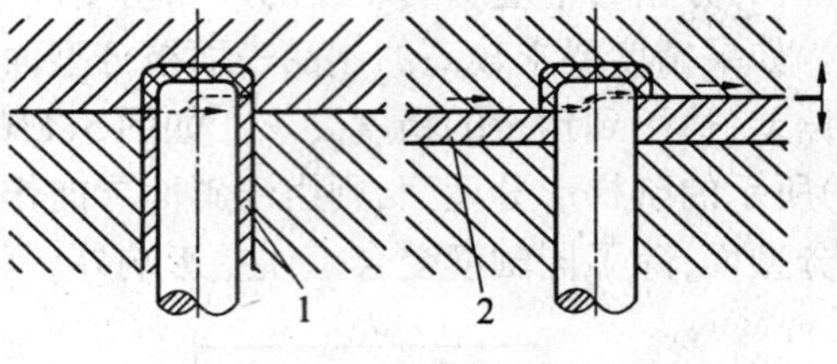

(a) (b)

图 5.17 分型面对模具加工的影响

(8)分型面的选择位置应使模具结构与注射机相适应

图 5.18(a)所示的制品,内径 110 mm,高度 255 mm。采用图 5.18(b)所示的模具结构和分型面时,则其凹模高度(包括浇注系统凝料)为 295 mm,凸模高度为 240 mm,开模行程为 295 + 240 + (5 ~ 10) ≈ 540 mm。可改用图 5.18(c)和图 5.18(d)所示的模具结构和侧向分型面,它们的开模行程分别为 240 + (5 ~ 10) ≈ 250 mm 和 140 + (5 ~ 10) ≈ 145 mm。由此可知,选择不同的分型面,对开模行程和注射机要求影响很大。

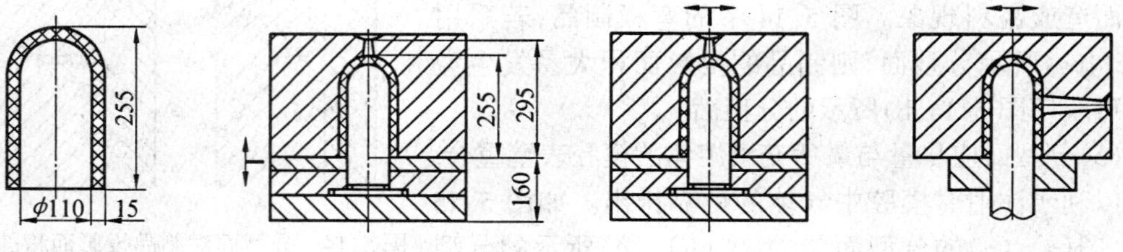

(a) (b) (c) (d)

图 5.18 分型面对开模行程的影响

5.3 注射模与注射机的选配关系

注射模是安装在注射机上进行注射成型生产的,因此模具设计之前,除了必须了解注射成型工艺规程外,还必须熟悉注射机的技术参数和使用性能。

设计注射模时,设计者首先需要确定模具的结构、类型和一些基本参数与尺寸,如模具的型腔个数、需用的注射量、塑件在分型面上的投影面积、成型时需用的合模力、注射压力、模具的厚度、安装固定尺寸以及开模行程等。这些数据都与注射机的有关性能参数密切相关,如果两者不相匹配,则模具无法使用,为此必须对有关数据进行校核,并用来指导设计模具与注射机选型。

1.型腔数量的确定

模具设计首先要确定型腔数量。型腔数量受注射机能力、塑件精度和生产的经济性等因素影响。下面介绍根据注射机性能参数确定型腔数量的几种方法。

(1)由注射机的最大注射量确定型腔数量 N

$$N \leqslant \frac{K_1 m_p - m_j}{m_s} \tag{5.1}$$

式中,K_1 为注射机最大注射量的利用系数,一般取 0.8;m_p 为注射机允许的最大注射量,g 或 cm^3;m_j 为浇注系统所需塑料质量或体积,g 或 cm^3;m_s 为单个塑件的质量或体积,g 或 cm^3。

在利用式(5.1)计算时应注意,柱塞式注射机和螺杆式注射机所标定的额定注射量是不同的。国际上规定柱塞式注射机的额定注射量是以一次注射聚苯乙烯的最大克数为标准;而螺杆式注射机的额定注射量以螺杆在料筒中的最大推出容积(cm^3)表示。

(2)由注射机料筒塑化速率确定型腔数量 N

$$N \leqslant \frac{K_2 m_1 t/3\,600 - m_j}{m_s} \tag{5.2}$$

式中,K_2 为注射机最大塑化速率的利用系数,一般取 0.8;m_1 为注射机的额定塑化量,g/h 或 cm^3/h;t 为成型周期,s。

(3)由注射机最大成型面积与额定锁模力确定型腔数量 N

注射成型时,制品或模腔在与开模方向正交的模具分型面上的投影面积是影响工艺合模力的主要因素,其数值越大,需要的合模力也就越大。如果这个数值超过了注射机允许使用的最大成型面积,则成型过程中将会出现涨模溢料现象。为此,必须满足下面关系式。

$$N \leqslant \frac{K_3 F_I - pA_j}{pA_s} \tag{5.3}$$

式中,K_3 为注射机锁模力安全系数,一般取 0.8~0.9;F_I 为注射机的额定锁模力,N;A_j 为浇注系统在模具分型面上的投影面积,mm^2;A_s 为单个塑件在模具分型面上的投影面积,mm^2;p 为塑料熔体对型腔的成型压力,MPa,其大小一般取注射压力的 80%,注射压力大小见表5.1。

表 5.1　部分塑料可选用的平均膜腔压力

塑　料	压力 p	塑　料	压力 p
低密度聚乙烯	10~15	ABS	30
高密度聚乙烯(低压)	20	AS	30
高密度聚乙烯(中压)	35	聚甲基丙烯酸甲酯	30
聚丙烯	15	醋酸纤维素	35
聚苯乙烯	15~20		

(4)由制品要求的尺寸精度确定模腔数量 N

对于多模腔模具,每个模腔的充模条件会有差别,尺寸也会不一。经验认为,每增加 1 个模腔,制品尺寸的精度会降低 4%,因此有经验公式

$$N \leqslant \left(\delta - \frac{\delta_d L}{100}\right) \Big/ \left(\frac{\delta_d L}{100} \times 4\%\right) + 1 = \frac{2\,500\delta}{\delta_d} - 24 \tag{5.4}$$

式中,L 为制品的基本尺寸,mm;δ 为 $\delta = 1/2\Delta$,Δ 为制品的尺寸公差,mm;δ_d 为 $\delta_d = 1/2\Delta d$,Δd 为单腔时塑件可达到的公差,mm。

通常,PE、PS、PC、ABS、SAN 等无定型塑料的 Δd 为 ±0.05%;POM、PA-66 塑料的 Δd 分别为 ±0.2%、±0.3%;型腔较多时,很难使各个模腔的成型条件与尺寸达到均匀一致,因此,对

于高精度制品，型腔数量不宜超过4个。

(5)按生产的经济性确定模腔数量 N

一般说来，型腔数量越多，生产效率越高，但模具的结构也越复杂，制造成本也相应提高。所以要综合考虑生产批量的大小和模具的制造成本

$$N \leqslant \sqrt{\frac{tY\Sigma}{60C}} \tag{5.5}$$

式中，t 为成型周期，min；Y 为每小时的经营费，元；Σ 为制品的生产总量，个；C 为模具费用，$C = C_1 + NC_2$。其中 C_1 是单腔模具的费用，C_2 为增加的模腔所产生的费用分摊到单个模腔的费用，元。

以上介绍了注射模模腔数量的几种确定方法，一般情况下，同时满足上述条件的最大数值即为最佳的模腔数量，也可以其中一个公式进行计算，再用其他公式进行校核。

2. 注射压力的校核

注射机的最大注射压力应当能满足塑件成型的需要，塑件成型所需要的压力是由注射机类型、喷嘴形式、塑料流动性、浇注系统和型腔的流动阻力等因素决定的。如螺杆式注射机，其注射压力的传递比柱塞式注射机好，因此，注射压力可取得小一些；流动性差的塑料或细长流程塑件注射压力应取得大一些。设计模具时，可参考各种塑料的注射成型工艺确定塑件的注射压力，再与注射机额定压力相比较。

3. 模具与注射机安装部分相关尺寸的校核

不同型号的注射机安装模具部位的形状和尺寸各不相同，设计模具时应对其相关尺寸加以校核，以保证模具能顺利安装。

①喷嘴尺寸校核。注射机喷嘴头部一般为球面，其球面半径应与相接触的模具主流道始端凹下的球面半径相适应(详见浇注系统设计)。有的角式注射机喷嘴头部为平面，这时模具与其相接触面也应作成平面。

②定位环尺寸校核。模具安装在注射机上时，必须使模具中心线与料筒、喷嘴的中心线相重合，因此，注射机定模板上设有一定位孔，要求模具的定位部分也设计一个与主流道同心的凸台，即定位环，并要求定位环与注射机定模板上的定位孔之间采用一定的配合。

③模具厚度校核。注射模的动、定模两部分闭合后，沿闭合方向的长度叫做模具厚度或模具闭合高度。模具厚度应和注射机的动模与定模固定板之间的距离相一致。由于绝大多数注射机的动模与定模固定板之间的距离都具有一定的调节量 ΔH，如图5.19，因此，模具厚度 H_M 可以在一定范围内变化

$$H_{min} \leqslant H_M \leqslant H_{max} \tag{5.6}$$

式中，H_{min}为注射机允许的最小模厚，即动、定模板之间的最小开距；H_{max}为注射机允许的最大模厚。

国产机械锁模的角式注射机对模具的最小厚度没有限制。

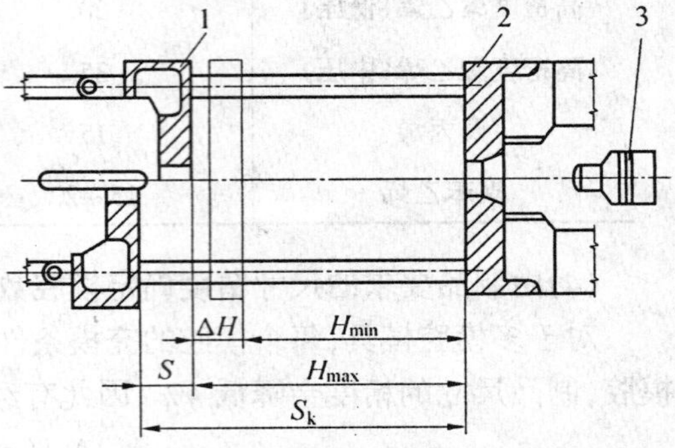

图5.19　注射机动定模固定板的间距

1—动模固定板；2—定模固定板；3—喷嘴；H_{min}、H_{max}—注射机允许的最小模厚和最大模厚；ΔH—动、定模间距调节量；S—开模行程；S_k—动、定模的最大间距

④模具外形尺寸校核。注射机上一般有四个拉杆,其作用是为了保证注射机具有足够的刚度,同时给动模固定板的开合模运动进行导向。拉杆的存在往往会对模具的外形安装尺寸产生限制,即模具外形的长宽尺寸不能同时大于与它们对应的拉杆间距,如图 5.20(a)。对于较大的模具,一般用天车吊装,希望模具的宽度尺寸要小于水平拉杆的间距。不满足此要求时,必须考虑注射机动定模两个固定板处于最大间距位置时,模具是否有可能在拉杆空间内旋转。只有在可能旋转的情况下,模具才能像图 5.20(b)那样被安装在两个固定板上,否则,必须改变模具外形尺寸或更换注射机。

⑤安装螺孔尺寸校核。模具常用的安装方法有两种:一种是用螺钉直接固定;另一种是用螺钉、压板固定。采用前一种方法设计模具时,动、定模部分的底板尺寸应与注射机对应模板上所开设的螺孔的尺寸和位置相适应。如果注射机动、定模安装板上开有许多不同间距的螺钉孔,只要保证与其中一组相适应即可,如果安装板上设置 T 形槽时,则模具上螺钉孔的间距应与 T 形槽的间距一致。若采用后一种方法,可以不考虑这些限制,自由度较大。

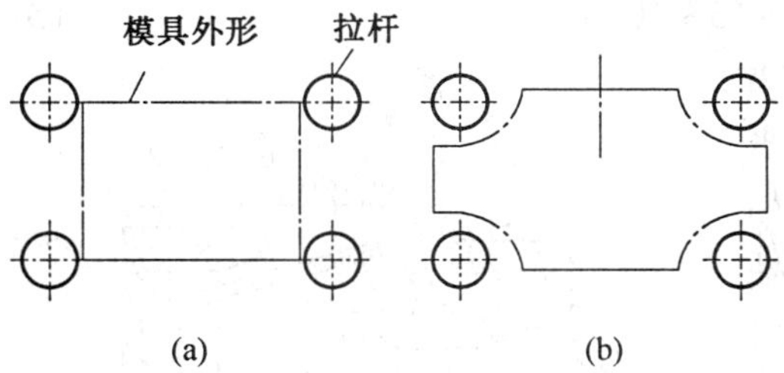

图 5.20　模具外形尺寸与拉杆位置

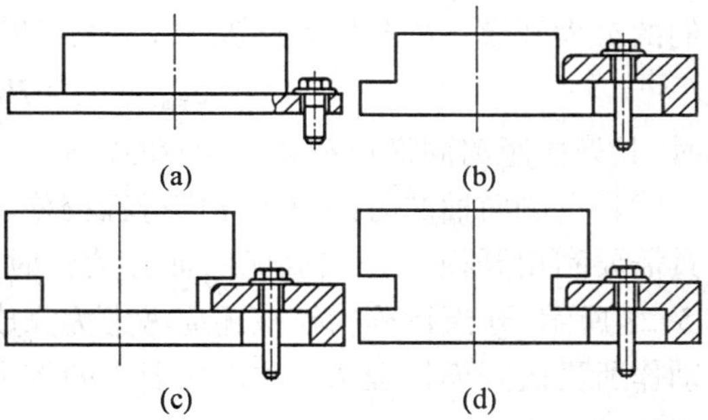

图 5.21　模具的安装方式

4. 开模行程的校核

开模行程 S(合模行程)指模具开合过程中动模固定板的移动距离。它的大小直接影响模具所能成型的塑件高度。S 太小则不能成型高度较大的塑件,因为成型后的塑件无法从动、定模之间取出。因此设计模具时,必须使所选注射机的开模行程满足模具的开模距离。下面分三种情况讨论。

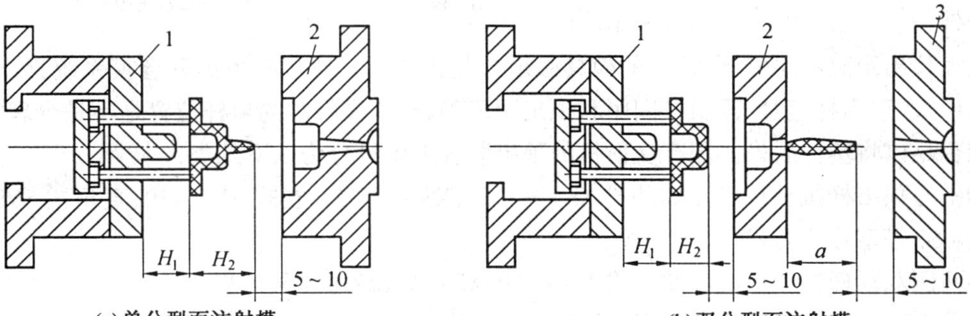

(a)单分型面注射模　　(b)双分型面注射模

图 5.22　注射模开模距离

1—动模板;2—定模板;3—定模底板

①注射机最大开模行程 S_{max}与模具厚度无关时的校核。对于带有液压和机械联合作用的注射机,如 XS－ZY30、XS－ZY60、XS－ZY125、XS－ZY350、XS－Z500、XS－Z1000 和 G54－S200/

400 等，它们的开模距离均由连杆机构的冲程或其他机构（如 XS－ZY1000 注射机中的闸杆）的冲程所决定，不受模具厚度的影响。

$$S_{max} \leqslant S_k - (5 \sim 10)\text{mm} \tag{5.7}$$

式中，S_k 为注射机的开合模机构的冲程。

对于单分型面注射模，如图 5.22(a)

$$H_1 + H_2 \leqslant S_{max} \tag{5.8}$$

式中，H_1 为顶出距离（脱模距离），mm；H_2 为包括浇注系统凝料在内的塑件高度，mm。

对于双分型面注射模，如图 5.22(b)

$$H_1 + H_2 + a \leqslant S_{max} \tag{5.9}$$

式中，a 为取出浇注系统凝料必须的长度，mm。

②注射机最大开模行程（S_{max}）与模具厚度有关时的校核。对于合模系统为全液压式的注射机（如 XS－ZY250 等）和带有丝杠传动合模系统的直角式注射机（如 SYS－45 和 SY－60 等），它们的最大开模行程与模具厚度 H_M 有关，即

$$S_{max} \leqslant S_k - H_M - (5 \sim 10)\ \text{mm} \tag{5.10}$$

此时，其开模距离同样可按式(5.8)和式(5.9)计算。

③具有侧向抽芯时的最大开模行程校核。当模具需要利用开模动作完成侧向抽芯动作时，如图 5.23 所示，开模行程的校核还应考虑为完成抽芯动作所需的开模行程 H_C，并以两者中的较大值进行校核。

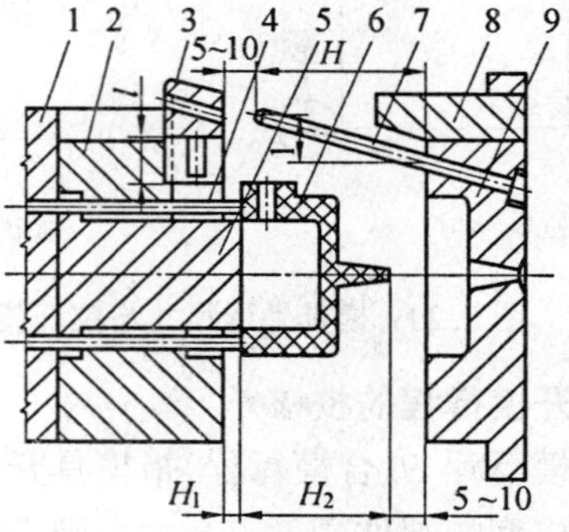

图 5.23 有侧向抽芯机构时的开模情况

1—垫板；2—凸模固定板；3—斜滑块；4—顶杆；5—凸模；6—塑件；7—斜导柱；8—压紧块；9—定模板

除了上述三种校核情况之外，注射成型带有螺纹的塑件且需要利用开模运动完成脱卸螺纹的动作时，如果要校核注射机最大开模行程，还必须考虑从模具中旋出螺纹型芯或型环所需的开模距离。

5. 顶出装置的校核

各种型号注射机开合模系统中采用的顶出装置和最大顶出距离不尽相同，设计的模具必须与其相适应。通常是根据开合模系统顶出装置的顶出形式、顶出杆直径、顶出杆间距和顶出距离等，校核模具内的顶杆位置是不是合理，顶杆长度能否足以将塑件脱模。国产注射机的顶出装置大致可分为以下几类：

①中心顶出杆机械顶出。如卧式 XS－Z－60、XS－ZY350、立式 SYS－30、直角式 SYS－45 及 SYS－60 等型号注射机。

②两侧双顶杆机械顶出。如卧式 XS－Z30、XS－ZY125 等型号注射机。

③中心顶出杆液压顶出与两侧顶出杆机械顶出联合作用。如卧式 XS－ZY－250、XS－ZY－500 等型号注射机。

④中心顶杆液压顶出与其他开模辅助油缸联合作用。如卧式 XS－ZY－1000 注射机。

为了便于校核模具与注射机的关系，附录 F 列出了部分 SZ 系列注射机的主要技术参数，附录 J 示出了部分注射机的合模机构与装配尺寸图，可供模具设计时参考。

5.4 塑料模具的标准化及标准模架的选用

5.4.1 塑料模具的标准化

注射模的设计与制造，在现代工业中属于典型的单件(或小批量)生产类型，从设计到完成制造工作经常需要很长周期。例如，尺寸和结构复杂程度均属中等的模具，一般需要2~8个月，而大型复杂模具往往需要更长时间，在这期间，每套模具所需的制造工时，少则几百个，多则可达数千。因此模具不仅价格昂贵，而且常常会因生产周期过长而影响产品生产或新产品更新换代，这也是困扰现代模具工业的一个重要难题。为了解决这一难题，除了使用先进的生产工程技术(如成组技术、数控加工、CAD/CAM以及FMS等)之外，对注射模具零件实行标准化也是一个非常重要和有效的方法，更是实现模具专业化生产的前提。据有关资料报导，模具专业生产厂使用模具标准件后可减少30%~50%的工作量，生产成本可降低50%。因此，工业发达国家从上世纪50年代初就着手开展模具标准化工作，其模具零件标准化程度目前已达70%。

我国模具标准化工作起始于20世纪70年代。1983年成立的全国模具标准化技术委员会是我国有关模具标准的归口单位。20多年来，全国模具标准化技术委员会组织制订和审定了许多有关塑料模、冲模、压铸模、锻模、玻璃模、橡胶模及其他模具的技术标准。

我国模具标准化技术委员会在制订冲模模架和塑料注射模模架两类模具通用零件的国家标准时，除全面采纳ISO/TC29/SC8公布的通用零件标准外，在技术指标及参数等方面，参照和部分采纳了德国的DIN标准和Hasco企业标准，美国DME公司标准和日本JIS标准和双叶电子工业公司标准，增强了我国模具技术标准的先进性。

目前，我国已建立了许多生产模具标准件和标准模架的专业厂，以及模具专用钢材的供应站，商品化程度有了很大提高。

塑料模的国家标准已经发布和实施的如表5.2所示。

表5.2 有关塑料模的国家标准

序 号	标准名称	标 准 号
1	塑料注射模具零件	GB/T4169.1~4169.11—1984
2	塑料注射模具零件技术条件	GB/T4170—1984
3	塑料成形模具术语	GB/T8846—1988
4	塑料注射模具技术条件	GB/T12554—1990
5	塑料注射模大型模架	GB/T12555.1~12555.15—1990
6	塑料注射模中小型模架及技术条件	GB/T12556.1~12556.2—1990

5.4.2 塑料注射模具零件的标准

为提高塑料注射模的生产质量、缩短生产周期，其通用零件及技术条件均制订了国家标准，其标准号分别为GB/T4169.1~4169.11—1984和GB/T4170—1984。

国家标准按零件的种类及功能将其分为成形零件、支承与固定零件、抽芯零件、导向零件、定位与限位零件、推出零件、冷却与加热零件以及模架8个部分的零部件，并已将部分零件制定了标准，如表5.3所示。

表 5.3 塑料注射模具零件标准

序 号	标准名称	标 准 号
1	塑料注射模具零件推杆	GB/T 4169.1—1984
2	塑料注射模具零件直导套	GB/T 4169.2—1984
3	塑料注射模具零件带头导套	GB/T 4169.3—1984
4	塑料注射模具零件带头导柱	GB/T 4169.4—1984
5	塑料注射模具零件有肩导柱	GB/T 4169.5—1984
6	塑料注射模具零件垫块	GB/T 4169.6—1984
7	塑料注射模具零件推板	GB/T 4169.7—1984
8	塑料注射模具零件模板	GB/T 41 69.8—1984
9	塑料注射模具零件限位钉	GB/T 4169.9—1984
10	塑料注射模具零件支承柱	GB/T 4169.10—1984
11	塑料注射模具零件圆锥定位件	GB/T 41 69.11—1984
12	塑料注射模具零件技术条件	GB/T 4170—1984

标准零件之间具有相互配置关系,可根据其使用要求选择配套组装。采用这些通用标准零件配套组装的塑料注射模具,适用于 10~4 000 cm^3 塑料注射机用的中小型模具。

5.4.3 选用标准模架的优点及局限性

综上所述,注射模基本组装结构大多由定模座(定模底板)、定模板(带有凸模或凹模)、导柱导套、动模板(带有凸模或凹模)、支承板(垫板)、支承块(垫块)、顶杆(或推杆)固定板、顶杆(或推杆)底板、动模座(动模固定板)等九大部分组成,它们共同构成一个注射模架(参见后面图 8.9)。设计注射模时,只要在其中增添或设计一些必要的成型零部件、浇注系统,顶出脱模机构、侧向分型或抽芯机构、排气结构和温度调节系统等功能结构之后,便可以得到一副完整的注射模。即使是较为复杂的双分型面(三板式)模具、三分型面(四板式)模具,也只是在二板式模具的基础上增加了一块或两块模板,结构的相似性并未改变。因此,如能对这种模架进行标准化和专业化生产,则可以大幅度节省模具设计时间和模具加工周期,在很大程度上解决了模具单件生产中的问题,并且也会给模具的计算机辅助设计(CAD)带来方便。

目前,国内外已有许多标准化的模架形式供用户订购。选用标准模架有如下优点。

①简单方便、买来即用、不必库存。

②能使模具价格下降。

③简化了模具的设计和制造。

④缩短了模具生产周期,促进了塑料制品的更新换代。

⑤模架的精度和动作可靠性得到保证。

⑥提高了模具中易损零件的互换性,便于模具的维修。

但采用标准模架时,也会带来某些不便,例如:

①模板尺寸的局限性,在标准模架中模板的长、宽、高都限定在一定的范围内,对于一些特殊的塑料制品,可能无标准模架可选。

②在标准模架中导柱、紧固螺钉及复位杆的位置已确定,有时可能会妨碍冷却水管道的开

设。

③由于动模两垫块之间的跨距无法调整，在模具设计中往往需要增加支承柱来减小模板的变形。

总之，采用标准模架的优越性十分明显，还能在标准模架的基础上实现模具制图的标准化、模具结构的标准化以及工艺规范的标准化。

5.4.4 国内外标准模架简介

美国、德国、日本等工业发达国家都很重视模具标准化工作，标准模架已被模具行业普遍采用，目前世界上较为流行的模架标准主要有：

1.美国的 D.M.E 标准模架

D.M.E 公司是美国一家专门生产塑料模、压铸模标准件的大企业，该公司提供的标准模架共分七个系列(A、AR、B、X5、X6、AX、T)，其中 A、AR、B 三个系列属于单分型面模架，X5、X6、AX 三个系列属于双分型面模架，T 系列属于三分型面模架。

2.德国的 Hasco 标准模具零件

德国 Hasco 公司的标准是一类模具零件的标准。用户可按自己的要求，遵循该公司提供的组合型式订购各种已加工或尚未加工的模架零件，组成所需的模架。

3.日本双叶标准模架

日本双叶电子工业株式会社提供九个系列(A、B、C、DA、DB、DC、EA、EB、EC)的标准模架。其中 A、B、C 为侧浇口方式的模架，其他的为点浇口方式，DB 与 EB 采用推件板推料，DA、DC、EA、EC 皆采用推杆推料。

4.日本金型材标准模架

日本金型材株式会社的标准模架分两个系列(S、P)，S 属于侧浇口系列，P 属于点浇口系列。每一种系列中都分 A 和 B 两种基本型式，在此基础上加上 X 板(推板)、Y 板(流道板)即可组合成 2 个系列(S、P)12 种类型(S 系列中有 A、B、AX、BX；P 系列中有 A、B、AX、AY、BX、BY、AXY、BXY)，共 15876 种不同组合的模架。

我国的塑料注射模标准模架共有两种，即 GB/T12556.1～12556.2—1990《塑料注射模中小型模架》和 GB/T12555.1～12555.15—1990《塑料注射模大型模架》。两种标准模架的区别主要在于适用范围。中小型标准模架的模板尺寸 $B \times L \leqslant 500\ mm \times 900\ mm$，而大型标准模架的模板尺寸 $B \times L$ 为 630 mm × 630 mm～1 250 mm × 2 000 mm。

《塑料注射模中小型模架》国家标准规定，中小型模架的周界尺寸范围为 $B \times L \leqslant 500\ mm \times 900\ mm$，并规定模架的结构型式为品种型号，即基本型 $A_1 \sim A_4$ 四个品种，派生型 $P_1 \sim P_9$ 九个品种，共 13 个品种。由于定模和动模座板分有肩和无肩两种形式，故又增加 13 个品种，共计 26 个模架品种。中小型模架全部采用 GB/T4169.1～4169.11—1984《塑料注射模零件》组合而成。

在组合系列中，以模板的每一宽度尺寸为系列主参数，各配以一组尺寸要素，共组成 62 个尺寸系列。按照同品种、同系列所选用的模板厚度 A、B 和垫块高度 C 划分为每一系列中的规格，供设计时任意组合采用。其规格数基本上覆盖了注射容量为 10～4 000 cm^3注射机用的各类中小型热塑性和热固性塑料注射模具。表 5.4 包含了 GB/T12556—1990 标准的所有 A、B 板尺寸组合(62 个尺寸系列)，以供设计时选择，也可以参考附录Ⅵ。

从表中可见，在序号 1 中宽度 B 为 100 mm 的模板，有 3 种长度 L(100 mm、125 mm、160 mm 与其相组合，因模板厚度 A、B 和垫块高度 C 的变化，共形成 64 种规格。

表 5.4　塑料注射模中小型标准模架的尺寸组合　　mm

序号	系列 $B\times L$	L	编号数	导柱 ϕ	模板 A、B 尺寸	垫块高度 C
1	$100\times L$	100,125,160	01 ~ 64	12	12.5,16,20,25, 32,40,50,63	40,50,63
2	$125\times L$	125,160,200	01 ~ 64	12	12.5,16,20,25, 32,40,50,63	40,50,63
3	$160\times L$	160,200,250,315	01 ~ 64	16	16,20,25,32, 40,50,63,80	50,63,80
4	$180\times L$	200,250,315	01 ~ 49	16	20,25,32,40, 50,63,80	50,63,80
5	$200\times L$	200,250,315,355,400	01 ~ 49	20	20,25,32,40, 50,63,80	50,63,80
6	$250\times L(1)$	250,315,355,400	01 ~ 64	25	20,25,32,40, 50,63,80,100	63,80
7	$250\times L(2)$	450,500,560	01 ~ 49	25	25,32,40,50 63,80,100	63,80,100
8	$315\times L(1)$	315,355,400,450,500	01 ~ 49	32	25,32,40,50, 63,80,100	63,80,100
9	$315\times L(2)$	560,630,	01 ~ 36	32	32,40,50, 63,80,100	80,100
10	$355\times L(1)$	355,400,450,500,560	01 × 64	32	25,32,40,50, 63,80,100,125	80,100,125
11	$355\times L(2)$	630,710	01 ~ 49	32	32,40,50,63, 80,100,125	80,100,125
12	$400\times L(2)$	400,450,500,560	01 ~ 64	32	32,40,50,63, 80,100,125,160	80,100,125
13	$400\times L(2)$	630,710	01 ~ 49	32	40,50,63,80, 100,125,160	80,100,125
14	$450\times L(1)$	450,500,560	01 ~ 64	40	32,40,50,63, 80,100,125,160	80,100,125
15	$450\times L(2)$	630,710,800	01 ~ 49	40	40,50,63,80, 100,125,160	100,125,160
16	$500\times L(1)$	500,560,630	01 ~ 64	40	32,40,50,63, 80,100,125,160	10,125,160
17	$500\times L(2)$	710,800	01 ~ 49	40	40,50,63,80, 100,125,160	100,125,160
18	$560\times L$	560,630,710, 800,900	01 ~ 64	40	40,50,63,80, 100,125,160,200	100,125,160,200

《塑料注射模大型模架》国家标准规定，大型模架的周界尺寸范围为 630 mm × 630 mm ~ 1 250 mm × 2 000 mm，适用于大型热塑性塑料注射模。模架品种有 A 型、B 型组成的基本型和由 $P_1 \sim P_4$ 组成的派生型，共 6 个品种。大型模架组合用的零件，除全部采纳 GB/T4169.1 ~ 4169.11—1984《塑料注射模零件》外，超出该标准零件尺寸系列范围的，则按照 GB/T2822(标准尺寸)，结合我国模具设计采用的尺寸，并参照国外先进企业标准，建立了和大型模架相配合使用的专用零件标准。与中小型模架一样，大型模架以模板每一宽度尺寸为系列主参数，各配有

一组尺寸要素，组成 24 个尺寸系列。按照同品种、同系列采用的模板厚度 A、B 和垫板高度 C 划分为每一系列的规格数，供设计和制造时选用。表 5.5 是 GB/T12555—1990《塑料注射模大型模架》的全部尺寸组合系列。

表 5.5　塑料注射模大型模架标准的尺寸组合

序号	系列 $B\times L$	L/mm	编号数	导柱 ϕ/mm	模板 A、B 尺寸/mm	垫块高度 C/mm
1	$630\times L$	630,710,800,900,1 000	01～64	50	60,80,100,125,140,160,200,250	125,160,200,250
2	$710\times L$	740,800,900,1 000,1 250	01～64	63	63,80,100,125,140,160,200,250	125,160,200,250
3	$800\times L$	800,900,1 000,1 250	01～64	63	80,100,125,160,200,250,315,355	160,200,250,315
4	$900\times L$	900,1 000,1 250,1 600	01～64	71	80,100,125,160,200,250,315,355	160,200,250,315
5	$1\,000\times L$	1 000,1 250,1 600	01～64	71	100,125,140,180,224,250,315,355	160,200,250,315
6	$1\,250\times L$	1 250,1 600,2 000	01～64	80	100,125,140,180,224,250,315,355	160,200,250,315

习　　题

1.在图 5.1 中找出主流道、分流道、浇口和冷料穴。

2.讨论在什么场合下应在注射模动模和定模上分别设置相互吻合的内、外锥面。

3.在注射成型过程中若型腔内的气体不能充分排除会产生什么不良后果？

4.在注射模设计时可以采取哪些措施使制品在开模后会滞留在动模一侧？

5.选择合适的国产注射机成型一大端直径为 300 mm、小端直径为 200 mm、高度为250 mm、壁厚为 2.5 mm 的聚乙烯圆桶，并说明选型的依据。

6.定模、动模怎么区别？

7.设计注射模时应如何确定模腔数量？

8.合模力有什么作用？注射成型时，如果合模力不够会出现什么问题？

9.注射模有哪些分类方法？

10.试述分型面的选择原则。

11.注射模的基本结构应包括哪几部分？

12.实现模具零部件标准化有哪些好处？

第6章　浇注系统与排气系统设计

浇注系统是指塑料熔体从注射机喷嘴流向模腔的通道。浇注系统向型腔中的传质、传压、传热情况决定着塑件的内在和外观质量，它的布置和安排影响着塑料成型的难易程度和模具的复杂程度。浇注系统可分为普通浇注系统和无流道浇注系统两大类型，本章主要阐述热塑性塑料普通浇注系统的组成及其设计方法，对于无流道浇注系统和有关热固性塑料浇注的内容在第14章阐述。

6.1　浇注系统的组成及其设计原则

6.1.1　浇注系统的组成和作用

浇注系统一般由主流道、分流道、浇口和冷料穴等四部分组成。图6.1为直浇口式浇注系统，其主流道的轴线垂直于模具分型面，适用于立式或卧式注射模。图6.2为横浇口式浇注系统，其主流道的轴线平行于模具分型面，适用于直角式注射模。

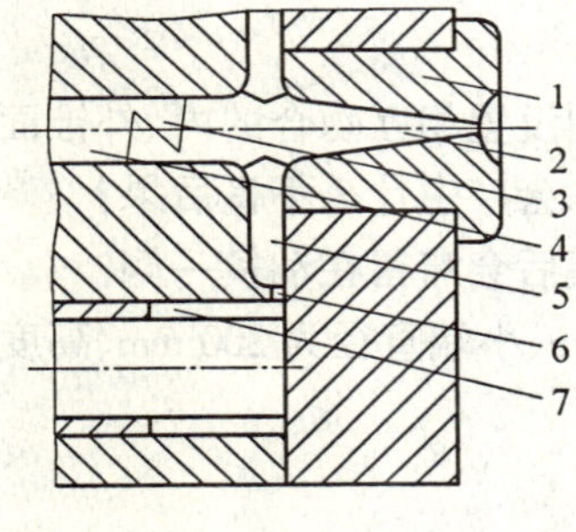

图6.1　直浇口式普通浇注系统

1—主流道衬套；2—主流道；3—冷料穴；4—拉料杆；5—分流道；6—浇口；7—模腔

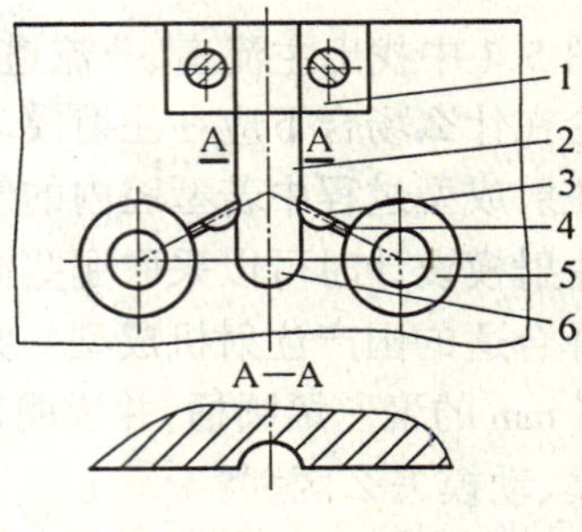

图6.2　横浇口式普通浇注系统

1—主流道镶块；2—主流道；3—分流道；4—浇口；5—模腔；6—冷料穴

浇注系统的作用是：

①在注射时将熔体平稳而均衡地引入模腔，同时使腔内气体及时顺利排出。

②冷却凝固时，将压力有效地传递到型腔各部位，以获得形状完整、质量优良的塑料制件。

6.1.2　浇注系统的设计原则

浇注系统不仅对塑料件性能、结构、尺寸、质量等影响很大，而且还影响塑件的材料利用率、生产效率等，所以是模具设计的重要环节。浇注系统设计的主要原则如下：

(1)应与塑料的成型特性相适应

不同的塑料具有不同的流动性，特别是对硬质聚氯乙烯、聚丙烯酸酯和聚甲醛等成型性差的塑料，其流道和浇口的选择是否合适，对于制品的性能、外观以及成型周期和生产成本都有很大影响。另外，有些塑料还会因为浇口设计不当而导致浇口表壁与熔体之间产生较大摩擦，从而引起塑料褪色。因此，应对塑料熔体的流动特性如温度、粘度、剪切速率及型腔内的压力周期等进行分析，使设计的浇注系统适应于所用塑料的成型特性要求，保证塑料制件的质量。

(2)应有利于良好的排气

浇注系统应能顺利地引导塑料熔体充满型腔的各个角落，使型腔及浇注系统中的气体有序地排出，以保证填充过程中不产生紊流或涡流，也不会导致因气体积存处引起的凹陷、气泡、烧焦等塑件成型缺陷。因此，设计浇注系统时应注意与模具的排气方式相适应，使塑件获得良好的成型质量。

(3)熔体的流程应尽量短

浇注系统作为塑料熔体充填型腔的流动通道，要求流经其内的塑料熔体热量损失及压力损失减小到最低限度，以保持较理想的流动状态及有效的压力传递。为此，在保证塑件的成型质量及良好排气效果的前提下，应尽量缩短熔体在流道和模腔中的流程，同时还应控制好流道的表面粗糙度，并减少流道的弯折等，这样就能够缩短填充时间，克服因热量和压力损失过大所引起的成型缺陷，从而缩短成型周期，提高成型质量。

(4)防止型芯变形和嵌件位移

设计时应尽量避免塑料熔体对细小型芯和嵌件的直接冲击，以防止熔体冲击力使细小型芯变形或使嵌件位移。

(5)应使浇注系统凝料与塑件易于分离

尽量采用小浇口，便于浇注系统凝料与成型后的塑件分离，以利于自动化操作。

(6)便于修整浇口和保证塑件外观质量

浇口的位置和形状应尽量根据制品的形状和使用要求确定。尽量采用小浇口，脱模后浇口痕迹易于清除修整，以保证塑件的美观和使用性能；有特殊的造型设计质量要求时，浇口应开设在次要或隐蔽的地方。

(7)防止制品变形和翘曲

设计时应考虑减轻浇口附近的残余应力，以防止因残余应力过大而导致制品发生变形和翘曲。例如，对于深度很浅的大平面聚乙烯、聚丙烯制品若采用料流速度较大的直接浇口成型，由于注射压力直接作用在制品上，加之这些塑料取向能力较强，所以成型后很容易在直接浇口附近产生较大的残余应力，并导致制品发生翘曲变形，为此可改换多点浇口形式。

(8)合理设计冷料穴

冷料穴设计不当时，前锋冷料进入模腔会导致制品产生冷疤或冷斑。

(9)尽量减少塑料消耗

应使系统的容积尽量小，不仅可以避免系统凝料积压、延长成型周期等问题，而且还可以减少系统占用的塑料量，从而减小原料消耗以及回收废料的工作量。

(10)浇注系统应结合型腔布局同时考虑

浇注系统的分布形式与型腔的排布密切相关，设计时应尽可能保证各型腔充填条件一致，并且使型腔及浇注系统在分型面上的投影面积总重心与注射机锁模力作用中心相重合，以保证锁模的可靠性及锁模机构受力的均匀性。

上述基本原则既相互独立，又相互制约、相互补充，设计时应根据具体情况，抓住主要矛盾进行综合考虑，取得最佳效果。

6.2 主流道设计

主流道是从注射机喷嘴与模具相接触的部位开始，到分流道为止的塑料熔体的流动通道，属于从热的塑料熔体到相对较冷的模具的一段过渡的流动长度，因此它的形状和尺寸最先影响着塑料熔体的流动速度及填充时间，必须使熔体的温度降和压力降最小，且不损害塑料熔体的输送能力。

6.2.1 直浇口式主流道

直浇口式主流道垂直于模具分型面，适用于卧式和立式注射模，其设计内容包括主流道本身的设计及主流道衬套和定位环设计等。

1.主流道的结构

主流道的几何形状与尺寸如图 6.3 所示。其设计要点如下：

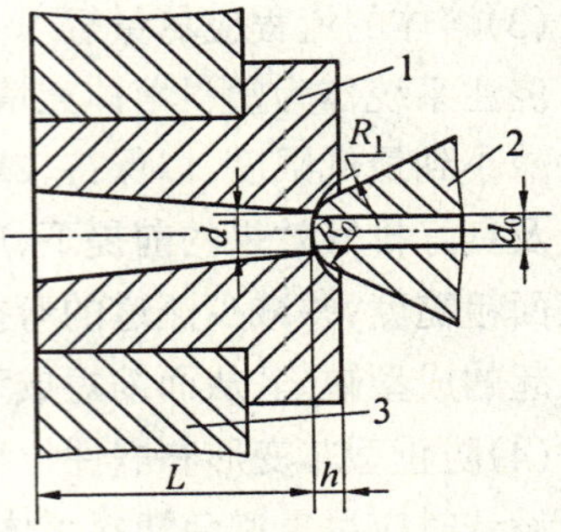

图 6.3　主流道的几何形状与尺寸

1—定模板；2—主流道衬套；3—喷嘴

①主流道通常设计成圆锥形，其锥角 $\alpha = 2° \sim 4°$，对流动性较差的塑料可取 $\alpha = 3° \sim 6°$，以便于凝料从主流道中拔出。内壁表面粗糙度一般为 $Ra = 0.8\ \mu m$。

②为防止主流道与喷嘴处溢料，主流道与喷嘴应紧密对接，主流道对接处应制成半球形凹坑，其半径 $R_1 = R_0 + (1 \sim 2)$ mm，深取 $h = 3 \sim 5$ mm。主流道小端直径 $d_1 = d_0 + (0.5 \sim 1)$ mm，以防止对凝料的脱出产生阻碍。

③为减小料流转向过渡时的阻力，主流道大端呈圆角过渡，其圆角半径 $r = 1 \sim 3$ mm。

④在保证塑件良好成型的前提下，主流道长度 L 应尽量短，否则将增多主流道凝料且增加压力损失，使塑料降温过多而影响注射成型。通常主流道长度由模板厚度确定，一般取 $L \leqslant 60$ mm。

2.主流道衬套

由于主流道要与高温塑料熔体及喷嘴反复接触和碰撞，所以一般不将主流道直接开在定模上，而是将它单独开设在一个嵌套中，然后将此套再嵌入定模内，该嵌套称为主流道衬套(或浇口套)。采用主流道衬套以后，不仅使主流道的加工和热处理以及衬套本身的选材等工作比较方便，而且在主流道损坏后也便于修磨或更换。

常用的主流道衬套有 A、B 两种类型(图 6.4)，其中 A 型衬套中部高出定模端面 $H = 5 \sim 10$ mm，起定位环作用，与注射机定模板的定位孔呈间隙配合。当浇口套与塑料接触面积较大时，其受到模腔内塑料的反压力增大，从而易退出模具，这时可采用 B 型衬套，将定位环与衬套分开设计。使用时，用固定在定模上的定位环压住衬套大端台阶防止衬套退出模具。另外，衬套上的外径 d_h 是为了与定位环内孔配合而设置的，至于衬套上的其他尺寸可根据具体情况设计或使用标准件。设计主流道衬套时应注意以下事项。

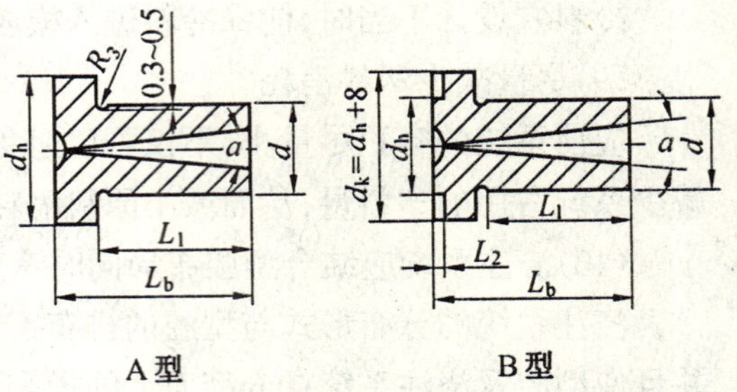

图 6.4　主流道衬套形式

①对于小型注射模，可将主流道衬套与定位环设计成一个整体，但在多数情况下均分开设计。

②主流道衬套应选用优质钢材(如 T8A 等)，热处理后硬度为 53 ~ 57HRC。

③衬套的长度应与定模配合部分的厚度一致，主流道出口处的端面不得突出在分型面上，否则不仅会造成溢料，而且还会压坏模具。

④衬套与定模之间的配合采用 H7/m6。

3.定位环设计

定位环与注射机定模固定板中心的定位孔相配合，其作用是为了使主流道与喷嘴和机筒对中，除了将定位环与主流道衬套设计成整体结构之外，单个定位环形式可参考图 6.5 和图 6.6 设计。其中图 6.5 是根据日本工业标准 JISB5lll - 1964 规定的应用实例，而图 6.6 则是一些具有特殊形状的定位环，可应用于不同的场合。设计定位环时应注意以下事项。

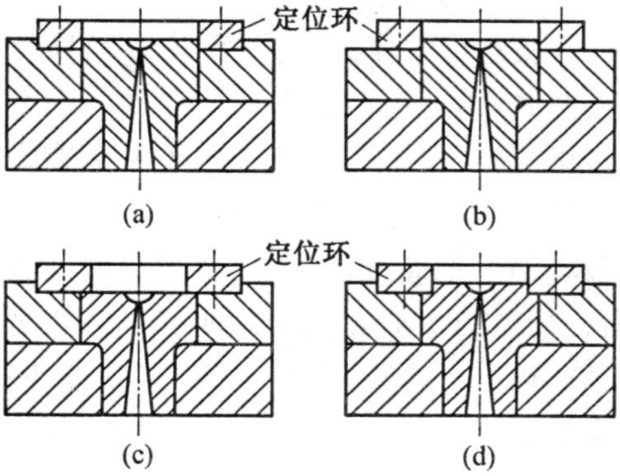

图 6.5　定位环应用图例

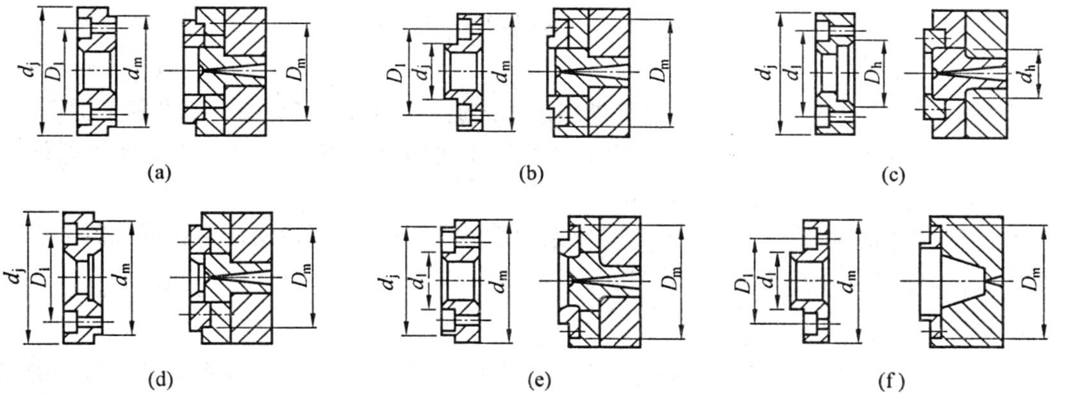

图 6.6　特殊形状定位环

①定位环与注射机定模固定板上的定位孔之间采取比较松动的间隙配合，如 H11/h11 或 H11/b11。

②定位环的定位面高度不能大于定位孔的深度。小型模具的定位环高度可取 8 ~ 10 mm，对于大型模具则可取 10 ~ 15 mm。

③在图 6.5 中，图(a)是最常用的定位环形式；图(b)可以不在定模上加工安装定位环的台阶孔；图(c)用定位环压住 A 型主流道衬套，以防衬套退出定模的结构；图(d)用定位环压住 B 型主流道衬套，以防衬套退出定模的结构。

④由于规格相近的注射机常因生产厂家不同，其上的定位孔经常不一致，所以为了提高模架的标准化程度，可将定位环做成图 6.6(a)、(b)所示的结构。在这两种结构中，若将与注射机定位孔配合的直径 d_j 和定模上定位孔配合的直径 d_m 做成通用或标准尺寸，则只要更换定位环便可使同一模架适用于不同的注射机。

⑤在图 6.6 中，图(c)是用台阶孔压住 A 型主流道衬套的定位环结构；图(d)、(e)所示的定

位环结构是为了便于更换主流道衬套，另外也可以防止衬套在注射时后退；图(f)所示的定位环适用于延伸喷嘴结构。

6.2.2 横浇口式主流道

在横浇口式模具中，主流道开设在分型面一侧或两侧，只适用于直角式注射模。因不需沿轴线拔出凝料，主流道结构比较简单，其截面形状可以为圆形、半圆形、椭圆形或梯形。主流道与喷嘴接触处做成平面或半球形，并可在此处做成镶块结构，如图 6.2 所示，以减少使用过程中的变形和磨损。横浇口式主流道的末端可开设冷料穴，深度约取 4 ~ 5 mm，主流道表壁的表面粗糙度 *Ra* 应在0.32 ~ 0.63 μm 之间。横浇口式主流道尺寸的设计可参考图 6.7。

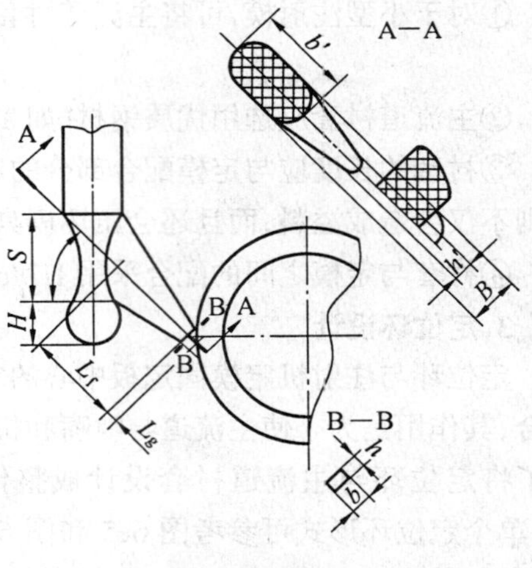

图 6.7 横浇口式主流道尺寸

$b' = 4.8 \sim 6$ mm; $B = 0.8b'$; $S = b'$; $H = 4 \sim 5$ mm; $L_f = 5 \sim 8$ mm; $h' = 0.5b'$; $\alpha = 40° \sim 50°$; L_g、h、b 与图 6.11 所示的侧浇口相同

6.3 分流道设计

分流道是指主流道末端与浇口之间塑料熔体的流动通道，在多型腔或单型腔多浇口(塑件尺寸大)情况下使用。通过分流转向，使从主流道流出的塑料熔体平稳均衡地分配到各个模腔，并要求压力损失及热量损失尽可能地小。

因此，应根据塑件的体积、壁厚、形状复杂程度、模腔的数量以及所用塑料的性能等因素综合考虑，合理地设计分流道形状和尺寸。

6.3.1 分流道的设计原则

①分流道应尽量平衡布排。采用多腔注射模进行成型生产时，应尽量采用平衡式浇注系统，使通往各个模腔的料流通道的截面形状、尺寸及通道长度对应相等，从而保证熔体的均衡分配，使各模腔的制件精度一致。但有时平衡布排会造成模具尺寸增大，熔体流程过长，压力损失增加，充模时间延长等缺陷。为解决这一问题，可采用分流道的非平衡布排，此时必须对通往各模腔的料流通道截面积和长度进行调整，以保证通往各个模腔的熔体体积流量相等。在制件精度要求不高时，可采用非平衡系统。

②分流道的截面大小应与熔体材料的流动性相适应。不论采用何种截面形状的分流道，一般对流动性好的聚丙烯、尼龙等可取较小截面；对流动性差的如聚碳酸酯、聚砜等应取较大截面。

③分流道的长度要尽可能短，且少弯折。以便于注射成型过程中最经济地使用原料和注塑机的能耗，减少压力损失和热量损失。当分流道需设计得较长时，其末端应留有冷料穴，以防前锋冷料堵塞浇口或进入模腔，造成充模不足或影响制品的熔接强度。

④分流道截面尺寸应尽量小。若截面过大，不仅积存空气增多，塑件容易产生气泡，而且增大塑料耗量，延长冷却时间；若截面过小，则会降低单位时间内输送的塑料熔体流量，使填充时间延长，导致塑件出现缺料、波纹等缺陷。因此，在保证熔体顺利输送的前提下，应使分流道

截面尺寸尽量小。

⑤分流道的压力和热量损失应尽量小。为此，熔体在相同截面积的流道中流动时，应尽量减少熔体与流道间的接触面积，即采用较小的比表面积(流道侧表面积与体积之比值)。比表面积 I 的大小可由式(6.1)计算

$$I = S/V = (S/L)/(V/L) = C/A \tag{6.1}$$

式中，S 为流道侧表面积；V 为流道体积；L 为流道长度；C 为流道截面周长；A 为流道截面积。

对于圆形截面分流道

$$I = (\pi D)/(\pi D^2/4) = 4/D \tag{6.2}$$

式中，D 为流道截面直径。

对于其他截面形状的分流道也可按式(6.1)计算。为了便于比较，可将计算结果用当量直径表示，几种常见截面形状的当量比表面积见表6.1。由表6.1可以看出在相同截面积的情况下，圆形截面分流道的比表面积最小，是分流道比较理想的形状。

表6.1　常见分流道截面形状的当量比表面积

分流道形式(参照图6.8)			面积	周长	当量直径	比表面积	当量比表面积
	主尺寸	相关尺寸					
圆	直径 D		$\pi D^2/4$	πD	D	$4/D$	$4/D$
正方形	边长 a		a^2	$4a$	$a=0.87D$	$4/a$	$4.51/D$
半　圆	半径 R		$0.5\pi R^2$	$5.14R$	$R=0.71D$	$3.27/R$	$4.63/D$
梯　形	上底 b	$\alpha=5°, h=2/3b$	$0.63b^2$	$3.22b$	$b=1.12D$	$5.12/b$	$4.57/D$
		$\alpha=10°, h=2/3b$	$0.59b^2$	$3.08b$	$b=1.16D$	$5.23/b$	$4.53/D$
		$\alpha=10°, h=b$	$0.82b^2$	$3.62b$	$b=0.98D$	$5.39/b$	$4.50/D$
U 形	半径 R	$h=1.1R, \alpha=5°$	$1.77R^2$	$5.37R$	$R=0.67D$	$3.03/R$	$4.55/D$
		$h=2R, \alpha=10°$	$3.67R^2$	$7.33R$	$R=0.46D$	$2/R$	$4.32/D$
矩　形	宽度 b	$h=b/2$	$b^2/2$	$3b$	$h=1.25D$	$6/h$	$4.79/D$
		$h=b/4$	$b^2/4$	$2.5b$	$h=1.77D$	$10/h$	$5.64D$
		$h=b/8$	$b^2/8$	$2.25b$	$h=2.51D$	$18/h$	$7.18D$

⑥分流道的截面形状要便于加工。设计分流道的截面形状时，不仅要考虑比表面积还要考虑其加工的难易程度。例如在图6.8所示的分流道中，圆形截面分流道的比表面积最小，但需要开设在分型面的两侧，而且上、下两部分必须互相吻合，所以加工难度较大，而其他截面形状的分流道则比较容易加工。

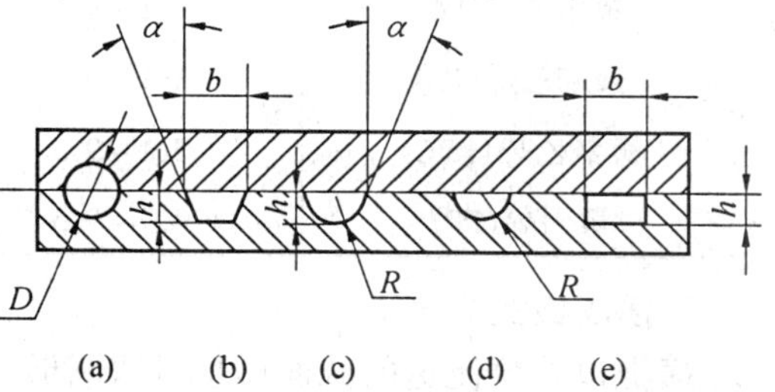

图6.8　分流道的常见截面形状

6.3.2　分流道的截面形状与尺寸

1. 直浇口式分流道

在图6.8所示不同截面形状的分流道中，圆形截面分流道(a)因加工较困难而在实际生产中用的并不很多；正方形分流道的比表面积也较小，但因脱模困难也较少采用；梯形截面分流

道(b)容易加工,且熔体的热量散发和流动阻力都不大,因此最为常用,U形截面分流道(c)的优缺点和梯形的基本相同,常用于小型制品;半圆形(d)和矩形截面(e)分流道因为比表面积较大,一般不常用。对于梯形和U形截面分流道,其槽深 h 接近槽宽 b 或 R 时,其比表面积最小,设计时可作为参考。不同分流道的截面形状与尺寸可参考表6.2设计。

表6.2 梯形和U形分流道截面对应尺寸 mm

圆形	D	4	5	6	7	8	9	10	11	12
梯形	h	3	3.5	4	5	5.5	6	7	8	9
	b	4	5	6	7	8	9	10	11	12
U形	h	4	5	6	7	8	9	10	11	12
	R	2	2.5	3	3.5	4	4.5	5	5.5	6

对于圆形截面分流道,其截面直径可参考表6.3设计,也可用经验公式(6.3)计算

$$D = 0.265\,4\sqrt{G}\sqrt[4]{L} \tag{6.3}$$

式中,D 为分流道直径,mm;G 为制品质量,g;L 为分流道长度,mm。

对于高粘度塑料应将计算结果扩大25%左右。

一般情况下,分流道长度尺寸可根据制品的壁厚、体积、形状复杂程度及塑料的性能而定,结构可参照图6.9设计。对于大型制品 h 值可取大些,β 角可取小些,长度 L_f 一般在8~30 mm之间,可以根据模腔数量适当加长,但不宜小于8 mm,否则会给修磨带来困难。

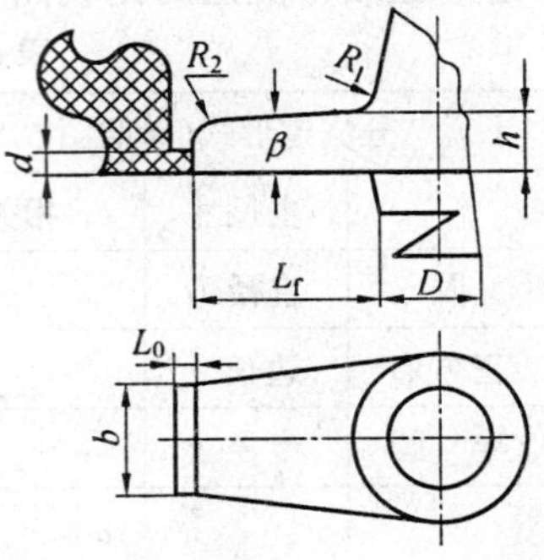

图6.9 分流道的结构

表6.3 常用塑料的圆形截面分流道直径推荐值

塑 料	分流道直径/mm	塑 料	分流道直径/mm
聚乙烯(PE)	1.5~9.5	ABS	4.7~9.5
聚酰胺(PA)	1.5~9.5	聚碳酸酯(PC)	4.7~9.5
醋酸纤维素(CA)	2.3~9.5	聚酯	4.7~9.5
聚甲醛(POM)	3.1~9.5	聚苯醚(PPO)	6.3~9.5
聚苯乙烯(PS)	3.1~9.5	聚砜(PSU)	6.3~9.5
聚氯乙烯(PVC)	3.1~9.5	丙烯酸	7.5~9.5
聚丙烯(PP)	4.7~9.5		

2.横浇口式分流道

横浇口式分流道的截面形状可取圆形、椭圆形、半圆形和梯形等,其结构可参考图6.7设计,该分流道的长度 L_f 比较短,约取5~8 mm。对于环形制品,α 角取40~50°,对于片状制品,α 角可取90°。分流道大端的高度 B 应与主流道截面的短轴基本相等,小端的高度 h' 可取 $0.5b'$。

6.3.3 分流道表壁的表面粗糙度

分流道的表面粗糙度不宜太低,一般 Ra 取1.25~2.5 μm。这样有助于将塑料熔体的外

层冷却皮层固定，以免带入模腔；也有助于外层与心部的熔体之间产生一定的速度差，以保证熔体流动时具有适宜的剪切速率和剪切热，增加流动性。

6.4 浇口的设计和选择

浇口亦称进料口，是连接分流道与型腔的通道。除直接浇口外，它是浇注系统中截面积最小的部分，但却是浇注系统的关键部分。浇口的设计或选择恰当与否，对塑件能否成型及成型后的质量影响很大。

6.4.1 浇口的作用

浇口可分限制性浇口和非限制性浇口两种，非限制性浇口起着引料、进料的作用，而限制性浇口的作用是：①通过截面积的突然变化，使分流道输送来的塑料熔体的流速产生加速度，提高剪切速率，成为理想的流动状态，迅速而均衡地充满型腔；②通过调节浇口尺寸使多型腔同时充满，对于多浇口单型腔模具，还能用以控制熔接痕在制品中的位置；③可调节浇口容积，控制充模时间，提高塑件表面质量；④及时封闭型腔，防止塑料熔体倒流；⑤便于浇口凝料与塑件分离；⑥采用小浇口可以提高生产率。

6.4.2 常用的浇口形式

1. 直接浇口

直接浇口又称中心浇口、主流道型浇口或非限制性浇口（图 6.10）。塑料熔体直接由主流道进入型腔，因而具有流动阻力小、料流速度快的优点，但由于流道尺寸大、冷却冻结慢，需要较长的保压补缩时间，并且由于注射压力直接作用在塑件上，容易在进料处产生较大的残余应力而导致塑件翘曲变形，浇口痕迹也较明显。这种浇口多用于注射成型大型厚壁长流程深型腔的塑件以及一些高粘度塑料，如聚碳酸酯、聚砜等；而对与聚乙烯、聚丙烯等纵向与横向收缩率有较大差异塑料的塑件不适宜。

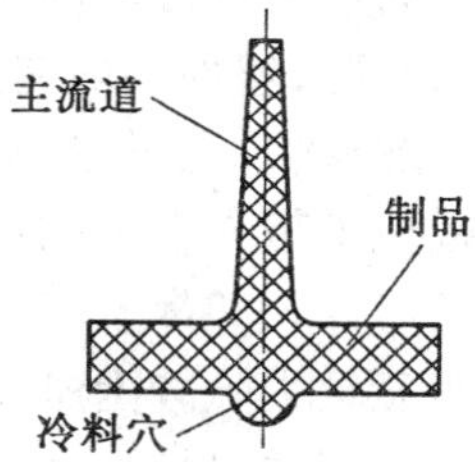

图 6.10 直接浇口

2. 侧浇口

侧浇口又称边缘浇口，国外称之为标准浇口。侧浇口一般开设在分型面上，塑料熔体从型腔的侧面充模，其截面形状多为矩形狭缝（也可为半圆形）。调整其截面的厚度和宽度，可以调节熔体充模时的剪切速率及浇口的封闭时间。这种浇口加工容易，修整方便，可以根据制品的形状特点灵活地选择浇口位置，且对各种塑料的成型适应性较强，因此广泛使用于中小型塑件的多型腔模具。但浇口痕迹较大，会形成熔接痕、缩孔、气孔等塑件缺陷，且注射压力损失大，对深型腔塑件排气不便。

侧浇口的尺寸（图 6.11）对熔体的流动充模有很大的影响。如浇口上的压力降大致与浇口长度成正比，浇口的厚度影响浇口封闭时间，越厚时间越长，浇口宽度影响流动性能，越宽填充速度越低，流动阻力也下降。一般情况下，侧浇口尺寸：$l = 0.7 \sim 1$ mm，$h = (1/3 \sim 2/3)t$（塑件壁厚），中小塑件 $b = (5 \sim 10)h$，大型塑件 $b > 10h$。

侧浇口的尺寸计算经验公式如下

$$b = \frac{(0.6 \sim 0.9)\sqrt{A}}{30} \tag{6.4}$$

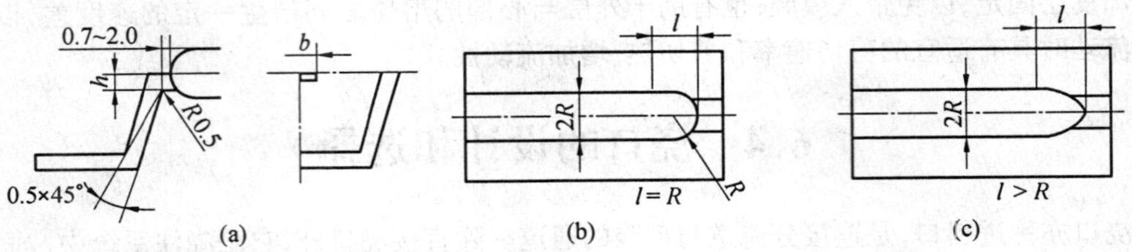

图 6.11 侧浇口的尺寸

$$h = \frac{1}{3}b \tag{6.5}$$

式中，b 为侧浇口的宽度，mm；A 为塑件的外侧表面积，mm；h 为侧浇口的厚度，mm。

3. 扇形浇口

当按式(6.4)计算出的侧浇口宽度值大于与之相连的分流道直径时，宜采用扇形浇口，如图 6.12。这种浇口沿进料方向截面宽度逐渐变大，截面厚度逐渐变小，截面积保持不变，在与型腔的接合处做成一长约 1 mm 的台阶。

扇形浇口可使塑料熔体在宽度方向上的流动得到更均匀的分配，塑件的内应力因之较小，能最大限度地消除浇口附近的缺陷；还可避免流纹及取向效应所带来的不良影响，并减少了带入空气的可能性。因此适用于成型横向尺寸较大的薄片状塑件及平面面积较大的扁平塑件，但浇口痕迹较明显且去除较困难。

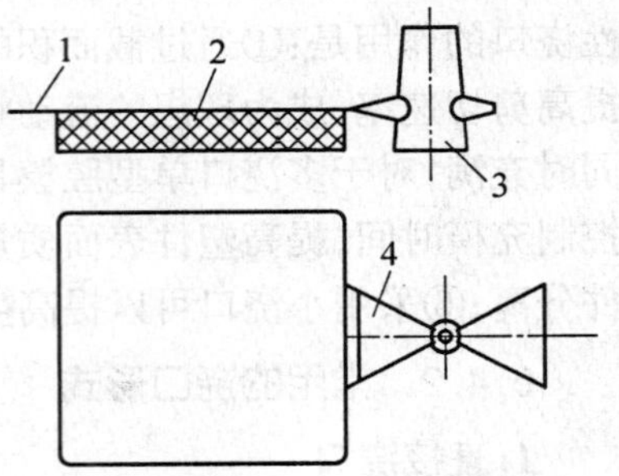

图 6.12 扇形浇口的形状与尺寸

1—分型面；2—制品；3—主流道(冷料穴)；4—扇形浇口

扇形浇口的长度 L 约 6 mm，截面宽度可从分流道直径开始沿着进料方向逐渐扩展，至台阶处宽度可按式(6.4)计算，台阶处的截面高度 h_2 可取(1/3 ~ 2/3)t，一般在 0.25 ~ 1.6 mm 范围。浇口进口处高度 h_1 可按等截面原则计算。设计时应注意，扇形浇口的截面积不得大于分流道的截面积。

4. 平缝浇口

平缝浇口又称薄片式浇口，是侧浇口的另一种变异。其特点是浇口截面宽度很大，可与型腔宽度一致，高度 h 很小，约 0.25 ~ 0.65 mm，几何上成为一个狭长缝口，分配流道与型腔平行，其长度 L 略大于型腔宽度，如图 6.13。塑料熔体经分配流道扩散而得到均匀分配，从而充模流动更为均匀，内应力很小，并可避免或减少塑件内部气泡及因取向而引起的翘曲，对聚乙烯等一类塑件的变形能有效地控制，主要用来成型有透明度和平直度要求及大面积的扁平塑件，但浇口去除加工量较大，提高了产品成本，且浇口痕迹明显。通常，浇口狭缝的长度约取 0.65 mm。

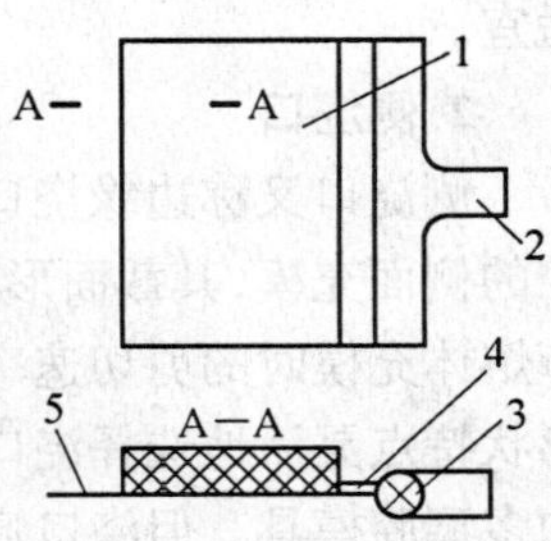

图 6.13 平缝浇口

1—制品；2—分流道；3—分配流道；4—浇口狭缝；5—分型面

5. 环形浇口

该浇口呈环形(图 6.14)，相当于将平缝浇口围成圆环形，因而具有平缝浇口的特点，并避免了熔接痕的产生，这种浇口可开设在塑件的外侧或端面，主要用来成型圆筒形塑件，用于一模多腔的情况。

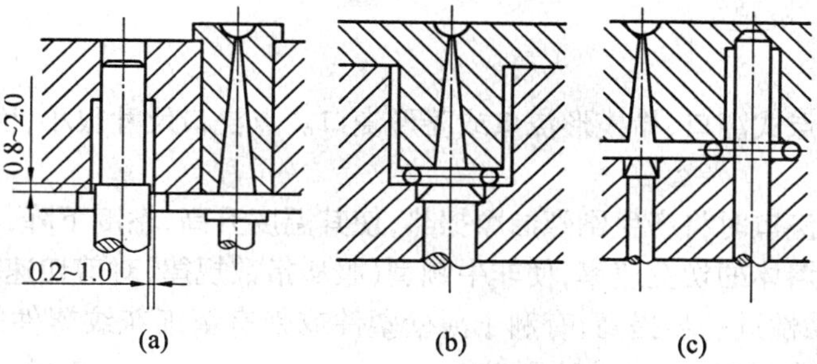

图 6.14　环形浇口

6. 盘形浇口

盘形浇口类似于环形浇口(图 6.15),区别在于浇注系统开设在塑件的内侧,其特点和用途与环形浇口基本相同,主要用于一模一腔的情况。由于浇口的存在使型芯处于悬臂状态,当型芯的高径比较大时,其刚度较差,影响圆筒形塑件的同心度。

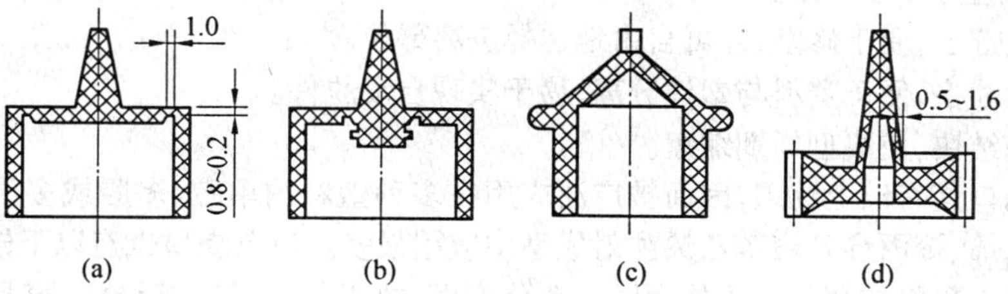

图 6.15　盘形浇口

7. 轮幅浇口

轮幅浇口(图 6.16)是对盘形浇口的改进,由圆周进料改为几段小圆弧进料,其分流道呈轮幅状,浇口尺寸与侧浇口类似,相当于一腔多浇口的情况。这种浇口凝料易于去除且用料也有所减少,在生产中比环形浇口应用广泛,但塑件易产生多条熔接痕从而影响了塑件的质量。

8. 爪形浇口

爪形浇口(图 6.17)是在轮幅浇口的基础上进一步改进,将分流道的入料口向上拉起,使其不在同一平面上。这样可使型芯顶端伸入到定模内,因而具有自动定心的作用,可避免塑件的弯曲或不同轴等成型缺陷。这种浇口尤其适合成型内孔小且同轴度要求较高的细长管状塑件。

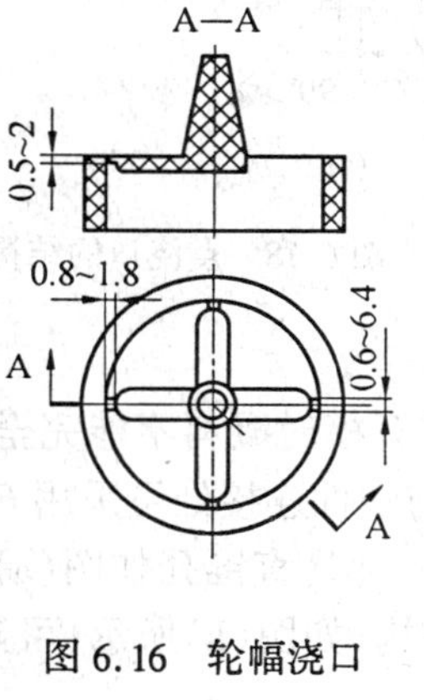

图 6.16　轮幅浇口

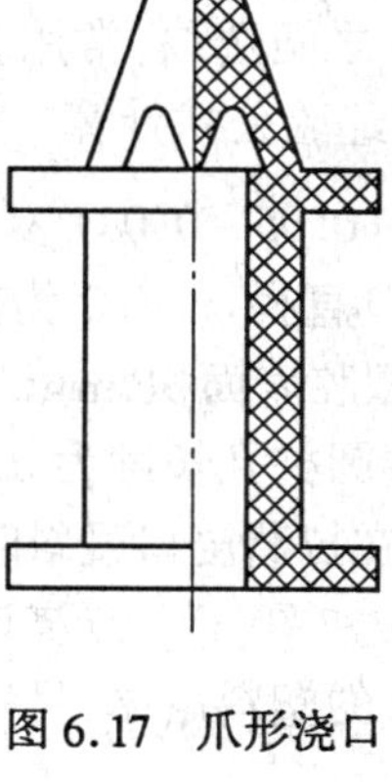

图 6.17　爪形浇口

9. 点浇口

点浇口又称针点式浇口、橄榄形浇口或菱形浇口。点浇口尺寸很小,因而具有以下突出特点:

①熔体经过小浇口时将产生剧烈的摩擦热,使其温度升高,粘度下降,流动性增加。

②可显著提高熔体的切变速率,使非牛顿型(服从指数规律,对剪切速率敏感)塑料熔体的表观粘度降低,流动性进一步提高,有利于薄壁塑件或带有精细花纹塑件的成型,这对于剪切速率敏感的塑料熔体(ABS、PS、AS)特别有效。

③在多腔模的非平衡浇注系统中,小浇口对塑料熔体的流动阻力比分流道的流动阻力大得多,因而在熔体充满流道并建立起足够的压力之后,各模腔才能在近似相同的时间进料充模,有利于浇注系统平衡。

④浇口冻结快,使大分子的取向程度和流动变形减小,从而可减小残余应力,特别对减小浇口附近补缩应力非常有效。

⑤浇口痕迹小,便于修整,并可自由地选择进料部位。

⑥浇口尺寸小,便于赘料与塑件分离,易于实现自动脱件。

⑦浇口冻结快,使成型周期缩短。

由于点浇口具有以上优点,因而被广泛应用在多种塑料的单腔、多腔或多浇口注射模中,特别是在聚乙烯、聚丙烯和聚苯乙烯注射成型中应用最多。但点浇口也有以下缺点:

①浇注系统凝料与塑件无法使用同一个分型面,故必须采用三板结构,模具结构复杂,费用较高。

②因浇口阻力大,要求采用较高的注射压力。

③不利于高粘度塑料、牛顿型塑料及热敏性塑料的成型。

④浇口冻结快,不利于补缩,因而不大适宜厚壁制品成型,也不利于成型平薄易变形及形状复杂的塑件。

点浇口的结构尺寸如图 6.18 所示,图(a)浇口与主流道直接相通,适合于单点进料,图(c)是多点进料和一模多腔。点浇口的上部 L_{z2} 部分实际上为主流道部分,可按主流道尺寸设计,下部 L_{z1} 为引导孔,锥度 12°~30°,长度在 15~25 mm 之间取值,但不要超过 2/3 L_{z2};点浇口直径 d 一般在 0.5~2.0 mm 之间选取,常用直径是 0.8~1.5 mm,也可用下面经验公式计算

$$d = (0.05 \sim 0.08)\sqrt[4]{\delta^2 A} \qquad (6.6)$$

式中,d 为点浇口直径,mm;δ 为塑件在浇口处的壁厚,mm;A 为型腔表面积,mm^2。

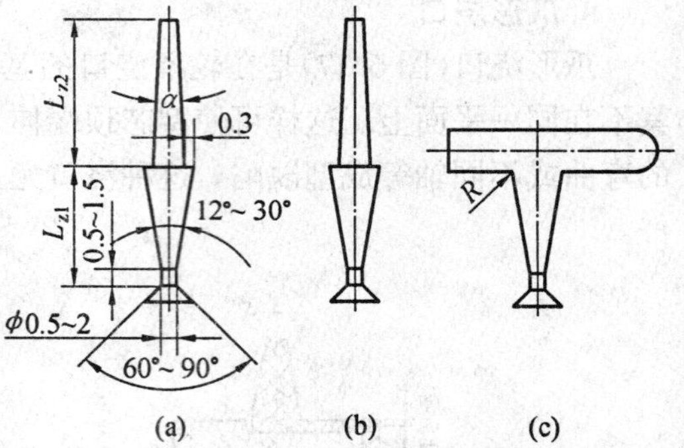

图 6.18 点浇口的结构尺寸

点浇口直端圆柱孔长度为 0.5~1.5 mm,如果太长,在开模时凝料不能完全被拉出而堵塞浇口;为了防止在拉断浇口凝料时损坏制品表面,在浇口与塑件连接处可采用 60°~90°,高 0.5 mm 的锥度过渡,如图(a)。点浇口的引导孔有两种形式:一种是直锥孔如图(a)所示,阻力小,适合于粘度较大的塑料熔体;另一种是带球形底的锥孔结构,如图(b)所示,可延长冻结时间,

有利于补缩。

在成型薄壁制品时,若采用点浇口,则制品易在点浇口附近产生变形甚至开裂。为此,在不影响使用的前提下,可将浇口对面的壁厚增加并以圆弧 R 过渡,如图 6.19 所示。此处圆弧还有储存冷料的作用。

10. 潜伏浇口

潜伏浇口又称隧道浇口、剪切浇口,是由点浇口演变而来。这类浇口的分流道位于分型面上,而浇口本身设在模具内的隐蔽处,熔体沿斜向注入型腔,如图 6.20 所示。图(a)浇口设置在定模上塑件的外侧,开模时凝料随动模运动,从浇口处拉断后,从隧道中拉出;图(b)浇口设置在动模一侧,并通过顶杆上的辅助浇口与塑件底部相连,开模后在顶出过程中,顶杆顶出先将凝料从浇口处剪断,再使凝料从隧道中拉出。

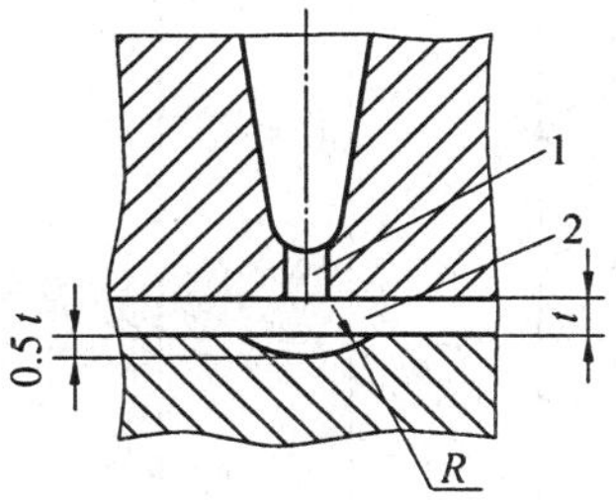

图 6.19 防止点浇口处变形结构

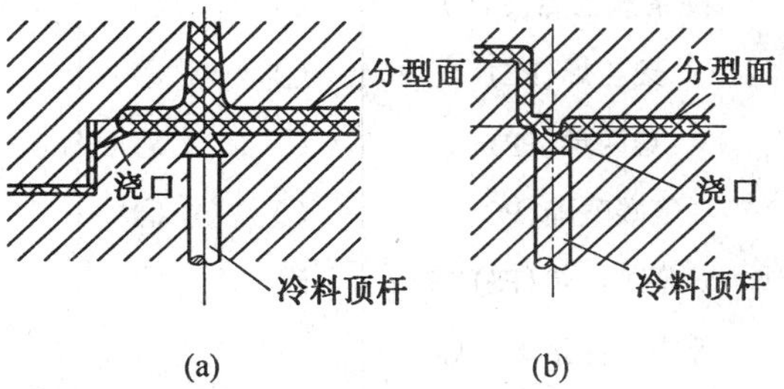

图 6.20 潜伏浇口

潜伏浇口具有与点浇口类似的优点,并可采用单分型面结构,降低模具成本,还可以将浇口设置在塑件的侧面、端面甚至背面,以免影响制品的美观。

浇口尺寸可参考点浇口尺寸设计,不同材料的浇口潜入角度(浇口轴线与开模方向的夹角)不同,一般取 $\alpha = 30° \sim 45°$,α 越小,越容易拔出浇口凝料。对于弹性、韧性好的塑料,α 可取大值;反之,α 应取较小值。对于引导孔锥度,一般取 $\beta = 10° \sim 20°$,对于弹性、韧性差的塑料,β 应取较大值。

11. 护耳浇口

由矩形浇口和耳槽组成,如图 6.21 所示。注射时熔体冲击耳槽壁后改变流动方向,以较低的速度平稳地注入型腔,因而制品残余应力小。另外依靠耳槽能允许浇口附近产生收缩,所以能减小因注射压力造成的过量填充以及因冷却收缩所产生的变形。

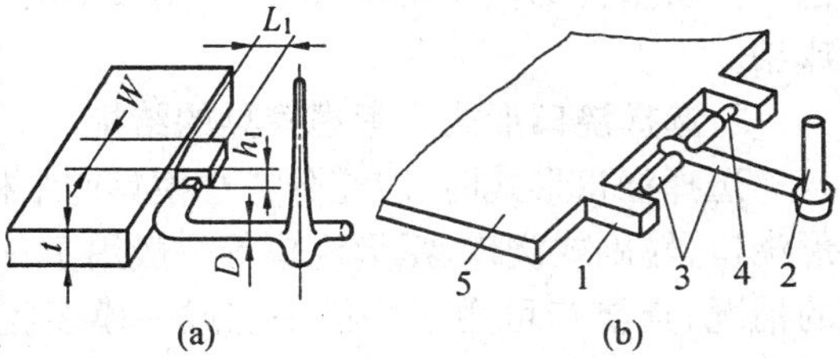

图 6.21 护耳浇口

1—护耳;2—主流道;3—分流道;4—浇口;5—塑件

护耳浇口与分流道呈直角分布,耳部应设置在制品壁厚较厚的部分。矩形小浇口可按侧浇口公式计算。耳槽的长度 $L_1 = 1.5D$,耳槽的宽度 $W = D$,耳槽的厚度 $h_1 = 0.8 \sim 0.9t$,其中,D 为分流道直径,t 为制品壁厚。耳槽的位置以距离制品边缘 150 mm 以内为宜,当制品较宽时,需要使用多个护耳浇口。此时耳槽之间的最大距离约为 300 mm。

护耳浇口主要适用于聚碳酸酯、ABS、聚氯乙烯、有机玻璃等热稳定性差及熔融粘度高的塑料,注射压力应为其他浇口形式的两倍左右。浇口的护耳在成型后去除,但较麻烦,如不影响塑件使用则可保留。

6.4.3 浇口形式和尺寸的选择

浇口形式应根据制品的品种和形状结构及模腔数量来选择,其要点是:

1.浇口形式应与塑料品种相适应

由前所述,不同的浇口形式对塑料熔体的充模特性、成型质量及塑件的性能会产生不同的影响。而且有些与浇口有因果关系的缺陷并不是在塑件脱模后立即发生,要经过一定的时间(时效作用)才能出现,因此在设计和试模时应考虑,尽量减少或消除浇口所引起的时效变形。各种塑料因其性能的差异而对不同的浇口形式有不同的适应性,设计模具时可参考表 6.4。

表 6.4 常用塑料所适应的浇口形式

塑料种类	直接浇口	侧浇口	平缝浇口	点浇口	潜伏浇口	护耳浇口	环形浇口	盘形浇口
硬聚氯乙烯(PVC)	○	○				○		
聚乙烯(PE)	○	○		○				
聚丙烯(PP)	○	○		○				
聚碳酸酯(PC)	○	○		○				
聚苯乙烯(PS)	○	○		○	○			○
橡胶改性聚苯乙烯					○			
聚酰胺(PA)	○	○		○	○			○
聚甲醛(POM)	○	○	○	○	○	○	○	
丙烯腈 - 苯乙烯	○	○	○		○		○	
ABS	○	○	○	○	○	○	○	○
聚丙烯酸	○	○				○		

需要指出的是表 6.4 只是生产经验的总结,如果能根据具体情况处理好塑料性能、成型工艺条件及塑件的使用要求,即使采用表中所列的不适应的浇口形式,仍有可能取得注射成型的成功。

2.选择浇口形式应考虑模具的结构

选择浇口形式时,应充分考虑模具的结构方案,如直接浇口只能用于一模一腔的情况,盘形浇口、轮副式浇口、爪形浇口等一般用于一模一腔的情况,侧浇口、环形浇口多用于一模多腔的情况,点浇口可用于一模一腔或一模多腔,但需要三板结构。在介绍浇口形式时已作了说明,选择时应充分考虑。

关于浇口尺寸的选择在前面已作了说明,但实际上浇口的理想尺寸很难用人工的方法计算,根据经验浇口的长度约为 0.7 ~ 1.5 mm 左右;浇口断面积约为分流道断面积的 3% ~ 9%,在设计浇口时往往先取较小的尺寸值,以便在试模时逐步加以修正。

虽然小浇口有许多优越性,但在设计时还应具体情况具体分析。小浇口最适合于填充薄壁和壁厚均匀的型腔,它能有效地防止制品发生变形、翘曲和裂纹等弊病,而大浇口对补缩有利,它能提高制品的尺寸精度,因此当制品壁厚不均匀时,应适当增大浇口的尺寸。

6.4.4 浇口位置的选择

浇口的位置不同,熔体充入模腔时的流程、流向、流态都会不同,型腔内各部分的熔体压力分布也会不同,从而对塑件的内在质量和外观质量产生影响,且影响模具结构。在确定浇口位置时，应注意如下几点。

1.避免产生喷射

良好的流动充模应保证模具型腔的均匀充填，并防止形成分层。如果通过一个狭窄的浇口充填一个相对较大的型腔，如图 6.22(a)、(c)、(e)，将出现喷射，从而可能造成塑件表面缺陷、流线、熔体破裂及夹气。对于低粘度熔体，其缺陷更为严重。因此，应将浇口开设在正对着型腔壁、型芯或凸模的位置，如图 6.22(b)、(d)、(f)，这样会对高速料流产生阻碍，从而降低熔体流速、改变流向，使熔体均匀地填充型腔。

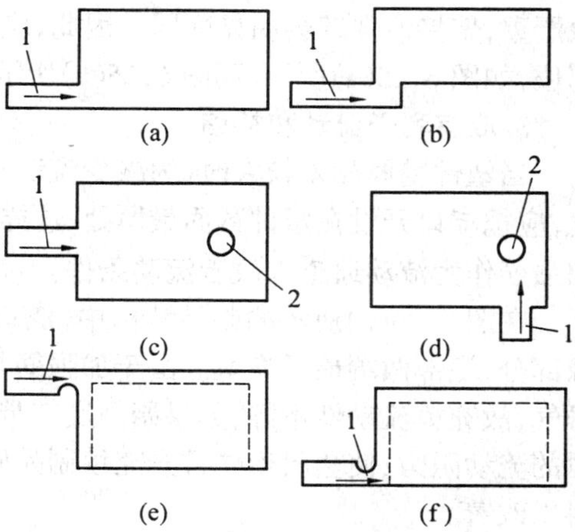

图 6.22　浇口位置与喷射图

1—浇口；2—型芯

2.考虑取向的影响

一般情况下，希望注射成型出的制品各向同性，但塑料熔体在流动充模时因受剪切作用会产生流动取向，使制品在垂直于取向的方位上强度降低，并容易产生应力开裂。因此设置浇口时，要尽量避免使熔体的取向方位与可能的受力方向垂直。如图 6.23 是一个带有金属嵌件的桶形塑料制品，若将浇口设置在图中 A 处，则取向方位将会与塑件下端的圆周方向垂直，而该方向正好是金属嵌件和塑料收缩不等而产生的残余拉应力方向，致使制品在使用一段时间后，嵌件周围的塑料便会开裂。如果将浇口移到图中 B 处，取向方位将与收缩产生的残余拉应力方向一致，便会消除或减小制品开裂的可能性。

在某些情况下，可利用分子高度取向作用改善塑件的某些性能，例如为使聚丙烯铰链几千万次弯折而不断裂，要求在铰链处高度取向。因此在图 6.24 中将两点浇口开设在 A 的位置，则成型时塑料熔体通过很薄的铰链(厚约 0.25 mm)充满盖部的型腔，在铰链处产生高度取向(脱模时立即弯曲，以获得拉伸取向)。

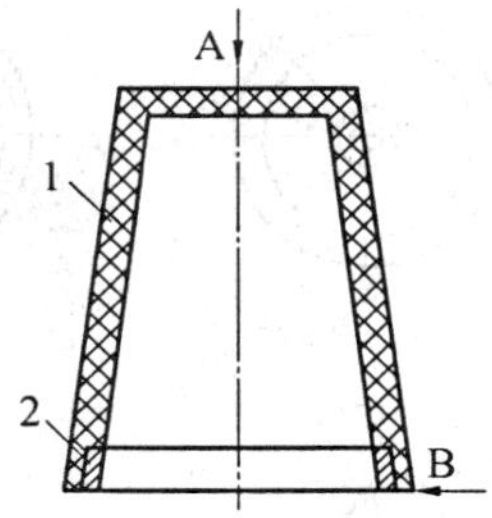

图 6.23　浇口位置与分子取向

1—塑件；2—嵌件

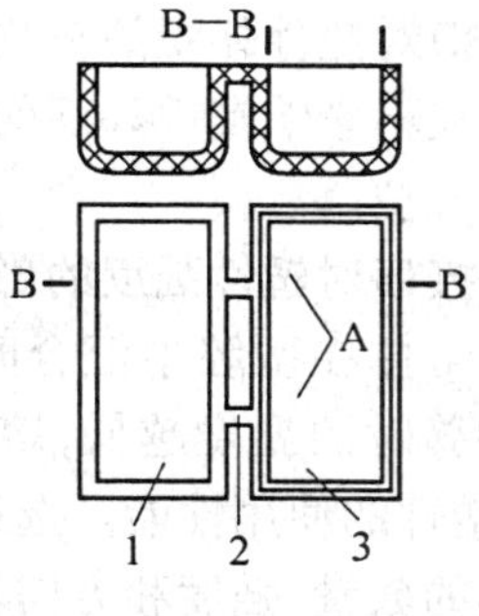

图 6.24　利用分子取向提高性能

1—盖；2—铰链；3—底

3.尽量缩短流动距离

应保证熔体迅速和均匀地充填模具型腔，不要使流程过长，从而避免和减少因取向应力和收缩不均造成翘曲。对于浅而平的大型制品，应采用多个点浇口或薄片式浇口。

4.流动距离应尽量均衡

对于体积较大的箱体或框形制品，如果只能用一个浇口，则塑料熔体流动时弯折多、流程长，这时如果浇口设置不当，将使一些部位的流程更长，注射压力损失大、前锋料头温度下降现象严重,熔接痕强度会明显削弱。因此,应尽量把浇口设置在能使熔体弯折减少、流程减短的部位,如图 6.25(a)所示,而图 6.25(b)所示的浇口位置则不太适合。

5.应有利于流动和补缩

当塑件壁厚相差较大时,为减少流动阻力,保证压力有效地传递到塑件厚壁部位以减少缩孔,应把浇口开设在塑件截面最厚处,这样还有利于填充补缩。如塑件上有加强筋,则可利用加强筋作为流动通道以改善流动条件。

在图 6.26(a)所示的制品结构中,浇口位置将使塑料熔体首先充填侧部加强筋和口部凸缘部分,底部两端最后充填。由于加强筋与熔体流动方向垂直,阻碍了熔体的流动,且不利于排气,故充模流动性不好;如果制品底部带有一条纵筋,如图(b),则可减小熔体充填制品底部时的流动阻力,使塑料熔体首先充填制品底部,并不再发生排气不良现象,从而使充模流动性得以改善。

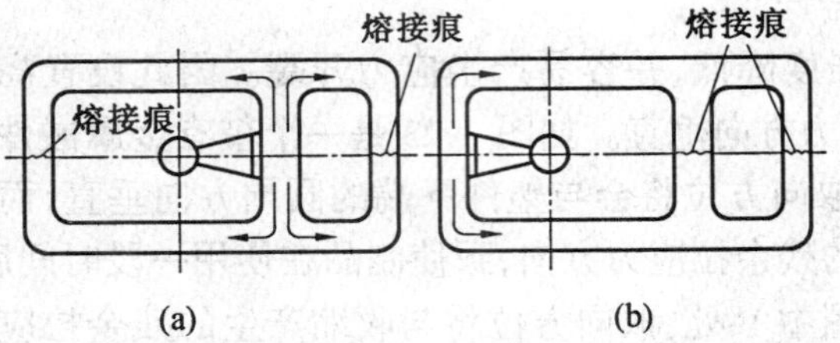

图 6.25　箱体制件的浇口位置

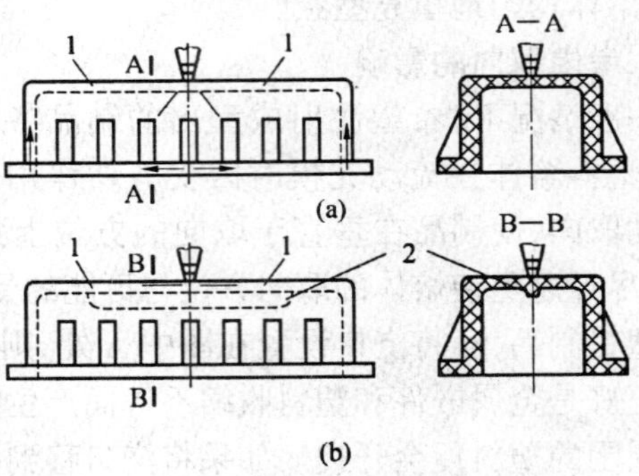

图 6.26　利用加强筋改善流动条件

1—制品底部;2—纵向加强筋

6.有利于排气

避免在容易造成气体滞留的方向开设浇口,远离排气结构,否则,可能出现缺料、气泡或焦斑等缺陷。

7.减少浇口对塑件外观的影响

将浇口放在不影响塑件外观的部位或容易处理浇口痕迹的部位。

8.减少熔接痕对塑件强度的影响

熔接痕是熔体在型腔中汇合时产生的接缝。熔体在形成接缝时的温度越低,熔接痕的强度越低,从而影响塑件的使用性能。选择浇口位置时,应考虑熔接痕的数量、强度和方向。

①对于筒形塑件可采用直接浇口、点浇口、环形浇口和盘形浇口,以避免出现熔接痕。

②在流程不太长且无特殊需要时,最好不设多个浇口,以免增加熔接痕的数量,如图 6.27(a)所示;但当流程较长时,应增加浇口数量,以缩短流程,提高熔接痕的强度。

③当熔接痕强度太低影响使用时,可在熔接

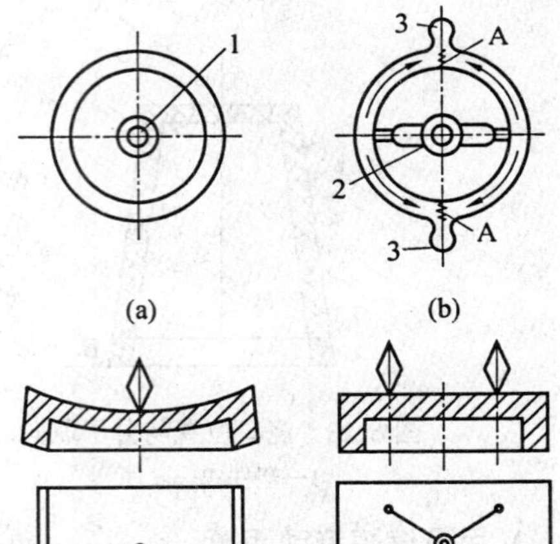

图 6.27　浇口数量与熔接痕的关系

1—单点浇口(圆环式);2—双点浇口(轮副式);3—冷料穴;A—熔接痕

处外侧开冷料穴，使前锋冷料溢出，增加熔接强度，或消除熔接痕，如图 6.27(b)所示。

④对底面积大而浅的壳体塑件，如果只在中心设计一个直接浇口或只在侧面设计一个侧浇口，可能会因内取向应力导致翘曲变形，而比较合理的方法是采用多点浇口或薄片式浇口。图 6.27(c)所示的直接浇口会造成翘曲变形，而改为图 6.27(d)所示的 4 个点浇口就可能解决这个问题。

⑤对于熔接痕的位置也应注意，图 6.28 所示为带圆孔的平板塑件，图(a)的熔接痕与小孔连成一线，使塑件强度大大削弱，而图(b)较合理，熔接痕短且平行，对强度影响较小。

⑥注意过渡浇口的使用，图 6.29 所示为大型框架塑件，图(a)由于流程过长，可能使两端熔接处的料温过低而熔接不牢，且形成明显的熔接痕，而图(b)增加了过渡浇口，虽然熔接痕数量有所增加，但明显地缩短了流程，增加了熔接强度，且易于充满型腔。

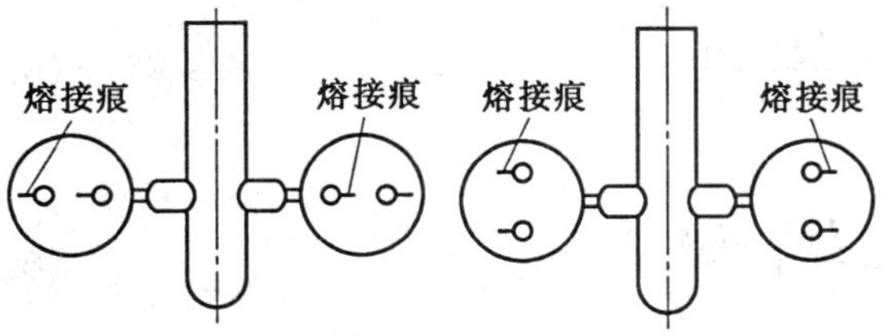

(a) (b)

图 6.28 熔接痕的方向

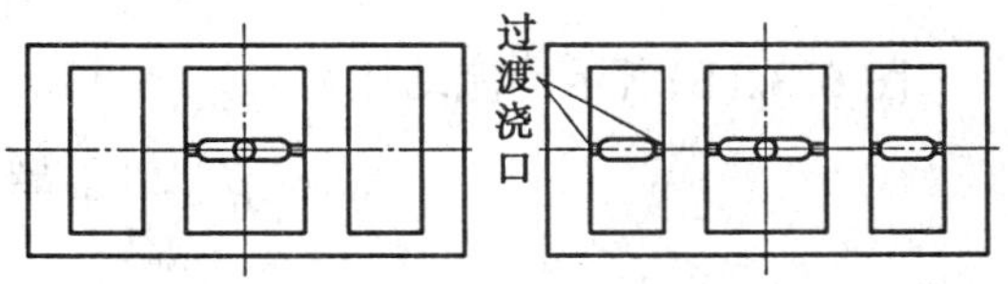

(a)无过渡浇口 (b)有过渡浇口

图 6.29 过渡浇口

9.避免料流挤压细长型芯

对于带有细长型芯的模具，应使型芯受力均衡，否则会造成型芯变形和影响制件精度。如图 6.30 所示的模具，如果采用图(a)所示的浇口位置，型芯容易被单侧料流挤弯；采用图(b)所示的双侧浇口，可避免型芯弯曲，但排气条件不好，熔接痕增多；所以最好选取图(c)所示的浇口位置。

又如图 6.31 是聚碳酸酯矿灯壳体，若按图(a)所示的浇口位置进料，塑料熔体在中部模腔中的流速将大于两侧模腔中的流速，故在中部模腔充满之后便会对两侧型芯产生侧向压力 $F_{侧}$，导致型芯容易产生弹性变形，制品脱模困难，甚至在脱模时破裂。图(b)将浇口截面增大，使中部和两侧料流速度趋于均匀，但去除浇口后残留的疤痕较大。图(c)采用两个正对型芯的冲击型浇口，使熔体分为三路均匀流入模腔，从而使型芯受力均匀。

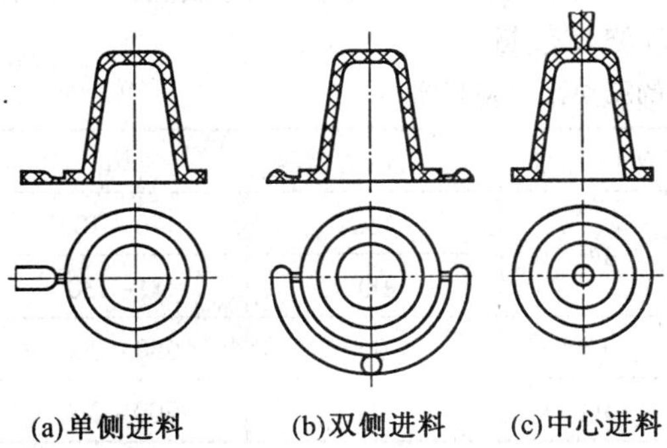
(a)单侧进料 (b)双侧进料 (c)中心进料

图 6.30 单型芯的浇口位置设置

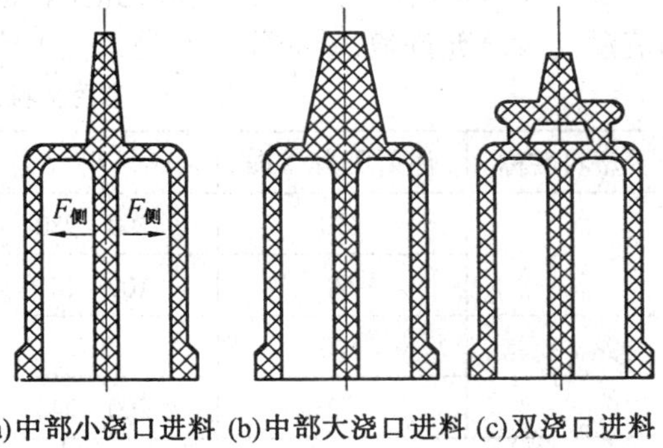

(a)中部小浇口进料 (b)中部大浇口进料 (c)双浇口进料

图 6.31 双型芯的浇口位置设置

10.不在承受弯曲或冲击载荷的部位设置浇口

一般塑件的浇口附近强度最弱，只能承受一般的拉伸力，而难以承受弯曲和冲击力。

6.4.5 浇口对流动比的影响

当塑件壁厚较小而流动距离过长时,会因流动阻力过大或料温过低而造成流动状况变坏,引起熔体填充不足造成塑件缺料的现象。因此,对于大型塑件必须考虑这一问题。流动状况的好坏可以由流动通道(包括浇注系统和型腔)的最大流动长度和其厚度之比即流动比来表示,即

$$B = \sum_{i=1}^{n} \frac{L_i}{t_i} \leqslant B_P \tag{6.7}$$

式中,B 为熔体的实际流动比;L_i 为各段流动距离,mm;t_i 为各段流程的厚度,mm;B_P 为塑料允许的流动比,它随塑料熔体的性质、温度、注射压力等变化。

当浇口形式和开设位置不同时,流动比也不相同。图 6.32(a)所示直接浇口的流动比为

$$B = \frac{L_1}{t_1} + \frac{L_2 + L_3}{t_2} \tag{6.8}$$

图 6.32(b)所示的流动比为

$$B = \frac{L_1}{t_1} + \frac{L_2}{t_2} + \frac{L_3}{t_3} + \frac{2L_4}{t_4} + \frac{L_5}{t_5} \tag{6.9}$$

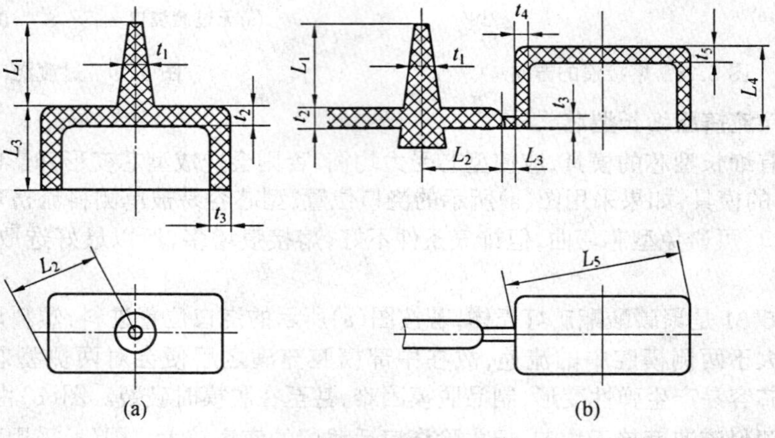

图 6.32 流动比计算图例

表 6.5 为常用塑料允许的流动比范围,也可以参考有关设计手册提供的数据。若计算出的流动比大于允许值,就必须改变浇口位置或增加浇口数量。

表 6.5 常用塑料允许的流动比(B_P)范围

塑料名称	注射压力/MPa	B_P	塑料名称	注射压力/MPa	B_P
PE	150	250 ~ 280	PC	130	120 ~ 180
	60	100 ~ 140		90	90 ~ 130
PP	120	280	PS	90	280 ~ 300
	70	200 ~ 240	PA	90	200 ~ 360

上述原则是从不同方面进行考虑,可能会产生矛盾,设计时应根据具体情况,以保证成型性能及产品质量为主,综合分析后确定出比较合理的浇口位置。

6.5 浇注系统的平衡进料设计

采用多腔注射模进行成型生产时，如果流经浇注系统的塑料熔体能够同时到达和充满各个模腔，则称该浇注系统为平衡系统，反之为不平衡系统。当系统不平衡时，各模腔充模条件不一致，那么最先充满的型腔内的熔体就会停止流动，浇口处的熔体便开始冷凝，并在较低压力下冻结，无法对型腔内的制品进行压实和保压；而最后充满的型腔则会在较高的压力下凝固，制品的密度较高，从而造成各模腔制品的质量不一致。所以必须对浇注系统进行平衡设计。

很显然，在一模多腔生产相同制品时，浇注系统平衡的充分条件是通往各个模腔的料流通道的截面形状、截面尺寸及其长度对应相等。如果不能满足这个条件，又要求系统保持平衡，则必须对通往各模腔的料流通道截面积和长度进行调整，以保证熔体通往各个模腔的体积流量相等。

6.5.1 平衡式浇注系统

平衡式浇注系统的特点是从分流道到浇口及型腔，其形状、长度尺寸、圆角、模壁的冷却条件等都完全相同，因此熔体能以相同的成型压力和温度同时充满所有的型腔，从而获得尺寸相同、物理性能良好的制品。

图 6.33 为几种型腔布排的实例，图(a)～(g)为平衡式，其中圆周式布置(图(a)～(c))比横列式布置(图(d)～(g))流程短，转折少，因而流动时压力损失小，效果好。但这种布置除圆形制品外，加工比较困堆，所以除了精密的制品外，对于一般的矩形制品，大多还是采用横列式布置。

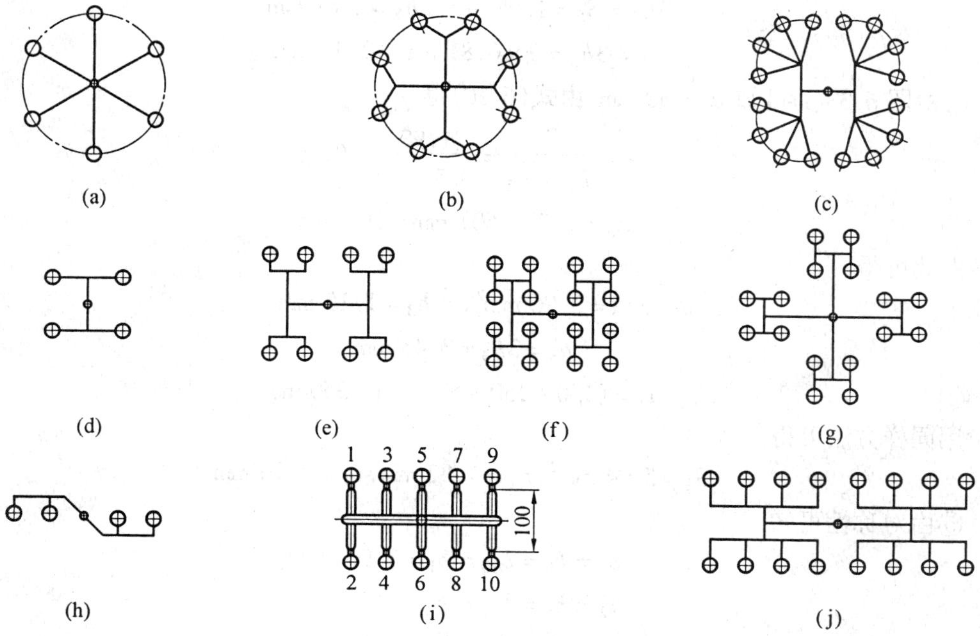

图 6.33 型腔的几种布排方式

与非平衡浇注系统相比，平衡式浇注系统的流道总长度要长一些，模板尺寸也要大一些。因此增加了塑料在流道中的消耗量和模具的成本。

6.5.2 非平衡式浇注系统

非平衡式浇注系统分两种情况，一种是各个型腔的尺寸和形状相同，只是诸型腔距主流道的距离不同而使得浇注系统不平衡；另一种是型腔和流道长度均不相同而使得浇注不平衡。部分非平衡式浇注系统如图 6.33(h)～(j)所示。

在非平衡式浇注系统中，为了使各个型腔能同时均衡地充满，必须将浇口做成不同的截面形状或不同的长度，实行人工平衡。人工平衡常采用平衡系数法，该法基于各个型腔的平衡系数相等或成比例，来近似确定各个浇口的尺寸，计算式为

$$k = \frac{S}{L\sqrt{a}} \tag{6.10}$$

式中，k 为浇口平衡系数，它与通过浇口的熔体质量成正比；S 为浇口截面积，mm^2；L 为浇口长度，mm；a 为由主流道到型腔浇口的距离，mm。

例 对于图 6.33(i)所示的一模十腔注射模具，若各模腔尺寸一致，分流道的间距为 150 mm，分流道直径均为 6 mm，浇口长度均为 0.5 mm，为了平衡浇注系统，试决定各型腔的浇口截面尺寸。

解 采用侧浇口，并设 b_i 为浇口 i 的宽度，h_i 为浇口 i 的厚度。由对称性得知，$S_1 = S_2 = S_9 = S_{10}$，$S_3 = S_4 = S_7 = S_8$，$S_5 = S_6$。

①取浇口 5 的截面积 S_5 为分流道截面积的 7%，可得

$$S_5 = 0.07 \times \pi(6/2)^2\ \text{mm}^2 = 1.98\ \text{mm}^2$$

取浇口的宽度是浇口厚度的 3 倍，则

$$3h_5^2 = S_5 = 1.98\ \text{mm} \quad h_5 = 0.81\ \text{mm}$$

$$b_5 = 3h_5 = 3 \times 0.81\ \text{mm} = 2.43\ \text{mm}$$

②由图 6.33(i)可知 $a_5 = 50$ mm，由式(6.10)得

$$k = \frac{S_5}{L_5\sqrt{a_5}} = \frac{1.98}{0.5\sqrt{50}} = 0.56$$

③

$$a_3 = (150 + 50)\ \text{mm} = 200\ \text{mm}$$

由此可得

$$3h_3^2 = 3.96\ \text{mm}^2, \quad h_3 = 1.15\ \text{mm}$$

$$b_3 = 3h_3 = 3.45\ \text{mm}$$

④

$$a_1 = (150 + 150 + 50)\ \text{mm} = 350\ \text{mm}$$

用同样方法可得

$$S_1 = 5.24\ \text{mm}^2, h_1 = 1.32\ \text{mm}, b_1 = 3.96\ \text{mm}$$

⑤由对称性可知

$$b_2 = b_9 = b_{10} = b_1 = 3.96\ \text{mm}$$

$$h_2 = h_9 = h_{10} = h_1 = 1.32\ \text{mm}$$

$$b_4 = b_7 = b_8 = b_3 = 3.45\ \text{mm}$$

$$h_4 = h_7 = h_8 = h_3 = 1.15\ \text{mm}$$

从此例可知，$S_1 > S_3 > S_5$，即为了使各型腔能同时充满，应将靠近主流道处的浇口做得小

些，而将较远的浇口做得大些。

当各型腔的大小不相同时，应采用如下近似公式来平衡浇口

$$\frac{k_1}{k_2}=\frac{M_1}{M_2}=\frac{S_1L_2\sqrt{a_2}}{S_2L_1\sqrt{a_1}} \tag{6.11}$$

式中，M_1、M_2 分别为型腔 1 与型腔 2 的塑料熔体填充量(g)，k、S、L、a 的含义与式(6.10)相同。

应该指出的是，式(6.10)没有考虑浇口处熔体凝结的因素。实际上，并不总是浇口离主流道越远尺寸越大。当分流道截面尺寸较大、流程又不太长时，分流道内熔体的温度和压力都无较大的变化，此时分流道内熔体的流动阻力很小。充模时熔体首先到达离主流道最近的浇口处，开始进入型腔，但由于这时分流道尚未充满，分流道内熔体的流动阻力比浇口处熔体所遇到的流动阻力小得多，故熔体在浇口处凝结而不再继续进入型腔。当整个分流道全被充满，分流道内熔体的成型压力升高后，熔体首先充满离主流道最远的型腔，然后再返回来，按顺序冲歼已凝结的浇口，分别将各型腔充满。此时，为了使各型腔能基本上同时充满，靠近主流道处的浇口应做得大些，较远处的浇口应做得小一些，以达到平衡的效果。这种平衡方法只适用于分流道截面大、流程短的中小型模具。各浇口的尺寸除可借助于流道平衡模拟软件初步确定外，尚无行之有效的简易定量计算办法，一般是先加工出较小截面尺寸的浇口，再通过试模对浇口进行 1～3 次修正，便得到合理的浇口尺寸。

6.6 冷料穴设计

塑料注射成型是间歇性循环成型。受注射机注射系统结构的影响，其喷嘴端部的温度最低，往料筒内部温度逐渐升高。喷嘴附近的熔体温度往往低于要求的流动温度，注射时形成前锋冷料，其流动性能及成型性能不佳；前锋冷料流过相对温度较低的浇注系统时，温度更低，其流动性能及成型性能进一步下降。前锋冷料到达小浇口时，可能会堵塞浇口，如果使前锋冷料进入型腔，便会形成冷疤、冷瘢、缺料等缺陷或降低熔接痕强度。为避免这种现象的出现，可用一个井穴来收集前锋冷料，防止冷料进入浇注系统的流道和型腔，该井穴称为冷料穴。

主流道末端一般都要设置冷料穴，称为主流道冷料穴，它在收集前锋冷料的同时，还可以用来控制浇注系统凝料的脱模；分流道冷料穴是分流道的延伸，当分流道较长时应当采用；也可以在熔接处外侧开冷料穴，使前锋冷料溢出，增加熔接强度或消除熔接痕。下面主要阐述主流道冷料穴的设计问题。

简单的主流道冷料穴设计比较简单，通常只需将主流道稍加延长即可(图 6.10)。而起拉料作用的主流道冷料穴不仅与拉料杆有关，而且还与主流道中的凝料脱模问题有关。

1.带有 Z 字形钩头拉料杆的冷料穴

这是一种比较常用的冷料穴，其形状如 Z 字形钩头，尺寸如图 6.34(a)所示。制品成型后，穴内冷料与拉料杆的钩头搭接在一起，拉料杆底部固定在注射模的顶杆(或推杆)固定板上。开模时，拉料杆首先通过钩头拉住穴内冷料，使主流道凝料脱出定模，然后在顶出机构的作用下将凝料与制品一起顶出动模。

2.倒锥形或环槽形冷料穴

图 6.34(b)、(c)所示的倒锥形和环槽形冷料穴，常常与顶杆配用。开模时，倒锥形或环槽形的冷料穴通过其内部的冷料先将主流道凝料拉出定模，然后在顶杆作用下使冷料和主流道

凝料随制品一起被顶出动模。采用这两种冷料穴时，主流道凝料脱模不需侧向移动，易实现自动化操作。但由于凝料被顶出时带有强制性，所以只适于弹性较好的塑料品种，且锥度或槽深不能过大。

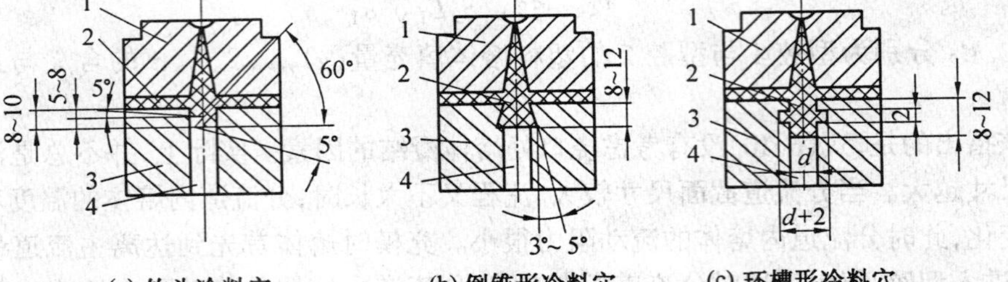

(a) 钩头冷料穴　　(b) 倒锥形冷料穴　　(c) 环槽形冷料穴

图 6.34　带有拉料杆或顶杆的冷料穴

1—定模；2—冷料穴；3—动模；4—拉料杆或顶杆

3.带有球头或菌形头拉料杆的冷料穴

这两种冷料穴如图 6.35(a)、(c)所示，它们专用于制品以推板脱模的注射模(这种脱模机构可见第九章内容)。开模时，先利用穴内冷料对拉料杆头部的包紧力，将主流道凝料带出定模，然后使拉料杆与冷料背向运动，强制两者脱开，如图(b)。为使冷料能够与脱模板自动分离，冷料穴的形状不能太深太陡。

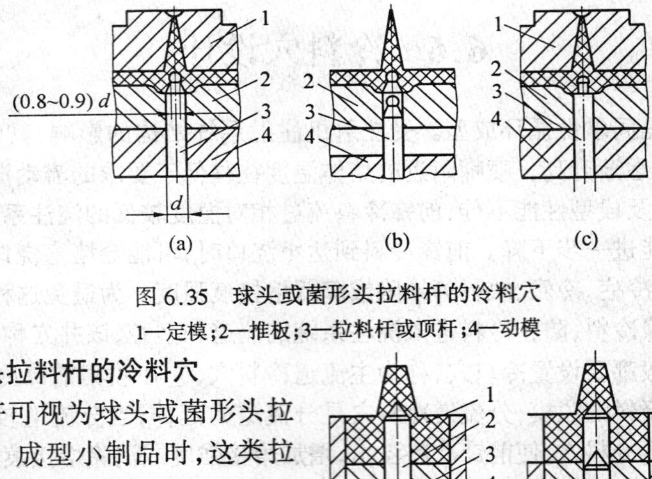

(a)　　(b)　　(c)

图 6.35　球头或菌形头拉料杆的冷料穴

1—定模；2—推板；3—拉料杆或顶杆；4—动模

4.带有尖锥头拉料杆的冷料穴

尖锥头拉料杆可视为球头或菌形头拉料杆的变异形式。成型小制品时，这类拉杆料一般不配用冷料穴，如图 6.36(a)、(b)所示。这类拉料杆必须依靠塑料冷凝收缩时对其锥形头部的包紧力，才能把主流道凝料拉出定模，然后再靠脱模板把凝料从拉料杆上刮下。用这种拉料杆脱卸不如用前面三种拉料杆可靠，但由于尖锥头具有较好的分流作用，生产中(如成型齿轮等中心带孔的制品时)仍有较多使用。为了增加尖锥头拉料杆脱卸主流道凝料的可靠性，可对其头部采用较小的锥度或增加锥面的粗糙度。

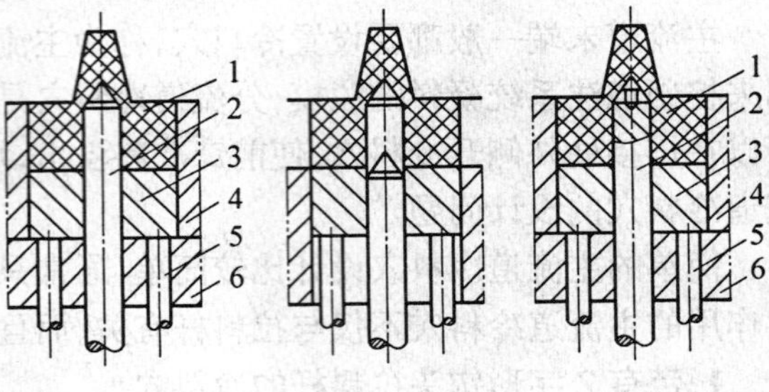

(a)　　(b)　　(c)

图 6.36　尖锥头拉料杆的冷料穴

1—塑件；2—拉料杆；3—顶块；4—凹模；5—推杆；6—垫板

如果成型的制品中心孔较大，则可将尖锥头改为锥台，然后在其端部加工一个圆窝作为冷料穴使用，如图 6.36(c)所示。

5.小斜孔锥坑冷料穴

如图 6.37(a)所示,这种冷料穴是在主流道末端开设一个锥形凹坑,并在凹坑的锥壁上加工一个深度不大的小斜孔,孔轴线的斜度不大于锥坑的锥边斜度。开模时,靠小斜孔的固定作用将主流道凝料从定模中拉出,然后随着顶杆对制品或分流道的顶出作用,使穴内冷料先沿着小斜孔轴线移动,然后向上运动脱模。为了能让穴内冷料沿斜孔进行斜向运动,分流道必须设计成 s 形或类似的带有挠性的形状,如图 6.37(b)所示。

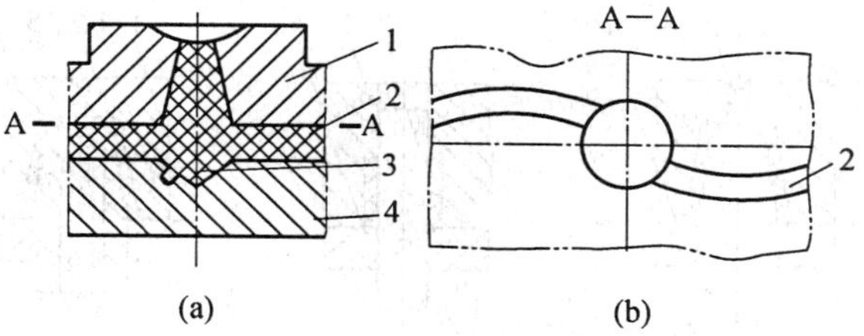

图 6.37　小盲孔锥坑冷料穴

1—定模;2—分流道;3—冷料穴;4—动模

主流道冷料穴的类型应根据塑料材料和模具结构选择。带有 Z 形钩头拉料杆和尖锥头拉料杆的冷料穴,对塑料没有要求,而其他冷料穴在顶出时凝料要产生变形,因而只适合弹性较好的塑料品种。如果 Z 形钩头拉料杆冷料穴顶出后凝料不能朝侧向移动(图 6.38),小盲孔锥坑冷料穴顶出时冷料不能沿小盲孔进行斜向运动,则这两种冷料穴将无法使用;而其他冷料穴无此问题。

带有 Z 形钩头拉料杆的冷料穴、倒锥形与环槽形冷料穴和小盲孔锥坑冷料穴在脱模时需要顶出动作,因而适合两板式模具结构。带有球头或菌形头拉料杆的冷料穴及带有尖锥头拉料杆的冷料穴,脱模时拉料杆要产生脱离于凝料的背向运动,因此适合三板式模具结构及顶板顶出的情况。

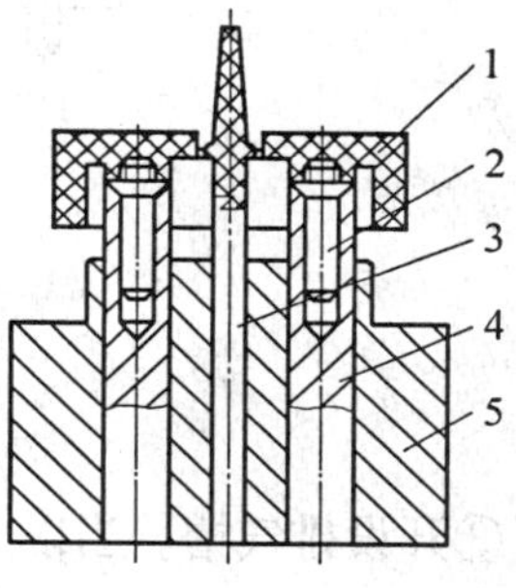

图 6.38　不宜使用 Z 形拉料杆的情况

1—塑件;2—型芯;3—拉料杆;4—顶杆;5—动模

6.7　排气结构设计

6.7.1　排气结构的作用

在注射充模过程中,模腔内除了原有的空气外,还有塑料含有的水分在加热时蒸发而形成的水蒸气、塑料局部过热分解产生的低分子挥发性气体、塑料助剂挥发(或化学反应)所产生的气体以及热固性塑料交联硬化释放的气体等,此外有些塑料在其固化过程中,还会因体积收缩放出气体。这些气体如果不能被及时排出模腔,将会在制品上形成气孔、接缝、表面轮廓不清等缺陷。有时封闭在塑料熔体内的气体因压缩所产生的高温会使制品局部烧焦和碳化,而且压缩气体所产生的压力还会降低充模速度,甚至会造成充不满的情况,因此在设计模具成型部件时必须考虑排气的问题。

6.7.2　注射成型时的排气方式

注射模成型时的排气通常以如下几种方式进行。

①利用分型面排气。此法最简单，如图 6.39(a)所示。在注射成型小型制品，其排气量不大时，可利用分型面间的微小间隙排气，而不必再开设专门的排气槽。

②利用配合间隙排气。对于中小型模具的简单型腔，可利用活动型芯、固定型芯端部与模板的配合间隙进行排气，如图 6.39(b)所示；也可以利用顶杆与孔的配合间隙进行排气，如图 6.39(c)和(d)所示；还可以利用侧型芯的配合间隙进行排气，如图 6.39(e)所示。其间隙为 0.03～0.05 mm。

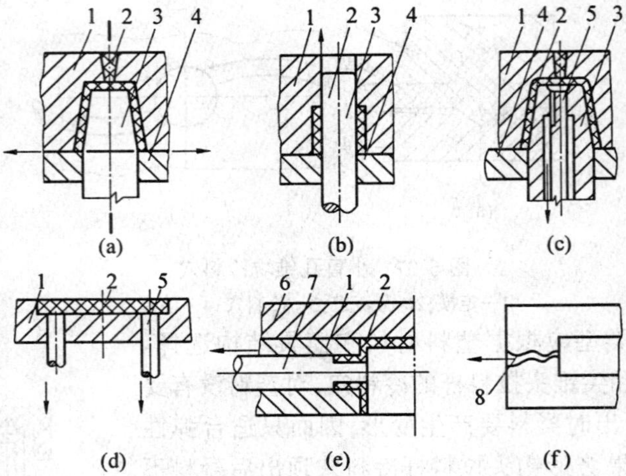

图 6.39　利用间隙或排气槽排气式

1—凹模；2—塑件；3—型芯及凸模；4—顶板；5—顶杆；6—定模板；7—侧型芯；8—排气槽

③开设排气槽。当以上措施不能满足快速、完全的排气要求时，应在适当的位置(塑料熔体最后充满的地方)开设排气槽或排气孔，如图 6.39(f)所示。排气槽一般开设在分型面上。

④利用排气销(塞)排气。如果型腔最后充填的部位不在分型面上，其附近又无可供排气的推杆或活动型芯时，可在相应部位镶排气销，如图 6.40(a)所示。排气销可做成沟槽状，如图(b)，或使销径小于孔径 0.02～0.05 mm，长 3 mm，如图(c)；也可用烧结多孔金属块制成的排气塞代替排气销，此种排气塞不用加工出沟槽状。在排气销外应接排气通道，将空气导向模具外。

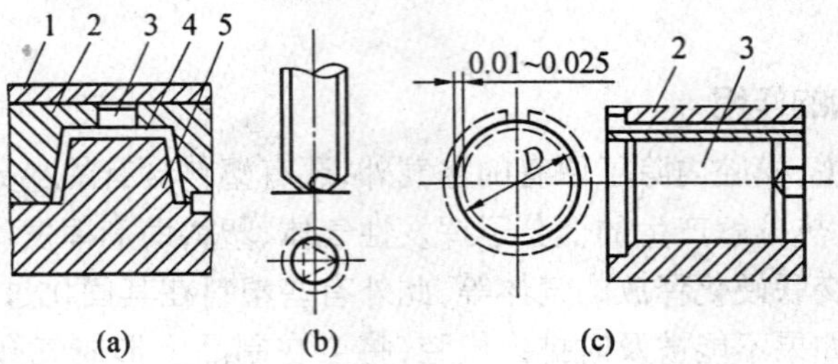

图 6.40　利用排气销排气

1—垫板；2—凹模；3—排气销；4—塑件；5—凸模

⑤强制性排气。在气体滞留区设置排气杆或利用真空泵抽气，这种方法很有效，只是会在塑件上留有杆件等痕迹，因此排气杆应设置在塑件内侧。

6.7.3 排气槽的形状

在分型面上开设排气槽的形状和尺寸如图 6.41 所示。排气槽的厚度 h 可参照表 6.6,以能够排气且不出现飞边为宜;排气槽的宽度 $w=1.5\sim6$ mm,长度 $L\ngtr2$ mm。排气槽的后端应适当增大,以使排气顺利、通畅,排气槽的后端可设计成转弯的形式,如图 6.39(f)所示,以降低熔料溢出时的动能。

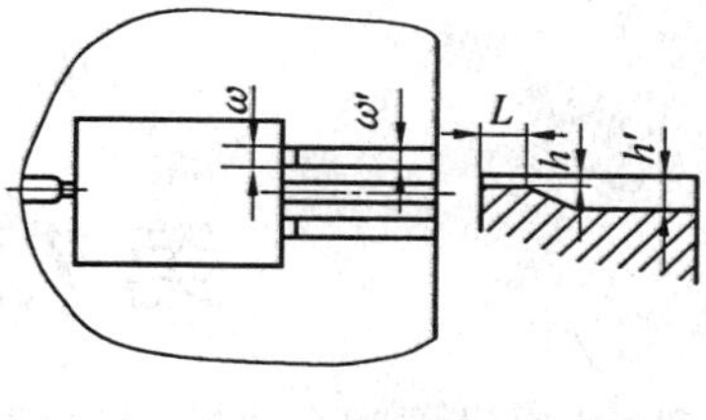

图 6.41 排气槽的形状

表 6.6 排气槽深度

塑料	深度 h/mm	塑料	深度 h/mm
聚乙烯(PE)	0.02	聚酰胺(PA)	0.01
聚丙烯(PP)	0.01~0.02	聚碳酸酯(PC)	0.01~0.03
聚苯乙烯(PS)	0.02	聚甲醛(POM)	0.01~0.03
ABS	0.03	丙烯酸共聚物	0.03

6.7.4 排气结构设计要点

排气槽的位置及大小主要依靠经验选定再通过试模修改,其基本设计原则如下:

①排气要迅速、完全,排气槽的排气速度要与充模速度相适应。

②排气槽应尽量开设在制品较厚的成型部位。

③排气槽应尽量开设在分型面上,但排气槽溢料产生的毛边应不妨碍制品脱模。

④排气槽应尽量开设在型腔中最后被充满的部位。

⑤为了制造模具和清模的方便,排气槽应尽量开设在凹模的一侧。

⑥排气槽排气方向不应朝向工人操作面,以防注射成型时漏料伤人。

习　题

1.试述浇注系统的组成、作用、设计原则。

2.请说明常见的浇口形式、特点和用途。

3.冷料穴有什么作用?

4.矩形浇口的厚度和宽度对压力降的影响哪个大?为什么?

5.已知某塑料制品成型时熔体流经流道的体积流量为 40 cm^3/s,采用四个浇口平衡进料,求分流道和浇口的当量半径。

6.采用矩形侧浇口成型一个长 150 mm、宽 130 mm、高 50 mm、壁厚 1.3 mm 的聚乙烯盒子,试确定该矩形侧浇口的长度、厚度和宽度。

7.讨论潜伏浇口是如何加工出来的?

8.在本章例题中,若各型腔大小不等,$M_1=M_2=1.5M_3=1.5M_4=1.5M_5=1.5M_6=1.2M_7=1.2M_8=1.2M_9=1.2M_{10}$,其他尺寸均不变,试求平衡时各型腔的浇口截面尺寸。

9.在模板上布置多个型腔时,除了要考虑平衡进料外还应考虑哪些影响因素?

10.注射成型时型腔排气不畅将可能造成什么弊病?排气槽的设计原则有哪些?

11.采用分型面排气的模具,为什么在模具的最初使用阶段排气良好,而使用一段时间后则排气不良?

第7章 成型零部件设计

注射模在闭合之后,其内部将形成一个能够容纳塑料熔体的闭合空腔,即模腔,由注射机注射出的塑料熔体在其内部固化成型为塑料制品。显然,模腔的几何形状和尺寸决定了制品的几何形状和尺寸。

通常将构成模腔的所有模具零部件统称为成型零部件,主要包括凹模、凸模、型芯、型环等。顶杆、顶板、顶管、顶块等零件虽也符合成型零部件的特点,但由于它们还起着顶出塑件的作用,故一般将其称为顶出零件,在第九章进行讨论。

成型零部件在注射成型过程中需要反复承受温度、压力以及塑料熔体的冲击和摩擦作用,从而会引起磨损、变形和断裂。因此,成型零部件要求有正确的几何形状,较高的尺寸精度和较低的表面粗糙度,此外还要求结构合理,有较高的强度、刚度及较好的耐磨性能。设计注射模时,必须针对塑料制品的结构特点、生产批量和使用要求等多方面因素,合理地设计成型零部件的结构形式、尺寸和公差,并保证它们具有足够的强度、刚度和良好的表面质量。

7.1 成形零部件的结构

1.凹模

凹模也称型腔,是成型塑件外形轮廓的模具零部件,按其结构不同可分为整体式和组合式两类。

(1)整体式凹模

整体式凹模由整块材料加工而成,如图7.1所示。其特点是结构简单、牢固可靠、不易变形,制品表面不会带有镶拼接缝的溢料痕迹。但凹模形状复杂时加工困难,热处理不方便。整体式凹模常用在形状简单的中小型模具上。

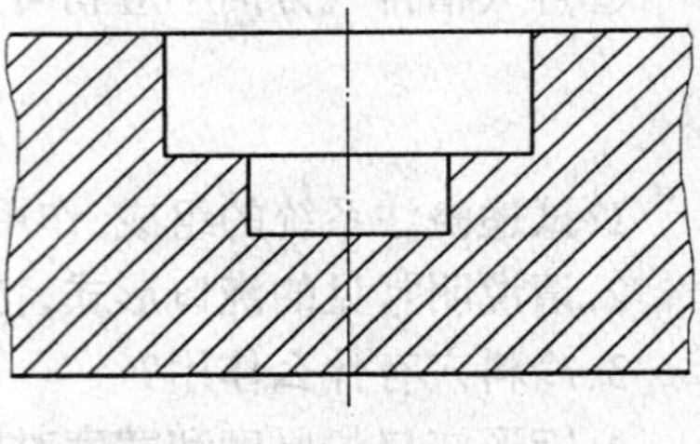

图7.1 整体式凹模

(2)组合式凹模

组合式凹模是由两个以上零件组合而成。按组合方式的不同,可分为整体嵌入式、局部镶嵌式、底部镶拼式、侧壁镶拼式和镶拼式等形式。

①整体嵌入式凹模。型腔部分仍用整体模具材料加工,然后嵌入到固定板中使用。如小型塑件用多型腔模具成型时,各个凹模可以采用机械加工、冷挤压、超塑性成形、电加工等方法加工制成,然后压入模板中。这种结构加工效率高,装拆方便,可以保证各个型腔形状、尺寸一致。凹模与模板的装配及配合如图7.2所示,其中图(a)、(b)、(c)称为通孔凸肩式,凹模带有凸肩,从下面嵌入凹模固定板,再用垫板螺钉紧固。如果凹模镶件是回转体,而型腔是非回转体,则需要用销钉或键止转定位。图(b)是销钉定位,结构简单、装拆方便,图(c)是键定位,接触面大,止转可靠。图(d)是非通孔的固定形式,凹模嵌入固定板后直接用螺钉固定,为了不影响装配精度,使固定板内部的气体充分排除及装拆方便,常常在固定板下部设计有工艺通孔,这种结构可省去垫板。图(e)是通孔上台肩式,固定板与凹模之间可采用较紧的过渡配合,结构比较简单;但当脱模力很大时,凹模容易被带出固定板,此时需考虑采用过盈配合或螺栓紧固。

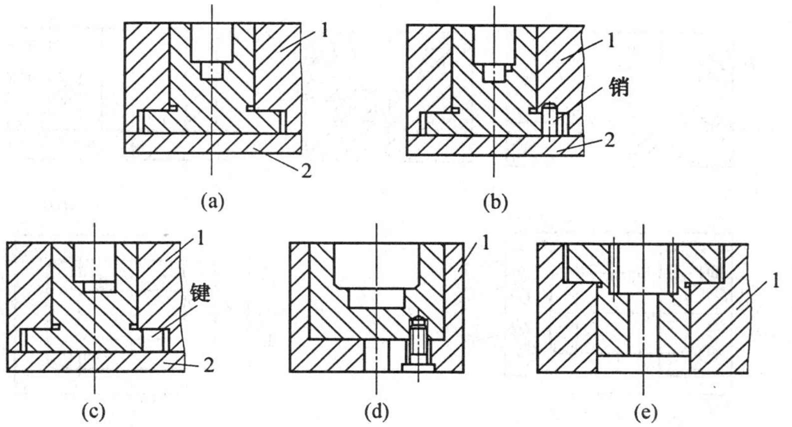

图 7.2　整体嵌入式凹模

1—凹模固定板;2—垫板

嵌入式凹模具有整体式凹模的一些优点,如凹模嵌入固定板后,其结构强度和刚度将会提高,使用时不易变形,制品也不会出现拼缝溢料的痕迹。此外,当成型工艺需要凹模部分具有较高的强度和耐磨性时,可采用优质模具材料制造型腔部分,固定板则可使用材质较差的材料。综上所述,嵌入式凹模适用于中小型、多腔注射模或需要节约优质模具材料的场合。

②局部镶嵌式凹模。对于型腔的某些部位,为了加工方便,或特别容易磨损需要经常对其更换,可将该局部作成镶件,再嵌入凹模,如图 7.3 所示。

③底部镶拼式凹模。为了便于机械加工、研磨、抛光和热处理,形状复杂的型腔底部可设计成镶拼式,如图 7.4 所示。图(a)为横向镶拼,加工简单,但熔体容易溢进拼缝产生横向飞边;图(b)为纵向镶拼,在模具刚度足够大时,不会产生飞边,即使有纵向飞边,对制品脱模和制品外观均影响不大。镶块的安装方式可参考图 7.2。

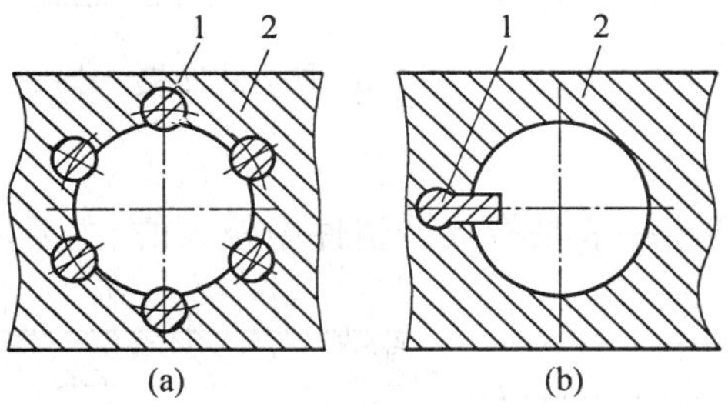

图 7.3　局部镶嵌式凹模

1—局部镶件;2—凹模

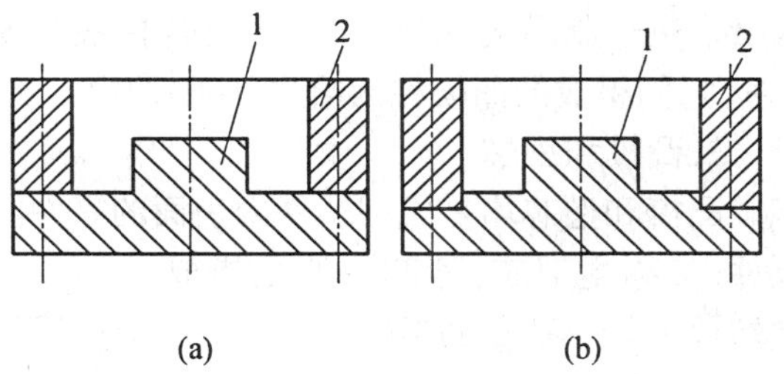

图 7.4　底部镶嵌式凹模

1—底部镶件;2—凹模

④侧壁镶拼式凹模。将难以加工的凹模型腔的侧壁进行分割,把复杂的型腔内表面加工转化为镶拼块的外表面加工,而且容易保证精度。镶块间可以采用螺钉和销钉紧固,如图 7.5(a)所示,但该结构所能够承受的成型压力较小,所以对于大型及形状复杂的凹模可将其型腔侧壁分割加工以后,嵌入到模套中镶拼对接,以便通过模套对型腔侧壁进行加强,如图 7.5(b)所示。

模套镶拼的侧壁之间可采用锁扣拼合方式,如图 7.5(b)所示,以保证侧壁之间准确连接。锁扣外侧一般应留 0.3~0.4 mm 的间隙,以使内侧接缝紧密,减少塑料挤入。对于侧壁镶块,还应注意圆角设计问题,镶块四角的倒角均应大于模套的圆角半径,以避免过渡处发生相互干涉。

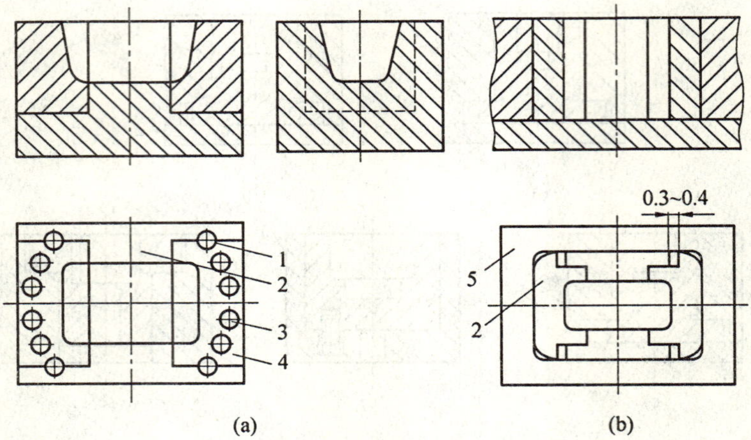

图 7.5　侧壁镶拼式凹模

1—销钉;2—凹模;3—螺钉;4—侧壁镶件;5—模套

综上所述,采用组合式凹模可简化复杂凹模的加工工艺,节省贵重的模具钢,减少热处理变形,拼合处有间隙利于排气,便于模具维修。为了保证组合式型腔尺寸精度和装配的牢固,减少塑件上的镶拼痕迹,对镶块的尺寸、形状位置公差要求较高,同时,拼合面的选择应保证镶块的机械加工工艺性。

⑤瓣合式凹模。属镶拼式凹模,但组成凹模的每一个镶块都是活动的,它们在制品的成型过程中可以由锁合装置箍合在一起形成闭合模腔,脱模时又可以侧向打开,从而使带有侧凹或侧孔的制品可靠地从模具中脱出。图 7.6 是一种瓣合式凹模的结构示意图。瓣合式凹模中的瓣合模块数量取决于制品的几何形状,当瓣合模块数量为 2 时,它们组成的凹模称为哈夫(half)凹模。

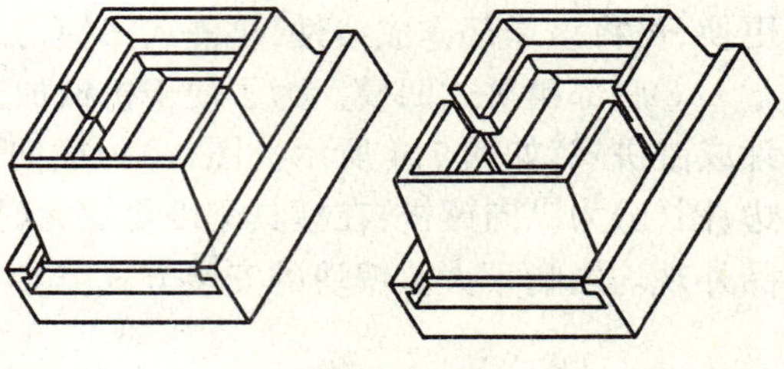

图 7.6　瓣合式凹模

2. 凸模和型芯

凸模和型芯均是成型塑件内表面的零件。凸模一般是指成型塑件中较大的、主要内形的零件,又称主型芯;型芯一般是指成型塑件上较小孔槽的零件。

(1)凸模的结构

凸模按结构分为整体式、嵌入式和组合式等。

①整体式凸模。如图 7.7(a)所示,凸模和模板为一体,结构牢固,但加工不便,模具材料难以选配,主要用于工艺试验模和小型模具上的简单凸模。

②嵌入式凸模。将凸模单独加工,再镶入模板中,常采用的凸模结构如图 7.7(b)、(c)、(d)所示。图(b)

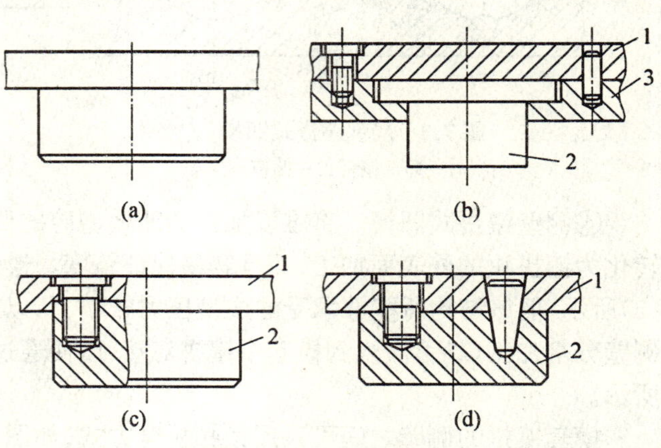

图 7.7　凸模的结构

1—支承板;2—凸模;3—固定板

为通孔凸肩式，凸模用台肩和固定板连接，再用垫板螺钉紧固连接牢固，是最常用的。对于固定部分是圆柱面而型芯有方向性的场合，可采用销钉或键止转定位。图(c)是在支撑板上作出沉孔，通过凸模外圆定位，再用螺钉紧固，适合侧向力较大的情况。图(d)是通过销钉和螺钉直接与垫板连接，适用于异形截面凸模的固定，但能承受的侧向力较小。

③组合式凸模。当凸模形状比较复杂时，为了便于加工，往往采用镶拼组合式结构，如图 7.8 所示。

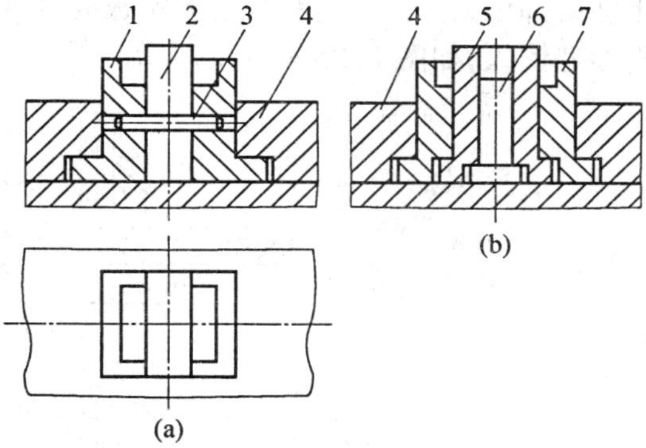

图 7.8　组合式凸模

1、5、6、7—镶块；2—型芯；3—销；4—固定板

组合式型芯的优缺点和组合式凹模基本相同。设计时应保证型芯和镶块的强度，防止热处理时变形，避免尖角与薄壁。同样也要注意使塑料的溢料飞边不影响脱模取件。

(2)型芯的结构与固定

型芯用于成型塑件上的小孔或槽。型芯单独制造再嵌入模板中。图 7.9 为型芯的几种常用固定方法，图(a)是采用过盈配合将型芯杆部压入模具，其特点是结构比较简单，但在型芯头部和模具之间的接合面易形成横向飞边影响制品脱模。另外，如果过盈量比较小，开模时制品容易将型芯带出安装孔。图(b)是用台肩固定的形式，下面用垫板压紧，如固定板太厚，可在固定板上减少配合长度，如图(c)所示，也可以将型芯减短后在下端用圆柱垫垫平，如图(d)。图(e)~(g)是下面无垫板的场合，分别采用螺塞紧固、螺母紧固或铆接固定。对于异形型芯，为了制造方

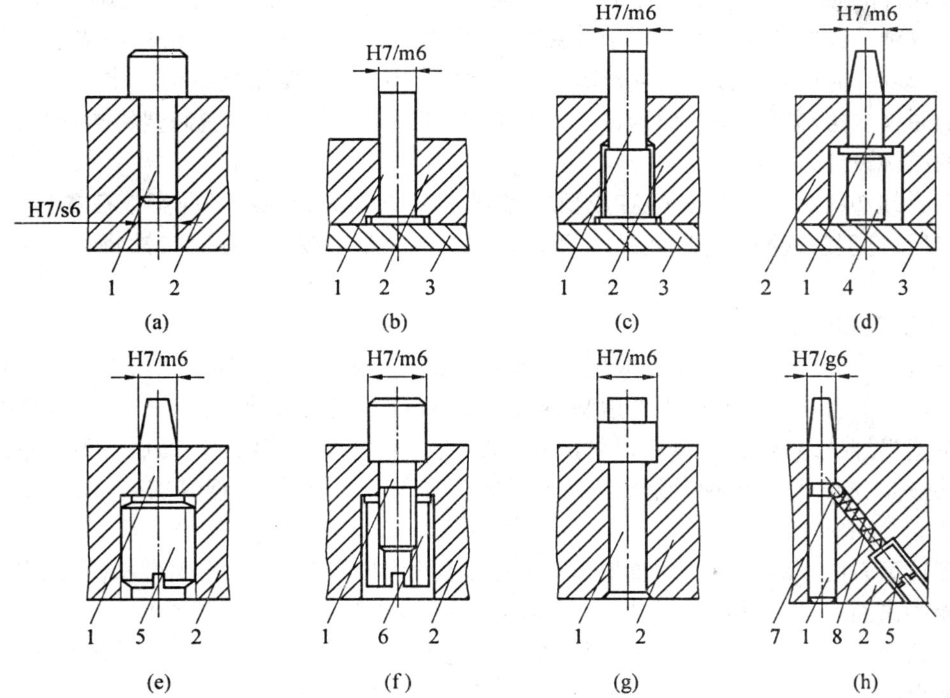

图 7.9　型芯的固定方法

1—型芯；2—固定板；3—垫板 4—垫柱；5—螺塞；6—螺母；7—钢球；8—弹簧

便，可在图(c)～(f)的基础上，将型芯的连接固定端制成圆形。图(f)为钢球弹簧固定，具有快换性。

(3)多型芯的安装

当模具中有多个互相靠近的小型芯，并用凸肩固定时，如果凸肩发生重迭干涉，可将凸肩干涉的部位去掉。同时将型芯固定板的台阶孔加大成大圆台阶孔或长腰圆形台阶孔，然后再将型芯镶入，如图 7.10(a)、(b)所示。

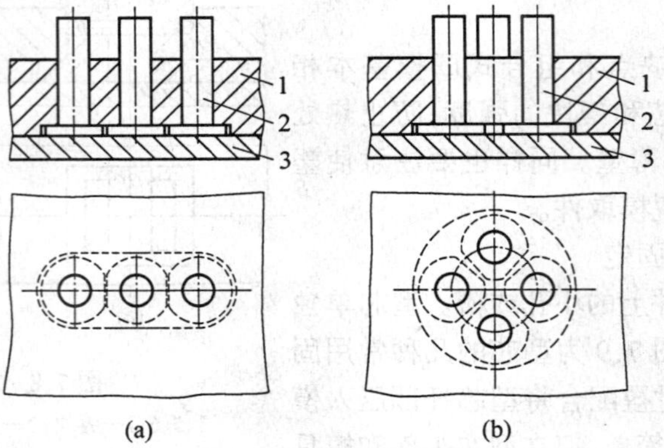

图 7.10　多个互相靠近型芯的安装

1—固定板；2—型芯；3—垫板

3.螺纹型芯和螺纹型环的结构设计

螺纹型芯和螺纹型环分别是成型塑件上内螺纹和外螺纹的活动镶件，还可以作为固定带螺纹孔和螺杆的嵌件。塑料螺纹制品从型芯或型环上的脱卸方法分为强制脱卸、机动脱卸和手动脱卸三种。强制脱卸主要适用于由聚乙烯、聚丙烯等软性塑料成型的螺纹；机动脱卸生产效率高；手动脱卸操作比较麻烦，生产率不及机动脱卸法，但可使模具结构简化。有关带有螺纹制品的脱模方法和脱模机构设计将在第九章中介绍，下面介绍手动脱卸塑料螺纹时，其型芯或型环的结构设计以及固定方法。

手动脱卸塑料螺纹的方法是：在成型之前，先将螺纹型芯或螺纹型环安放在模具中，当制品成型之后，将型芯或型环连同制品一起从模内脱出，然后在模外用手动方法将它们与制品脱卸分离。

(1)螺纹型芯的结构

螺纹型芯分为两类：一类用于成型塑料制品上的内螺纹；另一类用于在模内固定带有金属螺纹的嵌件。前者在设计时必须考虑塑料收缩率，表面粗糙度要小($Ra<0.4\ \mu m$)，螺纹始端和末端按塑料螺纹结构要求设计，以防止从塑件上拧下时拉毛塑料螺纹；而后者不必考虑收缩率，按普通螺纹制造即可。两种螺纹型芯虽然在工作部分具有差异，但其安装、固定和结构却基本相似。

①螺纹型芯的安装要求。螺纹型芯安装在模具上，成型时要定位准确可靠，不能因合模振动或料流冲击而移动，开模时能与塑件一道取出并便于装卸。

②螺纹型芯的简易安装。螺纹型芯的简易安装形式如图 7.11 所示，型芯与安装孔间均采用间隙配合(H8/f8)，主要用于型芯向上脱出和振动较小的情况。图(a)～图(c)是成型内螺纹的螺纹型芯，图(d)～图(f)是安装螺纹嵌件的螺纹型芯。图(a)是利用锥面定位和支承的形式；图(b)是用大圆柱面定位和台阶支承的形式；图(c)是用圆柱面定位和垫板支承的形式；图

(d)是利用圆柱面定位,嵌件与模具的接触面起支承作用,以防止型芯受压下沉;图 e 是将嵌件下端镶入模板中,以增加嵌件的稳定性,并防止塑料挤入嵌件螺孔中;图(f)是将小直径的螺纹嵌件直接插入固定在模具上的光杆型芯上,因螺纹牙沟槽很细小,塑料仅能挤入一小段,并不妨碍使用,这样可省去模具脱卸螺纹的操作。

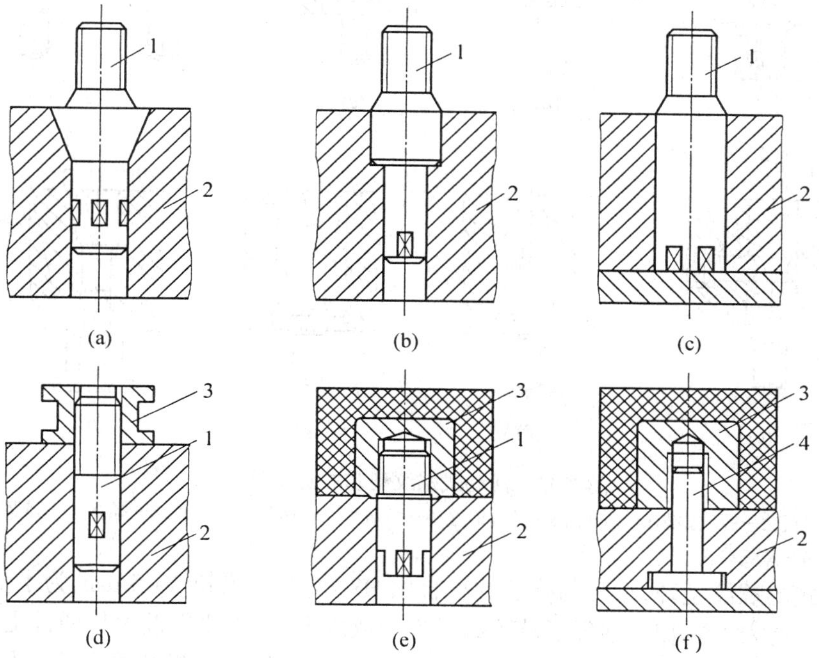

图 7.11　螺纹型芯的简易安装形式

1—螺纹型芯;2—模板;3—嵌件;4—光杆型芯

螺纹型芯的圆柱固定段应具有方形、六方形、槽形等结构,以方便在模外用工具将其旋下。

③螺纹型芯的弹性连接装置。对于活动式螺纹型芯的简易安装,如果在模腔中向上安装,就可能在重力作用下自动落下;即使型芯不向上安装,但如果活动型芯处于注射机动模部分,由于合模时冲击振动较大,也可能会造成型芯脱落或移动,并造成塑件报废或模具损伤。为避免出现这种情况,螺纹型芯插入时应有弹性连接装置,如图 7.12(a) ~ (g)所示。为安装方便,螺纹型芯与安装孔的配合采用 H8/f8。图(a)是带豁口柄的结构,豁口柄的弹力将型芯支撑在模具内,适用于直径小于 8 mm 的型芯;图(b)是用台阶起定位作用,并能防止成型螺纹时挤入塑料;图(c)和(d)是用弹簧钢丝和弹簧片支撑,常用于直径为 5 ~ 10 mm 的型芯上;当螺纹型芯直径大于 10 mm 时,可采用图(e)的结构,用钢球弹簧支撑,当螺纹型芯直径大于 15 mm 时,则可以将钢球和弹簧装置在型芯杆内;图(f)是利用弹簧卡圈固定型芯;图(g)是用弹簧夹头固定型芯。

④螺纹型芯的刚性连接装置。图 7.12(h)为螺纹型芯的一种刚性连接装置,通过螺纹型芯使带内螺纹的嵌件在模具中固定,成型后转动型芯,与嵌件脱离,而后使塑件脱模。该装置连接可靠,但安装和拆卸比较麻烦。

(2)螺纹型环的结构

螺纹型环按用途也分为两类:一类用于成型塑料制品的外螺纹;另一类则用于在模内固定带有金属螺纹的嵌件。型环中螺纹的设计同螺纹型芯。螺纹型环常见的结构如图 7.13 所示,

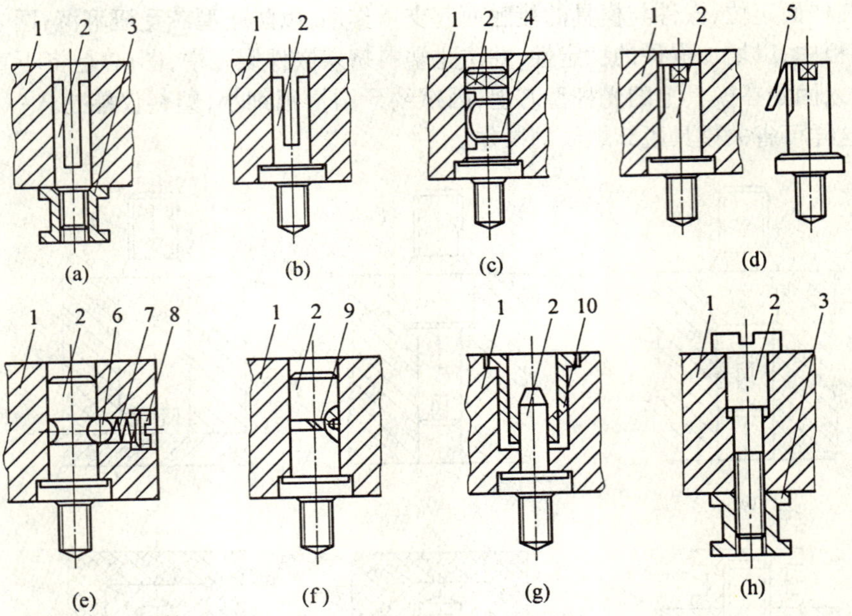

图 7.12　活动式螺纹型芯的安装形式

1—模板；2—螺纹型芯；3—嵌件；4—弹簧钢丝；5—弹簧片；6—钢球；7—弹簧；8—螺塞；9—弹簧卡圈；10—弹簧夹头

图(a)是整体式的螺纹型环，型环与模板的配合用 H8/f8，配合段长 3 ~ 5 mm，为了安装方便，配合段以外制出 3° ~ 5°的斜度，型环下端可铣成方形或六方形，以便用扳手从塑件上拧下；图(b)是哈夫式组合型环，两哈夫间用圆销定位，成型后用尖劈状卸模器将螺纹型环分开。组合式型环卸螺纹快而省力，但在成型的塑料外螺纹上留下难以修整的拼合痕迹，因此，只适用于精度要求不高的粗牙螺纹的成型。

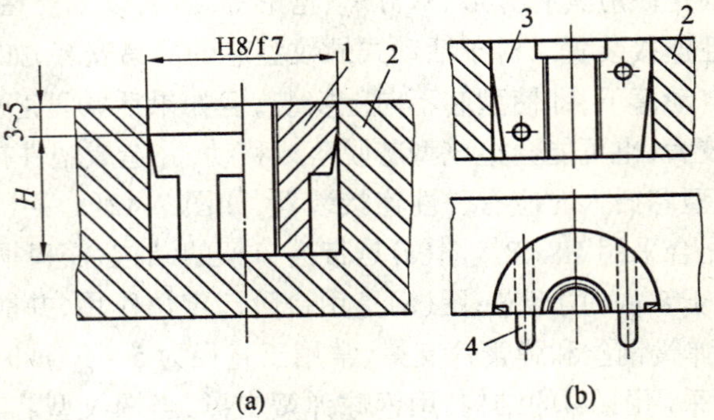

图 7.13　螺纹型环的结构

1—型环；2—模板；3—哈夫块；4—圆销

7.2　成型零部件工作尺寸的计算

成型零部件中与塑料接触并决定制品几何形状的各部分尺寸，称为工作尺寸，它决定了塑料制品相关尺寸，因此要想获得较高尺寸精度的塑料制品，就必须对成型零部件的工作尺寸进行准确的设计计算。

7.2.1 工作尺寸分类及有关规定

塑料制品的几何尺寸一般分为外形尺寸、内形尺寸和中心距尺寸，与其对应，成型零部件的工作尺寸分别称为型腔尺寸、型芯尺寸和中心距尺寸。其中，型腔尺寸又可分为深度尺寸和径向尺寸(与深度垂直的平面尺寸)，型芯尺寸又可分为高度尺寸和径向尺寸(与高度垂直的平面尺寸)。显然，型腔类尺寸属于包容尺寸，与塑料熔体或制品之间产生摩擦磨损之后，具有增大趋势；型芯类尺寸属于被包容尺寸，与塑料熔体或制品之间产生摩擦磨损之后，具有缩小趋势。模具中心距尺寸一般指成型零部件上某些对称结构之间的距离，如孔间距，型芯间距，凹槽间距和凸块间距等，这类尺寸通常不受摩擦磨损影响，因此可视为一种不变尺寸。

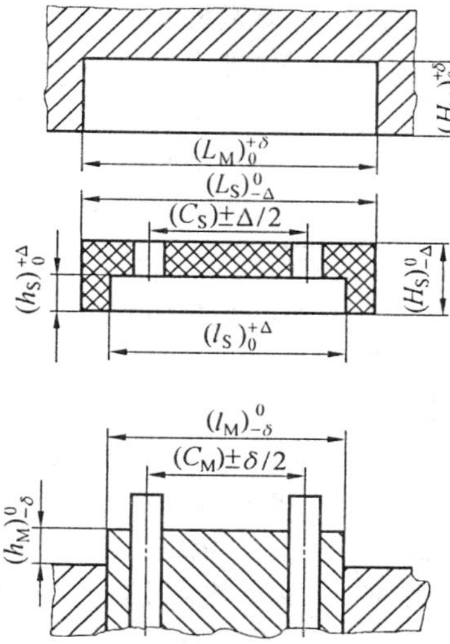

图 7.14 塑料制品和模具的尺寸标注

为方便对模具工作尺寸的计算，根据尺寸属性的不同，按照入体尺寸原则(易保证制件的加工质量)，对塑料制品和模具的尺寸标注形式及其偏差分布做一些必要的规定(参见图 7.14)，并在以后的模具工作尺寸的计算中，均采用这种规定。

①外形尺寸采用单向负偏差，基本尺寸为最大值；

②内形尺寸采用单向正偏差，基本尺寸为最小值；

③中心距尺寸采用双向等值正、负偏差，基本尺寸均为平均值。

7.2.2 塑料制品的尺寸偏差及控制

1.塑料制品产生尺寸偏差的原因

(1)塑件的成型收缩

此种尺寸偏差源于两个方面：一是预定收缩率(设计计算成型零部件工作尺寸时所用的收缩率)与制品实际收缩率之间的误差；二是成型过程中，收缩率可能在其最大值和最小值之间发生的波动。

预定收缩率往往是在一定试验条件下获得的带有一定规律性的统计数值，如表 7.1 所示，表中数据可以作为预定收缩率参考。但由于塑料品级，生产厂家，生产工艺，生产时期、地理气候条件、储藏时间和储藏条件的不同，以及制品形状结构尺寸、设备、工艺、模具条件等诸多因素的影响，制品的实际收缩率不一定与表中数值完全相符。因此，若将表中数据直接作为标准值使用时，与实际收缩率之间的误差必然会使工作尺寸的计算精度受到影响，从而导致制品在成型过程中产生尺寸偏差。通常认为，因预定收缩率取值不准确而使制品产生的尺寸偏差是一种系统误差，可以通过试验来减小和消除。一般情况下，需控制这种尺寸偏差不大于制品尺寸公差的 1/6。

由于成型工艺条件等外部因素在生产过程中随时都有可能发生变化，因此成型收缩无法始终保持为一个恒定值，故每次成型出的制品将有可能产生不同的收缩值，从而导致每个制品的实际尺寸与基本尺寸之间出现不同的误差。收缩率波动引起的塑件尺寸误差为

$$\delta_s = (S_{max} - S_{min}) \times L_S \tag{7.1}$$

式中，δ_s 为塑料收缩率波动引起的塑件尺寸误差；L_S 为制品尺寸；S_{max}为实际制品的最大收缩率；S_{min}为实际制品的最小收缩率。

对一般的塑件，应将塑料收缩率波动引起的误差控制在制品尺寸公差的 1/3 以内。

表 7.1 部分热塑性塑料的标准成型收缩率

成型物料			线膨胀系数 /(10^{-5}℃$^{-1}$)	成型收缩率 /%
	塑料名称	填充材料		
结晶型	聚乙烯(低密度)	—	10.0~20.0	1.5~5.0
	聚乙烯(中密度)	—	14.0~16.0	1.5~5.0
	聚乙烯(高密度)	—	11.0~13.0	2.0~5.0
	聚丙烯	—	5.8~10.0	1.0~2.5
	聚丙烯	玻璃纤维	2.9~5.2	0.4~0.8
	聚酰胺(6)	—	8.3	0.6~1.4
	聚酰胺(6/10)	—	9.0	1.0
	聚酰胺	20%~40%玻璃纤维	1.2~3.2	0.3~1.4
	聚缩醛	—	8.1	2.0~2.5
	聚缩醛	20%玻璃纤维	3.6~8.1	1.3~2.8
非结晶型	聚苯乙烯(通用)	—	6.0~8.0	0.2~0.6
	聚苯乙烯(抗冲击型)	—	3.4~21.0	0.2~0.6
	聚苯乙烯	20%~30%玻璃纤维	1.8~4.5	0.1~0.2
	AS	—	3.6~3.8	0.2~0.7
	AS	20%~33%玻璃纤维	2.7~3.8	0.1~0.2
	ABS(抗冲击型)	—	9.5~13.0	0.3~0.8
	ABS	20%~40%玻璃纤维	2.9~3.6	0.1~0.2
	丙烯酸类树脂	—	5.0~9.0	0.2~0.8
	聚碳酸酯	—	6.6	0.5~0.7
	聚碳酸酯	10%~40%玻璃纤维	1.7~4.0	0.1~0.3
	聚氯乙烯(硬质)	—	5.0~18.5	0.1~0.5
	醋酸纤维素	—	8.0~18	0.3~0.8

(2)成型零部件的制造误差

成型零部件的制造精度是影响塑件尺寸精度的重要因素之一。成型零部件的加工精度愈低,塑件的尺寸精度也愈低。实践表明,成型零部件的制造公差约占塑件总公差的1/3~1/6,因此在确定成型零部件工作尺寸公差值时可取塑件公差的1/3~1/6,根据目前机械制造和装配的技术水平,也可取IT7~8级作为模具制造公差。

组合式型腔或型芯的制造公差应根据尺寸链来确定。

(3)成型零部件的磨损

模具在使用过程中,由于塑料熔体流动的冲刷,脱模时与塑件的摩擦等,均会造成成型零部件因磨损而导致的尺寸变化。塑料熔体流动冲刷作用的影响较小;制品的刮磨对成型零部件的影响较大,但一般只发生在与脱模方向平行的部位。所以设计成型零部件工作尺寸时,通常可以不考虑与脱模方向垂直部位的磨损。

计算成型零部件工作尺寸时,磨损量应根据塑件的产量、塑料品种、模具材料及热处理等因素来确定。对生产批量小的,磨损量取小值,甚至可以不考虑磨损量;玻璃纤维等增强塑料对成型零部件磨损严重,磨损量可取大值;摩擦系数较小的热塑性塑料对成型零部件磨损小,磨损量可取小值;模具材料耐磨性好,表面进行镀铬、氮化处理的,磨损量可取小值。对于中小型塑件，最大磨损量可取塑件公差的 1/6；对于大型塑件应取 1/6 以下。

(4)模具安装配合的误差

模具成型零部件装配误差以及在成型过程中成型零部件配合间隙的变化，都会引起塑件尺寸的变化。例如，由于成型压力使模具分型面有胀开的趋势，同时由于分型面上的残渣或模板加工平面度的影响，动定模分型面上有一定的间隙，它对塑件高度方向尺寸有影响；活动型芯与模板配合间隙过大，将影响塑件上孔的位置精度。

2. 塑料制品尺寸偏差的控制

综上所述，塑件在成型过程中产生的最大尺寸误差是上述各种误差的总和，即

$$\delta = \delta'_s + \delta_s + \delta_z + \delta_c + \delta_j \tag{7.2}$$

式中，δ 为塑件的成型误差；δ'_s 为因预定收缩率不准确所引起的塑件尺寸误差；δ_s 为塑料收缩率波动所引起的塑件尺寸误差；δ_z 为模具成型零部件制造公差；δ_c 为模具成型零部件在使用中的最大磨损量；δ_j 为模具成型零部件因配合间隙变化而引起塑件尺寸的误差。

因此设计时要综合考虑塑件在成型过程中可能产生的各种误差，并使各种误差之和不大于塑件规定的公差值 Δ，即

$$\delta \leqslant \Delta$$

在一般情况下，δ_s、δ_z 和 δ_c 是影响塑件尺寸精度的主要原因。此外应该注意的是，并不是塑件的任何尺寸都与以上几个因素有关，例如可以通过试验来消除 δ'_s；用整体式凹模成型塑件时，其直径(或长与宽)只受 δ_s、δ_z、δ_c 的影响，而高度尺寸则受 δ_s、δ_z、δ_j 的影响。再例如，有的塑件尺寸可以由模具成型零部件的尺寸直接保证，如图 7.15(a)所示尺寸；而有些塑件尺寸还要受模具零件的定位基准和安装精度的影响，如图 7.15(b)所示尺寸，除受凸凹模的尺寸影响外，还受两者的安装定位基准及精度的影响，其精度就不易保证。因此，塑料制品上的高精度尺寸应由模具尺寸直接保证。另外所有的误差同时偏向最大值或同时偏向最小值的可能性是非常小的。

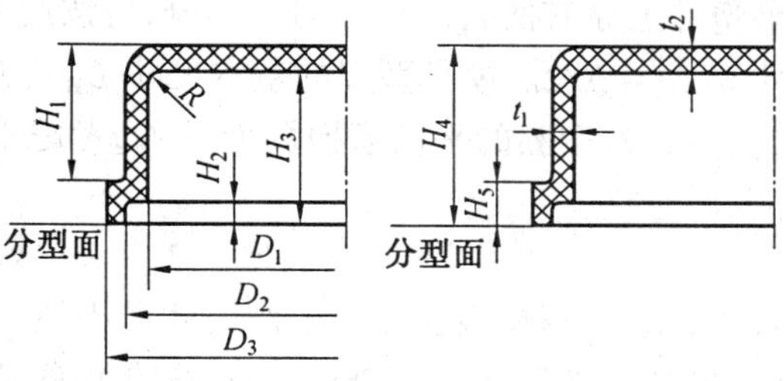

(a)可由模具零件直接保证　　(b)受安装精度影响

图 7.15　塑件尺寸性质

从式(7.1)可以看出，δ_s 的大小与塑件尺寸和塑料收缩率的波动有关。因此，生产大型塑件时，若单靠提高模具制造精度等级来提高塑件精度是困难的和不经济的，应将稳定成型工艺条件和选择收缩率波动较小的塑料作为主要手段。生产小型塑件时，模具制造公差和成型零部件的磨损，是影响塑件尺寸精度的主要因素，因此应提高模具精度等级和减少磨损。

7.2.3　成型零部件工作尺寸的计算

将式(3.2)经适当变形即可得到模具成形零部件工作尺寸的一般表达式

$$L_M = L_S + L_S S \tag{7.3}$$

式中，L_M 为模具在室温时的尺寸；L_S 为塑件在室温时的尺寸；S 为塑料的收缩率。

若考虑影响塑料制品尺寸偏差的因素和成形零部件工作尺寸的属性及标注的规定等，则其工作尺寸的计算公式就会有不同的形式。下面介绍两种计算方法，一种是平均值方法，另一种是公差带方法。

平均值方法的基础是，偏差 δ_s 和 δ_s 的统计规律均显示出 δ_s 和 δ_z 呈正态分布，即平均值的概率最大，最大值和最小值的概率接近零。在此基础上可以进一步假设，当制品的成型收缩

率和成型零部件的工作尺寸制造偏差及其磨损量分别等于它们各自的平均值时，制品的尺寸偏差也恰好可以获得平均值，由此可推导出计算成型零部件工作尺寸的公式。平均值方法的特点是计算工作比较简便，但计算公式建立在假设基础上，容易使计算结果与实际需用的工作尺寸之间出现较大的误差；当制品尺寸精度要求较高或制品尺寸较大时，这种误差将可能比较显著，故在这两种情况下最好不要使用平均值方法。

在实际注射成型时，可能出现两种极限情况，即成型零部件工作尺寸处于最大值的同时塑料的成型收缩率出现最小值，此时制品的尺寸为最大值；成型零部件工作尺寸处于最小值的同时塑料的成型收缩率出现最大值，此时制品的尺寸为最小值。如果在这两种极限情况下制品尺寸都不超差，那么，在其他情况下均不会超差。公差带方法就是根据这一原理来计算模具成型零部件工作尺寸，使成型后的塑件尺寸均在规定的公差带范围内。公差带方法精度较高，但计算过程比较复杂。

1. 平均值方法

(1)型腔和型芯的径向尺寸

①型腔径向尺寸。如前所述，塑件外形基本尺寸 L_S 是最大尺寸，其公差 Δ 为负偏差，如果塑件上原有的公差标注与此不符，应按此规定转换为单向负偏差，因此，塑件的平均径向尺寸为 $L_S-\Delta/2$。模具型腔的基本尺寸 L_M 是最小尺寸，公差值为正偏差，则型腔的平均尺寸为 $L_M+\delta_z/2$；型腔的平均磨损量为 $\delta_c/2$，考虑平均收缩率后，按照平均值法可得

$$L_M+\frac{\delta_z}{2}+\frac{\delta_c}{2}=\left(L_S-\frac{\Delta}{2}\right)+\left(L_S-\frac{\Delta}{2}\right)\overline{S} \tag{7.4}$$

式中，L_M 为模具型腔径向工作尺寸最小值，也是名义尺寸；L_S 为塑料制品径向工作尺寸最大值，也是名义尺寸；$\overline{S}$ 为塑料的平均收缩率，其值为

$$\overline{S}=\frac{S_{max}+S_{min}}{2}\times 100\% \tag{7.5}$$

整理式(7.4)，并忽略二阶小量 $\frac{\Delta}{2}\overline{S}$ 后，型腔的径向基本尺寸为

$$L_M=(1+\overline{S})L_S-\frac{1}{2}(\Delta+\delta_z+\delta_c)$$

上式右边第二项括号内的 δ_z 和 δ_c 均是引起制品尺寸偏差的主要因素，故它们也可用制品公差 Δ 表示，故上式可改写为

$$L_M=(1+\overline{S})L_S-x\Delta \tag{7.6}$$

标上制造公差后即可得到计算模具型腔径向尺寸的公式

$$(L_M)_0^{+\delta_z}=[(1+\overline{S})L_S-x\Delta]_0^{+\delta_z} \tag{7.7}$$

式中，x 为工作尺寸的制造与使用修正系数，即 δ_z 和 δ_c 与 Δ 的关系系数。

在塑件尺寸较大、精度级别较低时，收缩率波动对塑件尺寸公差影响较大，而 δ_z 和 δ_c 的影响相对很小，可忽略，此时 $x=1/2$；当塑料制件尺寸较小、精度级别较高时，成型零部件的制造公差和磨损是影响塑件尺寸精度的主要因素，δ_z 和 δ_c 不能忽略，可取 $\delta_z=\Delta/3$、$\delta_c=\Delta/6$，此时，$x=3/4$。由此式(7.7)可写为

$$(L_M)_0^{+\delta_z}=[(1+\overline{S})L_S-(1/2\sim 3/4)\Delta]_0^{+\delta_z} \tag{7.8}$$

②)型芯径向尺寸。塑件孔的基本尺寸 l_S 是最小尺寸，其公差 Δ 为正偏差，模具型芯的基本尺寸 l_M 是最大尺寸，公差值为负偏差，按照平均值法并经相应的推导，可得

$$(L_M)^{0}_{-\delta_z} = [(1+\bar{S})l_S + (1/2 \sim 3/4)\Delta]^{0}_{-\delta_z} \tag{7.9}$$

式中修正系数的取值范围可参照型腔径向尺寸的计算。

为了塑件脱模方便，型腔或型芯的侧壁都应设计有脱模斜度，当脱模斜度值不包括在塑件公差范围内时，塑件外形的尺寸只保证大端，塑件内腔的尺寸只保证小端。这时计算型腔尺寸以大端尺寸为基准，另一端按脱模斜度相应减小；计算型芯尺寸以小端尺寸为基准，另一端按脱模斜度相应增大，这样便于修模时有余量。如果塑件使用要求正好相反，应在图样上注明。

(2)型腔深度和型芯高度尺寸

在型腔深度和型芯高度尺寸计算中，由于型腔的底面或型芯的端面磨损很小，所以可不考虑其磨损量，由此可以推出

$$(H_M)_{0}^{+\delta_z} = [(1+\bar{S})H_S - (1/2 \sim 2/3)\Delta]_{0}^{+\delta_z} \tag{7.10}$$

$$(h_M)^{0}_{-\delta_z} = [(1+\bar{S})h_S + (1/2 \sim 2/3)\Delta]^{0}_{-\delta_z} \tag{7.11}$$

式中，H_M 为模具型腔深度尺寸最小值，也是名义尺寸；H_S 为塑料制品高度尺寸最大值，也是名义尺寸；h_M 为模具型芯高度尺寸最小值，也是名义尺寸；h_S 为塑料制品孔深度尺寸最大值，也是名义尺寸。

上两式中修正系数 $x = 1/2 \sim 2/3$，当塑件尺寸大、精度要求低时取小值；反之取大值。

式(7.10)是针对加工时型腔深度增加的情况，如果对型腔修整时深度减小，则应采用式(7.11)计算；同理，式(7.11)是针对加工时型芯高度减小的情况，如果加工性质相反，，则应采用式(7.10)计算。

(3)中心距尺寸

塑件上凸台之间、凹槽之间或凸台到凹槽的中心线之间的距离称为中心距，该类尺寸属于定位尺寸。由于模具上中心距尺寸和塑件中心距公差都是双向等值公差，同时磨损的结果不会使中心距尺寸发生变化，在计算中心距尺寸时不必考虑磨损量。因此，塑件中心距的基本尺寸 C_S 和模具上成型零部件中心距的基本尺寸 C_M 均为平均尺寸，于是

$$C_M = (1+\bar{S})C_S \tag{7.12}$$

标注制造公差后得

$$(C_M) \pm \delta_z/2 = (1+\bar{S})C_S \pm \delta_z/2 \tag{7.13}$$

模具中心距是由成型孔或安装型芯的孔的中心距所决定的，其精度与加工方法及加工设备有关。如用坐标镗床加工孔时，孔轴线位置尺寸偏差取决于机床的精度，一般不会超过 $\pm 0.015 \sim 0.02$ mm；用普通方法加工孔时，孔间距大，则加工误差也大。当型芯与模板孔为间隙配合时，其配合间隙 δ_j 会使型芯中心距尺寸产生波动而影响塑件中心距尺寸(图 7.16)，塑件中心距误差值最大为 δ_j。对于一个型芯，中心距偏差最大为 $0.5\delta_j$。这时，应使 δ_z 和 δ_j 的积累误差小于塑件中心距所要求的公差范围。

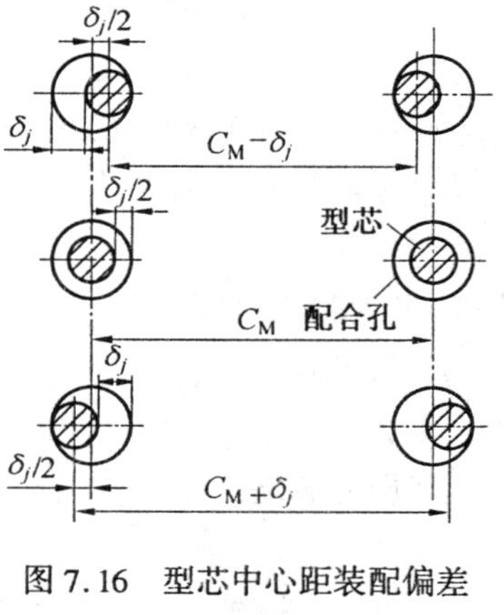

图 7.16　型芯中心距装配偏差

2. 公差带方法

公差带法是按要求设计成型零部件工作尺寸的两个极限尺寸，应使成型后的塑件尺寸均在规定的公差带范围内。即要求

$$L_{M\max} - A_{\min} \leq L_{S\max} \tag{7.14}$$

$$L_{Mmin} - A_{max} \geqslant L_{Smin} \tag{7.15}$$

式中，L_{Mmax}、L_{Mmin}为模具的最大、最小尺寸；L_{Smax}、L_{Smin}为塑件的最大、最小尺寸；A_{max}、A_{min}为塑件的最大、最小收缩量。

按照公差带法设计成型零部件工作尺寸时，可以先根据上述两式之一计算出模具的一个极限尺寸，选择模具尺寸公差与磨损量后，再按另一个公式校核塑件可能出现的另一个极限尺寸是否在其公差带范围内。究竟是先设计模具的最小尺寸，然后验算其最大尺寸；还是先设计模具的最大尺寸，然后验算其最小尺寸，要看模具工作尺寸的性质，为了保证加工精度、有利于延长模具使用寿命和便于标注，可按照入体尺寸原则进行选择。如对于型腔径向尺寸，其加工方向、磨损方向都是尺寸增大方向，因此，应先由式(7.15)计算其最小尺寸即基本尺寸，以使成型后的塑件尺寸不小于下偏差；而后根据模具的加工公差和磨损量算出模具的最大尺寸，并由式(7.14)校核保证成型后的塑件尺寸不大于上偏差。同样，对于型芯径向尺寸，应先计算其最大尺寸即基本尺寸，再校核最小尺寸。对于型腔深度和型芯高度计算也先要分析是修浅(小)容易还是修深(大)容易，依此来确定先满足塑件最大尺寸还是最小尺寸。下面介绍公差带方法计算模具成形零部件工作尺寸的具体步骤。

(1)型腔和型芯径向尺寸

①型腔径向尺寸。先算型腔的最小径向尺寸即基本尺寸，再验算型腔的最大径向尺寸，称作算小验大，计算方法如下。

i.初算型腔的最小径向尺寸 L_M(算小)。由式(7.15)(参考图 7.17)得

$$L_{Mmin} = L_{Smin} + A_{max}$$

即

$$L_M = L_S - \Delta + (L_S - \Delta) S_{max}$$

整理并忽略二阶小量 ΔS_{max}

$$L_M = (1 + S_{max}) L_S - \Delta \tag{7.16}$$

ii.按预定的制造偏差 δ_z 和磨损量 δ_c 验算 L_{Mmax}是否能够保证制品的最大尺寸不会超出制品的公差范围。

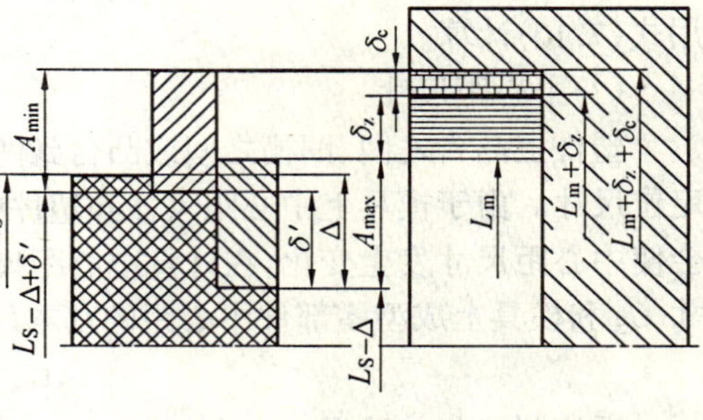

图 7.17　型腔与制品的径向尺寸

A_{max}—最大收缩率引起的制品收缩值，其值为：$(L_s - \Delta) \times S_{max}$；

A_{min}—最小收缩率引起的制品收缩值，其值为：$(L_s - \Delta + \delta') \times S_{min}$

由图 7.17 可知模具的最大尺寸 L_{Mmax}为

$$L_{Mmax} = L_M + \delta_z + \delta_c$$

如果同时使收缩量达到最小值 A_{min}，则制品可能取得的最大径向尺寸 L'_S

$$L'_S = L_S - \Delta + \delta'$$

式中，δ'为制品可能出现的最大尺寸与最小尺寸之间的差值。

由此可知

$$L'_S = L_{Mmax} - A_{min} = L_M + \delta_z + \delta_c - (L_S - \Delta + \delta') \times S_{min}$$

整理并忽略二阶小量 $\Delta \times S_{min}$和 $\delta' \times S_{min}$，得

$$L'_S = L_M + \delta_z + \delta_c - L_S \times S_{min}$$

于是，由式(7.14)可知预定的制造偏差 δ_z 和磨损量 δ_c 的验算条件为

$$L_M + \delta_z + \delta_c - L_S S_{min} \leqslant L_{Smax} = L_S \tag{7.17}$$

显然，如果上式不成立，则意味着 δ_z 或 δ_c 取值过大，必须修正；如果上式两边相等，则说

明 δ_z 和 δ_c 取值正好合适；如上式的“<”成立，则说明可以保证塑件精度，但 δ_z 或 δ_c 的取值可能偏小，若要降低工作尺寸的加工难度，可以适当增大 δ_z，若要延长模具使用寿命，可以适当增大 δ_c。

初算和验算工作结束后，型腔的径向尺寸可以表示为

$$(L_M)_0^{+\delta_z}=[(1+S_{max})\times L_S-\Delta]_0^{+\delta_z} \tag{7.18}$$

②型芯径向尺寸。先算型芯的最大径向尺寸即基本尺寸，再验算型芯的最小径向尺寸，称作算大验小，参照型腔径向尺寸的计算方法，其计算过程如下。

i.初算型芯的最大径向尺寸 l_M(算大)。由式(7.18)(参考图 7.18)得

$$l_M=l_S+\Delta+(l_S+\Delta)S_{min}$$

整理并忽略二阶小量 ΔS_{max}

$$l_M=(1+S_{min})l_M+\Delta \tag{7.19}$$

式中，l_M 为型芯的最大径向尺寸；l_S 为塑件孔的最小径向尺寸。

ii.按预定的制造偏差 δ_z 和磨损量 δ_c 验算 l_{Mmin}是否能够保证制品的最大尺寸不会超出制品的公差范围。

由图 7.18 可知模具的最小尺寸 l_{Mmin}为

$$l_{Mmin}=l_M-\delta_z-\delta_c$$

同时如果收缩量达到最大值 A_{max}，则制品可能取得的最小径向尺寸 l'_s

$$l'_S=l_S+\Delta-\delta'$$

式中，δ' 为制品可能出现的最大尺寸与最小尺寸之间的差值。

由此可知

$$l'_S=(L_M-\delta_z-\delta_c)-(l_S+\Delta-\delta')S_{max}$$

整理并忽略二阶小量 ΔS_{max}和 $\delta' S_{max}$，得

$$l_S'\approx(l_M-\delta_z-\delta_c)-l_S\,S_{max}$$

于是，由式(7.15)可知预定的制造偏差 δ_z 和磨损量 δ_c 的验算条件为

$$(l_M-\delta_z-\delta_c)-l_S S_{max}\geqslant l_S \tag{7.20}$$

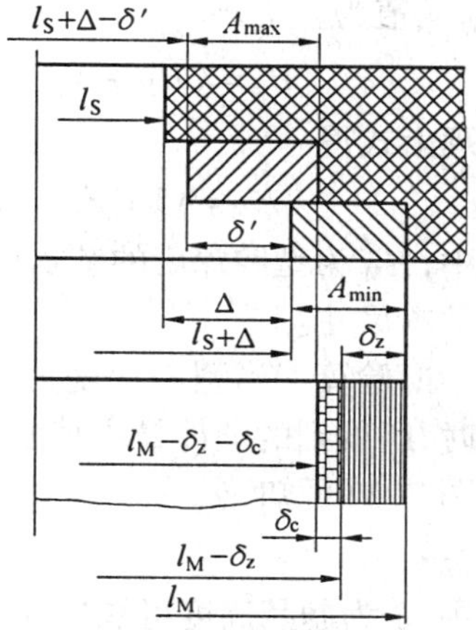

图 7.18　型芯与制品的径向尺寸

A_{max}—最大收缩率引起的制品收缩值，其值为：$(L_S-\Delta)\times S_{max}$；

A_{min}—最小收缩率引起的制品收缩值，其值为：$(L_S-\Delta+\delta')\times S_{min}$

对式(7.20)的分析方法与式(7.17)相似，其 δ_z 或 δ_c 的影响及对 δ_z 或 δ_c 的修正也与型腔的径向尺寸计算时的情况类似。

初算和验算工作结束后，型芯的径向尺寸可以表示为

$$(l_M)_{-\delta_z}^{0}=[(1+S_{min})\times l_S+\Delta]_{-\delta_z}^{0} \tag{7.21}$$

(2)型腔深度和型芯高度尺寸

分析磨损对模具工作零部件尺寸的影响可知，计算型腔深度与型芯高度时，可以不考虑工作面的磨损问题。另一方面，型腔深度与型芯高度的尺寸的性质不明确，因而不能直接确定计算方法。对此，应从便于修模的角度来考虑，即修模时使型腔深度或型芯高度增大方便还是缩小方便来确定其尺寸的性质，而后进行计算。

①型腔深度。型腔底部一般有圆角或凸凹，或刻有花纹文字等，修磨不方便，若将修磨余量放在上部，如图 7.19 所示，则修模较方便，这样修模将使型腔变浅，属于外形加工，因此可以

参照型芯类尺寸性质,采用算大验小的步骤进行计算。

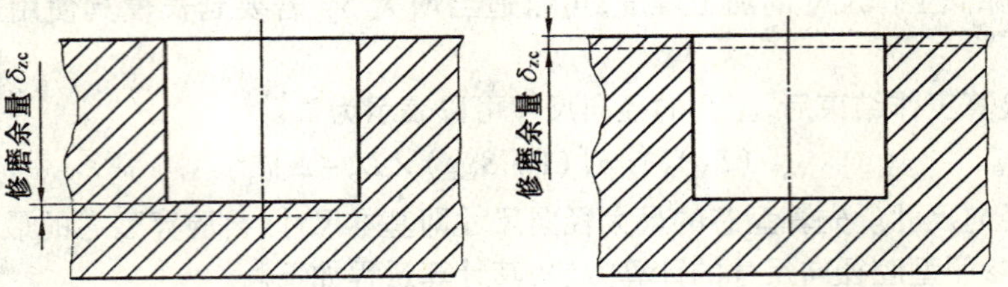

(a) 底部修磨　　　　(b) 上部修磨

图 7.19　型腔深度的修磨

i.初算　型腔的基本尺寸 H_M(算大)。参考图 7.20,当型腔深度为最大值 $H_M+\delta_z$,塑件收缩率为最小值 $H_S S_{min}$ 时,塑件出现最大高度尺寸 H_S,其值为

$$H_S=(H_M+\delta_z)-H_S S_{min}$$

整理上式得

$$H_M=(1+S_{min})H_S-\delta_z \qquad (7.22)$$

式中,H_M 为型腔深度的基本尺寸;H_S 为塑件高度的基本尺寸。

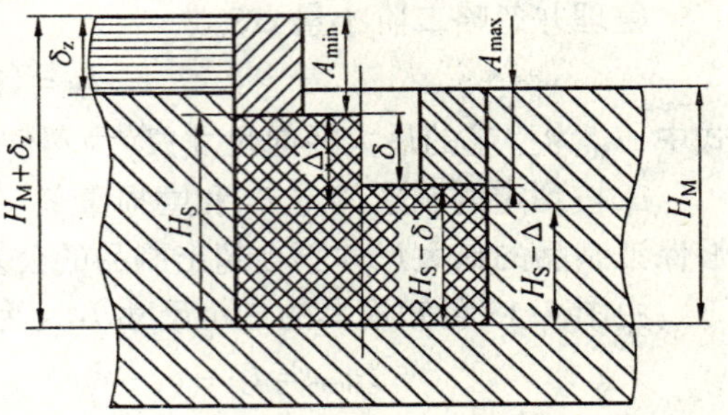

图 7.20　型腔深度与制品高度

$$A_{max}=(H_s-\delta)S_{max}$$

$$A_{min}=H_s S_{min}$$

ii.验算　当型腔深度为最小,且收缩率为最大时,所得到的塑件最小高度是否在公差范围内,由图 7.20 可知

$$H'_S=H_S-\delta=H_M-(H_S-\delta)S_{max}$$

式中,δ 为制品高度可能出现的最小尺寸与其基本尺寸之间的差值。

整理上式并略去二阶微小量 δ_{Smax},得

$$H'_S\approx H_M-H_S S_{max}$$

于是,得验算公式

$$H_M-H_S S_{max}\geqslant H_S-\Delta$$

即

$$H_M-H_S S_{max}+\Delta\geqslant H_S \qquad (7.23)$$

②型芯高度。与型腔深度类似,计算型芯高度时,也应注意修磨部位问题。如图 7.21 所示,图(a)将修磨部位放在型芯端部,修磨将使型芯高度减小,型芯类尺寸性质不变;图(b)将修磨部位放在固定板的上端面,修磨将使型芯高度增大,其尺寸变化与型腔类尺寸加工时的情况相似。假设型芯高度的修磨余量 δ_{zc} 包含在其制造偏差 δ_z 中,则在图 7.21(a)所示情况下,参考图 7.22 用算大验小的方法可得以下初算和验算公式。

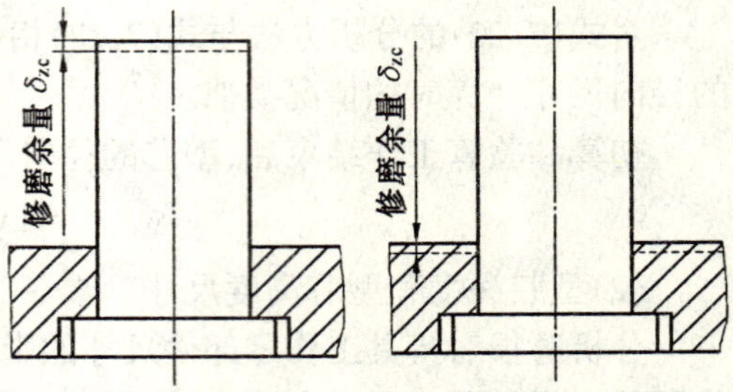

(a) 型芯端部修磨　　　　(b) 固定板端部修磨

图 7.21　型芯高度的修磨部位

初算

$$h_M=(1+S_{min})h_S+\Delta \qquad (7.24)$$

验算 $$(h_M - \delta_z) - h_S S_{max} \geqslant h_S \tag{7.25}$$

初算和验算工作结束后，型芯高度可表示为

$$(h_M)^{0}_{-\delta_z} = [(1 + S_{min}) \times h_S + \Delta]^{0}_{-\delta_z} \tag{7.26}$$

在图 7.21(b)所示情况下，根据制品的最小深度和预定的制造偏差 δ_z 初算型芯高度的基本尺寸 h_M。设型芯高度按预定制造偏差 δ_z 取值，且塑料以最大收缩率收缩时，制品深度可获得其下限尺寸(参考图 7.23)，于是有

$$h_S = (h_M - \delta_z) - h_S S_{max}$$

整理上式可得

$$h_M = (1 + S_{max}) h_S - \delta_z \tag{7.27}$$

验算按预定制造偏差 δ_z 计算出的最大型芯高度，即基本尺寸能否保证制品深度的最大尺寸不会超过其公差范围。根据图 7.23 所示，制品深度可能取得的最大尺寸 h'_S 为

$$h'_S = h_S + \delta = h_M - (h_S + \delta) S_{min}$$

式中，δ 为制品深度可能取得的最大尺寸与其基本尺寸之间的差值。

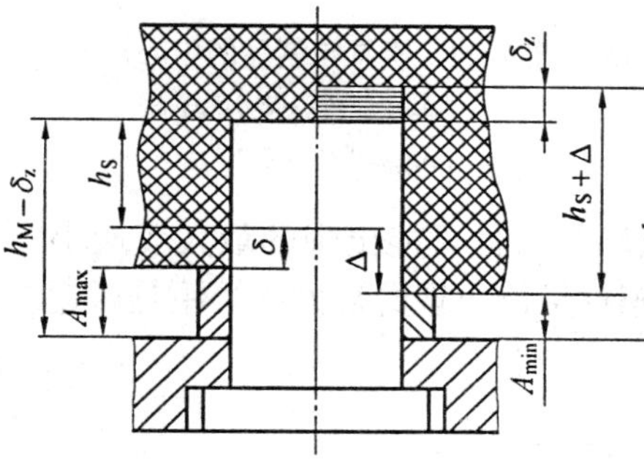

图 7.22 型芯高度与制品深度

(修模型芯上端面)

$A_{max} = (h_S + \delta) S_{max}$

$A_{min} = (h_S + \Delta) S_{min}$

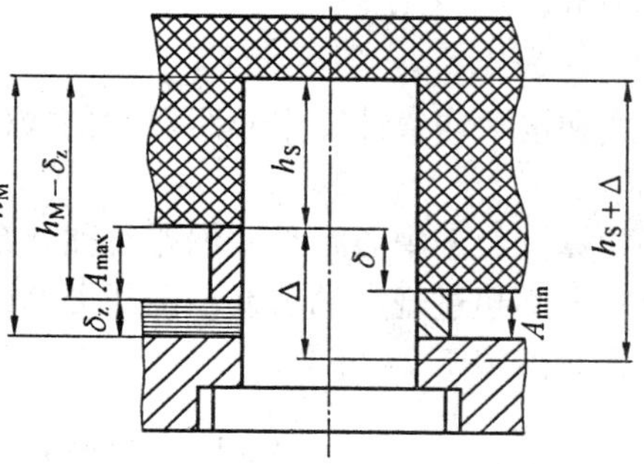

图 7.23 型芯高度与制品深度

(修模型固定板上端面)

$A_{max} = h_S S_{max}$

$A_{min} = (h_S + \delta) S_{min}$

整理上式并忽略二阶小量得

$$h'_S \approx h_M - h_S S_{min}$$

于是，若要保证上述验算条件，必须

$$h_M - h_S S_{min} \leqslant h_S + \Delta$$

或

$$h_M - h_S S_{min} - \Delta \leqslant h_S \tag{7.28}$$

初算和验算工作结束后，型芯高度可表示为

$$(h_M)^{0}_{-\delta_z} = [(1 + S_{max}) \times h_S + \delta_z]^{0}_{-\delta_z} \tag{7.29}$$

如果式(7.25)或式(7.28)不成立，则隐含着 δ_z 取值过大，必须修正。如果式(7.25)或式(7.28)两边相等，意味着 δ_z 取值正好合适。如果式(7.25)中的“>”成立，或式(7.28)中的“<”成立，则隐含着 δ_z 取值偏小，若要降低加工难度或提高修磨余量的可靠性，可以适当增大 δ_z。

(3)中心距尺寸

①初算中心距基本尺寸。根据图 7.24，设塑件上两孔中心距为 $C_S \pm \dfrac{\Delta}{2}$，模具上型芯固定

孔中心距为 $C_M \pm \frac{\Delta}{2}$，活动型芯与安装孔的配合间隙为 δ_j。

当两型芯中心距最小，且收缩率最大时，所得塑件中心距最小，即

$$C_S - \frac{\Delta}{2} = \left(C_M - \frac{\delta_z}{2} - \delta_j\right) - \left(C_S - \frac{\delta}{2}\right)S_{max} \tag{7.30}$$

当两型芯中心距为最大，且收缩率最小时，所得塑件中心距最大，即

$$C_S + \frac{\Delta}{2} = \left(C_M + \frac{\delta_z}{2} + \delta_j\right) - \left(C_S + \frac{\Delta}{2}\right)S_{min} \tag{7.31}$$

将式(7.30)和式(7.31)相加，整理并忽略去二阶微小量，得中心距基本尺寸

$$C_M = (1 + \bar{S})C_S \tag{7.32}$$

此式和按平均值计算中心距尺寸的式(7.12)相同。

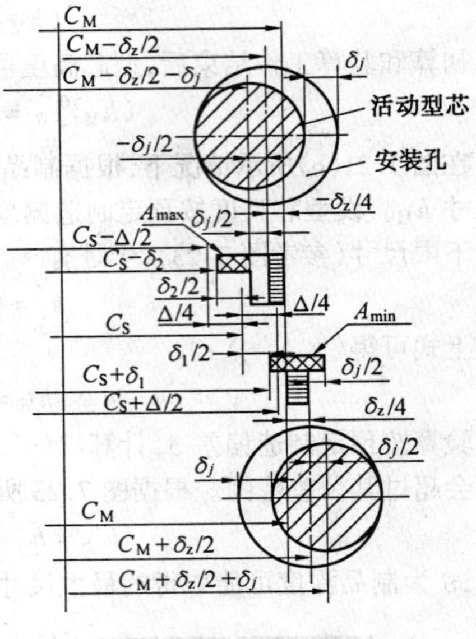

图 7.24　模具与制品的中心尺寸

$A_{max} = (C_S - \delta_2)S_{max}$

$A_{min} = (C_S - \delta_1)S_{max}$

②验算。由于中心距尺寸偏差对称分布，所以只验算塑件可能出现的最大或最小中心距中任何一个不超过规定的公差范围即可。这里只以塑件可能出现的最大中心距是否超差进行验算推导。由图 7.24 可得：

$$C_S + \delta_1 = \left(C_M + \frac{\delta_z}{2} + \delta_j\right) - (C_S + \delta_1)S_{min}$$

式中，δ_1 为根据初算确定的模具中心距基本尺寸及预定的加工偏差和间隙值计算所得塑件中心距实际可能产生的上偏差。

整理并忽略二阶小量，得

$$C_S + \delta_1 \approx C_M + \frac{\delta_z}{2} + \delta_j - C_S S_{min}$$

因此，保证制品最大中心距不超过规定的公差范围的条件为

$$C_M + \frac{\delta_z}{2} + \delta_j - C_S S_{min} \leqslant C_S + \frac{\Delta}{2} \tag{7.33}$$

同理，由图 7.24 可得塑件可能出现的最小中心距公差在公差带范围内的条件是

$$C_M - \frac{\delta_z}{2} - \delta_j - C_S S_{max} \leqslant C_S - \frac{\Delta}{2} \tag{7.34}$$

初算和验算工作结束后，模具的中心距尺寸可表示为

$$C_M \pm \frac{\delta_z}{2} = (1 + \bar{S})C_S \pm \frac{\delta_z}{2} \tag{7.35}$$

以上计算为两个活动型芯配合间隙相同的情况，如果两个配合间隙不同，δ_j 可近似取二者的平均值，即 $\delta_j = 0.5(\delta_{j1} + \delta_{j2})$；当型芯与安装孔之间采用过度配合或过盈配合，或者模具是两个凹腔时，则可取 $\delta_j = 0$ 进行计算。

3. 计算成型零部件工作尺寸的注意事项

①使用成型收缩率很小的塑料成型薄壁制品时，可以不考虑收缩率对工作尺寸的影响，即

认为 $S=0$；

②对于不太重要的尺寸段，可不考虑成型收缩的影响，同时不考虑制造偏差；

③在型腔深度方向或型芯高度方向有脱膜斜度时，通常将型腔径向尺寸的大端作为设计基准，斜度朝小端方向取；将型芯径向尺寸的小端作为设计基准，斜度朝大端方向取；

④对于制品上有径向尺寸要求的孔或轴，必须增设脱模斜度时，如果配合精度要求不高，应使成型零部件径向工作尺寸在其高度或深度的 2/3 范围内，能够保证制品的径向配合尺寸满足其公差要求；

⑤当制品结构不允许使用较大的脱模斜度，或制品精度要求很高时，对于制品上有径向配合要求的孔或轴，其成型零部件均应保证它们的径向尺寸在其全部深度或高度范围内均能满足配合公差要求。

i.配合孔

型芯的大端直径按公差带方法计算

$$(l_M)^{0}_{-\delta_z}=[(1+S_{min})\times L_S+\Delta]^{0}_{-\delta_z} \tag{7.36}$$

小端直径按下式计算

$$(l_M)^{0}_{-\delta_z}=[(1+S_{max})\times L_S+\delta_z+\delta_c]^{0}_{-\delta_z} \tag{7.37}$$

ii.配合轴

型腔的小端直径按公差带方法计算

$$(L_M)_{0}^{+\delta_z}=[(1+S_{max})\times L_S-\Delta]_{0}^{+\delta_z} \tag{7.38}$$

大端直径按下式计算：

$$(L_M)_{0}^{+\delta_z}=[(1+S_{min})\times L_S-(\delta_z+\delta_c)]_{0}^{+\delta_z} \tag{7.39}$$

4.螺纹型芯与螺纹型环

螺纹的种类很多，下面仅讨论普通紧固连接用螺纹型芯和型环的主要参数的计算方法。由于塑件螺纹成型时收缩的不均匀性等，影响塑料螺纹成型的因素很复杂，目前尚无成熟的计算方法，一般多采用平均值法。

(1)螺纹型芯与型环径向尺寸

其计算方法与普通型芯和型腔径向尺寸的计算方法基本相似。但塑料螺纹成型时，由于收缩的不均匀性和收缩率的波动等因素的影响，使其螺距和牙尖角都有较大的误差，从而影响其旋入性能，因此在计算径向尺寸时，采用增加螺纹配合间隙的办法来补偿，即采用增加螺纹孔直径和减小外螺纹的直径的办法来改善旋入性能。故将一般型腔和型芯径向尺寸计算公式(式(7.8)和式(7.9))中的系数放大为 1；另外，螺纹的大径、小径与中径尺寸基本为同一数量级，其公差可统一按中径的尺寸公差计算。由此可得下列螺纹型芯与螺纹型环径向尺寸相应的计算公式。

对螺纹型芯：

中径 $$d_{M中}=[(1+\bar{s})d_{S中}+\Delta_中]^{0}_{-\delta_中} \tag{7.40}$$

大径 $$d_{M大}=[(1+\bar{s})d_{S大}+\Delta_中]^{0}_{-\delta_中} \tag{7.41}$$

小径 $$d_{M小}=[(1+\bar{s})d_{S小}+\Delta_中]^{0}_{-\delta_中} \tag{7.42}$$

式中，$d_{M中}$、$d_{M大}$、$d_{M小}$为分别为螺纹型芯的中径、大径和小径的基本尺寸；$d_{S中}$、$d_{S大}$、$d_{S小}$为分别为塑件内螺纹的中径，大径和小径的基本尺寸；$\Delta_中$ 为塑件的中径公差；$\delta_中$ 为螺纹型芯中径制造公差。

目前国内尚无专门的塑料制品螺纹公差标准,可参考金属螺纹公差标准中最低的精度选用(GBH7—63);螺纹型芯型环的制造精度应高于制品螺纹精度一级或二级,其公差也可取塑件公差的1/2~1/4。

对螺纹型环:

中径 $$D_{M中}=[(1+\bar{s})D_{S中}-\Delta_{中}]_{0}^{+\delta_{中}} \quad (7.43)$$

大径 $$D_{M大}=[(1+\bar{s})D_{S大}-\Delta_{中}]_{0}^{+\delta_{中}} \quad (7.44)$$

小径 $$D_{M小}=[(1+\bar{s})D_{S小}-\Delta_{中}]_{0}^{+\delta_{中}} \quad (7.45)$$

式中,$D_{M中}$、$D_{M大}$、$D_{M小}$为分别为螺纹型环的中径、大径和小径的基本尺寸;$D_{S中}$、$D_{S大}$、$D_{S小}$为分别为塑件外螺纹的中径、大径和小径的基本尺寸。

(2)螺纹型芯与型环的螺距尺寸

计算公式与前述中心距尺寸计算公式(7.12)完全相同。但是,用此式计算出的螺距常为带有不规则小数的值,致使机械加工较为困难。因此对于用收缩率相同或相近的塑料内外螺纹相配合时,两者均可不考虑收缩率。对于塑料螺纹与金属螺纹相配合,但配合长度不超过7~8个牙时,也可以不计算螺距的收缩率。

5. 工作尺寸计算实例

图7.25为一种聚苯乙烯制品,大批量生产,设其预定收缩率的最大值和最小值分别为0.6%和0.2%,试按平均值方法和公差带方法,分别设计模具的凸模直径和高度、凹模的内径和深度以及两个固定型芯的中心距。

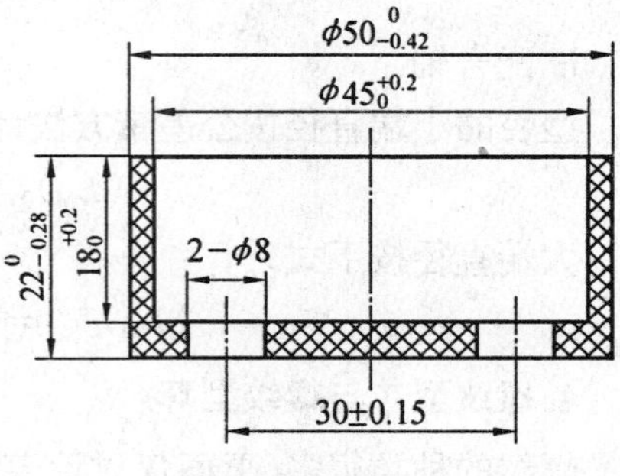

图7.25 制品形状

(1)按平均值方法计算

将图7.25中的制品公差与表4.3对比可知制品精度为5级,属较高精度(参照表4.2),且制品尺寸不太大,故在计算时选取制造与使用系数 x 取最大值,制造公差按制品公差的1/3取值,型芯中心距的制造公差按制品上两孔中心距公差的 l/4 取值。2−ϕ8为自由公差,可以直接把基本尺寸作为型芯的工作尺寸,并可以不考虑制造误差。具体计算如下。

平均收缩率 $\bar{S}=(0.6\%+0.2\%)/2=0.4\%$

①模腔直径。取 $\delta_z=\Delta/3=0.42/3$ mm $=0.14$ mm,此值在IT10~IT11之间,可按IT10制造,即 $\delta_z=0.1$ mm

$$L_M=\left[(1+0.4\%)\times50-\frac{3}{4}\times0.42\right]_{0}^{+0.1}\ \text{mm}=49.89_{0}^{+0.1}\ \text{mm}$$

②模腔深度。取 $\delta_z=\Delta/3=0.28/3$ mm $=0.093$ mm,此值在IT10~IT11之间,可按IT10制造,即 $\delta_z=0.084$ mm

$$H_M=\left[(1+0.4\%)\times22-\frac{2}{3}\times0.28\right]_{0}^{+0.084}\ \text{mm}=21.90_{0}^{+0.084}\ \text{mm}$$

③凸模直径。取 $\delta_z=\Delta/3=0.2/3$ mm $=0.067$ mm,此值在IT9~IT10之间,可按IT9制造,即 $\delta_z=0.062$ mm

$$l_{M1}=\left[(1+0.4\%)\times45+\frac{3}{4}\times0.2\right]_{-0.062}^{0}\ \text{mm}=45.33_{-0.062}^{0}\ \text{mm}$$

④凸模高度。取 $\delta_z=\Delta/3=0.2/3\ \text{mm}=0.067\ \text{mm}$,此值在 IT9～IT10 之间,可按 IT9 制造,即 $\delta_z=0.043\ \text{mm}$

$$h_{M1}=\left[(1+0.4\%)\times18+\frac{2}{3}\times0.2\right]_{-0.043}^{0}\ \text{mm}=18.21_{-0.043}^{0}\ \text{mm}$$

⑤小型芯直径。可以直接取 $l_{M2}=8\ \text{mm}$

⑥小型芯中心距。取 $\delta_z=\Delta/4=0.3/4=0.075\ \text{mm}$,此值在 IT9～IT10 之间,可按 IT9 制造,即 $\delta_z=0.052\ \text{mm}$, $\pm\delta_z=\pm0.026\ \text{mm}$

$$C_M=[(1+0.4\%)\times30]\pm0.026\ \text{mm}=30.12\pm0.026\ \text{mm}$$

(2)按公差带方法计算

采用公差带方法设计和计算凸、凹模工作尺寸时,需要预先设定它们所允许使用的制造公差和磨损量。本例中首先按平均值法预设各尺寸的制造公差 δ_z,并预设其磨损量为 $\Delta/6$,若利用这些预定数值和有关公式所得的计算结果经验算后证明成立,则计算工作便告结束,如果不成立,则必须重新设定制造公差和磨损量,并再次进行计算和验算。对图 7.25 示例的计算和验算过程如下。

①凹模直径。

初算: $L_M=(1+S_{max})L_S-\Delta=(1+0.6\%)\times50-0.42\ \text{mm}=49.88\ \text{mm}$

验算:预设 $\delta_z=0.1\ \text{mm}$,$\delta_c=0.42/6=0.07\ \text{mm}$,并用公式 $L_M+\delta_z+\delta_c-L_SS_{min}\leqslant L_S$ 验算。

验算式左边 $=49.88+0.1+0.07-50\times0.2\%\ \text{mm}=49.95\ \text{mm}<L_S=50\ \text{mm}$

验算成立,故有

$$L_M=49.980+0.1\ \text{mm}$$

②凹模深度。修模较方便,将修磨部位设计在型腔上端面,采用算大验小的步骤进行计算。

初算:$\delta_z=0.084\ \text{mm}$,则

$$H_M=(1+S_{min})H_S-\delta_z=(1+0.2\%)\times22-0.084=21.96$$

验算:用公式 $H_M-H_SS_{max}+\Delta\geqslant H_S$ 验算。

验算式左边 $=21.96-22\times0.6\%+0.28\ \text{mm}=22.108\ \text{mm}>H_S=22\ \text{mm}$

验算成立,故有

$$H_M=21.96_{0}^{+0.084}\ \text{mm}$$

③凸模直径。

初算: $l_M=(1+S_{min})l_S+\Delta=(1+0.2\%)\times45+0.2\ \text{mm}=45.29\ \text{mm}$

验算:预设 $\delta_z=0.062\ \text{mm}$,$\delta_c=0.2/6\ \text{mm}=0.033\ \text{mm}$,并用公式$(l_M-\delta_z-\delta_c)-l_SS_{max}\geqslant l_S$ 验算。

验算式左边 $=45.29-0.062-0.033-45\times0.6\%\ \text{mm}=44.925\ \text{mm}<L_S=45\ \text{mm}$

说明预设值不能满足塑件公差要求,应修正。从大批量生产对模具使用寿命的要求考虑,希望磨损量不要太小,同时要求不要因精度要求过高而出现加工困难。鉴于目前模具制造水平,允许使用的最高制造公差等级为 IT5～6,一般情况下采用 IT7～8。

由验算式可知,在考虑加工公差和磨损量后,制件的最小尺寸可能超差 $45-44.925\ \text{mm}=0.075\ \text{mm}$,此值超过了预定的模具加工公差和磨损量中的任何一项,因此两项都需减小。可将加工精度提高为 5 级($\delta_z=0.011\ \text{mm}$),并使 $\delta_c=0.009\ \text{mm}$。由此再次进行验算。于是

验算式左边 $= 45.29 - 0.011 - 0.009 - 45 \times 0.6\%$ mm $= 45$ mm $= L_S = 45$ mm

再次验算结果满足塑件公差要求,故有

$$L_M = 45.290 - 0.011 \text{ mm}$$

④凸模高度。修磨部位设计在型芯上端面,此时,型芯高度尺寸性质不变。

初算: $h_M = (1 + S_{min}) h_S + \Delta = (1 + 0.2\%) \times 18 + 0.2$ mm $= 18.24$ mm

验算:预设 $\delta_z = 0.043$ mm,用公式 $(h_M - \delta_z) - h_S S_{max} \geqslant h_S$ 验算

验算式左边 $= 18.24 - 0.043 - 18 \times 0.6\%$ mm $= 18.089$ mm $> h_S = 18$ mm

验算成立,故有

$$h_M = 18.31^{0}_{-0.043} \text{ mm}$$

⑤小型芯直径。不需验算,直接取

$$L_M = 8 \text{ mm}$$

⑥小型芯中心距。由于两个小型芯与塑件轴线(开模方向)一致,可采用固定抽芯,所以,型芯与固定板间不需采用间隙配合,其 $\delta_j = 0$。

初算: $C_M = (1 + \bar{S}) C_S = (1 + 0.4\%) \times 30$ mm $= 30.12$ mm

验算:预设 $\delta_z = 0.052$ mm,并用公式 $C_M + \dfrac{\delta_z}{2} + \delta_j - C_S S_{min} \leqslant C_S + \dfrac{\Delta}{2}$验算。

验算式左边 $= 30.12 + 0.052/2 + 0 - 30 \times 0.2\%$ mm $= 30.087$ mm $< C_S + \Delta/2 =$ $30 + 0.15$ mm $= 30.15$ mm

验算成立,故有

$$C_M = 30.12 \pm 0.026 \text{ mm}$$

(3)两种计算方法分析

用平均值法和公差带法计算模具尺寸及公差的结果见表 7.2。

表 7.2　两种计算方法对比

尺寸代号	制品尺寸			模具尺寸					
	基本尺寸/mm	制造公差/mm	公差等级	基本尺寸/mm		制造公差/mm		公差等级	
				平均值法	公差带法	平均值法	公差带法	平均值法	公差带法
L_M	50	0.42	5~6	49.89	49.88	0.1	0.1	IT10	IT10
H_M	22	0.28	5	21.90	22.05	0.084	0.084	IT10	IT10
l_{M1}	45	0.2	3	45.33	45.29	0.062	0.011	IT9	IT5
h_{M1}	18	0.2	4	18.21	18.24	0.043	0.043	IT9	IT10
l_{M2}	8			8					
C_M	30	0.3	5~6	30.12	30.12	0.052	0.052	IT9	IT9

由表 4.7 和 4.8 可知,本例聚苯乙烯制品的公差等级基本在 3~5 级,3 级精度为高精度,5 级精度为低精度。表 7.2 列出了两种计算方法的结果,可以看出:在制品尺寸不太大,精度不高的情况下,平均值方法与公差带方法的计算结果接近。但制品精度为高精度时,使用公差带方法计算径向尺寸时,最后结果需要使用较高的制造公差等级,其原因是在公差带法的验算过程中,必须考虑磨损量,而采用平均值方法时,则不需要考虑磨损量,或认为磨损量包含在制造

与使用修正系数 x 之中。然而,不能利用这种解释导出在制品尺寸不大的情况下两种计算方法可以相互替代之结论(特别是在制品精度要求较高的情况下)。例如,与 $\phi45_0^{+0.2}$对应的凸模尺寸,采用平均值方法计算时 l_M 得到的尺寸为 $45.33_{-0.062}^{0}$,当其取下限值 45.33 - 0.062 = 45.268 mm,且制品以最大收缩率(0.6%)收缩时,制品尺寸的最小值等于 45 mm,基本上满足制品公差要求;而取上限值 45.33 mm,且制品以最小收缩率(0.2%)收缩时,制品尺寸 H_S 的最大值等于 45.24 mm,超出了制品公差要求。故对本例计算来讲,平均值方法不如公差带方法可靠,不能用平均值方法简单替代公差带方法。平均值方法尽管可以在制品尺寸较小的情况下使用,但若制品精度要求较高,该方法将显得不够精确可靠,可能会出现废品。

7.3 凹模的强度与刚度计算

塑料凹模在成型过程中受到熔体的压力作用,应具有足够的强度和刚度。如果凹模侧壁和底板厚度过小,可能因强度不够而产生塑性变形甚至破坏,也可能因刚度不足而产生挠曲变形或导致溢料和出现飞边,降低塑件尺寸精度并影响顺利脱模。如果凹模侧壁和底板厚度过大,则会影响模具的总体结构和浪费材料。因此,应通过强度和刚度计算来确定型腔壁厚。模具零件的强度和刚度可根据力学分析或有限元、边界元等现代数值分析方法计算,但在实际中,经常是根据经验设计和确定零部件结构尺寸,或根据具体受力情况做必要的强度、刚度校核。

凹模壁厚的计算应以最大压力为准,而最大压力是在熔体充满型腔的瞬间产生的,随着塑料的冷却和浇口的冻结,型腔内的压力逐渐降低,在开模时接近常压。理论分析和生产实践表明,大尺寸的凹模刚度不足是主要矛盾,其壁厚应以满足刚度条件为准;小尺寸的凹模在发生大的弹性变形前,其内应力往往超过了模具材料的许用应力,因此强度不足是主要矛盾,设计凹模壁厚应以强度条件为准。

7.3.1 计算条件

凹模壁厚的强度计算条件是型腔在各种受力注射情况下承受的应力值不得超过模具材料的许用应力;而刚度计算条件与模具的结构特点、精度要求等有关,其刚度计算条件为:

(1)型腔不发生溢料

在塑料熔体的压力作用下,凹模产生过大的变形将导致某些结合面出现溢料间隙,从而产生溢料和飞边。因此必须根据不同塑料的溢料间隙来决定刚度条件。表 7.3 为部分塑料允许的溢料间隙。

表 7.3 部分塑料允许的溢料间隙

粘度特性	塑料品种	允许间隙值/mm
低粘度塑料	聚酰胺(PA)、聚乙烯(PE)、聚丙烯(PP)、聚甲醛(POM)	≤0.025~0.04
中粘度塑料	聚苯乙烯(PS)、ABS、聚甲基丙烯酸甲酯(PMMA)	≤0.05
高粘度塑料	聚碳酸酯(PC)、聚砜(PSF)、聚苯醚(PPO)	≤0.06~0.08

(2)保证塑件精度

当塑件的某些工作尺寸要求精度较高时,成型零部件的弹性变形将影响塑件精度,因此要求模具型腔具有很好的刚性。一般应使型腔受力时产生的最大弹性变形量小于塑件公差的1/5。

(3)保证塑件顺利脱模

若型腔的最大变形量大于塑件的成型收缩量,则开模之后,凹模的弹性恢复将使其包紧塑件,使塑件脱模困难或在脱模过程中被划伤甚至破裂,因此凹模型腔的最大弹性变形量应小于塑件的成型收缩值。

7.3.2 凹模结构尺寸计算

凹模型腔一般按其截面形状分为圆形、矩形和不规则形状,为了方便计算,又将不规则形状凹模简化为圆形、矩形凹模。

1.矩形凹模结构尺寸计算

矩形凹模的横截面呈矩形,按结构形式可分为组合式和整体式两类。

(1)组合式矩形凹模

组合式矩形凹模结构有很多种,典型结构如图7.26所示。

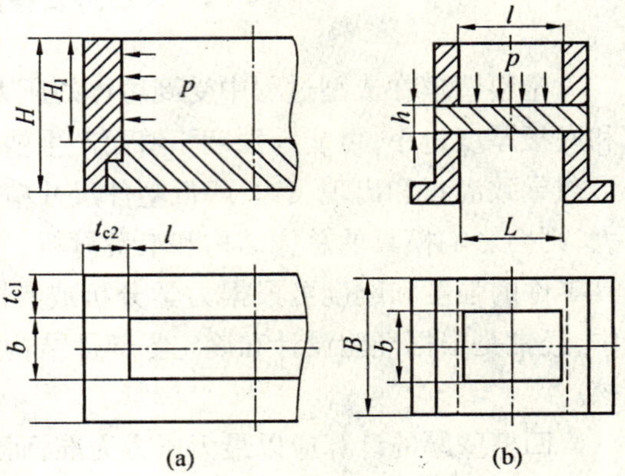

图7.26 组合式矩形凹模结构及受力状况

①型腔侧壁厚度计算。图7.26(a)表示组合式矩形凹模工作时受力及变形情况,在熔体压力作用下,侧壁向外膨胀产生弯曲变形,使侧壁与底板间出现间隙,间隙过大将发生溢料或影响塑件尺寸精度。若将侧壁每一边都视为均布载荷的端部固定梁,由材料力学可知

$$w=\frac{ql^4}{384EI}$$

式中,q 为梁所受均布载荷,对图7.26,$q=pH_1$;E 为钢的弹性模量,取 2.06×10^5 MPa;I 为惯性矩,对图7.25,$I\approx Ht_c^3/12$;w 为梁的最大变形量。

设允许最大变形量为[w],其壁厚 t_c 按刚度条件的计算式为

$$t_c=\sqrt[3]{\frac{pH_1l^4}{32EH[w]}} \tag{7.46}$$

式中,p 为型腔内熔体的压力,MPa;H_1 为承受熔体压力的侧壁高度,mm;l 为型腔侧壁长边长,mm;H 为型腔侧壁总高度,mm。

如果先进行强度计算,求出型腔的侧壁厚度,再校验弹性变形量是否在允许的范围内,则式(7.46)可变换为

$$w=\frac{pH_1l^4}{32EHt_c^3}\leqslant[w] \tag{7.47}$$

按强度条件来计算,矩形凹模侧壁每边都受到拉应力 σ_b 和弯曲应力 σ_w 的联合作用。按端部固定梁计算,σ_w 的最大值在梁的两端内侧

$$\sigma_w=\frac{pH_1l^2}{2Ht_c^2}$$

由相邻侧壁受载所引起的 σ_b 为

$$\sigma_b = \frac{pH_1 b}{2Ht_c}$$

式中，b 为型腔侧壁短边长，mm。

总应力应小于模具材料的许用应力[σ]，即

$$\sigma_w + \sigma_b = \frac{pH_1 l^2}{2Ht_c^2} + \frac{pH_1 b}{2Ht_c} \leqslant [\sigma] \tag{7.48}$$

为计算简便，略去较小的 σ_b，按强度条件型腔侧壁的计算式为

$$t_c = \sqrt{\frac{pH_1 l^2}{2H[\sigma]}} \tag{7.49}$$

当 $p = 50$ MPa、$H_1/H = 4/5$、$[t_c] = 0.05$ mm、$[\sigma] = 160$ MPa 时，侧壁长边 l 刚度计算与强度计算的分界尺寸为 370 mm，即当 $l > 370$ mm 时，按刚度条件计算侧壁厚度，反之按强度条件计算侧壁厚度。

②底板厚度的计算。组合式型腔底板厚度实际上是垫板的厚度。底板厚度的计算因其支撑形式不同有很大差异，对于最常见的双垫块支撑形式，如图 7.26(b)所示，为简化计算，假定型腔长边 l 和垫块间距 L 相等，底板可视为受均匀载荷的简支梁，其最大变形及最大弯曲应力出现在板的中间，因此按刚度条件计算底板的厚度为

$$h = \sqrt[3]{\frac{5pbl^4}{32EB[w]}} \tag{7.50}$$

按强度条件计算底板厚度为

$$h = \sqrt{\frac{3pbL^2}{4B[\sigma]}} \tag{7.51}$$

式中，h 为矩形底板(垫板)厚度，mm；B 为底板总宽度，mm；L 为垫块间距，mm。

当 $p = 50$ MPa、$b/B = 1/2$，$[t_c] = 0.05$ mm、$[\sigma] = 160$ MPa 时，强度与刚度计算的分界尺寸为 $L = 108$ mm，即 $L > 108$ mm 时按刚度条件计算底板厚度，反之按强度条件计算底板厚度。

(2)整体式矩形凹模

如图 7.27 所示，这种结构与组合式型腔相比刚性较大，型腔底面也不会出现溢料间隙。因此在计算型腔壁厚时变形量的控制主要是为了保证塑件尺寸精度和顺利脱模。

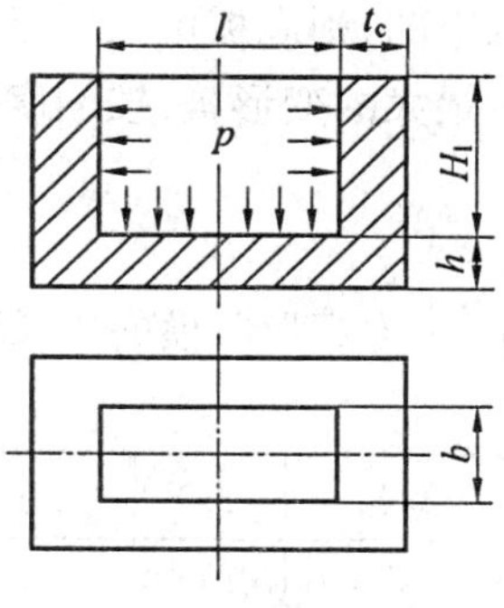

图 7.27 整体式矩形凹模受力状况

①型腔侧壁厚度的计算。整体式矩形凹模的任一侧壁均可看作是三边固定、一边自由的矩形板，在塑料熔体压力作用下，矩形板的最大变形发生在自由边的中点，变形量为

$$w = \frac{cpH_1^4}{Et_c^3}$$

按刚度条件计算侧壁厚度为

$$t_c = \sqrt[3]{\frac{cpH_1^4}{E[w]}} \tag{7.52}$$

式中，c 为由 H_1/l 决定的常数，见表 7.4。

整体式矩形凹模侧壁的最大弯曲应力 σ_{max}为

$$\sigma_{max}=\frac{M_{max}}{W}$$

式中，M_{max}为凹模侧壁的最大弯矩；W 为抗弯截面系数，见表 7.4。

表 7.4 系数 c、W 值

H_1/l	0.3	0.4	0.5	0.6	0.7	0.8	0.9	1.0	1.2	1.5	2.0
c	0.930	0.570	0.330	0.188	0.117	0.073	0.045	0.031	0.015	0.006	0.002
W	0.108	0.130	0.148	0.163	0.176	0.187	0.197	0.205	0.219	0.235	0.254

考虑到短边所承受的成型压力的影响，侧壁的最大应力用下式计算。

当 $H_1/l\geqslant 0.41$ 时

$$\sigma_{max}=\frac{pl^2(1+Wa)}{2t_c^2}$$

当 $H_1/l<0.41$ 时

$$\sigma_{max}=\frac{3pH_1^2(1+Wa)}{t_c^2}$$

因此，按强度条件型腔侧壁的计算式为：

当 $H_1/l\geqslant 0.41$ 时

$$t_c=\sqrt{\frac{pl^2(1+Wa)}{2[\sigma]}} \tag{7.53}$$

当 $H_1/l<0.41$ 时

$$t_c=\sqrt{\frac{3pH_1^2(1+Wa)}{[\sigma]}} \tag{7.54}$$

式中，a 为矩形凹模的边长比，$a=b/l$。

②底板厚度的计算。整体式矩形凹模的底板，如果后部没有垫板直接支撑在模脚上，中间是悬空的，则底板可以看成是周边固定的受均匀载荷的矩形板，由于熔体的压力，板的中心将产生最大的变形量，按刚度条件型腔底板厚度为

$$h=\sqrt[3]{\frac{c'pb^4}{E[w]}} \tag{7.55}$$

式中，c' 为矩形凹模的边长比 l/b 决定的系数，见表 7.5。

表 7.5 系数 c' 的值

l/b	1.0	1.1	1.2	1.3	1.4	1.5	1.6	1.7	1.8	1.9	2
c'	0.013 8	0.016 4	0.018 8	0.020 9	0.022 6	0.024 0	0.025 1	0.026 0	0.026 7	0.027 2	0.027 7

整体式矩形凹模底板的最大应力发生在短边与侧壁交界处。按强度条件底板厚度的计算式为

$$h=\sqrt{\frac{a'pb^2}{[\sigma]}} \tag{7.56}$$

式中，a' 为由垫块之间距离和型腔短边长度 L/b 所决定的系数，见表 7.6。

表 7.6 系数 a' 的值

L/b	1.0	1.2	1.4	1.6	1.8	2.8	∞
a'	0.308 7	0.383 4	0.435 6	0.468 0	0.487 2	0.497 4	0.500 0

由于型腔壁厚计算比较麻烦，表 7.7 列举了矩形凹模壁厚的经验推荐数据，供设计时参考。

表 7.7 矩形凹模壁厚尺寸

mm

矩形凹模内壁短边 b	整体式凹模侧壁厚 t_c	镶拼式凹模	
		凹模侧壁厚 t_{c1}	模套壁厚 t_{c2}
40	25	9	22
>40~50	25~30	9~10	22~25
>50~60	30~35	10~11	25~28
>60~70	35~42	11~12	28~35
>70~80	42~48	12~13	35~40
>80~90	48~55	13~14	40~45
>90~100	55~60	14~15	45~50
>100~120	60~72	15~17	50~60
>120~140	72~85	17~19	60~70
>140~160	85~95	19~21	70~80

(3)矩形凹模动模垫板厚度

动模垫板一般都是两端由垫块(或模脚)支撑，如图 7.28 所示。动模垫板在成型压力作用下发生变形时会导致塑件高度方向尺寸超差，或在分型面发生溢料现象。对于动模板是穿通组合式的情况，组合式矩形凹模底板厚度就是动模垫板的厚度；对于整体式型腔，动模垫板厚度选择较自由，因为整体式的矩形凹模底板厚度已经符合设计要求。

当已选定的动模垫板经校验厚度不够时，或者设计时为了节约材料而有意识地减少动模垫板厚度时，可在垫板和动模底板之间设置支柱或支块，如图 7.29 所示。

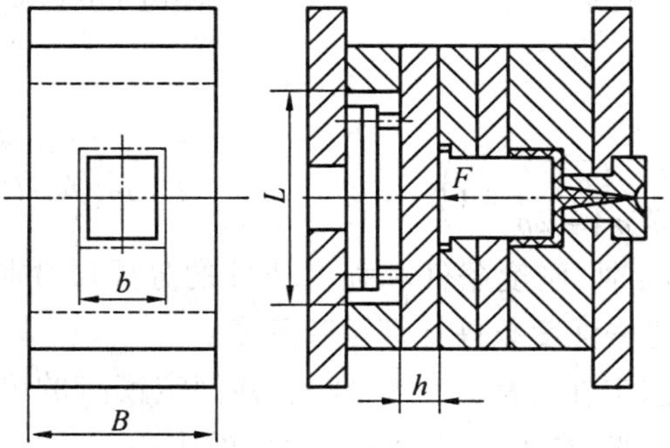

图 7.28 动模垫板的受力情况

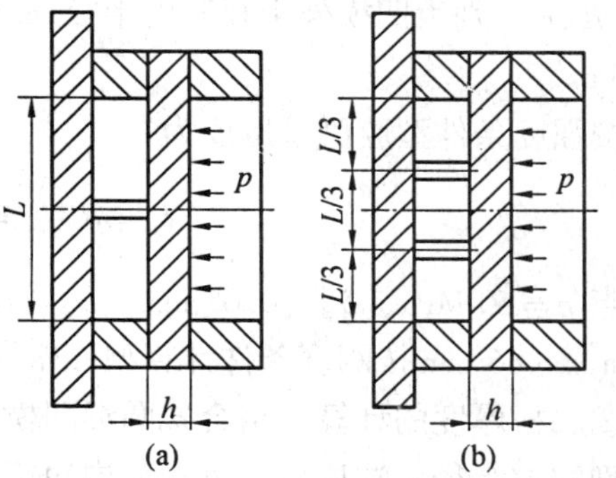

图 7.29 动模垫板刚度的加强

在两垫块之间设置一根支柱时，如图 7.28(a)，动模垫板厚度为

$$h = \sqrt[3]{\frac{5pb(L/2)^4}{32EB[w]}} \tag{7.57}$$

在两垫块之间设置两根支柱时，如图 7.28(b)，垫板厚度为

$$h = \sqrt[3]{\frac{5pb(L/3)^4}{32EB[w]}} \tag{7.58}$$

表 7.8 所列为动模垫板厚度的经验数据，供设计时参考。

表 7.8 动模垫板厚度

塑件在分形面上的投影面积/cm^2	垫板厚度/mm
~5	15
>5~10	15~20
>10~50	20~25
>50~100	25~30
>100~200	30~40
>200	>40

2. 圆形凹模结构尺寸计算

圆形凹模的横截面呈圆形，按结构也可分为组合式和整体式两类。

(1)组合式圆形凹模

组合式圆形凹模结构及受力状况如图 7.30 所示。

①型腔侧壁厚度的计算。组合式圆形凹模侧壁可作为两端开口，仅受均匀内压的厚壁圆筒，当型腔受到熔体的高压作用时，其内径增大，在侧壁与底板之间产生纵向间隙，其值过大便会导致溢料。

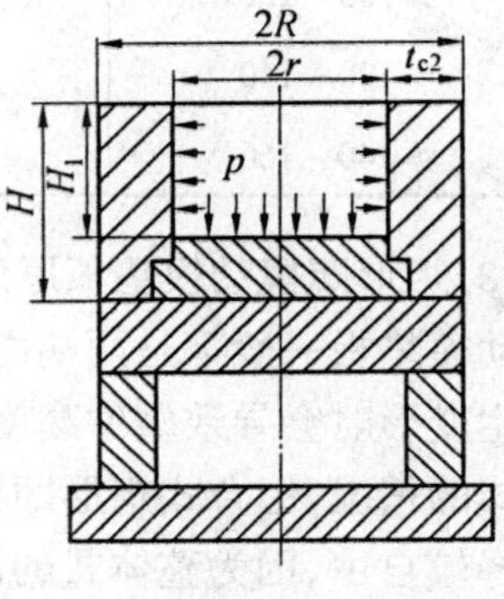

图 7.30 组合式圆形凹模结构及受力状况

按刚度条件型腔侧壁厚度为

$$t_c = R - r = r\left(\sqrt{\frac{1-\mu+\frac{E[w]}{rp}}{\frac{E[w]}{rp}-\mu-1}} - 1\right) \tag{7.59}$$

式中，R、r 分别为凹模外半径和内半径，mm；μ 为泊松比，碳钢取 0.25；p 为模腔内塑料熔体压力，MPa。

按强度条件型腔侧壁厚度为

$$t_c = R - r = r\left(\sqrt{\frac{[\sigma]}{[\sigma]-2p}} - 1\right) \tag{7.60}$$

当 $p = 50$ MPa、$[\delta] = 0.05$ mm、$[\sigma] = 160$ MPa 时，刚度条件和强度条件的分界尺寸是 $r = 86$ mm，$r > 86$ mm 按刚度条件计算型腔壁厚，反之按强度条件计算型腔壁厚。

②底板厚度的计算。组合式圆形凹模底板固定在圆环形的模脚上，并假定模脚的内半径等于型腔内半径。这样底板可作为周边简支的圆板，最大变形发生在底板的中心。

按刚度条件型腔底板厚度为

$$h = \sqrt[3]{0.74\frac{pr^4}{E[w]}} \tag{7.61}$$

按强度条件最大应力也发生在底板中心，底板厚度为

$$h = r\sqrt{\frac{1.22p}{[\sigma]}} \tag{7.62}$$

(2)整体式圆形凹模

整体式圆形凹模结构及受力与变形情况如图7.31所示。

①型腔侧壁厚度的计算。整体式圆形凹模的侧壁可以看作是封闭的厚壁圆筒，侧壁在塑料熔体压力作用下变形，由于侧壁变形受到底板的约束，越靠近底板约束越大，侧壁增大量越小，因此可以近似地认为底板处侧壁内径增大量为零。当侧壁高到一定界限(h_2)以上时，侧壁就不再受底板约束的影响，其内径增大量与组合式凹模相同，故高于 h_2 的整体式圆形凹模可按组合式圆形凹模进行刚度和强度计算。

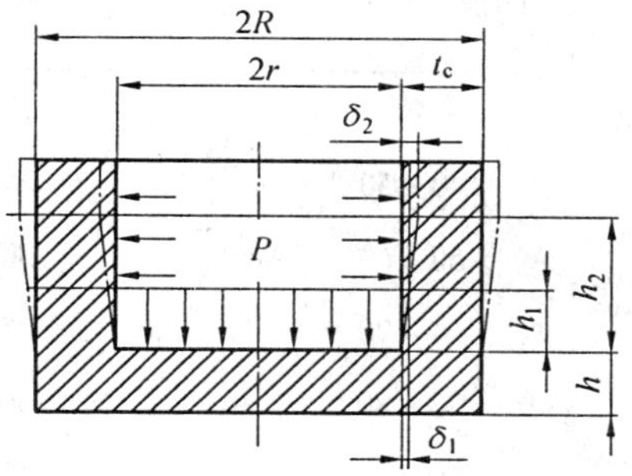

图7.31　整体式圆形型腔结构及受力状况

整体式圆形凹模内径增大受底板约束的高度 h_2 为

$$h_2 = \sqrt[4]{2r(R-1)^3} \tag{7.63}$$

在约束部分内半径的增大量为

$$\delta_1 = \delta_2\frac{h_1^4}{h_2^4} \tag{7.64}$$

式中，δ_1 为侧壁上任一高度 h_1 处的内半径增大量，mm；δ_2 为自由膨胀时的内半径增大量，mm，可按下式计算

$$\delta_2 = \frac{rp}{E}\left(\frac{R^2+r^2}{R^2-r^2}+\mu\right) \tag{7.65}$$

当型腔高度低于 h_2 时，按式(7.64)与式(7.65)做刚度校核，用试差法确定外半径 R，侧壁厚 $t_c = R - r$，然后用下式进行强度校核

$$\sigma = \frac{3ph_2^2}{h_c^2}\left(\frac{R^2+r^2}{R^2-r^2}+\mu\right) \leqslant [\sigma] \tag{7.66}$$

整体式圆形凹模的壁厚尺寸也可按组合式圆形凹模的壁厚尺寸进行计算，这样计算的结果更加安全。

②底板厚度的计算。整体式圆形凹模的底板支撑在垫块上，并假设垫块内半径等于凹模内半径，则底板可以作为周边固定的、受均匀载荷的圆板，其最大变形发生在圆板中心，按刚度条件底板厚度为

$$h = \sqrt[3]{0.175\frac{pr^4}{E[w]}} \tag{7.67}$$

最大应力发生在底板周边，因此按强度条件底板厚度为

$$h = r\sqrt{0.75\frac{p}{[\sigma]}} \tag{7.68}$$

当 $p=50$ MPa、$[t_c]=0.05$ mm、$[\sigma]=160$ MPa 时,底板刚度与强度计算的分界尺寸是 $r=136$ mm。

表 7.9 列举了圆形型腔壁厚的经验数据,供设计时参考。

表 7.9　圆形型腔壁厚　　mm

凹模内径/d	整体式凹模侧壁厚 t_c	镶拼式凹模	
		凹模侧壁厚 t_{c1}	模套壁厚 t_{c2}
~40	20	8	18
>40~50	25	9	22
>50~60	30	10	25
>60~70	35	11	28
>70~80	40	12	32
>80~90	45	13	35
>90~100	50	14	40
>100~120	55	15	45
>120~140	60	16	48
>140~160	65	17	52
>160~180	70	19	55
>180~200	75	21	58

注:以上型腔壁厚系淬硬钢数据,如用未淬硬钢应乘以系数 1.2~1.5。

习　题

1. 为了留有修模余量,在设计型腔和型芯径向尺寸时应如何选择成型收缩率?
2. 试总结镶嵌式凹模的剖分原则。
3. 简述模腔与成型零部件的概念。
4. 简述凹模、凸模的概念和结构形式。
5. 简述凸、凹模的固定方法。
6. 简述工作尺寸的概念及标注方法。
7. 产生尺寸偏差的原因有哪几种?
8. 熟练掌握工作尺寸的两种计算方法。
9. 图 7.32 为由玻璃纤维增强的聚丙烯制品,大批量生产,设其预收缩率的最小值与最大值分别为 0.4% 和 0.8%,试按平均值方法和公差带方法,分别设计其凸模和凹模的有关尺寸,并对两种结果的可靠性进行分析。

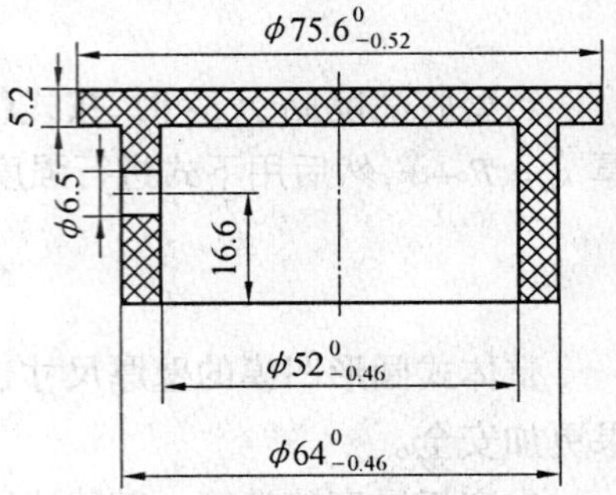

图 7.32

第8章　合模导向机构与支承零部件设计

在注射模结构中，合模导向机构与支承零部件是两种最基本的结构零部件，本章主要介绍它们的作用和设计方法。

8.1　合模导向机构设计

8.1.1　导向机构的作用与基本要求

合模导向机构是保证在模具工作时，动定模间及模具内其他运动部件的正确定位和导向的。合模导向机构主要有导柱导向和锥面定位两种形式，其中导柱导向定位应用较多。

导向机构的作用是：

①导向作用。合模时，引导动定模或模内其他零部件之间准确对合，避免模内各种零部件发生碰撞和干涉。

②定位作用。模具闭合后，保证动定模的位置正确，确保模腔的形状和尺寸精度；导向机构在模具装配过程中也起定位作用，便于装配和调整。

③承受一定的侧向压力。当模具存在斜分型面或阶梯分型面时，在充模过程中将产生侧压力，使动定模间产生错移，影响制品精度。导柱可以承受一定的侧向压力，以保证模具的正常工作。若侧压力很大时，不能单靠导柱来承担，还需增设锥面定位机构。

因此，对合模导向机构的基本要求是定位准确导向精确，并具有足够的强度、刚度和耐磨性。

8.1.2　导柱导向机构

导柱导向机构的主要零件是导柱和导套，如图8.1所示。导柱导向机构的设计内容包括：导柱、导套的结构和尺寸设计；导柱与导柱孔的配合；导柱、导套的加工技术要求和安装固定方法，以及导柱的数量和布置等。

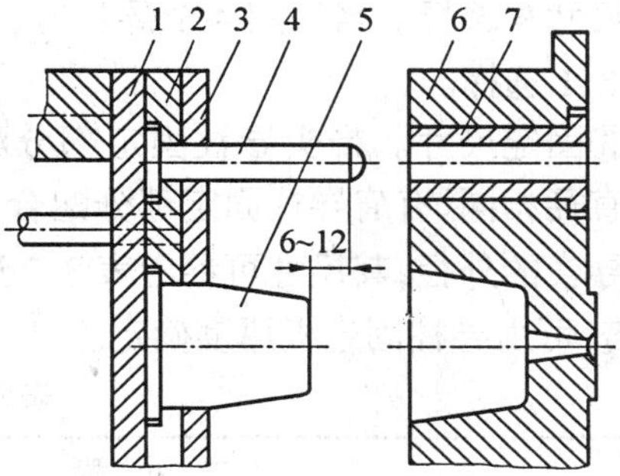

图8.1　导柱导向机构

1—垫板；2—动模板；3—顶板；4—导柱；5—凸模；6—定模板；7—导套

1.导柱

(1)导柱的结构形式

导柱已经标准化，但规格类型较多。按其作用可将导柱分为固定部分和导滑部分。固定部分一般带有头部，以防止导柱从安装孔中脱出。导柱的典型结构如图8.2所示，图(a)为带头导柱，可以直接与模板中的导向孔配合，结构简单；固定孔与导向孔尺寸一致，加工方便同轴度好，多用于小批量生产的简单模具，生产批量大时，也可在模板中设置导套，导向孔磨损后，只需更换导套即可。图(b)和图(c)是有肩导柱的两种形式，便于和导套配合使用，但其结构较为复杂，用于精度要求高、生产批量大的模具，而图(c)所示Ⅱ型导柱用于固定板太薄，下面加有垫板的场合，这种结构不太常用。

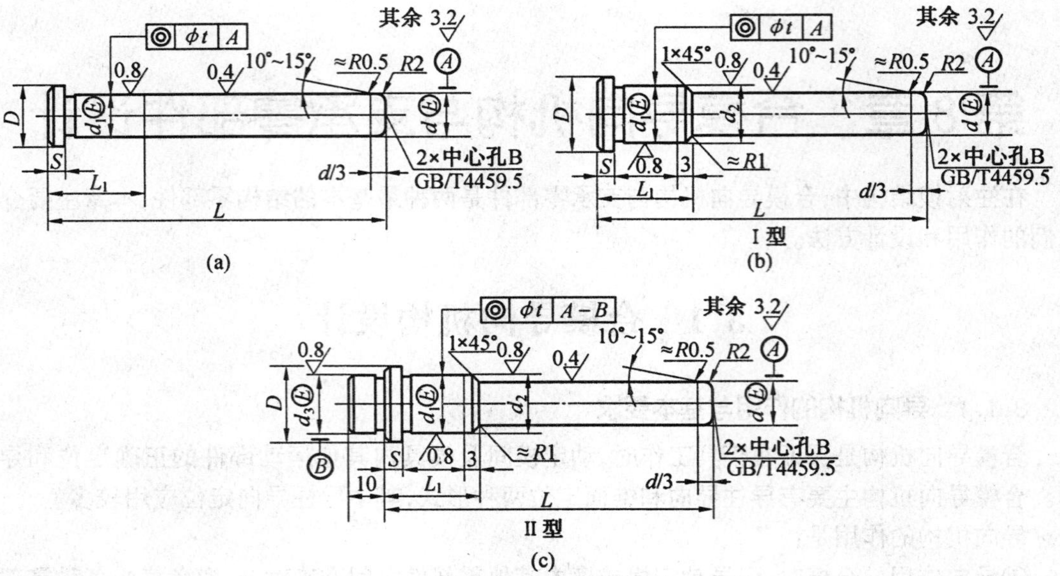

图 8.2　导柱的典型结构

导柱的导滑部分根据需要可加工出油槽(图 8.3),以便润滑和集尘,提高使用寿命。

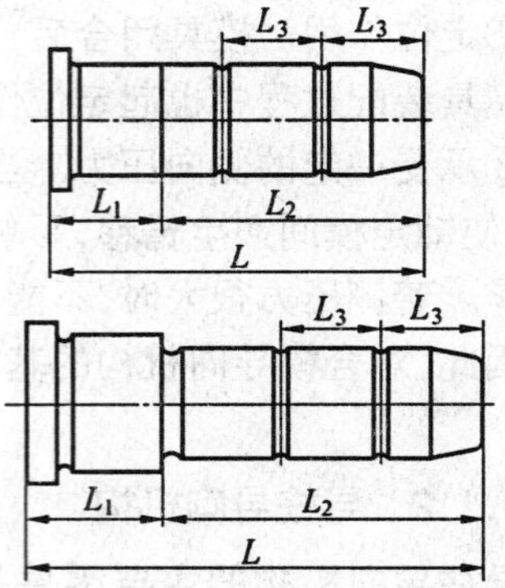

图 8.3　润滑油槽

(2)导柱结构和技术要求

①长度。导柱导向部分的长度应高出凸模端面6~12 mm,以避免出现导柱未导正而型芯先进入型腔。

②直径。标准模架的导柱直径和数量一般都是确定的。设计非标准模架时,可以根据模具的具体结构形状和尺寸来选择。当采用 4 个导柱时,导柱的直径可参考表 8.1 选择。

③固定尺寸。带头导柱固定部分配合直径与导向部分直径相同,有肩导柱固定部分配合直径的设计主要考虑导套的外径,其尺寸可参考表 8.2 选择。导柱固定部分长度一般不小于其配合直径的1~1.5 倍,可由导柱固定板厚度确定。

表 8.1　导柱直径的选择

mm

模板尺寸	中小型						大型			
宽度×长度	100×100 ~ 125×200	160×160 ~ 180×315	200×200 ~ 200×400	250×250 ~ 250×560	315×315 ~ 400×700	450×450 ~ 560×900	630×630 ~ 630×1 000	710×710 ~ 800~1 250	900×900 ~ 1 000×1 600	1 250×1 250 ~ 1 250×2 000
导柱直径 d	12	16	20	25	32	40	50	63	71	80

表 8.2　有肩导柱固定部分直径

mm

导柱直径 d	12	16	20	25	32	40	50	63	71	80
固定部分直径 d_1	18	24	28	35	42	50	63	80	90	100

④材料与处理。导柱应具有良好的韧性和抗弯强度，其工作面应有较高的硬度和耐磨性。为此，导柱可采用 20 钢渗碳淬火，或采用 T8、T10 钢淬火后低温回火，硬度取 50～55HRC。

2.导套

(1)导套的作用与结构形式

导套的典型结构如图 8.4 所示，图(a)为直导套，结构简单，加工方便，用于简单模具或导套后面没有垫板的场合；图(b)和图(c)为带头导套，结构较复杂，用于精度较高的场合，导套的固定孔便于与导柱的固定孔同时加工；图(c)(Ⅱ型导套)用于两块板固定的场合。

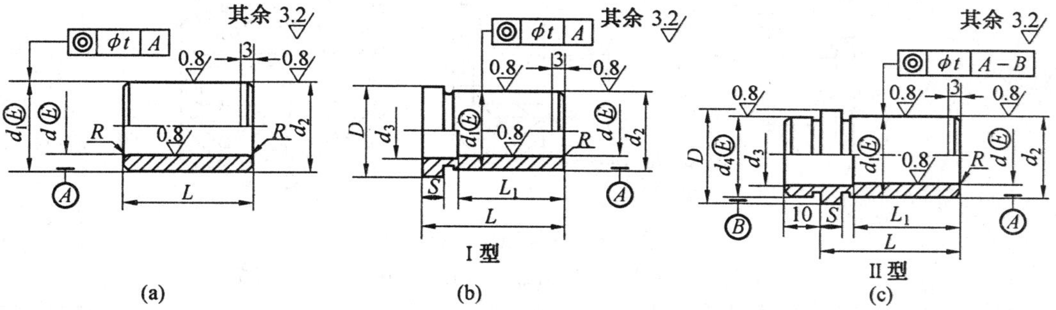

图 8.4　导套的典型结构

(2)导套结构和技术要求

①形状。导向孔最好做成通孔，以利于排出孔内空气及残渣废料。如模板较厚导向孔必须做成盲孔时，可在盲孔的侧面打一小孔排气。

②尺寸。导套导向孔 d 应与导柱相符，当采用与有肩导柱配合使用的导套时，导套的固定直径 d_1 应与导柱固定部分直径 d_1 相同，并由表 8.2 选择。导套长度可由导套固定板厚度确定，一般不小于其配合直径的 1～1.5 倍。

③材料。导套与导柱用相同的材料或铜合金等耐磨材料制造，其硬度一般应低于导柱硬度，以减轻磨损，防止导向面拉毛。

④固定形式。采用直导套时，为了增加导套镶入的牢固性，防止开模时导套被拉出来，可采用图 8.5 所示的固定方法，从模板的侧面用紧固螺塞固定导套，与紧固螺钉接触处可采用平面、环槽或侧孔。带头导套则用头部固定。

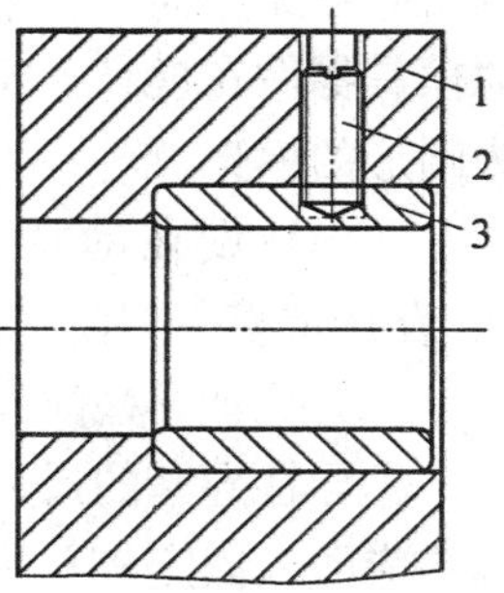

图 8.5　导套的固定

1—模板；2—螺塞；3—导套

3.导柱与导套的配用

常见的导柱与导套的配用方式如图 8.6 所示，图(a)用带头导柱直接与导柱孔配合，导柱孔磨损后不易更换；图(b)、图(c)用带头导柱分别与台肩式导套和直套式导套配用，这两种配用方式的导柱和导套安装孔孔径不一致，不便于同时配合加工；图(d)用Ⅰ型有肩导柱和直套式导套配用；图(e)用Ⅰ型有肩导柱和Ⅰ型带头导套配用，这两种配用方式可使导柱和导套的安装孔径保持一致，两孔可采用配合加工的方法一次性加工，能较好地保证导柱和导套的同轴度，并降低对设备定位精度的要求；图(f)用Ⅱ型有肩导柱和Ⅱ型带头导套配用，用于导柱、导套均以两块板固定的场合。

4.导柱与导套的设计原则

①注射模的导柱一般取 2～4 个，导柱合理均布在模具分型面的四周，导柱中心至模具外缘应有足够的距离(通常为导柱直径的 1～1.5 倍)，以保证模具的强度。为了确保动模和定模

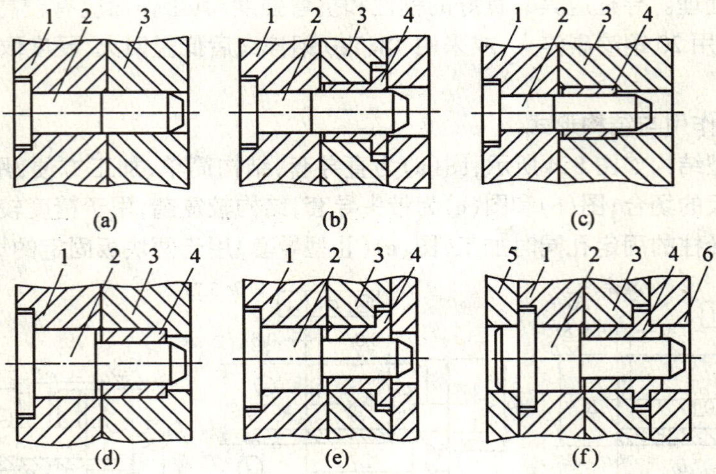

图 8.6　导柱和导套的配合

1—动模板；2—导柱；3—定模板；4—导套；5—垫板；6—定模底板

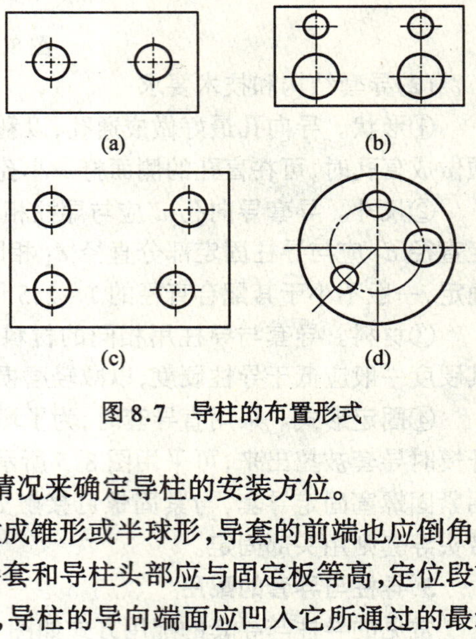

图 8.7　导柱的布置形式

只能按同一个方向合模，不致在装配时或合模时将方位弄错，导柱的布置方式常采用等直径导柱的不对称布置或者不等直径导柱的对称布置方式，如图 8.7 所示。图(a)适于小型、简单和精度要求不高的模具；图(b)采用 2 大 2 小 4 个导柱对称布置，导向精度较高；图(c)与(b)的特点相同，但其中 1 个导柱的位置与其他导柱不对称，目的是为了避免模具在注射机上安错方位，或避免其他模具零件在模具上安错方位；图(d)适用于外观为圆形的模架。

②导柱设在动模一侧可以保护型芯不受损伤，设在定模一侧便于塑料制品脱模卸出，根据具体情况来确定导柱的安装方位。

③为保证导柱能顺利地进入导套，导柱端部应做成锥形或半球形，导套的前端也应倒角。

④导柱导套的尺寸不能影响模具的合模，为此导套和导柱头部应与固定板等高，定位段前端均应凹入固定板孔端面 1 mm 以上；在闭合状态时，导柱的导向端面应凹入它所通过的最终模板孔端面 2mm 以上。

⑤导柱导套间的配合一般采用 H8/f7 或 H7/f7 间隙配合，导柱固定部分与模板之间一般采用 H7/k6 过渡配合，直导套和带头导套与模板之间分别采用 H7/n6 和 H7/k6 过渡配合。导柱粗糙度固定部分 Ra 为 0.8 μm，导滑部分 Ra 为 0.4 μm。导套固定部分和导滑部分的表面粗糙度 Ra 均为 0.8 μm。

⑥除在动模和定模之间设置导柱、导套外，一般还在动模座板和顶出板之间设置导柱和导套，以保证推板顺利地实现推出运动。

8.1.3　锥面定位机构

如果模具工作时产生的侧向压力比较大，这种侧向压力单独由导柱承担，会造成导柱折断或咬死，这时应增设锥面定位机构，如图 8.8(a)所示。锥面配合时，锥面角度越小，承受的错模力越大，越有利于定位；但随锥面角度减小开模时摩擦力增大，因而锥面角也不宜过小，一般取 5°～20°，配合高度在 15 mm 以上，为提高使用寿命，配合面要淬火处理。为进一步提高寿命，可以在锥面上嵌装经过热处理的耐磨镶件，如图 8.8(b)，磨损后也便于更换。设计时要注意锥面的方向，保证配合面的受力方向与模具错模的方向一致。

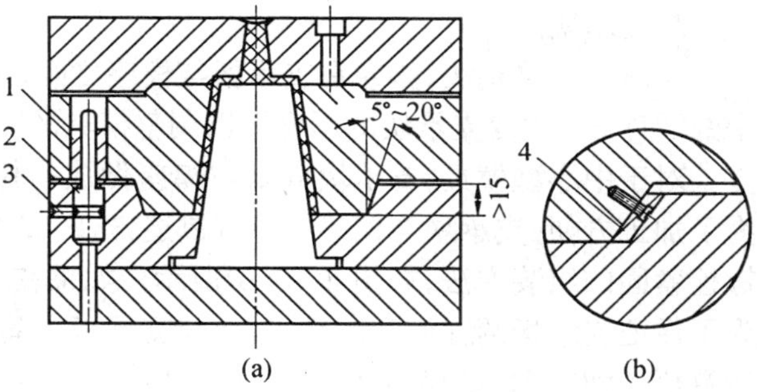

图 8.8　锥面定位机构

1—导套；2—导柱；3—止动螺塞；4—耐磨镶件

8.2　支承零部件设计

注射模中的各种固定板、支承板（垫板）、支承块（垫块）以及模座（动、定模底板）等均称为支承零部件，它们与合模导向机构组装后便构成注射模架，如图 8.9 所示。模架的作用是用来安装和固定注射模中的各种功能结构，因此设计注射模时必须保证各种支承零部件具有足够的强度和刚度。

1. 固定板

固定板（包括可能与其配用的底板）在模具中用来安装和固定成型零部件、合模导向机构以及顶出脱模机构等各种功能结构，如图 8.9 中的零件 2、4、8、9 等。固定板必须具有足够的强度和刚度，以避免在载荷作用下发生变形而导致与其有关的各种模具功能结构的失效。例如，用来安装成型零部件的动模或定模固定板如果发生变形，则成型零部件的几何位置将会受到影响，进而影响制品的形状和尺寸精度。

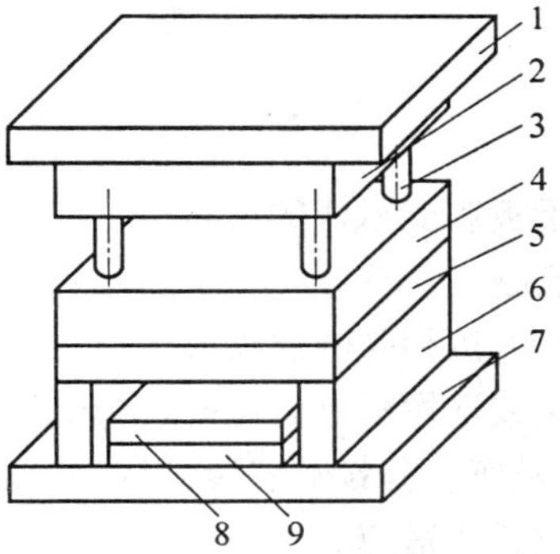

图 8.9　模架

1—定模座；2—定模固定板；3—导柱；4—动模固定板；5—支承板；6—支承块；7—动模座；8—顶杆固定板；9—顶杆底板

固定板的强度和刚度主要由其厚度和材料来保证。固定板一般采用碳素结构钢制造，当工作条件要求比较严格或对模具使用寿命要求比较长时，应采用合金结构钢。

2. 支承板

支承板亦称为垫板，垫在固定板之后，对固定板及其上的各零部件起支承作用，如图 8.9 中的零件 5。

支承板在注射成型过程中经常受力，如果其强度和刚度不足，很容易牵连固定板或固定在其上的模具零部件发生一定程度的变形，从而导致模具在注射成型过程中发生故障或直接影响注射成型质量。例如，如果支承板和固定板刚度不足，工作时发生变形，则由它们支承和固定的成型零部件之间便有可能发生错位或偏转，从而发生溢料或制品超差，故在必要的情况下应对支承板进行强度和刚度校核或计算，具体方法可参考第七章第三节。

支承板与固定板之间一般采用圆销定位和螺栓紧固连接。

3.支承块

支承块亦称垫块,垫靠在支承板与模座之间,可以形成顶出脱模机构的运动空间,如图8.9中的零件6。改变支承块的厚度可以调整模具的闭合高度,以保证与注射机规格相匹配。

对于中小型模具,支承块可以与模座做成一体形成模角,如图 8.10(a)。对于大型模具,为了加工方便,支承块与模座常分开制造,这时支承块、模座与支承板之间经常采用圆销定位、螺栓紧固的组装方法,如图 8.10(b)所示。如果在一副注射模中两个支承块之间的跨距很大,为了保证支承板的强度和刚度,模座与支承板之间需要加设支柱,如图 8.10(c)所示。但必须注意要从加工和装配两方面来保证支柱和支承块等高。为保证模具的刚度,希望两个支承块要竖直安装。

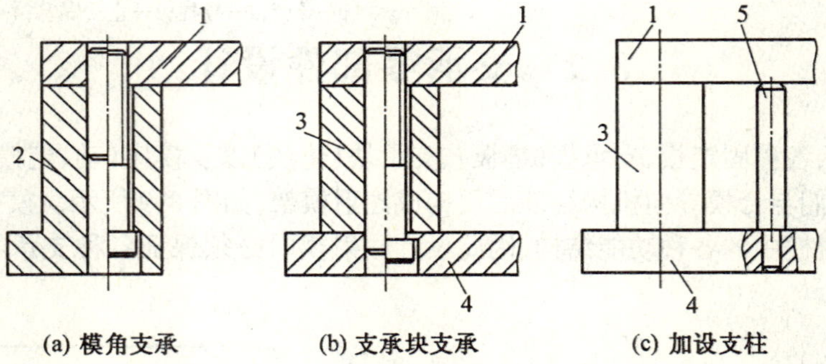

图 8.10 支承板、支承块与模座的组装

1—支撑板;2—模角;3—支撑块;4—动模座;5—支柱

支承板和支承块的材料也可以选用合金结构钢或碳素结构钢,选材原则与固定板相似。

4.模座

与注射机相联的模具底板称为模座,图 8.9 中的零件 1 和 7 分别称为定模座和动模座。设计模座或选用标准模座时,必须保证它们的轮廓形状和尺寸与注射机上的固定板相匹配。另外,在模座上开设的安装结构(如螺栓孔、压板台阶等)也必须与注射机固定板上安装螺孔的大小和位置相适应。

模座是整个注射模中支承所有零部件的底板,在注射成型过程中还负责传递合模力并承受成型力。为了保证模座具有足够的强度和刚度,模座应有足够的厚度,一般来讲,小型模具的模座厚度不小于 13 mm,而一些大型模具的模座可以厚达 75 mm 以上。

模座材料多用合金结构钢或碳素结构钢,硬度要求 230 ~ 270HBS。对于一些制品生产批量较小或合模力和成型力不太大的注射模,模座也可选用铸铁材料。

习　题

1.试述导向机构的作用、要求和设计原则。

2.说明导向机构的配合类型与特点,并讨论在动模板和定模板上加工导柱孔和导套孔的方法。

3.导柱与导柱孔间、导柱(导套)与安装孔间各采用什么配合?

4.导向面的有效长度应为多少?

5.支承零部件包括哪几部分,各起什么作用,设计要点是什么?

第9章　顶出脱模机构设计

在注射成型塑件冷却定型后的开模过程中,使塑件从模具中脱出的装置称为顶出脱模机构。塑件形状及其复杂程度不同,顶出脱模机构的方式会有很大区别,而顶出机构的选择是否恰当,对模具结构的繁简及制件的顶出质量有很大影响。

9.1　顶出脱模机构的结构

9.1.1　顶出机构的结构

顶出机构主要由顶出零件、顶出零件固定装置和导向机构、复位机构等组成。如图9.1所示的模具中,顶出零件由顶杆1、拉料杆4组成,复位机构为复位杆6,顶出零件和复位机构由顶杆固定板5、顶出底板8及紧固螺钉固定,组成一个顶出机构。顶板导柱3和顶板导套2组成导向机构。

开模时,动模部分向左移动,开模一段距离后,注射机的顶杆与模具顶出底板8接触,使顶出机构停止运动,而动模部分继续向左移动,塑件就由顶杆从凸模上顶出。

为了保证顶出零件合模后能回到原来的位置,需设置复位机构,如图9.1中的复位杆6。当顶出机构较重,而顶杆刚度较差容易变形时,从保证顶出平稳、灵活的角度考虑,通常还设有导向机构。除此之外还有拉料杆4,以保证开模时先将浇注系统的主流道凝料从定模的浇口套中拉出,留在动模一侧,再将其顶出。有的模具还设有支承钉,使顶板与底板间形成间隙,以保证平面度要求,还可以通过调节支承钉的厚度来控制顶出距离。

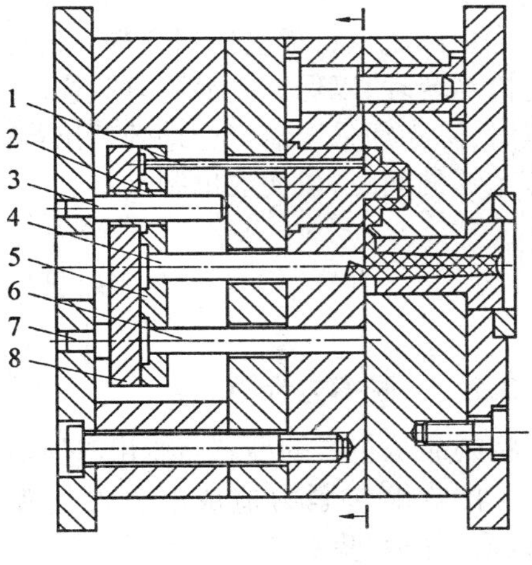

图9.1　顶出机构

1—顶杆;2—顶板导套;3—顶板导柱;4—拉料杆;5—顶杆固定板;6—复位杆;7—支撑钉;8—顶杆底板

9.1.2　顶出机构的分类

顶出脱模机构有多种分类方法。按机构的顶出动作特点,可以分为简单顶出(一级顶出)、二级顶出、顺序顶出、双脱模顶出、制品滞留在定模一侧的顶出、浇注系统的顶出,以及带螺纹制品的脱模机构等不同类型;按顶出零件的类别,则可以分为顶杆顶出、顶管(套管)顶出、顶板顶出、推块顶出、利用成型零件顶出和多元件综合顶出等不同类型;按顶出动作的动力来源可分为手动脱模、机动顶出、液压顶出和气压顶出等,其中手动脱模多用于制品滞留在定模一侧的情况,机动顶出依靠注射机的开模动作实现制品脱模,液压顶出和气压顶出分别依靠设置在注射机上的专用液压和气压装置将制品顶出或吹出模具。本章将按顶出动作特点分类阐述顶出脱模机构的设计问题。

9.1.3 顶出机构的设计原则

①保证塑件不因顶出而变形和损坏。根据塑件的尺寸、形状及塑件材料，合理地选择顶出方式及顶出位置，以保证塑件不发生变形、破裂、擦伤，以及外观、精度等质量要求。对塑件顶出阻力较大的部位，须有足够的顶出力，以保证塑件各部位均匀顶出。如选用顶杆，则应将其设置在塑件承力较大的位置，如筋部、凸缘、壳体壁等处。

②顶出机构应尽量设置在动模一侧。以便利用注射机驱动顶出机构，故在分型面设计时应尽量注意，开模后能使塑件留在动模一侧。当塑件因形状等关系不能保证留在动模侧时，则须采用强留措施，或在定模上设置顶出机构。

③保证塑件有良好的外观。顶出塑件的位置应尽量设在塑件内部，以免顶出痕迹影响塑件的外观质量。

④推出机构须动作可靠、运动灵活、制造方便、维修与更换容易。对于生产批量不大的制品，应尽量选择结构比较简单的顶出脱模机构，这样可以降低模具的制造成本。对于生产批量很大的制品，为提高生产率，可采用结构比较复杂、自动化程度比较高的顶出脱模机构。

⑤顶出零件应有足够的强度、刚度和硬度。原因是顶出脱模时，必须克服制品和模具之间的摩擦力。

⑥合模时应正确复位。设计顶出机构时，必须考虑合模时机构的正确复位，并保证不与其他模具零件相干涉。

⑦顶出脱模行程应恰当合理。设计顶出脱模机构时，应保证顶出零件运动的初始和终止位置恰当合理，以保证制品可靠脱模。例如，对于卧式或直角式注射模，设计顶出零件的终止位置时，除必须采取恰当合理的顶出行程外，还应保证制品前端(包括主流道凝料)和定模分型面有足够的间距，以便取出制品。

9.2 脱模力的计算

9.2.1 脱模力计算

将制品从包紧的型芯上脱出时所需克服的阻力称为脱模力。计算脱模力时应考虑:

①由收缩包紧力造成的制品与型芯的摩擦阻力，该值可由实验确定。

②由大气压力造成的阻力。

③由塑料的粘附力造成的脱模阻力。

④顶出机构运动摩擦阻力。

上述各项脱模阻力中，①与②两项起决定作用，③与④两项可用修正系数的形式包括在脱模力计算公式之中。

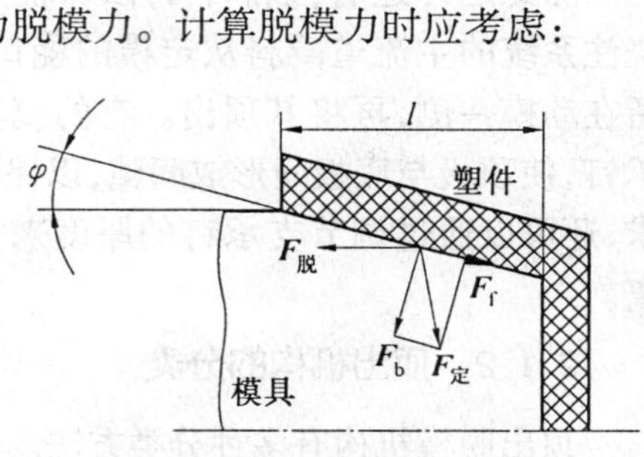

图 9.2 制品脱模受力分析

$$F_{脱} = F_f\cos\varphi - F_b\sin\varphi + a = F_f\mu\cos\varphi - F_b\sin\varphi + a = F_b(\mu\cos\varphi - \sin\varphi) + a =$$
$$F_{包}(\mu\cos\varphi - \sin\varphi)\cos\varphi + a$$

式中，F_f 是脱模时塑件与模具间的摩擦力；μ 是塑料与型芯间的静摩擦系数；φ 是模具型芯的脱模斜度(°)；a 是由大气压力造成的脱模阻力；F_b 是塑件对模具表面的正压力；$F_{包}$ 为塑件对型芯的收缩抱紧力。

此外，理论分析和实验证明，脱模力的大小还与制品的厚薄及几何形状有关，因此将制品所需脱模力按厚壁与薄壁两类加以区别,每类又按圆形和矩形制品分别进行脱模力计算。在注射模设计时,可用这些公式对一般形状的制品进行脱模力的粗略计算。通常塑料制件刚开始脱模时所需克服的阻力最大,即所需的脱模力最大。所以公式中的有关尺寸应采用刚开始脱模时的尺寸。不同制品的脱模力计算方法如下:

1. 厚壁制品($t/d>0.05$)

(1)制品为圆环形断面时所需脱模力为

$$F=\frac{2\pi rE\bar{S}l(f-\tan\varphi)}{(1+\mu+K_1)K_2}+0.1A \tag{9.1}$$

(2)制品为矩环形断面时所需脱模力为

$$F=\frac{2(a+b)E\bar{S}l(f-\tan\varphi)}{(1+\mu+K_1)K_2}+0.1A \tag{9.2}$$

2. 薄壁制品($t/d\leqslant 0.05$)

(1)制品为圆环形断面时所需脱模力为

$$F=\frac{2\pi t_1E\bar{S}l\cos\varphi(f-\tan\varphi)}{(1-\mu)K_2}+0.1A \tag{9.3}$$

(2)制品为矩环形断面时所需脱模力为

$$F=\frac{8t_2E\bar{S}l\cos\varphi(f-\tan\varphi)}{(1-\mu)K_2}+0.1A \tag{9.4}$$

式中,t/d 为壁厚与直径之比;F 为所需脱模力,N;t_1 为圆环形制品的壁厚,mm;t_2 为矩环形制品的平均壁厚,mm;$\bar{S}$ 为塑料平均成型收缩率,%;E 为塑料的弹性模量,MPa(见附录 B);l 为制品对型芯的包容长度,mm;f 为制品与型芯之间的静摩擦系数(见附录 B);φ 为模具型芯的脱模斜度,(°);μ 为塑料的泊松比(见附录 B);a 与 b 为矩形型芯的断面尺寸,mm;A 为盲孔制品型芯在脱模方向上的投影面积,mm^2,通孔制品的 A 等于零;K_1 为无因次系数,随 λ 和 φ 而异。

$$K_1=\frac{2\lambda^2}{\cos^2\varphi+2\lambda\cos\varphi} \tag{9.5}$$

式中,$\lambda=r/t$,圆环形断面时 r 为型芯平均半径,mm;$t=t_1$,矩环形断面时,$r=(a+b)/\pi$,$t=t_2$;K_2 为无因次系数,随 f 和 φ 而异

$$K_2=1+f\sin\varphi\cos\varphi \tag{9.6}$$

9.2.2 顶出零件尺寸的确定

在顶出机构中最主要的零件是顶板和推杆,顶板厚度和推杆直径可以从刚度和强度两个方面进行计算来确定其尺寸。

1. 顶板厚度的确定

根据顶板的结构特点和工作情况,受力时破坏的可能性很小,主要是因变形影响塑件的精度,因此顶板厚度的计算主要考虑其刚度的影响。

对于筒形或圆形塑料制品,作用在顶板上的推杆呈圆周布排,根据刚度计算顶板的厚度公式为

$$h=\left(\frac{c_sFR^2}{E[\gamma]}\right)^{1/3} \tag{9.7}$$

式中,h 为顶板的厚度,mm;c_s 为系数,随 R/r 值而异,按表 9.1 选取,其中 r 为顶板环形内孔(或型芯)半径,mm;F 为顶出力,N;E 为钢材的弹性模量,$E=2.1\times10^5$MPa;R 为作用在顶板上的推杆中心距半径,mm;$[\gamma]$为顶板中心所允许的最大变形量,对一般塑件(SJ1372-78,5 级

以下)取$[y]=0.1$ mm,对一般塑件(SJ1372－78,3～4级)取$[y]=0.06$ mm;也可按制品在被顶出方向上尺寸公差的1/5～1/10选取。

表9.1 系数 c_s 的推荐值

R/r	c_s	R/r	c_s
1.25	0.005 1	3.00	0.290 0
1.50	0.024 9	4.00	0.293 0
2.00	0.087 7	5.00	0.350 0

对于横截面为矩环形或异环形的制品,若顶杆设置在顶板的两端,根据刚度计算顶板厚度公式为

$$h=0.54L_0\left(\frac{F}{E(B-b)[y]}\right)^{1/3} \tag{9.8}$$

式中,L_0 为在顶板长度上两推杆的最大距离,mm;B 为顶板的横向宽度,mm;b 为顶板内孔的横向宽度,mm。

2.推杆直径的确定

根据压杆稳定公式可得推杆直径

$$d=K\left(\frac{L^2F}{nE}\right)^{1/4} \tag{9.9}$$

式中,d 为推杆的最小直径,mm;K 为安全系数,可取 $K=1.5$;L 为推杆的长度,mm;F 为顶出力,N;E 为钢材的弹性模量,$E=2.1\times10^5$ MPa;n 为推杆数目。

推杆直径确定后,还应进行强度校核,其公式为

$$\sigma=\frac{4F}{n\pi d^2}\leqslant[\sigma] \tag{9.10}$$

式中,$[\sigma]$ 为推杆材料的许用应力,MPa;σ 为推杆所受的应力,MPa。

9.3 一级顶出脱模机构

开模时,塑件留在动模一侧,在顶出零件作用下通过一级顶出动作将制品脱模的机构称为一级顶出脱模机构(或称简单顶出脱模机构)。主要包括顶杆顶出、顶管顶出、顶板顶出、顶块顶出、活动镶块及凹模顶出、多元综合顶出等多种类型。

9.3.1 顶杆顶出机构

顶杆结构简单,放置位置的自由度较大,因而顶杆顶出机构是最常用的顶出机构,其顶出原理参见图9.1。

1.顶杆的形式

顶杆的形式很多,顶杆的截面形状根据塑件的顶出情况而定,可设计成圆形、矩形等。其中圆形顶杆具有顶杆和顶杆孔容易加工,配合精度高,运动阻力小、不易卡死及便于更换等优点,因而最为常用。图9.3中A型结构最简单,尾部采用台肩形式,与顶杆直径相差约4～6 mm;B型采用阶梯结构,主要用于顶出部位较小,而又需要增加顶杆刚度的场合;C型采用插入式阶梯结构,插入部分直径小,是顶杆的工作部分,可采用优质钢材制造,其长度约为(4～6)d,插入时采用过渡配合,插入后用钎焊方法固定。图中的顶杆长度尺寸 L 和 N 需结合模具结构尺寸选定。

除了圆形截面顶杆之外，还会经常用到各种异形截面顶杆，为了加工方便，异形截面顶杆也可采用插入式阶梯结构，插入段可做成圆形截面。

2. 顶杆与顶杆孔的配合

顶杆与顶杆孔之间取间隙配合，一般选用 H8/f8，配合部位的表面粗糙度 *Ra* 应小于0.63～1.25 μm。可以利用顶杆与顶杆孔的配合间隙进行排气，但此间隙不应大于塑料允许的溢料间隙。顶杆与顶杆孔之间的配合长度一般取顶杆直径的 2～3 倍。顶杆属于细长轴，受力时易产生弹性缩短，导致制品表面出现凸台，因此，通常应保证使顶杆端面在合模时比模腔底面高0.05～0.1 mm 左右。

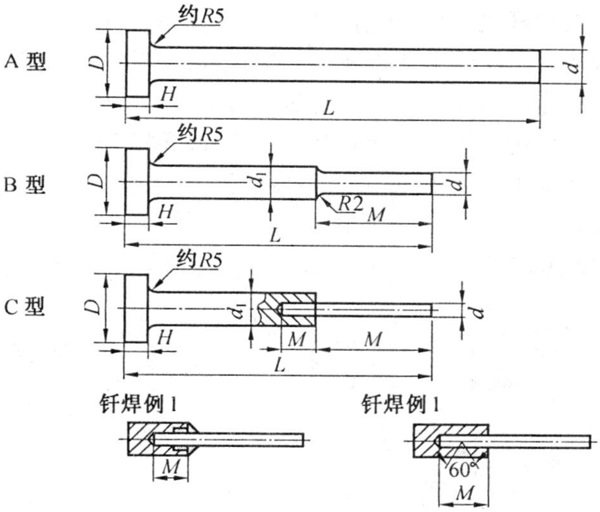

图 9.3 顶杆的结构

3. 顶杆的固定

顶杆的固定形式可参考图 9.4 设计，图(a)为带肩顶杆与固定板连接，这种结构最为常用，且顶杆与其固定孔之间可留一定间隙，以便调整顶杆与其前方的有关孔对中；图(b)采用垫块或垫圈代替了图(a)中固定板上的沉孔，可使加工简化；图(c)的特点是顶杆高度可以调节，螺母起固定锁紧作用；图(d)用螺塞将顶杆压紧，适用于顶杆固定板较厚的场合；图(e)适用于细小顶杆，以铆接方法固定；图(f)则适用于较为粗大的顶杆。

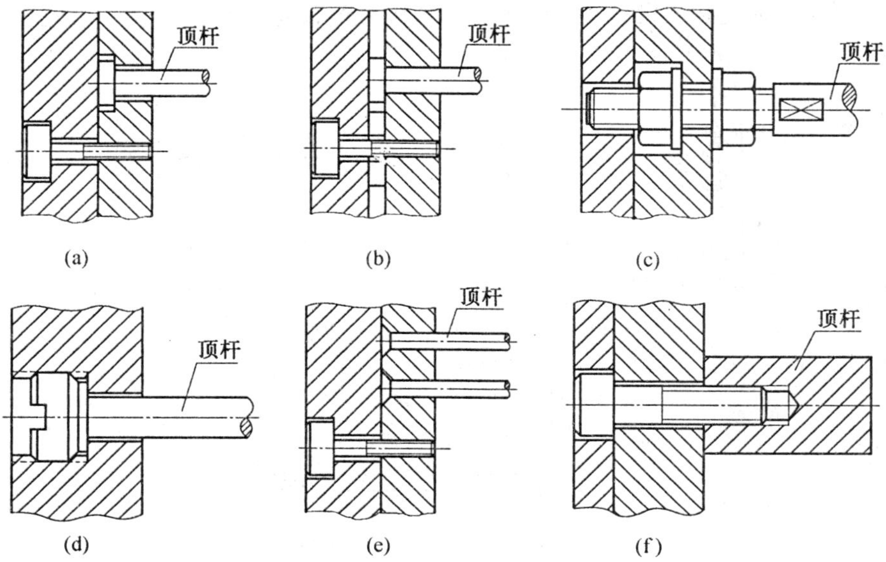

图 9.4 顶杆的固定形式

4. 顶杆脱模机构的导向装置

顶杆在模具中的布置需按制品的形状和尺寸确定，因此顶杆较多时，它们所受顶出反力的合力可能与注射机顶杆的轴线(或注射机推顶装置的合力作用线)不一致。在此情况下，模具中的顶杆底板(与注射机顶杆接触)容易在运动时发生偏斜,这种偏斜又很容易使模具内的细长顶杆发生弯曲或折断。另外,当顶杆直径较小而顶杆固定板和底板较重时,也会发生顶杆磨损严重甚至发生弯曲或折断。为了避免这种现象发生,可参考图 9.5 在模具内合适的地方对顶出机构设置导柱导向装置。通常,导柱不应少于 2 个,大型模具则需要安装 4 个,导柱的导向长度不要小于 10 mm。如果模具小顶杆少,制品生产批量也不大,为了模具加工和安装方便,可以省去与导柱相配的导套,如图 9.5(a)所示。另外,在动模跨度尺寸较大时,最好采用图9.5(a)、(b)所示的结构,使导柱能够对其前方垫板具有支撑作用。

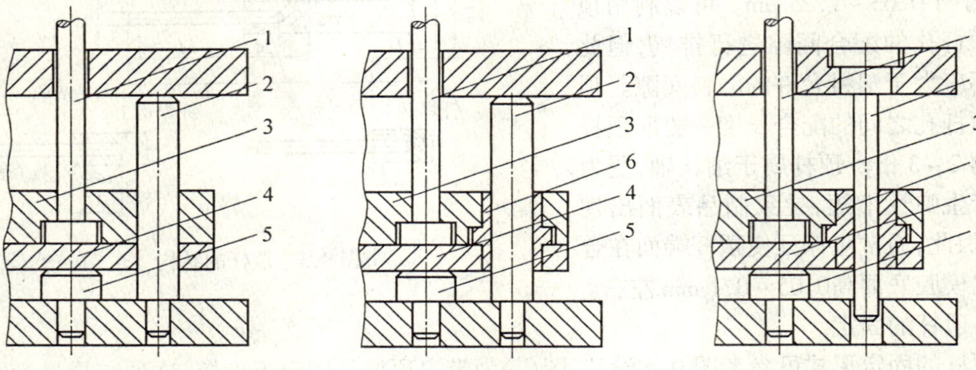

图 9.5　顶杆脱模机构的导向装置

1—顶杆;2—导柱;3—顶杆固定板;4—顶杆推板 5 - 调整销;6—导套

5.顶杆的复位

顶杆顶出脱模机构在完成一级脱模动作开始下一个注射循环时,与制品接触的顶杆必须回复到初始位置,为此必须设有复位装置。复位装置的设置很灵活,图 9.6 是三个典型示例,可供参考。

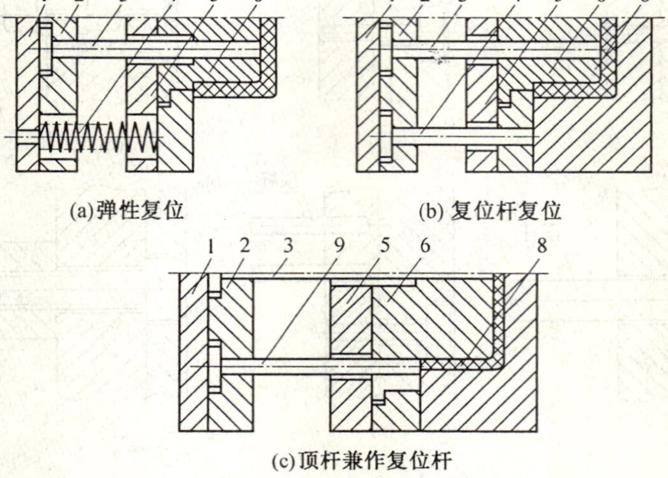

图 9.6　顶杆的复位装置

1—顶杆推板;2—顶杆固定板;3—顶杆;4—复位弹簧;5—垫板;
6—凸模;7—复位杆;8—塑件;9—顶杆(兼复位杆)

6.顶杆顶出机构的设计原则

①顶杆应设在脱模阻力大的地方。如图 9.7(a)所示,型芯周围塑件对型芯包紧力很大,所以可在型芯外侧塑件的端面上设顶杆,也可在型芯内靠近侧壁处设顶杆。如果只在中心部分顶出,塑件容易出现被顶坏的现象。

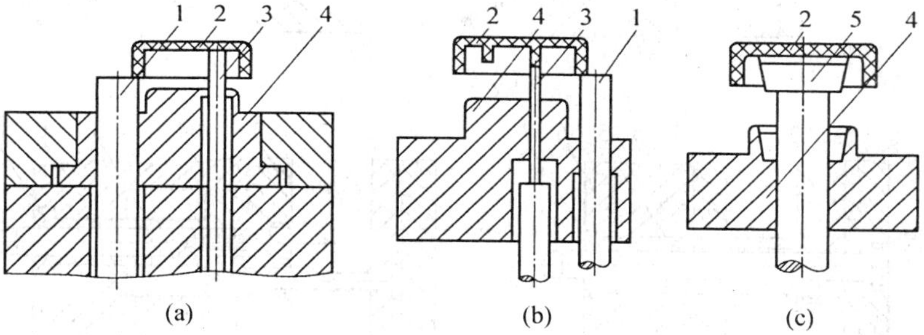

图 9.7 顶杆的位置

1—顶杆(兼复位杆);2—塑件;3—顶杆;4—凸模;5—盘形顶杆

②顶杆应均衡布置。当塑件各处脱模阻力相同时,应均匀对称布置顶杆,保证塑件被顶出时受力均衡,顶出平稳、不变形。

③顶杆数量应尽量少。在保证制品顺利脱模的情况下,顶杆数量越少加工越简单,成本也越低。

④尽可能不影响制品外观。为此顶杆应设置在制品的内侧,如果因为制品某些特殊要求顶出位置必须设在其外表面时,可在顶杆工作端面加工一些装饰性标志。

⑤顶杆应设在塑件强度刚度较大处。顶杆不宜设在塑件的薄壁处,应尽可能设在塑件厚壁、凸缘、加强筋等处,如图 9.7(b)所示,以免使塑件变形损坏。如果结构需要必须设在薄壁处时,应通过增大顶杆截面积,以降低单位面积的顶出力,从而改善塑件的受力状况,如图 9.7(c)所示,采用盘形顶杆顶出薄壁圆盖形塑件,可使塑件不变形。

⑥顶杆应具有足够的刚性。为承受顶出力,只要条件允许应尽可能使用大直径顶杆,并减少顶杆长度。当受到推出空间限制使推杆直径过小易弯曲变形时,可将其下段加粗以增加刚度,如图 9.7(b);当开模时凹模留在定模一侧时,可将推杆的一部分顶在塑件上,另一部分放在模腔外,此时顶杆可兼作复位杆,如图 9.7(a)、(b)所示。顶杆材料常用 T8、T10 碳素工具钢,热处理要求硬度 HRC≥50,工作端配合部分的表面粗糙度 $Ra \leqslant 0.8\ \mu m$。

9.3.2 顶管顶出机构

对于薄壁圆筒形或局部为圆筒形的塑件,通常使用顶管顶出机构,如图 9.8 所示。图(a)用方销将型芯固定在动模板上,顶管在方销的位置处开槽,顶出时让开方销;图(b)是型芯固定在模具底板上的形式,这种结构型芯较长,常用在顶出距离不大的场合;图(c)为顶管在模板内滑动的形式,这种结构的型芯和顶管都较短,但模板厚度较大,当顶出距离较大时,采用这种结构不太经济。无论采用上述何种结构,均需考虑设置复位杆保证顶管复位。

顶管的配合如图 9.9 所示,顶管的内径与型芯相配合,当直径较小时选用 H8/f7 的配合,当直径较大时选用 H7/f7 的配合,顶管外径与模板孔相配合,当直径较小时选用 H8/f8 的配合,当直径较大时选用 H8/f7 的配合。顶管与型芯的配合长度一般比顶出行程大 3 ~ 5 mm,顶管与模板的配合长度一般取顶管外径的 1.5 ~ 2 倍。顶管的材料、热处理要求及配合部分的表面粗糙度要求与顶杆相同。

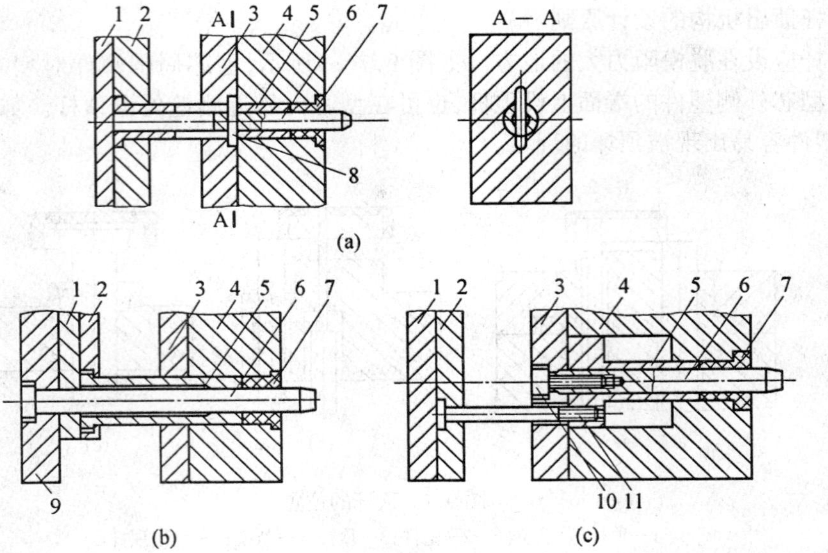

图 9.8 顶管顶出脱模机构

1—顶管推板;2—顶管固定板;3—垫板;4—动模板;5—顶管;6—型芯;7—塑件;8—方销;9—动模底板;10—螺钉;11—推杆

9.3.3 顶板顶出机构

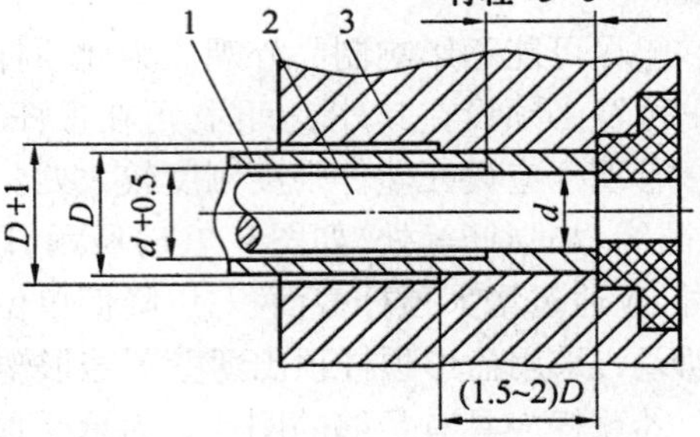

图 9.9 顶管的配合

1—顶管;2—型芯;3—模板

对于薄壁容器、壳体、表面不允许带有顶出的痕迹及顶出力较大的制品,需要采用顶板(或称脱模板、推件板、顶板)顶出机构,参见图 5.2 和图 5.4。顶板脱模机构的主要特点是顶出脱模力大而均匀,运动平稳、不需设置复位装置,但要求开模时凹模留在定模一侧。对于非圆制品,顶板与凸模之间的配合加工比较困难。

图 9.10 是顶板顶出脱模机构的示例,图(a)所示的推扳与推杆采用螺纹连接,可以防止顶板离开导柱脱落;图(b)所示的顶板和推杆仅靠接触传力而不互相连接,要求导柱有足够长度,并严格控制顶出行程,以防顶板脱落;图(c)所示的结构适于合模系统两侧具有顶杆的注射机,模

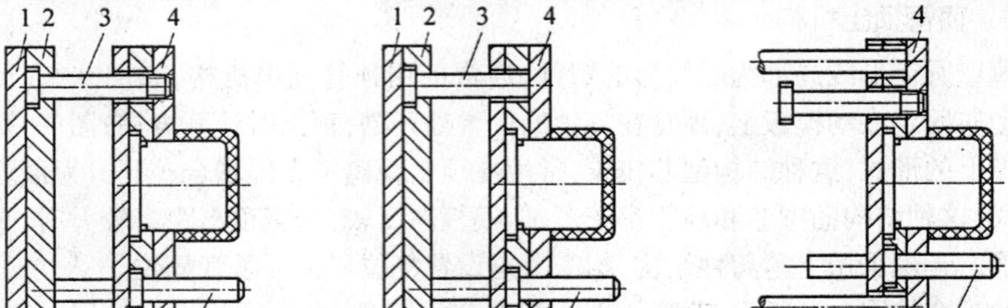

图 9.10 顶板顶出脱模机构

1—推杆底板;2—推杆固定板;3—推杆;4—顶板;5—导柱;6—设备顶杆

具结构比较简单。

为了减小顶板与凸模间的摩擦，顶板由导柱导向，与凸模之间留有 0.2～0.25 mm 的间隙，并采用锥面配合，如图 9.11 所示，以防止顶板溢料。

对于大型深腔容器制品，特别是采用软塑料且脱模斜壁也比较小时，顶出过程中制品和凸模之间很容易形成真空，造成脱模困难。为此可在凸模中设置进气装置，如图 9.12 所示，制品在顶出过程中若与凸模之间形成真空，大气压力就会立即推动锥阀杆前行进气，使制品顺利脱模。

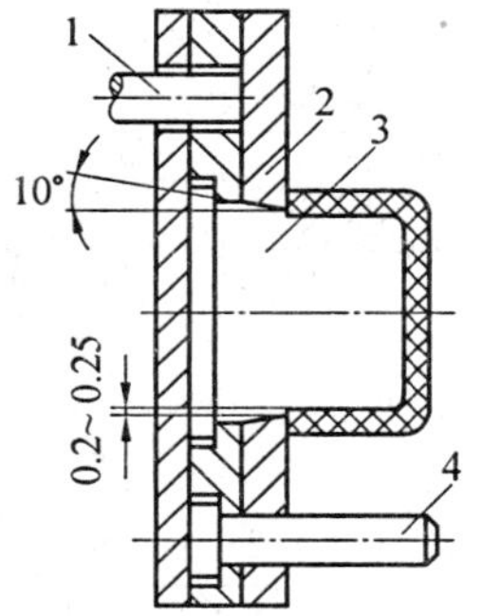

图 9.11　顶板与凸模的配合

1—推杆；2—顶板；3—凸模；4—导柱塑件

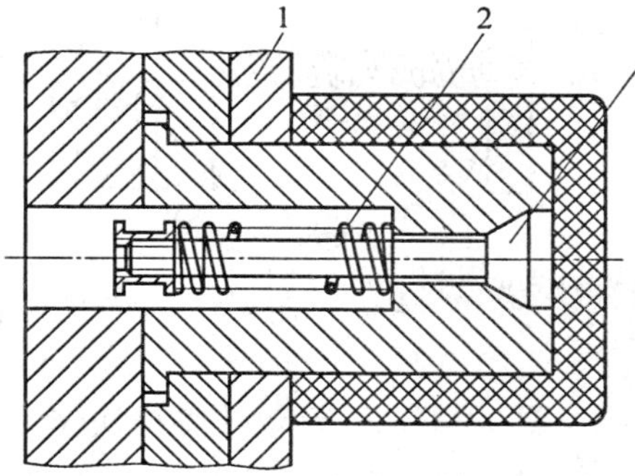

图 9.12　顶板脱模机构的进气装置

1—顶板；2—弹簧；3—锥阀杆

9.3.4　推块顶出脱模结构

对于齿轮类或一些带有凸缘的制品，如果采用顶杆顶出容易变形时，采用顶板顶出容易使制品粘附模具时，或者凹模在动模一侧无法使用顶板时，可采用推块顶出制品，如图 9.13 所示。图(a)为没有设置复位装置，推块复位靠注射时塑料熔体的压力实现，也可以采用弹簧复位装置；图(b)中的复位杆安装在推块的凸缘上，结构简单紧凑，但复位杆离模腔近，对模具强度有影响；图(c)中的复位杆与推杆安装在一个固定板上，适用于推块较大的情况，这时推块不用加工凸缘。

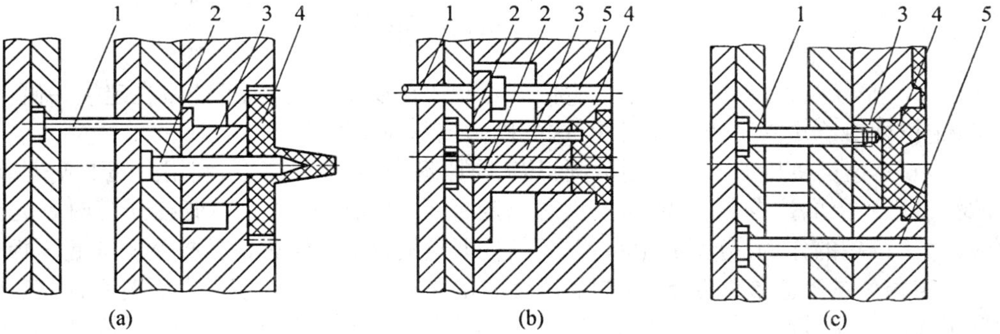

图 9.13　推块顶出脱模结构

1—推杆；2—型芯；3—推块；4—塑件；5—复位杆

由图 9.13 可知，推块是模腔的组成部分，因此应有较高的硬度和很小的表面粗糙度。推块与模具滑孔或型芯之间应有合适的配合间隙(可类比顶管配合特性设计)，既要保证推块运动灵活，又不允许间隙处溢料。

9.3.5　利用成型零件顶出制品的脱模机构

有些制品，若不宜采用前述的几种顶出零件时，可利用模具中的某些成型零件顶出制品。图 9.14(a)是螺纹型环作为顶出零件的示例，塑件从凸模上顶出后，用手工或辅助工具把它从

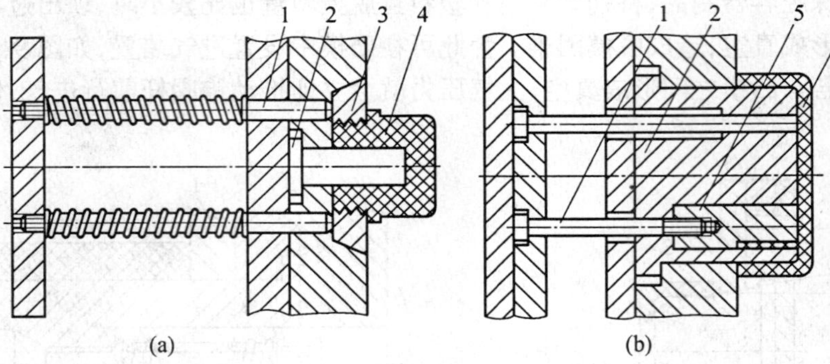

图 9.14　利用成型零件顶出制品的脱模机构

1—推杆；2—型芯；3—型环；4—塑件；5—活动镶块

型环中取出；图 9.14(b)是活动成型镶块作为顶出零件的示例，镶块与一个推杆连接在一起，不会在顶出过程中从模具中脱落。

9.3.6　多元件综合顶出机构

实际生产中经常会碰到一些深腔壳体、薄壁制品以及带有局部环状凸起、凸筋或金属嵌件的复杂制品，如果只采用某一种顶出零件，会影响塑件的顺利脱模，甚至会造成塑件变形或损坏。对此应采用两种或两种以上的顶出零件，图 9.15 为多元件综合顶出脱模机构。

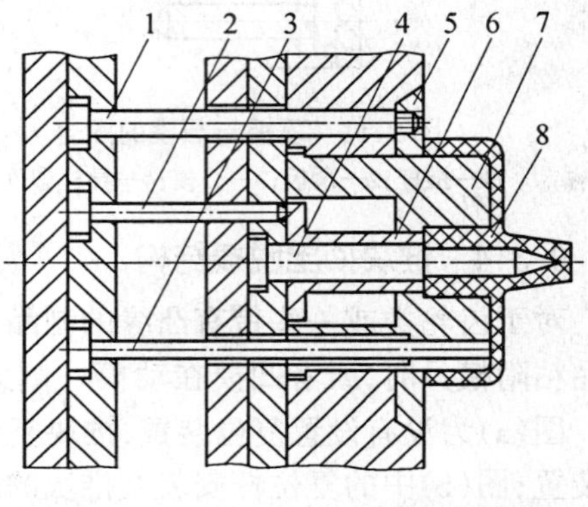

图 9.15　多元件综合顶出脱模机构

1、2—推杆；3—顶杆；4—型芯；5—推块；6—顶管；7—凸模；8—塑件

9.4　双脱模机构

对于一些形状特殊的塑件，开模后它们既可能留在动模一侧，也可能留在定模一侧。为此需要动、定模两侧都设有顶出脱模机构，这类机构统称为双脱模机构。

图 9.16 是这类机构的一个典型示例，其工作原理为，合模状态下，利用弹簧 8 使安装在定模侧凹模型板 4 上的拉钩 10 拉紧动模型芯固定板 1，保证分型面Ⅱ不能在开模时首先分开。开模时，由于拉钩的作用，分型面Ⅰ将首先开启(即定模分型)，定模侧凹模型板 4 起顶板作用，将制品从定模侧的型芯 5 上脱下，使制品能够滞留在动模一侧。开模一定距离后，固定在定模上的压板 7 将会用其凸台斜面压迫拉钩 10 绕销 9 转动，使拉钩与动模型芯固定板 1 脱离接触，于是动定模开始从Ⅱ处分型，此时塑件与定模侧凹模型板 4 间的摩擦力较小，使塑件留在动模一侧。继续开模，动模内部安装的顶出脱模机构(图中未画出)将会在注射机推顶装置作用下，把制品从动模侧的型芯 3 和凹模型板 2 中脱出。

当制品可能附着在定模一侧而不方便脱取时，也可利用双脱模机构迫使制品改变附着方位，以促使它们滞留在动模一侧，图 9.17 为弹簧式双脱模顶出机构。开模时，在弹簧力作用下，定模顶出机构与动模一起运动，塑件从凹模 4 中脱出并随动模一起运动；在随后的开模运

动中,再利用动模上的顶出机构将制品顶出。这种顶出机构的特点是模具结构简单紧凑,适用于塑件在定模一侧顶出力和顶出行程不大的情况。

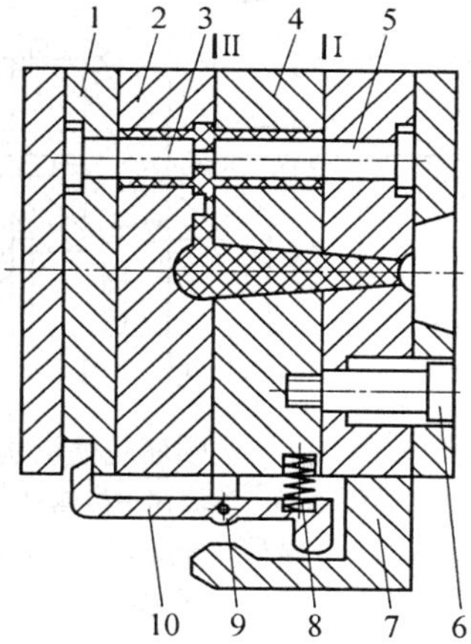

图 9.16 拉钩式双脱模机构

1—动模型芯固定板;2—动模侧凹模型板;3—动模型芯;4—定模侧凹模型板;5—定模型芯;6—定距螺钉;7—压板;8—弹簧;9—销;10—拉钩

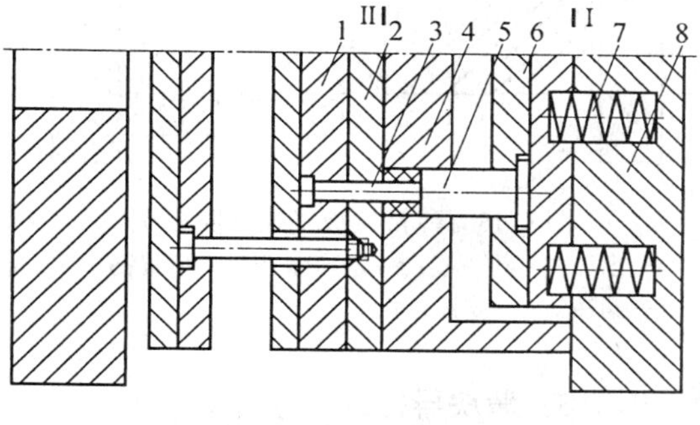

图 9.17 弹簧式双脱模机构

1—动模型芯固定板;2—顶板;3—动模型芯;4—凹模;5—定模推杆;6—定模推杆固定板;7—弹簧;8—定模底板

9.5 顺序脱模机构

在双分型面或多分型面模具中,根据塑件的要求,模具各分型面的打开必须按一定的顺序进行,满足这种分型要求的机构称为顺序脱模机构。设计这类机构时,首先要有一个保证顺序分型的机构,其次要考虑分型后分型距离的控制及采用的形式,最后还必须保证合模后各部分复位的正确性。另外,这类脱模机构通常将导柱设计在定模一侧,以保证第一级分型时,定模运动部分的导向及开模后的支承。

实际上图 9.16 所示的双脱模机构也是按顺序分型脱模的,也属于顺序脱模机构。下面是另几种顺序脱模机构。

9.5.1 弹簧拉板式顺序脱模机构

图 9.18 为弹簧分型拉板定距的顺序顶出机构。开模时,利用弹簧力使Ⅰ分型面先分型,顶板 4 随动模一起运动,迫使塑件与型芯 3 脱离而留在凹模内;当顶板 4 随动模移动一段距离后,定距拉板 7 拉住固定在顶板 4 上的圆柱销 6,使顶板不再随动模运动,继续开模,Ⅱ分型面分型,随后通过顶杆 1 将塑件顶出。

这种顶出机构的特点是模具结构简单紧凑,适用于塑件在定模一侧粘附力较小的场合,同时,弹簧的弹力要足够大。

9.5.2 拉钩式顺序脱模机构

图 9.19 是利用拉钩迫使Ⅰ分型面先分型,然后由定距螺钉 9 控制第一级分型距离的结构。特点是模具动作可靠。合模时,拉钩 4 勾住固定在动模垫板上的挡块 3。开模后,中间板 10 随动模运动,Ⅰ分型面处首先分型,塑件从定模型芯 12 上脱出,分型一段距离后在定距螺钉 9 的作用下,中间板不再随动模运动,与此同时,滚轮 7 压住拉钩 4,使其转动而脱开挡块 3,这样,模具在Ⅱ分型面分型,最后顶杆 1 推动顶板 11 将塑件从动模型芯 2 上脱下。

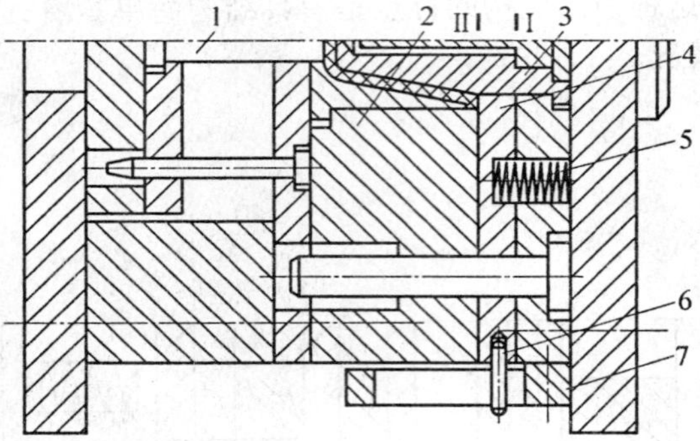

图 9.18　弹簧拉板式顺序脱模机构

1—顶杆；2—动模板；3—定模型芯；4—顶板；5—弹簧；6—圆柱销；7—定距拉板

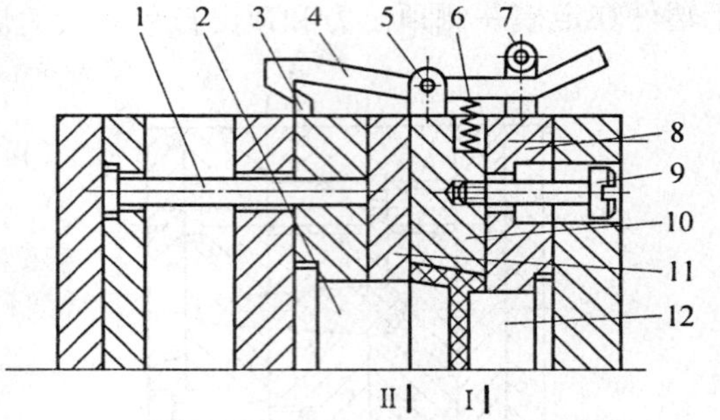

图 9.19　拉钩式顺序脱模机构

1—顶杆；2—动模型芯；3—挡块；4—拉钩；5—转轴；6—弹簧；7—滚轮；8—定模板；9—定距螺钉；10—中间板 11—顶板；12—定模型芯

9.5.3　滑块导柱式顺序脱模机构

图 9.20 为滑块导柱式顺序脱模机构，在开模初利用拉钩 4 拉住滑块 5，迫使动模板 2 和中间板 3 联动而导致分型面Ⅰ首先分型，分型后由定距导柱 10 和定距销钉 11 控制第一级分型距离。这种机构的特点是定距导柱 10 拉紧定距销钉 11 的力比较小，适用于塑件粘附力较小的场合。合模时，拉钩 4 紧紧勾住滑块 5。开模时，动模通过拉钩 4 带动中间板 3 及与定模相连的垫板 1，使分型面Ⅰ先分型，分型一段距离后，滑块 5 受到压块 8 斜面的作用向模内移动，使滑块与拉钩相脱离，同时，由于定距导柱 10 与定距销钉 11 的作用，在动模继续运动时，分型面Ⅱ分型。合模时，滑块 5 在拉钩 4 斜面的作用下向模内移动，当模具合拢后，滑块在弹簧 9 的作用下，向模外移动，使拉钩勾住滑块 5，处于拉紧位置。

9.5.4　橡胶拉紧顺序顶出机构

橡胶拉紧顺序顶出机构如图 9.21 所示。用聚氨酯橡胶管 2 套在动模板 1 的导向销上，橡胶管伸入到定模板 3 的导套内，两者间可以通过调节螺钉 4 调节为过盈配合。开模时，由橡胶的张力使动定模板拉在一起，以实现定模与定模底板间的分型；定模分型一段距离以后，可以用限位螺钉使其限位，迫使像胶管套从定模板的导套内滑出，实现动定模间的分型。

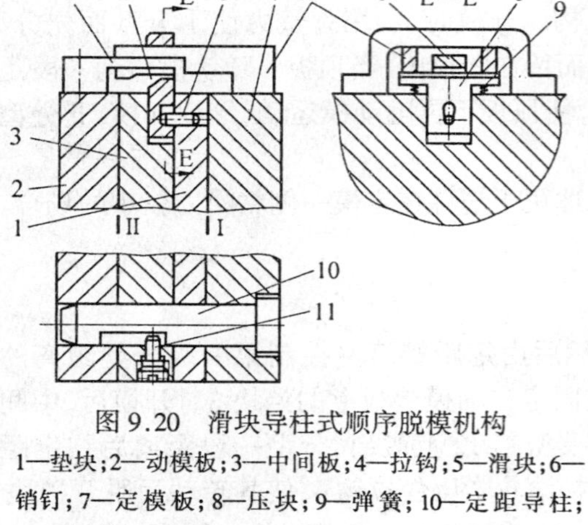

图 9.20　滑块导柱式顺序脱模机构

1—垫块；2—动模板；3—中间板；4—拉钩；5—滑块；6—销钉；7—定模板；8—压块；9—弹簧；10—定距导柱；11—定距销钉

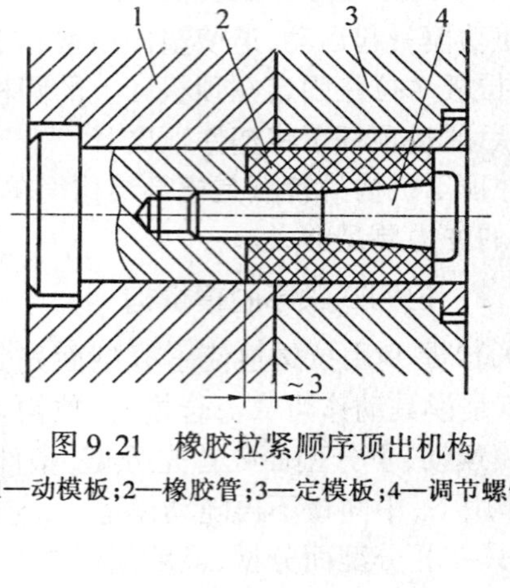

图 9.21　橡胶拉紧顺序顶出机构

1—动模板；2—橡胶管；3—定模板；4—调节螺钉

9.6 从定模侧顶出制品的脱模机构

当塑件具有某些特殊要求或受形状限制，开模后需要它们滞留在定模一侧，那么制品的顶出装置就必须设置在定模中。原则上讲，这种脱模机构采用的顶出装置可参照一级顶出脱模机构，但由于定模侧没有能够产生运动的机构，必须增加一个传力装置，以便将动模的开模运动传递给定模中的顶出零件，使制品脱出定模。

例如，在图 5.7 所示的模具中，动模上设置了一个拉板，使得动模向后运动一段距离后，通过拉板将开模动作传给安装在定模上的脱模板。再如图 9.22 所示，通过安装在动模上的拉杆 1，将开模动作传给可在定模导柱 2 上滑动的顶板 3，从而实现从定模一侧顶出制品的脱模动作。

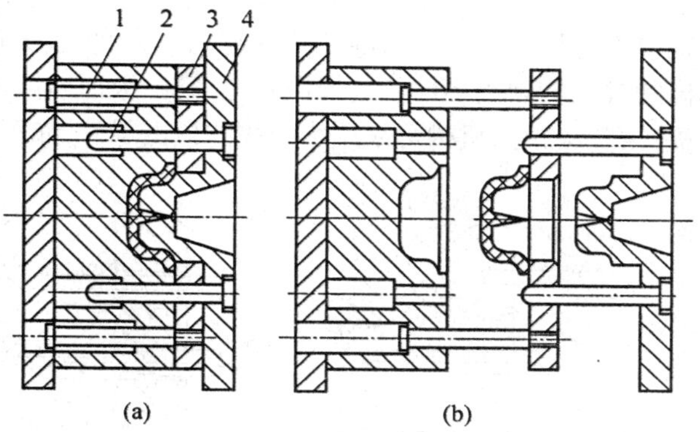

图 9.22　从定模一侧顶出脱模机构

1—拉杆；2—定模导柱；3—顶板；4—定模板

定模顶出会使模具结构变得复杂，即使对于单腔模，也往往需要具有两个分型面，也要考虑顺序分型机构。另一方面，定模顶出脱模机构的行程有限，当开模行程很长时，其传力装置的行程也很长，但受模具尺寸的限制，又不可能太长。此时应采用特殊结构的拉力装置，如图 9.23，如多层伸缩式拉杆、折叠式拉板、传动链条等。有条件时，也可以在定模侧安装液压、气动顶出装置。可见定模顶出机构比动模顶出机构复杂。

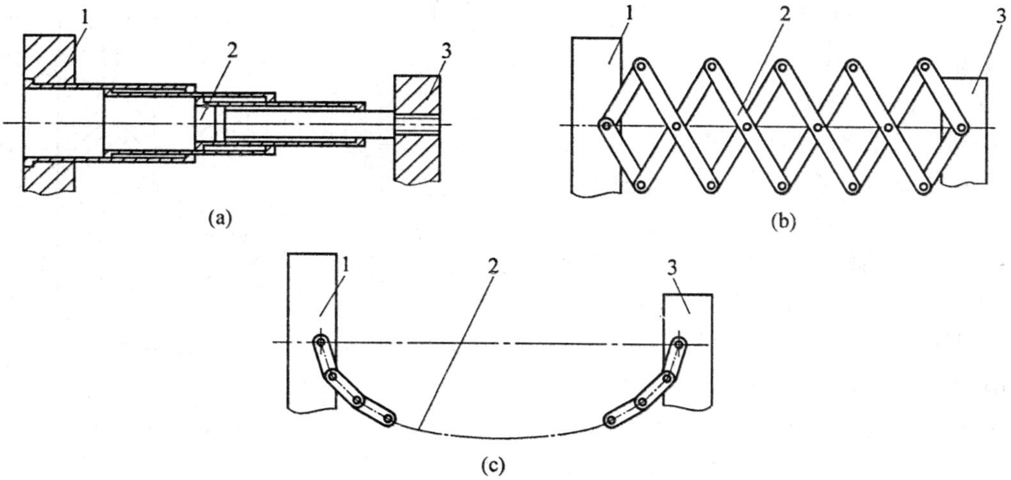

图 9.23　定模顶出拉力装置

1—动模板；2—拉力装置；3—顶板

9.7 二级顶出脱模机构

有些塑件采用一级顶出时,往往容易因顶出力太大而使塑件产生变形甚至破坏,或者经过一级顶出动作后仍难以脱出塑件。为此,对这类塑件必须采取二级顶出,以分散脱模力,使塑件能顺利脱模。由两个顶出动作组合来完成对塑件顶出脱模的机构,称为二级顶出机构。图9.24是二级顶出过程示意图,图(a)为开模后塑件顶出前的状态;图(b)为一级顶出状态,由阶梯顶杆2及凹模型腔4将塑件从型芯3上脱出;图(c)是塑件最后由顶杆2从凹模型腔4中顶出。二级顶出脱模机构种类很多,其共同点是必须有两个或两组顶出行程具有一定差值的顶出零件,如果它们同时动作,则需要行程较小的顶出零件提前停止运动,如果它们不同时动作,则要求行程较大的顶出零件滞后运动。为此,这类机构必须设有控制顶出行程的装置。二级顶出脱模机构顶出零件的选择原则是,第一级顶出机构应采用大面积顶出零件来分散脱模力,如顶板;第二级顶出机构可采用小面积的顶出零件,如顶杆等。下面介绍几种常用的二级顶出机构。

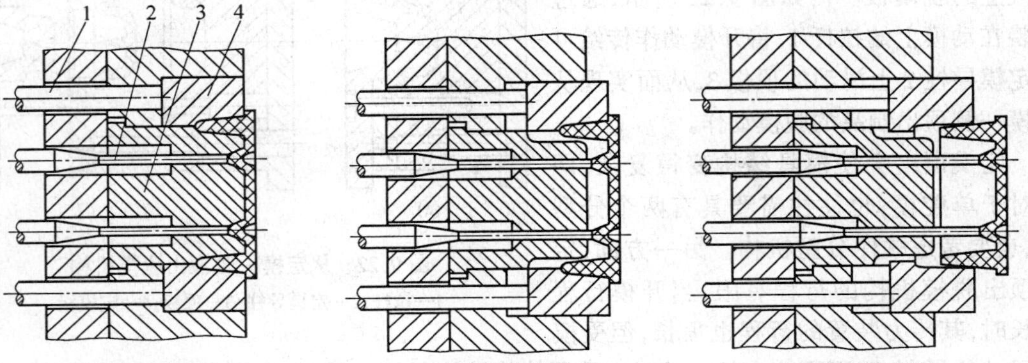

(a) 顶出前状态　(b) 一级顶出状态　(c) 二级顶出状态

图9.24　二级顶出过程

1—推杆;2—阶梯顶杆;3—型芯;4—凹模型腔

9.7.1 气动和液动二级顶出脱模机构

图9.25(a)是气动二级顶出脱模机构示例,利用推杆1带动动模侧的型腔板4进行一级顶出,将制品从凸模2上刮下,而后利用压缩空气再将制品吹出型腔板4实现二级顶出脱模。图9.25(b)是液动二级顶出脱模机构的动模模架示例,其中一级顶出利用油缸6带动顶板7实现,二级顶出依靠机械顶出装置5完成。

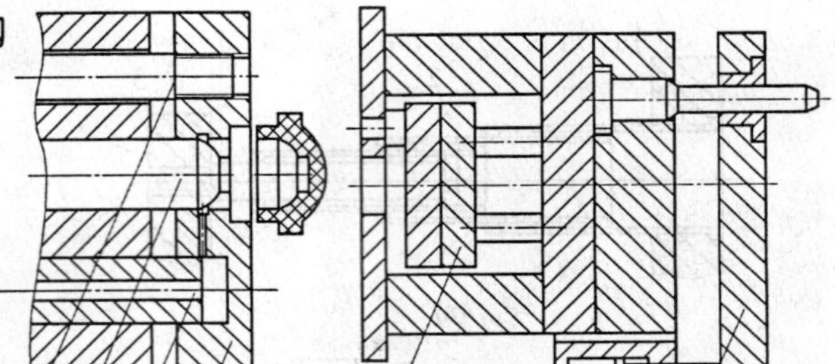

(a) 气动　(b) 液动

图9.25　气动和液动二级顶出脱模机构

1—推杆;2—凸模;3—压缩空气气路;4—型腔板;5—机械顶出装置;6—油缸;7—顶板

9.7.2 单顶出板二级脱模机构

这类机构的特点是:采用一个与注射机推顶装置接触的顶出底板带动一个或一组顶出零件进行二级顶出,而一级顶出则依靠一些特殊的运动零部件实现。下面列举一些典型示例。

1.弹簧式二级脱模机构

图9.26是一个利用弹簧带动凹模型板进行一级顶出,然后再由顶杆进行二级顶出的制品

脱模机构。其工作原理为：开模后，动模侧的凹模型板 7 首先在弹簧 8 的作用下移动一段距离，把制品从凸模上脱出或使两者间完全松动；然后通过注射机推顶装置带动顶杆顶出机构，把制品从凹模型板中脱出。设计该机构时，应考虑设置复位杆以及顺序分型机构。顺序分型机构是为了保证弹簧 2 在开模初期不能马上发挥作用，以避免制品在一级顶出作用下滞留到定模一侧。弹簧式二级顶出脱模机构的特点是结构简单紧凑，但弹簧容易失效，需定期更换，否则顶出动作将不可靠。

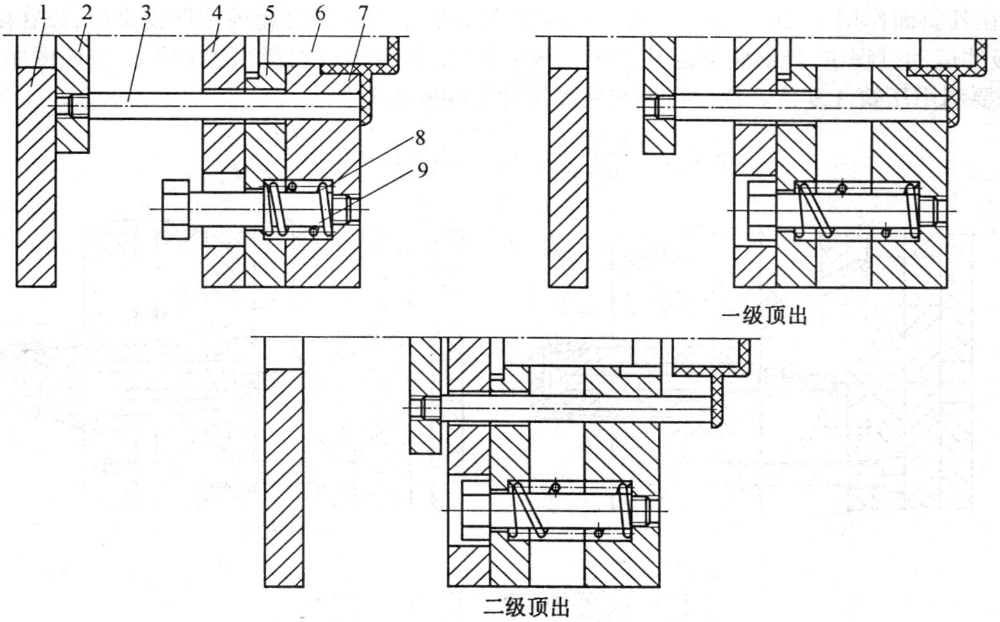

图 9.26　弹簧式二级脱模机构

1—动模底板；2—推杆固定板；3—推杆；4—支承板；5—动模固定板；6—型芯；7—凹模型板；8—弹簧；9—定距螺钉

2. 凸块拉钩式二级脱模机构

图 9.27 所示为带有凸块拉钩的二级脱模机构的模架，其内部可根据制品具体情况设置有关顶出零件。该模架的工作原理为：开模分型一段距离后，固定在定模上的拉钩 4 拉住动模上的顶板 5 开始一级顶出；动模继续运动时，动模上的凸块 2 与拉钩上的圆销 3 接触，使拉钩绕定模上的销轴 7 顺时针转动而脱离顶板 5，一级顶出动作结束；动模继续运动，注射机的推顶装置将会驱动顶杆底板 1 运动，从而可以实现二级顶出动作。弹簧 6 的作用是在合模后使拉钩能够复位。凸块拉钩式脱模机构的特点是顶出动作可靠，不需要其他附属装置，但由于定模上安装了拉钩，模具尺寸比较大。

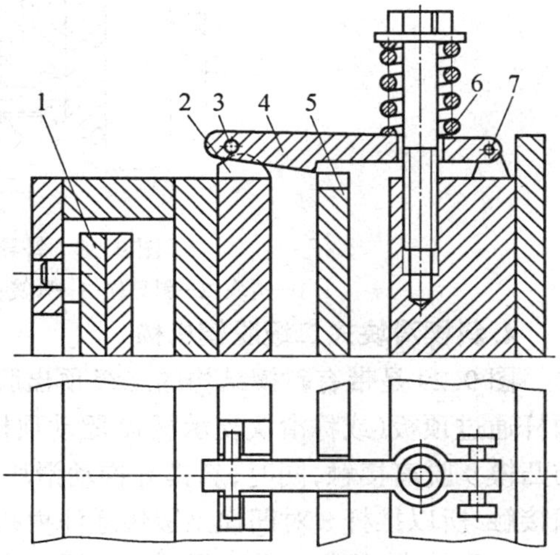

图 9.27　凸块拉钩式二级脱模机构

1—顶杆底板；2—凸块；3—圆销；4—拉钩；5—顶板；6—弹簧；7—销轴

3. 斜导柱滑块式二级脱模机构

图 9.28 是带有斜导柱滑块结构的二级顶出

脱模机构，其工作原理为：开模时，当注射机的推顶装置与模内螺栓推杆 4 的底板（也可视为顶杆 6 的顶出底板）接触后，螺栓推杆带动凹模型板 5 移动一段距离 l_1，使制品与凸模 7 之间完全松动，即实现一级顶出动作，同时，由于斜导柱 2 驱动滑块 1 向下运动，滑块斜面推动顶杆 6 移动一段距离 l_2，因为设计时经常设定 $l_2 \leqslant l_1$，所以顶杆 6 在一级顶出过程中不会超前凹模型板运动；注射机推顶装置继续通过螺栓推杆，于是凹模型板 5 将继续移动 l_3 距离，以使制品和凸模之间进一步脱离，与此同时，顶杆 6 除了与凹模型板 5 同步运动外，由于滑块继续向下运动，在其斜面作用下，顶杆 6 还产生一个运动，所以它的运动速度超前于凹模型板，故在随凹模型板的运动过程中，能够将制品从凹模型板中顶出，从而实现二级顶出动作。在该图中，顶杆 6 需要利用压簧 3 复位。顶出行程与制品尺寸之间的关系如下

$$l_1 \geqslant h_1, \quad \frac{l_3 \tan \alpha}{\tan \beta} \geqslant h_2, \quad l_4 - l_2 - l_3 = \frac{l_3 \tan \alpha}{\tan \beta}$$

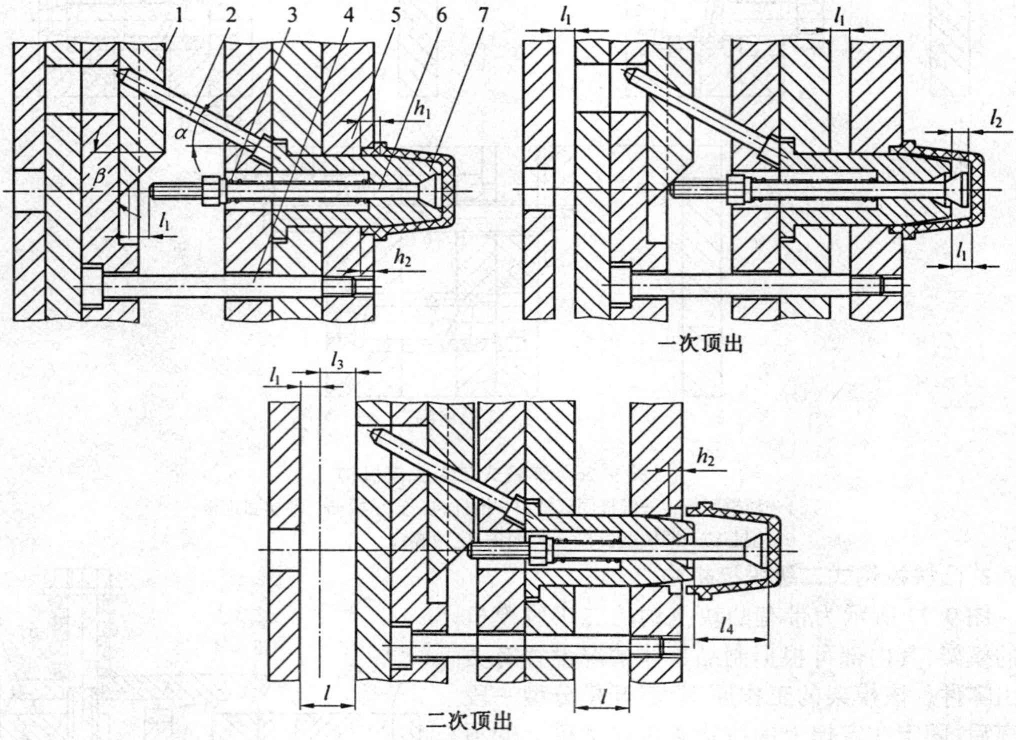

图 9.28　斜导柱滑块式二级脱模机构

1—滑块；2—斜导柱；3—弹簧；4—推杆；5—凹模型板；6—顶杆；7—凸模

4. 斜楔滑块式二级脱模机构

图 9.29 是带有斜楔结构的二级顶出脱模机构。工作原理为：开模一定距离后，注射机的顶杆通过顶板（或称滑块支承板）2 驱动顶杆 10 和凹模型板 7 移动，实现一级顶出动作，使制品与凸模 9 脱离接触，同时，斜楔 6 推动滑块 4 向模具中心移动，由于此时滑块 4 与推杆 8 为平面接触，所以推杆 8 对凹模型板传递注射机的推顶力，以保持凹模型板与顶杆同步运动；一级顶出动作结束，推杆 8 坠入滑块 4 的圆孔中，于是凹模型板便会停止移动，而顶杆 9 还将在注射机的推顶装置作用下继续运动，直到把制品从凹模型板中脱出，最终实现二级顶出动作。在该机构中，滑块 4 依靠压簧 3 复位。

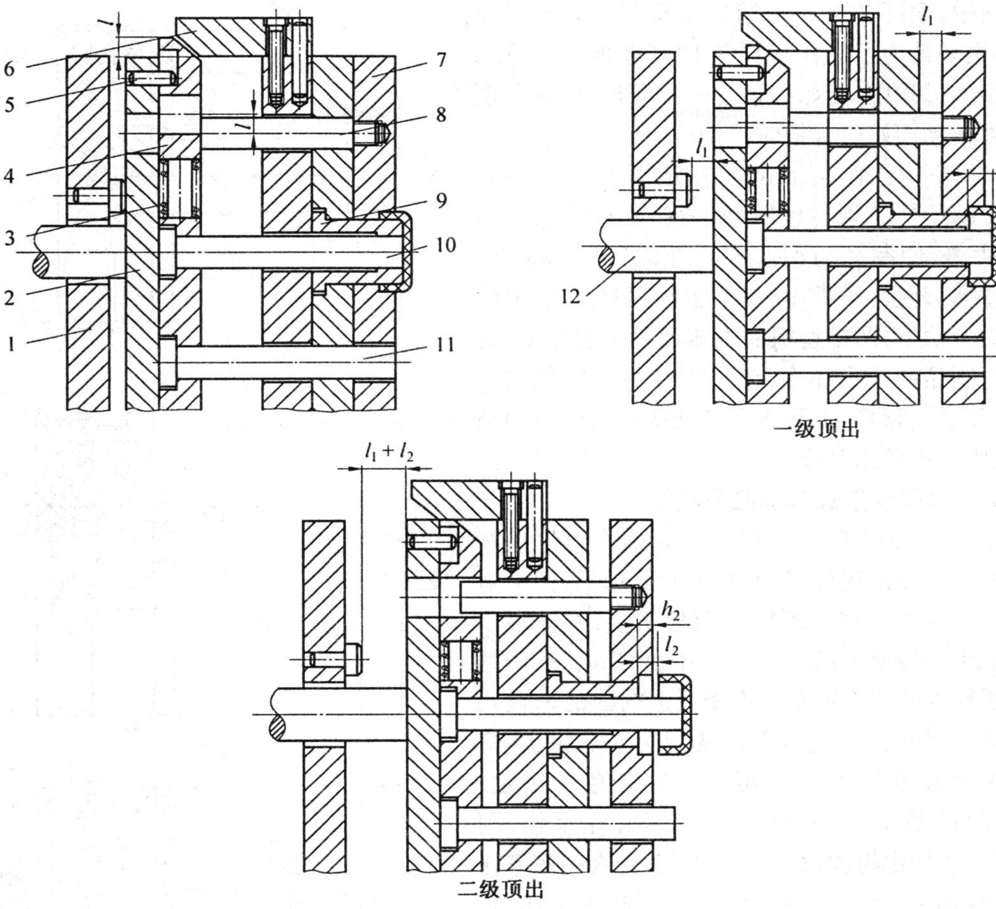

图 9.29　斜楔滑块式二级脱模机构

1—动模底板；2—推板；3—弹簧；4—滑块；5—销钉；6—斜楔；7—凹模型板；8—推杆；
9—型芯；10—顶杆；11—复位杆；12—注射机顶杆

5.摆杆拉钩式二级脱模机构

图 9.30 是带有摆杆和拉钩结构的二级顶出脱模机构，是由两组顶出零件分时运动的示

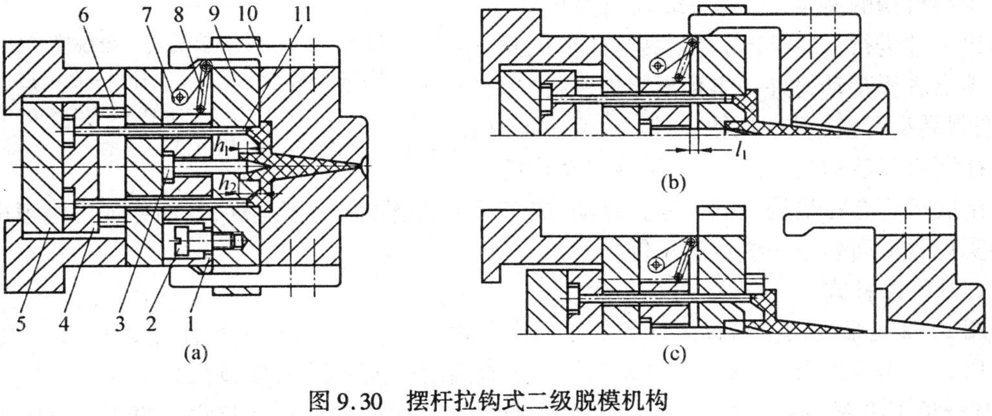

图 9.30　摆杆拉钩式二级脱模机构

1—型芯固定板；2—限位螺钉；3—型芯；4—顶杆固定板；5—推板；6—复位杆；7—摆杆；
8—弹簧；9—凹模型板；10—压板；11—顶杆

例。图中，摆杆 7 通过转销与动模型芯固定板连接，弹簧 8 是为了拉住摆杆 7，使其在顶杆进行二级顶出的过程中，能始终顶住凹模型板，以避免摆杆向外转动而妨碍合模时拉钩的复位。其工作原理为：开模一定距离后，固定在定模上的压板 10 首先带动摆杆 7 顺时针转动，驱使动模型板 9 移动 l_1 距离，使制品与型芯 3 脱开，实现一级顶出动作；继续开模，压板 10 不再驱动摆杆 7，在限位螺钉 2 带动下，凹模型板 9 跟随动模一起运动，并失去对制品的顶出作用，当推板 5 与注射机推顶装置接触后，顶杆 11 开始将制品从凹模型腔中顶出，完成二级顶出动作。

6. U 形限制架式二级脱模机构

图 9.31 是带有 U 形限制架和两个对称摆杆结构的二级顶出脱模机构，其工作原理为：两个对称摆杆 4 通过转销 9 固定在顶板 1 上，并被限制在固定于动模座上的 U 形架 8 中；顶出时，受限的两个摆杆 4 推动固定在凹模型板上的圆销 6，使凹模型板与顶杆 3 一起将塑件从型芯 5 上脱出，实现一级顶出动作，其顶出距离由限位销 11 限定；之后，限位销 11 起作用，凹模型板停止动作，同时，两个摆杆也将脱出 U 形架限制，并在圆销 6 作用下朝两边张开，只有顶杆 3 继续发挥顶出作用，将制品从凹模型腔中脱出，从而实现二级顶出动作。在合模过程中，两个对称摆杆依靠拉簧 7 复位。

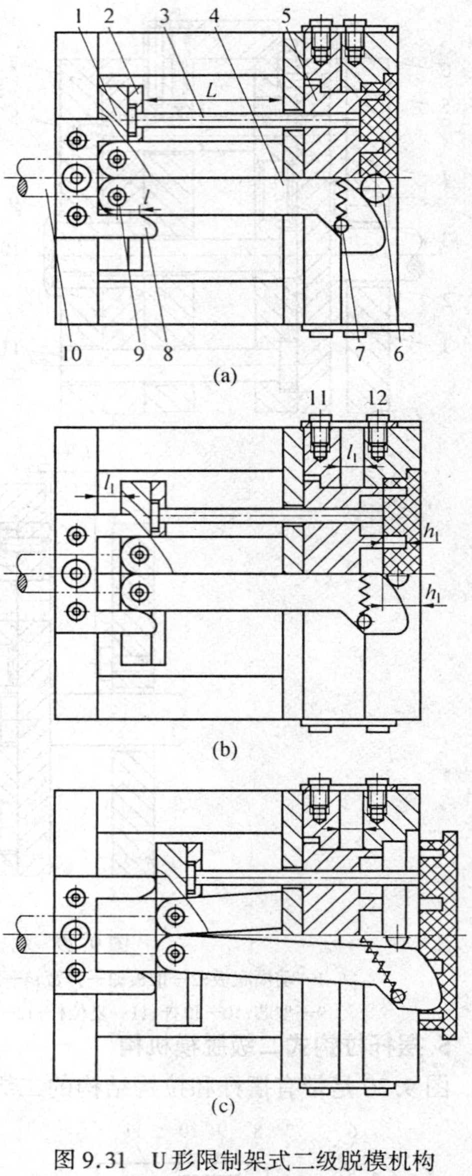

图 9.31　U 形限制架式二级脱模机构

1—推板；2—顶杆固定板；3—顶杆；4—摆杆；5—型芯；6—圆销；7—弹簧；8—U 形限制架；9—转销；10—注射机顶杆；11—限位销；12—限位板

9.7.3　双顶出板二级脱模机构

这类机构的特点是：用一级顶出底板带动一组顶出零件进行一级顶出，将制品与凸模脱开，用二级顶出底板带动另外一组顶出零件进行二级顶出，把制品从凹模型腔中顶出。其中，两块顶出底板往往同时开始运动，在完成一级顶出动作后，一级顶出底板将会在机构控制下停止运动，或滞后于二级顶出底板运动，从而保证二级顶出动作能够实现。下面列举一些典型示例。

1. 八字摆杆式

图 9.32 是带有两个对称摆杆的二级顶出脱模机构，在二级顶出动作完成时，两个摆杆呈八字形。工作原理为：负责把制品从凸模 6 上脱出的凹模型板 7，通过推杆 9 与一级顶出底板 10 相连；负责把制品从凹模型板中脱出的顶杆 5 与二级顶出底板 2 相联。两块顶出底板之间垫有一个定距块 1，使顶杆能够与凹模型板同步运动。顶出时，在注射机推顶装置作用下，一、

二级顶出底板同步动作，分别带动凹模型板 7 和顶杆 5 同时移动 s_1 距离，使制品与凸模脱开一段距离，实现一级顶出动作，同时，摆杆 11 在一级顶出底板作用下，经过一定角度转动，和二级顶出底板接触；继续顶出时，一级顶出底板将通过摆杆 11 使二级顶出底板和顶杆发生超前于它自身和凹模型板的顶出运动，于是制品将在顶杆作用下从凹模型板中脱出，从而实现二级顶出动作。该机构中的顶出行程、制品高度和其他有关几何要素之间有如下关系。

摆杆转角 α 一般可取 45°。

$$s_3 = s_1 + s_2 = l_1\sin\alpha + s_0 \geqslant h_1$$

超前量 $$s_4 = l_2\sin\alpha - s_0 \geqslant h_2$$

$$s_0 = l_2\sin\beta,\ l_2 = (s_0 + s_4)/\sin\alpha$$

2. 卡爪式

图 9.33 是带有卡爪结构的二级顶出脱模机构，工作原理为：卡爪 7 通过转销 6 与一级顶出底板 4 相连接，合模状态下，卡爪受压紧装置 8 作用，将一级顶出底板与顶杆固定板 3 以及二级顶出底板 2 钩在一起。顶出时，在注射机顶杆 1 作用下，一、二级顶出底板同步运动，驱动凹模型板 11 和顶杆 15 一起运动，迫使塑件从凸模 14 上脱出，实现一级顶出动作；继续顶出动作时，垫板 9 侧边的斜面将压迫卡爪 7 绕转销 6 逆时针转动而脱钩。使得一级顶出底板 4 与二级顶出底板 2 之间脱开，从而导致凹模型板 11 停止运动，而二级顶出底板 2 和顶杆 15 继续运动，把制品从凹模型板中脱出，籍此完成二级顶出动作。在该机构中，顶出行程与制品高度的关系如下

$$l_1 \geqslant h_1,\ l_2 \geqslant h_2,\ L = l_1 + l_2$$

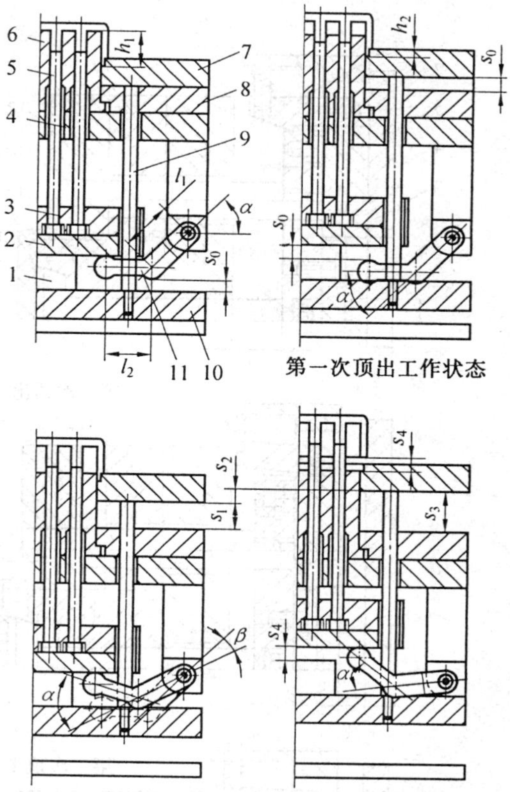

第一次顶出工作状态

第一次顶出完成状态　　第二次顶出完成状态

图 9.32　八字摆杆式二级顶出脱模机构

1—定距块；2—二级顶出底板；3—顶杆固定板；4—垫板；5—顶杆；6—凸模；7—凹模型板；8—凸模固定板；9—推杆；10—一级顶出底板；11—八字摆杆

3. 斜楔拉钩式

图 9.34 是带有斜楔拉钩结构的二级顶出脱模机构。图中拉钩 7 通过转销 1 与装有顶杆 15 的二级顶出底板 4 连接，圆销 2 固定在一级顶出底板 5 上，推杆 10 的一端固定在一级顶出底板 5 上，另一端固定在凹模型板 11 上，斜楔 12 固定在型芯固定板 14 上。该机构的工作原理为：顶出前，一级顶出底板 5 与二级顶出底板 4 通过拉钩 7 拉合在一起，顶出时，在注射机顶杆 1 驱动一二级顶出底板并分别推动凹模型板 11 和顶杆 15 进行同步运动，使塑件从型芯 13 上脱开，实现一级顶出动作；继续顶出，斜楔 12 压迫两个拉钩 7 张开后和圆销 2 脱钩，使两块顶出底板脱开连接，导致一级顶出底板及凹模型板均停止运动，之后，注射机顶杆驱动二级顶出底板和顶杆继续运动，将制品从凹模型板中脱出，从而完成二级顶出动作。在该机构中，顶出行程与制品高度的关系如下

$$l_1 \geqslant h_1,\ l_2 \geqslant h_2,\ L = l_1 + l_2$$

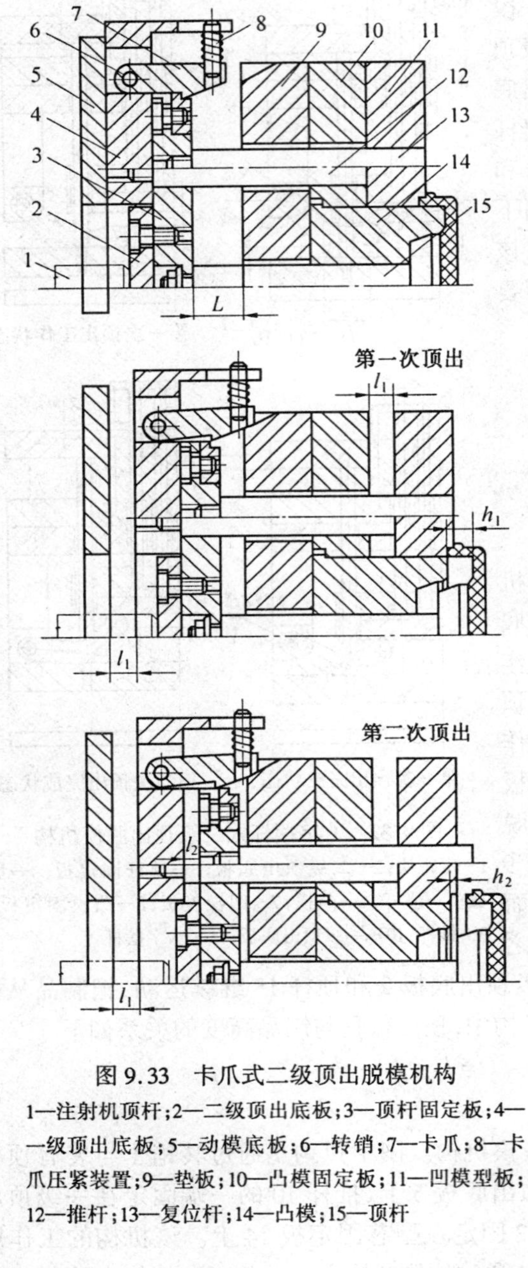

图 9.33　卡爪式二级顶出脱模机构

1—注射机顶杆；2—二级顶出底板；3—顶杆固定板；4—一级顶出底板；5—动模底板；6—转销；7—卡爪；8—卡爪压紧装置；9—垫板；10—凸模固定板；11—凹模型板；12—推杆；13—复位杆；14—凸模；15—顶杆

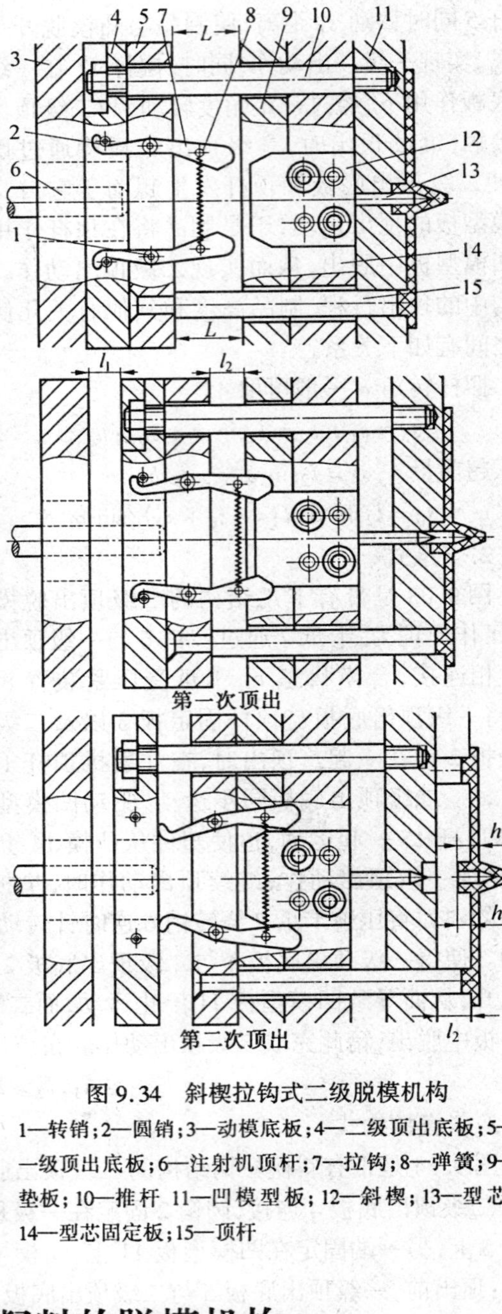

图 9.34　斜楔拉钩式二级脱模机构

1—转销；2—圆销；3—动模底板；4—二级顶出底板；5—一级顶出底板；6—注射机顶杆；7—拉钩；8—弹簧；9—垫板；10—推杆 11—凹模型板；12—斜楔；13—型芯；14—型芯固定板；15—顶杆

9.8　浇注系统凝料的脱模机构

使用直接浇口或截面积较大的侧浇口时，浇口与制品的连接面积大，不容易利用开模动作将制品和浇注系统凝料分离，因此常常使两者一起脱模，然后再通过后续加工将其分离。而采用点浇口或潜伏式浇口时，浇口截面积小，可以使制品和浇注系统凝料在模内自动切断，然后利用顶出零件使它们分别脱模，从而实现自动化成型生产。下面介绍点浇口和潜伏浇口浇注系统脱模的机构。

9.8.1 单个点浇口浇注系统的脱模机构

1.定模顶板式

图 9.35 为在定模侧设置顶板脱出单个点浇口浇注系统凝料的机构。其中,图(a)是闭模注射时的情况;图(b)是注射完了状态,经过一段保压后,注射机喷嘴已经退回,主流道衬套在弹簧 6 作用下后退并与主流道凝料脱开;图(c)是开模状态,开模时首先从Ⅰ处分型,动模后退一段距离后,定模顶板 3 在限位螺钉 4 作用下停止运功,使模具从Ⅱ处分型,点浇口被定模顶板 3 和凹模型板 1 拉断,主流道凝料靠自重坠落。应当注意,图 9.35 是单腔模,仅靠一个点浇口很难把主流道凝料从主流道中拉出,为此在主流道的 A 处把直径增大成法兰形状,同时将主流道衬套 7 与定模底板 5 间设计为间隙配合,并加设了一个弹簧 6,以便注射机喷嘴退回时,衬套 7 后退,以减少主流道对凝料的初始摩擦力。

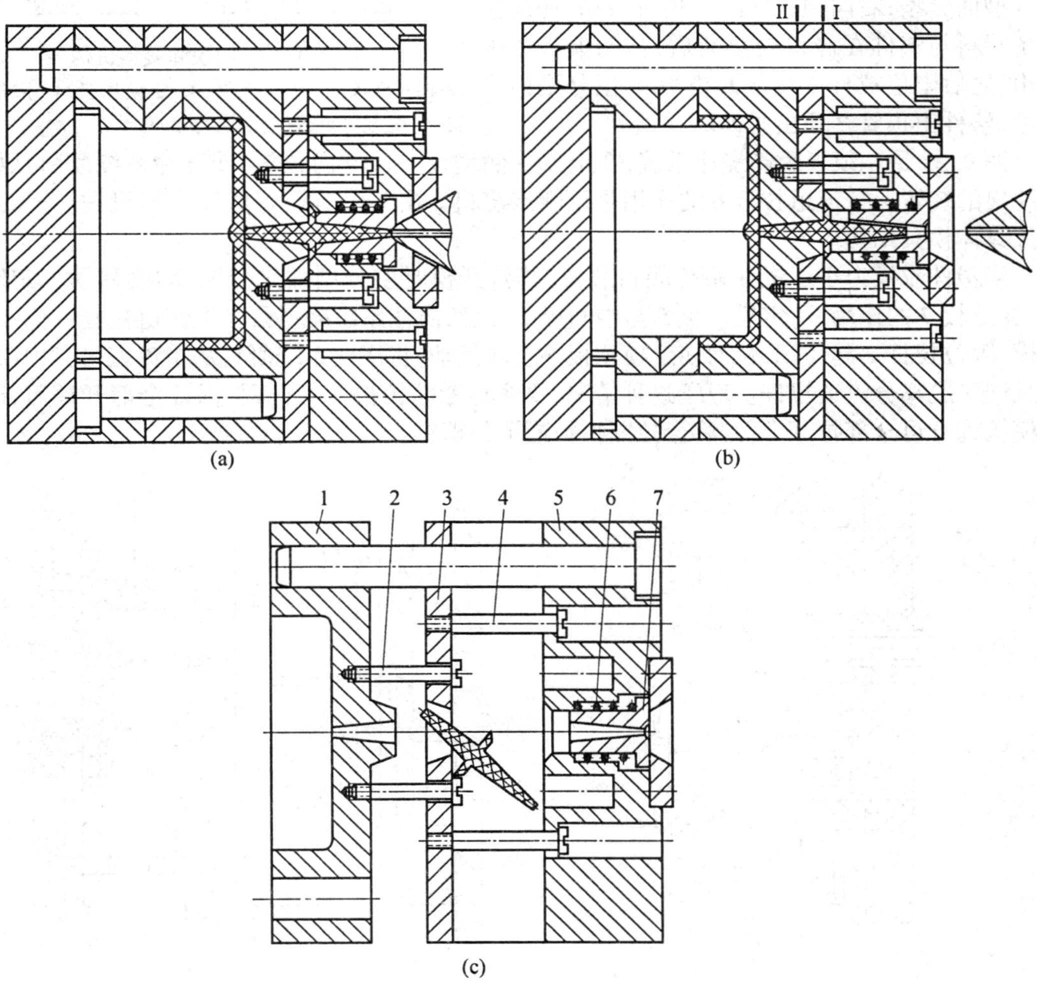

图 9.35 定模顶板式脱卸凝料机构

1—凹模型板;2—限位螺钉;3—定模顶板;4—限位螺钉;5—定模底板;6—弹簧;7—主流道衬套

2.强制脱卸式

图 9.36 为单个点浇口浇注系统凝料的强制脱卸机构。开模过程与图 9.35 基本相同,不同在于省去了主流道衬套的弹簧后退装置,模具结构简单,为了保证第一级分型时使凝料留在

凹模型板 1 中,在 B 处设计了环槽,其方法同塑件的强制脱模设计。该方法适合较软塑料的成型。

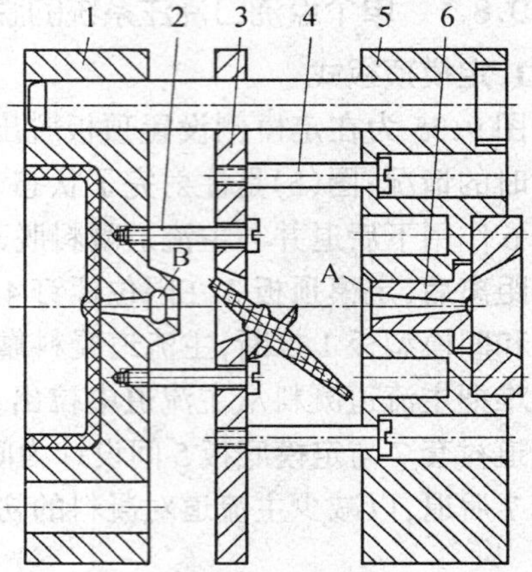

图 9.36　强制脱卸凝料机构

1—凹模型板;2—限位螺钉;3—定模顶板;4—限位螺钉;5—定模底板;6—主流道衬套

9.8.2　多个点浇口浇注系统的脱模机构

1.利用定模顶板脱卸浇注系统凝料

图 9.37 是右顶板脱卸浇注系统,在定模一侧增设一块右向顶板 7,以便将多点浇口浇注系统凝料从模具中脱出。开模时,由于弹簧顶销 6 的作用,Ⅰ分型面先分型,因冷料穴和多点浇口的作用,主流道凝料从定模中拉出;当分型到足够距离使凝料脱出时,限位螺钉 10 使右向顶板 7 限位,Ⅱ分型面分型,右向顶板 7 向右相对运动,将浇注系统凝料与塑件在浇口处拉断后,从凹模板 4 中脱出;之后限位拉杆 9 拉住凹模板 4,主分型面Ⅲ分型,塑件由顶管 2 顶出脱模。

图 9.38 是左顶板脱卸浇注系统,在定模一侧增设一块左向顶板,使浇注系统凝料从模具中脱出的装置。分流道拉杆 6 的作用是拉断点浇口。由于没有设置顺序分型机构,分型顺序要按具体模具结构确定。

当塑件脱模力小于浇注系统凝料脱模力时,开模时主分型面先分型,动模移动一定距离后,在拉板 7 的作用下,定模顶板 5 与中间板 1 分型,浇注系统凝料留在主流道衬套一侧;继续开模,限位拉杆 2 起作用,从而使定模顶板 5 左向运动,将浇注系统凝料从主流道衬套中脱出,并且同时脱离分流道拉杆。对于这种情况,要注意考虑拉板 7 的行程,保证全部开模后,凝料脱模机构方可全部拉开,否则将会拉断拉板或限位螺钉。

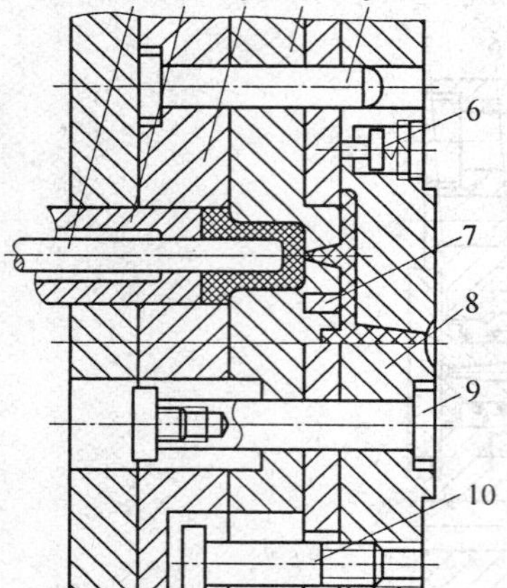

图 9.37　右顶板脱卸浇注系统

1—型芯;2—顶管;3—动模板;4—凹模板;5—导柱;6—弹簧顶销;7—右向顶板;8—定模底板;9—限位拉杆;10—限位螺钉

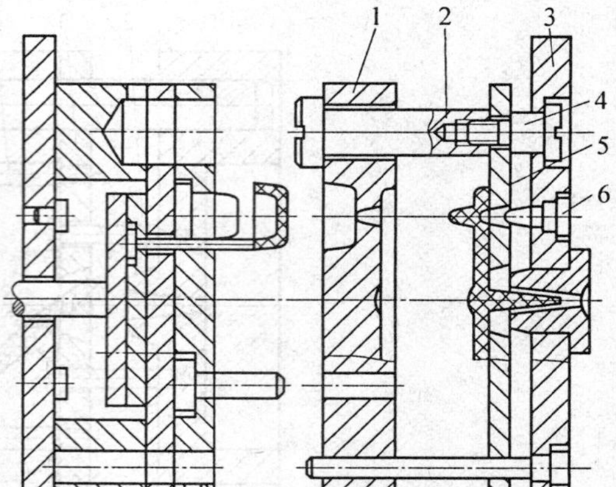

图 9.38　左顶板脱卸浇注系统

1—中间板;2—限位拉杆;3—定模板;4—限位螺钉;5—定模顶板;6—分流道拉料杆;7—拉板

当塑件脱模力大于浇注系统凝料脱模力时,开模时定模顶板 5 与中间板 1 间先分型,浇注系统凝料留在主流道衬套一侧;继续开模,限位拉杆 2 起作用,从而使定模顶板 5 左向运动,将浇注系统凝料从主流道衬套中脱出,并且同时脱离分流道拉杆。最后,主分型面分型,动模顶出机构将塑件顶出脱模。这种情况可以不要拉板7。

2.利用分流道斜孔脱卸浇注系统凝料

图9.39为利用分流道斜孔和拉料杆脱卸浇注系统凝料的机构。在分流道的尽头加工一个斜孔6,当定模分型面分型时,利用斜孔内凝料的作用,使浇注系统凝料在浇口处与塑件断开,同时在动模板上设置了倒锥形拉料杆2(或球形、菌型等),使主流道凝料脱出定模板5,并使分流道凝料拉出斜孔6;之后,主分型面分型,拉料杆2从浇注系统的主流道凝料末端强行退出,然后让浇注系统凝料靠自重坠落。分流道末端的斜孔尺寸为直径3~5mm,孔深2~4mm,斜孔的倾斜角为15°~30°。拉料杆与主流道冷料穴的设计可参考第6章6.1节。该方法适合较软塑料及二级分流道深度不大的场合,否则凝料不容易从定模型板中脱出,从而无法实现浇注系统凝料自动坠落。

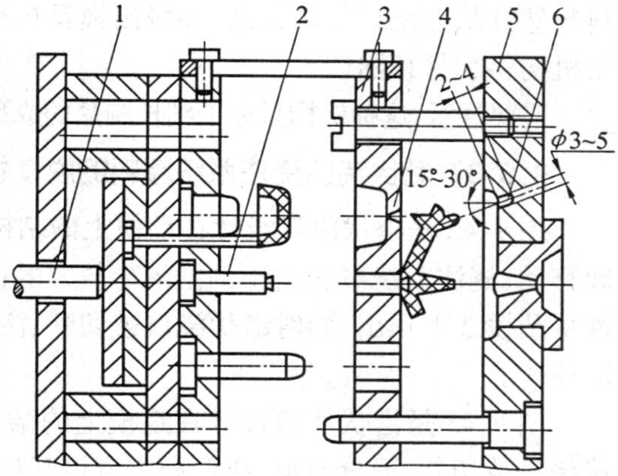

图9.39 利用斜孔和拉料杆脱卸浇注系统

1—注射机顶杆;2—拉料杆;3—定模型板;4—二次分流道;5—定模板;6—分流道斜孔

当二级分流道深度较大时,可采用图9.40所示机构,即将主流道拉料杆换成主流道顶杆1(冷料穴兼起拉料作用),其下部伸出动模底板,可与注射机的推顶装置接触,这样便可用主流道顶杆使浇注系统凝料可靠地脱出定模空间。弹簧8是为了使顶杆1复位。设计时应注意,采用主流道顶杆时,注射机的动模固定板上应有中心顶杆孔,否则模具无法安装。

3.在凹模固定板内设置点浇口浇注系统凝料的顶出结构

对于像笔杆一类的细长制品,因凹模的深度很大,可利用其固定板内的空间来设置浇注系统凝料的顶出机构,这样可使模具结构比较紧凑,如图9.41所示。工作原理为:模具有两个分

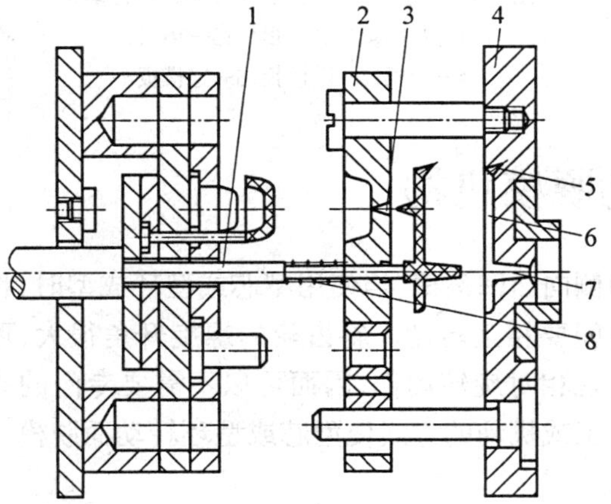

图9.40 利用斜孔和顶杆脱卸浇注系统

1—顶杆;2—定模型板;3—二次分流道;4—定模底板;5—分流道斜孔;6—分流道;7—主流道;8—弹簧

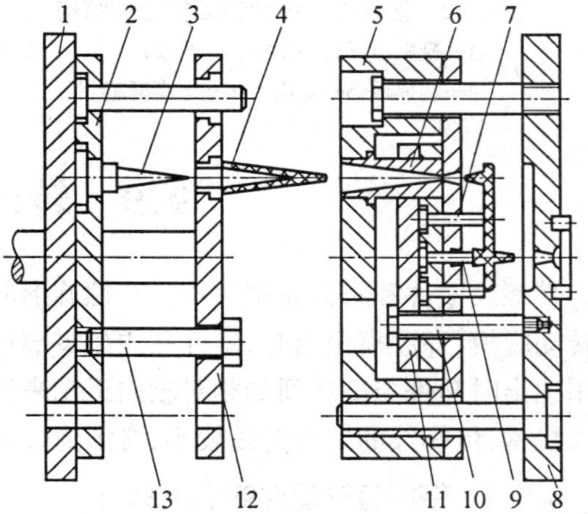

图9.41 在凹模固定板内设置点浇口浇注系统凝料的顶出机构

1—动模板;2—凸模固定板;3—凸模;4—塑件;5—凹模固定板;6—凹模;7—顶杆;8—定模底板;9—主流道顶杆;10—拉杆 11—顶杆底板;12—顶板;13—拉杆

型面，开模时，定模分型面先分型，凹模固定板 5 将随动模运动，浇注系统凝料被冷料穴拉向凹模固定板 5 一侧，分型到一段距离后，拉杆 10 起作用，顶杆底板带动顶杆 7 和 9 使浇注系统凝料与塑件从点浇口处被拉断，并脱出模具自动坠落，而后主分型面分型；继续开模时，由动模顶出机构将塑件顶出。

需要注意，这种机构只适于细长制品的成型，并且主分型面分型力大于定模分型面分型力。

9.8.3 潜伏浇口浇注系统凝料的脱模机构

图 9.42 是潜伏浇口设计在动模上的结构形式。开模时，塑件包在动模型芯 3 上随动模一起移动，浇注系统凝料由于倒锥形冷料穴的作用留在动模一侧。顶出机构工作时，顶杆 2 将塑件从凸模 3 上顶出，同时潜伏浇口被切断，浇注系统凝料在顶杆 1 的作用下顶出动模板 4 而自动掉落。

图 9.43 是潜伏浇口设计在定模上的结构形式。开模时，塑件包在动模型芯 4 上，同时潜伏浇口被切断，而分流道、浇口和主流道凝料在倒锥形冷料穴的作用下，拉出定模板而随动模移动，顶出机构工作时，顶杆 2 将塑件从动模型芯 4 上脱下，而凝料顶杆 1 将浇注系统凝料顶出动模板 5，最后依靠自重掉落。

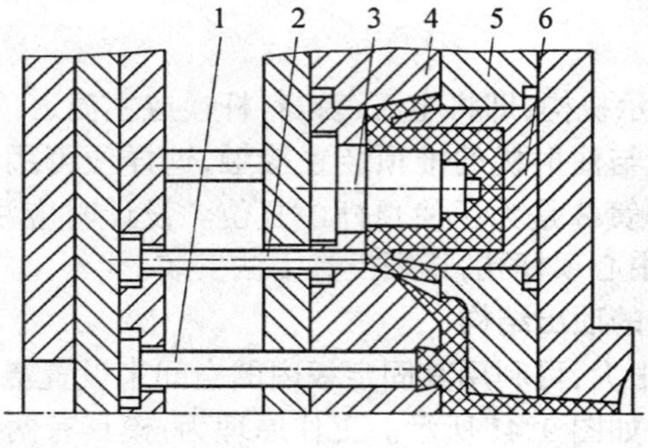

图 9.42 潜伏浇口设计在动模上的结构

1—凝料顶杆；2—顶杆；3—凸模；4—动模板；5—定模板；6—定模型芯

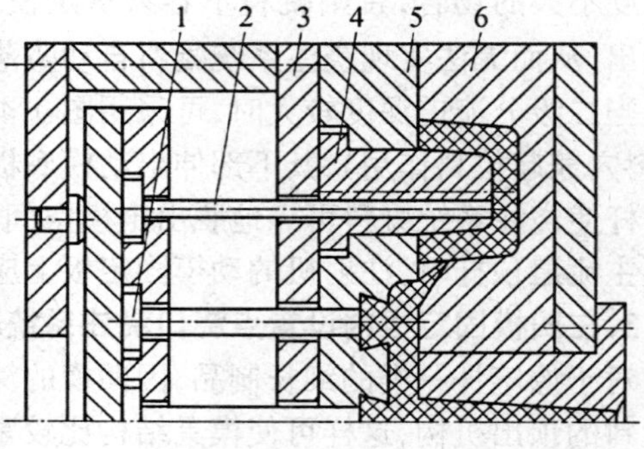

图 9.43 潜伏浇口设计在定模上的结构

1—凝料顶杆；2—顶杆；3—垫板；4—凸模；5—动模板；6—定模板

9.9 转动脱模机构

带螺纹塑件和斜齿轮塑件均具有螺旋形的侧向凸凹沟槽，当使用型芯或型环成型时，将需要转动脱模，即脱模顶出时，塑件和成型零部件间要相互转动。斜齿轮的螺旋升角很大，可以利用顶出时塑件与型环间的相对轴向运动来实现相对旋转动作，因而可以不需要专门的旋转运动机构；但螺纹的螺旋升角较小，必须通过人工或机动的方式使型芯或型环转动而脱模。

9.9.1 带斜齿轮塑件的脱模机构

1. 型环不转动的顶出机构

(1)型芯可以转动的顶出机构

图 9.44 所示顶出机构在推杆 1 和型芯 3 间设置了滚珠轴承 2，使型芯可以转动。

开模后顶出时，推杆 1 推动轴承 2 及型芯 3，并推动塑件顶出，同时在齿型型环 4 的约束下，型芯 3 及塑件沿螺旋方向转动。

(2)螺旋推杆顶出斜齿轮机构

顶出时为了强制塑件沿螺旋方向转动，图 9.45 设置了螺旋推杆顶出机构。顶出时，由于导销 3 的作用，螺旋推杆 2 沿螺旋槽方向转动，并通过止动销 4 使塑件随之转动，从而减少制品因侧向力过大而引起的变形。

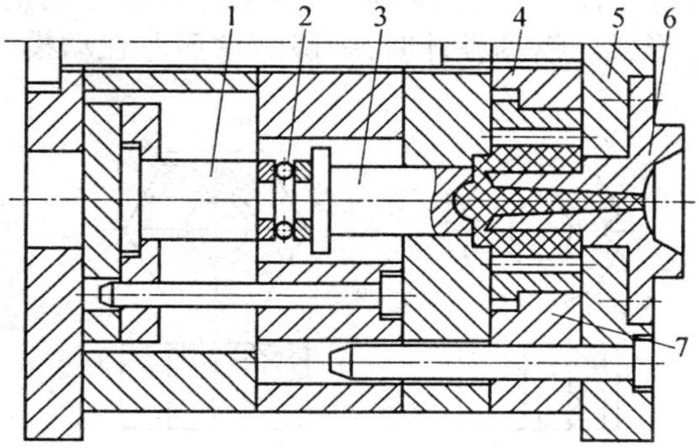

图 9.44　型芯转动顶出斜齿轮机构

1—推杆；2—滚珠轴承；3—型芯 4—齿型型环；5—定模；6—浇口套 7—动模

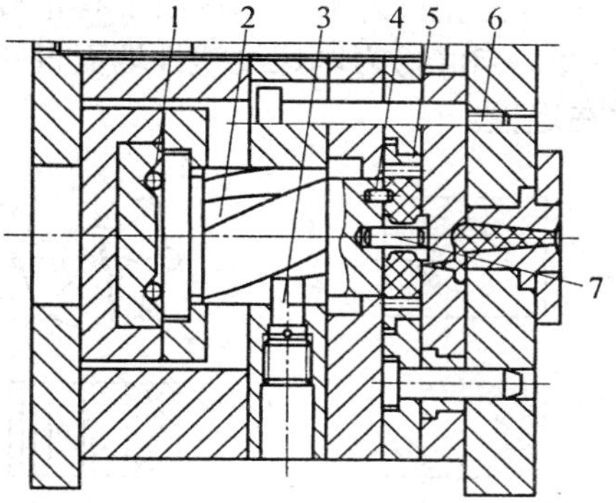

图 9.45　螺旋推杆顶出斜齿轮机构

1—滚珠；2—螺旋推杆；3—导销；4—止动销；5—齿形型环；6—限位螺钉；7—型芯

2. 型环转动的顶出机构

这种机构在顶出时其塑件不转动，而型环要在塑件作用下产生转动，因而要求型环应转动灵活。

(1)推杆顶出机构

在图 9.46 所示的推杆顶出机构中，齿型型环 5 由滚珠轴承 4 固定，顶出时顶杆 2 推动塑件，齿型型环 5 随之转动而使制品被顶出。

(2)推管顶出斜齿轮机构

在图 9.47 所示的推管顶出机构中，齿型型环 5 固定在滚珠轴承 6 内，并且端面与滚珠 4 接触，摩擦阻力较小。顶出时推杆 1 推动推管 2，蜗杆凹模 11 与制品同时被顶出，齿型型环 5 沿斜齿轮螺旋方向转动，最后手工旋下蜗杆凹模。

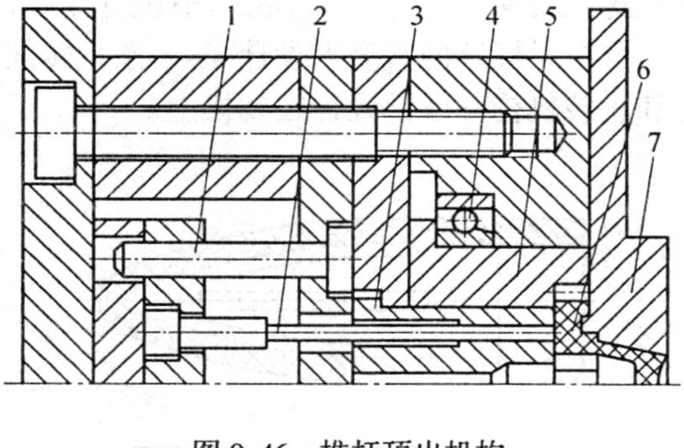

图 9.46　推杆顶出机构

1—导柱；2—顶杆；3—镶件；4—滚珠轴承；5—齿型型环；6—制件；7—定模

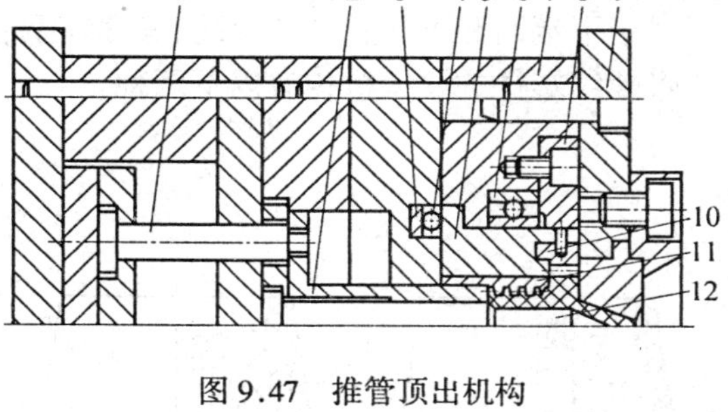

图 9.47　推管顶出机构

1—推杆；2—推管；3—垫圈；4—滚珠；5—齿型型环；6—滚珠轴承；7—动模；8—轴承盖；9—定模底板；10—齿型凹模 11—蜗杆凹模；12—型芯

9.9.2　带螺纹塑件的脱模机构

通常塑件上的内螺纹由螺纹型芯成型，而外螺纹则由螺纹型环成型。螺纹型芯和螺纹型环均可以分为整体式和组合式，组合式型环结构的脱模方法与一般侧凹相同，可参考第 10 章的内容。下面主要讨论采用整体式螺纹型芯型环时的脱模机构与方法。

为了使塑件从螺纹型芯或型环上脱出，塑件和螺纹型芯或型环之间必须要有相对的转动和轴向移动。如果螺纹型芯或型环在转动时，塑件也随着一起转动，则塑件就无法脱出，为此，在塑件设计时应特别注意塑件上必须带有止转结构。

图 9.48 是塑件外形和上端面带有止转结构的几种形式，图(a)~(f)为塑件外形上设止转的形式；图(g)和(h)为内螺纹塑件端面设止转的形式。模具设计时，一般螺纹型芯在动模，止转机构在定模。

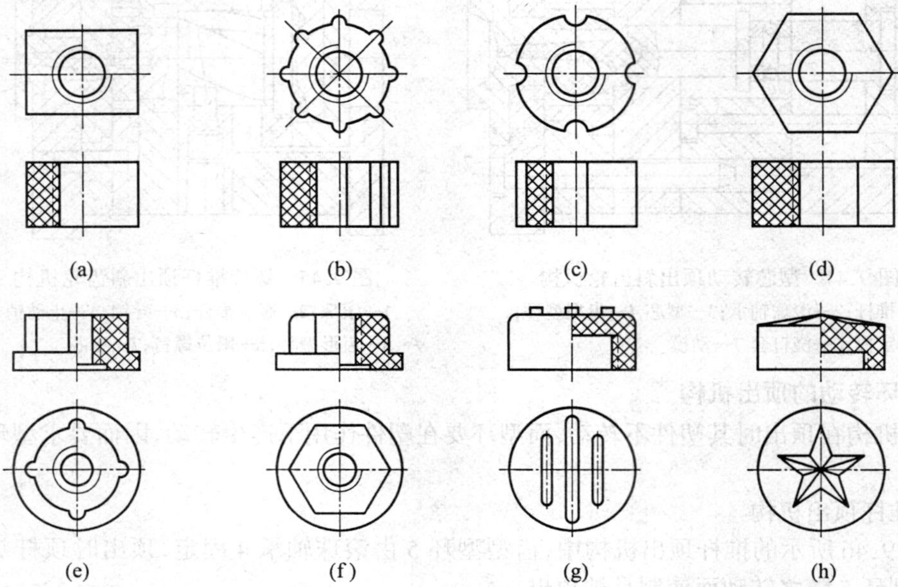

图 9.48　塑件外形和上端面止转结构

图 9.49 是止转结构设置在塑件下端面的情况，图(a)是在螺纹轴线垂直的端面上作出不少于 4 个止转孔，孔深大于 0.5 mm；图(b)是在螺纹轴线垂直的端面上作出 1 个带棘齿的圆环，齿的深度不小于 0.25 mm。

图 9.50 是塑件内孔止转结构，图(a)是深孔短螺纹的笔杆类塑件，可在孔中设计 3~6 条长止转筋，对于内径大而浅的瓶盖类塑件，如图(b)可在无螺纹的直壁上设计 4~8 条止转筋。

对于下端面和内孔止转的情况，其螺纹型芯和止转机构一般都设计在动模上。

带螺纹塑件的脱模机构有以下两种。

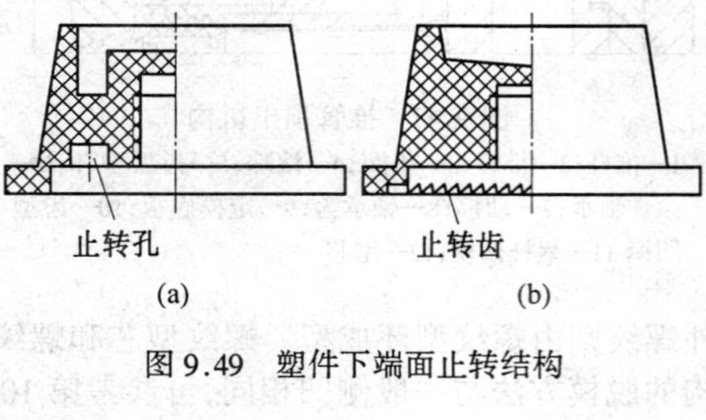

图 9.49　塑件下端面止转结构

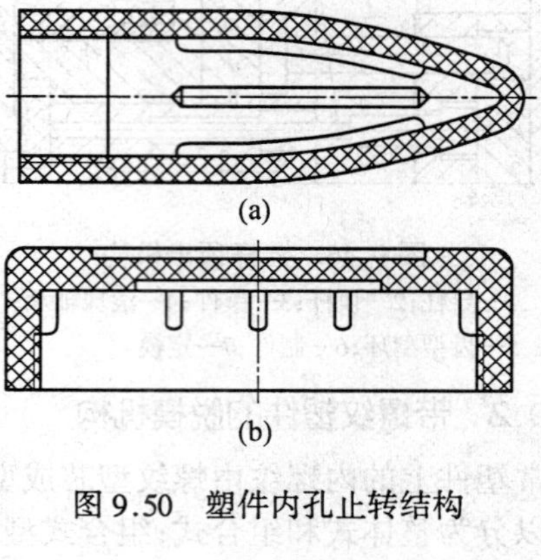

图 9.50　塑件内孔止转结构

1. 手动脱模

手动脱模分模内和模外手动脱模两类，后者为活动螺纹型芯和型环，开模后随塑件一起脱出模具，然后在模具外用专用工具由人工将塑件从螺纹型芯或型环上拧下，这类脱卸方式的模具结构，在前面螺纹型芯和型环的设计中已有介绍，不再重复。

图 9.51 是一种简易的模内手动脱螺纹机构，塑件成型后，需先用专用工具将螺纹型芯脱出，然后再由顶出机构将塑件从模腔中脱出。该机构结构简单，但劳动强度大，生产效率低。

图 9.52 是一种具有增力作用的手动脱螺纹机构，塑件成型后，通过人工摇动与齿轮 6 相连的手柄，然后由齿轮 6 带动齿轮 5 旋转，使螺纹型芯从塑件上卸下来，然后再开模取出塑件。该机构只适合小批量生产。

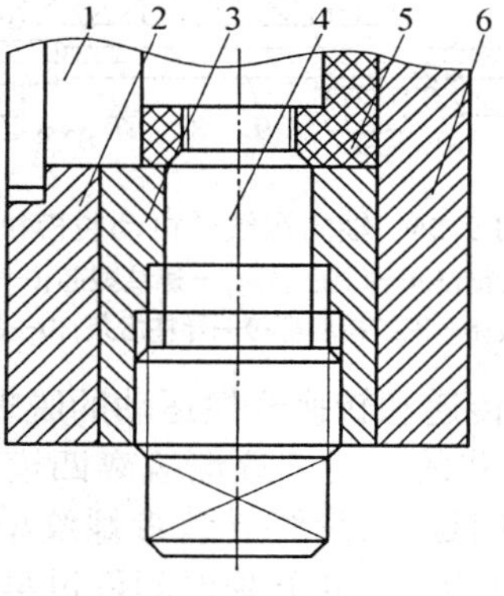

图 9.51 简易的模内手动脱螺纹机构

1—凸模；2—凸模固定板；3—动模板；4—螺纹型芯；5—塑件；6—定模板

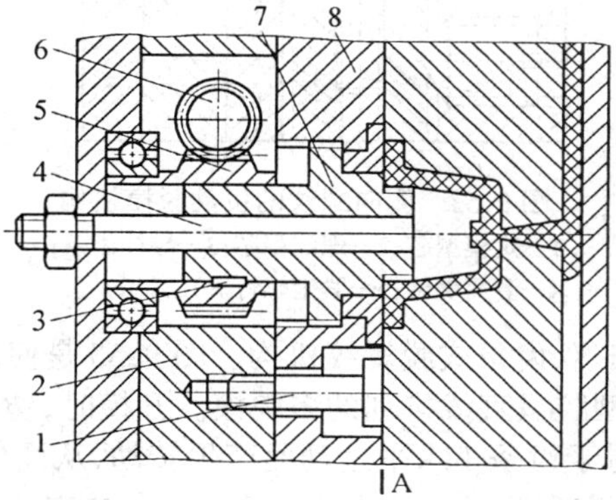

图 9.52 带增力的模内手动脱螺纹机构

1—限位螺钉；2—垫板；3—键；4—型芯；5、6—齿轮；7—螺纹型芯；8—动模板

手动脱螺纹机构较机动脱螺纹机构简单，但劳动强度大，效率低，适合小批量生产。设计螺纹型芯时应注意，如果是先脱螺纹后脱塑件，则型芯的两组螺纹的螺距与旋向均应一致，否则脱螺纹无法进行。

2. 机动脱模

(1)利用开合模动作脱螺纹的机构

机动脱模通常是将开合模的往复运动转变成旋转运动而使塑件上的螺纹脱出，或是在注射机上设置专用的开合模丝杠，机动脱螺纹的模具生产率高，但结构较复杂，模具制造成本较高。

①侧向螺纹的机动脱模机构。图 9.53 为侧向脱螺纹的结构，其螺纹轴线与开模方向垂直，可以比较方便地利用齿轮齿条把开模时动模的直线运动转变成螺纹型芯的旋转运动，但要求型芯成型端与非成型端的螺距必须相等。

开模后，带齿轮的螺纹型芯 2 在导柱齿条 3 带动下旋转，并在套筒螺母的作用下向下运动而退出塑件。该结构中齿轮的宽度要保证螺纹型芯在脱模和复位过程中，能在移动到左右两端极限位置时仍和齿条保持接触。

②轴向螺纹的机动脱模机构。螺纹轴线与开模方向平行时，需要将开模运动变成旋转运动并改变方向后，才能驱动螺纹型芯进行脱模。

i. 齿轮齿条式轴向脱螺纹机构。如图 9.54 所示，它适用于圆周布排的侧浇口多型腔模具。开模时，齿条导柱 9 带动齿轮 10 转动，经锥齿轮 1、2 改变传动方向，再经圆柱齿轮 3 和 4，使螺纹型芯 5 和螺纹拉料杆 8 旋转，迫使塑件脱出螺纹型芯和凹模板 7。螺纹拉料杆 8 的作用是为了把主流道凝料从定模中拉出，使其与塑件一起滞留在动模一侧，但要注意由于齿轮 3 和齿轮 4 旋向相反，所以拉料杆 8 上的螺纹旋向也应和螺纹型芯 5 的旋向相反。

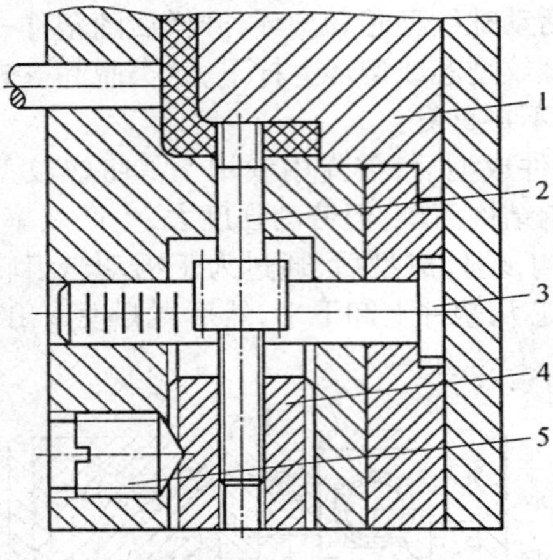

图 9.53　侧向螺纹的机动脱模机构

1—定模型芯；2—螺纹型芯；3—导柱齿条；4—套筒螺母；5—紧定螺钉

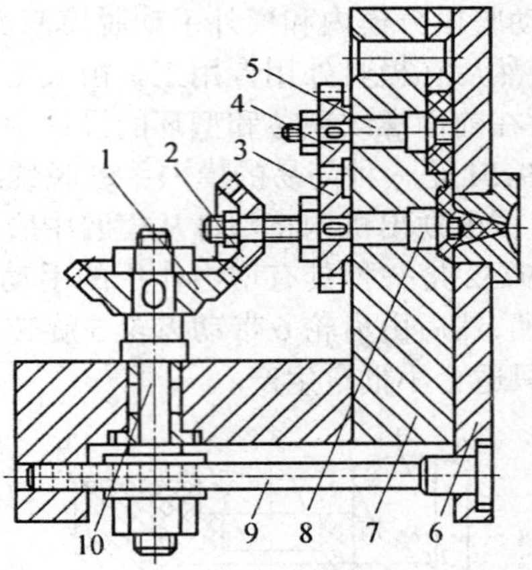

图 9.54　轴向螺纹的机动脱模机构

1、2—锥齿轮；3、4—圆柱齿轮；5—螺纹型芯；6—定模底板；7—动模板；8—螺纹拉料杆；9—导柱齿条；10—齿轮轴

ⅱ. 双齿条式脱螺纹机构。图 9.55 是使用两根齿条传递和转换开模运动的脱螺纹机构，适用于型腔呈直线排列的多腔模。开模时，塑件在螺纹型芯的带动下逐渐脱离凹模；同时，齿轮 2 相对于齿条 1 水平运动而产生转动，从而使齿条 3 侧向运动，最终导致带螺纹型芯的齿轮 4 旋转，实现脱模。该机构凹模和塑件应有止转结构，并且为了防止开模时塑件过早地脱离凹模而失去止转作用或塑件与型芯脱离后留在凹模内无法取出，应设计恰当的传动比，使其在塑件脱离凹模时，保留在型芯上 3/4 圈螺纹，从而在后续旋转过程中自动脱落。

ⅲ. 螺杆螺母式脱螺纹机构。图 9.56 为用一根大升角螺杆或多头螺杆随开模运动插入固定安装的螺母之后，将开模运动转变成旋转运动的机构示意图，图中的小齿轮可与螺纹型芯连接，这种机构适用于型腔呈圆周布置的多腔模。

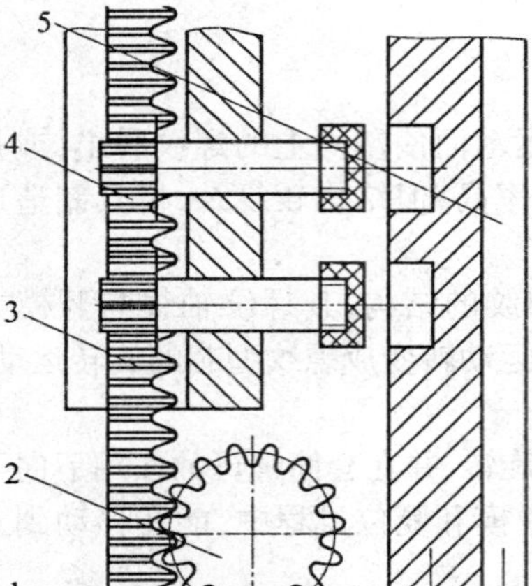

图 9.55　双齿条式脱螺纹机构

1、3—齿条；2—传动齿轮；4—螺纹型芯齿轮；5—定模板

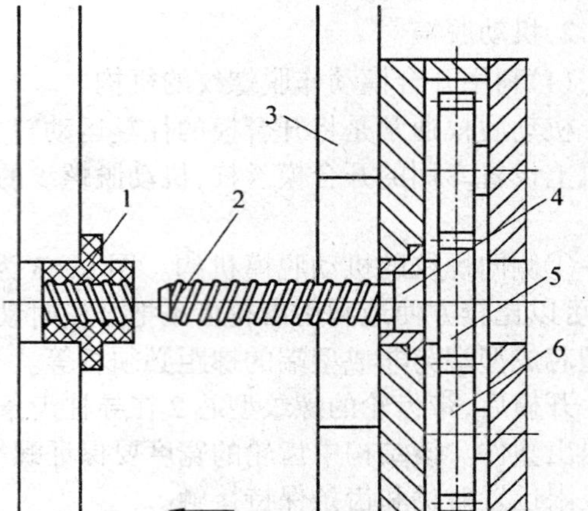

图 9.56　螺杆螺母式脱螺纹机构

1—固定螺母；2—动模板大齿轮；3—大升角螺杆或多头螺杆；4—转轴；5—小齿轮；6—大齿轮

(2)利用开合模丝杠脱螺纹的机构

当采用直角式注射机时，可利用其上开合模丝杠传递运动，如图9.57所示。开模时，开合模丝杠1带动模具上的主动齿轮轴2转动，并通过从动齿轮3带动螺纹型芯4旋转，与此同时，定模上的凹模固定板6在弹簧7的作用下随动模部分移动，使塑件保持在型腔5内止动，于是螺纹型芯便可逐渐脱出塑件；当动模后退一定距离后，凹模固定板6在限位螺钉8的作用下停止移动，导致动定模开始分型，而此时螺纹型芯4需在塑件内保留一牙螺纹不脱出，以便将塑件从凹模型腔5中拉出。

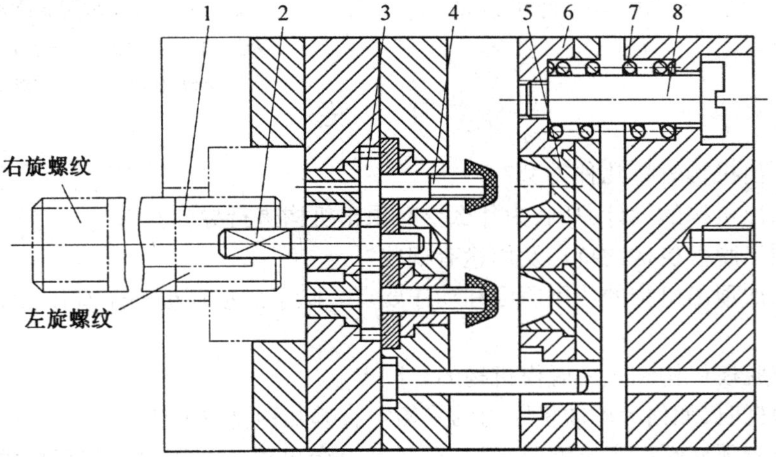

图9.57　直角式注射机多腔螺纹旋出机构

1—开合模丝杠；2—主动齿轮轴；3—齿轮；4—螺纹型芯；5—凹模型腔；6—凹模固定板；7—弹簧；8—限位螺钉

设计这类模具时应注意，注射机开合模丝杠的螺距一般和塑件上的螺距不等，即使经过齿轮变速传动，也很难使动模的移动速度与螺纹型芯的退出速度相等。为了补偿两者的速度差，防止螺纹型芯过早地将塑件从凹模型腔中拉出，使塑件的外形失去止转的作用，必须在定模部分增设一分型面，以保证在脱卸螺纹型芯的过程中，塑件始终保持在凹模内不发生转动。

(3)利用外部动力脱卸螺纹的机构

制品上的螺纹也可依靠外部动力进行脱卸，如在模具上安装电动机、液压装置和气动装置等，但这些外部动力一般都还需要经过一系列传动零件才能使螺纹型芯或型环转动。

①电动机脱卸螺纹的机构。图9.58是电动机带动蜗轮蜗杆机构脱卸螺纹的机构。工作原理为：开模后，电动机（图中未画出）通过蜗杆、蜗轮和齿轮带动螺纹型芯6转动，使制品逐步从型芯上脱出。图中每个螺纹型芯周围都有止动针4插入制品端面止转，它们安放在下面装有弹簧的托

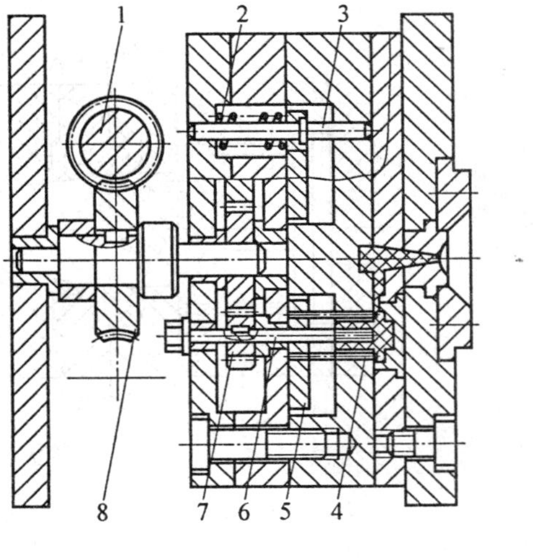

图9.58　电动机脱卸螺纹的机构

1—蜗杆；2—弹簧；3—复位杆；4—止动针；5—托板；6—螺纹型芯；7—齿轮；8—蜗轮

板 5 上，托板受弹簧压缩反力作用，在螺纹型芯转动时随制品一起上升，直到退完螺纹使制品脱出型芯为止。合模时，复位杆 3 将托板连同止动针一起推回原位。

②液压缸脱卸螺纹的机构。双齿条式脱螺纹机构因齿条行程受开模距离的限制，不可能使齿轮转数太多，此时可以用外加液压缸带动齿条侧向运动，使齿轮型芯转动，其行程可以增加，如图 9.59 所示。

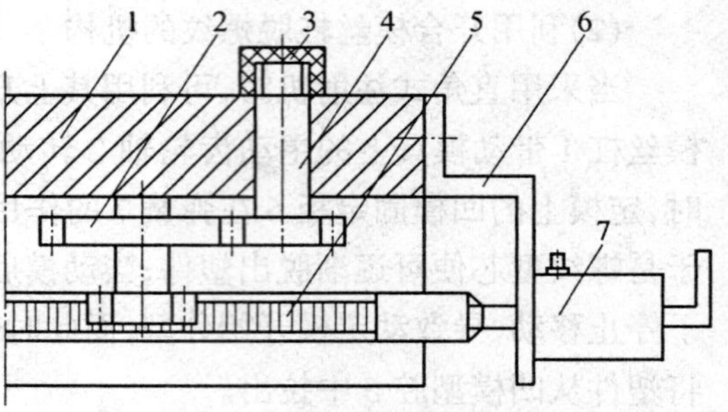

图 9.59　液压缸脱卸螺纹的机构

1—动模板；2—齿轮机构；3—塑件；4—螺纹型芯；5—齿条；6—液压缸支架；7—液压缸

习　题

1.一次顶出机构有哪几种类型?

2.论述顶出机构的设计原则，为什么要对顶出机构进行导向?

3.顶板顶出脱模机构的特点及用途有哪些?

4.说明二次顶出机构的使用原因和动作要点。除了成型顶板外还有什么情况需要采用二次顶出机构?

5.试述双脱模机构和顺序脱模机构的异同点。

6.布置顶杆时，如何考虑脱模阻力的平衡? 有哪几种复位方法?

7.合模时若顶杆端面高出型腔平面，在制品上会出现什么情况? 若顶杆端面低于型腔平面，在制品上又会出现什么情况? 在设计时如何考虑?

8.采用聚丙烯成型洗衣机缸筒，制品外形尺寸为 475 mm × 430 mm × 465 mm，平均厚度为 3 mm。在设计该制品的注射模时，考虑到型腔较深，为便于切工，型腔采用组合式结构，如图 9.60所示，且制品每一侧面允许有 1°的脱模斜度。按已知条件求得其所需型腔壁厚 b = 200 mm，试求顶板厚度及顶杆直径。

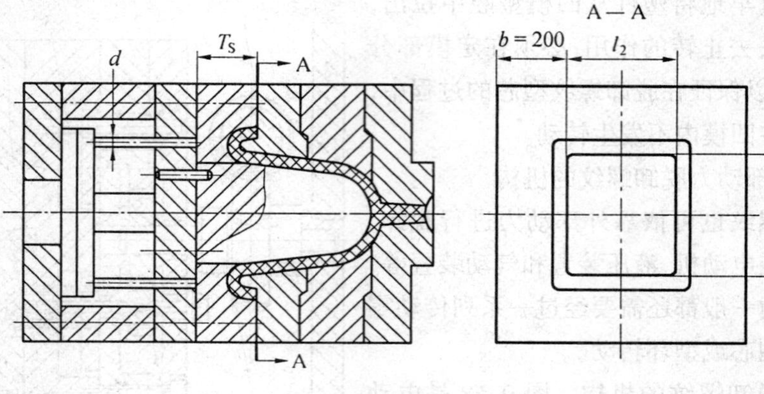

图 9.60　洗衣机注射模

第10章　侧向分型与抽芯机构设计

当塑料制品上具有与开模方向不一致的侧孔和侧凹时，成型模具的相应部位就必须有可侧向移动的零件，以便在脱模之前先抽出侧向成型零件，否则就无法脱模。带动侧向成型零件作侧向移动的整个机构称为侧向分型与抽芯机构，侧向分型一般指成型侧向凸凹的情况(包括垂直分型的瓣合模)，侧向抽芯则指成型侧孔的情况，两者原理基本相同，只是抽拔距计算方法不同，本章将侧向分型与侧向抽芯统称为侧向抽芯，在讨论具体结构时再进行细分。

10.1　侧向分型与抽芯机构分类

根据动力来源的不同，侧向分型与抽芯机构一般可分为手动、液压气动与机动三大类型。

1.手动侧向抽芯机构

利用人力将模具侧向分型或把侧向型芯从成型塑件中抽出。这一类机构操作不太方便、工人劳动强度大、生产率低，但模具的结构简单、加工制造成本低，因此常用于产品的试制、小批量生产或无法采用其他抽芯机构的场合。

手动侧向抽芯机构的形式很多，可根据不同塑料制件设计不同形式的手动抽芯机构，一般可分为模内手动抽芯和模外手动抽芯两类，而模外手动抽芯机构实质上是带有活动镶件的模具结构。如图10.1所示，其中图(a)为模内手动抽芯，脱模前，先用扳手转动螺杆5，使其上的型芯从制品1中脱出。当型芯较大，难以直接旋转抽芯时，可采用图(b)的手动抽芯机构，用扳手转动螺杆5，使其向外运动，带动型芯4从制品1中脱出。图(c)为模外手动抽芯机构，开模时，通过顶杆8使型芯4和制品1一起从模具中脱出，而后再将型芯从制品中脱出。

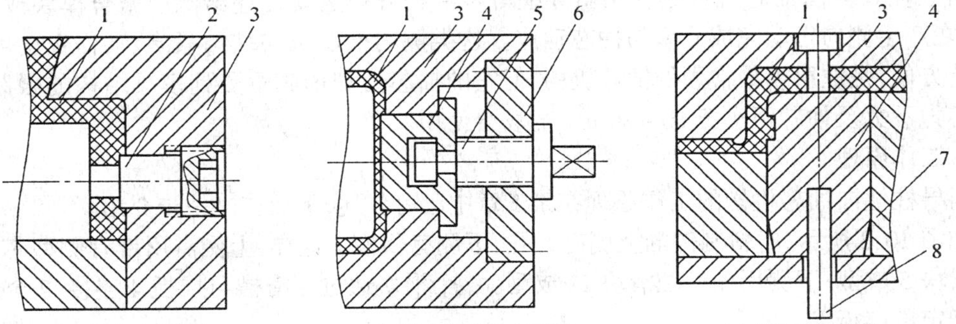

(a) 模内手动抽芯　(b) 模内手动抽大型芯　(c) 模外手动抽芯

图10.1　手动式侧向抽芯机构

1—塑件；2—型芯螺杆；3—凹模；4—型芯；5—螺杆；6—螺母板；7—凸模；8—顶杆

2.液压气动侧向抽芯机构

以液压力或压缩空气为动力进行侧向抽芯，多用于抽拔力大、抽芯距比较长的场合，例如大型管子塑件的抽芯等。其特点是抽拔力大、抽拔距长、运动平稳，特别是有些注射机本身已带有抽芯油缸，则采用液动式更为方便，但缺点是液动或气动装置成本较高。

图 10.2 是这类机构的工作示意图,图(a)是带有斜楔锁紧装置的侧抽芯机构,侧向型芯安装在动模,开模时先抽芯后顶出制品,然后液(气)压系统再使侧向型芯复位,准备下一次注射。图(b)适于抽拔侧向长型芯,可以避免使用瓣合模,使模具结构简化。

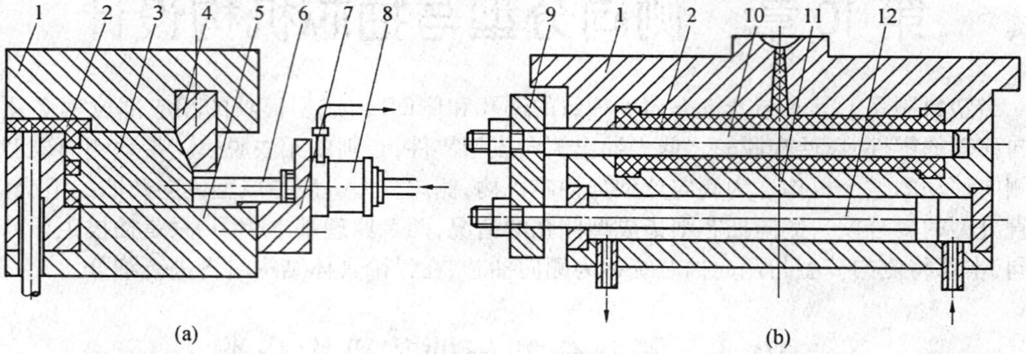

图 10.2 液压(气动)侧抽芯机构

1—定模座;2—塑件;3—侧滑块;4—压紧块;5—动模板;6—拉杆;7—油(气)缸固定装置;8—油(气)缸;9—联结板;10—型芯;11—动模板(内置油缸);12—活塞杆

3.机动侧向抽芯机构

利用注射机的开模运动并对其改变方向,使模具产生侧向分型或把侧向型芯从制品中抽出。虽然结构比较复杂,但操作方便、生产率高,目前在生产中应用最多。根据传动零件不同,可分为斜导柱式、弯销式、斜滑块式和齿轮齿条式等许多类型,其中斜导柱式最常用,下面分别予以介绍。

10.2 斜导柱式侧向抽芯机构

10.2.1 斜导柱式侧向抽芯机构设计

斜导柱式侧向抽芯机构是利用斜导柱等零件把开模运动传递给侧向瓣合模块或侧向型芯,使之产生侧向运动完成分型与抽芯动作。这类侧向抽芯机构结构紧凑、动作安全可靠、加工制造方便,是注射模最常用的抽芯机构,但它的抽芯力和抽芯距受到模具结构的限制,一般在抽芯力不大及抽芯距小于 60 ~ 80 mm 的场合使用。

1.工作原理

斜导柱侧向抽芯机构的工作原理在第 5 章中已有叙述,下面作进一步介绍。

如图 10.3 所示,塑料制件的上侧有通孔,下侧有凹槽。这样,上侧需用带有侧型芯 7 的侧型芯滑块 5 成型;下侧用侧型腔滑块 11 成型。2 个滑块通过导滑槽与推板 4 连接,2 个斜导柱固定于定模座板上。

开模时,塑件包在凸模 10 上随动模部分一起向左移动,在斜导柱的作用下,侧型芯滑块 5 和侧型腔滑块 11 随推板 4 后退的同时,在推板的导滑槽内分别向上侧和向下侧移动,使侧型芯和侧型腔逐渐脱离塑件,直至斜导柱分别与两滑块脱离,侧向抽芯和分型才告结束。

为了在滑块脱离斜导柱后不产生运动而影响脱模,并在合模时斜导柱能准确地插入滑块上的斜导柱孔中,要设置滑块的定距限位装置。在压缩弹簧 1 的作用下,侧型芯滑块 5 在抽芯结束的同时紧靠上挡块 3 而定位,侧型腔滑块 11 则在侧向分型结束时由于自身的重力定位于下挡块 14 上。

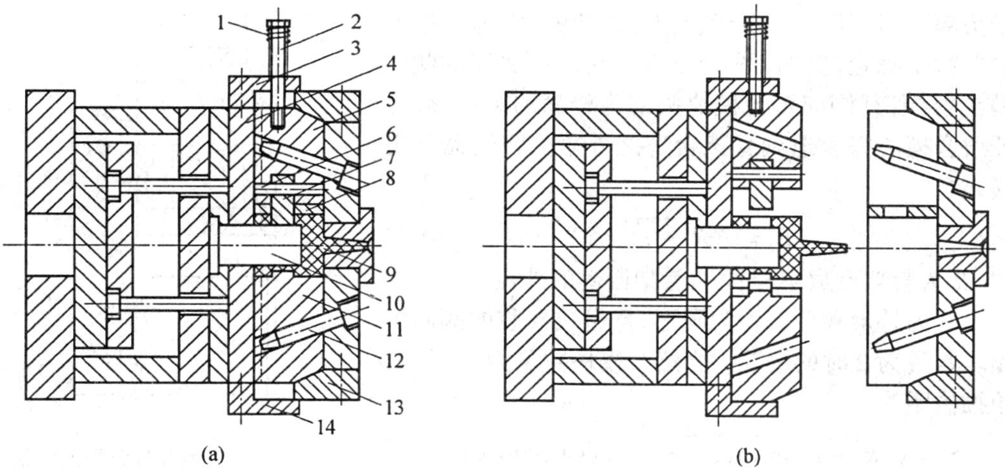

图 10.3　斜导柱侧向分型抽芯机构

1—弹簧；2—螺杆；3—上挡块；4—推板；5—侧型芯滑块；6—销；7—侧型芯；8—型腔板；9—塑件；10—凸模；11—侧型腔滑块；12—斜导柱；13—压紧块；14—下挡块

动模部分继续向左移动，顶出机构动作，通过推板 4 把塑件从凸模 10 上脱下来。合模时，滑块靠斜导柱复位，在注射时，滑块 5 和 11 分别由压紧块锁紧，以使其处于正确的成型位置而不因受熔体压力的作用向两侧松动。

以上可知，斜导柱式侧向分型与抽芯机构主要由斜导柱、滑块、压紧块和定位装置等零部件组成，此外，还需要一些与开合模动作有关的复位装置和定距拉紧装置等。下面分述这些零部件的设计和其他有关问题。

2. 斜导柱的设计

(1)斜导柱的结构

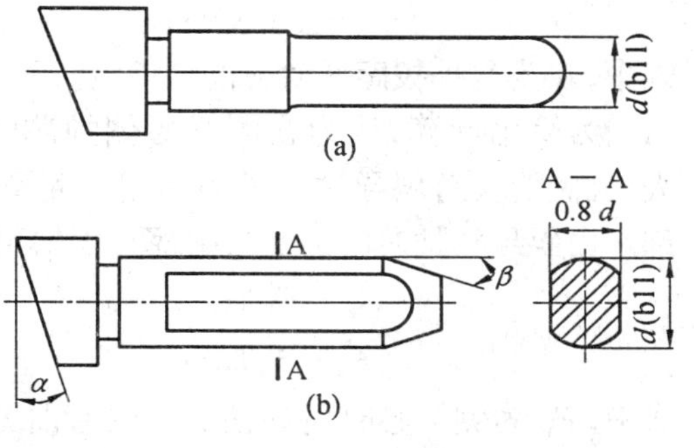

图 10.4　斜导柱的形状

如图 10.4 所示，斜导柱的端部应设计成锥形或半球形，以使斜导柱能够顺利进入斜导柱孔。鉴于半球形加工较困难，所以一般设计成锥形，其锥台斜角 θ 应大于斜导柱倾斜角 α，一般 $\theta = \alpha + (2° \sim 3°)$，以免端部锥台参与侧抽芯，导致滑块停留位置不符合设计要求。为了减少斜导柱与滑块上斜导孔之间的摩擦力，可在斜导柱工作长度部分的外圆轮廓铣出两个对称平面，如图 10.4(b)。斜导柱主要用来传递运动，为了保证运动的灵活，滑块上斜导柱孔与斜导柱之间可以采用较松的间隙配合 H11/b11，或在两者之间保留 0.5 ~ 1 mm 的间隙。有时为了使滑块的运动滞后于开模动作，以便分型面先打开一定的缝隙，让塑件与凸模之间先松动之后再驱动滑块作侧抽芯，这时的间隙可放大至 2 ~ 3 mm。斜导柱与其固定板之间采用过渡配合 H7/m6。

斜导柱的材料多为 T8、T10 等碳素工具钢，也可以用 20 钢渗碳处理，热处理要求硬度 HRC≥55，表面粗糙度 $Ra \leqslant 0.8\ \mu m$。

(2)抽拔距

侧向型芯或侧向瓣合模块从成型位置到不妨碍制品顶出脱模位置所移动的距离称为抽拔距。通过计算得出的抽拔距称为理论抽拔距 S_1。对于平头型芯，S_1 等于侧孔或侧凹的深度；

对于头部为圆弧形或复杂形状型芯或凹模，S_1 应根据弧面的形状来确定，例如，图 10.5 是一个线圈骨架的侧向分型注射模，其侧向瓣合模块头部为较深的圆弧形，为保证瓣合模块完全退到骨架台肩之外才能将制品顶出脱模，故

$$S_1=\sqrt{R^2-r^2} \tag{10.1}$$

式中，R 为骨架台肩半径；r 为骨架圆筒的外径。

上式为外形和台肩均为圆形，且组成模腔的侧向瓣合模块数量为 2 时的情况。当瓣合模块数量为 n 时，其理论抽拔距为

$$S_1=\sqrt{R^2-r^2\sin^2(180°/n)}-r\cos(180°/n) \tag{10.2}$$

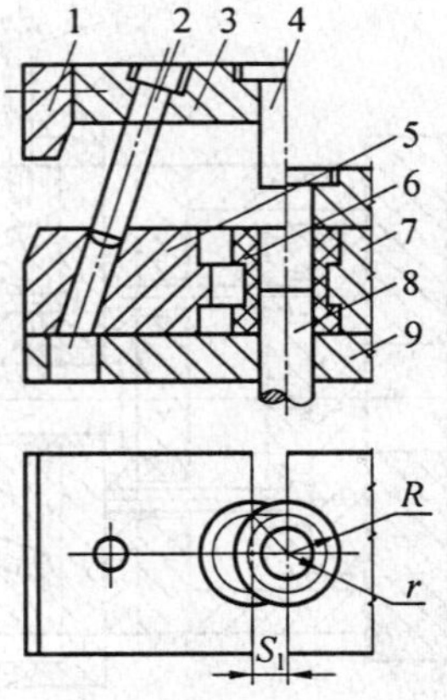

图 10.5　绕线骨架的抽拔距

1—压紧块；2—斜导柱；3—定模板；4—定模型芯；5—左瓣合模块；6—塑件；7—右瓣合模块；8—动模型芯；9—动模板

为了安全起见，设计时采用的抽拔距 S 应比理论抽拔距 S_1 大 2～3 mm，即 $S=S_1+(2\sim3)$ mm。

(3)斜导柱倾斜角

斜导柱轴向与开模方向的夹角称为斜导柱的倾斜角 α，如图 10.6 所示。α 的大小对斜导柱的有效工作长度 L、抽芯距 S 和受力状况等起着决定性的影响。

由图 10.6 可知

$$L=S/\sin\alpha \tag{10.3}$$

$$H=S/\tan\alpha \tag{10.4}$$

式中，H 为与抽拔距 S 对应的开模距。

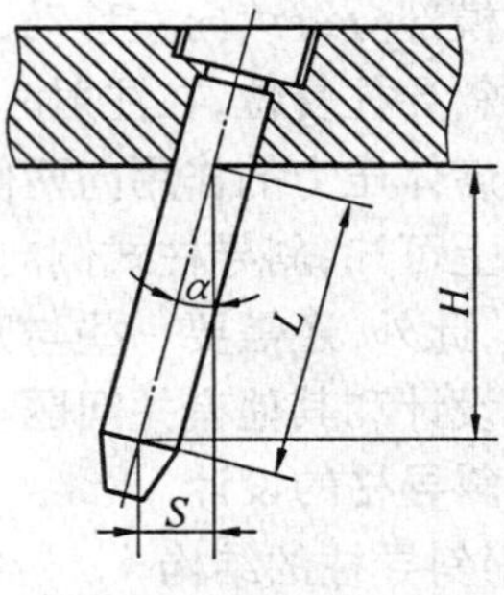

图 10.6　斜导柱工作长度与抽拔距关系

为简化计算，认为在刚开始侧抽芯时的脱模力最大，且侧滑块对斜导柱的阻力作用在侧滑块的中部。由斜导柱抽芯时的受力图(图 10.7)可知

$$F_w=F_t/\cos\alpha \tag{10.5}$$

$$F_k=F_t\tan\alpha \tag{10.6}$$

式中，F_w 为侧抽芯时斜导柱所受的弯曲力；F_t 为侧抽芯时的脱模力；F_k 为侧抽芯时所需的开模力。

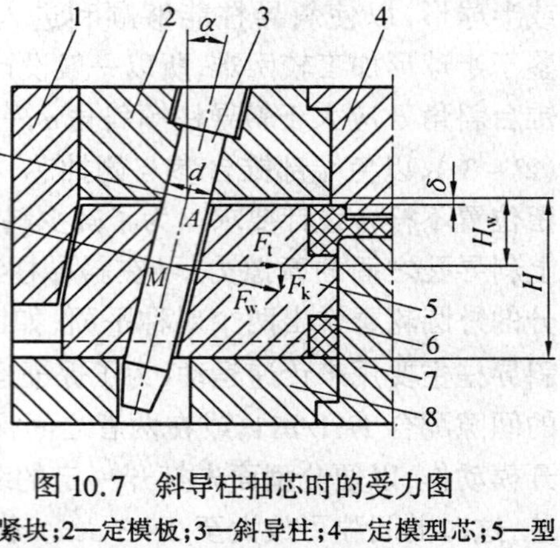

图 10.7　斜导柱抽芯时的受力图

1—压紧块；2—定模板；3—斜导柱；4—定模型芯；5—型芯滑块；6—塑件；7—动模型芯；8—动模板

由式(10.3)～(10.6)可知，随 α 增大，L 和 H 减小，有利于减小模具尺寸，但 F_w 和 F_k 增大，不仅影响斜导柱的强度和刚度，所需开模力也增大；反之，α 越小，在抽拔力相同时，斜导柱受力和需要的开模力越小，但在获得相同抽拔距的情况下，斜导柱的长度就要增长，开模距就要变大，因此模具尺寸会增大。综合考虑两方面因素，经计算，α 取 22°33′ 比较理想，设计时一般取 $\alpha<25°$，最常用为 $12°\leqslant\alpha\leqslant22°$。

当抽芯方向与模具开模方向成一定夹角 β 时，也可采用斜导柱抽芯机构，如图 10.8 所示。图(a)为滑块外侧向动模一侧倾斜 β 角，影响抽芯效果的斜导柱有效倾斜角变大为 $\alpha_1=\alpha+\beta$；

图(b)为滑块外侧向定模一侧倾斜 β 角,斜导柱的有效倾斜角减小为 $\alpha_2=\alpha-\beta$。由于斜导柱的有效倾斜角 α 应在 12°~22°间选取,图(a)中 α 值应比不倾斜时小 β,而图(b)中 α 值应比不倾斜时大 β。

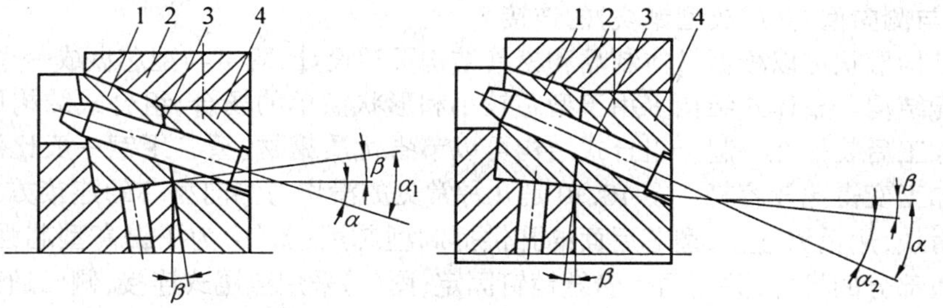

图 10.8 抽芯方向与开模方向不垂直的情况

1—侧滑块;2—压紧块;3—斜导柱;4—定模板

在确定斜导柱倾斜角 α 时,通常抽拔距短时可适当取小些,抽拔距长时取大些,抽拔力大时可取小些,抽拔力小时可取大些。

(4)斜导柱的长度计算

斜导柱的总长度 $L_{总}$ 与抽芯距、斜导柱的直径和倾斜角以及斜导柱固定板厚度等有关。在图 10.9 中

$$L_{总}=L+L_1+L_2+L_3+(5\sim10)\ \text{mm}=S/\sin\alpha+d_2/(2\tan\alpha)+h/\cos\alpha+(5\sim10)\ \text{mm} \tag{10.7}$$

式中,h 为斜导柱固定板厚度;d_2 为斜导柱固定部分大端直径;L 为斜导柱工作长度,按式(10.3)计算;L_1 为斜导柱大端因倾斜而增加的高度;L_2 为斜导柱固定部分长度,由固定板厚度 h 和倾斜角 α 确定;L_3 为斜导柱头部长度。

(5)斜导柱的直径计算

斜导柱的直径主要受弯曲力的影响,由图 10.9 斜导柱所受的弯矩为

$$M_w=F_wL_w \tag{10.8}$$

式中,M_w 为斜导柱所受弯矩;L_w 为斜导柱弯曲力臂。

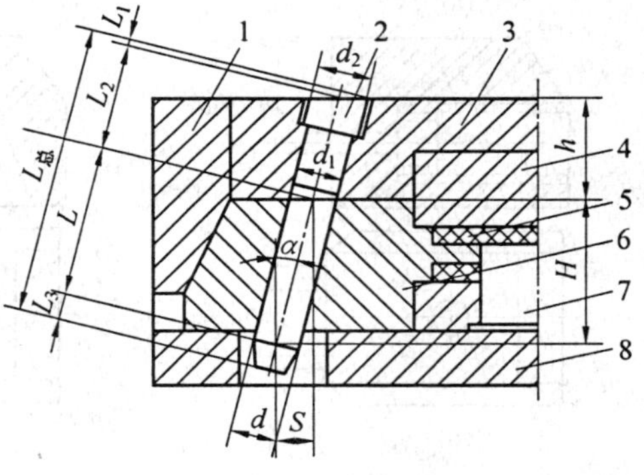

图 10.9 斜导柱的长度

1—压紧块;2—斜导柱;3—定模板;4—凹模;5—塑件 6 - 型芯滑块;7—型芯;8—动模板

由材料力学可知

$$M_w=[\sigma_w]W \tag{10.9}$$

式中,$[\sigma_w]$为斜导柱所用材料的许用弯曲应力;W 为抗弯截面系数。

斜导柱的截面一般为圆形,其抗弯截面系数为

$$W=\frac{\pi}{32}d^3\approx0.1d^3 \tag{10.10}$$

所以斜导柱的直径为

$$d=\sqrt[3]{\frac{F_wL_w}{0.1[\sigma_w]}}=\sqrt[3]{\frac{F_tL_w}{0.1[\sigma_w]\cos\theta}} \tag{10.11}$$

3.侧滑块设计

侧滑块(简称滑块)是斜导柱侧向抽芯机构中的重要零部件,它上面安装有侧向型芯或侧向成型块,注射成型时塑件尺寸的准确性和移动的可靠性都需要靠它的运动精度保证。

(1)滑块与侧向型芯(或成型镶块)的连接

滑块的结构形状可以根据具体制品和模具结构灵活设计,既可与型芯做成一个整体,也可采用组合装配结构。整体式结构多用于型芯较小和形状简单的场合,组合式结构则是把型芯与滑块分开加工后装配在一起。组合式结构可以节省优质钢材(型芯用钢一般比滑块用钢要求高),并使加工变得比较容易。图 10.10 是几种常见的滑块与侧向型芯的连接方式,图(a)采用型芯嵌入滑块,用销钉连接,型芯后面的孔供拆卸型芯用;图(b)为了提高型芯强度,适当加大了型芯嵌入部分的尺寸,并用两个骑缝销钉固定;图(c)采用燕尾式连接,侧面通过导滑面限位,适于型芯较大的场合;图(d)适用于小型芯,型芯尾部可加粗后用螺塞压紧;图(e)适用于薄片型芯,采用通槽嵌装和 2 个销钉紧固;图(f)适用于多型芯场合,各型芯采用压板固定。

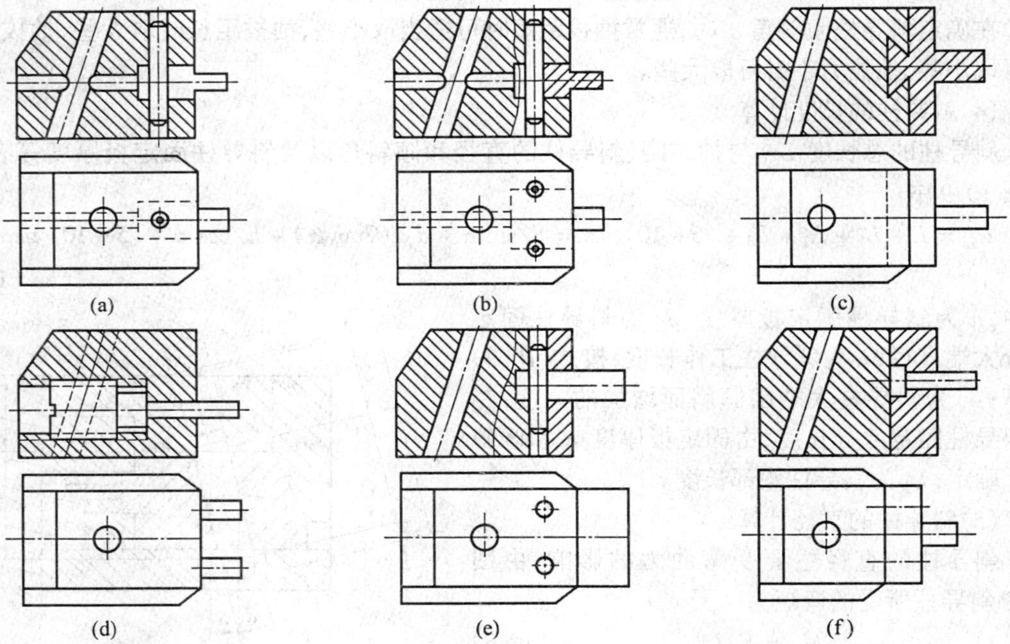

图 10.10　侧型芯与滑块的连接

(2)导滑槽设计

侧向抽芯和复位过程中,滑块必须在滑槽内往复运动,并要求运动平稳且具有一定导向精度。设计滑槽时,可参考图 10.11 所示的几种常用结构。图(a)是 T 形导滑槽的整体式结构,比较紧凑,多用于小型模具的抽芯机构,但加工困难,不容易保征配合精度;(b)~(e)都是组合式,(b)和(c)最常用,(b)由两条镶块组成滑槽,导滑部分容易加工,配合精度也易保证,(c)除具有(b)的特点外,装配更为方便;(d)的导滑部分设在中间的镶块上,可减少导滑加工面;(e)的导滑部分设在滑块中部,适于滑块上下方均无支承的场合;图(f)是整体燕尾槽导滑的形式,导滑的精度较高,但加工更加困难。

设计滑槽时还应注意以下问题。

①滑块的滑动配合长度通常要大于滑块宽度的 1.5 倍;完成抽拔动作后,滑块的有效滑动配合长度(保留在滑槽内的长度)不应小于滑块的宽度,否则,滑块开始复位时容易偏斜,造成

运动不畅，甚至损坏模具。当模具尺寸较小时，为了保证滑槽长度，可以把滑槽局部加长，使其伸出模外。

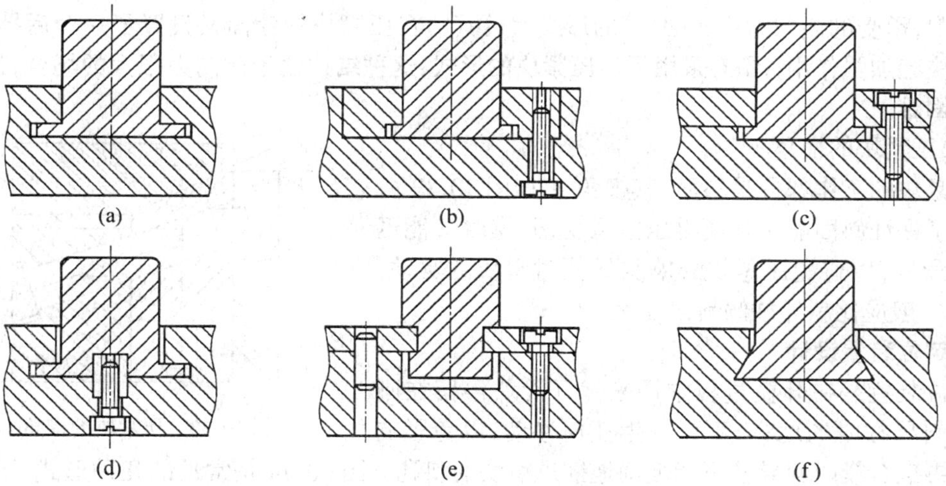

图 10.11　导滑槽的结构

②滑槽对滑块的导滑部位采用间隙配合，可选用 H8/g7 或 H8/f7，其他各处均应留有间隙。滑块和滑槽的导滑面的表面粗糙度 $Ra \leqslant 0.8\ \mu m$。

4.压紧块设计

在注射成型过程中，侧向成型零件受到塑料熔体较大的推力作用，这个力通过滑块传给斜导柱，而一般的斜导柱为一细长杆件，受力后容易变形，导致滑块后移，因此必须设置压紧块，以便在合模后锁住滑块，承受塑料熔体给予侧向成型零件的推力。

(1)压紧块的形式

压紧块与模具的连接方式如图 10.12 所示，图(a)是与模板制成一体的整体式结构，牢固可靠，但消耗的金属材料较多，切削加工量大，加工精度要求较高，适合于侧向力较大的场合；图(b)是采用销钉定位、螺钉(三个以上)紧固的形式，结构简单、加工方便、应用较普遍，但承受

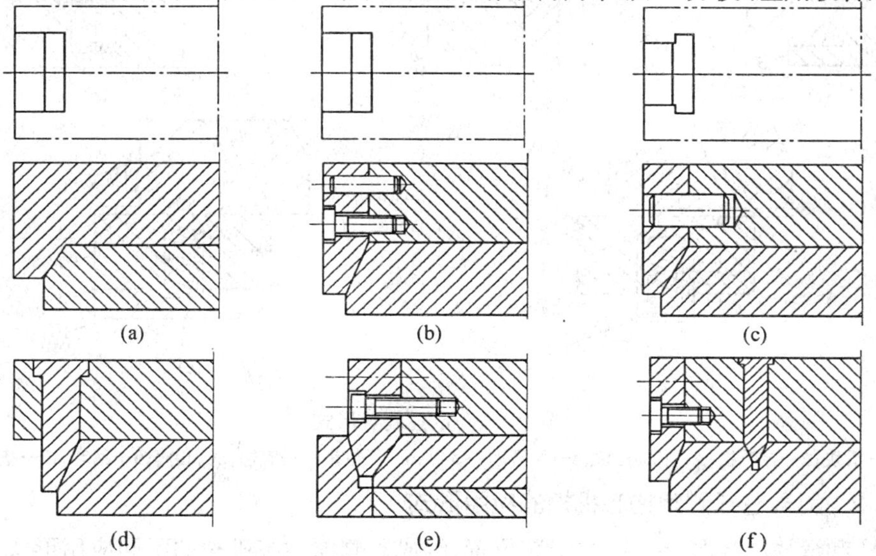

图 10.12　压紧块的结构形式

的侧向力较小,要求螺钉尽量靠下安装;图(c)采用T形槽固定并用销钉定位,能承受较大的侧向力,但加工不太方便,尤其是装拆困难,所以不常应用;图(d)把压紧块用H7/m6配合整体镶入模板中,承受的侧向力要比图(b)的形式大;图(e)在压紧块的背面又设置了一个后挡块,能对压紧块起加强作用;图(f)采用了双压紧块的形式,这种结构适于侧向力很大的场合,但安装调试较困难。

(2)压紧块的楔角

压紧块的工作部分是斜面,其楔角 α' 如图10.13所示。为了保证斜面能在合模时压紧滑块,开模时又能迅速脱离滑块,以避免压紧块影响斜导柱对滑块的驱动,楔角 α' 一般应比斜导柱倾斜角 α 大2°~3°。

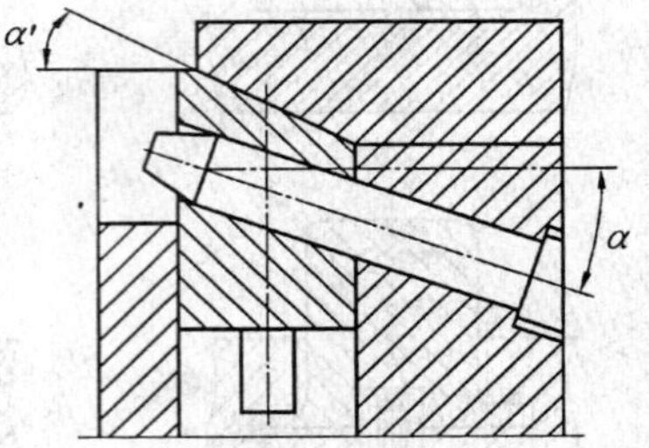

图10.13 压紧块的楔角

5.定位装置设计

定位装置是在开模过程中用来保证滑块停留在刚刚脱离斜导柱时的地方,不可发生任何移动,以免影响脱模和再次合模时斜导柱不能准确地插进滑块的斜孔。图10.14是常见的几种形式,图(a)利用滑块自重停靠在限位挡块上,结构简单,适于向下抽芯的模具;图(b)依靠压簧使滑块停留在限位挡块上,适用于任何方向的抽芯动作,但会使模具外形尺寸加大,为保证定位可靠,压簧的弹力应为滑块重量的2倍左右,压缩长度应为抽拔距的3倍;图(c)、(d)、(e)都是采用弹性定位方式,只是安装弹簧的方法有所不同,适用于侧向抽芯动作,弹簧钢丝直径可选1~1.5 mm,钢球直径可取5~10 mm。图(c)用螺塞压住弹簧,结构较简单,适合于导滑板较厚的情况;图(d)螺套固定弹簧,在导滑板较薄时可以采用;图(e)适合导滑板下面有垫板的情况。

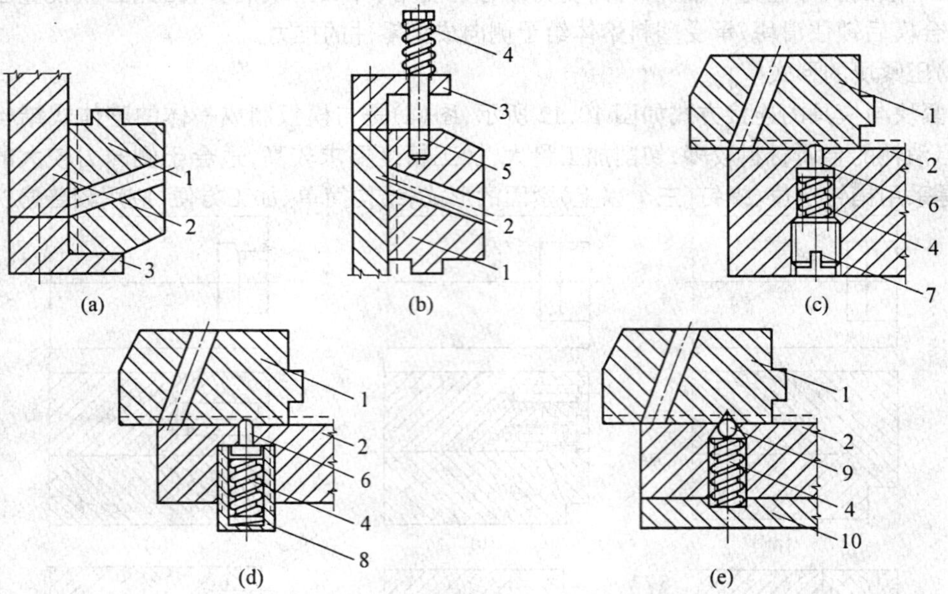

图10.14 定位装置形式

1—滑块;2—导滑板;3—限位挡块;4—弹簧;5—螺钉;6—限位销;7—螺塞;8—套筒;9—钢球;10—垫板

10.2.2 斜导柱式侧向抽芯机构的应用形式

斜导柱和滑块在模具上不同的安装位置,组成了侧向抽芯机构的不同应用形式,在设计时应根据塑料制件的具体情况合理选用。

1.斜导柱安装在定模、滑块安装在动模

这种形式应用最广泛,它的抽芯运动是在动定模分开时进行的,可完成较大的抽芯距;成型的塑件由顶出机构顶出,具有较高的自动化程度;既可使用于结构比较简单的单分型面注射模(图5.1、图10.3),也可使用于结构比较复杂的双分型面注射模(图10.15)。因此设计时,应优先考虑使用。

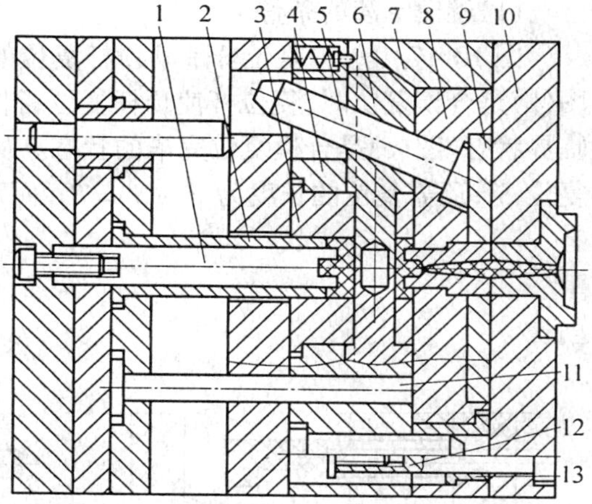

图10.15　斜导柱在定模、滑块在动模的双分型面注射模

1—型芯;2—推管;3—动模镶块;5—斜导柱;6—侧滑块;7—压紧块;8—中间板;9—垫板;10—定模座;11—复位杆;12—拉杆导柱;13—导套

在图10.15中,斜导柱5固定于中间板8上,垫板9固定斜导柱5,以防止在Ⅰ分型面分型后产生移动。开模时,动模部分向左移动,Ⅰ分型面首先分型,当能够从中取出浇注系统的凝料时,拉杆导柱12的左端螺钉与导套13接触,继续开模,Ⅱ分型面分型,斜导柱5驱动侧型芯滑块6在动模板4的导滑槽内作侧向抽芯,继续开模,在侧向抽芯结束后,顶出机构开始工作,顶管2将塑件从型芯1和动模镶件3中顶出。

在分型面Ⅱ的合模过程中,由斜导柱5驱动滑块6复位,当复位杆11与中间板8接触后,使顶出机构复位。

这种形式在设计时必须注意,滑块与顶杆在合模复位过程中不能发生“干涉”现象。干涉现象是指滑块的复位先于顶出元件(顶杆、顶管等)的复位,致使活动侧型芯与顶出元件相碰撞,造成活动侧型芯或顶出元件损坏的事故。

侧向型芯与顶杆发生干涉的可能性出现在两者在垂直于开模方向平面上的投影发生重合的条件下,如图10.16所示。所以,在模具结构允许的情况下,应尽量避免在侧型芯投影范围内设置顶出元件,如果受到模具结构的限制而一定要在该范围内设置顶出元件,则首先应考虑能使顶出元件顶出后仍低于侧型芯的最低面;当这一条件仍不能满足时,就必须分析产生干涉的临界条件和采取措施使顶出机构先复位,然后才允许侧型芯滑块复位,以避免干涉。下面分别介绍避免侧型芯与顶出元件干涉的条件和顶出元件先复位机构。

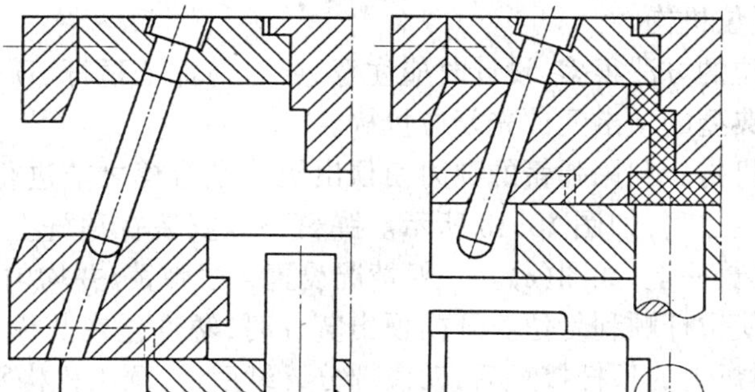

图10.16　干涉现象

(1)避免干涉的条件

图 10.17 为一种复位杆带动顶杆复位的斜导柱抽芯机构，图(a)为开模后顶杆顶出塑件，图(b)是合模复位时，复位杆使顶杆复位、斜导柱使侧型芯复位而侧型芯与顶杆不发生干涉的临界状态，图(c)是合模复位完毕的状态。从图中可知，在不发生干涉的临界状态下，侧型芯已复位 S'，还需复位的长度为 $S - S' = S_c$，而顶杆需复位的长度为 h_c，如果同时完全复位，应该有

$$h_c = S_c \tan \alpha$$

即

$$S_c = h_c \tan \alpha \tag{10.12}$$

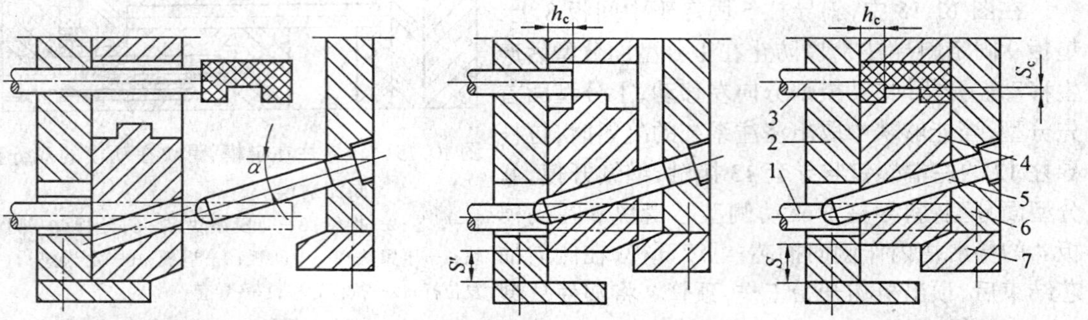

(a)开模推出状态　(b)合模时不发生干涉的临界状态　(c)合模复位完毕状态

图 10.17　不发生干涉的条件

1—复位杆;2—动模板;3—顶杆;4—滑块;5—斜导柱;6—定模板;7—压紧块

在完全不发生干涉的情况下，需要在临界状态时侧型芯与顶杆还有一段微小的距离 Δ，因此不发生干涉的条件为

$$S_c + \Delta = h_c \tan \alpha \tag{10.13}$$

或者

$$S_c < h_c \tan \alpha \tag{10.14}$$

式中，h_c 为在完全合模状态下顶杆端面到侧型芯的最近距离；S_c 为在垂直于开模方向的平面上，侧型芯与顶杆投影重合的长度；Δ 为在完全不干涉的情况下，顶杆复位到 h_c 位置时，侧型芯沿复位方向距离顶杆侧面的最小距离，一般取 Δ = 0.5 mm。

在一般情况下，只要满足式(10.13)，即可避免干涉。如果无法满足这个条件，则必须采用顶出元件先复位机构。

(2)顶出元件先复位机构

使顶出元件先复位的方法很多，设计时应注意，要容易保证顶杆、顶管等顶出零件的精确复位。下面介绍几种典型的顶出元件先复位机构。

①弹簧式先复位机构。利用弹簧的弹力使顶出机构在合模之前进行复位，弹簧安装在顶杆固定板和动模支承板之间，如图 10.18 所示。弹簧可以安装在顶杆上，如图(a)，复位杆上，如图(b)或另外设置的簧柱上，如图(c)。一般情况设置 4 根弹簧，并均匀分布在顶杆固定板的四周，以便受力均匀，使顶杆顺利复位。开模顶出塑件时，塑件包在凸模上一起随动模部分后退，当顶杆底板与注射机上的顶杆接触后，动模部分继续后退，顶出机构相对静止而开始脱模，弹簧被进一步压缩。开始合模时，注射机顶杆与顶杆底板脱离接触，在弹簧回复力的作用下顶杆迅速复位，因此在斜导柱还未驱动侧滑块复位时，顶杆便复位结束，从而避免了与侧型芯的干涉。弹簧先复位机构具有结构简单、安装方便等优点，但弹簧的回复力较小，而且容易疲劳失效，可靠性差，一般只适于复位力不大的场合，并需要定期更换弹簧。

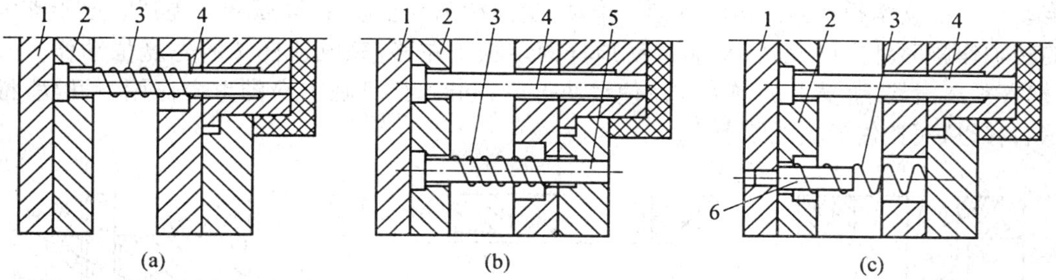

图 10.18　弹簧式先复位机构

1—顶杆底板;2—顶杆固定板;3—弹簧;4—顶杆;5—复位杆;6—簧柱

②楔杆三角滑块式先复位机构。如图 10.19 所示,合模时,固定在定模板上的楔杆 5 与三角滑块 2 先接触,使三角滑块在顶管固定板 1 的导滑槽内向下移动的同时迫使顶管固定板带动顶管向左移动而复位;然后斜导柱 6 与侧滑块 4 接触,使侧型芯滑块复位。由于顶管先于侧滑块复位,从而避免两者发生干涉。

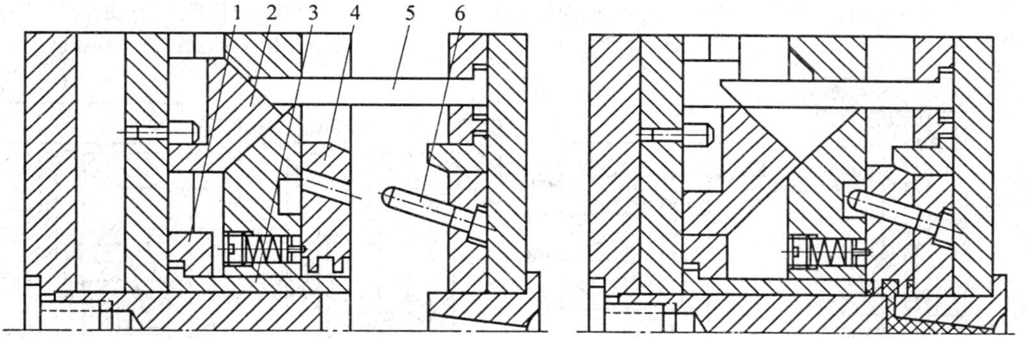

(a)楔杆接触三角滑块初始状态　　(b)合模状态

图 10.19　楔杆三角滑块式先复位机构

1—顶管固定板;2—三角滑块;3—顶管;4—侧滑块;5—楔杆;6—斜导柱

③楔杆摆杆式先复位机构。如图 10.20 所示,与楔杆三角滑块式复位机构相似,所不同的是摆杆代替了三角滑块。合模时,固定在定模板的楔杆 1 推动摆杆 3 上的滚轮,迫使摆杆绕着固定于动模垫板上的转轴作逆时针方向旋转,并推动顶杆固定板 4 向左移动,使顶杆 2 的复位先于侧型芯滑块的复位,避免侧型芯与顶杆发生干涉。为了减小滚轮与推板 5 的磨损,在推板 5 上常镶有淬硬态的垫板。

图 10.21 所示为楔杆双摆杆式先复位机构,其工作原理与楔杆摆杆式先复位机构相似,结构较为复杂,但摩擦力较小。

④滚珠顶管式先复位机构。如图 10.22 所示,合模时,固定在定模板 1 上的先复位杆 2 首先进入动模板 3 中,推动滚珠 4 迫使复位顶管 6 向下移动,从而推动顶杆固定板 7 并带动顶出零件先行复位。当滚珠下移至大孔位置时,滚珠外移,先复位杆进入顶管的下部,此时斜导柱才开始驱动侧型芯复位,最后由定模板 1 通过钢球压住复位顶管 6 的上端面使顶出机构完全复位。开模时,先复位杆脱离顶管,当注射机顶杆推动顶杆固定板带动顶管上移时,由于动模板上圆锥面的作用,滚珠内移至顶管中,不影响顶出动作的完成。因为滚珠放置的特点,该结构不适合卧式注射模。

⑤楔杆滑块摆杆式先复位机构。如图 10.23 所示,合模时,固定在定模板上的楔杆 4 的斜

面推动安装在支承板 3 内的滑块 5 向下滑动，迫使滑销 6 左移，推动摆杆 2 绕其固定于支承板上的转轴作顺时针方向旋转，从而带动顶杆固定板 1 左移，完成顶杆 7 的先复位动作。开模时，楔杆脱离滑块，弹簧 8 的弹力作用使滑块上升，同时，摆杆在本身的重力作用下回摆，推动滑销右移，从而挡住滑块继续上升。

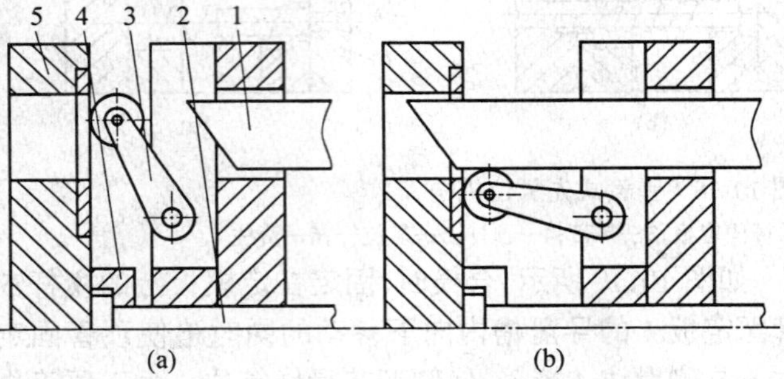

图 10.20　楔杆摆杆式先复位机构

1—楔杆；2—顶杆；3—摆杆；4—顶杆固定板；5—推板

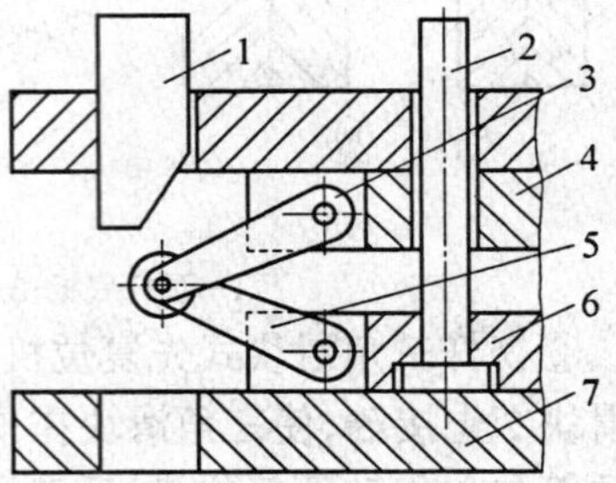

图 10.21　楔杆双摆杆式先复位机构

1—楔杆；2—顶杆；3、5—摆杆；4—支撑板；6—顶杆固定板；7—顶杆底板

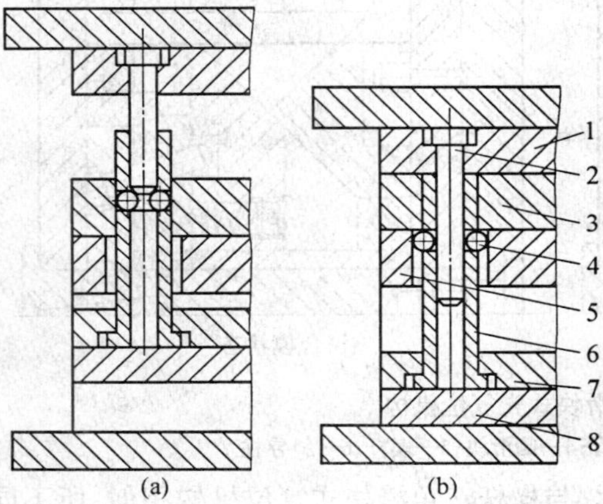

图 10.22　滚珠推管式先复位机构

1—定模板；2—先复位杆；3—动模板；4—滚珠；5—支撑板；6—复位顶管；7—顶杆固定板；8—顶杆底板

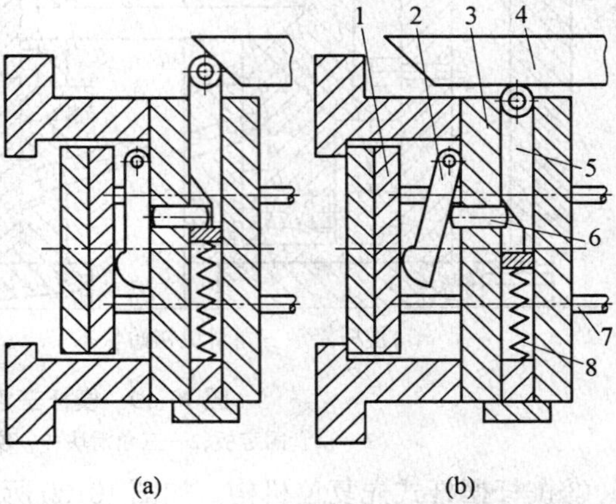

图 10.23　楔杆滑块摆杆式先复位机构

1—顶杆固定板；2—摆杆；3—垫板；4—楔杆；5—滑块；6—滑销；7—顶杆；8—顶杆底板

⑥连杆式先复位机构。如图 10.24 所示，连杆 4 以固定在动模板 10 上的圆柱销 5 为支点，一端用转销 6 安装在侧滑块 7 上，另一端与顶杆固定板 2 接触。合模时，斜导柱 8 驱动侧滑块 7 复位时，连杆 4 必然绕圆柱销 5 作顺时针方向的旋转摆动，迫使顶杆固定板 2 带动顶杆 3 迅速复位，从而避免侧型芯与顶杆发生干涉。

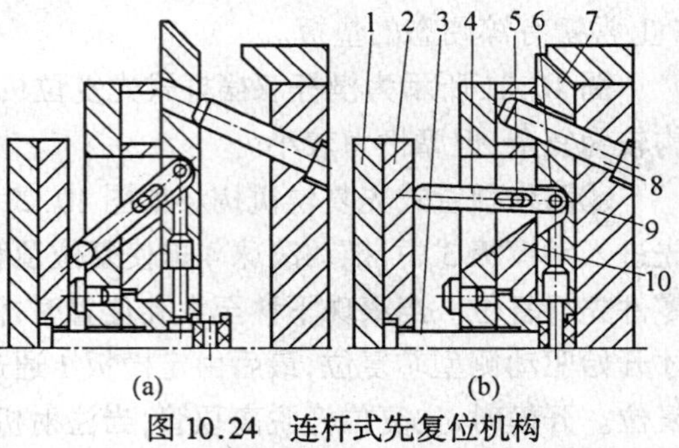

图 10.24　连杆式先复位机构

1—顶杆底板；2—顶杆固定板；3—顶杆；4—连杆；5—圆柱销；6—转销；7—侧滑块；8—斜导柱；9—定模板；10—动模板

2. 斜导柱安装在动模、滑块安装在定模

这种形式表面上与斜导柱安装在定模、滑块安装在动模的结构相类似，可以随着开模动作的进行，使斜导柱与滑块之间发生相对运动而实现

侧向抽芯，而实际上，由于在开模时一般要求塑件包紧于动模部分的型芯上留于动模，而侧型芯则安装在定模，这样就会产生以下几种情况：一是侧抽芯与脱模同时进行，由于侧型芯在开模方向的阻碍作用，使塑件从动模部分的凸模上强制脱下而留于定模型腔，侧抽芯结束后，塑件就无法从定模型腔中取出；二是由于塑件包紧于动模凸模上的力大于侧型芯使塑件留于定模型腔的力，则可能会出现塑件被侧型芯撕破或细小侧型芯被折断的现象，导致模具损坏或无法工作。

从以上分析可知，斜导柱安装在动模、滑块安装在定模的模具特点是脱模与侧抽芯不能同时进行，两者之间要有一个滞后的过程。

这种形式的机构分两种情况，一是制品留在定模一侧，二是把制品保持在动模侧。

图 10.25 为制品留在定模一侧的示例，其模具一般不设顶出脱模机构，凹模可以做成能够滑动的瓣合式结构，模具结构比较简单，但需要手工取件，操作不大方便，生产效率较低，主要适用于小批量生产，或适于不能设置顶出脱模机构的制品。

在图 10.25 中，凸模安装在动模部分，可以滑动的瓣合式凹模（即凹模滑块）安装在定模中的导滑槽内，侧向分型将与开模运动同时进行，如果制品紧紧包覆在凸模上随动模运动，凹模滑块的运动将会受到妨碍，制品将有可能被模具拉坏。为了避免这种现象发生，设计时应在斜导柱与导滑斜孔之间留一定间隙 C（一般取 $C = 1.5 \sim 3.5$ mm），以使侧向分型运动滞后开模运动一段时间，在此时间内，凹模滑块和受其约束的塑件不动，动模带动凸模运动一段长度为 $h = C/\sin \alpha$ 的距离，使凸模和塑件之间能够发生一定程度的松动，然后斜导柱再与导滑斜孔侧壁接触，侧向分型运动开始，从而避免上述现象。但制品却很难再随凸模运动，所以经常滞留在定模一侧。

图 10.26 所示结构可以将制品保持在动模一侧，然后利用动模中的顶出机构将制品脱模。开模时，由于弹簧 6 和顶销 5 的作用，模具首先从Ⅰ处开启，同时开始侧向抽芯，为了不妨碍侧向型芯运动，凸模 13 可在动模板 10 中浮动一段距离。完成抽芯动作后，动模板接触凸模台肩，模具从Ⅱ处分型，制品从凹模 2 中脱出，并和凸模一起随动模继续运动，然后通过脱模板 4 把制品从凸模上脱出。这种机构主要适用于抽拔力和抽拔距都比较小的深罩形制品。

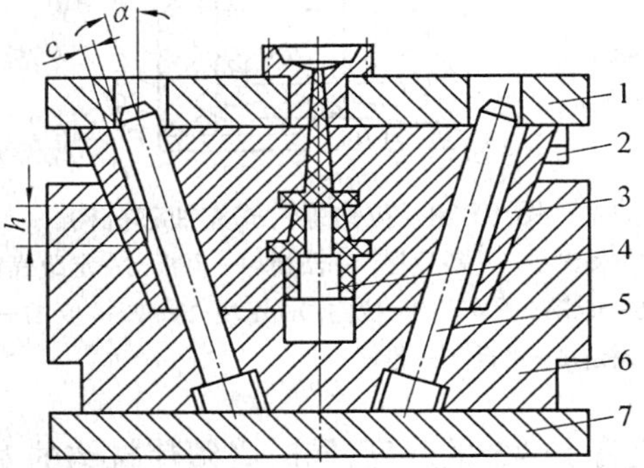

图 10.25　塑件留在定模的侧向分型结构

1—定模板；2—导滑槽；3—凹模滑块；4—凸模；5—斜导柱；6—动模板；7—动模底板

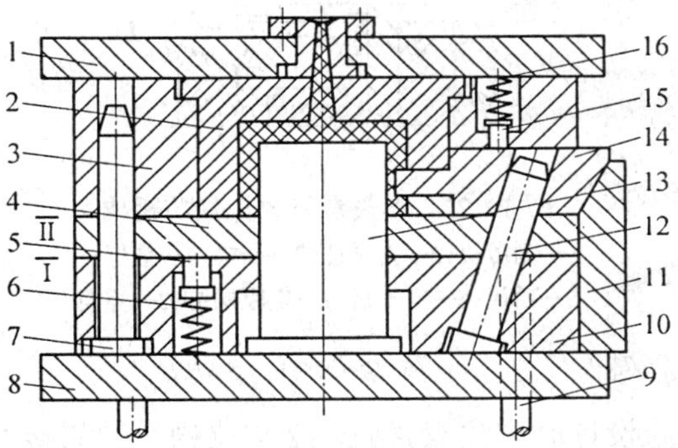

图 10.26　塑件留在动模的侧向抽芯结构

1—定模座；2—凹模；3—定模板；4—顶板；5—顶销；6—弹簧；7—导柱；8—支撑板；9—推杆；10—动模板；11—压紧块；12—斜导柱；13—凸模；14—侧滑块；15—定位顶销；16—弹簧

3. 斜导柱和滑块同时安装在定模

在注射成型过程中定模始终不动，斜导柱和滑块同时安装在定模并要产生相对运动，就必须在定模部分增加一个分型面，并需要采用顺序分型机构，来保证侧向抽芯动作先于顶出脱模动作。

这类顺序分型机构可以借鉴第 9 章 9.5 节的图 9.18 ~ 图 9.20，下面针对侧抽芯的顺序分型再介绍几个示例。

①弹簧螺钉式先抽芯机构。如图 10.27 所示，斜导柱 2 固定在定模底板上，侧滑块 1 安装在定模中间板上的滑槽内。开模时，在弹簧 8 作用下，首先从Ⅰ处分型，斜导柱 2 驱动滑块向外抽芯，当抽芯动作完成时，定距螺钉 7 拉住定模板 6 使其停止运动，继续开模，动、定模从Ⅱ处分型，制品随凸模 3 脱出凹模滞留在动模一侧，然后由顶板 5 顶出脱模。这种结构受弹簧尺寸和弹簧力限制，适用于抽拔距和抽拔力不大的场合。

②拉钩螺钉式先抽芯机构。如图 10.28 所示，斜导柱 2 固定在定模底板上，侧滑块 2 可在定模中间板上滑动，定模外侧装有摆钩 8 和弹簧 7，它们与定距螺钉 5 以及压块 9 共同组成先抽芯机构，适用于抽拔力较大的场合。开模时，拉钩 8 紧紧勾住动模上的挡块 12，迫使模具首先从Ⅰ处实现定模分型，使滑块 1 进行抽芯动作；抽芯结束后压块 9 压迫拉钩 8 绕转销 6 转动，脱离挡板 12，同时，定距螺钉 5 拉住凹模板 10，使其不能再随动模运动，从而使动、定模从Ⅱ处分型，制品随凸模 3 脱离凹模保持在动模一侧，然后由顶板 4 将其顶出脱模。

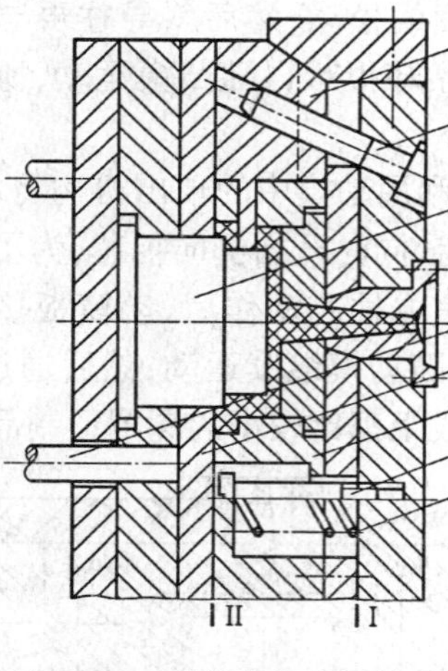

图 10.27　弹簧螺钉式先抽芯机构

1—侧滑块；2—斜导柱；3—凸模；4—推杆；5—顶板；6—定模板；7—定距螺钉；8—弹簧

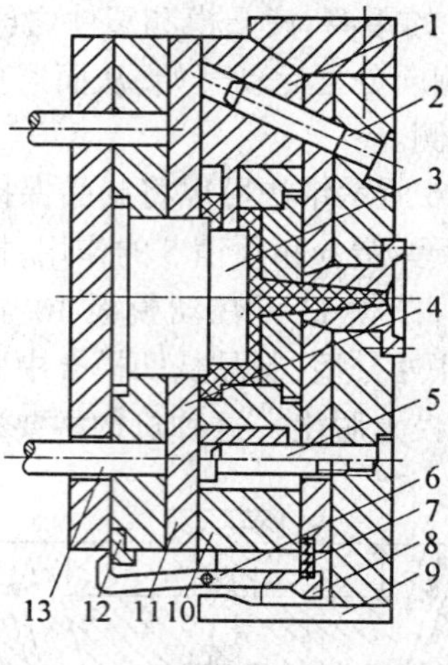

图 10.28　拉钩螺钉式先抽芯机构

1—侧滑块；2—斜导柱；3—凸模；4—顶板；5—定距螺钉；6—转销；7—弹簧；8—拉钩；9—压块；10—凹模板 11—动模板；12—挡板；13—推杆

设计时应注意，挡板 12 与拉钩 8 的勾接处应有 1° ~ 3°的斜度，同时必须使拉钩的着力点对转销 6 所产生的力矩小于复位弹簧 7 对转销 6 产生的力矩，否则会出现脱钩现象。

③导柱顶销式先抽芯机构。如图 10.29 所示，先抽芯机构由两组导柱顶销完成，整个模具显得紧凑整齐，也可用来脱卸点浇口凝料。但定距拉紧力不大，只适用于抽拔力较小的场合。

导柱 13 和凸模 4 固定在动模固定板 10 上，靠近导柱头部有一个环形半圆槽，与其对应，在凹模板 6 内部装有止动顶销 12。开模时，在弹簧 11 作用下，顶销 12 的头部压在导柱 13 的半圆槽中，迫使模具从Ⅰ处分型，凹模板随动模移动，从而使侧滑块 1 在斜导柱 3 驱动下进行抽芯运动；当抽芯动作完成后，定距导柱 7 上的凹槽端部与限位螺钉 8 接触，限制凹模板 6 不能再随动模运动，继续开模时，开模力将大于顶销 12 对导柱 13 的环槽的压力，导致顶销后退脱离环槽，于是主分形面Ⅱ分型，然后由顶板 5 将制品顶出脱模。

④搭扣拉杆式先抽芯机构。如图 10.30 所示，搭扣 5 通过转销 9 与凸模固定板 10 铰接，圆销 4 固定在定模垫板 7 上。开模时，搭扣 5 拉住定模垫板 7，分型面Ⅰ分型，侧滑块 12 在斜导柱 2 驱动下进行抽芯运动；当抽芯动作完成后，限位拉杆 6 拉住凸模板 1，使其不能再随动模运动，继续开模时，开模力将大于弹簧的拉力，使搭扣 5 与圆销 4 强行分开，主分型面Ⅱ分型，塑件随动模一起运动；开模结束后，由推板 5 将塑件顶出脱模。

为了保证顺利分型，上述的顺序开模机构都是对称布置的。

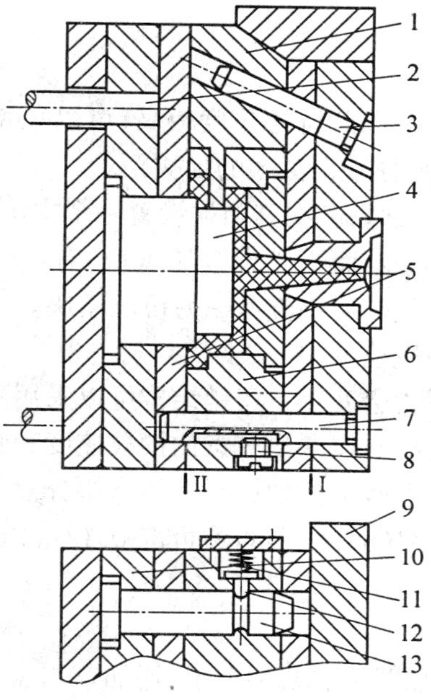

图 10.29　导柱顶销式先抽芯机构

1—侧滑块；2—推杆；3—斜导柱；4—凸模；5—顶板；6—凹模板；7—定距导柱；8—限位螺钉；9—定模座；10—动模固定板；11—弹簧；12—止动顶销；13—导柱

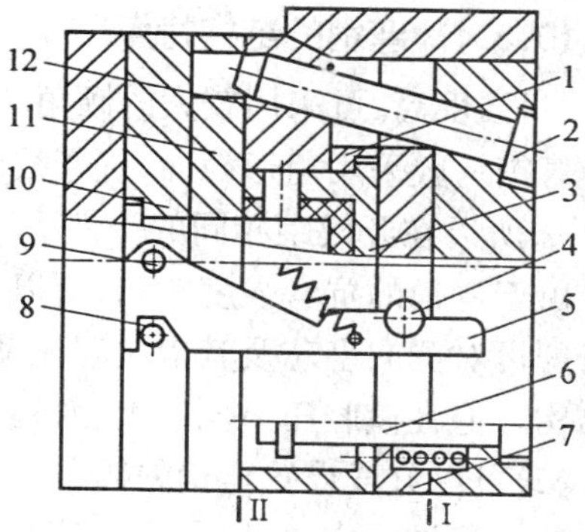

图 10.30　搭扣螺钉式先抽芯机构

1—凹模板；2—斜导柱；3—凹模型腔；4—圆销；5—搭扣；6—限位拉杆；7—定模垫板；8—定位销；9—转销；10—凸模固定板 11—推板；12—侧滑块

4.斜导柱和滑块同时安装在动模

图 5.6 是这种形式的一个示例，其特点是瓣合式活动凹模本身即为滑块，侧向分型动作是通过斜导柱转换顶出机构的运动方向来实现的。图 10.31 也是斜导柱和滑块同时安装在动模的结构，可以通过顶出机构实现斜导柱与侧滑块的相对运动，使型芯侧向抽出。图中，斜导柱 3 固定在动模固定板上，侧滑块 2 装在顶板 4 上的导滑槽中，合模时滑块靠装在定模上的压紧块锁紧。开模时，动、定模分型，而斜导柱与侧滑块无相对运动，故侧滑块不抽芯。动模移动一段行程后，顶出机构通过

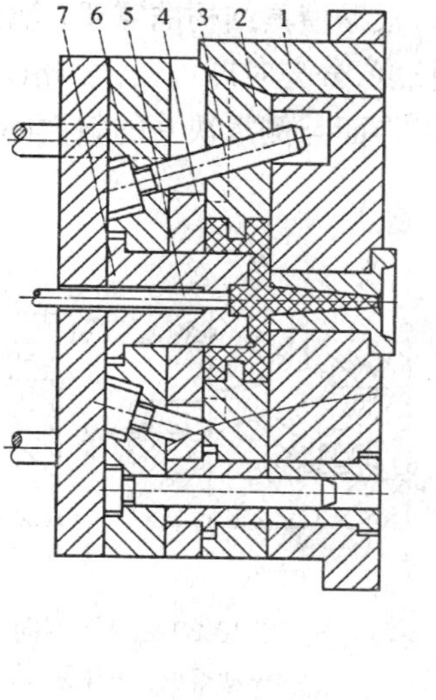

图 10.31　斜导柱与滑块同在动模的结构

1—压紧块；2—侧滑块；3—斜导柱；4—顶板；5—顶杆；6—推杆；7—凸模

推杆 6 带动顶板 4 进行顶出动作，使制品脱离凸模，同时其上的侧滑块 2 在斜导柱 3 的作用下产生侧向运动，使型芯从制品中抽出。这种结构可以使侧滑块始终不脱离斜导柱，所以不需设滑块定位装置，但只局限于抽拔力不大、抽芯距较小的场合。

10.3 弯销式侧向分型与抽芯机构

弯销式侧向分型与抽芯机构的工作原理与斜导柱式相同，不同之处在于结构上使用非圆截面的弯销代替了斜导柱。通常，弯销及其导滑孔的制造困难一些，但是弯销有一些斜导柱所不及的优点，所以，在实际中也常有应用。

10.3.1 弯销的结构特点

(1)强度高，可采用较大的倾角

弯销一般采用矩形截面，抗弯截面系数比斜导柱大，因此抗弯强度较高，可以采用较大的倾角 α，所以在开模距相同的条件下，使用弯销可比斜导柱获得更大的抽拔距。

由于弯销的抗弯强度较高，所以，在模腔压力不太大时，若在其前端设置一个支承块，弯销本身即可对侧向型芯及其滑块起压紧作用，参见图 10.32，而不必设置压紧块，有利于简化模具结构。但在模腔压力比较大、弯销的刚度不能满足要求时，仍应考虑另设压紧块。

(2)可以分段设置弯销的倾角，用来控制机构的抽拔速度和抽拔距

在抽芯过程中，一般是刚抽芯时抽拔力最大，而后力会变小。弯销结构可以采用不同的倾角，以适合抽拔力的变化。如开模之初可采用较小的倾角，以获取较慢的抽拔速度和较大的抽拔力，然后再采用较大的倾角，以获取较快的抽拔速度和较大的抽拔距。当弯销分段加工成不同倾角时，弯销孔也应分段加工与其配合，参见图 10.32(b)，配合间隙可取 0.1mm 以上，以免发生运动不畅现象。

(3)可以延时抽芯

根据模具结构的需要，弯销还可以延时侧抽芯。如图 10.32(b)所示，增加弯销 3 右端直段的长度，分型时即可以使侧滑块暂时不与弯销接触，从而延时抽芯。又如图 10.33 所示，弯销 7 的工作面与侧滑块 9 的斜面间可设计出一段距离 l，也可以实现延时抽芯。

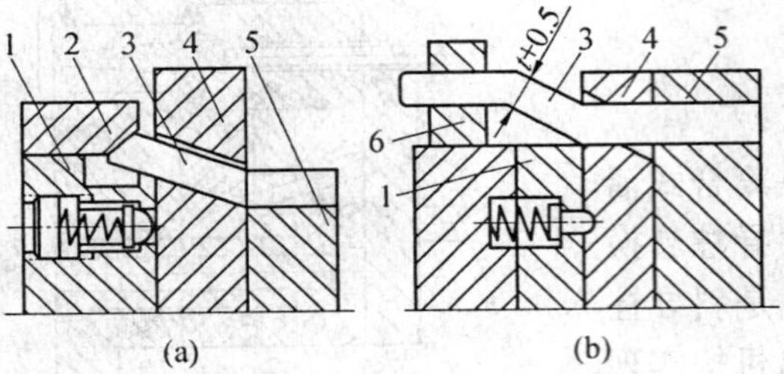

图 10.32　弯销侧向抽芯机构

1—动模板；2—压紧块；3—弯销；4—侧滑块；5—支撑板；6—支撑块

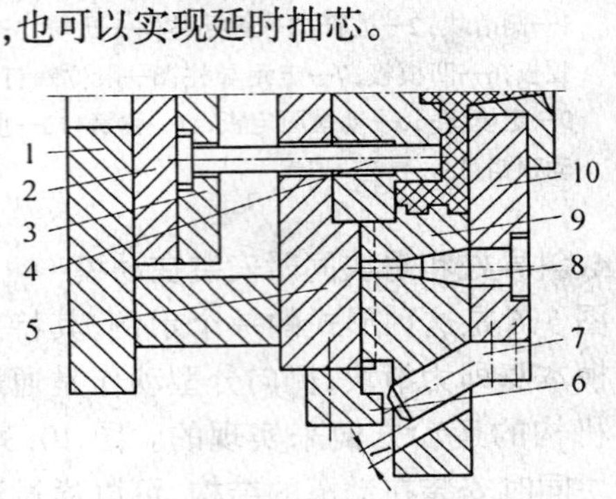

图 10.33　弯销在模外的结构

1—动模底板；2—顶杆垫板；3—顶杆固定板；4—顶杆；5—动模板；6—挡块；7—弯销；8—止动销；9—侧滑块；10—定模底板

(4)开模时可以对侧滑块定位

可以根据需要,适当增加弯销的长度,使其在侧抽芯结束时对滑块进行定位,从而省去专门的定位装置。

10.3.2 弯销在模具上的安装方式

①模外安装。弯销可以安装在模具外侧,如图 10.32 和图 10.33 所示,这种方法装配方便,还可以减小模板尺寸和模具重量。

②模内安装。弯销也可以安装在模具内部,如图 10.34 所示。这种安装方法的特点是模具结构紧凑,开模时制品首先与安装在定模上的凸模分离,然后在弯销作用下进行侧向抽芯。

弯销安装在模内时,还可进行内侧抽芯,如图 10.35 所示。制品内壁有侧凹,模具采用拉钩式顺序分形机构。组合凸模 1、弯销 3、导柱 6 均用螺钉固定于动模垫板。开模时Ⅰ处首先分型,弯销 3 的右侧斜面驱动侧滑块 2 向右移动进行内侧抽芯,之后拉钩 11 在滚轮 7 的作用下绕转轴 9 顺时针转动与挡块 12 脱钩,Ⅱ分型面分形,最后顶出机构顶出通过顶板 10 使制件脱模。合模时,弯销 3 的头部斜面驱动侧滑块 2 回复到成型位置。

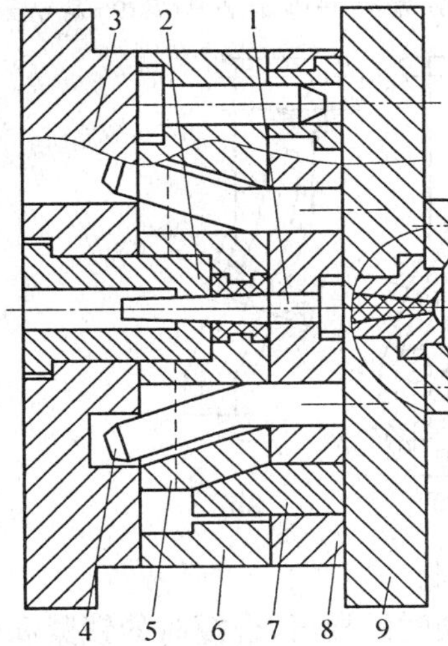

图 10.34 弯销在模内的结构

1—型芯;2—动模镶块;3—动模底板;4—弯销;5—侧滑块;6—动模板;7—压紧块;8—定模板;9—定模底板

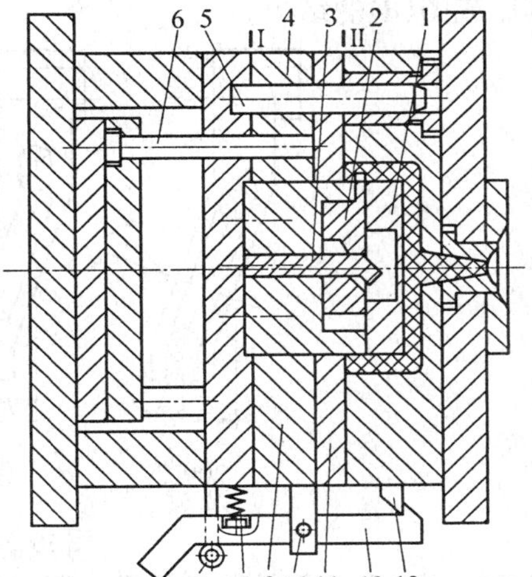

图 10.35 内侧抽芯

1—组合凸模;2—侧滑块;3—弯销;4—动模固定板;5—推杆;6—导柱;7—滚轮;8—弹簧;9—转轴;10—顶板 11—拉钩;12—挡块;13—定模板

10.4 斜导槽式侧向分型与抽芯机构

弯销式侧向分型与抽芯机构的弯销及其导滑孔的加工都比较困难,为此可在弯销中部开设一个滑槽,同时在滑块上安装一个圆柱形滑销与滑槽相配,这样便形成斜导槽侧向分型与抽芯机构。

1.斜导槽侧向分型与抽芯机构的原理

如图 10.36 所示,斜导槽板 9 安装在定模外侧,滑销 6 固定在侧滑块 5 上。开模初期,滑槽与开模方向平行,滑块无侧抽芯动作;当滑销沿斜滑槽运动时,将带动滑块侧向抽芯。滑槽斜度越大,侧抽芯的速度越快,滑槽越长,抽芯距也就越大。此可以看出,斜导槽侧向抽芯机构设计时比较灵活。

2.斜导槽板的结构

斜导槽板的形式如图 10.37 所示,图(a)形式可在一开模时便开始侧抽芯,但这时斜导槽倾斜角 α 应小于 25°;图(b)形式可在开模一段距离后,再进行抽芯动作;图(c)形式可先以较小的倾角 α_1 进行侧抽芯,然后再以较大的倾斜角 α_2 进行侧抽芯,这种形式适于抽芯距较大的场合。由于起始抽芯力较大,第一段的倾角一般为 $12° < \alpha_1 < 25°$;侧型芯与塑件间一旦松动,抽芯力就比较小,因此第二段的倾角可适当增大,但应 $\alpha_2 \ngtr 40°$。图中,第一段抽芯距为 E_1,第二段抽芯距为 E_2,总的抽芯距为 E,斜导槽的宽度一般比滑销大 0.2 mm。为了提高斜导槽板的刚度,增加锁紧力,可将其做成图(d)的结构。

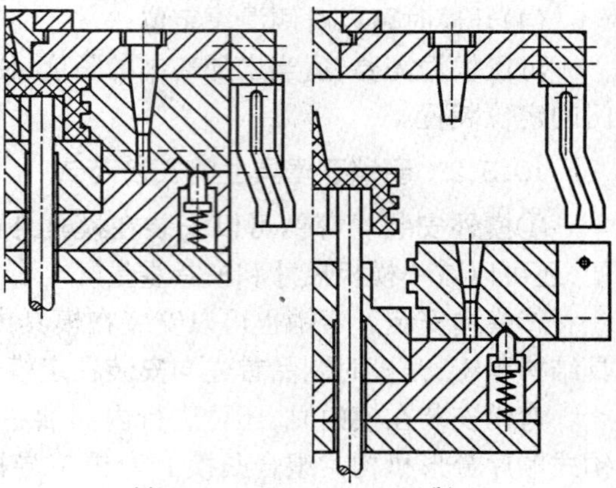

图 10.36　斜导槽侧抽芯机构

1—顶杆;2—定模板;3—止动销;4—动模固定板;5—侧滑块;6—滑销;7—顶销;8—弹簧;9—斜导槽板

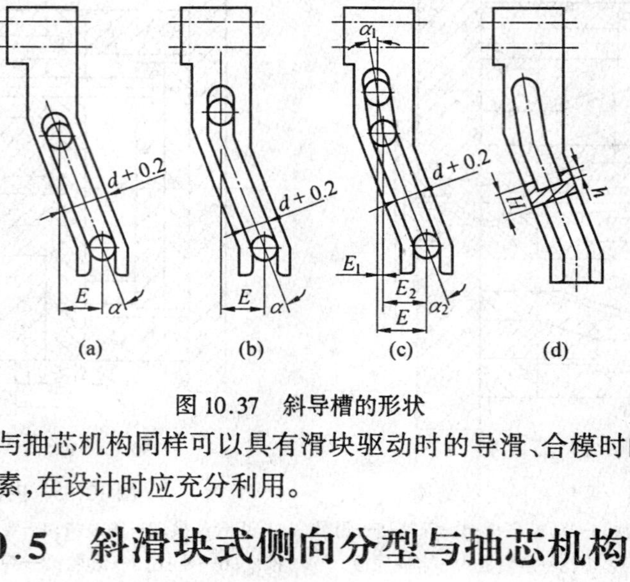

图 10.37　斜导槽的形状

斜导槽侧向分型与抽芯机构同样可以具有滑块驱动时的导滑、合模时的锁紧和侧抽芯结束时的定位等三大要素,在设计时应充分利用。

10.5　斜滑块式侧向分型与抽芯机构

10.5.1　斜滑块侧向抽芯机构的工作原理及其类型

斜滑块侧向分型与抽芯机构是利用顶出机构的推力驱动斜滑块斜向运动,在塑件被顶出脱模的同时完成侧向分型与抽芯动作。主要用于塑件的侧凹较浅,所需的抽芯距不大,但侧凹的成型面积较大,因而需较大的抽芯力时的情况。而当抽芯距太大时,则因为需要较长的斜滑槽而难以实现。通常,斜滑块侧向抽芯机构要比斜导柱侧向抽芯机构简单得多。该机构一般可分为外侧分型、抽芯和内侧抽芯两种。

1.斜滑块外侧分型与抽芯机构

斜滑块处侧分型机构如图 10.38 所示,塑件的外侧具有深度浅但面积较大的侧凹,其凹模为有两个斜滑块组成的瓣合式结构。开模后,塑件包在动模型芯 5 上和斜滑块一起随动模部分向左移动,而后在推杆 3 的作用下,斜滑块 2 沿模套 1 的导滑槽进行斜向运动,使其在实现侧向分型的同时,使塑件从动模型芯 5 上脱出。

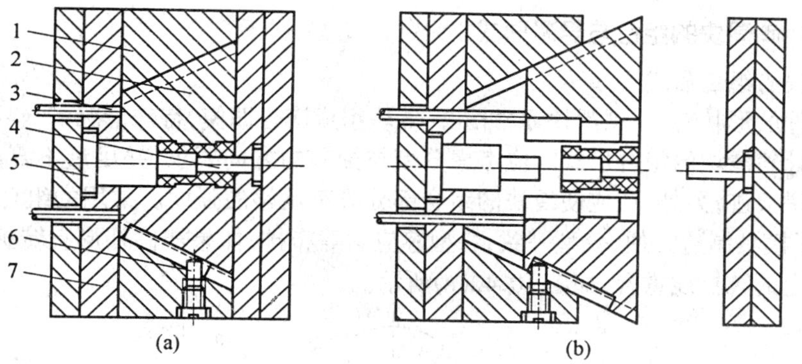

图 10.38 斜滑块外侧分型机构

1—模套；2—斜滑块；3—推杆；4—定模型芯；5—动模型芯；6—限位螺钉；7—动模型芯固定板

图 10.39 所示为局部外侧抽芯的斜滑块机构，顶出机构工作时，顶杆 4 推动塑件脱模，同时，与斜滑块 1 用圆柱销连接的滑杆 3 在顶杆固定板 6 的作用下，在动模板 2 的导滑槽内斜向运动而侧向抽芯。滑杆下端的滚轮 5 可以减少摩擦力。

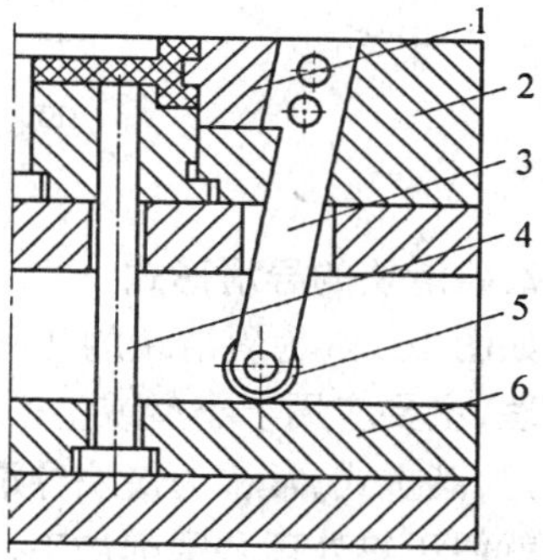

图 10.39 斜滑块外侧抽芯机构

1—斜滑块；2—动模板；3—滑杆；4—顶杆；5—滚轮；6—顶杆固定板

2.斜滑块内侧抽芯机构

斜滑块内侧抽芯机构如图 10.40 所示。上端带侧型芯的斜滑块 2 安装在凸模 3 的斜孔中，一般可用 H8/f7 或 H8/f8 的配合，其下端装有转销 5，转销 5 可以在滑块座 6 的滑槽内滑动。开模后，顶出机构通过顶杆 4 和斜滑块 2 将塑件顶出；同时，由于斜孔的作用，斜滑块还向内侧移动，从而在顶杆顶出塑件的同时，斜滑块完成内侧抽芯的动作。

图 10.41 为多个斜滑块侧向内抽芯机构的一种形式，可用于某些瓶盖及具有不连续内凸凹塑件的注射成型。其特点是顶出机构工作时，多个斜滑块 2 在推杆 4 的作用下，在顶出塑件的同时又沿动模板 3 的导滑槽向内收缩而同时完成内侧抽芯动作。

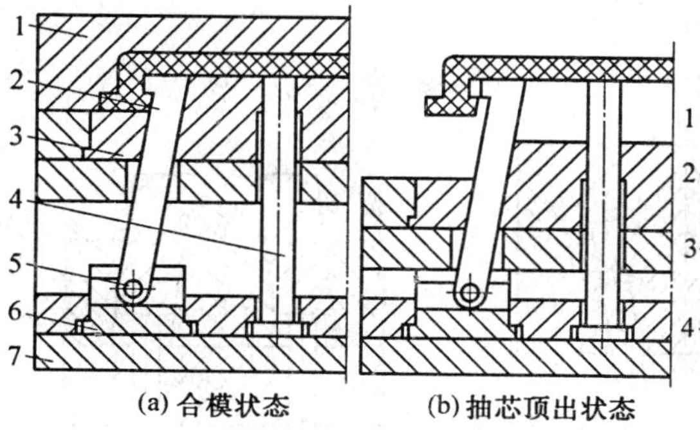

图 10.40 斜滑块内侧抽芯机构

1—定模板；2—斜滑块；3—凸模；4—顶杆；5—转销；6—滑块座；7—顶杆底板

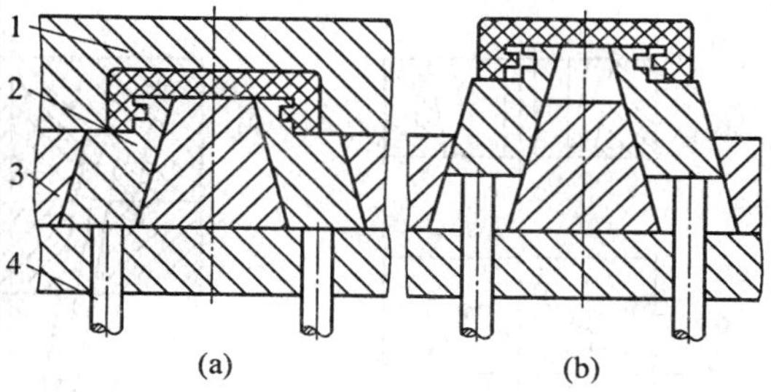

图 10.41 多个斜滑块侧向内抽芯机构

1—定模板；2—斜滑块；3—动模板；4—推杆

10.5.2 斜滑块的组合与导滑形式

1.斜滑块的组合形式

根据塑件的形状特点,斜滑块通常由2~6块组成瓣合凹模,特殊情况下,斜滑块还可以分得更多。设计斜滑块的组合形式时应考虑分型与抽芯的方向要求,并尽量不要使塑件表面留有明显的镶拼痕迹,另外,还应使滑块的组合部分具有足够的强度。常用的组合形式如图10.42所示,为了模具制造方便,分型一致,各型芯应均等布排,如果塑件外形有转折,斜滑块的镶拼应与塑件上的转折线重合,如图10.42(e)所示。

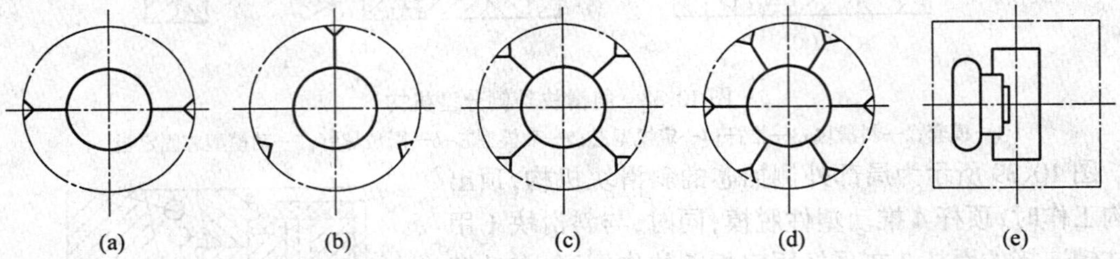

图10.42 斜滑块的组合形式

2.斜滑块的导滑形式

如图10.43为斜滑块的几种导滑形式,图(a)为整体式导滑槽,结构较紧凑,但不易加工和热处理,主要应用于小型或生产批量不大的模具,其中半圆形也可制成方形,成为斜的梯形槽;图(b)为镶拼式,常称为镶块导滑或分模楔导滑,其导滑部分和分模楔都单独制造后镶入模框,这样就便于热处理和磨削加工,以提高精度和耐磨性,分模楔与模套间圆柱销连接,为了便于

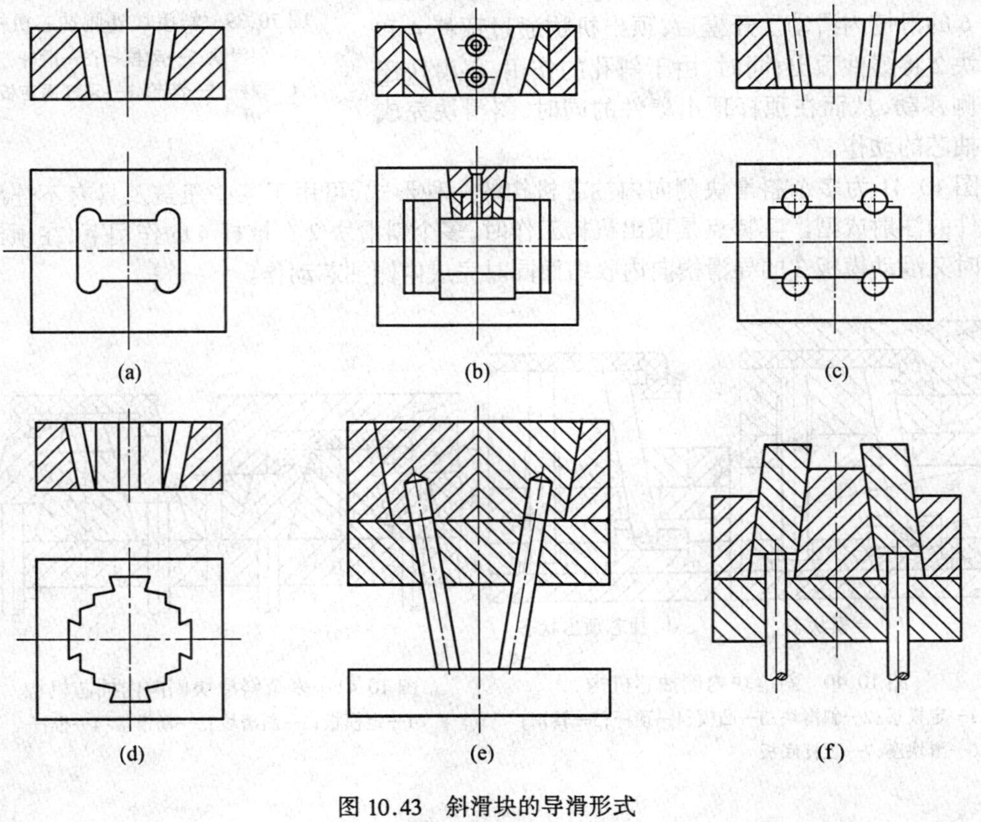

图10.43 斜滑块的导滑形式

销孔加工，在分模楔上增加软材料销套；图(c)是用斜向镶入的导柱作导规，也称圆柱销导滑，因滑块与模套可以同时加工，所以平行度容易保证，但应注意导柱的斜角不得大于模套的斜角；图(d)是燕尾式导滑，模具结构紧凑，但加工较复杂，主要用于小模具多滑块的情况；图(e)是利用斜推杆与动模支承板之间的斜向间隙配合作为导向，斜推杆的上端与斜滑块过渡配合成一体，推板推动斜推杆时，两者间将相对滑动，所以应具有较高的硬度(＞55HRC)，或者镶上淬硬的滚轮；图(f)是用型芯的拼块作斜滑块的导向，在内侧抽芯时常常采用。

10.5.3　斜滑块侧向分型与抽芯机构设计要点

1.正确选择主型芯位置

主型芯位置选择恰当与否，直接关系到塑件能否顺利脱模。例如，图 10.44(a)中将主型芯(图中未画出)设置在定模一侧，开模后，主型芯立即从塑件中抽出，顶出时，斜滑块才能分型。此时，由于没有主型芯的约束，塑件很容易粘附于脱模力相对较大的斜滑块内而不易脱出。如果将主型芯位置按图 10.44(b)所示设于动模，则在脱模过程中，主型芯与塑件间虽已松动，但侧向分型时仍有限制塑件侧向移动的作用。所以塑件不会粘附在斜滑块上，脱模比较顺利。

2.开模时斜滑块的止动

斜滑块通常设置在动模部分，并要求塑件对动模部分的包紧力大于对定模部分的包紧力。但有时因为塑件的特殊结构，定模部分的包紧力大于动模部分时，如果没有止动装置，则斜滑块在开模动作刚开始便有可能与动模产生相对运动，导致塑件损坏或滞留在定模无法取出，如图 10.45(a)所示。对了避免这种现象发生，可设置斜滑块的止动装置，如图 10.45(b)中的弹簧顶销 6，开模时，弹簧顶销 6 紧压斜滑块 4 防止其与动模分离，确保定模型芯 5 先从塑件中抽出，继续开模时，塑件留在动模上，然后由推杆 1 推动侧滑块侧向分型并顶出塑件；也可采用导销 7 使斜滑块止动，原理是：合模时固定于定模板上的导销 7 插入斜滑块 4 的圆孔中，开模时，在导销的约束下，斜滑块不能进行侧向运动，也就无法使斜滑块与动模之间产生相对运动，继续开模时，使导销与斜滑块脱离接触后，动模的顶出机构推动斜滑块侧向分型并顶出塑件。

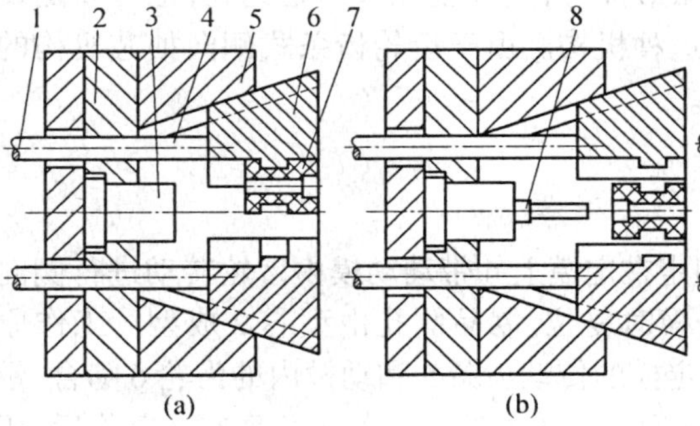

图 10.44　主型芯位置

1—垫板；2—固定板；3—凸块；4—推杆；
5—动模板；6—斜滑块；7—塑件；8—主型芯

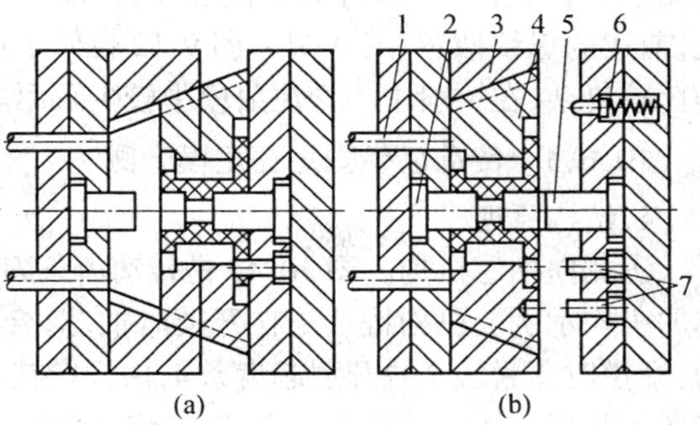

图 10.45　开模止动装置

1—顶杆；2—动模型芯；3—模套；4—斜滑块；
5—定模型芯；6—弹簧顶销；7—导销

3.斜滑块的倾斜角和顶出行程

斜滑块式机构的抽拔距和开模距与斜导柱式机构相似，但由于斜滑块的强度较高，其倾斜角可比斜导柱的倾斜角大一些，一般在30°内选取。另外，在同一副模具中，如果塑件各处的侧凹深浅不同，所需的斜滑块顶出行程也不相同，为了解决这一问题，可使斜滑块运动保持一致，而将各处的斜滑块设计成不同的倾斜角。为了保持导滑运动的平稳性,斜滑块顶出模套的行程,立式模具不大于斜滑块高度的1/2,卧式模具不大于斜滑块高度的1/3,如果必须使用更大的顶出距离,可使用加长斜滑块导向的方法。

4.斜滑块的装配要求

为了保证斜滑块在合模时其拼合面密合,避免注射成型时产生飞边,斜滑块装配后必须使其底面离模套有0.2~0.5 mm的间隙,上面高出模套0.4~0.6 mm,如图10.46所示。这样做的好处还在于,当斜滑块与导滑槽之间磨损之后,再通过修磨斜滑块下端面,可继续保持其密合性。

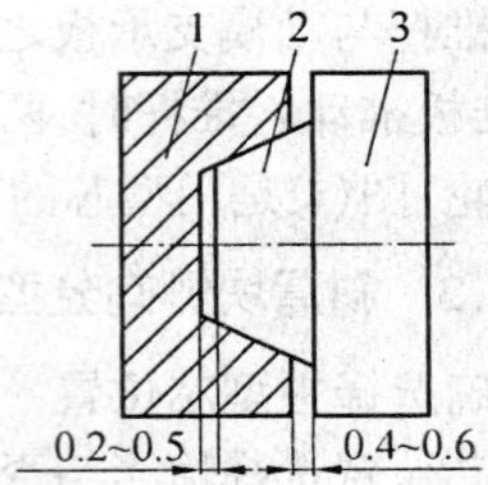

图10.46 斜滑块的装配要求
1—模套;2—斜滑块;3—定模

5.推杆位置选择

对抽芯距较大的斜滑块,应特别注意防止在侧抽芯过程中斜滑块移出推杆顶端的位置,造成斜滑块无法完成预期的侧向分型或抽芯工作。另外,采用推杆直接推动斜滑块运动时,由于加工制造误差,往往会出现推力不均匀现象,严重时能使制品损坏。为解决这一问题,可在推杆与斜滑块之间加设一个推板。

6.斜滑块顶出时的限位

斜滑块机构使用于卧式注射机时,为了防止斜滑块在工作时滑出模套,可在斜滑块上开一长槽,模套上加一螺销限位,如图10.38所示。

10.6 齿轮齿条式侧向抽芯机构

齿轮齿条式侧向抽芯机构是将齿轮齿条间的相对直线运动转变成齿轮的转动,再带动齿条型芯实现抽芯的机构。这种机构可以获得比斜导柱、斜滑块等侧向抽芯机构更大的抽拔距和抽拔力,而且可以进行横向抽芯、斜抽芯和弧形抽芯,其成型孔可以是光孔,也可以是螺纹孔,前述的螺纹抽芯,图9.51~图9.52也属于这种机构。由于齿轮齿条式侧向抽芯机构的结构比较复杂,在一般中小型注射模中较少采用。

10.6.1 传动齿条固定在定模一侧

1.结构原理

①侧向抽芯机构。图10.47是传动齿条固定在定模上并带动动模内齿轮转动进行侧向抽芯的机构示例。机构特点是在开模时抽芯,合模时复位,制品侧孔由型芯2成型。工作原理为:开模时压紧块7脱开型芯齿条4,由固定在定模的传动齿条5和动模内的齿轮6啮合,带动齿条4及型芯2完成抽芯。合模时,传动齿条5通过齿轮6带动齿条4及型芯2复位后,压紧块7压住齿条4,对型芯2起锁紧作用。

②斜向抽芯机构。图10.48是传动齿条固定在定模上的斜向抽芯机构。开模后动模内的齿轮4与固定在定模上的传动齿条5啮合发生转动,并带动齿条型芯2进行抽芯运动。当齿条型芯全部从塑件中抽出后,传动齿条5与齿轮4脱离接触,侧向型芯同时停止运动。此时,弹簧定位销8使其定位。最后,顶出机构开始工作,顶杆9将塑件从凸模1上脱下。合模时,传动齿条插入动模板对应孔内与齿轮啮合,顺时针转动的齿轮带动齿条型芯复位,并对其锁紧。

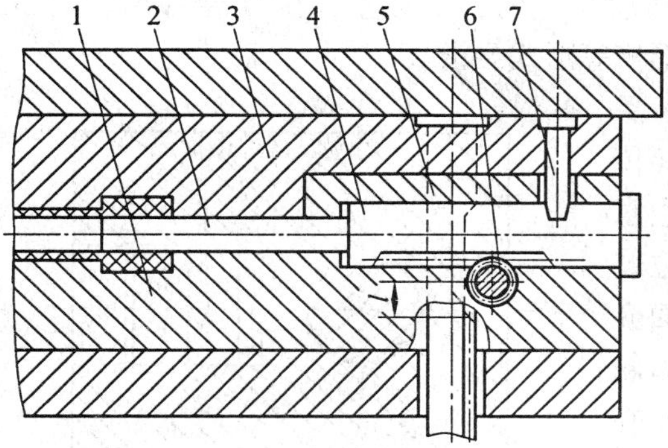

图 10.47　横向抽芯机构

1—动模；2—型芯；3—定模板；4—型芯齿条；
5—传动齿条；6—齿轮；7—压紧块

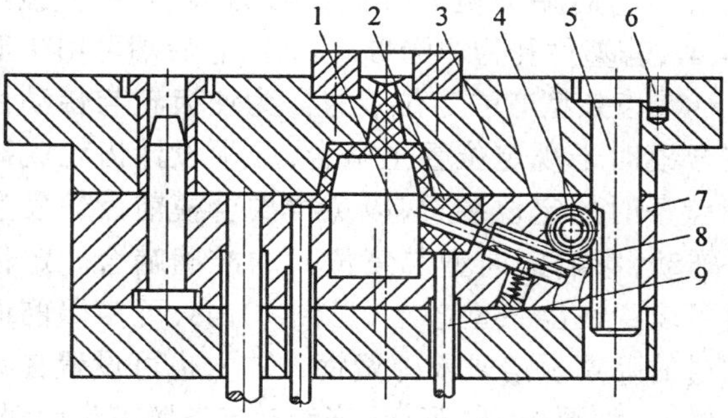

图 10.48　斜向抽芯机构

1—凸模；2—齿条型芯；3—定模板；4—齿轮；5—传动齿条；
6—止转销；7—动模板；8—弹簧定位销；9—顶杆

③弧形抽芯机构。图 10.49 所示为齿轮齿条抽弧形弯型芯机构。利用开模力使固定在定模板上的齿条 1 带动动模上的直齿轮 2，通过互成 90°的斜齿轮转向后，由直齿轮 3 带动弧形齿条型芯 4 沿弧线抽出，同时装在固定模板上的斜导柱使滑块 5 抽出，塑件由顶杆顶出模外。这种结构的抽拔距可以很长。

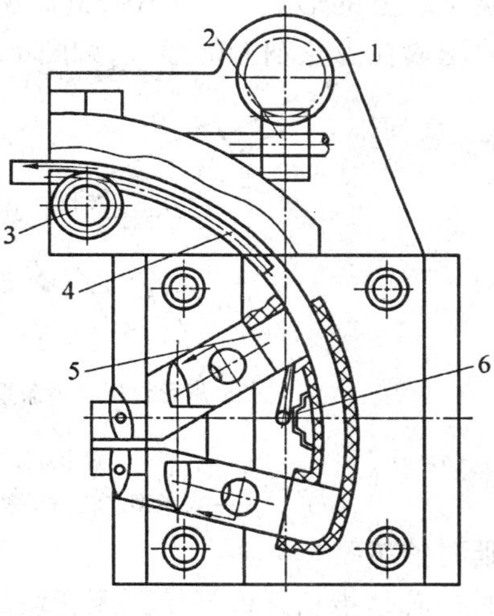

图 10.49　弧形抽芯机构

1—传动齿条；2、3—直齿轮；4—弧形齿条型芯；
5—滑块；6—型芯

图 10.50 是抽圆弧形型芯的另一种结构形式，短连杆 4 的轴与齿轮轴连接，靠模具的开闭动作使长连杆 3 带动短连杆 4 摆动，从而使模内齿轮旋转，型芯齿条 1 完成抽芯动作。由于摆动角度的限制，这种结构的抽拔距较小。

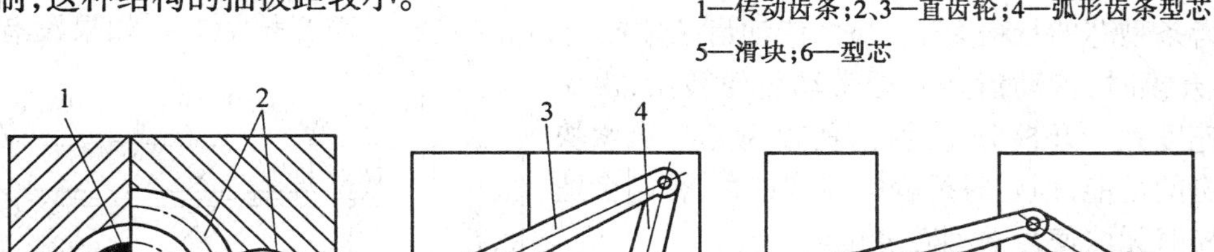

图 10.50　连杆齿轮弧形抽芯机构

1—型芯；2—齿轮；3—长连杆；4—短连杆

2. 结构设计

齿轮齿条结构在传动方面类似于斜导柱安装在定模、侧型芯滑块安装在动模的结构，它的设计包含有齿条型芯在动模板内的导滑、齿轮与传动齿条脱离时的定位及注射时齿条型芯的锁紧等三大要素。

①齿条型芯的导滑。齿条型芯在动模板内运动时应设计导滑装置。若塑件孔为圆形，则

齿条型芯后端加粗部分截面可为圆形,可直接与动模上的圆形孔呈间隙配合导滑,如见图10.47,若塑件孔为非圆形,齿条型芯后端可用T形槽等形式导滑。

②齿条型芯的定位装置。为使齿轮与传动齿条在合模时于规定位置上啮合,必须设计齿轮脱离传动齿条时的定位装置,以免再次合模前齿轮发生意外转动,影响侧向型芯复位时的准确啮合。定位装置可设置在齿条型芯上(见图10.48,可参照前面介绍过的弹簧顶销式或弹簧钢珠式),也可设置在齿轮的轴上,如图10.51所示,当传动齿条脱离齿轮时,在弹簧4的作用下,顶销3进入齿轮轴2上的凹穴内进行定位。

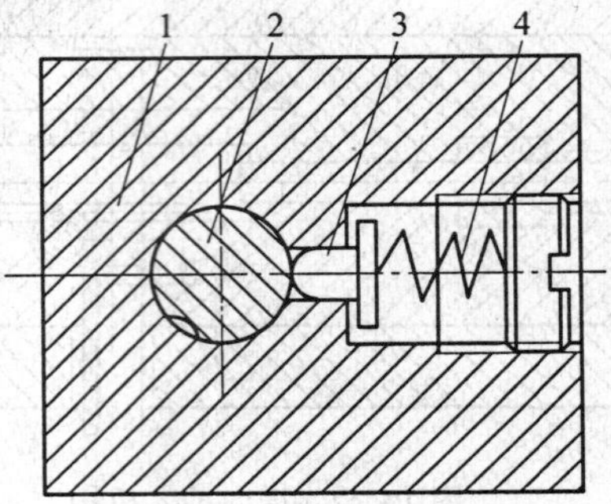

图10.51 齿轮定位机构

1—动模板;2—齿轮轴;3—顶销;4—弹簧

③齿条型芯的锁紧装置。可采用压紧块直接压紧在齿条型芯上的形式,如图10.52(a)所示,也可采用压紧块压紧在齿轮轴上的形式,如图10.52(b)所示,由于模具结构的限制,常常采用后者。

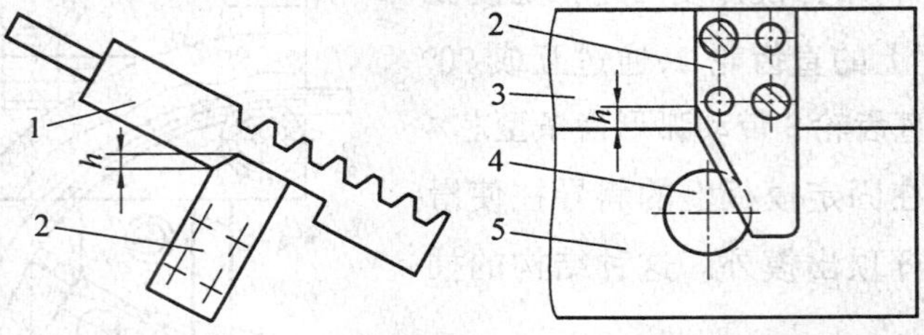

(a)压紧块压紧齿条型芯　(b)压紧块压紧齿轮轴

图10.52 齿条型芯的锁紧形式

1—齿条型芯;2—压紧块;3—定模板;4—齿轮轴;5—动模板

3.延时抽芯

延时抽芯是指从开模开始到压紧块的斜面完全脱离齿轮轴的斜面或齿条型芯的斜面之前的一段时间内,传动齿条与齿轮不啮台,不起抽芯作用。如图10.52所示,当压紧块离开齿轮轴或齿条型芯的行程大于 h 时,传动齿条才能与齿轮啮合,从而开始抽芯。如果没有延时行程 h,开模时,传动齿条立即带动齿轮转动,由于齿轮速度大于开模分型速度,所以齿轮与压紧块有撞击的可能,但延时行程也不能过大,否则会造成合模时无法使齿条型芯复位。

10.6.2 传动齿条固定在动模一侧

传动齿条固定在动模一侧的结构如图10.53所示,传动齿条2固定在专门设计的固定板1上,开模时,动模部分向左移动,塑件包在齿条型芯6上,从型腔中脱出后随动模部分一起向左移动。当传动齿条底板与注射机上的顶杆接触后,传动齿条2相对于动模作顶出运动,使齿轮7逆时针转动,从而带动齿条型芯6作斜侧抽芯。当抽芯完毕,传动齿条固定板1与顶杆底板接触,通过顶

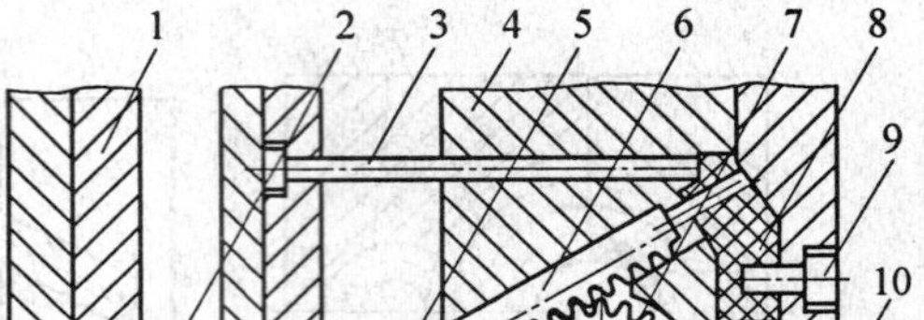

图10.53 传动齿条固定在动模一侧的结构

1—齿条固定板;2—传动齿条;3—顶杆;4—动模板;5—复位杆;6—齿条型芯;7—齿轮;8—塑件;9—型芯;10—齿条复位杆;11—定模板

杆 3 将塑件顶出。合模时,传动齿条复位杆 10 使传动齿条 2 复位,而复位杆 5 使顶杆 3 复位。这里,传动齿条复位杆 10 在注射时还起到压紧块的作用。

这类结构形式的模具特点是在工作过程中,传动齿条与齿轮始终保持着啮合关系,因而不需要设置齿轮或齿条型芯的定位机构。

10.7 弹性元件侧抽芯机构

当塑件上的侧凹很浅或者侧壁处有较小凸起时,则侧向成型零件所需的抽芯力和抽芯距都不大,此时可以采用弹性元件侧向抽芯机构。

图 10.54 所示为硬橡胶侧抽芯机构,合模时,压紧块 1 使侧型芯 2 至成型位置。开模后,压紧块脱离侧型芯,侧型芯在被压缩了的硬橡胶 3 的作用下抽出塑件。

图 10.55 所示为弹簧侧抽芯机构。塑件的外侧有一处微小的半圆凸起,由于它对侧型芯滑块 5 没有包紧力,只有较小的粘附力,所以可以采用弹簧侧抽芯机构。特点是省去了斜导柱,使模具结构简化。合模时,靠压紧块 4 将侧型芯滑块 5 锁紧。开模后,压紧块与侧型芯滑块脱离,在压缩弹簧 2 的回复力作用下滑块作侧向短距离抽芯,并由挡块 3 定位。

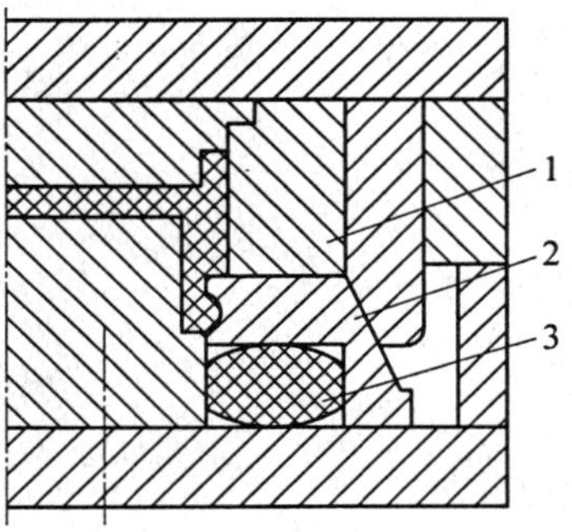

图 10.54 硬橡胶侧抽芯机构

1—压紧块;2—侧型芯;3—硬橡胶

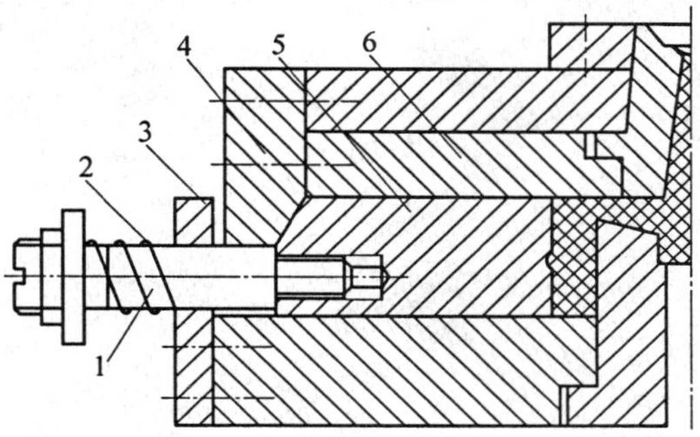

图 10.55 弹簧侧抽芯机构

1—拉杆;2—弹簧;3—挡块;4—压紧块;5—侧型芯滑块;6—定模板

当塑件的包紧力很小时,还可以将弹簧侧抽芯机构放在动模板内,如图 10.56 所示。抽芯机构简单,放置位置也较随意。合模时,靠压紧块 2 将侧型芯滑块 4 锁紧。开模后,压紧块与侧型芯滑块脱离,通过压缩弹簧 5 使滑块作侧向短距离抽芯,以滑道的端面定位。

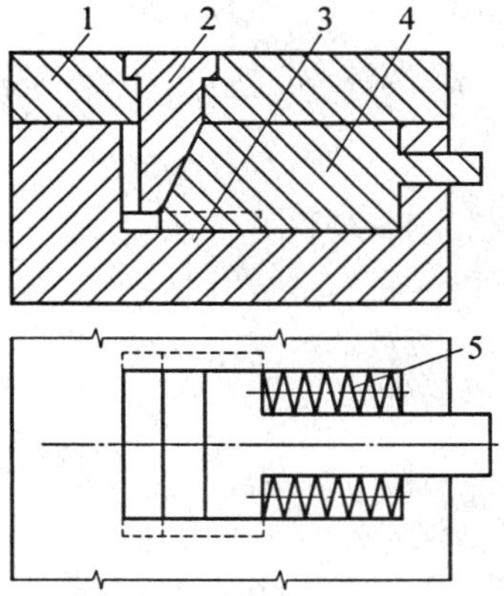

图 10.56 置于动模板内的弹簧侧抽芯机构

1—定模板;2—压紧块;3—动模板;4—侧型芯滑块;5—弹簧

习　题

1. 什么是侧向分型和侧向抽芯机构?

2. 按传动零件的形状可将侧向分型与抽芯机构分为哪几类,各自的工作原理及结构特点是什么?

3. 请掌握抽拔距的概念和计算方法。

4. 斜导柱倾角对抽芯动作有什么影响。

5. 压紧块的作用是什么? 对压紧块楔角的大小有

何要求？

6.侧滑块定位装置的作用与类型有哪些？

7.塑料和塑件结构满足什么条件时，其侧凹可以强制脱模，而不必设置侧抽芯机构？

8.为什么在斜导柱抽芯机构中斜导柱在定模上、滑块在动模上应用最广泛？其优点何在？顶出机构和滑块同在动模一侧时，避免出现干涉的措施有哪些？

9.参阅图 10.57，证明活动型芯与顶杆发生碰撞的临界点是 $s = h\tan \alpha$。

10.某模具侧向活动型芯的截面积为 20 mm × 25 mm，被塑料包容的长度为 5 mm。设其抽芯条件较差，制品对型芯的单位面积的包紧力 $f_0 = 12$ MPa，塑料对钢的摩擦系数 $\mu = 0.2$，活动型芯的脱模斜度 $\theta = 30'$，求所需抽拔力？

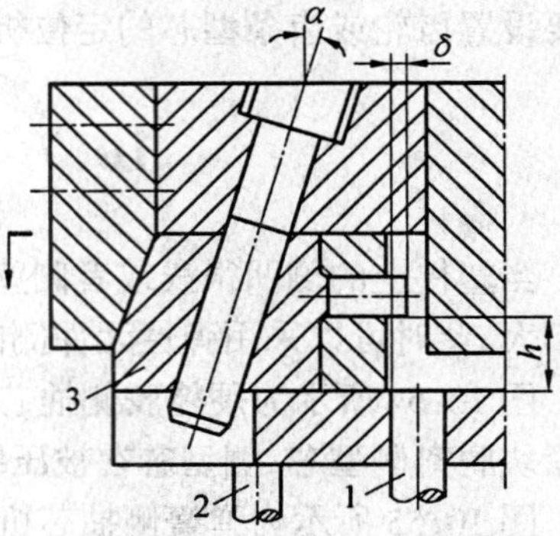

图 10.57 顶杆先于活动型芯复位的校核

1—顶杆；2—复位杆；3—活动型芯

第 11 章　温度调节系统设计

注射模的温度对塑料熔体的充模流动、固化定型、生产效率及塑件的形状和尺寸精度都有重要的影响。由于各种塑料的性能和成型工艺不同,模具温度也要求不同,设置温度调节系统就是要控制模具温度,使注射成型具有良好的产品质量和较高的生产率。

本章主要阐述热塑性注射模温度调节系统的一些计算与设计原则和注意事项。

11.1　模具温度调节系统的作用

11.1.1　模具温度调节对塑件质量的影响

无论用何种塑料进行注射成型,均需有一个比较适宜的模具温度范围,在此温度范围内,塑料熔体的流动性和充型性好,塑件脱模后收缩和翘曲变形小,形状与尺寸稳定,力学性能以及表面质量也比较高。如果模温未能控制在合理的范围内,塑料熔体的充模流动和脱模后的制品质量就可能发生问题。

此外,由于制品几何形状和壁厚不均的影响,充模时模腔表面与熔体接触时间不一致,以及模具各处散热条件不同,都会造成模腔表壁各处的温度不一致,由此导致各处的冷却速度有所差异,进而导致制品收缩不均并产生一定的应力,对制品的成型质量也有不利影响。解决这一问题,也需采用温度调节系统来保证模温的均匀程度。

11.1.2　模具温度调节对生产效率的影响

通常注射到型腔内的塑料熔体的温度为 200 ℃左右,塑件从型腔中取出的温度在 60 ℃以下。生产时塑料熔体的反复注入将使模温升高,为了保持模温的稳定,在每一循环中都必须由冷却系统对模具进行冷却。据统计,模具的冷却时间约占整个注射循环周期的 2/3,因此缩短冷却时间是提高生产率的关键。

塑料熔体与塑件在模内停留冷却的时间与其传给模具的热量有如下关系

$$Q = \alpha_1 A_1 \Delta\theta t_1 \tag{11.1}$$

式中,Q 为塑件传给模具的热量,J;α_1 为塑料对模具材料的传热系数,W/(m^2·K);A_1 为模腔的表面积,m^2;$\Delta\theta$ 为模腔内塑料与模腔表壁的温度差,℃;t_1 为塑件在模内停留冷却的时间,s。

当塑料原料、模具材料及模具结构确定后,α_1、A_1 为定值;顶出温度确定后,塑件传给模具的热量 Q 也基本不变。由式(11.1)可知,此时 t_1 与 $\Delta\theta$ 成反比,因此要缩短 t_1 就必须在工艺条件允许的情况下尽量增大 $\Delta\theta$。显然,如果不对模具温度进行调节,模内的热量就会随着注射次数的增加而逐渐积累,使模温逐渐升高,导致 $\Delta\theta$ 减小,塑件在模内停留时间和成型周期延长,生产率下降。

综上所述,模具内设置温度调节系统是非常必要的。

11.1.3　模具温度调节方法

模具温度的调节是指对模具进行冷却或加热,必要时两者兼有,从而达到控制模温的目的。对模具进行冷却还是加热，与塑料品种、塑件的形状与尺寸，生产效率及成型工艺对模温的要求有关。

在注射成型过程中，随高温熔体的反复注入将使模温逐渐升高，散热条件也逐渐变好。对于小型薄壁塑件，且成型工艺要求模温不太高时，如能够使模温稳定在合适的范围内，可以不设置冷却装置而依靠自然冷却。

对于粘度低流动性好的塑料(例如聚乙烯、聚丙烯、聚苯乙烯、聚酰胺等)，成型工艺要求模温不太高，而熔体的反复注入将使模温较高，此时应采用常温水对模具冷却，为进一步缩短冷却时间，亦可用冷水控制模温。对于粘流温度或熔点较低的塑料，模具冷却一般需用常温水或冷水，而对于高粘流温度或高熔点的塑料，可用温水控制模温。

对于粘度高流动性差的塑料(例如聚碳酸脂、聚砜、聚甲醛、聚苯醚和氟塑料等)，为了提高充型性能，成型工艺要求有较高的模温，因此经常需要对模具加热。对于热固性塑料模温要求在 150～200 ℃，必须对模具加热。流程长壁较厚的塑件，或者粘流温度及熔点虽不高，但成型面积很大时，为了保证熔体在充模过程中不至温降太多而影响充型，也应对模具适当加热。对于大型模具，为保证生产之前用较短时间达到工艺所要求的模温，可设置加热装置对模具进行预热。

设置温度调节装置，有时会给注射生产带来一些不便，例如采用冷水调节模具温度时，大气中水份易凝聚在模型表壁，影响塑件表面质量。而采用加热措施时，模内一些配合间隙可能会因零件膨胀而减小或消失，从而造成卡死或无法工作，设计时应予以注意。

模具温度调节系统的设计主要是冷却或加热系统基于相关计算的结构及尺寸设计。

11.2 冷却系统的计算

冷却系统的计算包括热传导面积的计算、温控介质通道的尺寸计算和介质用量的计算以及通道回路的排布等。这些工作由于在理论方面缺乏精确的热传导分析和热计算基础，因而是模具设计中的一个难点，近年来借助于计算机虽取得了一定进展，但有些问题仍需进一步探讨。这里仅介绍注射模冷却系统设计的基本思路和设计原则。

11.2.1 需要用冷却水带走的模具热量

塑料传给模具的热量与自然对流散发到空气中的模具热量、辐射散发到空气中的模具热量及模具传给注射机热量的差值，即为需要用冷却水带走的模具热量。

1. 塑料传给模具的热量

单位时间内塑料传给模具的热量可用下式计算

$$Q = nmq \tag{11.2}$$

式中，Q 为单位时间内塑料传给模具的热量，kJ/h；n 为每小时注射次数；m 为每次注射的塑料量，包括浇注系统，kg；q 为单位质量的塑料在模腔内释放的热量，kJ/kg。

q 与充模脱模温度差及塑料在模内的物理状态有关

$$q = C_p(\theta_1 - \theta_0) + q_m \tag{11.3}$$

式中，C_p 为塑料的比热容，kJ/(kg·K)；θ_1 为塑料熔体充模时的温度，℃；θ_0 为塑件脱模时的温度，℃；q_m 为塑料的结晶潜热，kJ/kg，对无定形塑料 $q_m = 0$。

常用塑料的比热容和结晶潜热见表 11.1。

表 11.1 常用塑料的热扩散系数、热导率、比热容和结晶潜热

塑料品种	热扩散率 /($m^2 \cdot h^{-1}$)	导热率 /[kJ/(m·h·℃)]	比热容 /[kJ/(kg·℃)]	结晶潜热 /($kJ \cdot kg^{-1}$)
聚苯乙烯	3.2×10^{-4}	0.452	1.340	—
ABS	9.6×10^{-4}	1.055	1.047	—
低密度聚乙烯	6.2×10^{-4}	1.206	2.094	1.30×10^2
高密度聚乙烯	7.2×10^{-4}	1.733	2.554	2.43×10^2
聚丙烯	2.4×10^{-4}	0.423	1.926	1.80×10^2
尼龙	3.9×10^{-4}	0.837	1.884	1.30×10^2

2. 模具散发出的热量

模具散发出的热量 Q_{ou}包括模具表面的空气对流所散发出的热量 Q_1、模具表面向空气中辐射所散发出的热量 Q_2、模具传导给注射机的热量 Q_3 和冷却水传出的热量 Q_w。根据热平衡

$$Q = Q_{ou} = Q_1 + Q_2 + Q_3 + Q_w \tag{11.3}$$

①自然对流散发到空气中的模具热量。该热量可根据下式计算

$$Q_1 = 3.6\alpha_a A_a(\bar{\theta}_M - \theta_r) \tag{11.4}$$

式中,Q_1 为单位时间内通过自然对流散发到空气中的模具热量,kJ/h;α_a 为自然对流时的传热系数,W/(m^2·K);A_a 为能发生自然对流的模具表面积,m^2;$\bar{\theta}_M$ 为模具整体的平均温度,℃;θ_r 为室温,℃。

其中 α_a 和 A_a 的计算式为

$$\alpha_a = k(\bar{\theta}_M - \theta_r)^{1/3} \tag{11.5}$$

式中,k 为计算系数,当 0 ℃ < $\bar{\theta}_M$ < 300 ℃时,可用下列经验公式计算

$$k = 1.163\left[0.25 + \frac{360}{\bar{\theta}_M + 300}\right] \tag{11.6}$$

$$A_a = (A_1 + A_2)\lambda + A_3 \tag{11.7}$$

式中,A_1 为模腔的表面积,m^2;A_2 为分型面的面积,m^2;A_3 为模具四周与空气接触的表面积,m^2;λ 为开模率,按下式计算

$$\lambda = \frac{t - (t_1 + t_2)}{t} \tag{11.8}$$

式中,t 为注射成型周期,s;t_1 为注射时间,s;t_2 为塑件在模内的冷却时间,s。

②辐射散发到空气中的模具热量。该热量可按下列经验公式计算

$$Q_2 = 20.8A_3\xi\left[\left(\frac{273 + \bar{\theta}_M}{100}\right)^4 - \left(\frac{273 + \bar{\theta}_r}{100}\right)^4\right] \tag{11.9}$$

式中,Q_2 为单位时间内通过辐射方式散发到空气中的模具热量,kJ/h;ξ 为辐射率,对于模具四周的侧表面,若属于未加工的毛坯面,$\xi = 1$,若为氧化的切削面,$\xi = 0.8 \sim 0.9$,若经过磨削加工,$\xi = 0.04 \sim 0.05$。

3. 模具传给注射机的热量

注射模的动模座板和定模座板分别安装在注射机的动、定固定板上,因此模具的热量必然会有一部分传给这两块固定板,此部分热量的计算式为

$$Q_3 = 3.6\alpha_b A_b(\bar{\theta}_M - \theta_r) \tag{11.10}$$

式中，Q_3 为单位时间内模具传给注射机动、定模固定板的热量，kJ/h；α_b 为模具与注射机动、定模固定板之间的传热系数，W/(m^2·K)，其值与动、定模底板的材料有关，采用碳素钢时可取 140 W/(m^2·K)，采用合金钢时可取 105 W/(m^2·K)；A_b 为动、定模底板与注射机固定板之间的接触面积，m^2。

4. 需要用冷却水带走的热量

由(11.3)可知，此热量为

$$Q_w = Q - (Q_1 + Q_2 + Q_3) \tag{11.11}$$

式中，Q_w 为单位时间内需要用冷却水带走的模具热量，kJ/h。

以辐射、对流散发到空气中的模具热量及传给注射机的模具热量一般只占塑料传给模具热量的 5% 左右，其余 95% 的模具热量需由冷却水带走。因此，为简化计算可以认为

$$Q_w = 0.95Q \tag{11.12}$$

11.2.2 冷却水流量计算

冷却水流量可以通过下式计算

$$q_w = \frac{Q_w}{\rho_w c_{pw} \Delta T} \tag{11.13}$$

式中，q_w 为冷却水流量，m^3/h；ρ_w 为冷却水在一定温度下的密度，kg/m^3；c_{pw}为冷却水比热容，J/(kg·℃)，其值见表 11.2；ΔT 为冷却水在进出口处温度差，℃。

表 11.2 冷却水比热容

温度/℃	0	20	40	60	80
c_{pw}/[J/(kg·℃)]	4 221	4 183	4 179	4 191	4 199

11.2.3 水道直径的确定

冷却水在管道中的流动状态对冷却效果有显著影响，据资料表明，在湍流下的热传递比层流高 10 ~ 20 倍。而要使冷却水流完全处于湍流状态，应保证水的雷诺数 Re 满足下式

$$Re = \frac{vd}{\nu} > 6\,000 \sim 10\,000$$

式中，v 为流速，m/s；ν 为运动粘度，m^2/s，10 ℃时，$\nu = 1.307\,7\ m^2/s$；d 为管道内径，m。

可知，为了使水流保持为完全湍流状态，应使冷却水的流速大于要求的数值。由此，在求出冷却水的流量后，可根据处于湍流状态下的流速、流量与管道直径的关系，确定模具上的冷却水孔径，见表 11.3。

表 11.3 冷却水在完全湍流状态下的流速和体积流量

管道直径 /mm	最低流速 /($m \cdot s^{-1}$)	体积流量 /($m^3 \cdot min^{-1}$)	管道直径 /mm	最低流速 /($m \cdot s^{-1}$)	体积流量 /($m^3 \cdot min^{-1}$)
8	1.66	5.0×10^{-3}	20	0.66	12.4×10^{-3}
10	1.32	6.2×10^{-3}	25	0.53	15.5×10^{-3}
12	1.10	7.4×10^{-3}	30	0.44	18.7×10^{-3}
15	0.87	9.2×10^{-3}			

注：$Re = 10^4$，温度 10 ℃。

11.2.4 热传导面积与冷却水道长度的计算

根据牛顿冷却定律,用水流冷却模具时需用的热传导面积(即冷却水道表壁面积)为

$$A_w = \frac{Q_w}{3.6h_w\Delta\theta} \tag{11.14}$$

式中,A_w 为热传导面积,m^2;h_w 为冷却水对其通道表壁的传热系数,$W/(m^2\cdot K)$;$\Delta\theta$ 为热传导面的平均温度与冷却水平均温度的差值,℃,其中冷却水的平均温度为冷却水在进口处和出口处温度的平均值。

当冷却水在圆形断面管直管中呈湍流时,模具材料与冷却水之间为稳定换热,即

$$h_w = \frac{1.163f(\rho_w v)^{0.8}}{d^{0.2}} \tag{11.15}$$

式中,f 为与水温有关的物理系数,可由表 11.4 选取,或按照式(11.16)计算;v 为冷却水在圆管中的流速,m/s;d 为冷却水道的直径,m。

表 11.4 不同水温下的 f 值

平均水温/℃	0	5	10	15	20	25	30	35	40	45	50	55	60	65	70	75
f	4.91	5.30	5.68	6.07	6.45	6.48	7.22	7.60	7.98	8.31	8.64	8.97	9.30	9.60	9.90	10.20

$$f = 0.244(1.163\lambda)^{0.6}\left(\frac{1.163c_{pw}}{\mu}\right)^{0.4} \tag{11.16}$$

式中,λ 为冷却水的平均导热系数,W/(m·K;μ 为冷却水的平均粘度,Pa·s。

由 A_w 则可确定冷却水道长度 L

$$L = \frac{A_w}{\pi d} \tag{11.17}$$

式中,L 为冷却水道长度,m。

11.3 冷却系统的设计原则与常见结构

11.3.1 冷却系统的设计原则

1. 冷却水道应尽量多、截面尺寸应尽量大

型腔表面的温度与冷却水道的数量、截面尺寸及冷却水的温度有关。在冷却水道数量和尺寸不同的条件下通入不同温度(45 ℃和 59.83 ℃)的冷却水后,模具内的温度分布如图 11.1 所示。由图可知,采用 5 个较大的水道孔时,型腔表面温度比较均匀,出现 60 ~ 60.05 ℃的变化,如图 11.1(a);而同一型腔采用 2 个较小的水道孔时,型腔表面温度出现 53.33 ~ 58.38 ℃的变化,如图 11.1(b)。由此可以看出,为了使型腔表面温度分布趋于均匀,防止塑件不均匀收缩和产生残余应力,在模具结构允许的情况下,应尽量多设冷却水道,并使用较大的截面尺寸。

2. 合理设计冷却水道的直径、间距以及与型腔表面距离

冷却水道的大小及布排将直接影响型腔表面的温度分布,如图 11.1 所示。管道直径太小,会使冷却效果下降;而管道间距太大及与模腔表面的距离太小,都会使型腔表面温差变大。水道的中心距可取孔径的 3 ~ 5 倍;水道中心线至型腔表面的距离可取孔径的 1 ~ 2 倍,但水孔壁厚一般应大于 10 mm,常用 12 ~ 15 mm。当塑件壁厚均匀时,冷却水道到型腔表面最好距离相等,如图 11.2(a)所示。当壁厚不均匀时,厚的地方冷却水道应距型腔表面近一些,间距也可适当小一些,如图 11.2(b)所示。

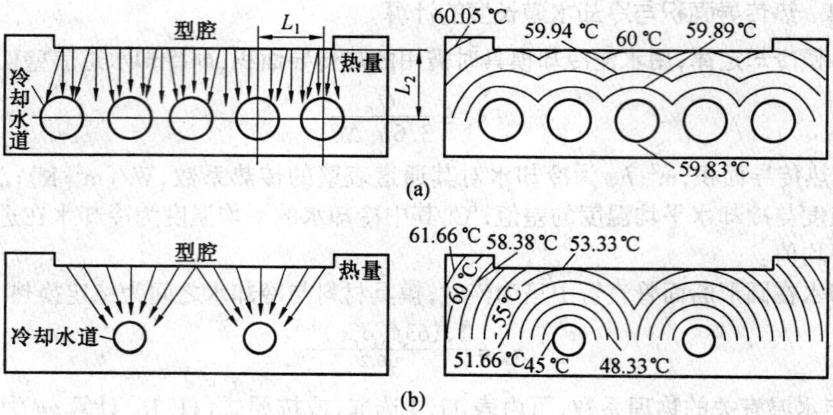

图 11.1　模具内的温度分布

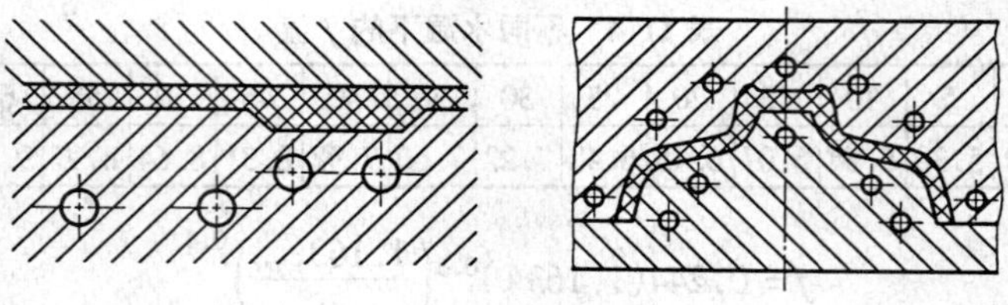

(a)　　(b)

图 11.2　水道的位置

3. 浇口处加强冷却

塑料熔体充填型腔时，浇口附近温度最高，距浇口越远温度就越低，因此通常是将冷却水道的入口处设置在浇口附近，使其在较低温度下冷却，而远离浇口部分的模具是在经过一定程度热交换后的温水作用下冷却。图 11.3 分别为侧浇口、多点浇口、直接浇口的冷却水道的排布形式示意图。

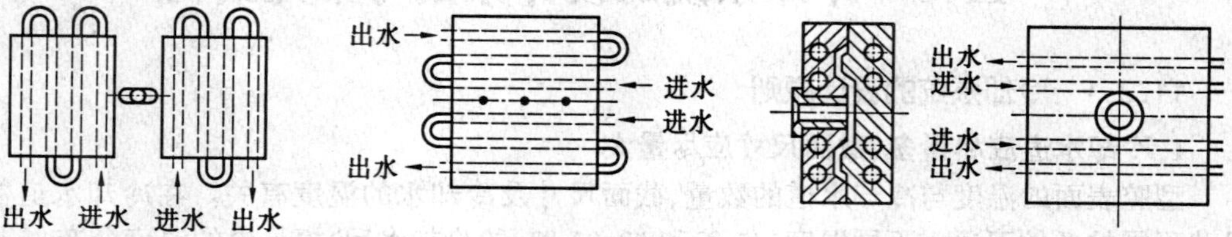

(a)侧浇口的冷却水道　　(b)多点浇口的冷却水道　　(c)直接浇口的冷却水道

图 11.3　冷却水道的出、入口排布

4. 冷却水道出、入口温差应尽量小

如果冷却水道较长，则冷却水出、入口的温差就比较大，易使模温不均匀，所以在设计时应引起注意。图 11.4(a)的冷却水道总长度比图 11.4(b)的短，降低了出、入口冷却水的温差，因

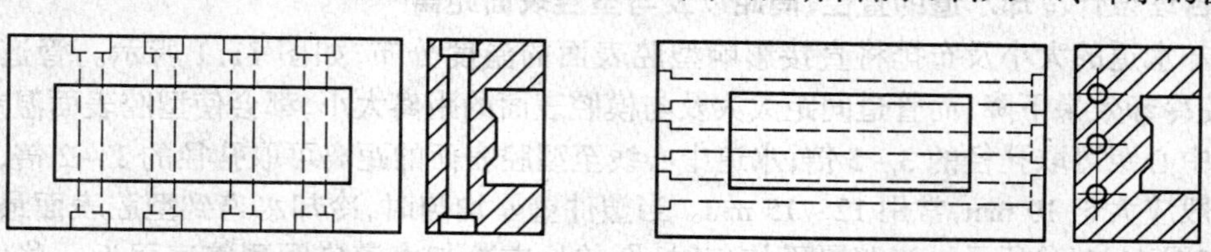

(a)水道沿宽度方向布排　　(b)水道沿年度方向布排

图 11.4　冷却水道长度的两种设计

而冷却效果更好。

5. 冷却水道应沿着塑料收缩的方向设置

对收缩率较大的塑料，例如聚乙烯，冷却水道应尽量沿着塑料收缩的方向设置。图 11.5 所示是方形塑件采用中心浇口(直接浇口)的冷却水道，冷却水道从浇口处开始，以方环状向外扩展。

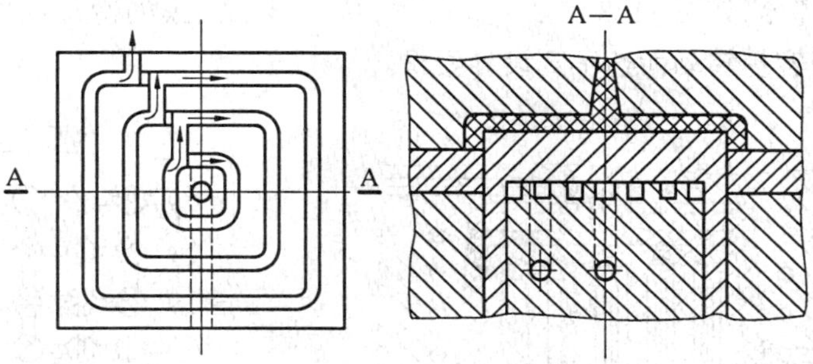

图 11.5　方形塑件采用中心浇口时的冷却水道

此外，设计冷却水道还须注意，冷却水道尽量避免接近塑件的熔接部位，以免产生熔接痕，降低塑件强度；冷却水道要易于加工清理，水道孔径一般不小于 8 mm，多取 10 mm 左右；冷却水道的设计要防止冷却水的泄漏，凡是易漏的部位要加密封圈等。

11.3.2　常见冷却系统的结构

对于不同形状不同尺寸的塑件，冷却水道的位置与形状也不一样。

1. 浅型腔扁平塑件

在使用侧浇口的情况下，通常是采用在动、定模两侧与型腔表面等距离钻孔的形式设计水道，如图 11.6 所示。

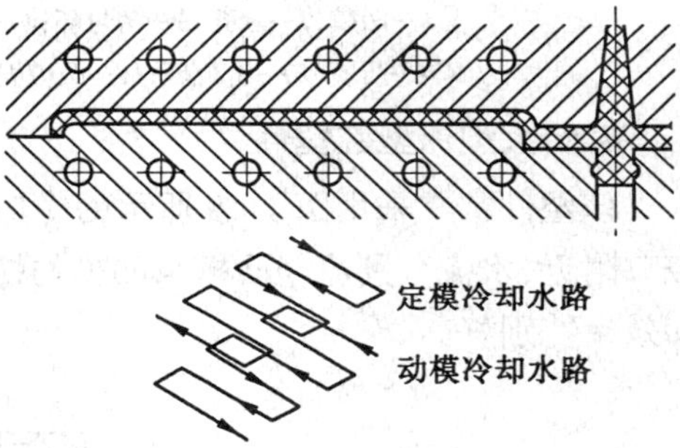

图 11.6　浅型腔塑件的冷却水道

2. 中等深度的塑件

对于采用侧浇口的中等深度的壳形塑件，凹模冷却水道宜在型腔底部附近采用与型面等距离钻孔的形式，而在凸模中，由于容易储存热量，所以从加强冷却角度出发，可按塑件形状铣出矩形截面的冷却水槽，如图 11.7(a)所示。若凹模也需加强冷却，则可采用图 11.7(b)所示的形式。

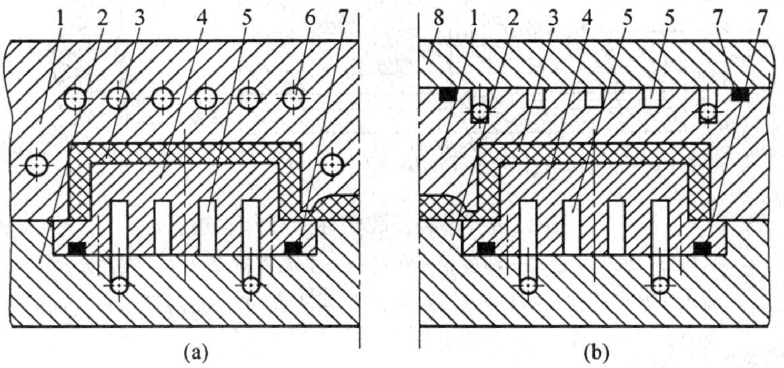

图 11.7　中等深度塑件的冷却水道

1—凹模；2—凸模固定板；3—塑件 4 – 凸模 5 – 水槽；6—水孔；7—密封环；8—凹模垫板

3.深型腔塑件

深型腔塑件成型时凸模的冷却最困难。图 11.8 所示的大型深型腔塑件,冷却水可在凹模一侧从浇口附近进入,水流沿矩形截面水槽(底部)和圆形截面水道(侧部)围绕模腔一周之后,从分型面附近的出口排出。在凸模上加工出螺旋槽和一定数量的盲孔,每个盲孔用隔板分成底部连通的两个部分,如图 11.8 中 A－A 所示,从而形成凸模的冷却回路。隔板与孔间要求紧配合,否则隔板容易转动而达不到设计要求。

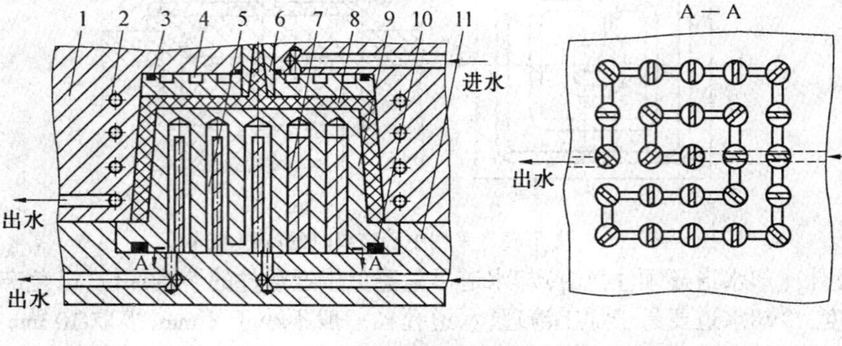

图 11.8　大型深型腔塑件的冷却水道

1—凹模;2—水孔;3—密封环;4—水槽;5—盲孔;6—主流道衬套;7—隔板;8—塑件;9—凸模;10—密封环;11—凸模固定板

4.特大型深型腔塑件

该塑件常常采用图 11.9 所示的冷却水道。凸模及凹模均设置螺旋式冷却水道,进水口在浇口附近,水流分别流经凸模与凹模的螺旋槽后在分型面附近流出。这种形式的冷却水道冷却效果特别好。

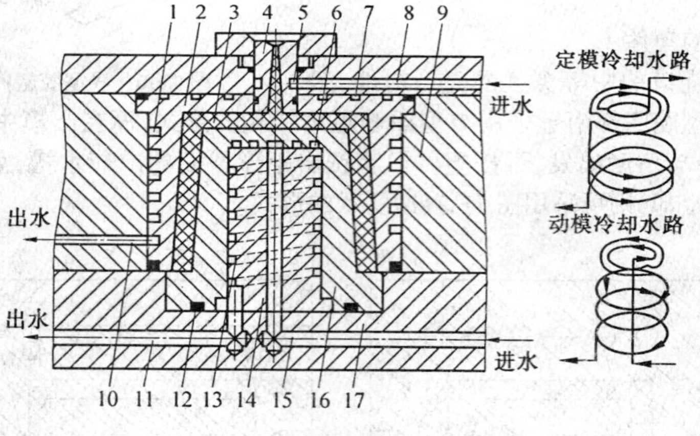

图 11.9　特深型腔塑件的冷却水道

1、5、13—纵向水道;2—凹模;3—塑件;4—主流道衬套;6、7—横向水道;8、15—进水孔;9—凹模固定板;10、11—出水孔;12—密封环;14—凸模芯;16—凸模;17—凸模固定板

5.细长孔塑件

细长孔塑件(空心)的冷却水道在细长的凸模上开设比较困难,因而常采用喷射式水道或

间接冷却法。图 11.10 所示为喷射式冷却水道，在凸模中部开一个盲孔后插入一根管子，冷却水流经管子喷射到浇口附近的盲孔底都，然后经过管子与凸模的间隙从出口处流出，从而对凸模进行冷却。图 11.11 所示为间接冷却法的两个例子，图 11.11(a)中凸模用导热性良好的铍青铜制造，然后将水喷至凸模尾端进行冷却；图 11.11(b)是将铍青铜的一端加工出翅片，把另一端插入凸模中，这样可加大散热面积，提高水流的冷却效果。

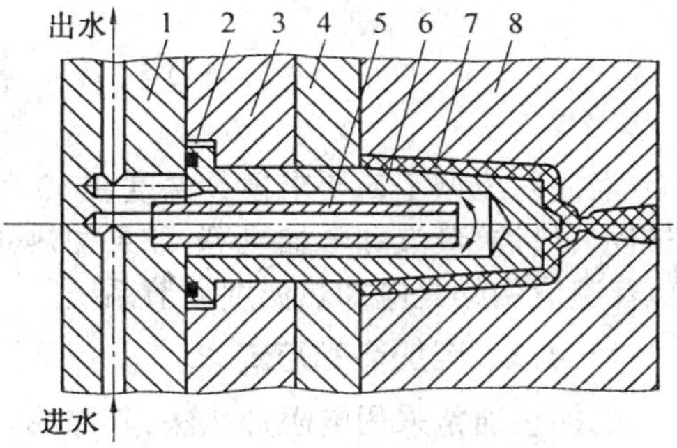

图 11.10　细长凸模的喷射式冷却

1—垫板；2—密封环；3—凸模固定板；4—顶板；5—水管；6—凸模；7—塑件；8—凹模

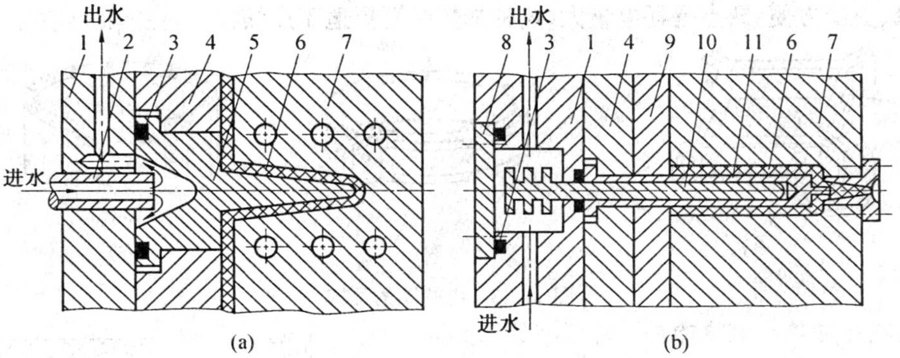

图 11.11　细长凸模的间接冷却法

1—垫板；2—水管；3—密封环；4—凸模固定板；5—铍青铜凸模；6—塑件；7—凹模；8—密封垫板；9—顶板；10—铍青铜散热器；11—凸模

热管技术是一种最新的间接冷却技术，热管的导热效率为同样大小铜棒的 1 000 倍。热管的导热原理是：利用蒸发制冷，使得热管两端温度差很大，使热量快速传导。一般热管由管壳、吸液芯和端盖组成(图 11.12)。热管内部是被抽成负压状态，充入适当的易挥发低沸点液体。管壁有吸液芯，其由多孔毛细材料构成。热管一段为蒸发端，另外一段为冷凝端，当热管一段受热时，毛细管中的液体迅速蒸发，蒸气在微小的压力差下流向另外一端，并且释放出热量，重新凝结成液体，液体再沿多孔材料靠毛细力的作用流回蒸发段，如此循环不止，热量由热管一端传至另外一端。

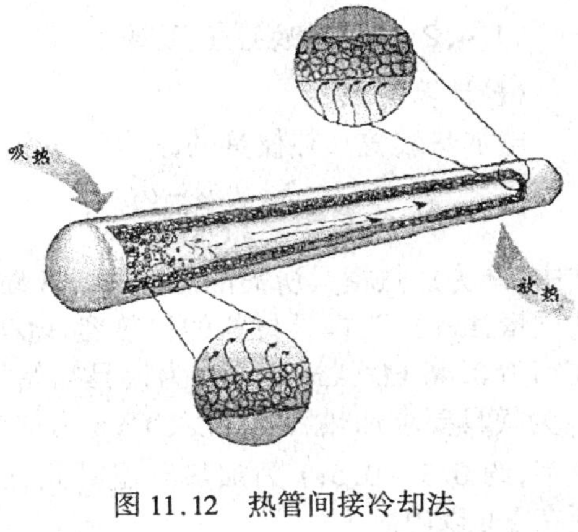

图 11.12　热管间接冷却法

热管内的压力极低，流体在约 30 ℃时即可蒸发。在导热管两端的平均温度差可缩小至 8 ℃。因此，将热管的蒸发端插入模具的不易散热部位，而在冷凝段进行强制冷却，可明显地提高模具的冷却效果。

11.4 模具加热系统

当注射成型工艺要求模具温度在 80 ℃以上时,模具中必须设置加热装置。模具加热可采用热水、热油、蒸汽和电加热等,如果加热介质采用各种流体,其设计方法类似于冷却水道。目前,普遍应用的是电加热温度调节系统。

11.4.1 电加热的方式

电加热通常采用电阻加热法,其加热方式有以下三种:

①电阻丝直接加热。将选择好的电阻丝放入绝缘瓷管中装入模板内,通电后就可对模具加热。但电阻丝与空气接触后易氧化,寿命不长,也不太安全。

②电热圈加热。将电阻丝绕制在云母片上,再装夹在特制的金属外壳中,电阻丝与金属外壳之间用云母片绝缘,图 11.13 为几种常见的电热圈形式,模具放在其中进行加热。其特点是结构简单、更换方便,缺点是耗电量大,这种加热装置更适于压缩模、压注模的加热。

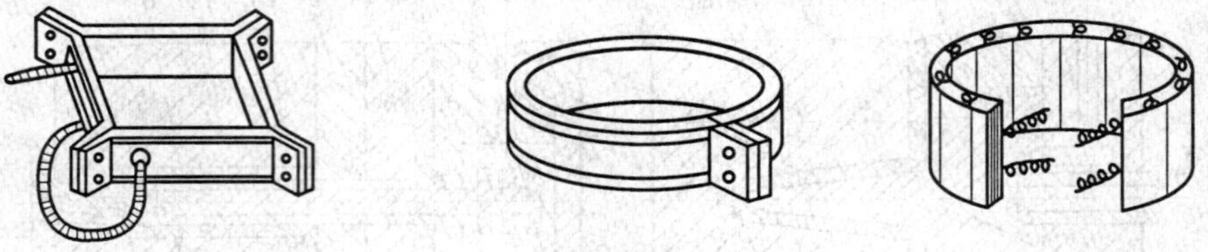

(a)　　(b)　　(c)

图 11.13　电热圈的形式

③电热棒加热。电热棒是一种标准的加热元件,它是由具有一定功率的电阻丝和带有耐热绝缘材料的金属密封管构成,使用时只要将其插入模板上的加热孔内通电即可,如图 11.14 所示。电热棒加热的特点是使用和安装均很方便。

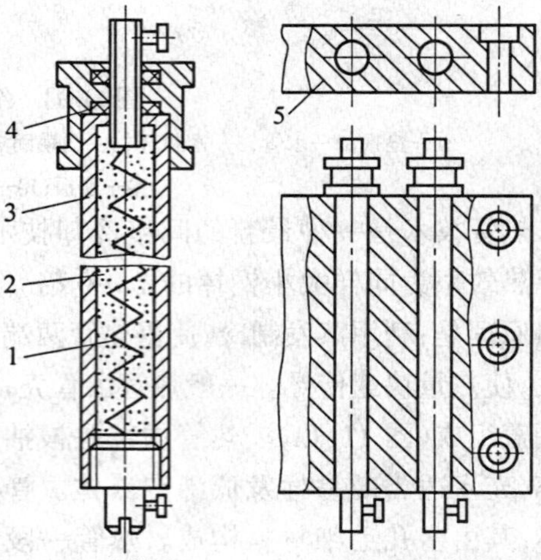

(a)电热棒　　(b)电热棒安装

图 11.14　电热棒及其安装

1—电阻丝;2—耐热绝缘填料;3—金属密封管;4—耐热绝缘垫片;5—加热板

11.4.2 电加热装置的功率计算

(1)计算法

电加热装置加热模具的总功率可用下式计算

$$P = \frac{mc_{\mathrm{p}}(\theta_2 - \theta_1)}{3\,600\eta t} \tag{11.19}$$

式中,P 为加热模具所需的总功率,kW;m 为模具的质量,kg;c_{P} 为模具材料的比热容,kJ/(kg·℃),碳钢为 0.46 kJ/(kg·℃);θ_1 为模具初始温度,℃;θ_2 为模具要求加热后的温度,℃;η 为加热元件的效率,约 0.3~0.5;t 为加热升温时间,h,一般控制在 1 h 以内。

(2)经验法

计算法比较复杂,生产中为了方便,常采用单位质量模具所需电加热功率的经验数据和模具重量来计算模具所需的电加热总功率

$$P = mq \tag{11.20}$$

式中,q 为单位质量模具加热至规定温度时所需的电功率,其值可由表 11.5 选取。

表 11.5　不同类型模具的 q 值　　　　$W \cdot kg^{-1}$

模具类型		小　型	中　型	大　型
q	电热棒加热	25	30	35
	电热圈加热	40	50	60

习　题

1.如图 11.15 所示，一块已加热的塑料放在很冷的金属模板上，塑料块冷却后是向上翘曲还是向下翘曲，为什么？

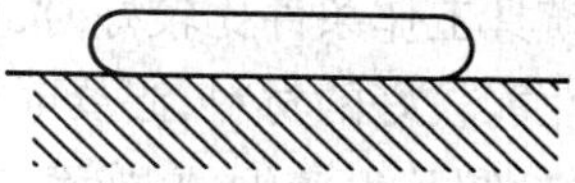

图 11.15

2.试述注射模冷却系统的重要意义和冷却装置的设计原则。

3.为什么要特别重视型芯的冷却？

4.塑料与冷却介质的流动状态的要求有何不同？

5.若在大气中把 1 t 重的模具从 20 ℃升高到 60 ℃，取模具的比热容为 0.418 7 kJ/(kg·℃)，试问需要给该模具提供多大的热量？若该模具在没有预热的情况下仅依靠注入的塑料熔体供热，设每小时能成型 20 kg 比热容为 1.7 kJ/(kg·℃)的塑料，问需要几小时，模具才能达到正常工作温度(60 ℃)？从计算结果你能得出什么结论？

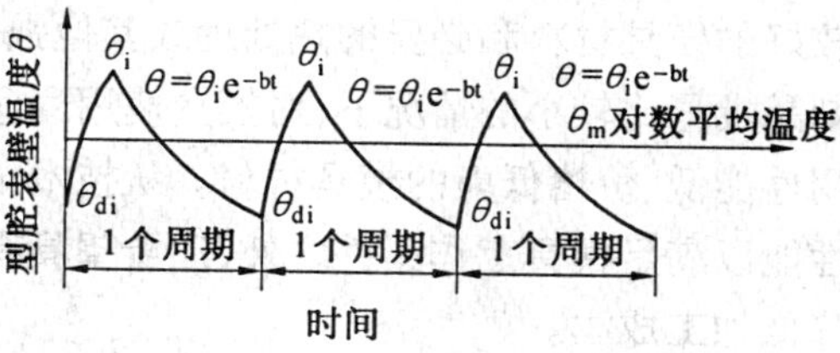

图 11.16

6.图 11.16 所示为模具型腔壁成型过程中的温度变化，设在每个周期中冷却过程的曲线可用 $\theta = \theta_i e^{-bt}$ 表示，其中 θ 为型腔壁表面温度，θ_i 为塑料熔体的注射温度，b 为常数，t 为冷却时间，求模具型腔壁的平均温度 θ_m。（提示：将冷却过程的指数曲线积分，然后取关于时间的平均值，则有 $\theta_m = (\theta_i - \theta_d)/\ln(\theta_i/\theta_d)$，其中 θ_d 为注射前或者冷却结束时型腔表壁温度，应为已知。

7.参考图 11.17 所示的注射模，试采用详细的设计步骤，计算其凸模冷却回路的有关参数。

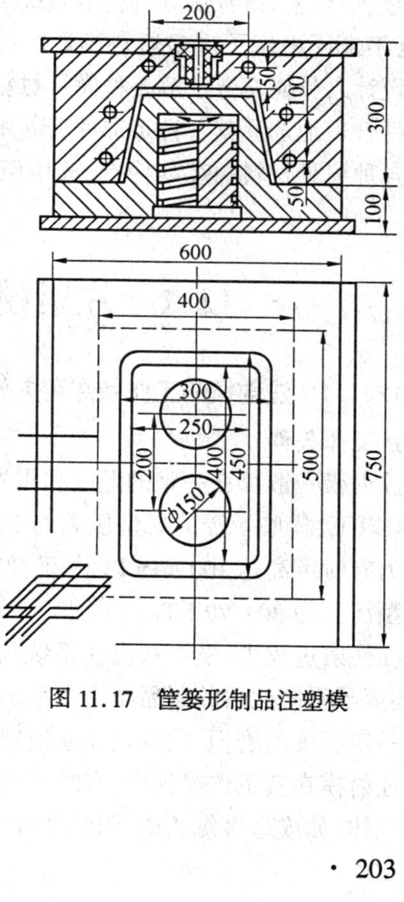

图 11.17　筐篓形制品注塑模

第12章 注射模材料选用

注射模具各零部件材料的正确选择，是注射模设计过程中的一项重要工作，它直接影响模具的使用寿命、加工成本以及制品的成型质量。模具的工作条件是选择模具材料的主要依据，当模具工作条件比较好时，可选择价格低廉的普通材料，而当工作条件恶劣时，则需要选用使用性能较好的材料，必要时还应对加工好的模具零部件进行一些特殊强化处理。由于塑料原材料、制品生产纲领，成型工艺条件以及成型质量要求的不同，注射模具的工作条件也有很大差异，因此，选择模具材料时需要从技术和经济两方面综合考虑。一般来讲，从经济观点出发，对于大批量生产的塑料制品，无论采用何种塑料，工艺条件如何，成型质量高低，通常都应选用较好的模具材料和必要的热处理或其他强化措施，从而使模具具有较长的使用寿命；而在塑料制品批量比较小的情况下，对模具使用寿命要求不高，只要能够满足制品成型质量，应尽量使用性能低、价格低廉的模具材料。从技术角度讲，选择模具材料时，除了希望具有良好的使用性能以满足模具工作条件之外，还希望具有良好的加工性能，以保证模具零部件的加工质量并降低加工成本。

注射模具材料以钢材为主，常用的有碳素结构钢、合金结构钢、模具钢及不锈钢等。另外，锌合金、铝合金、铍青铜等有色金属或某些非金属材料也可用于注射模。随着材料科学不断发展，近年来还出现了许多塑料模具新材料，如预硬钢、时效硬化钢、析出硬化钢、耐腐蚀钢等。模具设计人员应充分了解各种模具材料的使用性能、加工特点以及经济性能，并根据模具的工作条件合理地选择其各种零部件所需用的材料。本章主要阐述注射模的工作条件、失效形式以及各种模具材料的基本特点、选用原则和热处理性能，并对注射模具的新材料进行简要介绍。

12.1 注射模的工作条件和失效形式

12.1.1 注射模的工作条件和失效形式

1.工作条件

注射模一般都在一定的温度和压力下工作。例如，普通热塑性注射模的工作温度通常在150 ℃以下，模腔承受的成型压力约25～45 MPa，热塑性工程塑料精密注射时，模腔承受的成型压力有时可高达100 MPa以上；而热固性注射模的工作温度通常为150～220 ℃，模腔承受的成型压力约30～70 MPa。

在注射过程中，模腔和浇注系统均会遭受熔融塑料对它们的流动摩擦和冲击；脱模过程中，还要承受固化后的制品与浇注系统凝料对它们的刮磨，这些都将导致模腔和浇注系统表壁发生一定程度的磨损，尤其是在成型带有玻璃纤维等硬质材料的塑料时，磨损现象更加严重。

注射模在其工作过程中，有时还会受到腐蚀作用。原因是高温时塑料分解后挥发出的腐蚀性气体，如成型聚氯乙烯、阻燃型或难燃型塑料（如难燃型ABS等）和氟塑料时，高温下分解出的 HCl、SO_2 和 HF 等气体均对模腔和浇注系统表壁具有腐蚀作用。

2.失效形式

(1)塑性变形失效

注射模模腔在成型压力和成型温度作用下,因局部发生塑性变形而导致模具不能继续使用的现象称为塑性变形失效,这种失效形式常见于用渗碳钢和碳素工具钢所制作的成型零部件的工作表面,表现形式是模腔表壁出现麻点、起皱、局部堆塌或凹陷等。

产生塑性变形失效的主要原因是模腔材料强度不足,表壁硬化层太薄以及模具工作温度超过了其回火温度而导致回火软化等。塑性变形失效属于非正常早期失效,一般可通过选用较好的模具材料或适当的热处理强化方法予以避免。生产中,无论采用何种钢材制造模具成型零部件,为保证模腔具有足够的强度和硬度一般都要对它们进行淬火处理,或进行渗碳(针对碳素结构钢),渗碳层厚度通常大于 0.8 mm。

(2)断裂失效

注射模在使用过程中,模腔局部因应力集中而发生裂纹或断裂的现象称为断裂失效。这种失效形式多发生于制品几何形状比较复杂的情况下,发生部位一般都是模腔中的尖角处或薄壁处。其避免措施主要是:一是在设计塑料制品时应重视制件的工艺性;二是在塑料制件几何形状比较复杂时,尤其对于大中型制品,应尽量选用高韧性的模具材料制造成型零部件,即应尽量使用渗碳钢、热作模具钢等,而尽量少用或不用热处理性能较差的高碳合金工具钢。此外,还应注意对模具结构进行合理设计,必要时还应在容易发生断裂失效的部位采用镶拼结构,避免整个模具因断裂失效而过早报废。

(3)表面磨损失效

注射模在使用过程中,因模腔表面磨损严重而不能继续使用的现象称为表面磨损失效。其表现形式为模腔表面粗糙度增大、制品在脱模过程中被模腔表壁拉毛,以及制品尺寸因模腔磨损量过大而超差等。

模腔在工作过程中发生表面磨损是一种不可避免的现象,特别是在成型带有玻璃纤维等硬质填料的塑料以及成型易挥发腐蚀性气体的塑料时,填料与腐蚀性气体会加剧模具磨损。因此,模腔表面磨损失效是一种正常失效形式,关键在于如何抑制磨损过早发生或过快发展。为此,需要选择耐磨性良好的模具材料制作成型零部件,或对模腔表壁进行表面处理。常用的表面处理方法是镀铬,镀铬层可取 0.10~0.15 mm。

(4)热疲劳失效

注射模在使用过程中一般都要长期受热,且温度经常呈周期性变化,这样很容易使模具材料在使用过程中发生热疲劳,导致模腔表面出现龟裂,从而无法保证制品成型质量,这种现象称为热疲劳失效。热疲劳失效也是一种正常失效形式,多发于成型压力较大、成型温度较高、模具温度明显呈周期性变化的场合。为了预防热疲劳失效过早发生,可选择热疲劳性能较好的模具材料制作成型零部件。

12.2.2 塑料品种与模具材料的关系

正确合理地选择模具材料除了必须了解和熟悉它们的工作条件和失效原因外,还应注意塑料品种与模具材料(主要指成型零部件材料)之间的关系,对此可参考表 12.1。

表 12.1 塑料品种对模具成型零部件的加工和使用要求

塑料品种			对成型零部件的加工和使用要求
热塑性塑料	通用塑料	用于日用品	尺寸精度不高
		用于家用电器	具有一定尺寸精度、镜面抛光性好
		用于功能零件	尺寸精度高或较高
	透明塑料		镜面抛光性能好
	增强塑料		高硬度、耐磨
	有腐蚀性的塑料		耐腐蚀
	阻燃型或难燃型塑料		耐腐蚀
热固性塑料			高硬度

12.2 模具材料及其选用

12.2.1 注射模对材料的要求

从技术角度出发，注射模各零部件的选材需要根据模具的工作条件，从材料的使用性能和加工性能两方面考虑。

1.使用性能要求

模具零部件其功能不同，对材料的使用性能要求也不同，具体情况如下。

(1)成型零部件

成型零部件一般都要在温度和压力条件下工作，并与塑料直接接触。它们对其材料的使用性能要求如下。

①良好的力学性能。成型零部件材料的力学性能（强度、刚度、韧性、表面硬度和耐磨性等）好，则模腔的形状和尺寸精度在各种应力和塑料的摩擦作用下都可以得到保证，从而可避免或延缓各种失效形式发生。其中，对于模腔中比较细小的型芯或成型镶块，因为经常受到塑料熔体的流动冲击和弯矩作用，故应特别注意它们的强度和韧性。另外在成型增强塑料的情况下，应尽量选择耐磨性较好的材料制作成型零部件，或进行特殊处理以提高模腔表壁的耐磨性能。

②良好的耐腐蚀性。成型聚氯乙烯、聚甲醛、氟塑料以及一些阻燃型或难燃型塑料制品时，塑料熔体经常会分解出一些腐蚀性气体，这些气体除危害模腔表壁之外，还会加剧模腔表面磨损。因此，成型上述塑料制品时，为提高模具使用寿命，除了可对模腔表壁进行镀铬等防腐表面处理外，还可选用不锈钢或其他一些新型耐腐蚀材料制作成型零部件。

③良好的耐热性和耐热疲劳性。塑料制品在其成型过程中，一般都要经过高温流动充模和固化后冷却脱模两个阶段。因此，模腔在其工作过程中除需要长期受热外，工作温度还会呈现周期性变化，成型零部件应有良好的耐热性和耐热疲劳性。

④较小的热膨胀系数。如果模具材料的热膨胀系数比较大，则常温下加工出来的模腔在工作过程中将会发生一定程度的尺寸和形状变化。虽然这种热膨胀影响远不及塑料本身的热膨胀，但是对于精度要求较高的塑料制品来讲，仍是不可忽略的问题。另外，模腔中经常还会设置一些活动型芯和活动成型镶块，为了防止溢料，这类零件的运动间隙一般都很小，如果这

种零件材料的热膨胀系数较大，则工作过程中往往会因胀大而使运动间隙减小或消失，出现所谓“零件热咬合”现象，最终导致活动型芯和活动成型镶块运动发生故障。

(2)导向零部件

导向零部件包括导柱、导套和锥面定位机构等，它们在开合模过程中承受摩擦磨损。其中导柱还会经常受到塑料成型所引发的侧向压力。因此导向零部件的选材应注意材料的耐磨性、强度及韧性。

(3)浇注系统零部件

浇注系统零部件包括主流道衬套、拉料杆、流道板等，它们对模具材料的使用性能要求与成型零部件相近。

(4)顶出脱模机构与侧向抽芯机构

顶出脱模机构与侧向抽芯机构中的零部件在工作过程中大多具有运动性质，并承受顶出力或脱模力，因此要求使用的材料必须具有良好的力学性能，如强度、刚度、韧性，表面硬度和耐磨性等。另外，这些机构中一些与塑料直接接触的零件或零件部位(如侧向型芯、顶杆端面及脱模板工作部位)，受热后均会膨胀或类似于活动型芯发生热咬合现象，所以这类零件的选材还应考虑热膨胀系数和耐热性能等问题。

(5)支承零部件

支承零部件包括模具中的各种固定板、支承板、支承块和模座等，这类零部件是模具中的承力零件，模具整体结构的强度和刚度均需由它们保证。因此设计这类零部件时，要求选用的材料必须具有足够的力学强度和刚度。

2.加工性能要求

(1)良好的切削加工性能

切削加工是塑料模具零部件的主要加工方法之一，模具材料具有良好的切削加工性能是保证模具加工质量的基础。因此模具零部件，尤其是成型零部件通常要求所用的材料在切削加工时的硬度不超过 28～32HRC，既保证加工出的模具零件具有较低的表面粗糙度，同时也使切削刀具具有较长的使用寿命。近年来出现的预硬钢是一种塑料模具用新材料，虽然硬度为 30～40HRC，但其切削性能不错。

(2)较好的塑性加工性能

对于尺寸不太大的多型腔模具，可以采用塑性加工方法成形其凹模或凸模，凹模和凸模应选用塑性加工性能较好的模具材料。目前，在塑料模加工中比较常用的塑性加工方法是冷挤压，该方法要求挤压前模具材料的硬度低于 135HBS，延伸率大于 35%。

(3)良好的电加工性能

电火花、线切割是两种比较常用的模具电加工方法，可以用来制造各种几何形状比较复杂的成型零部件。良好的电加工性能通常指在正常的电加工工艺条件下，材料表面不产生或仅产生很薄的非正常硬化层。因此，当成型零部件准备采用电加工时，应选用电加工性能良好的材料，既可以避免增加抛光或回火工序，又能保证模腔加工精度不受非正常硬化层的影响。

(4)良好的热处理性能

模具零件对热处理性能的要求包括淬透性、淬硬性和热处理变形等，这些性能对于模具零件(尤其是成型零部件)的力学性能、塑料制品的成型质量均有重要影响。

(5)良好的表面处理性能

对模腔表壁进行镀铬、渗碳、渗氮、碳氮共渗等表面处理，可以提高模腔表壁的耐磨性或对模腔表壁进行强化,从而提高模具使用寿命。选用的成型零部件材料在化学方面应与表面处理所使用的介质具有良好的亲和性,以使它们具有良好的表面处理性能。

(6)良好的表面雕刻、抛光性能

表面雕刻性能通常指雕刻加工方便容易,雕刻之后不发生变形和裂纹的能力。当模腔表壁需要雕刻各种花纹、图案、文字标记时,就要求成型零部件的选材应满足表面雕刻性能要求。

对模腔表壁进行抛光主要是为了降低塑料制品的表面粗糙度或保证制品的表面光泽。对于某些表面质量要求较高或具有光学性能要求的塑料制品,常常要求对其使用的模腔表壁在淬硬情况下进行镜面抛光(表面粗糙度 Ra 小于 0.0 8~0.16 μm)。

(7)内部无气孔和非金属夹杂

控制成型零部件所用材料中的气孔和非金属夹杂(如二氧化硅、氧化铝等),以免影响材料的力学性能和抛光性能。

(8)焊接修补方便

注射模(或其他塑料成型模具)经常需要在调试之后才能投入正常使用,调试过程中有时需要对模腔局部进行焊接修补后再进行修整。因此对成型零部件选材时,应考虑所选材料是否容易进行焊接修补。另外,经过长期使用以后也需要对模具磨损部位进行焊接修补。

综上所述,注射模对模具材料的性能要求是多方面的,通常很难使某种材料同时满足这些要求,因此选用模具材料时,需要综合考虑制品生产批量、成型质量要求,模具材料的价格与市场供应情况,以及现有的模具加工条件等因素,尽量使模具材料既能满足模具的使用要求,同时又不使模具加工难度过大或制造成本过高。

12.2.2 常用模具钢的种类及其选用

可以用作塑料成型模具(包括注射模)的钢材很多,它们的使用性能、加工性能和市场供应价格各不相同,下面分类阐述。

1.碳素结构钢

碳素结构钢价格低廉,切削加工性能良好,含碳量低时强度较差,含碳量高时淬透性不好、热处理变形大,碳素结构钢的抛光性能不太好。

碳素结构钢可以用来制作对尺寸精度、表面粗糙度和耐磨性要求不高,制品生产批量不大的模具成型零部件,另外还可用来制作导柱、导套以及模具支承零部件。

2.合金结构钢

合金结构钢的使用性能比碳素结构钢好,制作的模具零部件使用寿命比碳素结构钢长。按主要合金元素分类,塑料模所用的合金结构钢可分为铬钢、铬镍钢、铬钼钢、铬镍钼钢、铬钼铝钢、铬锰钛钢等。

合金结构钢的使用性能虽然比碳素结构钢好,但淬透性、热处理变形等热处理性能改善不多,一般不适于制作形状复杂或尺寸较大的整体式凸模和凹模,在一些大型模具中用来制作某些局部尺寸较小形状简单,对硬度和耐磨性要求较高的活动成型零件或成型镶块还是合适的。另外,这类钢材还可用来制作导柱、导套、顶杆和复位杆等模具零件。

3.碳素工具钢

碳素工具钢的强度、硬度和耐磨性都比结构钢好,供应价格中等,但其韧性较差、淬透性不好、热处理变形大。碳素工具钢包括 T8、T8A、T10,T10A、T12,T12A 等,它们都可以在塑料制品尺寸不大形状简单,生产批量比较大的场合下用作模具的成型零部件。另外也可在大型、复杂模具中用作局部成型镶块以及导柱、导套、拉料杆、顶杆和复位杆等模具零件。

4.合金工具钢

合金工具钢中的冷作模具钢和热作模具钢不仅可以制造金属成形模具,而且也可制造注射模或其他塑料成型模具,它们的许多性能比结构钢和碳素工具钢好,但供应价格比较贵,通常主要用来制造形状复杂、精度要求高、制品生产批量大的模具成型零部件,特别是在成型热固性塑料或增强塑料的模具中应用最多。

冷作模具钢分为低合金和高合金两种类型,前者包括 9Mn2V、9CrSi、CrWMn、9CrWMn、CrW 等,后者包括 Cr12MoV、Cr6WV 等。低合金冷作模具钢切削加工比较容易,淬透性、耐磨性、抛光性都比结构钢好,热处理变形也比较小,在模具钢种中价格比较便宜,适于大批量热塑性塑料制品生产中制造形状比较复杂、精度比较高的成型零部件。高合金冷作模具钢的强度、硬度很高,耐磨性、耐氧化性、耐腐蚀性和抛光性能比较好,热处理变形也很小,而切削性、磨削性和韧性比较差,价格也较贵,其适用范围与低合金冷作模具钢相似,但使用寿命比较长,在增强塑料或热固性塑料成型模具中应用较多。轴承钢 GCrl5 也可视为冷作模具钢应用,它的淬透性、淬硬性和耐磨性都比较好,在模具中主要用在耐磨性要求较高的滑动零部件。

热作模具钢包括 3Cr2W8V、5CrMnMo、5CrNiMo、4Cr5MoSiV、4Cr5MoSiV1 等,它们的特点是高温力学性能好、耐热性好而且抗冲击,可以承受很高的工作温度以及工作压力,特别适于制作各种塑料模的成型零部件,但价格昂贵。

5.不锈钢

可用作模具零部件的不锈钢包括 4Cr13、9Crl8、Cr14Mo、1Cr17Ni2 等,它们能在一定的温度和腐蚀条件下长期工作,其力学和物理性能不变,所以成型容易挥发腐蚀性气体的塑料(包括添加有机发泡剂的低发泡塑料及反应注射成型)时,可以使用不锈钢制作成型零部件或其他一些与塑料熔体有接触的模具零件,如主流道衬套、流道板、顶杆和拉料杆等。但不锈钢的价格比一般钢材贵得多,而且加工性能也比较差。

12.2.3 有色金属模具材料

1.锌基合金

锌基合金主要由锌和适量的铝、铜、镁等元素构成,如共晶型锌合金 Zn-4Al-3Cu 等。锌基合金的熔点低(约 320~450 ℃),但有一定强度和韧性,而且铸造性能好,可以铸出几何形状复杂、分型面不规则、机械加工困难的各种凸模或凹模。

具体加工方法为,先将锌基合金加热熔化,然后浇注到砂型或石膏模型中铸造成型,由于砂型或石膏模型可按凸模或凹模制作,所以锌基合金铸造成型之后稍加修磨便可制成凸模或凹模。使用时应当注意,锌基合金铸造成型后收缩较大,并需要一定时间,所以铸造成型后的锌基合金模通常需要放置 24 小时,待收缩完成之后才能进行修磨加工,以确保凸模或凹模的形状和尺寸精度。锌基合金作为模具材料主要用在塑料制品生产批量不大的场合,而且一次使用完毕后还可以重熔进行二次利用,具有节材效益,但它们允许使用的工作温度较低,通常不得大于 150~170 ℃,主要适于热塑性塑料成型模具。此外,锌合金塑料模长期使用后易出现变形甚至开裂。

2.铜合金

用于塑料模的铜合金主要是铍青铜,如 QBe2、QBe2.4 等。一般采用铸造方法制模,不仅成本低周期短,而且还可制出形状复杂的模具。铍青铜可通过固溶时效强化,固溶后合金处于软化状态,塑性较好,便于机械加工。经时效处理后,合金的抗拉强度可达 1 100~1 300 MPa,硬度可达 40~42HRC。铍青铜适用于制造吹塑模、注射模以及一些高导热性、高强度和高耐腐蚀性的塑料模。铍青铜表面可以镀铬(镀层 10 ~ 20 μm)以提高防腐性能。铍青铜的导热性很好,用它可以制作一些内部无法开设冷却水道的细长型芯及喷射式冷却水路,以便利用它的导热性能将塑料传给模具的热量迅速扩散出去,但铍青铜的价格比较昂贵。

3.铝合金

铝合金的密度小熔点低,加工性能和导热性都优于钢。铝合金不仅可以采用切削加工成形,还可以进行塑性加工或精铸成型,因此用其作模具成型零部件材料,并配以塑性加工或精铸时,可以大幅度缩短模具加工周期,降低制模成本。但铝合金的强度、硬度、耐热性、电镀性和焊接性都比钢材低得多,所以只能在塑料制品生产批量很小或试制生产中使用。常用的铸造铝合金牌号有 ZL101 等,它适于制造要求高导热率、形状复杂和制造周期短的塑料模具。变形铝合金 LC9 的强度比 ZL101 高,可制作要求强度较高且有良好导热性的塑料模。

除了上述的各种钢材和有色金属外,环氧树脂和铋基低熔点合金也可用作模具材料(主要用来制作成型零部件),但一般只适于小批量制品的生产或制品试制生产,工作温度不允许过高。附录 H 列出了常用模具材料的使用范围和热处理性能,可供模具设计时参考。

12.3 注射模具新材料

随着大型、精密、复杂的注射成型技术发展,对其模具所用材料的性能要求越来越高,例如淬火微量变形、良好的镜面抛光性能、较小的热膨胀系数、较高的热稳定性,以及良好的耐磨性能和耐腐蚀性能等,均是开发模具新材料时所追求的目标。以下简要介绍一些我国近年研制和从国外引进并已在生产中推广使用的塑料模具钢。

12.3.1 渗碳型塑料模具用钢

渗碳型塑料模具用钢主要用于冷挤压成形的塑料模,为了便于冷挤压成形,这类钢在退火态须有高的塑性和低的变形抗力,因此,对这类钢要求有低的或超低的含碳量。为了提高模具的耐磨性,这类钢在冷挤压成形后一般都进行渗碳和淬回火处理,表面硬度可达 58 ~ 62HRC。

国外如瑞典的 8416、美国的 P2 和 P4 等,国内如 DT1、DT2、20、20Cr、12CrNi3A 和 12Cr2Ni4A 等皆属此类钢,下面介绍国内最新研制的冷成形专用钢 0Cr4NiMoV(LJ)。

LJ 钢含碳量很低,塑性优异变形抗力低。该钢化学成分如表 14.2 所示,主要合金元素为铬,辅加元素为镍、钼、钒等,合金元素的主要作用是提高淬透性和渗碳能力,增加渗碳层的硬度和耐磨性以及心部的强韧性。

表 12.2　0Cr4NiMoV 钢的化学成分　　%

C	Cr	Ni	Mo	Mn	Si	V
≤0.08	3.6 ~ 4.2	0.3 ~ 0.7	0.2 ~ 0.6	<0.3	<0.2	0.08 ~ 0.15

LJ 钢具有良好的锻造性能和热处理工艺性。锻造工艺:加热温度 1 230 ℃,始锻温度 1 200 ℃,终锻温度 900 ℃。退火工艺:880 ℃ × 2 h,炉冷(冷速约 40 ℃/h)至 650 ℃后出炉空冷,退火硬度 100 ~ 105HBS,可顺利地进行冷挤压成形。

固体渗碳工艺:930 ℃ × (6 ~ 8) h,渗后在 850 ~ 870 ℃油淬,再进行 200 ~ 220 ℃ × 2 h 的低温回火,热处理后表面硬度 58 ~ 60HRC,心部硬度为 27 ~ 29HRC,热处理变形微小。LJ 钢渗碳速度快,渗层深度比 20 钢深 1 倍。

LJ 钢冷成形性与工业纯铁相近,用冷挤压法成形的模具型腔轮廓清晰、光洁、精度高。LJ

钢主要用来替代 10、20 钢及工业纯铁等冷挤压成形精密塑料模。由于渗碳淬硬层较深，基体硬度高，不会出现型腔表面塌陷和内壁咬伤现象，使用效果良好。

12.3.2 淬硬型塑料模具用钢

常用的淬硬型塑料模具钢有：碳素工具钢（如 T7A、T8A）、低合金冷作模具钢（如 9Mn2V、CrWMn、GCr15、7CrSiMnMoV 钢）、Cr12 型钢（如 Cr12MoV 钢）、高速钢（如 W6Mo5Cr4V2 钢）、基体钢和某些热作模具钢等。这些钢的最终热处理一般是淬火和低温回火（少数采用中温回火或高温回火），热处理后的硬度通常在 45～50HRC 以上。

6CrNiSiMnMoV 钢是近年推广使用的新型淬硬型塑料模具钢，由于其强韧性高、淬透性和耐磨性好、淬火变形小、价格低，用此钢取代 Cr12MoV 钢或基体钢制造大型、高耐磨、高精度塑料模不仅降低了成本，而且提高了模具的使用寿命。

12.3.3 预硬型塑料模具用钢

我国近年研制的预硬化型塑料模具钢大多是以中碳钢为基础，加入适量的铬、锰、镍、钼、钒等合金元素制成。为解决在较高硬度下切削加工难度大的问题，钢中加入硫、钙、铅、硒等元素，以改善切削加工性能。

所谓预硬钢就是供应时已预先进行了热处理，达到模具使用态硬度。这类钢的特点是硬度在 30～40HRC 的状态下可以直接进行车削、钻孔、铣削、雕刻、精锉等机加工，精加工后可直接交付使用，这就完全避免了热处理变形的影响，从而保证了模具的制造精度。有些预硬化钢可以在模具加工成形后进行渗氮处理，在不降低基体使用硬度的前提下使模具的表面硬度和耐磨性显著提高。常用的钢种有：3Cr2Mo、Y20CrNi3AlMnMo（SM2）、5NiSCa、Y55CrNiMnMoV（SM1）、4Cr5MoSiVS、8Cr2MnWMoVS（8CrMn）。下面介绍两种典型预硬化塑料模具钢。

1. 3Cr2Mo（P20）钢

3Cr2Mo 钢是 GB1299—1985《合金工具钢技术条件》中唯一正式纳标的一种塑料模具钢。

该钢的化学成分如表 12.3 所示。

表 12.3 3Cr2Mo 钢的化学成分 %

C	Si	Mn	Cr	Mo	P、S
0.28～0.40	0.20～0.80	0.60～1.00	1.40～2.00	0.30～0.55	≤0.030

相变点为：Ac 1 770 ℃、Ac 3 825 ℃、Ar 1 640 ℃、Ar 3 760 ℃、Ms 300 ℃、Mf 120 ℃。

锻造：加热温度 1 100～1 150 ℃，始锻温度 1 050～1 100 ℃，终锻温度≥850 ℃，锻后空冷。

退火：850 ℃保温 2～4 h，然后在 720 ℃保温 4～6 h，炉冷至 500 ℃出炉空冷。

淬火及回火：860～870 ℃，油淬，540～580 ℃回火。预硬态硬度为 30～35HRC。

化学热处理：可以进行渗碳，渗碳淬火后表面硬度可达 65HRC，具有较高的热硬度及耐磨性。

850 ℃淬火，550 ℃回火的 3Cr2Mo 钢室温力学性能见表 12.4 所示。

表 12.4 3Cr2Mo 钢室温力学性能

硬度 HRC	σ_b/MPa	$\sigma_{0.2}$/MPa	δ_5/%	Ψ/%	α_k/(J/cm^2)
30	1 250	1 140	14	58	11.5

P20 钢适宜制造电视机、大型收录机的外壳及洗衣机面板盖等大型塑料模具，其切削加工

性能及抛光性能均显著优于 45 钢,在相同抛光条件下,表面粗糙度比 45 钢低 1~3 级。使用该钢制造的电视机外壳塑料模具可成型 24 万模次,模具仍完好无损。

2. 3Cr2NiMo(P4410)钢

3Cr2NiMo 钢是 3Cr2Mo 钢的改进型,化学成分见表 12.5。国内的 P4410 钢的实际成分与瑞典生产的 P20 钢改进型 718 钢一致。

表 12.5 3Cr2NiMo 的化学成分 %

C	Mn	Si	Cr	Mo	Ni	P	S
0.28~0.40	0.60~1.00	0.20~0.80	1.40~2.00	0.30~0.55	0.80~1.20	≤0.020	≤0.015

相变点:Ac 1 725 ℃、Ac 3 810 ℃、Ms 280 ℃。

该钢组织细密,镜面抛光性能好,表面粗糙度可达 Ra0.05~0.025 μm。

P4410 钢经 860 ℃淬火,650 ℃回火后,具有良好的车、铣、磨等加工性能。该钢也可采用火焰局部加热淬火(加热 800~825 ℃后空冷或风冷),局部表面硬度可达 56~62HRC,可延长模具使用寿命。对其进行表面镀铬后,表面硬度可由 370~420HV 提高到 1000HV,显著提高模具的耐磨性和耐蚀性。室温及高温力学性能见表 12.6 所示。

表 12.6 3Cr2NiMo 钢的力学性能

试验温度/℃	σ_b/MPa	σ_s/MPa	δ/%	ψ/%	α_k/(J/cm^2)	硬度 HRC
室温	1 120	1 020	16	61	96	35
200	1 006	882	13.6	56	—	—
400	882	811	14.0	67	—	—

采用 P4410 钢制造的模具,局部损坏后可用补焊法修补,焊接质量良好。

P4410 钢在预硬态(30~36HRC)使用,防止了热处理变形,适于制造大型、复杂、精密塑料模具。该钢也可采用渗氮、渗硼等化学热处理,处理后可获得更高表面硬度,适于制作高精密的塑料模具。

12.3.4 时效硬化型塑料模具钢

常用的时效硬化型钢有:18Ni140 级、18Ni170 级、18Ni210 级、18Ni9Co、10Ni3MnCuAl(PMS)、06Ni16MoVTiAl、25CrNi3MoAl。此类钢都属于低碳高合金钢,经高温淬火(固溶处理)后处于软化状态,组织为单一的过饱和固溶体,时效处理时,固溶体中析出细小弥散的金属化合物导致钢的强化和硬化,并且时效过程引起的尺寸、形状变化极小。因此,采用此类钢制造塑料模具时,可在固溶处理后进行模具的机械成形加工,然后通过时效处理,使模具获得使用状态的强度和硬度,这就有效地保证了模具最终尺寸精度。

此外,这类钢往往采用真空冶炼或电渣重熔,钢的纯净度高,所以镜面抛光性能和光蚀性能良好。此类钢还可以通过镀铬、渗氮、离子束增强沉积等表面处理方法提高耐磨性和耐蚀性。下面介绍两种时效硬化型塑料模具用钢。

1.25CrNi3MoAl 钢

25CrNi3MoAl 钢属低镍无钴时效硬化钢,这是参考了国外同类钢的成分,由我国研制的一种新型时效硬化钢,填补了我国时效硬化型精密塑料模具专用钢种的空白。25CrNi3MoAl 钢的化学成分见表 12.7。

表 12.7　25CrNi3MoAl 钢的化学成分　　%

C	Cr	Ni	Mo	Al	Si	Mn	S、P
0.2～0.3	1.2～1.8	3.0～4.0	0.2～0.4	1.0～1.6	0.2～0.5	0.5～0.8	≤0.03

相变点：Ac1 740 ℃、Ac3 780 ℃、Ms 290 ℃。

25CrNi3MoAl 钢经不同温度固溶及时效处理后的硬度分别见表 12.8。

表 12.8．25CrNi3MoAl 钢固溶及时效处理后的硬度

	固溶温度				时效温度		
温度/℃	830	920	960	1 000	500	520	540
硬度 HRC	50	48.5	46.4	45.6	35.5～38	39～41	39～42

25CrNi3MoAl 钢经 880 ℃固溶，680 ℃回火，540 ℃时效处理 8 h 后的力学性能见表 12.9。

表 12.9　25CrNi3MoAl 钢的室温力学性能

σ_b/Mpa	σ_s/MPa	δ/%	ψ/%	α_k①/(J/cm^2)	HRC
1 260～1 350	1 170～1 200	13～16.8	55～59	45～52	39～42

①α_k 值为夏比 U 形试样冲击韧度值。

25CrNi3MoAl 钢有如下特点：

①钢中含镍量低，价格远低于马氏体时效钢，也低于超低碳中合金时效钢。

②调质硬度为 230～250HBS，常规切削加工和电加工性能良好。时效硬度为 38～42HRC，时效处理及渗氮处理温度范围相当，且渗氮性能好，渗氮后表层硬度达 1000HV 以上，而心部硬度保持在 38～42HRC。

③镜面研磨性好，表面粗糙度 *Ra* 可达 0.2～0.025 μm，表面光刻浸蚀性好，光刻花纹清晰均匀。

④焊接修补性好，焊缝处可加工，时效后焊缝硬度和基体硬度相近。

2.06Ni6CrMoVTiAl(06Ni)钢

06Ni6CrMoVTiAl 钢属低碳马氏体时效钢，该钢突出优点是热处理变形小，抛光性能好，固溶硬度低，切削加工性能好，具有良好的综合力学性能以及渗氮、焊接性能。因为合金含量低，其价格比 18Ni 型马氏体时效钢低得多。

低碳马氏体时效钢的硬化机理是在马氏体基体中析出金属间化合物而产生硬化，因此 06Ni 钢含碳量很低，但含有多种时效硬化元素。06Ni 钢化学成分见表 12.10 所示。

表 12.10　06Ni6CrMoVTiAl 钢的化学成分　　%

C	Ni	Cr	Mo	Ti	Al	V	Mn	Si	P、S
0.06	5.5～6.5	1.3～1.6	0.9～1.2	0.9～1.3	0.6～0.9	0.08～0.16	≤0.5	≤0.6	≤0.03

相变点：Ac1 705 ℃、Ac3 836 ℃、Ar1 425 ℃、Ar3 525 ℃、Ms 512 ℃、Mf 395 ℃。

锻造：加热温度 1 100～1 150 ℃，终锻温度≥850 ℃，锻后空冷。

软化退火：680 ℃高温回火。

固溶处理：可以利用锻轧后快速冷却实现，也可以把钢材加热到固溶温度之后油冷或空冷实现。固溶后冷速越快，硬度越低，但时效后硬度值更高。

06Ni 钢的时效硬度比 18Ni 类高合金马氏体时效钢固溶硬度(28～32HRC)低,故切削加工性能优于 18Ni。

推荐的固溶处理工艺:800～880 ℃,保温 1～2h,油冷。推荐的时效工艺:500～540 ℃,保温时间 4～8h,硬度为 42～45HRC。

不同温度下 06Ni 钢的力学性能见表 12.11,可见随着温度的增加,钢的强度有所下降,但塑性和韧性都迅速增加。

表 12.11　06Ni6CrMoVTiAl 钢室温和高温力学性能

温度/℃	σ_b/Mpa	$\sigma_{0.2}$/MPa	δ/%	ψ/%	α_k/(J/cm^2)
室温	1 478	1 422	9.3	37.2	3.4
200	1 292	1 262	11.2	54.2	36.8
300	1 238	1 197	10.5	53.3	41.7
400	1 153	1 128	13.7	56.5	51.9

马氏体时效钢 06Ni6CrMoVTiAl 已应用在化工、仪表、轻工、电器、航空航天和国防工业,用以制作磁带盒、照像机、电传打字机等零件的塑料模具,均有很好的效果。该钢制作的录音机磁带盒塑料模具寿命可达 200 万次以上,压制的产品质量可与进口模具压制的产品相媲美;制作的收录机磁带盒塑料模具,其平均寿命达 110 万次以上。

12.3.5　耐蚀塑料模具钢

此类钢多数是不锈钢,如 3Cr13、2Cr13、0Cr16Ni4Cu3Nb(PCR)、1Cr18Ni9、3Cr17Mo、0Cr17Ni4Cu4Nb(74PH)等。其中 0Cr16Ni4Cu3Nb(PCR)钢属我国研制的新型析出硬化不锈钢,硬度为 32～35HRC 时可进行切削加工,再经 460～480 ℃时效处理后,可获得较好的综合力学性能。

PCR 钢的化学成分见表 12.12。相变点:As580 ℃、Af723 ℃、Ms85 ℃、Mf300 ℃。

表 12.12　PCR 钢的化学成分　　%

C	Mn	Si	Cr	Ni	Cu	Nb	S、P	其他
≤0.07	<1.0	<1.0	15～17	3～5	2.5～3.5	0.2～0.4	≤0.03	添加特殊元素

0Cr16Ni4Cu3Nb 钢固溶时效处理后的力学性能如表 12.13 所示。

表 12.13　0Cr16Ni4Cu3Nb 钢固溶时效处理后的力学性能

热处理规程	σ_b/Mpa	σ_s/MPa	σ_{sc}/MPa	δ_5/%	ψ/%	α_k①/(J/cm^2)	HRC
950 ℃固溶 460 ℃时效	1 324	1 211	—	13	55	50	42
1 000 ℃固溶 460 ℃时效	1 334	1 261	—	13	55	50	43
1 050 ℃固溶 460 ℃时效	1 355	1 273	1 442	13	56	47	43
1 100 ℃固溶 460 ℃时效	1 391	1 298	—	15	45	41	45
1 150 ℃固溶 460 ℃时效	1 428	1 324	—	14	38	28	46

①C 形缺口冲击试样,R = 12.7mm。

锻造工艺:加热温度 1 180～1 200 ℃,始锻温度 1 150～1 100 ℃,终锻温度≥1 000 ℃,锻后空冷或砂冷。锻造时应充分热透,锻打时要轻锤快打,然后可重锤,以防出现锻裂。

固溶处理:1 050 ℃,空冷,硬度为 32～35HRC,可以进行切削加工。

时效处理:推荐处理温度为 460 ℃,时效后硬度为 42～44HRC。

淬透性及淬火变形：PCR 钢淬透性好，在 ϕ100 mm 断面上硬度均匀分布。回火时效后总变形率：径向为 -0.04% ~ -0.05%，轴向为 -0.037% ~ -0.04%。

PCR 钢具有良好的耐蚀性，适于制作含有氟、氯的塑料成型模具，如用于氟塑料或聚氯乙烯塑料成形模、氟塑料微波板、塑料门窗、各种车辆把套、氟氯塑料挤出螺杆、料筒以及添加阻燃剂的塑料成形模。用 PCR 钢制造的聚三氟氯乙烯阀门盖模具，使用寿命达 1 ~ 1.2 万件，而原来采用 45 钢或镀铬处理的模具，使用寿命只有 1 000 ~ 4 000 件。

习　题

1. 注射模的主要失效形式及避免措施有哪些？
2. 注射模对材料的使用性能、加工性能要求是什么？
3. 简述常用模具钢的种类及其选用原则。
4. 简述有色金属模具材料的主要种类及使用特点。
5. 举例说明注射模具新材料的发展方向。

第13章　注射模设计实例

由于注射模具的多样性和复杂性,很难总结出可以普遍适用的注射模设计步骤。本章所列出的设计步骤仅供在设计中参考,其主要目的是使读者对注射模的设计全过程有一个总体认识,同时也是对已学内容的一次总结。

13.1　注射模设计程序

13.1.1　设计前应明确的事项

模具设计人员应以塑料制品生产部门提供的模具设计任务书为依据进行设计,模具设计任务书通常有如下内容。

①经过审签的正规制品图纸,并注明所采用的塑料牌号、透明度等,若制品图纸是根据样品测绘的,最好能附上样品,因为样品除了比图纸更为形象和直观外,还能为模具设计者提供许多有价值的信息,如样品所采用的浇口位置、顶出位置和形状、分型面等。

②塑料制品说明书及技术要求。

③塑料制品的生产数量及所用注射机。

④注射模基本结构、交货期限及价格等。

在审读模具设计任务书的基础上,模具设计者应明确如下问题。

①熟悉制品几何形状、明确其使用要求。对于形状复杂的制品,需在头脑中建立清晰的三维形象(初学者最好能绘制出制品的三维图),要充分了解制品的用途,制品各部分的作用,进而明确制品的成型收缩率、透明度、尺寸公差、表面粗糙度、允许的变形范围等问题。

②对制品的成型工艺性进行检查,以确认制品各部分是否符合注射成型的工艺性条件。一套优质的模具不仅取决于模具结构的正确性,还取决于制品的结构能否满足成型工艺的要求。

③在设计前要明确注射机的型号和规格,这样在模具设计中才能正确处理好注射模与注射机的关系。

在上述工作基础上应制定注射成型工艺卡,特别是对于批量大、形状复杂的大型模具,更有必要制定详细的注射成型工艺卡,以指导模具设计工作和实际注射成型加工。工艺卡应该由专门负责注射工艺的工艺设计人员完成,也可以由模具设计者兼任。注射成型工艺卡包括如下内容。

①制品的概况,包括简图、重量、壁厚、投影面积、外形尺寸、有无侧凹和嵌件等。

②制品所用塑料概况,如品名、生产厂家、颜色、干燥情况等。

③必要的注射机数据,如动、定模压板尺寸、模具最大空间、螺杆类型、额定功率、注射量、合模力等。

④注射成型条件,包括料筒各段温度、注射温度、模具温度、冷却介质温度、锁模力、螺杆背压、注射压力、注射速度、循环周期(注射、固化、冷却、开模时间)等。

13.1.2 模具结构设计的一般步骤

1.确定型腔的数目

确定型腔数目有两种方法:一是根据合模力、最大注射量及制品的精度要求、经济性等分别计算,然后以能够满足全部条件的型腔数目为最终选择;二是根据实际情况采用一种方法进行计算,再用其他方法进行校核。

2.选定分型面

虽然在制品设计阶段分型面已经被考虑或者选定,在模具设计阶段仍应再次从结构、成型工艺的角度校核分型面的选择是否最为合理。

3.确定型腔的配置

型腔的配置实质上是模具结构总体方案的规划和确定,因为一旦型腔布置完毕,浇注系统的走向和类型便已确定。冷却系统和顶出机构在配置型腔时也必须给予充分的注意,若冷却管道布置与推杆孔、螺栓孔发生冲突时要在型腔布置中进行协调,当型腔、浇注系统、冷却系统、推出机构的位置初步决定后,模板的外形尺寸基本上就已确定,从而可以选择合适的标准模架。

4.确定浇注系统

浇注系统中的主流道、分流道、浇口和冷料穴的设计计算详见有关章节。浇注系统的平衡及浇口位置和尺寸的确定是浇注系统的设计重点。另外需要强调的是浇注系统往往决定了模具的类型,如采用侧浇口,一般选用单分型面的两板模具即可,如采用点浇口,往往就得选用双分型面的三板式模具,以便分别脱出流道凝料和塑料制品。

5.确定脱模方式

在确定脱模方式时,首先要确定制品和流道凝料滞留在模具的哪一侧,必要时要设计强迫滞留的结构(如拉料杆等),然后再决定顶出机构的类型和结构。特别要注意确定侧凹制品的脱模方式,因为采用侧抽芯结构时,模板的尺寸就得加大,在型腔配置时要留出侧抽芯机构的位置。

6.冷却系统和推出机构的细化

冷却系统和推出机构的设计计算详见有关章节。冷却系统和推出机构的设计同步进行有助于两者之间的协调。

7.确定凹模和型芯的结构和固定方式

当采用镶块式凹模或型芯时,应合理地划分镶块并同时考虑这些镶块的强度、可加工性及安装固定。

8.确定排气方式

由于一般的注射模在注射成型时的气体可以通过分型面和推杆处的空隙排出,因此注射模的排气问题往往被忽视。对于大型和高速成型的注射模,排气问题应引起足够的重视。

9.注射模具的结构草图

在以上工作的基础上绘制注射模完整的结构草图,在总体结构设计时应优先考虑采用简单的模具结构形式,因为在注射成型的实际生产中所出现的故障,大多是由于模具结构复杂化引起的。结构草图完成后,若有可能应与成型工艺、产品设计及模具制造和使用人员共同研讨直至相互认可。

10.校核模具与注射机有关的尺寸

因为每副模具只能安装在与其相适应的注射机上使用,因此必须对模具上与注射机有关的尺寸进行校核，以保证模具在注射机上正常工作。

11.校核模具有关零件的强度及刚度

对成型零件及主要零部件都应进行强度及刚度的校核，一般而言，注射模的刚度问题比强度问题显得更为重要。

12.绘制模具的装配图

装配图应尽量按照国家制图标准绘制，装配图中要清楚地表明各个零件的装配关系，以便于装配。当凹模与型芯镶块很多时，为了便于测绘各个镶块零件，必须先绘制动模和定模部件图，在部件图的基础上再绘制总装图。装配图上应包括必要的尺寸，如外形尺寸、定位圈直径、安装尺寸、极限尺寸（如活动零件移动的起止点）。在装配图上应将全部零部件按顺序编号，并填写明细表和标题栏。装配图上一般还应标注技术要求，技术要求的内容是：

①对模具某些结构的性能要求，如对推出机构、抽芯结构的装配要求。

②对模具装配工艺的要求，如分型面的贴合间隙、模具上、下面的平行度要求。

③模具的使用说明。

④防氧化处理、模具编号、刻字、油封及保管等要求。

⑤使用注射机的型号。

⑥有关试模及检验方面的要求。

13.绘制模具的零件图

由模具装配图或部件图拆绘零件图的顺序为：先内后外，先复杂后简单，先成型零件后结构零件。

14.复核设计图样

按照制品、模具结构、成型设备、配合尺寸、零件的可加工性等项目进行自我校对和他人审核。对于初学的模具设计人员最好能参加模具制造的全过程，包括组装、试模，修模及投产等过程。

13.2 注射模设计实例

现以静电喷枪三通管为例，简要说明注射模的方案构思、结构设计和计算过程。

13.2.1 塑料制品及材料

静电喷枪三通管塑件示意图及主要尺寸分别如图 13.1、13.2 所示。随着静电喷涂技术的应用越来越广泛，作为静电喷枪主要部件的三通管要求大批量生产。

静电喷枪的工作条件不仅要求其有足够的结构强度、刚度和强抗静电性，并且还应具有抵抗喷涂所用涂料溶剂侵蚀和承受气体或液体工作压力的能力。

聚酰胺俗称尼龙（PA）是最重要的工程塑料，其产量在五大通用工程塑料中居首位。尼龙具有良好的综合性能，既具有聚苯乙烯的良好成型性、聚丁二烯的韧性，又具有聚丙烯腈的化学稳定性和表面硬度。尼龙耐热、耐磨、耐油、耐弱酸、耐碱，而且电绝缘性好、无毒、无味，其抗拉强度可达 35～50 MPa，同时其熔体流动性好，制品壁厚可小到 1 mm。尼龙的特性可以满足静电喷枪的使用要求，故选用尼龙 66（PA66）为静电喷枪的注塑材料。

尼龙的注射温度在 260～290 ℃之间，模温在 50 ℃左右，注射压力为 100～140 MPa，成型收缩率为 1.4%，密度 $\rho = 1.15\ g/cm^3$，弹性模量 $E = 1.35 \times 10^3$ MPa，泊松比 $\mu = 0.35$。

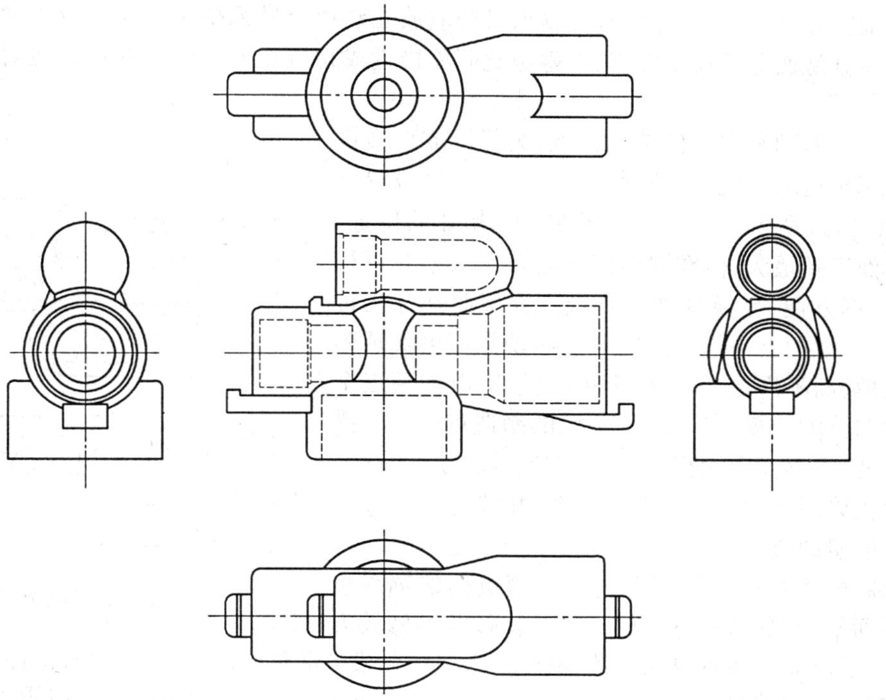

图 13.1　静电喷枪三通管塑件图

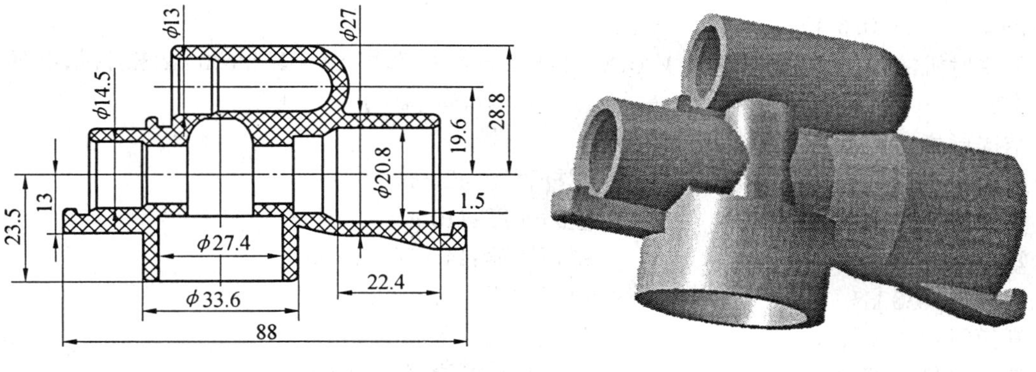

图 13.2　静电喷枪三通管主要尺寸与三维造型图

13.2.2　模具结构设计与计算

静电喷枪三通管在直通管的另一侧添加了盲管以便安装手柄，其结构要求在三个方向上采用侧向抽芯机构进行成型与抽芯。由于制件尺寸较小、管壁较薄，且尼龙材料的流动性较好，注射模采用了点浇口浇注系统，因为塑件与浇注系统凝料需要分别脱模，故采用由动模板、中间板和定模板组成的三板式注射模结构。为提高生产效率采用一模两腔形式。模具设计过程及简要计算如下。

1.型腔数目与配置

型腔数量受注射机能力、塑件精度和生产的经济性等因素影响。本制件需要三个方向进行侧向抽芯，同时为兼顾生产效率，采用了一模两腔结构。

2.分型面位置

一般情况下，分型面位置设置应遵循有利于制品脱模，开模后制品滞留在动模一侧，降低模具加工难度等原则，而且注射机的顶出机构应放在动模合模系统中。同时应尽量减小模腔(即制品)在分型面上的投影面积，以避免此面积接近或超过注射机许用的最大注射面积而造成溢料现象。

根据以上原则和本制件结构特点，为保证成型质量和侧向抽芯机构顺利脱模，该制件上适宜的分型位置有三处，如图 13.3 所示。分型面选择在 I 或者 II 的位置，制件投影面不是最大，但在定模部分需要安装型芯进行成型，脱模不方便，且模具结构复杂。分型面选择在Ⅲ的位置，在分型面上进行一次侧向抽芯动作即可实现四个孔的脱模，而不需在动、定模上进行抽芯，既方便三个方向的侧向分型脱模，又可降低型腔的制造难度。选择在Ⅲ的位置，虽然投影面积最大，但本制件较小，不存在超过注射机许用注射面积而造成溢料的问题。

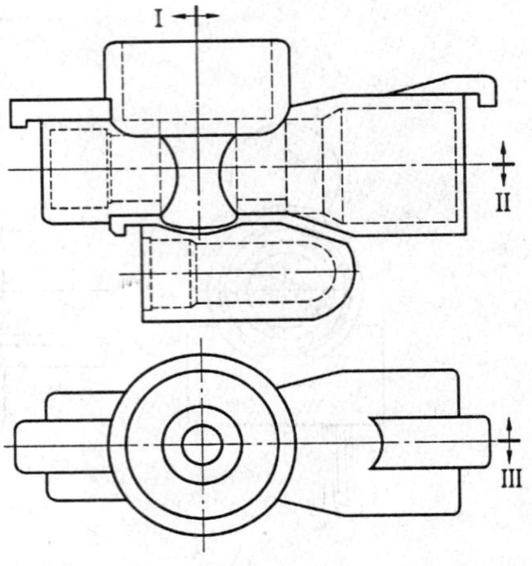

图 13.3　分型面的位置

3.注射机的选用

由于卧式注射机的注射系统与合模机构的轴线重合并与地面平行，具有机身较低，加料、操作及维修较方便，且制品顶出脱模后可自动坠落，易于实现机械化或自动化等优点，故首选卧式注射机。

经过计算，制件单件的体积为 27.8 cm^3，注射机一次所要注射熔融塑料的体积为

$$V = n(V_{件} + V_{凝}) = 88.96\ cm^3$$

式中，$n = 2$，$V_{凝} = 0.6\ V_{件}$。

则注射机的理论注射量 $V_{理} = V/0.8 = 111.2\ cm^3$，可选用 SZ－125/630 型注射机，其参数如下：

结构形式：卧式

理论注射量：125 cm^3	螺杆直径：40 mm
注射压力：126 MPa	注射速度：110 g/s
塑化能力：16.8 g/s	螺杆转速：14～200 r/min
锁模力：630 kN	拉杆间距：370×320 mm
开模行程：270 mm	最大模具厚度：300 mm
最小模具厚度：150 mm	模具定位孔直径：125 mm
喷嘴球半径：15 mm	喷嘴口直径：4 mm

4.浇注系统设计

(1)主流道设计

卧式注射模采用直浇口式主流道，其几何形状与尺寸可参考图 6.3。其主要尺寸如下：

主流道小端直径：d = 注射机喷嘴口直径 + (0.5～1 mm) = 5 mm；

主流道球面半径：S_R = 注射机喷嘴球头半径 + (1～2 mm) = 16 mm；

球面配合高度：$h = (3～5)$ mm，取 $h = 4$ mm。

主流道大端直径 D：主流道长度 L 的设计原则是小于 60 mm，故暂取 L 为 40 mm；主流道的锥角推荐值为 2°～4°，考虑到尼龙 66 的流动性良好，且为了方便修模，主流道的锥角取为 2°，则 $D = d + 40 \times 2 \times \tan 2° = 7.794$ mm，取 $D = 8$ mm。

主流道末端一般都要设置冷料穴，它在收集前锋冷料的同时还可以用来控制浇注系统凝料的脱模。由于采用三板式模具结构，故选择带有球头拉料杆的冷料穴，开模时先利用穴内冷

料对拉料杆头部的包紧力，将主流道凝料带出定模，然后使拉料杆与冷料背向运动，强制两者脱开。为使冷料能够与脱模板自动分离，冷料穴的形状不能太深太陡。

(2)分流道设计

为保证熔体分配均衡，各模腔制件精度一致，多腔注射模应尽量采用平衡式浇注系统，即分流道的截面形状、尺寸及长度对应相等。

分流道的截面大小应与熔体的流动性相适应，一般对流动性好的尼龙等可取较小截面。U 形和圆形截面分流道的流动性好，当量直径也小，但圆形截面分流道需要开设在分型面的两侧，上、下两部分必须互相吻合，加工难度大。而 U 形截面分流道常用于小型制品，且加工方便，故采用 U 形截面分流道，如图 13.4 所示。

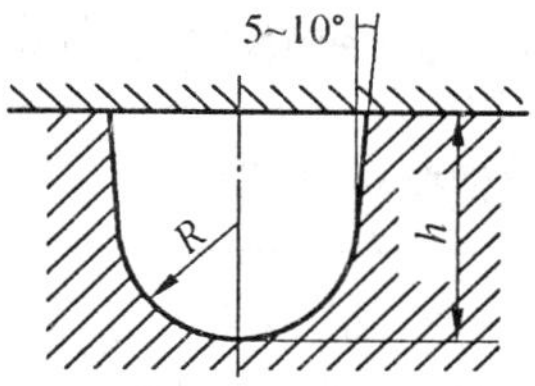

图 13.4　分流道截面示意图

取 $R = 4$ mm，$h = 8$ mm，侧壁斜角可取 5° ~ 10°，为方便修模取 5°。

(3)浇口设计

①浇口位置。浇口的位置不同熔体充入模腔时的流程、流向、流态都会不同，型腔内各部分的熔体压力分布也会不同，从而对塑件的内在质量和外观质量产生影响。根据浇口位置选择原则，将浇口设置在三通管两条轴线交点处，其优点是浇口正对着型芯，可使熔体均匀地填充型腔，避免喷射的产生；设置位置与最大管径在成型中收缩产生的残余拉应力方向一致，可消除或减小制品开裂的可能性；流程较短，能保证熔体迅速、均匀地充填模具型腔，避免和减少因取向应力和收缩不均造成翘曲。

本制件的流程较短，每个制件只设一个浇口，以免增加熔接痕的数量。

②浇口结构形式。由表 6.4 可知，适用于尼龙的浇口形式有点浇口、直接浇口、侧浇口等。其中点浇口尺寸很小，具有增加熔体流动性、提高熔体切变速率、有利于薄壁塑件成型、浇口冻结快、痕迹小、进料部位选择自由、易于实现自动脱件等优点，广泛应用在多种塑料的单腔、多腔或多浇口注射模中。而直接浇口、侧浇口尺寸大，痕迹明显，冷却冻结慢，容易在进料处产生较大的残余应力而导致塑件翘曲变形，不适宜于本制件，故采用点浇口形式，其结构和尺寸可参考图 6.18(c)。

点浇口的直径可按式(6.6)计算

$$d = (0.05 \sim 0.08)\sqrt[4]{\delta^2 A} = (0.05 \sim 0.08)\sqrt[4]{3^2 \times 10\ 034} = 0.87 \sim 1.39\ \text{mm}$$

可以先加工出 0.8 ~ 1 mm 直径的点浇口，再根据试模情况调整；浇口的长度取 1 mm，为防止在拉断浇口凝料时损坏制品表面，在浇口与塑件连接处可采用高为 0.5 mm、锥角为 60° ~ 90° 的锥度过渡。

5.成型零部件设计

(1)成型部件尺寸

模具工作尺寸确定的原则是，外形尺寸采用单向负偏差，基本尺寸为最大值；内形尺寸采用单向正偏差，基本尺寸为最小值；中心距尺寸采用双向等值正、负偏差，基本尺寸均为平均值。

成型零部件工作尺寸公差值可取塑件公差的 1/3 ~ 1/6，根据目前机械制造和装配的技术水平，一般将 IT7 ~ 8 级作为模具制造公差。成型小型塑件时，模具制造公差和成型零部件的磨损，是影响塑件尺寸精度的主要因素，δ_z 和 δ_c 不能忽略，可取 $\delta_z = \Delta/3$、$\delta_c = \Delta/6$，$x = 3/4$。

由于制品尺寸较小、尺寸精度不高，故采用平均值方法。以成型内径 ϕ20.8 mm、外径 ϕ27

mm 的管为例进行成型零部件工作尺寸计算，该孔与另一内径为 $\phi13$ mm 孔的中心距为19.6 mm。按 8 级精度查表可得该孔内外径的制件公差 Δ 分别取 0.88 mm、0.96 mm，中心距的制造偏差取 0.22。由第 7 章内容可得模具型腔、型芯零件尺寸的计算公式及结果如表 13.1 所示。

表 13.1 型腔与型芯尺寸计算

尺寸类型	计算公式	制造偏差	计算结果	备注
型芯(凸模)径向尺寸	$(l_M)^{0}_{-\delta_z}=[(1+\bar{s})l_s+x\Delta]^{0}_{-\delta_z}$	$\delta_z=\Delta/3$	$21.75^{0}_{-0.29}$	伸缩率 $\bar{s}=1.4\%$
型腔(凹模)径向尺寸	$(L_M)_{0}^{+\delta_z}=[(1+\bar{s})L_s+x\Delta]_{0}^{+\delta_z}$	$\delta_z=\Delta/3$	$26.66_{0}^{+0.32}$	修正系数 $x=0.75$ Δ为制件公差
中心距	$(C_M)^{+\delta_z/2}_{-\delta_z/2}=(1+\bar{s})C_S{}^{+\delta_z/2}_{-\delta_z/2}$	$\delta_z=\Delta/4$	$19.87^{+0.11}_{-0.11}$	$l_s=20.8$ mm $L_s=27$ mm
型芯(凸模)高度尺寸	$(h_M)^{0}_{-\delta_z}=[(1+\bar{s})h_s+x\Delta]^{0}_{-\delta_z}$	$\delta_z=\Delta/3$	$21.85^{0}_{-0.29}$	$C_s=19.6$ mm $h_s=20.9$ mm
型腔(凹模)深度尺寸	$(H_M)_{0}^{+\delta_z}=[(1+\bar{s})H_s-x\Delta]_{0}^{+\delta_z}$	$\delta_z=\Delta/3$	$20.53_{0}^{+0.29}$	$H_s=20.9$ mm

(2)成型零部件结构

根据塑件的大小和结构特点，型腔采用整体式结构，分别固定在动、定模固定板上，如图 13.5 所示。其特点是结构简单、牢固可靠、不易变形，制品表面不会带有镶拼接缝的溢料痕迹。

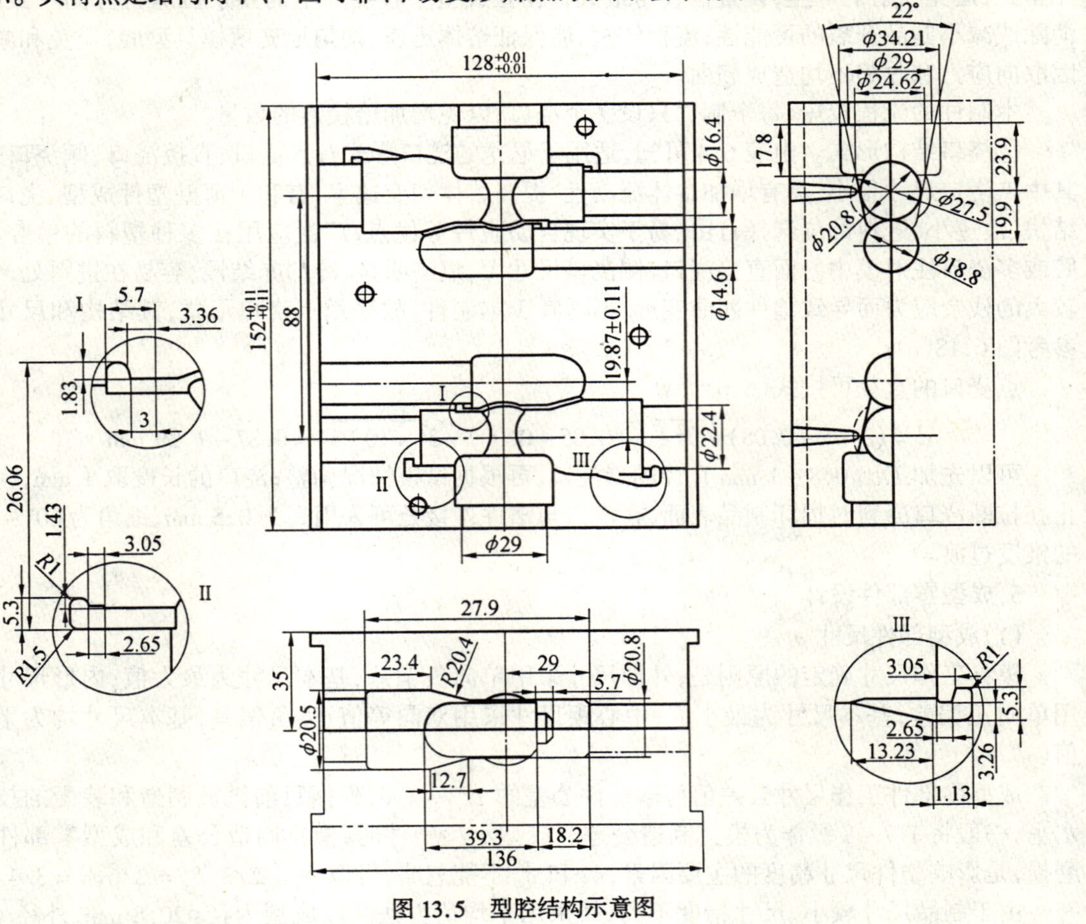

图 13.5 型腔结构示意图

各型芯均采用嵌入式，即将型芯单独加工后，采用通孔凸肩式与斜滑块固定连接。成型内孔 $\phi27.4$、$\phi20.8$ 的型芯结构分别如图 13.6(a)、(b)所示。

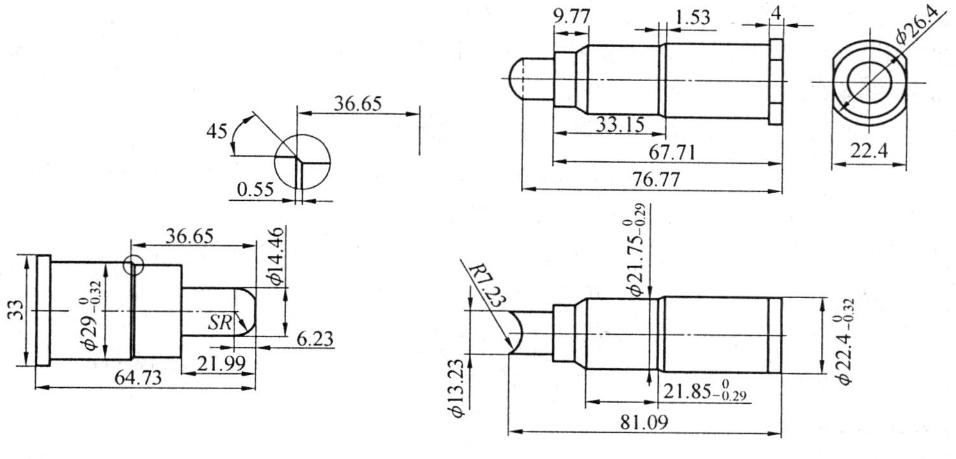

图 13.6　型芯结构示意图

(3)成型零部件的强度和刚度设计

小尺寸的凹模，在发生大的弹性变形前，其内应力往往超过了模具材料的许用应力，因此本模具设计凹模壁厚以强度条件为准。

本模具型腔采用整体式，可近似为矩形凹模，这种结构与组合式型腔相比刚性较大，型腔底面也不会出现溢料间隙。因此在计算型腔壁厚时，变形量的控制主要是为了保证塑件尺寸精度和顺利脱模。由于型腔壁厚计算比较麻烦，表 7.7 列举了矩形凹模壁厚的经验推荐数据，因型腔宽度为 52.3 mm，查表可得凹模壁厚为 30 mm。

6. 侧向分型与抽芯机构

本制品需要在三个方向上成型四个侧孔，因此必须设计侧向分型与侧向抽芯机构，并采用斜导柱式机动侧向抽芯机构。以成型最大孔(直径 $\phi27.4$ mm，深 147.4 mm)为例，对侧向抽芯机构进行设计。

(1)脱模力

该孔对应的型芯直径为 28.34 mm，其径厚比 $r/t = 14.17/3.1 = 4.57 < 10$，属于圆环形断面的厚壁制品，其侧向脱模力可根据式(9.1)计算，即

$$F_t = \frac{2\pi r E \bar{S} l(f - \tan\varphi)}{(1 + \mu + K_1)K_2} + 0.1A$$

式中，尼龙平均成型收缩率 $\bar{S}$ 取 1.4%，弹性模量 E 取 1 350 MPa，泊松比 μ 取 0.35；制品对型芯的包容长度 l 为 14.4 mm；制品与型芯之间的静摩擦系数 f 取 0.26；型芯的脱模斜度 φ 取 1°；无因次系数 $K_2 = 1 + f\sin\varphi\cos\varphi \approx 1$；无因次系数 K_1 由式(9.5)决定

$$K_1 = \frac{2\lambda^2}{\cos^2\varphi + 2\lambda\cos\varphi} = 4.1$$

式中，λ 为型芯半径与塑件壁厚之比，$\lambda = r/t = 4.57$。可得

$$F_t = \frac{2 \times 3.14 \times 14.7 \times 1\,350 \times 1.4\% \times 14.4(0.26 - \tan 1^\circ)}{1 + 0.35 + 4.1} + 0.1 \times 3.14 \times 14.17^2 \approx 1\,015\ \text{N}$$

(2)斜导柱

①斜导柱。其结构如图 10.4(a)所示，倾斜角 α 取 $12^\circ \leqslant \alpha \leqslant 22^\circ$。本制品抽拔距比较大，取

$\alpha=22°$。斜导柱的端部应设计成锥形，以使斜导柱能够顺利进入斜导柱孔。其锥台斜角 θ 应大于斜导柱倾斜角 α，一般 $\theta=\alpha+(2°\sim3°)$，取 $\theta=25°$。斜导柱与其固定板之间采用过渡配合 H7/m6，斜导柱的材料选为 T8 钢，表面粗糙度 $Ra\leqslant0.8\ \mu m$。

②抽拔距。设计时实际采用的抽拔距 S 应比理论抽拔距 S_1 大（2~3）mm，即 $S=S_1+(2\sim3)\ mm=36+(2\sim3)\ mm$ 取 $S=39\ mm$。

③斜导柱的长度。由式（10.7）可得斜导柱的总长度

$$L_{总}=L+L_1+L_2+L_3+5\sim10\ mm=S/\sin\alpha+d_2/(2\text{ctan}\ \alpha)+h/\cos\alpha+(5\sim10)\ mm=$$
$$39/\sin22°+20/(2\text{ctan}\ 22°)+25/\cos22°+7\ mm=142\ mm$$

式中，斜导柱固定部分大端直径 d_2 取 20 mm；斜导柱固定板厚度 h 取 25 mm。

④斜导柱的直径。由式（10.11）可得斜导柱的直径为

$$d=\sqrt[3]{\frac{F_tL_2}{0.1[\sigma_w]\cos\alpha}}=\sqrt[3]{\frac{1\,015\times27}{0.1\times250\times\cos22°}}\approx10.57\ mm，取为\ 12\ mm$$

式中，$L_2\approx27$ mm，45 钢许用弯曲应力取 $[\sigma_w]=250$ MPa。

（3）侧滑块

侧滑块（简称滑块）是斜导柱侧向抽芯机构中的重要零部件，它上面安装有侧向型芯，注射成型时塑件尺寸的准确性和移动的可靠性都需要靠它的运动精度保证。侧滑块采用 T 型槽导滑方式，其结构如图 13.7 所示。

①滑块与侧向型芯的连接。采用组合装配结构，可节省优质钢材，并使加工比较容易。

②导滑槽设计。侧向抽芯和复位过程中，滑块必须在滑槽内往复运动，并要求运动平稳和一定导向精度。滑槽设计采用 T 形槽导滑的整体式结构。

③侧向型芯的结构与固定。型芯单独制造，采用台肩固定的形式固定在斜滑块上。因最小两个侧孔的型芯距离近，利用凸肩固定时，将凸肩重迭干涉的部分去掉。

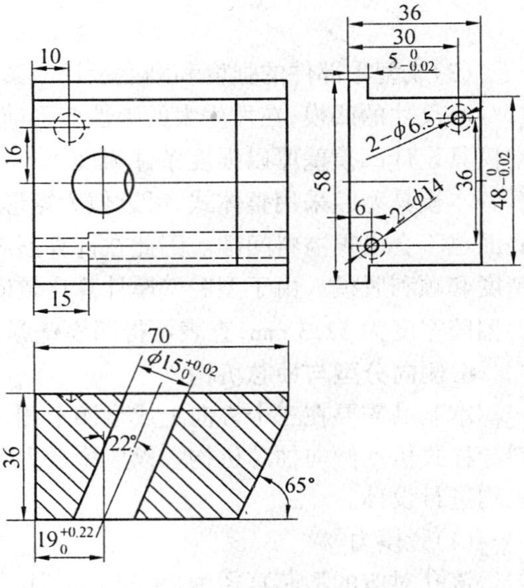

图 13.7　侧滑块结构示意图

④楔紧块。在注射成型过程中，侧型芯受到塑料熔体的推力通过滑块传给斜导柱，为使斜导柱不发生变形，保证滑块和型芯位置，在定模板上设计了斜楔形式的压紧块，以便合模后锁住滑块并承受塑料熔体给予侧向成型零件的推力。

7. 温度调节系统设计

在注射过程中，适宜的模具温度可保证塑料熔体的流动性、充型性和制件质量。尼龙的注射温度在 260~290 ℃之间，模温在 50 ℃为宜。由于粘度低、流动性好的塑料（如聚乙烯、尼龙等），成型工艺要求模温不太高，为防止熔体反复注入而使模温升高，采用常温水对模具冷却。

冷却水道应尽量多、截面尺寸应尽量大；为加强浇口处冷却，冷却水道的入口应设置在浇口附近，冷却水道出入口温差也尽量小。同时，冷却水道应沿着塑料收缩的方向设置，避免接近塑件的熔接部位，避免产生熔接痕而降低塑件强度。水道孔径一般不小于 8 mm，取 10 mm。

8. 顶出机构设计

在水平开模方向，制件的卡头加强筋处的脱模阻力最大，且塑件此处的强度刚度也较大，因此将顶杆设在此处可防止塑件被顶坏、变形。本制件无特殊要求，采用普通结构即可。顶杆材料常用 T8 钢，硬度 HRC≥50，工作端配合部分的表面粗糙度 $Ra \leqslant 0.8\ \mu m$。具体设计可参考第 9 章和其他设计资料。

9. 排气结构设计

在注射充模过程中，为避免形成气孔、接缝、表面轮廓不清等缺陷，应考虑排气的问题。

本制件属于小型制品，排气量较小，且模腔中有多个侧向型芯和顶杆，利用分型面间隙及型芯、顶杆的间隙即可顺利排除腔内气体，因而不需再开设专门的排气槽。

10. 注射机的校核

(1)注射压力的校核

注射机的最大注射压力应当满足塑件成型的需要，塑件成型所需要的压力是由注射机类型、喷嘴形式、塑料流动性、浇注系统和型腔的流动阻力等因素决定的。尼龙材料的流动性好，所需的设备注射压力为 100～140 MPa，鉴于本塑件的尺寸较小，又属于厚壁件，精度要求也不高，注射压力应在 100～120 MPa 之间，注射机能提供的最大注射压力为 126 MPa，可满足成型工艺要求。

(2)合模力的校核

合模力可由式(5.3)变形后进行校核，即

$$p(NA_s + A_j)/K_3 \leqslant F_I$$

式中，K_3 为安全系数，取 0.8；N 为模腔数量，$N = 2$；p 为模腔平均压力，因尼龙材料的流动性好，浇注系统较短阻力较小，故取压力损耗系数为 0.5，设备压力为 120 MPa，则 $p = 60$ MPa；A_s 为制品在分型面上的投影面积，$A_s = 53 \times 78 = 4\ 134\ \text{mm}^2$；$A_j$ 为凝料在分型面上的投影面积，本例的凝料与制品不在同一分型面上，又 $A_j < A_s$，故不予考虑；F_I 为注射机额定合模力，$F_I =$ 630 kN。

可知
$$p(NA_s + A_j)/K_3 = 620\ \text{kN} < 630\ \text{kN}$$
故锁模力满足要求。

(3)模具安装尺寸校核

根据设计过程，模具的喷嘴尺寸和定位环尺寸满足要求。

模具厚度应和注射机的动模与定模固定板之间的距离相一致。模具的外形尺寸为 380×400×208 mm，而选用注射机允许的最大模具厚度为 300 mm，最小模具厚度为 150 mm。故模具的外形尺寸满足注射机的要求。

(4)注射机的开模行程

开模行程 S 的大小直接影响模具所能成型的塑件高度。由于 XS－ZY－125 是带有液压和机械联合作用的注射机，其开模距离均由连杆机构的冲程或其他机构的冲程所决定，不受模具厚度的影响，注射机最大开模行程 S_{max} 与模具厚度无关。

为保证开模顺序，本模具设有锁紧机构装置，其结构如图 13.8 所示。

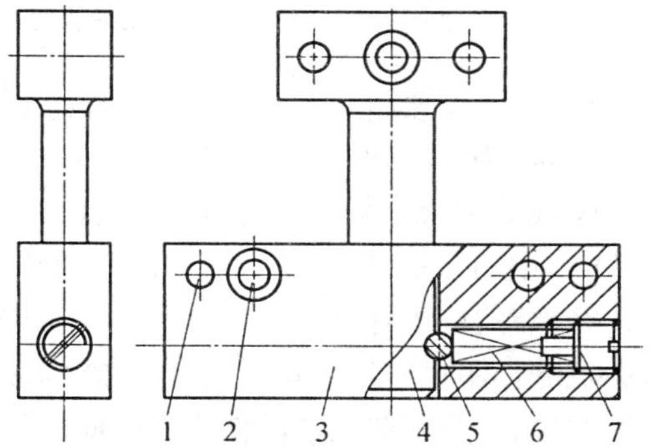

图 13.8　锁紧机构示意图

1—圆柱销；2—螺钉；3—固定板；4—挂钩；5—圆柱销；6—弹簧；7—丝堵

13.2.3 模具装配图

根据静电喷枪三通管的结构特征，需要在三个方向进行侧向抽芯，模具的结构类型应采用点浇口的三板式冷流道注射模结构，需要设计具有两次分型的顺序脱模机构，模具总体结构如图 13.9 所示。

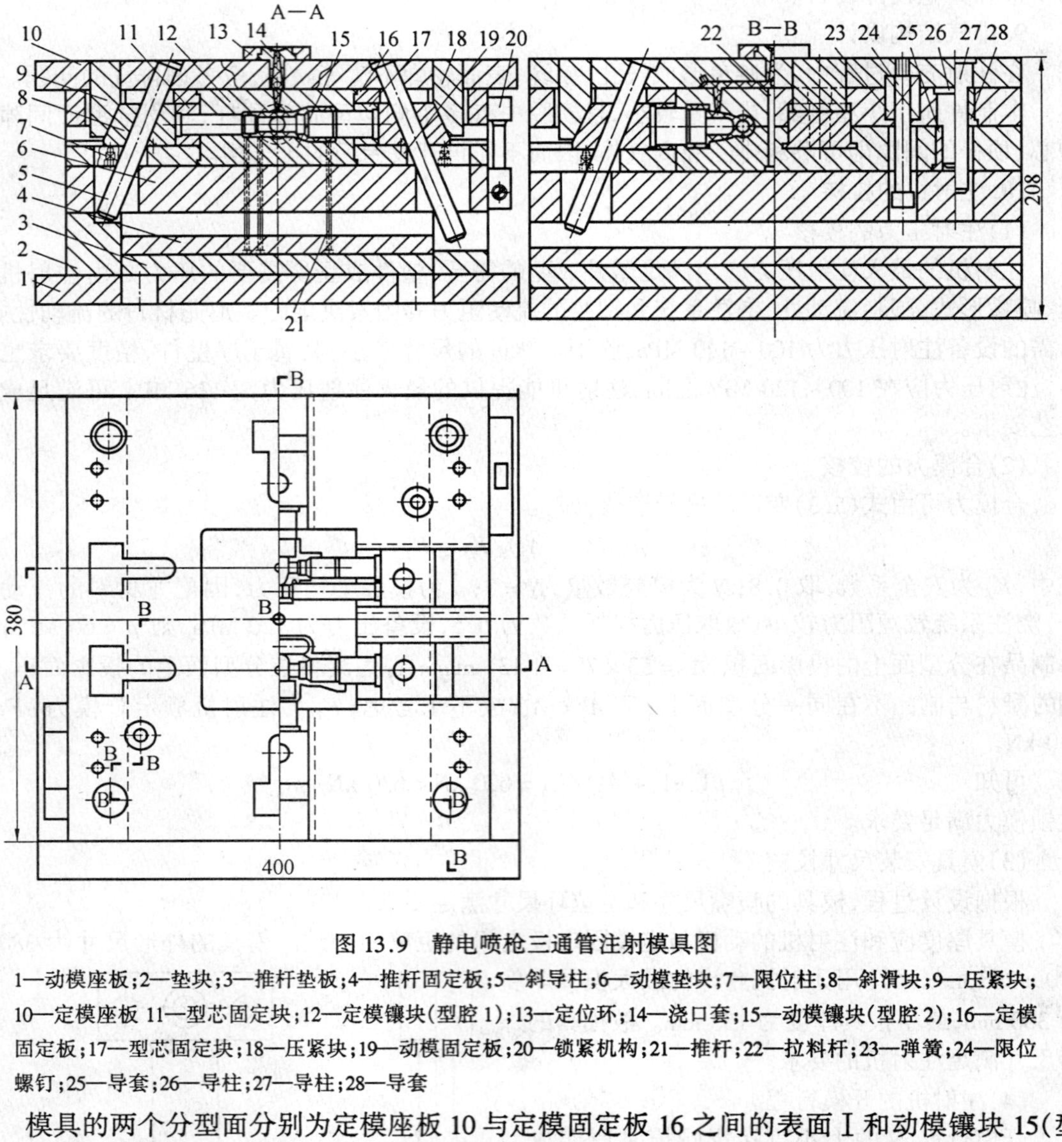

图 13.9　静电喷枪三通管注射模具图

1—动模座板；2—垫块；3—推杆垫板；4—推杆固定板；5—斜导柱；6—动模垫块；7—限位柱；8—斜滑块；9—压紧块；10—定模座板 11—型芯固定块；12—定模镶块(型腔 1)；13—定位环；14—浇口套；15—动模镶块(型腔 2)；16—定模固定板；17—型芯固定块；18—压紧块；19—动模固定板；20—锁紧机构；21—推杆；22—拉料杆；23—弹簧；24—限位螺钉；25—导套；26—导柱；27—导柱；28—导套

模具的两个分型面分别为定模座板 10 与定模固定板 16 之间的表面Ⅰ和动模镶块 15(型腔 2)与定模镶块 12(型腔 1)之间的表面Ⅱ。模具采用弹簧和锁紧机构顺序分型脱模。

开模时，由于弹簧 23 的作用，模具首先在第Ⅰ分型面间打开，由于拉料杆 22 和分流道末端斜坑的作用将流道废料从浇口套和浇口处拉出。同时，在斜导柱 5 带动斜滑块 8 进行侧向抽芯脱模，且在侧向抽芯动作完成以前，锁紧机构 20 的作用使得第Ⅱ分型面锁紧；当动模运动到限位螺钉 24 的末端时，限位螺钉带动定模固定板 16 克服锁紧机构的作用进行二次分型，同时推杆 21 开始工作推出制件。两次分型分别由导柱 27、26 进行导向。

本模具由洛阳巨龙集团公司设计、制造，模具结构简单、开模顺序合理、生产效率高，经生产单位实际使用，效果良好。

习　　题

1. 浇注系统设计的主要内容是什么？
2. 讨论排气系统在注射模设计中的重要性。
3. 简述注射模具设计中对注射机进行校核的必要性及主要内容。
4. 注射模装配图上技术要求的主要内容有哪些？

第14章 其他注射成型工艺

普通注射成型工艺的应用最早最广，其制品产量也最大，但是还不能满足塑料品种、塑件精度及对其他注射成型的要求。本章对其他注射成型工艺的有关概念、原理、工艺方法和模具设计要点进行简要介绍，主要内容包括热塑性塑料的无流道注射成型、低发泡注射成型、热固性塑料注射成型、精密注射成型和特种注射成型等。

14.1 热塑性塑料无流道注射成型

采用普通注射成型方法时，浇注系统内的塑料熔体冷却时发生固化而成为凝料赘物，这些废料在制品脱模时或脱模后需要将它们去除，这不仅浪费注射机的能量和生产用的原材料，也增加了注射成型废料的处理工作，还会使模具的结构变得复杂，这些均会导致生产成本提高。为此，可以采用无流道赘物注射成型方法，简称为无流道注射成型。

热塑性塑料无流道注射成型的特点是：对模具的浇注系统采用绝热或加热方法，使其内部的塑料熔体始终保持熔融状态，不与模腔内的塑料熔体一起冷却，从而避免产生凝料赘物。热塑性无流道注射成型使用的模具分为绝热流道注射模和热流道注射模两大类型。绝热流道注射模采用绝热或半绝热措施保护其流道和浇口部位的热量不被散失，从而使其内部的塑料始终保持熔融状态；而热流道注射模则通过加热措施，保证流道和浇口部位内部的塑料始终处于熔融状态。由于加热方式不同，热流道注射模又可分为内热式和外热式等不同形式。

利用无流道注射模成型热塑性塑料制品时，要求塑料具有下述性能。

①熔融温度范围宽，粘度变化小，对温度变化不敏感，即使在较低温度下也能有较好的流动性，并在高温下不易受热分解和劣化。

②粘度或流动性对压力变化比较敏感。

③固化温度和热变形温度比较高。

④比热容小，能快速冷却固化，快速玻璃化或快速熔融。

从原理上讲，只要模具设计与塑料性能相符合，几乎所有的热塑性塑料都可以采用无流道注射成型，但目前在无流道注射成型中应用最多的是聚乙烯、聚丙烯、聚苯乙烯和聚氯乙烯等。表14.1列出了部分常用塑料对无流道注射模的适应性，可供参考。

表14.1 部分塑料对无流道注射模的适应性

塑料 / 浇注系统形式	聚乙烯	聚丙烯	聚苯乙烯	聚氯乙烯	ABS	聚甲醛	聚碳酸酯
井式喷嘴	√	√	○	×	○	△	×
延伸喷嘴	√	√	√	×	√	√	×
半绝热式流道	√	√	×	×	×	×	×
绝热式流道	√	√	○	×	○	△	×
热流道	√	√	√	√	√	√	√

注：√表示可成型；○表示成型稍有困难；△表示成型有困难；×表示不能成型。

14.1.1 绝热流道注射模

绝热流道注射模对流道的绝热方法为:利用塑料导热性较差的特性,将流道的截面尺寸加大,以致靠近流道表壁的塑料熔体会因模温较低而迅速冷凝成一个完全或半熔融态的固化层,从而可对流道内层的熔体产生绝热作用,使其热量不能向外散发,并在注射压力作用下具有足够的流动性和充模性能。此时应当注意,制品的成型周期不能太长,最好不要超过一分钟,以防绝热流道中的熔体凝固。为了能顺利注射,流道的容积可取制品体积的 1/3 左右,主流道、分流道和浇口之间的接合处都要圆滑过渡,以利于塑料熔体的流动,并防止熔体滞留而产生降解、劣化和变色等缺陷。当注射机停止工作时,流道会很快凝固,再次开机需要清除凝料。下面介绍几种典型的绝热流道注射模。

1.井式喷嘴

井式喷嘴是一种结构最简单的绝热式流道,所以采用井式喷嘴的模具也是一种最简单的单腔绝热流道注射模,主要适于聚乙烯和聚丙烯塑料,对聚苯乙烯和 ABS 成型稍有困难。

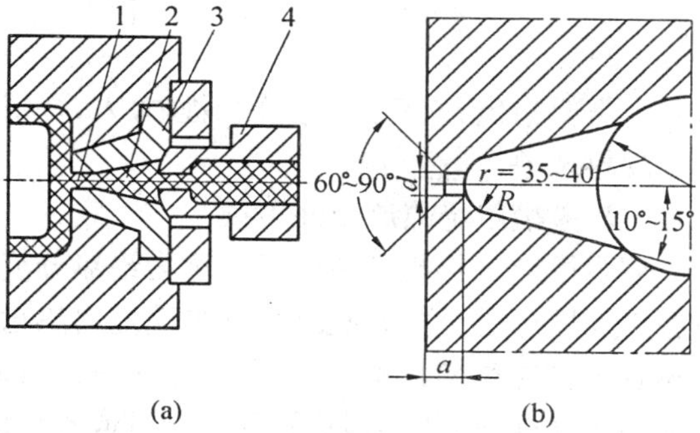

图 14.1 井式喷嘴

1—点浇口;2—储料井;3—主流道杯;4—井式喷嘴

井式喷嘴的一般形式和推荐使用的尺寸如图 14.1 和表 14.2 所示。绝热原理为:在喷嘴头部和浇口之间的模具内设置一个主流道杯,杯内开有一个截面较大的锥形储料井,容积约为制品体积的 1/3 ~ 1/2。注射机工作时,塑料熔体进入储料井后,与井壁接触的熔体迅速处于凝固或半熔融状态,对中部流动的熔体形成一个绝热层,并使这些熔体顺利经过浇口进入模腔。

表 14.2 井式喷嘴的推荐尺寸

制品质量/g	成型周期/s	d/mm	R/mm	a/mm
3 ~ 6	6 ~ 7.5	0.8 ~ 1.0	3.5	0.5
6 ~ 15	9 ~ 10	1.0 ~ 1.2	4.0	0.6
15 ~ 40	12 ~ 15	1.2 ~ 1.6	4.5	0.7
40 ~ 150	20 ~ 30	1.5 ~ 2.5	5.5	0.8

井式喷嘴工作时应伸进主流道杯一段距离,其长度由杯口处的凹球槽半径决定,但由于喷嘴至模具浇口仍有一段距离,浇口附近甚至储料井内的塑料固化较快,所以采用井式喷嘴主要适用于成形周期较短的制品(每分钟的注射次数不少于 3 次)。

为避免模具浇口附近或储料井内的塑料固化,可采用一些经过改进的井式喷嘴结构,如图 14.2 所示。图(a)是一种浮动式井式喷嘴,每次注射完毕喷嘴向后倒退时,主流道杯在弹簧作用下也将随着喷嘴后退,这样可以避免因两者脱离而使储料井内的塑料固化。图(b)是一种主流道杯上带有空气隙的井式喷嘴结构,空气隙在主流道杯和模具之间起绝热层作用,可以减小储料井内塑料热量向外散发。另外在该结构中,还有意增大了喷嘴伸入主流道杯的长度,这样也可增加喷嘴向主流道杯传导的热量。图(c)是一种增大喷嘴对储料井传热面积的井式喷嘴结构,对防止储料井内和浇口附近的塑料固化都有作用。

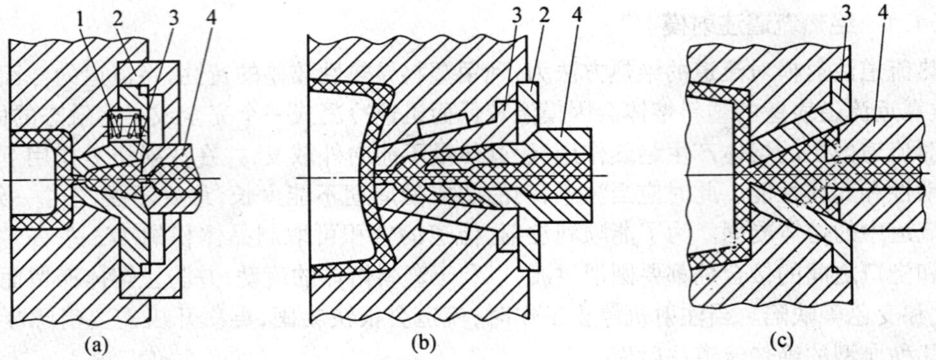

图 14.2　改进型井式喷嘴

1—弹簧;2—定位环;3—主流道杯;4—井式喷嘴

需要指出,储料井的直径不宜太大,否则注射时由于塑料熔体的反压力会使喷嘴后退并发生漏料现象。

2.多模腔绝热流道注射模

多模腔绝热流道注射模又称为绝热分流道注射模,主要有直接浇口式和点浇口式两种类型。其原理是:增加绝热层,减少流道内热量散失,使其中物料保持熔融状态连续不断地注射模腔。在这类模具中,为了使流道能对其内部的塑料熔体确实起到绝热作用,其截面尺寸都取得相当大并多用圆形截面,其中分流道直径约取 16 ~ 32 mm(成型周期长时取较大值),最大可达 74 mm。为了分流道加工和清理方便,模具中一般都要加设一个分流道板,如图 14.3 中的 4。为了减少分流道的热损失,除了将分流道板取用较高的温度(通常可为 80 ℃左右)之外,最好还能在分流道板底部开设一些凹槽,以减小分流道板对模腔部分的热传导面积。

图 14.3 是一个直接浇口式多模腔绝热流道注射模示例。浇口的始端进料口凸进分流道中心,这样可使附近的塑料处在分流道绝热层的保护之下,以免浇口冻结固化。注射机工作之前,需要把模具从定模底板 7 和分流道板 4 之间打开,检查、清理分流道中的凝料。在图 14.3(b)所示结构中,直接浇口衬套周围加设了加热圈 10,这样能更好地防止浇口冻结。为了操作方便,有时也可适当加大分流道直径,并在其中部安装一个加热棒,这样能在成型周期较长的情况下,或在注射机暂时停车时防止分流道内的熔料冷却固化。而在正常情况下,可使加热棒处于非工作状态。直接浇口式绝热流道的缺点是制品脱模后,其上会带有一小段浇口凝料,必须用后加工方法去除。

图 14.4 是一个点浇口式多模腔绝热流道注射模示例,其结构与图 14.3 所示的直接浇口式并无太大差异,关键是用点浇口代替了直接浇口,省去了直接浇口衬套。点浇口式绝热流道注射模成型出的制品不带浇口凝料,但浇口容易冻结固化,故只适用于成型周期很短及流动性较好的塑料制品。图中锁板 13 在注射成型时发挥作用,以使分流道处于闭合状态,但在处理流道凝料时必须开启,以使定模板 12 与分流道板 6(兼做凹模型板)能够打开,而锁板 8 则在正常工作时必须开启,以便模具分型,而在清理流道凝料时则应锁闭。

3.半绝热流道注射模

半绝热流道注射模与绝热流道注射模的结构区别在于,浇口始端和分流道之间加设一个加热探针,该探针一直延伸到浇口中心,这样可以有效地将浇口附近的塑料加热,以保证浇口在较长的注射间歇时间内不发生冻结。实际上,半绝热流道注射模是介于绝热流道和热流道注射模之间的一种模具,如果设计合理,它可将注射间歇时间延长到 2 ~ 3 min。通常,加热探针需要的热量并不太大，只要能补充分流道中损失的热量、保证浇口不冻结即可。加热探针可用导热性良好的铍青铜合金制造，其内部的加热元件可由变压器控制。

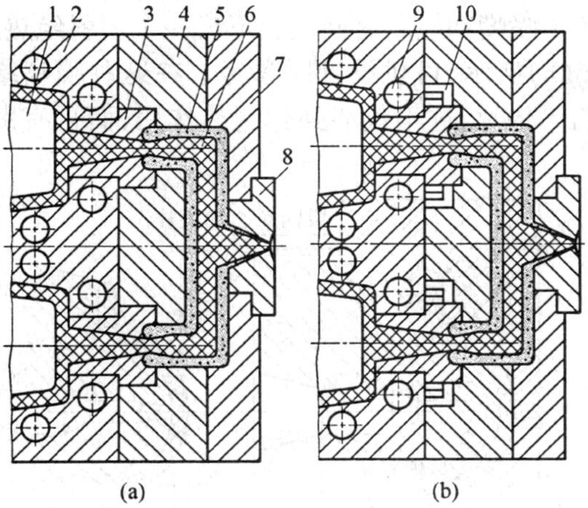

图 14.3　直接浇口式多模腔绝热流道注射模

1—凸模；2—动模；3—直接浇口衬套；4—分流道板；5—固化绝热层；6—分流道；7—定模底板；8—主流道衬套；9—冷却水道；10—加热圈

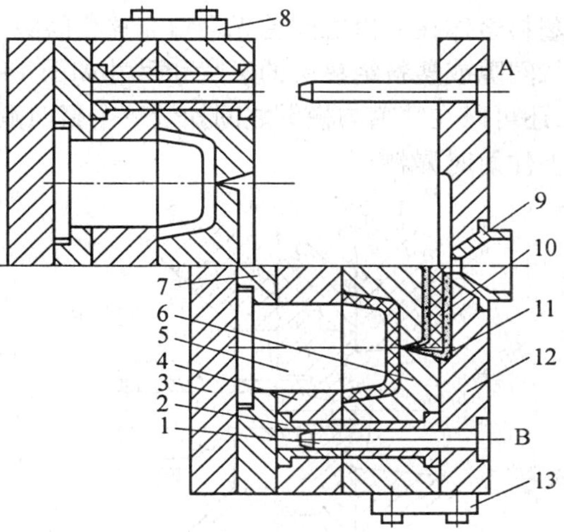

图 14.4　点浇口式多模腔绝热流道注射模

（A—清理流道时状态；B—合模状态）

1—导柱；2—导套；3—凸模垫板；4—脱模板；5—凸模；6—分流道板(兼作凹模型板)；7—凸模固定板；8—分型面闭合锁板；9—主流道衬套；10—分流道；11—固化绝热层；12—定模底板；13—流道闭合锁板

14.1.2　热流道注射模

热流道模具的原理是在流道内或在其附近设置加热器，强迫浇注系统始终处于高温，从而使浇注系统内的塑料在整个生产过程中一直保持熔融状态，并能连续不断地注入模腔。每次开机前只要把浇注系统加热到规定温度，使分流道中的残料熔融后，对空注射出去即可。此外，在多模腔热流道注射模中，分流道的压力传递性比较好，可以适当降低注射温度和注射压力，从而减小塑料产生热降解和制品产生残余应力的可能性，故热流道模具比绝热流道模具的应用范围大，如表 14.1 所示。

热流道注射模一般分为单模腔和多模腔两大类，按加热方式又可分为外加热、内加热、热管加热和阀式浇口等不同形式，下面分别介绍一些典型示例。

1.单模腔热流道注射模

(1)延伸喷嘴

延伸喷嘴是一种最简单的热流道，是将普通喷嘴加长以后能与模具上的浇口部位直接接触的一种特别喷嘴，其自身可安装加热器，以便补偿喷嘴延长之后的散热量，或在特殊要求下使其温度高于机筒温度。由于不易引起浇口冻结固化，因此可以用它成型所有与点浇口相适应的塑料制品。延伸喷嘴只适于单腔模具结构，每次注射完毕后，可使喷嘴稍稍离开模具，以尽量减少喷嘴向模具传导热量。

延伸喷嘴可采用外热式加热圈加热，并用单独的调压器进行控温。如有必要，也可安装热电偶控制喷嘴温度。

图 14.5 是一种头部形状固定的通用式延伸喷嘴，它可以固定在注射机上与不同模具配

用。为了使模具上的点浇口尽量短小并兼顾浇口套的强度,喷嘴的头部形状以半球形为宜。

图 14.6 所示为带绝热层的延伸喷嘴,其头部与模具之间留有一定面积的碗状间隙,注射时塑料熔体在充模之前首先会填充这个间隙,于是喷嘴和模具之间就会形成一个塑料绝热层。碗状间隙或塑料绝热层的形状和尺寸如图 14.6(b)所示,可供设计时参考。在这种喷嘴结构中,还可以在喷嘴与模具之间加设一个聚四氟乙烯垫片,这不仅能强化绝热作用,而且有助于防上注射时漏料。

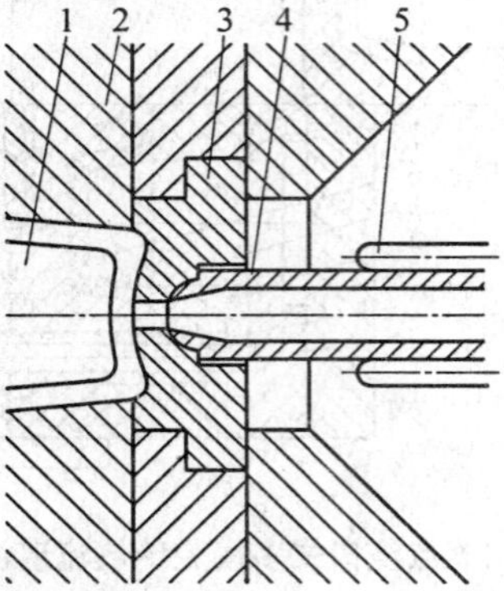

图 14.5　通用式延伸喷嘴

1—凸模;2—型腔板;3—点浇口套;4—延伸喷嘴;5—加热圈

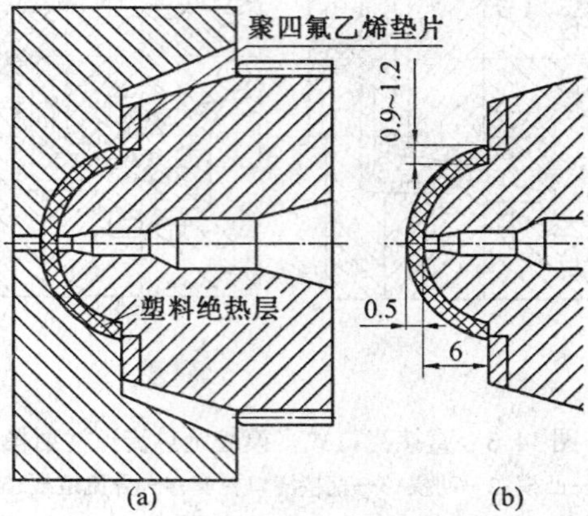

图 14.6　带绝热层的延伸喷嘴

(2)点浇口式单模腔热流道注射模

单模腔热流道注射模也可由直接浇口式或点浇口式的热流道构成,图 14.7 是一个最简单的点浇口式热流道注射模示例,根据具体情况,浇口直径可取 0.8 ~ 2 mm。

2.外加热式多模腔热分流道注射模

该类模具的特点是模内设有可用加热器加热的热流道板,所有的分流道均置于其中,如图 14.8 及图 14.10 中的件 7。在热流道板中,加热器设在分流道之外,所以流道加热属于外加热式。为了便于开设浇口,热分流道和浇口之间,往往都要设置一个起过渡作用的热流道喷嘴,如图 14.10 中的零件 5。

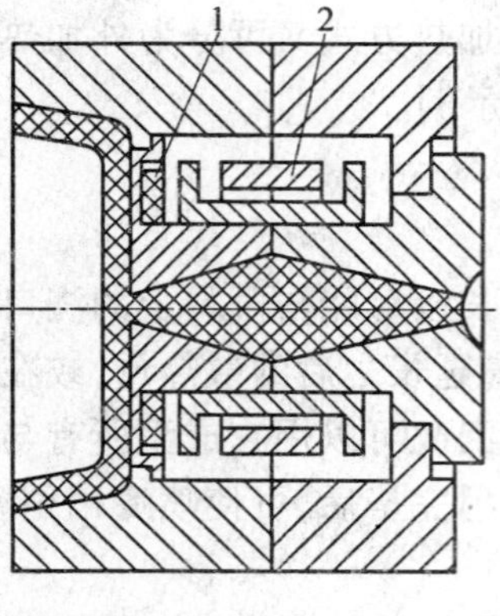

图 14.7　单腔热流道注射模

1—绝热板;2—加热器

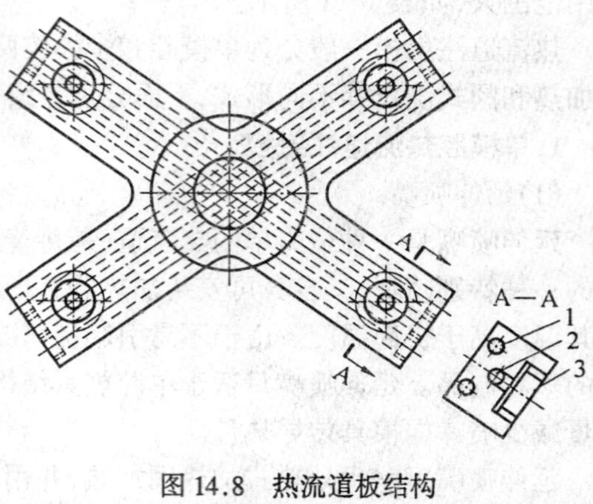

图 14.8　热流道板结构

1—加热器孔;2—分流道;3—热流道喷嘴安装孔

热流道板设计有三方面问题,即分流道设计、加热与绝热设计以及流道板材料的选择。为加工方便,分流道最好采用圆形截面,直径取 5 ~ 15 mm,分流道内表壁应光滑,转折处要圆滑过渡。分流道端孔两端需采用细牙螺塞和铜制密封垫圈(或聚四氟乙烯密封垫圈)堵住,以免塑料熔体泄漏。

热流道板通常安装在定模底板和定模型板之间,工作温度为 200 ~ 600 ℃。一般情况下,要求热流道板能在 1 小时内由常温升到 200 ℃,所需加热器功率可按热流道板的质量参照式(11.19)计算。

热流道板应选用比热容小和热传导率高的材料,通常可采用 50 钢、镍铬钢或高强度的铜合金。对于大型制品可使用不锈钢管作为分流道,而在其周围用铜铸成热流道板的形状。

应使用石棉水泥板或空气间隙将热流道板与其他模具零部件隔开,以减少热量损失。

热流道喷嘴和浇口附近的温度控制也是模具设计中的一个关键。为尽量缩小浇口与热流道板之间的温差,以防浇口在注射间歇中冻结,可以采用导热性优良的合金(铍青铜)制造热流道喷嘴,或在热流道喷嘴内安装锥形加热器,或在浇口附近采取加热措施,如图 14.9 所示。

设计热流道板时还应该注意升温后的热膨胀问题,设计时必须预留一定的膨胀间隙,或采用其他措施来补偿,否则模具将会在膨胀力作用下变形、破坏或出现其他问题。

多模腔热分流道注射模主要使用直接浇口和点浇口,其中点浇口最常用,图 14.10 是一个点浇口式模具结构,其中的热流道喷嘴与热流道板之间用滑动间隙配合连接,并用胀圈密封。为避免热流道系统中的热量过多地传给模腔并因此影响制品冷却,图 14.10 中热流道喷嘴采用类似带绝热层延伸喷嘴的结构,即喷嘴与模腔之间采用塑料层绝热,绝热层最薄处约取 0.4 ~ 0.8 mm,但由于热流道喷嘴与浇口衬套之间仍有一个环形面直接接触,所以这种喷嘴称为半绝热式热流道喷嘴。如果有必要,也可以采取措施将喷嘴与模腔(或浇口衬套)之间完全绝热,称为全绝热式热流道喷嘴。

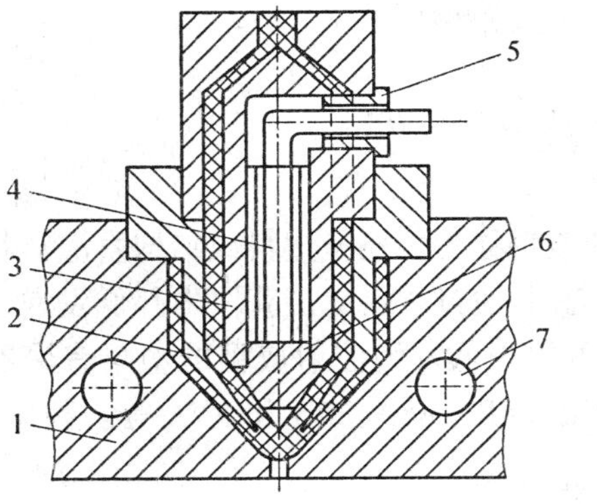

图 14.9　装有加热器的热流道喷嘴

1—定模板;2—热流道喷嘴;3—加热器的锥形体层;4—内加热器;5—电源引线接头;6—加热器的锥形头;7—冷却水道

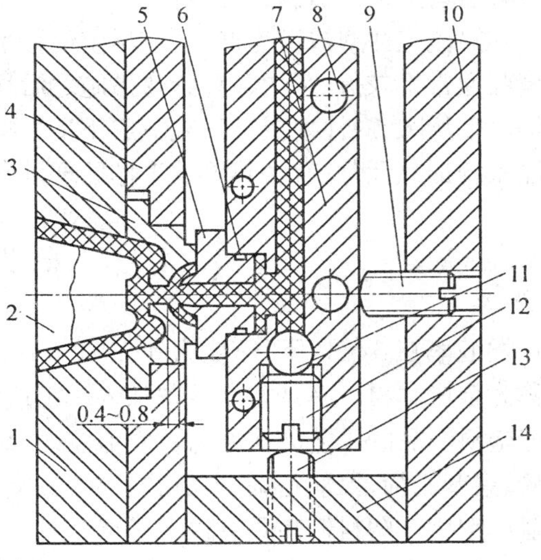

图 14.10　点浇口式多模腔热流道注射模

1—定模板(型腔板);2—凸模;3—浇口套;4—浇口套固定板;5—热流道喷嘴;6—胀圈;7—热流道板;8—加热器孔;9—定距螺钉;10—定模底板;11—流道密封钢球;12—螺塞;13—定距螺钉;14—支承块

3. 内加热式多模腔热流道注射模

这类模具的特点，一是所有的流道和热流道喷嘴、浇口部分均采用内加热方式(加热器安装在流道中央部位)，流道中的塑料熔体可以阻止加热器直接向分流道板或模具本身散热，所以能大幅度降低加热能量损失并提高加热效率；二是模具和绝热流道注射模相似，均依靠流道内的塑料对模具其他部分发挥绝热作用，且流道内部设有加热器，不管注射间歇时间有多长，都不会存在浇口冻结的危险，也不必打开分流道板清除流道中的凝料赘物；三是采取内加热式的热流道之后，分流道板热量损失可比热流道板减小 75%左右，其温度亦保持在 38 ℃左右，不用考虑分流道板的尺寸膨胀。图 14.11 是这类模具的一个典型示例，可供设计时参考。

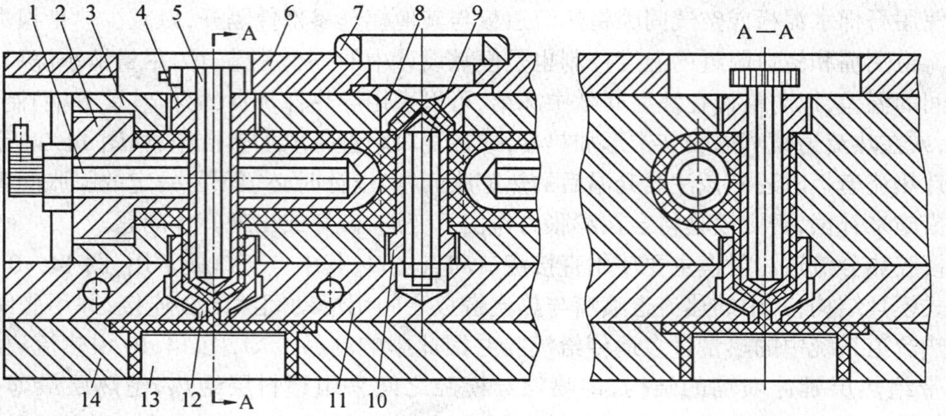

图 14.11 全部内加热式多模腔热流道注射模

1、5、9—管式加热器；2—分流道锥体；3—分流道板；4—热流道喷嘴锥体；6—定模底板；7—定位环；8—主流道衬套；10—主流道锥体；11—浇口板；12—热流道喷嘴；13—凸模；14—凹模型腔板

4. 热管加热的热流道注射模

在热流道注射成型生产中，应尽量使整个浇注系统保持温度一致。浇口、热流道、喷嘴距离模腔通常都较近，采取各种绝热措施之后往往不能避免它们的热量散发，从而使浇注系统的两端温差增大，对注射成型工艺造成不良影响。为解决这一问题，目前国内外均采用热管作为浇注系统加热元件，有关热管的工作原理可参考第 12 章的内容。

14.2 低发泡注射成型

发泡率在 5 倍以下，密度为 0.2～1.0 g/cm^3 的塑料称为低发泡塑料或结构发泡塑料，有时也称为合成木材。在某些塑料中加入一定量的发泡剂，通过注射成型获取内部低发泡，表面不发泡塑料制品的工艺方法称为低发泡注射成型。可用于低发泡注射成型的塑料有聚乙烯、聚丙烯、聚苯乙烯、聚氯乙烯、聚酰胺、聚碳酸酯、聚苯醚、ABS、ASA、SAN 和 EVA 等。利用低发泡注射成型生产塑料制品具有以下优点。

①制品内部无应力、外观表面平整、不容易发生凹陷和翘曲；

②制品表皮较硬，具有一定的刚度和强度而内部柔韧，具有一定弹性；

③制品外观近似木材，但比木材具有较高的耐热性，且比木制品加工方便，可以具有较大的厚度(5 mm 以上)，壁厚也允许发生突变；

④制品密度小、质量轻，可比普通注射制品减轻 15%～50%。

由于低发泡注射成型制品具有上述优点，可作为家具、汽车、电器和仪表等工业产品中的零部件而得以广泛应用，也可用于建材行业和包装箱等产品，但目前还存在表面粗糙、颜色不鲜艳等问题。为此，国外近年来在低发泡注射成型生产中开发了“高压－胀模”、“热循环”和“气体逆压”等一系列新技术，以提高低发泡注射制品的表面质量。

14.2.1　低发泡注射成型方法

1.低压法

低压法也称为不完全注入法，它与普通注射成型方法的主要区别之一就是使用的模腔压力很低，通常约为 2～7 MPa，因此称为低压法。原理是将体积小于模腔容积的塑料熔体（一般为模腔容积的 75%～85%）高速注入模腔后，依靠发泡剂的作用使熔体膨胀后充满模腔并成型为制品。低压法通常采用化学发泡剂（如偶氮二甲酰胺等），配有发泡剂的成型物料在注射机筒中塑化时，发泡剂会均匀地扩散和渗入到熔体之中，然后便能开始分解并释放气体，但因为螺杆对塑化好的熔体施加有较大的注射压力（大于发泡剂产生的气体压力），再加上注射速度也很快，所以发泡剂一般只能等到熔体进入模腔后才能发挥作用。低压法要求注射机喷嘴能够自锁和密封，以免在注射动作间歇时，含有发泡剂的熔体在发泡气体作用下从机筒中溢料出来。对于小型低发泡制品，在普通注射机上安装一个阀式自锁喷嘴或液控自锁喷嘴，便能利用低压法注射成型，而对于大型低发泡制品，因受普通注射机注射量、注射速度以及模具安装尺寸等参数限制，需要使用专门的大型低发泡注射机。低压法的主要缺点是制品表观质量不易控制。

2.高压法

高压法又称为完全注入法、二次开模法或木纹化注射法等，其模腔压力虽然也远比普通注射时低，但比低压法要高，约为 7～15 MPa。高压法的原理是用较高的注射压力将含有发泡剂的塑料熔体完全注满容积小于制品体积的闭合模腔，接着通过一次辅助开模动作增大模腔容积，使之能够与制品要求的体积相符，并使熔体能在模内发泡和成型。显然，制品的形状和尺寸完全取决于辅助开模后的模腔形状和尺寸。图 14.12 是一种最简单的高压低发泡注射法示意图，工作时首先将塑料熔体注满分型面紧密压合的模腔，稍停一段时间后，控制动模后退（即进行辅助开模）使模腔容积增大到制品所要求的形状和尺寸，接着熔体便可在模腔内发泡成型为制品，与此同时，制品表面将会由于辅助开模运动而形成木纹状。除了这种最简单的方法之外，高压法一般都需要模具带有一个辅助开模板，以实现发泡成型前的辅助开模动作，如图 14.13 所示。其工作原理为，在带有凸模的动模上设置一个可做弹性运动的辅助模板，当动模移动改变模腔容积时，辅助开模板在弹簧力作用下与定模分型面仍保持压合状态，所以在发泡过程中分型面不会打开，从而可以避免辅助开模运动在制品侧面形成比较粗糙的条纹，以便能得到比较光滑的木纹状表面。

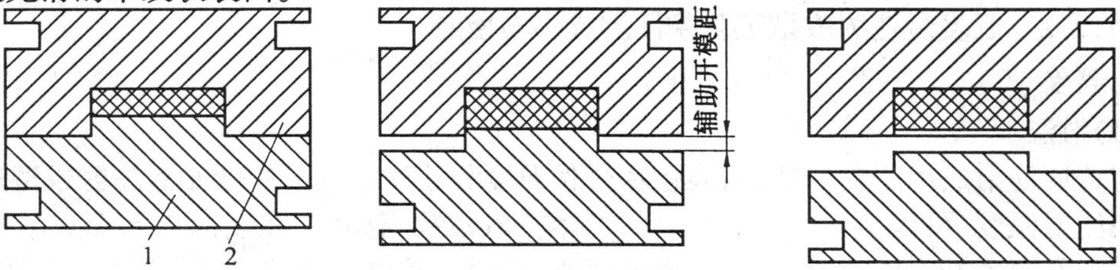

(a)充模状态　　(b)发泡成型过程　　(c)开模

图 14.12　简单高压低发泡注射法

1—定模；2—动模

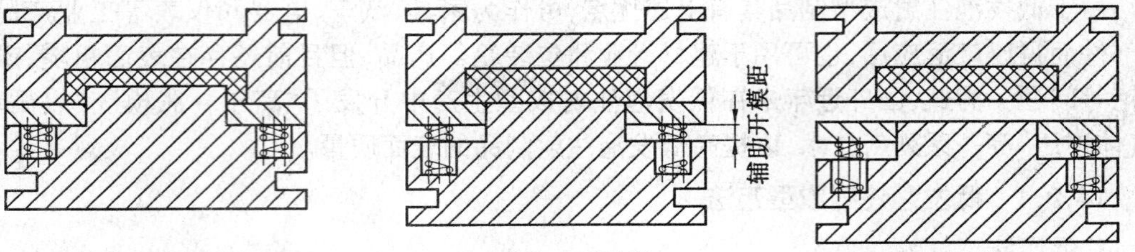

图 14.13 带有辅助开模板的高压低发泡注射法

高压法的优点是熔体的发泡膨胀不受辅助开模时间影响,可以控制制品表层的厚度,成型出的制品表面平整度较高、表观质量较好,发泡孔隙也比较均匀。缺点是模具结构复杂,在辅助开模时对注射机有保压要求,一般都须使用专门注射机。另外高压法在辅助开模时还容易给制品留下比较粗糙的条纹或折痕,因而需要采用较高的模具制造精度。

3.双组分低发泡注射法

双组分低发泡注射法实际上属于共注射成型中的双层注射成型法。这种方法一般都需注射机有两个注射单元,并且两个单元的加料量都可以单独进行控制和按比例调节。另外,在两个注射单元和模具浇口之间还要设置一个交叉进料分配喷嘴,以正确控制两组分塑料的注射量。具体工作过程为:先用一个注射单元把不含发泡剂的塑料经由喷嘴注入模腔,然后用另一个注射单元把含有发泡剂的塑料经由分配喷嘴和同一个浇口注入模腔,并将先注入的塑料挤向模腔周壁附近,紧接着进入保压阶段,此时前一个注射单元再次工作,经由分配喷嘴向浇口处注射少量不含发泡剂的塑料,以使不发泡的塑料将浇口封闭和冻结,保压阶段结束以后,把动、定模开启一定距离,使模腔内的压力降低,含发泡剂的塑料在模腔中部发泡,从而形成表壁坚实而内部疏松的低发泡塑料制品。

双组分注射法的特点是可以采用两种不同组分的塑料生产低发泡塑料制品,尤其是在含有发泡剂的塑料中还可以掺用废料以及纸屑和碳酸钙等填料,以降低生产成本。成型的低发泡塑料制品表面反光,质地均匀、光滑,表面质量可与致密塑料相比。此外,这种制品的表面还能与模腔表壁紧密贴合,可以复制出仿木纹或仿皮纹的表面粗糙度。

选择双组分低发泡注射成型物料时,应注意两点:一是两种物料的收缩率应尽量相同或接近,以避免制品产生收缩应力;二是两种物料的粘合性要好,这对需要承受载荷的低发泡塑料结构件尤其重要。

通常,用于双组分低发泡注射成型的外层和内部材料组合有 PS - PS(发泡)、PE - PE(发泡)、PP - PE(发泡)、PP - PP(发泡)、PPO - PPO(发泡)、PPO - PS(发泡)等。此外,内部材料也可使用与外层材料同类的再生料。

14.2.2 低发泡注射成型工艺条件的选择与控制

1.温度

(1)料温

与普通注射成型工艺一样,料温包括塑化温度和注射温度。在低发泡注射成型过程中,适当提高注射温度,可以增大发泡成型时的气体扩散系数,有利于在制品内部形成较多气泡,其主要原因是温度升高后,熔体内的应力松弛速度加快、熔体粘度降低,从而减小气体在熔体内的扩散阻力,有利于气泡在熔体内形成和扩散。但注射温度过高时,因发泡气体扩散加剧,熔体体积膨胀速度加快,熔体流速增大,使其充模过程中发生喷射。

(2)模具温度

在低发泡注射成型中,制品内气泡大小及其分布与模具温度有很大关系。实践证明,塑料熔体等温充模时,制品内的气泡数量较多、分布较均匀,而在非等温条件下充模时,低温下产生的气泡数量要比高温下产生的气泡少得多。因此,在低发泡注射成型时,除需要选择比较合理的模具温度外,还应尽量采用等温方法。

不同的低发泡塑料对模具温度有不同要求,聚烯烃低发泡注射制品的表面质量与模温关系不大,模具温度可在 30~40 ℃之间选择;而聚苯乙烯和 ABS 等低发泡注射制品的表面质量则受模温影响较大,模具温度可在 30~65 ℃之间选择。

2.压力

(1)注射压力与注射速度

注射压力对气泡形成、气泡大小及分布等影响表现为,注射压力不足,熔体在浇注系统内流动时就有可能发泡,进入模腔后气泡将迅速长大,导致制品内气泡直径较大、分布不均;注射压力合适时,熔体在浇注系统内不大可能发泡,熔体进入模腔才发泡,从而得到气泡直径较小、分布均匀;注射压力过大时,熔体内的应力在模腔内的松弛速度将很慢,可能大幅度抑制发泡气体扩散,最终影响制品的发泡率。

在注射成型中,一般要求使用较大的注射速度,以防止塑料熔体在浇注系统中提前发泡。但过高的注射速度很容易在熔体和模腔表壁之间引起很大的剪切摩擦,使熔体内的气泡在模腔表壁上发生滑动和瘪裂,导致制品产生粗糙的表皮,且因为充模时间太短,发泡时间不足,气泡数量和直径都会随减少,有可能达不到发泡要求。

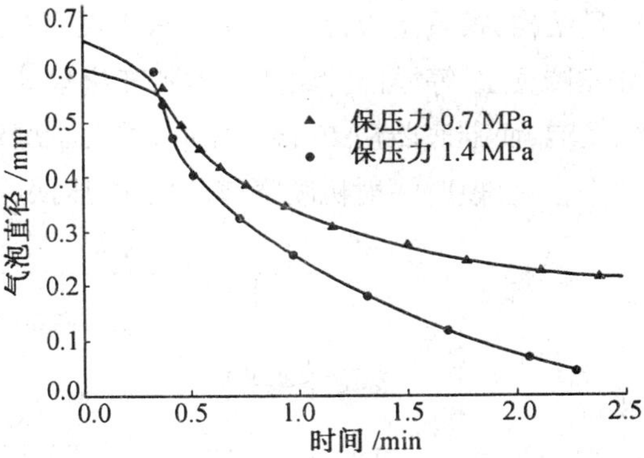

图 14.14　等温条件下氮气在 PS 熔体中的瘪泡直径与保压力和保压时间的关系(熔体温度:200 ℃)

(2)保压力与保压时间

在低发泡注射成型中,塑料熔体充满模腔之后,若保压力较大和保压时间较长,模腔内会得到较多的补料,熔体内的瘪泡现象就会加剧,瘪裂后的气泡直径将会减小,如图 14.14 所示。因此,恰当地选择保压力和保压时间,对于控制制品的发泡质量也很重要。

3.注射时间和冷却定型时间

低发泡注射中的注射时间概念与普通注射相同,其中流动充模时间约为 10~20 s,甚至可取 3 s 以下。

因为低发泡塑料外层致密、内部疏松,热传导性很低,因此所需冷却定型时间较长。如果冷却定型时间不足,制品脱模后虽然表皮已经固化,但发泡剂仍有可能继续在制品内部发挥作用,从而导致制品变形、体积膨胀和壁厚超差。冷却定型时间对制品的密度和膨胀率的影响,可参见图 14.15。

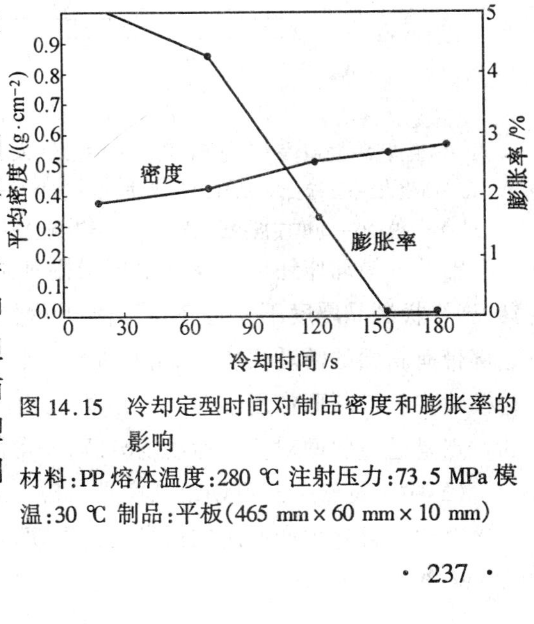

图 14.15　冷却定型时间对制品密度和膨胀率的影响

材料:PP 熔体温度:280 ℃ 注射压力:73.5 MPa 模温:30 ℃ 制品:平板(465 mm×60 mm×10 mm)

14.2.3 低发泡注射模设计要点

一般情况下,低发泡注射成型要求较高的注射速度,但注射压力却不太大,因此模具不需要很高的力学强度,其成型零部件可以用铝合金、锌合金等制造。

由于低发泡注射成型注入模腔的塑料要发泡膨胀,因此要求喷嘴具有防止模内塑料倒流的装置,为顺利排走发泡剂产生的多余气体,必须在模具中开设排气槽。

此外,由于发泡后的塑料冷却固化需要的时间长,为了使制品得到均匀的冷却并缩短冷却时间,设计模具时应对温度调节系统予以特别注意。

1.低发泡注射模的结构形式

低发泡注射模的结构形式与普通注射模具大致相同,但由于低发泡注射成型需要辅助开模动作,注射压力不大,模腔依靠发泡进行填充等特点,设计模具时应注意下述要点。

(1)根据制品要求灵活设计辅助开模机构。

采用高压法时,除了可在模具上设置弹性移动模板实现辅助开模动作(图 14.13)之外,还可以根据制品要求,灵活地设计其他类型的辅助开模机构。图 14.16 为高压注成型塑料凉鞋模具结构,模具上设计了一套可以实现局部发泡的辅助开模机构,该机构由发泡限位钩 3、5 和可开铰页 17 等零部件组成。塑料充满模腔后,凹模(或称半模)23 和鞋楦 11 不动,因此鞋帮不能发泡,而鞋底凸模 10 没有紧固,可随鞋底处的塑料发泡而上升,直到发泡限位钩 3 和 5 接触时停止,合模时注射机喷嘴将凸模 10 压回原位,满足鞋底发泡而鞋帮不发泡的要求。

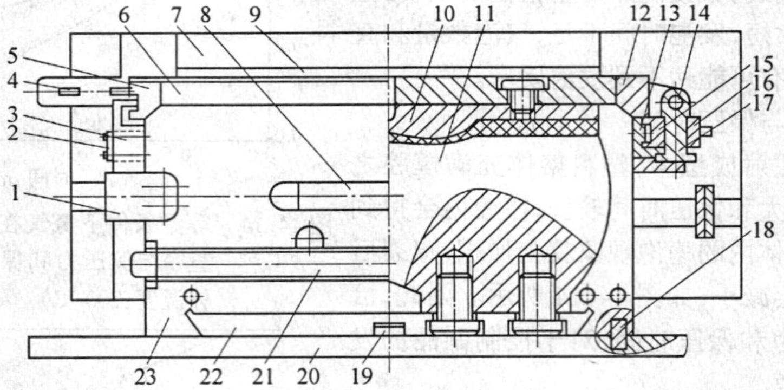

图 14.16 高压法成型塑料凉鞋模具结构

1—锁模钩;2—垫圈;3—发泡限位钩;4—手把;5—发泡限位钩;6—凸模固定板;7—定模底板;8—长链;9—上楔块;10—凸模;11—鞋楦;12—后部限位楔块;13—连接块;14—销轴;15—铰页固定块;16—盖板;17—可开铰页;18—键;19—键;20—动模底板;21—拉钩;22—导滑板;23—凹模

辅助开模动作还可在模具上增设附加运动机构实现。图 14.17 为平板制品的低发泡模具,当平板制品厚度不大时,所需辅助开模位移很小,不宜直接驱动凸模开模发泡,设计了一个底部带有斜面的活动模块 12,塑料注满模腔后,通过油缸中的活塞带动楔板 11 向下移动,而活动模块在楔板斜面作用下向左方移动一定距离,从而达到塑料在模腔中发泡的目的。该机构的特点是通过斜面对垂直运动的分解,获得微小的辅助开模距,以保证制品的尺寸精度。

(2)中小批量生产可用组合模具结构

对中小批量生产使用的低发泡注射模,从注射压力较小和便于加工制造两方面考虑,可将模具设计成组合结构，用铝板或铝合金板制造，图14.18中的凸模和凹模都是用铝板拼合而成的。

使用组合式模具结构时要求镶拼块之间应有嵌合面(止口)，另外，为了避免销孔与冷却水道互相干涉，应尽量少用或不用销钉定位。

鉴于铝板不可能太厚，可以不用导柱导向或使用较小的导柱(导柱必须与导套配用)，对于小型模具也可用导向块导向。由于铝材较软，为了防止损伤分型面和导向面，这些部位(图14.18中的3、13)都应采用钢材增强，并进行热处理。如果采用顶杆脱模，顶杆及顶杆孔套也应采用钢材制造。

(3)不宜采用多模腔结构

在低发泡注射模中，如果采用多模腔成型，则流道可能较长，影响各个模腔之间的发泡率不均，因此低发泡注塑模一般采用单腔结构。

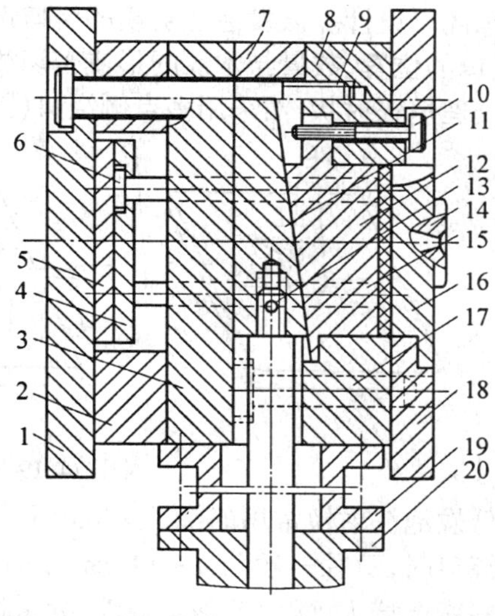

图14.17　平板制品的低发泡模具(高压法)

1—动模底板；2—支承块；3—支承板；4—顶杆固定板；5—顶杆底板；6—顶杆；7—支块；8—动模板；9—紧固螺栓；10—定距螺栓；11—楔板；12—活动模板；13—活塞销；14—主流道衬套；15—复位杆；16—定模板；17—导柱；18—定模底板；19—油缸座；20—油缸

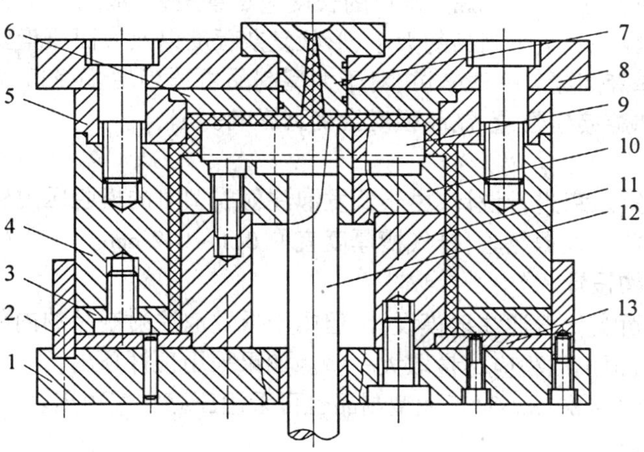

图14.18　组合式低发泡注塑模

1—动模底板；2—导向块 3、4、5、6—组合凹模镶块；7—主流道衬套；8—定模底板 9、10、11—组合凸模镶块 12—顶杆 13—凸模定位块

2.低发泡注射模浇注系统设计要求

①主流道。主流道的锥角和尺寸可与普通注射模基本相同，由于发泡塑料的冷却速度较慢，故当主流道较长、熔体热量容易在主流道衬套中积累时，需要沿主流道衬套外壁圆周开设冷却水道，如图14.18所示。

②分流道。为避免塑料熔体在充模以前产生气泡，所以分流道应尽量短，截面尺寸要比普通浇注系统大一些。为尽量减少熔体通过分流道时的热量损失，其截面以圆形最佳，只有当加工不便时，才考虑采用梯形截面。采用圆截面分流道时，对于大型制品，其直径可取6～10 mm，小型制品则取4～6 mm。

③浇口设计。低发泡注射模的浇口设计对制品质量影响很大,特别对于要求仿木纹的制品,浇口的位置、数量与木纹的形成密切相关。图 14.19(a)、(b)采用中心浇口和单侧浇口时,制品纹理呈辐射状,而采用多点侧浇口(图 14.19(c))时,可得到平行纹理。

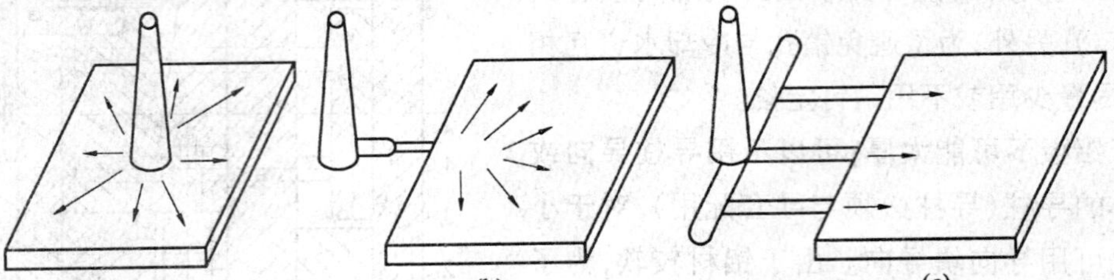

图 14.19 浇口与制品表面的纹理

低发泡注射模常用的浇口形式有直接浇口、平缝式浇口、扇形浇口和多点侧浇口等。采用直接浇口时,直径一般为 4 ~ 14 mm,料流阻力小,有利于发泡,但过量的填充将造成浇口附近的塑料密度增大,颜色变深。另外,为了避免冷却时间延长、外观纹理紊乱和粗糙程度增加,直接浇口的截面不宜大于制品的最大壁厚。一般来讲,直接浇口适用于大型或厚壁制品,主要用来解决塌坑和收缩现象,此时可以不设冷料穴及拉料杆。采用其他小截面浇口,可使制品的纹理比较细致,但料流阻力也会随之增大,因此需用较高的注射压力,同时浇口截面高度不能太小,其数值约取制品厚度的 1/3 ~ 1/2,平缝式浇口的截面高度可取 0.6 ~ 2 mm,对于流动性很差的塑料,浇口截面高度可达 5 mm。浇口的长度应尽量短,一般约为 1.5 ~ 3 mm。

浇口的位置和数量取决于制品的大小、形状复杂程度以及表面质量要求等因素,同时还要考虑熔接痕、发泡率等问题。一般来讲,对于大型制品可适当增多浇口数量,以利于料流和发泡均匀,但这会增加熔接痕数量,制品强度会受到影响。

3.排气槽设计

排气槽可参照第六章进行设计,由于低发泡注射成型时的模腔压力较低,排气槽厚度可比普通注射模的大一些。根据经验,排气槽厚度宜取 0.1 ~ 0.2 mm。

4.顶出脱模机构设计

顶出脱模机构可类比普通注射模设计,但由于低发泡注射制品的内部是泡孔状的弹性体,其刚度和强度较差,顶出面积应尽量取大一些。如果采用顶杆顶出,顶杆直径应比普通注射模中的顶杆直径大 20% ~ 30%。对于大型制品也可采用压缩空气顶出。

5.冷却水路设计

低发泡注射模必须带有冷却水路,并保证模温均匀,以免发泡不均匀。冷却水路设计可参考第十一章有关内容。

6.脱模斜度和收缩率

由于低发泡塑料制品的表面强度较低,故其脱模斜度应比普通注射模大一些,以减小脱模力。根据经验,高压聚乙烯低发泡塑料的脱模斜度约取 15′,聚丙烯约取 30′,聚苯乙烯和 ABS 约取 1°。

低发泡注射成型时制品的收缩率不是很大。高压聚乙烯低发泡塑料的收缩率约为1.8%,聚丙烯约为 1.5%,聚苯乙烯约为 0.5%。

14.3 热固性塑料注射成型

热固性塑料注射成型广泛被欧、美、日等工业化国家采用并不断发展,日本的热固性塑料制品中,已有85%以上实现了注射成型生产。在国内也有相当多的应用,但主要局限在酚醛塑料,对于其他热固性塑料注射成型基本处于开发阶段。

14.3.1 热固性塑料注射成型原理及其过程

热塑性注射制品的固化是一个从高温液相到低温固相转变的物理过程,而热固性注射制品的固化却依赖于高温和高压下的交联化学反应。由于固化方式差异,导致两者的工艺条件和模具结构不同,并对注射机有不同的要求。

热固性塑料的注射原理是将成型物料从注射机的料斗送入高温机筒内加热,在螺杆的旋转作用下熔融塑化,使之成为均匀的粘流态熔体,并通过螺杆的高压推动,使这些熔体以很大的流速经过机筒前端的喷嘴注射进入高温模腔,经过一段时间的保压补缩和交联反应之后,固化成型为制品形状,然后开模取出制品。

热固性塑料的注射成型工艺过程基本上与热塑性塑料相仿,但各个工艺阶段具有较大差异:

1.加料

热固性成型物料投入料斗后,主要靠自重落入机筒内的螺杆槽中,一般的热固性注射料都是粉状,有时会在料斗内发生"架桥"现象,其解决办法是将热固性粉料改为粒料。

2.塑化计量

热固性注射物料在机筒中的塑化目的基本上与热塑性成型物料相同,但应注意两个问题:一是由于热固性物料需要的塑化温度低,摩擦热就可满足塑化所需要的温度,因此机筒上的加热装置一般只对机筒进行预热,而在生产过程中停止使用;二是为避免塑化时物料温度过高引起交联,还应在机筒部位设置适当的冷却装置,对于高粘度的热固性物料或玻璃纤维增强的热固性物料,塑化时的剪切摩擦热通常都比较高,机筒的设定温度一般都要比其他热固性注射料低10~20 ℃。

3.注射充模

热固性塑料熔体的注射充模阶段与热塑性塑料熔体相仿,但二者之间存在以下两方面的主要差异。

①由于热固性塑料注射成型是一个物理化学过程,在塑化阶段不能采用比较高的温度,否则熔体将会在机筒内发生交联,使注射充模无法进行。但在注射充模阶段中又希望熔体具有较高的温度,使熔体既具有良好的流动性,又接近交联反应的临界值,在充模后能迅速交联固化。因此,在注射充模阶段,应当采用比成型热塑性制品时较高的注射压力。例如,注射压力取118~196 MPa时,可使塑化温度为70~90 ℃的熔体经过喷嘴和浇注系统后,升高到120~130 ℃(此时的注射速度约3~4.5 m/min),可同时满足以上两项要求。

②热塑性塑料熔体在流动充模时,靠近模腔表壁的熔体流速小并容易形成一个凝固层,熔体流速分布曲线呈圆弧状。而对于热固性塑料熔体,由于模腔表壁处于高温状态,靠近表壁的熔体不仅不会凝固,反而粘度有可能低于中部的熔体,所以除了靠近表壁的很薄一层熔体之外,熔体中各点的流速基本相等,这种流动现象称为类活塞流动,如图14.20所示。此时,熔体与模具表壁之间的流动摩擦很大,易造成表壁磨损,再加上热固性塑料大多含有各种硬质填料,会进一步加剧模具的磨损程度。

4.交联固化定型

热固性塑料制品在高温高压模腔内的交联固化定型,也叫做硬化定型,这种定型是在高温下塑料(聚合物)中的反应基团与交联剂相互作用使大分子由线型结构交联成体型结构而完成的,而热塑性塑料熔体是通过冷却才能实现固化定型。

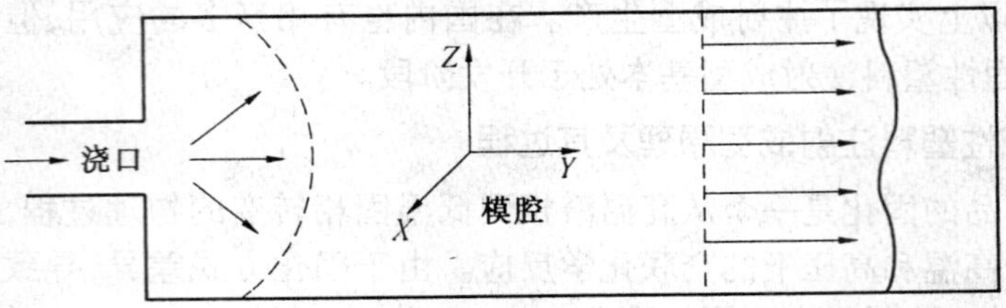

图 14.20　热固性塑料熔体的类活塞流动模型

14.3.2　热固性塑料注射成型工艺条件的选择与控制

1.温度

(1)料温

料温包括塑化温度和注射温度,分别取决于机筒和喷嘴两部分的温度。在热固性塑料注射时,为防上熔体在机筒内发生早期硬化,应尽量减少熔体在高温下的停留时间。通常,机筒的温度可分两段或三段设定。分两段设定时,后段(加料侧)应取较低温度(20~70 ℃),而前段(喷嘴侧)温度较高(70~95 ℃),但都低于注射温度。对于喷嘴温度,原则上要求熔体经过喷嘴后,应具有良好的流动性,又接近硬化温度的临界值,为此,一般都将喷嘴温度的取值高于机筒温度,取 75~100 ℃,以使熔体通过喷嘴后,达到要求的注射温度(100~130 ℃)。

(2)模具温度

模具温度是影响热固性制品硬化定型的关键因素,直接关系到成型质量和生产效率。模温低时,硬化时间长;模温太高又会因硬化速度过快难于排出低分子挥发气体,导致制品出现组织疏松、起泡和颜色发暗等缺陷。通常对于不同的物料,模温的选择和控制范围在 150~220 ℃之间。

2.压力

(1)背压和螺杆转速

注射热固性塑料时,螺杆的背压力不能太大,否则物料在螺杆中会受到长距离压缩作用,从而增加注射困难,或导致熔体过早硬化,背压力过小时,物料易充入空气,计量不稳定,塑化不均匀。因此,注射热固性塑料时的背压力一般都比热塑性塑料的小,约为 0.3~0.5 MPa,甚至可以放松背压阀,仅用注射螺杆后退时的摩擦阻力作为背压。注射热固性塑料时,与背压相关的螺杆转速也不宜取得过大,否则物料容易在机筒内受热不均,从而产生塑化不良的结果,螺杆转速可在 30~70 r/min 之间选择。

(2)注射压力与注射速度

对于热固性注射来讲,由于熔体中填料较多,粘度大,且在注射过程中对熔体有温升要求,所以注射压力一般要选择得大一些,根据物料的不同,一般取 100~170 MPa。与注射压力相关的注射速度也应选大一些,这样有利于缩短流动充模和硬化定型时间,同时还能避免熔体在流道中早期硬化,并减少制品表面的熔接痕和流动纹。但如果注射速度过大,又容易将空气卷入模腔和熔体,导致制品表面出现气泡等成型缺陷。目前的生产中,注射速度一般取 3~4.5 m/min。

(3)保压力和保压时间

保压力和保压时间直接影响模腔压力以及制品的收缩和密度。由于热固性注射料的硬化速度比较高,且模具多采用点浇口,浇口冻结比较迅速,所以常用的保压力可比注射压力稍低一些。保压时间则应根据成型物料、制品厚度和浇口冻结速度而定,通常取 5~20 s。

3. 成型周期

热固性塑料注射成型周期的内容基本上与热塑性注射时相同，但应将冷却定型时间改为硬化定型时间。

国产热固性注射料的注射时间一般取 2 ~ 10 s，保压时间取 5 ~ 20 s，硬化定型时间在 15 ~ 100 s 内选择，成型周期总共约需 45 ~ 120 s。

表 14.3 列出了九种热固性注射料的典型工艺条件，可供生产中参考。但应注意，热固性注射成型工艺现仍处在发展阶段，注射成型工艺条件还需不断地改进。另外，相同塑料的注射成型工艺条件也会因为品级不同，制品不同或生产厂家不同而有差异。

表 14.3 热固性注射料的典型工艺条件

项目＼塑料	酚醛	脲甲醛	三氯氰胺	不饱和聚酯	环氧树脂	PDAP	有机硅	聚酰亚胺	聚丁二烯
螺杆转速/(r/min)	40 ~ 80	40 ~ 50	40 ~ 50	30 ~ 80	30 ~ 60	30 ~ 80		30 ~ 80	
喷嘴温度/℃	90 ~ 100	75 ~ 95	85 ~ 95		80 ~ 90			120	120
机筒前段温度/℃	75 ~ 100	70 ~ 95	80 ~ 105	70 ~ 80	80 ~ 90	80 ~ 90	88 ~ 108	100 ~ 130	100
机筒后段温度/℃	40 ~ 50	40 ~ 50	45 ~ 55	30 ~ 40	30 ~ 40	30 ~ 40	65 ~ 80	30 ~ 50	90
模具温度/℃	160 ~ 169	140 ~ 160	150 ~ 190	170 ~ 190	150 ~ 170	160 ~ 175	170 ~ 216	170 ~ 200	230
注射压力/MPa	98 ~ 147	60 ~ 78	59 ~ 78	49 ~ 147	49 ~ 118	49 ~ 147		49 ~ 147	2.7
背压/MPa	0 ~ 0.49	0 ~ 0.29	0.2 ~ 0.49		< 7.8				
注射时间/s	2 ~ 10	3 ~ 8	3 ~ 12					20	20
保压时间/s	3 ~ 15	5 ~ 10	5 ~ 10						
硬化时间/s	15 ~ 50	15 ~ 40	20 ~ 70	15 ~ 30	60 ~ 80	30 ~ 60	30 ~ 60	60 ~ 80	

注：1. 注射有机硅时，机筒分为段控制，前段 88 ~ 108 ℃，中段 80 ~ 93 ℃，后段 65 ~ 80 ℃。

2. 聚丁二烯为英国 BIP 化工公司生产的 INS/PBD 注射料。

14.3.3 普通热固性注射模设计

图 14.21 是一个典型的普通热固性注射模示例，其结构与普通热塑性注射模相仿，二者的设计原理也基本相似，下面主要对二者之间的差异予以阐述。

1. 普通浇注系统

(1) 主流道

热固性塑料成型工艺要求从注射到充模整个流动过程中逐渐升温，所以流道的截面积宜设计得小一些，以增大熔体流动时产生的摩擦热，而且也能增大流道的比表面积，以利于加热装置向熔体传热。根据经验，卧式注射模的主流道一般都采用圆锥形，角式注射模的主流道则采用圆柱形。圆锥形主流道的锥角取 3° ~ 6°，其小端直径应比喷嘴出料口直径大 0.5 ~ 1 mm，以防止注射时漏

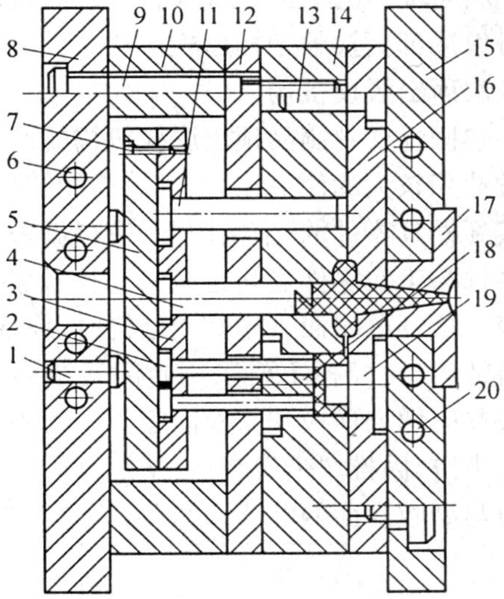

图 14.21 普通热固性塑料注射模具

1—挡销；2—顶杆；3—顶杆固定板；4—拉料杆；5—顶板；6—加热器安装孔；7—螺栓；8—动模底板；9—螺栓；10—支承块；11—复位杆；12—支承块；13—导柱；14—动模板；15—定模底板；16—定模板；17—主流道衬套；18—凹模镶块；19—凸模；20—加热器安装孔

料。为了使喷嘴与主流道衬套紧密吻合,衬套上凹球面半径应比喷嘴头部球面半径大2~3 mm。主流道表壁的粗糙度 Ra 为 0.32~0.63 μm,与分流道过渡处的圆角半径为 5~10 mm。

(2)顶拉腔

热塑性注射模中的冷料穴在热固性注射模中叫做顶拉腔或拉料腔,其作用与冷料穴相仿,但它收集的是料流前端因局部过热而提前硬化的熔体。顶拉腔可类似冷料穴设计,但因热固性塑料较脆,使用钩头拉料杆容易把塑料拉断,所以热固性注射模多采用与顶杆配用的倒锥形顶拉腔,锥度不宜过大,否则硬料很难顶出。

(3)分流道

分流道较长时,流动阻力大,宜选用圆形、梯形或 U 形截面,而分流道较短时,则应采用比表面积大的矩形截面以利于传热。目前,为满足上述要求并兼顾加工和使用方便,分流道截面多用梯形和半圆形。半圆形截面的半径一般取 2~4 mm,梯形截面的底边宽度取 4~6 mm,侧边斜度约取 20°,高度可取宽度的 2/3。对于其他截面,分流道截面积可用下式估算

$$A_f = 0.26m_f + 20 \tag{14.1}$$

式中,A_f 为分流道截面积,mm;m_f 为分流道容纳的熔体质量,g。

而截面高度的大小则根据成型体积、制品的厚度、几何形状和复杂程度等因素决定。根据经验,中小型制品的分流道截面高度取 2~4 mm,较大的制品取 4~8 mm。

分流道的布排和其他设计原则均可类比热塑性注射模的要求。

(4)浇口

热塑性塑料的浇口类型、形状以及浇口位置的选择原则等也适用于大多数热固性塑料,但硬化后的热固性塑料较脆,容易去除浇口凝料,故浇口截面的高度可取得大一些。另外,热固性塑料对浇口的磨损比较大,故其浇口宜采用耐热耐磨的特种钢材或硬质合金制造,并尽量采用可以局部更换的结构形式。

2.顶出脱模机构

热固性塑料制品顶出脱模机构的设计方法与热塑性制品完全相同,只是由于热固性塑料经常使用较大的注射压力,其熔体能够挤入 0.02 mm 以上的间隙,所形成的废料很难清理,从而破坏模具零件的配合,因此,应尽量采用顶杆顶出,不用或少用脱模板、推块和顶管顶出。顶出零件与工作零件之间也应采用比较紧密的间隙配合,间隙值可取 0.01~0.03 mm。对于无法使用顶杆顶出而采用其他结构时,应尽量减少配合间隙不进废料,并便于清理。如对于顶板脱模结构,脱模板不要采用封闭式结构,如图 14.22(a),而尽量采用敞开式结构,如图 14.22(b),并应增大顶板和凸模固定板之间的空间,以便于配合间隙中散落废料碎屑的清理。对于推块来讲,因推块带有台肩,从配合间隙散落出的废料碎屑会积存在台肩上无法清除,将影响台肩与型腔底面的贴合。为此,热固性塑料制品不宜采用热塑性塑料制品常用的推块结构,如

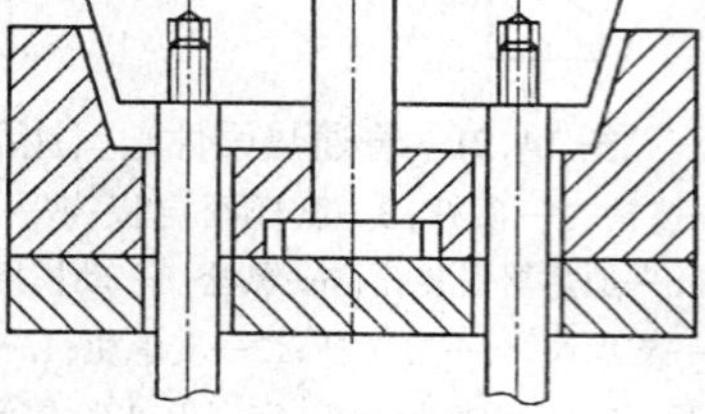

(a) 封闭式

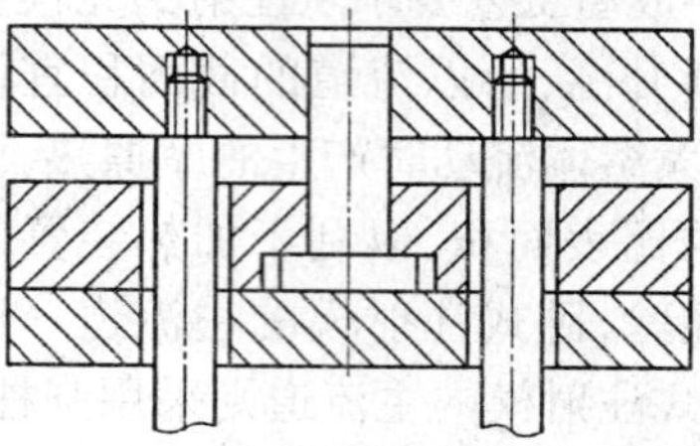

(b)敞开式

图 14.22 脱模板结构

图 14.23(a),而采用图 14.23(b)、(c)所示的推块结构。其中图 14.23(b)中推块能被完全推出型腔,这样将有助于清理废料;对于高度尺寸较大的制品,而模具结构又受闭合高度和注射机开模行程的限制时,可采用图 14.23(c)所示的结构,推块直接固定在顶杆固定板(图中末画出)上,其下段侧面开槽而且中空,型芯套装在垫板与凹模之间的一个长条形方键上,与推块之间采用间隙配合,既不影响推块运动,又能使配合间隙中的废料碎屑从型腔下部排除。

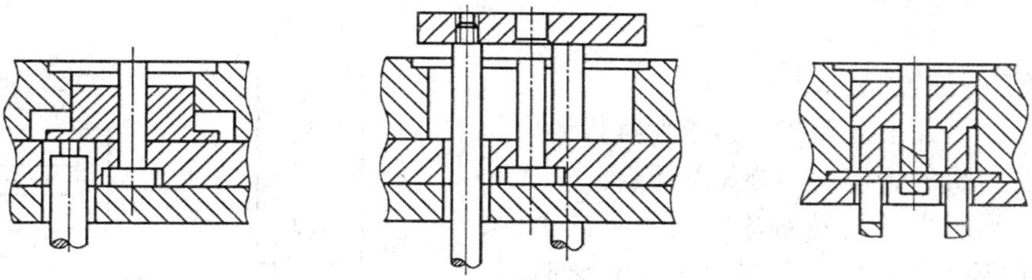

(a) (b) (c)

图 14.23 推块结构

如果采用顶管,则要求采用图 14.24(a)所示的直通式结构,而且型芯也不能用台肩结构固定,否则将阻碍废料排除,若结构上无法避免台肩结构,那么只能使用图 14.24(b)所示的扇形顶管。

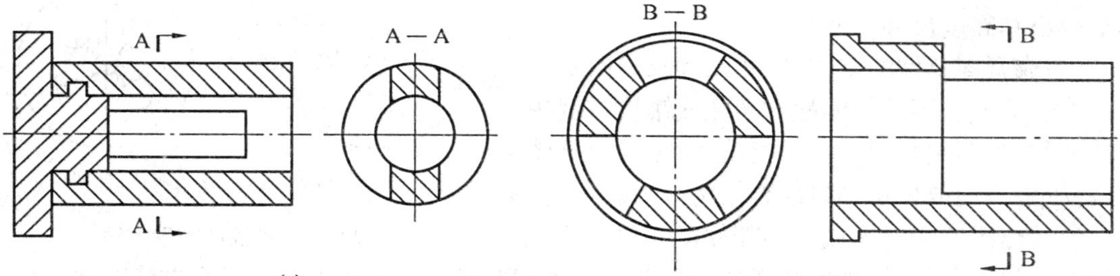

(a) (b)

图 14.24 顶管结构

3.排气结构与加热控温系统

热固性塑料注射模一般都要开设排气槽,槽深常取 0.03 ~ 0.05 mm,必要时可深达 0.1 ~ 0.3 mm,为了防止塑料堵塞排气槽,排气槽向外延伸 6 mm 后,深度可加大到 0.8 mm(图14.25)。排气槽宽度约取 5 ~ 10 mm。

由于注射成型热固性塑料时,模具温度高于注射机喷嘴温度,所以必须设置加热装置。为避免模具热量过多地传导给注射机,动定模底板与注射机的固定板之间应增设隔热板。

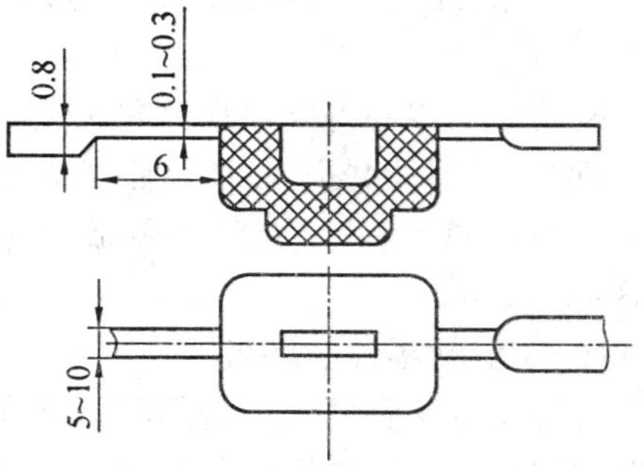

图 14.25 排气槽

4.其他注意事项

(1)分型面

注射热固性塑料时采用的注射压力较大而容易出现溢料和飞边现象,为此设计分型面时要注意以下事项。

①尽量减小分型面的对合接触面积,以利于加工和装配时提高分型面的平行度,保证分型

面之间紧密贴合。

②尽量使可能溢料的方向垂直于分型面,以减少或避免在分型面上出现溢料飞边。分型面上应尽量不设与成型无关的孔穴或凹坑,以方便对分型面的清理。

(2)模腔压力

根据经验,酚醛塑料的平均模腔压力值为 30~40 MPa,氨基塑料的值为 40~60 MPa,聚酯塑料的值为 10~20 MPa。

(3)模腔的位置

模腔在分型面上的布置应力求使其投影面积的中心与注射机的合模力中心相互重合。

加热模具时由于自然对流空气由下向上,会导致模具上部受热多而下部受热少,两个部位的受热量可相差两倍,因此,若对模具上下对称加热,则上下不同模腔或同一模腔的上下不同部位必将出现很大的温差,这对制品的成型和固化极为不利。为改善这种情况,除对加热元件预先进行不对称布置之外,还需要对模腔进行合理布置,尽量减小其高度尺寸,如图 14.26 所示。

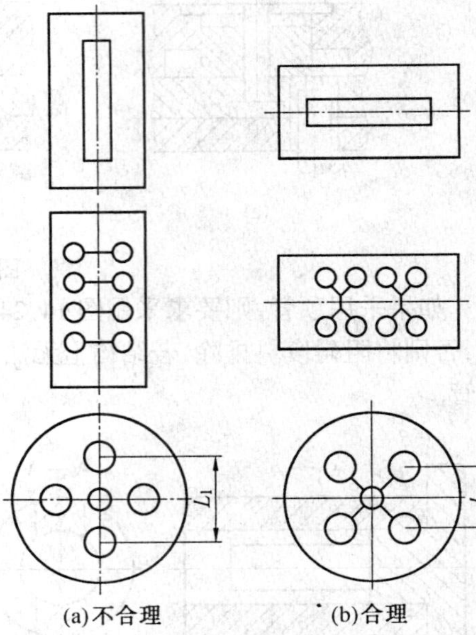

图 14.26 模腔的布置方法

(4)成型零部件的结构、尺寸设计及表面处理

为避免成型零部件的配合间隙或镶块拼缝中溢料,所有与塑料熔体接触的零部件应采用整体结构,尽量不用或少用镶拼组合结构。

设计热固性注射模成型零部件尺寸的方法与热塑性注射模相同,但需要注意热固性塑料的收缩率变化范围较大且与成型方法有关。例如,酚醛压缩粉在压缩成型中的收缩率约为 0.8%,压注成型时约为 1.0%,而注射成型时可达 1.2%。因此设计成型零部件的尺寸时,必须根据不同的塑料品种和不同的成型方法确定收缩率。

模具成型零件需要在高温和腐蚀条件下工作,同时又因为热固性注射成型容易产生溢料飞边,对模具零件磨损大,所以除了必须采用较好的模具材料外,成型零部件与塑料接触的表面通常还要抛光和镀硬铬,主要成型零部件硬度应不低于 52~57HRC,表面粗糙度 *Ra* 应为 0.08~0.16 μm。

(5)对滑动零件的要求

对滑动零件除要求一定的配合精度外,还要求高温下不产生咬合或拉毛现象。为此,滑动零件的配合部分可进行氮化处理,配合面的表面粗糙度度 *Ra* 应为 0.08~0.16 μm。

14.3.4 热固性塑料的冷流道注射模

热固性塑料只能一次性加热变软而具有流动性,废品和凝料不能回收再次利用,所以热固性注射工艺的最大缺点是塑料原料的低利用率。热固性塑料的冷流道注射模可以有效地减少或避免流道凝料赘物,从而大幅度提高利用率。

冷流道注射模可分为两种类型:完全无流道注射模对整个浇注系统的温度用冷却介质严格控制,以保证流经其内部的塑料熔体低于交联温度,避免在浇注系统中产生凝料;部分无流道注射模又称无主流道注射模,它只用冷却介质对主流道温度进行严格控制,防止主流道内的熔体发生交联，而对分流道的温度通常不严格要求，成型后的制品可能带有一些分流道凝料，致使原材料利用率没有完全无流道注射模的高，但模具结构较为简单。

1.完全无流道注射模

图 14.27 是一个典型完全无流道注射模结构示例，其特点是通过流经冷流道板 6 的冷却介质(冷水或冷油等)对浇注系统进行冷却，而对模腔部分则采取加热装置使其保证高温，冷流道板与模腔之间采用绝热层进行隔离。由此可知，设计完全无流道注射模的关键是如何将浇注系统的温度控制在交联温度之下的一个合理范围，既要保证流经浇注系统的熔体不会发生硬化和凝固，也能保证其良好的流动性，以便于顺利充模；而对于模腔部分则使其处于合理的高温状态，以保证熔体充模后能够迅速硬化定型。

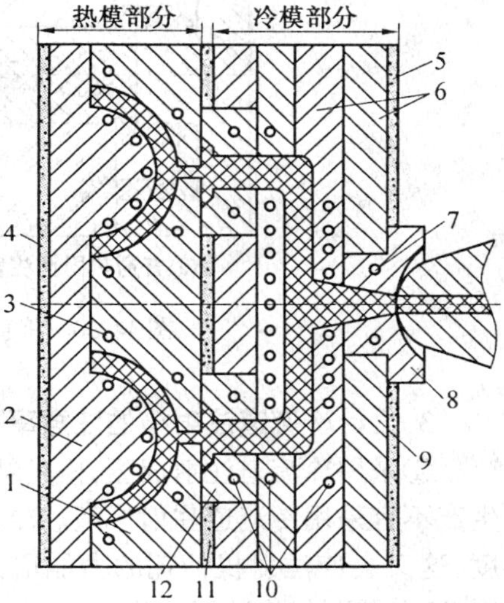

图 14.27　完全无流道注射模

1—凹模板；2—凸模板；3—加热器安装孔；4—动模绝热板；5—定模绝热板；6—冷流道板；7—主流道水孔；8—主流道衬套；9—定模底板；10—分流道冷却水孔；11—冷热模绝热层；12—冷流道喷嘴

2.无主流道注射模

无主流道热固性注射模可分为延伸喷嘴式结构和主流道温控结构。

①延伸喷嘴式结构。图 14.28 所示的延伸喷嘴式结构相当于把机筒的喷嘴延长，即在机筒前端安装一个特殊形式的喷嘴，它不仅可以伸入到模具内直接向浇口注料，而且其内部还设有冷却水路控制塑料熔体温度，以防流经的塑料熔体交联硬化。喷嘴与模具其他部分之间则留有空气隙进行绝热。

②主流道温控结构。图 14.29 所示的主流道温控结构中，冷却水回路可以设置在定模板或主流道衬套上，如图 14.30(b)，这两种结构中的主流道衬套均可从模具中拆卸，以便于清理主流道中的硬化凝料或更换主流道衬套。

在主流道衬套上增设冷却水路，可以比较容易地将普通热固性注射模改造成为无主流道注射模，如图 14.30 所示。

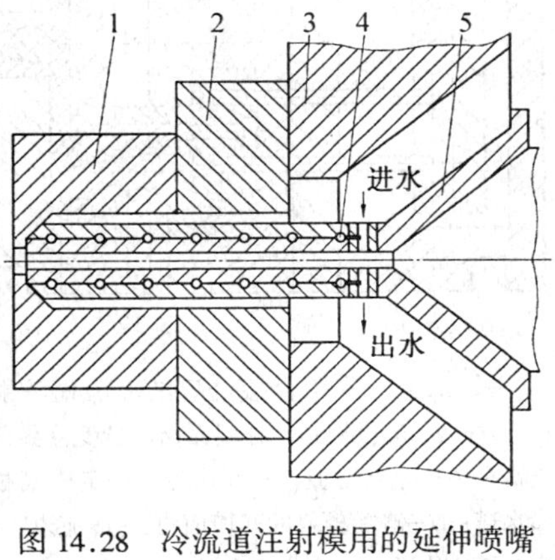

图 14.28　冷流道注射模用的延伸喷嘴

1—定模板；2—定模固定板；3—定模底板；4—冷却水道；5—延伸喷嘴

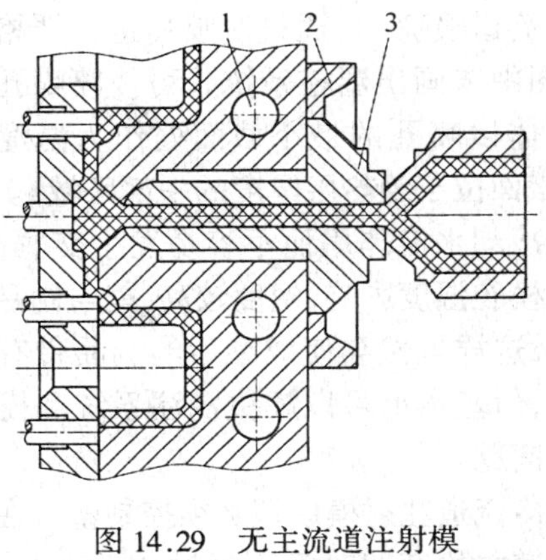

图 14.29　无主流道注射模

1—冷却水道；2—定位环；3—可换式主流道衬套

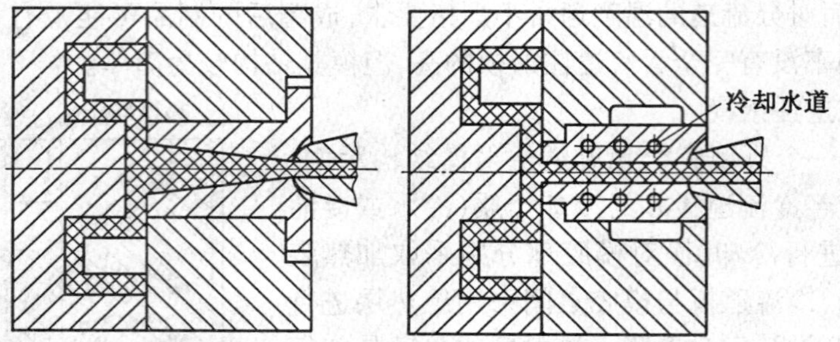

(a)普通热固性注射模　　(b)无主流道注射模

图 14.30　将普通热固性注射模改造成无主流道注射模

3.设计冷流道注射模的注意事项

①采用冷流道注射成型,模具结构比较复杂,其价格是普通注射模的 2～3 倍,因此小批量生产不宜采用冷流道注射成型。冷流道注射成型还需要使用较高的注射压力和较快的注射速度,这又会使注射机消耗的力能增大。此外,冷流道注射模浇注系统与模腔温度必须同时控制,所以需要加热装置功率比普通热固性注射模大 20%～30%。因此,实际生产中是否需要使冷流道注射成型,要根据多种生产因素进行技术经济分析之后决定。

②设计冷流道浇注系统时必须考虑热固性塑料的注射成型工艺和模具加工特点。例如,热固性塑料熔体有温升要求,模具带有加热装置,不必担心流道因为比表面积过大而散热,所以为了进一步减少原材料消耗,冷流道的截面尺寸可以比普通浇注系统设计得更小,为了加工方便,分流道可以选用比表面积较矩形截面为小的梯形截面、圆形或半圆形截面。但都必须保证塑料熔体的流动不会在浇注系统内部受到阻滞,否则滞留下的熔体将会因为过热而交联硬化。

③设计模具时,必须在模腔部分和浇注系统之间,特别是浇口区域设置绝热层,并且还经常需要在冷却水道的布排和模具结构方面强化绝热效果。例如,图 14.31 中除了在模腔和冷流道板 6 之间设置绝热层 12 之外,还采用内部孔道为变截面的冷流道喷嘴 11,通过对喷嘴进行严格的温度控制(图中未画出温控系统),可使喷嘴孔道内的塑料熔体以喷孔的最小截面处作为温度分界面(最小截面位于绝热层厚度的中部区域)。分界面上部受冷却水流作用而不容易发生交联,分界面下部受模腔温度影响,温度较高,能与制品同时交联硬化,这样虽然会使成型后的制品带有少量浇口凝料,但基本上可以解决浇注系统和模腔部分的绝热问题。

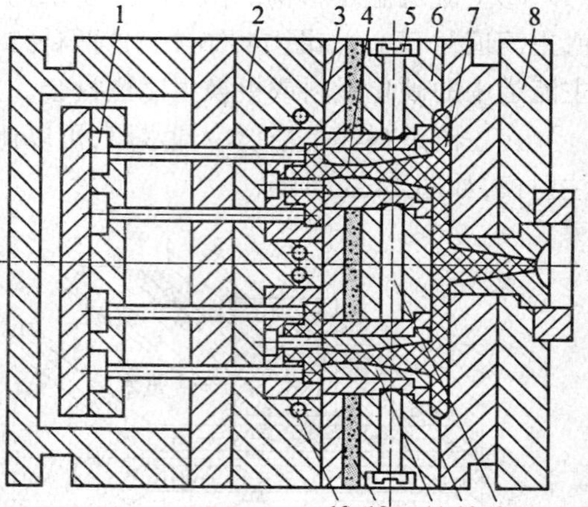

图 14.31　采用直接浇口的冷流道注射模

1—顶杆;2—动模板;3—分型面;4—温度分界面;5—水道堵头;6—冷流道板;7—冷流道;8—定模底板;9—冷却水道;10—清除凝料的开模面;11—冷流道喷嘴;12—冷热模绝热层;13—加热元件

④冷流道注射模成型必须控制塑料在机筒内和冷流道内的存留时间不超过 4～6 min,以免它们在冷流道内过热硬化。故应在保证塑料熔体流动性的前提下,冷流道注射模浇注系统的容

积应尽量设计得小一些。

⑤为方便每次生产结束或下次生产之前及时清除流道中残留的凝料赘物,冷流道板的结构可类比绝热流道注射模中的分流道板设计,即在冷流道板与定模板之间加设一个开模面,如图 14.31 中 10,该开模面在注射生产中必须锁紧,可参考图 14.4 中的闭合锁板设计,只有在清除流道凝料时才能打开。

在满足热固性注射成型工艺条件和冷流道工作原理的前提下,冷流道注射模的一些结构设计问题均可参照普通热固性注射模和热塑性注射模(包括无流道结构)的设计方法进行处理。

14.4 精密注射成型

精密注射成型就是成型尺寸和形状精度很高、表面粗糙度很低的塑料制品。随着塑料工业的迅速发展,塑料制品在精密仪器和电子仪表等工业中的应用越来越广泛,并且不断地替代许多传统的金属零部件,而普通注射成型往往是难以达到它们的精度。

为了能够注射成型精密塑料制品,必须在普通注射成型方法的基础上,对成型物料、注射机和注射工艺以及注射模具提出一些更加严格的或比较特殊的要求。

14.4.1 注射成型精度确定与注射物料

如何规定制品的精度是非常重要也是比较复杂的问题,目前从以下几方面考虑和处理。

1.从模具加工精度考虑

由于注射制品必须在模腔内成型,因此制品的精度不可能超过模腔的精度。目前常用于模腔加工的方法可以达到的最高精度和实用的经济精度如表 14.4 所示。从表中可知,欲使制品能够达到较高的精度,必须对模腔进行磨削。然而模腔形状一般都很复杂,对其整体磨削往往很困难。为解决这一问题,经常把模腔设计成镶拼结构,以便对各个镶件进行磨削,但对模腔进行镶拼时,各镶件必须采用配合尺寸,由于目前能够使用的配合公差等级最高为 IT5,所以确定精密注射制品的精度时,一般都不要使模具的公差等级因制品精度过高而超过IT5 ~ IT6级。

表 14.4　各种加工方法所能达到的精度(公差值)

加工方法	最高精度/mm	经济精度/mm
仿形铣	0.02	0.1
铣　削	0.01	0.02 ~ 0.03
坐标镗	0.002	0.01
成形磨、仿形磨	0.005	0.01
坐标磨削	0.002	0.01
电加工	0.005	0.03
电解加工	0.05	0.1 ~ 0.5
电解成形磨	0.005	0.01
数控加工	0.003	

2.从模具结构和塑料品种考虑

如果需要综合模具结构和塑料品种两方面的因素确定精密注射制品的公差,可以参考有关标准。表 14.5 是日本塑料工业技术研究会提出的标准,表中最小极限指采用单腔模具结构时,注射制品所能达到的最小公差数值,实用极限指采用四腔以下的模具结构时,注射制品所能达到的最小公差数值。

表 14.5 精密注射制品的基本尺寸与公差 mm

基本尺寸	PC、ABS		PA、POM	
	最小极限	实用极限	最小极限	实用极限
~0.5	0.003	0.003	0.005	0.01
0.5~1.3	0.005	0.01	0.008	0.025
1.3~2.5	0.008	0.02	0.012	0.04
2.5~7.5	0.01	0.03	0.02	0.06
7.5~12.5	0.015	0.04	0.03	0.08
12.5~25	0.022	0.06	0.04	0.10
25~50	0.03	0.08	0.05	0.15
50~75	0.04	0.10	0.06	0.20
75~100	0.05	0.15	0.08	0.25

3.从塑料的收缩率考虑

如果需要根据塑料的收缩率确定精密注射制品的精度,可以参考德国标准 DINL6901 中的第 1 第 2 两级公差组,但应注意其公差数值对于精密注射要求来讲,显得偏低一些。

有关精密注射制品的精度要求,还有其他一些国际标准和专业标准,特别是日本在这方面作了较多工作,如果需要可以查阅有关文献资料。

对于精密注射成型物料,除了要求具有良好的流动性能和成型性能之外,还要求其制品具有形状和尺寸方面的稳定性,否则制品的精度就很难保证,因此注射成型精密塑料制品时,必须对塑料品种及其成型物料的状态和品级进行严格选择。目前适于精密注射的塑料品种主要有聚碳酸酯(包括玻璃纤维增强型)、聚酰胺及其增强型、聚甲醛(包括碳纤维或玻璃纤维增强型),以及 ABS 和 PBT 等。

14.4.2 精密注射成型工艺特点及其对注射机的要求

1.精密注射成型工艺特点

(1)注射压力大

普通注射所用的注射压力一般为 40~200 MPa,而精密注射则要提高到 180~250 MPa,甚至更高一些(目前最高已达 413 MPa)。高压注射的主要优点是:

①可以增大塑料熔体的体积收缩量,使其密度增大,线膨胀系数减小,从而降低制品的收缩率以及收缩率的波动数值。例如,对于温度为 209 ℃的聚甲醛熔体,采用 60 ℃的模温和 98 MPa 的注射压力成型壁厚为 3 mm 的制品时,制品的收缩率接近 2.5%,当注射压力提高到 392 MPa,制品的收缩率可降到 0.5%左右。

②可使成型时允许使用的流动比增大,有助于改善制品的成型性能并能成型超薄壁厚制品。例如,对聚碳酸酯采用 177 MPa 的注射压力时,可成型的制品壁厚为 0.2~0.8 mm,当注射压力提高到 392 MPa 时,壁厚可减小到 0.15~0.6 mm。

③有助于充分发挥注射速度的功效，因为形状复杂的制品一般都必须采用较快的注射速度，而较快的注射速度又必须靠较高的注射压力来保证。

(2)注射速度快

较快的注射速度不仅能够成型形状比较复杂的制品，而且还能减小制品的尺寸公差，这一结论目前已经得到证实。

(3)温度控制必须精确

在精密注射成型过程中，如果温度控制不精确，则塑料熔体的流动性以及制品的成型性和收缩率都不会稳定，也就无法保证制品的精度。因此，在精密注射成型时，对于机筒、喷嘴、注射模具的温度都必须严格控制，还要注意脱模后周围环境温度对制品精度的影响。

2.精密注射成型工艺对注射机的要求

精密注射成型一般都要在专用注射机上进行，对此类注射机的主要要求是：

①注射功率要大。以满足注射压力大和注射速度块的要求。

②控制精度要高。很明显，如果注射机本身的各种工作精度不能保证，制品的精度也就无从谈起。

为了保证各种注射工艺参数具有良好的重复精度(即再现性)，以免制品精度因为工艺参数波动而发生变化，精密注射机一般都对注射量、注射压力、注射速度、保压力、背压力和螺杆转速等工艺参数采取多级反馈控制，对于机筒和喷嘴温度则采用 PID 控制器。

精密注射机合模系统的合模力大小必须能够精确控制，以免合模力过大或过小对制品精度产生不良影响。

精密注射机必须具有很强的塑化能力，并要保证物料能够得到良好的塑化效果。为此，除了螺杆必须采用较大的驱动扭矩之外，控制系统还应能够对螺杆进行无级调速。

精密注射机的控制系统还必须能对液压回路中的工作油温进行精确控制，以防工作油因温度变化而引起粘度和流量变化，并进一步导致注射工艺参数波动。

③液压系统的反应速度要快。为满足高速成型对液压系统的工艺要求，液压系统除了选用灵敏度高、响应快的液压元件外，还可以采用插装比例技术，或在设计时缩短控制元件到执行元件之间的油路，必要时也可加装蓄能器。

④合模系统要有足够的刚性。合模系统必须具有足够的刚性，以免在较高的注射压力下制品精度因合模系统的弹性变形而下降。

14.4.3 设计精密注射模的注意事项

前面阐述的各种注射模的设计方法或设计要点，对于精密注射模基本适用，但由于精度方面要求严格，设计精密注射模时要特别注意下面一些事项。

1.较高的设计精度

为保证精密注射模不因设计问题影响精度，需要注意以下几点。

(1)零部件设计精度和技术要求应与制品精度相适应

首先要求模腔精度和分型面精度必须与制品精度相适应。一般来讲，精密注射模腔的尺寸公差应小于制品公差的三分之一，并根据制品的实际情况具体确定。例如，对于小型精密注射制品，当基本尺寸为 50 mm 时，模腔的尺寸公差可取 0.003 ~ 0.005 mm，而基本尺寸为 100 mm时，模腔的尺寸公差可增大到 0.005 ~ 0.01 mm。分型面精度指分型面的平行度，对于小型精密注射模，分型面的平行度要求约为 0.005 mm。

模具中结构零部件的精度也会影响模腔精度，并进而影响制品精度，因此应对结构零部件提出恰当合理的精度要求或其他技术要求。

(2)确保动定模的对合精度

在精密注射模中,应当尽量减小动定模之间的错移,确保动模和定模的对合精度。鉴此,可以考虑将锥面定位机构或横向圆柱导正销定位机构与导柱导向机构配用。

(3)模具结构应有足够的刚度

精密注射模必须具有足够的结构刚度,否则,在注射压力或合模力作用下将会发生较大的弹性变形,从而引起模具精度发生变化,并因此影响制品精度。对于整体式凸凹模,其结构刚度需要由自身的形状尺寸及模具材料来保证,而对于镶拼式凸、凹模,其结构刚度往往还与紧固镶件所用的模框有关。

(4)模具中活动零部件的运动应当准确

精密注射模中一些能够活动的成型镶块或活动型芯等活动零部件如果定位不准确,即每次运动之后不能准确地返回到原来的位置,则制品的精度将会出现很大波动。为解决这一问题,需要采用一些比较特殊的运动定位结构,如在图 14.32 所示的侧向型芯上加设一段锥面之后,便能在合模过程中保证侧向型芯准确复位。

在带有侧向抽芯机构的精密注射模中,侧向型芯的运动还受型芯滑块与导滑槽的配合间隙影响。通常,滑块与导滑槽之间采用 H8/g7(或 H8/h8)配合,但如果导滑部位的宽度较大,滑块在导滑槽中的偏移摆动范围也会增大,不利于型芯准确复位。鉴此情况,在采取图 14.32 所示的锥面定位结构的同时,还应采取措施尽量减小导滑宽度以及导滑间隙。

2.避免因模具设计不良而使制品出现不均匀收缩

如果模具结构或温度控制系统设计不当,便很容易使制品出现收缩率不均匀的现象,为避免这类问题,需要注意下面几点。

①浇注系统应尽量平衡布排,否则熔体在各个模腔中所受压力将不同,则各腔中成型出制品的收缩率会有很大差异,无法使制品精度保持稳定。

②模腔的布排应尽量使模具温度保持热平衡,否则制品的收缩率就无法保持均匀和稳定。实践证明,设计多腔精密注射模时,模腔数尽量不要超过四个,而且最好采用图 14.33 所示的 H 型或圆周型排列。

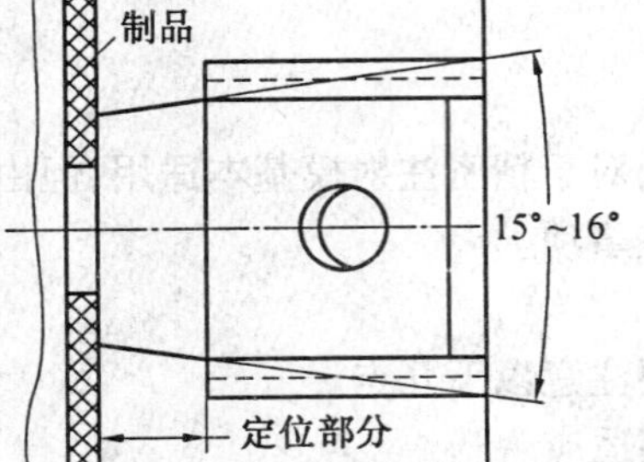

图 14.32　侧向型芯的锥面立体结构

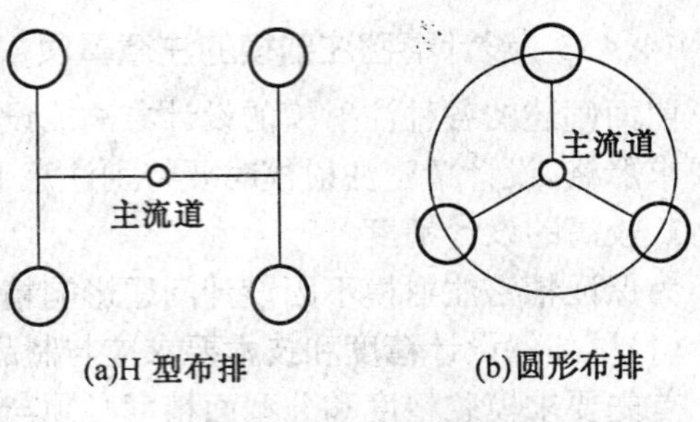

图 14.33　精密注射的模腔布排

③温控系统最好能对各个模腔的温度进行单独调节。即对每个模腔单独设置冷却水路,并控制各个水路的流量保持一致。如果是采用串联冷却水路,则必须严格控制入水口和出水口的温度,控温精度应能达到 ±0.5 ℃,温差在 2 ℃以内。

④凸模和凹模两部分最好分设冷却水路,以便于控制模温的均匀程度,或有时为减小因收

缩率不均匀而引起的制品翘曲变形，人为地在凸、凹模之间造成一定的温差。

3.避免因模具问题使制品出现脱模变形

目前的精密注射制品尺寸一般都不太大，壁厚也比较薄，有的还带有许多薄筋，因此很容易在脱模时产生变形。为此，顶出结构的设计应特别注意下面两点。

①精密注射制品最好用脱模板（推板）大面积顶出脱模，若制品无法使用脱模板脱模，则必须采用其他合适的顶出零件。如对于带有薄筋的矩形制品，可在筋部采用直径很小的圆形顶杆或宽度很小的矩形顶杆，同时还要均衡配置。

②精密注射制品的脱模斜度一般都比较小，为减小脱模阻力应对模具零件进行镜面抛光，抛光方向应与脱模方向保持一致。

4.对于形状复杂的制品应采用镶拼模具结构

欲使制品能够达到较高的精度，必须对模腔进行磨削，为便于对模腔磨削加工，应将模腔设计成镶拼结构，这也便于设计排气结构和热处理。此外还可以把有些镶拼件（如型芯等）设计成通用结构，提高其互换性，使用范围扩大，方便维修及更换。

14.5 特种注射成型

注射成型技术目前正朝着自动化成型、精密成型、超大型制品和微型制品等方面发展，并出现了排气注射、反应注射、流动注射、动力熔融注射和多组分共注射等许多新型的特种注射方法，下面简述其原理和特点。

14.5.1 排气注射成型

当采用排气注射成型时，成型物料不需要干燥工序，其中所含的各种挥发物可以在注射成型过程中减少到最低限度，所以制品的性能以及成型质量（如表现质量）都能提高。

排气注射成型的主要特点是，它所使用的螺杆和机筒比普通螺杆和机筒分别增设了减压段（也称为排气段）和排气孔，工作原理如图 14.34 所示。图中从右到左，螺杆具有两级七个功能段，第一级螺杆分为加料段、压缩段和计量段；第二级螺杆分为减压段、压缩段和计量段。两级螺杆之间还设有一个劈切段。物料从料斗进入机筒后，首先在第一级螺杆作用下塑化，当物料经过第一级螺杆计量段之后开始与劈切段接触时，已经基本成为熔体状态（其中含有塑化时产生的各种气体），当这些熔体进入劈切段之后，流层将会减薄，内部的气泡逸出到熔体表层，继续向前运动进入第二级螺杆的减压段后，螺杆的螺槽突然变深，机筒容积增大，再加上此处

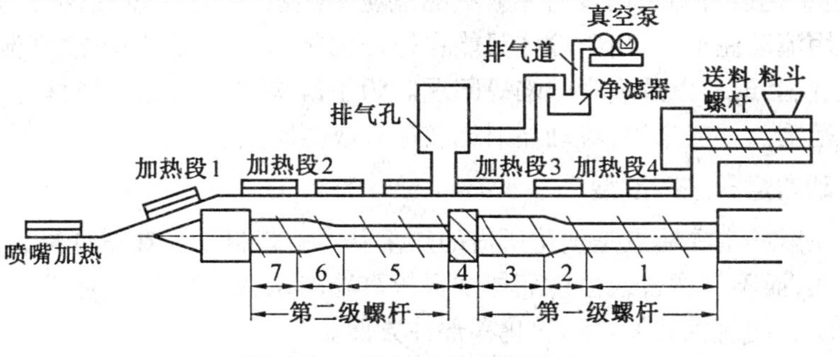

图 14.34　排气注射成型原理

1—加料段；2—第一级螺杆压缩段；3—第一级螺杆计量段；4—劈切段；

5—第二级螺杆减压段（排气段）；6—第二级螺杆压缩段；7—第二级螺杆计量段

机筒上开有排气孔与真空泵相联，于是熔体所受压力骤减至零，甚至出现负压，因此熔体表层的气泡将会在螺杆的旋转与搅拌下破裂并从熔体中脱出，同时被真空泵从排气口抽出，经过排气后的熔体，再经第二级螺杆压缩段和计量段继续塑化之后，便可经喷嘴注入模具成型。

14.5.2 反应注射成型

反应注射成型是一种利用化学反应成型塑料制品的新型工艺，其原理是将两种能够发生化学反应的液态塑料组分混合以后注入模具，然后两种组分在模腔内通过化学反应固化成型为塑料制品。例如，反应注射成型聚氨酯弹性制品时，首先利用注射设备中的泵将液状多元醇和二异氰酸酯两种组分从储存容器中送进混合器，在一定的温度和压力下使二者相互混合，然后在它们尚未发生反应之前注入模具，使其在封闭的模腔内进行连续化学反应并生成一定数量的气体，在气体扩散作用下逐渐固化为表皮致密内部疏松的弹性塑料制品。

反应注射成型使用液态塑料组分并以很小的注射压力将它们向模内注射，因此流动性较好，能成型壁厚极薄的塑料制品。

为保证反应注射时液态组分顺利充模，反应注射成型模具结构应能满足下列要求。

①反应注射速度很快，模具结构必须满足注射速度要求。

②模内的浇注系统应能保证液态组分处于层流状态。

③模具应当具有良好的排气结构。

④设置分型面时应注意利用其间隙排气，否则熔体很容易出现夹气现象，并可能导致制品报废。

⑤温度控制系统应能使模温满足工艺要求，即在组分的反应过程中应能对模具加热，而在反应之后又能对模具冷却。

⑥模腔的表面粗糙度要合理，既要满足制品表面质量，又要保证制品容易脱模。

14.5.3 流动注射成型

流动注射成型的原理为，对普通螺杆式注射机改进之后，利用螺杆快速转动，一边将物料塑化，一边将塑化好的熔体挤进模腔，待模腔充满后，停止螺杆转动，并利用螺杆原有的轴向推力对模腔内的制品进行保压；保压后经冷却定型，制品便可脱模。显然，流动注射是将普通注射和挤出成型结合在一起的复合成型方法。可以克服普通注射成型制品的体积质量不能超过注射机的最大注射量的难题。

流动注射成型的优点是，制品的体积质量可以超过注射机的最大注射量；物料在机筒内的停留时间短(边塑化边挤出)，比普通注射更能适应于热敏性塑料；制品的应力小。但是，薄壁长流程制品采用流动注射时，由于熔体只能在螺杆的挤出作用下进模，故其流速较慢，很容易出现熔体早凝、制品缺料以及表观缺陷等问题。为了解决这些问题，可对模具加热，并把模温控制在适当的范围。一般来讲，流动注射比较适宜成型厚壁制品。

14.5.4 动力熔融注射成型

动力熔融注射的主要特点是塑化所需的热量基本上来自物料在螺杆高速旋转作用下所产生的剪切摩擦热，而不是像普通注射那样主要依靠物料从机筒的加热装置上摄取。因此二者的主要差别表现在注射机的加料和塑化零部件方面。

①动力熔融注射机具有特殊的加料机构，即料斗处设有伺服电机驱动的供料螺杆，通过伺服机构与注射螺杆的转速相匹配，物料向机筒内的供给量可随注射螺杆转速变化而自动调节。

②动力熔融注射机筒上设置的温度调节装置一般只起预热作用，或用来控制机筒温度场

保持稳定。

③注射螺杆采用压缩比很大的特殊结构,且头部装有止逆环,实际压缩比还能由机器的检测装置通过螺杆转速的变化自动调节。

④动力熔融注射机的螺杆转速很大,约为普通注射机的 2~3 倍,因此物料的熔融时间很短,对于直径为 40 mm 的螺杆,熔融时间只需 0.5s。

⑤注射螺杆计量段的螺槽非常浅,可以减小注射时熔体在机筒内的回流。

注射机中注射机构的改变使成型工艺和制品的成型质量都有所改善,具体表现为:

①注射过程中的塑化热量主要来自物料内部的剪切摩擦,因此物料需要的加热温度和机筒温度较低,其中机筒温度可比普通注射时低 30~50 ℃。表 14.6 列出部分塑料采用动力熔融注射时,机筒前段允许使用的最低温度,供参考。

②由于螺杆转速很高,塑化效果比较好,所以注射压力可以比普通注射时低 20%~50%。

③由于动力熔融注射需要的物料熔融温度较低,故成型后需要的冷却时间会相应缩短,制品的收缩率也减小,制品不大容易出现收缩凹陷,因此适于成型壁厚较大的制品。因冷却时间缩短,总的成型周期一般会减短 20%~50%。

表 14.6 动力熔融注射时机筒前段温度

塑　料	机筒前段温度(℃)	塑　料	机筒前段温度(℃)
HDPE	140~200	AS	160~200
MDPE	130~200	PC	225~250
LDPE	100~200	PVC(硬)	150~190
GPPS	160~200	PVC(软)	100~170
HIPS	170~210	PA-6	210~220
PP	170~220	PA-66	250~260
POM	160~180	普通丙烯酸酯	160~200
ABS	170~220	耐热丙烯酸酯	180~220

④由于动力熔融注射需要的熔体加热温度较低,加热时间较短,所以适于成型聚氯乙烯和聚甲醛等热敏性塑料。

⑤由于动力熔融注射物料熔融温度较低,且能在机筒中均匀塑化,所以对带有着色剂的物料来讲,颜料不仅能够分散均匀,而且还不会因为高温而变色。

14.5.5 共注射成型

使用具有两个或两个以上注射系统的注射机,将不同品种或不同色泽的塑料同时或先后注射进入同一副模具内的成型方法叫做共注射成型。共注射成型所用的注射机叫做多色注射机,目前国外已有八色注射机,国内使用的多为双色注射机。

使用两个品种的塑料进行注射成型的典型工艺有双色注射和双层注射两种。双色注射成型原理如图 14.35 所示,成型时两个注射系统和两副模具共用一个合模系统。模具固定在一个回转板 3 上,当其中一个注射系统 7 向模内注入一定数量的 A 种塑料之后(未充满模腔),回转板开始动作将此模具送到另外一个注射系统 5 的工作位置,向模内注入 B 种塑料直到充满模腔为止,经过保压和冷却定型后使制品脱模。这种方法可以得到明显分色的混合塑料制品。采用双色注射时,也可以使用由两个机筒公用一个喷嘴的注射系统,该系统可以通过液压装置来调整两个螺杆(或柱塞)对模具的注射顺序和注射量,借此成型出混色不同的塑料制品。

双层注射原理如图 14.36 所示，其注射系统由两个螺杆构成，并装有交叉喷嘴，模具仍为普通结构。注射时，先由一个螺杆将第一种塑料注入模腔，当这些塑料与模腔表壁接触的部分开始固化，而内部仍处于熔融状态时，另一个螺杆将第二种塑料注入模腔，它将不断地把前一种塑料朝着模腔表壁推压，于是制品成型后，第一种塑料成为制品的外层，第二种塑料成为制品的内层。

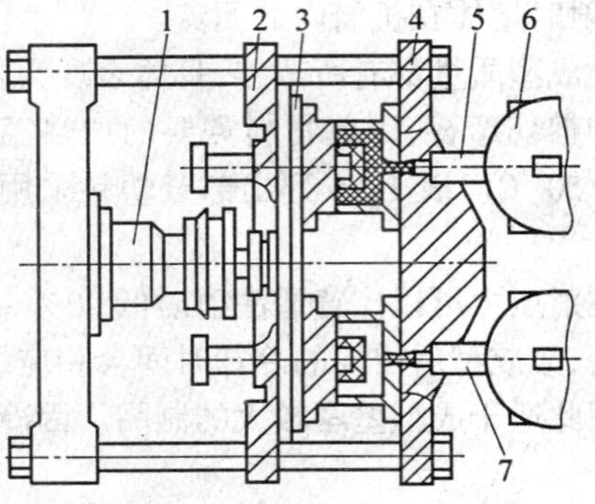

图 14.35　双色注射模

1—合模液压缸；2—动模固定板；3—模具回转板；4—定模固定板；5—注射系统 B；6—料斗；7—注射系统 A

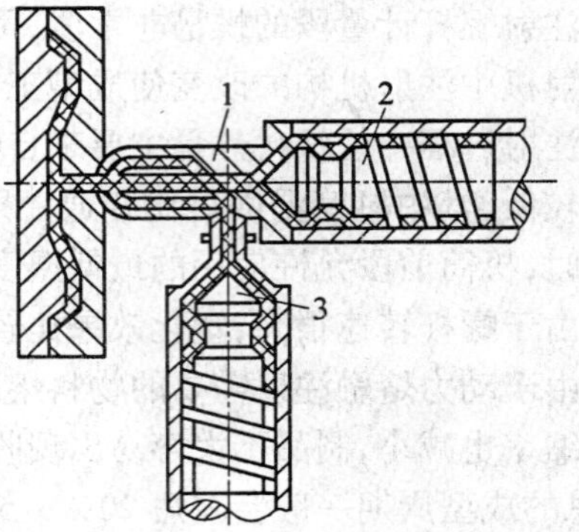

图 14.36　双层注射成型

1—螺杆 1；2—交叉(分配)喷嘴；3—螺杆 2

双层注射方法最初是为了生产能够封闭电磁波的导电塑料制品而开发的。这种制品外层采用普通塑料，起封闭电磁波作用；内层采用导电塑料，起导电作用。随后双层注射便受到汽车工业重视，被用来成型汽车中各种带有软面的装饰品以及缓冲器等外部零件。近年来，由于汽车工业对双层和双色注射制品的品种和数量的需求不断增大，又出现了双色花纹，甚至多色花纹等新型共注射成型工艺。

习　题

1.为什么热固性塑料只能一次性的加热变软？废品和凝料不能回收利用？

2.简述绝热流道注射模的绝热原理及其模具分类。

3.采用什么措施才能实现热固性塑料在注射成型时无流道凝料？

3.试比较绝热式流道模具与热流道模具的优缺点及应用范围。

4.热塑性塑料无流道注射成型的特点及其对物料的性能要求是什么？

5.低发泡注射成型方法的优点有哪些？

6.低发泡注射模的设计要点是什么？

7.简述热固性塑料注射成型原理及其过程。

8.简述热固性注射成型物料的工艺特性。

9.简述热固性塑料的冷流道注射模的优点及主要类型。

10.什么是热固性塑料注压成型？有什么特点？

11.精密注射成型生产中，影响制品精度的因素有哪些？

12.精密注射成型工艺特点及其对注射机的要求是什么？

13.与普通注射模相比，精密注射模设计时的注意事项有哪些？

14.特种注射成型方法有哪些？各自的特点是什么？

第15章　压缩成型工艺与模具设计

压缩成型又称模压成型、压塑成型或压制成型，方法是先将压缩模加热至成型温度，然后将松散的塑料原料或预压锭加入型腔和加料腔中，通过加热加压使其熔融流动并充满型腔，固化定型后脱模，即得所需形状和尺寸的塑件。

压缩成型主要用于成型热固性塑料，也可成型热塑性塑料。热固性塑料在压缩成型时一直处于高温状态，制品的固化定型是通过交联反应实现的；而热塑性塑料的压缩成型由于没有交联反应，必须将模具冷却使熔体固化后才能脱模成为制品。由于热塑性塑料压缩成型时模具需要交替地进行加热与冷却，生产周期长，容易损坏模具，因此热塑性塑料在压缩成型方面的应用已经逐渐减少，目前仅用于成型光学性能要求高的有机玻璃镜片、不宜高温成型的硝酸纤维汽车驾驶盘以及大型扁平塑料制品等。

与注射成型相比，压缩成型的缺点主要是：生产周期长、效率低；生产操作多依赖手工，不易实现自动化；劳动强度大，生产环境差；塑件经常带有飞边，高度方向尺寸精度不高；模具易磨损，使用寿命较短等。但压缩成型所用设备和模具简单，可以使用普通压力机进行生产；塑件取向组织少取向度低，各向性能比较均匀；成型收缩小，变形小；且工艺成熟可靠，适宜大型塑件的成型。因此，即使目前已经可以用注射成型的方法生产热固性塑料，压缩成型在热固性塑料各成型加工方法中依然居主导地位。

常用于压缩成型的热固性塑料有，酚醛塑料、氨基塑料、不饱和聚酯塑料、环氧树脂等，其中以酚醛塑料、氨基塑料的使用最为广泛。压缩成型制品主要用于机械零部件、电器绝缘件、交通运输和日常生活等方面。

本章主要介绍热固性塑料压缩成型的基本原理、基本工艺以及成型模具的设计，而与注射模类似的合模导向、侧向抽芯以及温度调节等内容，将不再赘述。

15.1　压缩成型原理及工艺

15.1.1　压缩成型原理

以热固性塑料为例介绍压缩成型的基本原理。如图15.1所示，首先将粉状、粒状、碎屑状、纤维状或预压锭的塑料原料加入高温(一般为130～180 ℃)的凹模加料腔内，加料腔底部

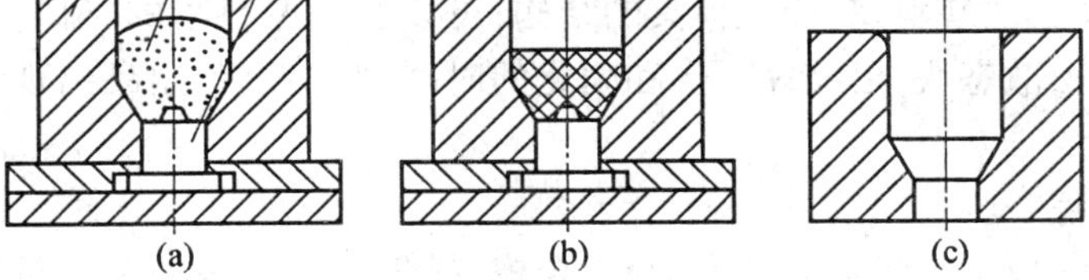

图15.1　压缩成型原理

1—下模；2—塑料原料；3—型芯；4—上模；5—塑件

即型腔,如图(a);然后以一定的速度合模,加热加压使塑料逐渐软化熔融成粘流态,并充满整个型腔,同时塑料中的高分子与固化剂发生交联化学反应,熔融塑料逐步转变成硬化定型的塑件,如图(b);经保压使制品完全定型并达到最佳性能时开模、脱模、取出塑件,如图(c)。

15.1.2 压缩成型工艺过程

压缩成型工艺过程由物料的准备、压缩成型和后处理三个部分组成,其中物料的准备又包括预压和预热两个部分。预压一般只用于热固性塑料,而预热对于热固性和热塑性塑料都适用。压缩成型热固性塑料时,一般既需预压又需预热,有时也可以只进行预热。只预压不预热的情况是很少见的。预压和预热不仅可以提高模压效率,还可提高制品的质量。当制品尺寸不大,质量要求不太高时,也可以免去准备过程。

压缩成型工艺过程如图 15.2 所示,下面予以具体说明。

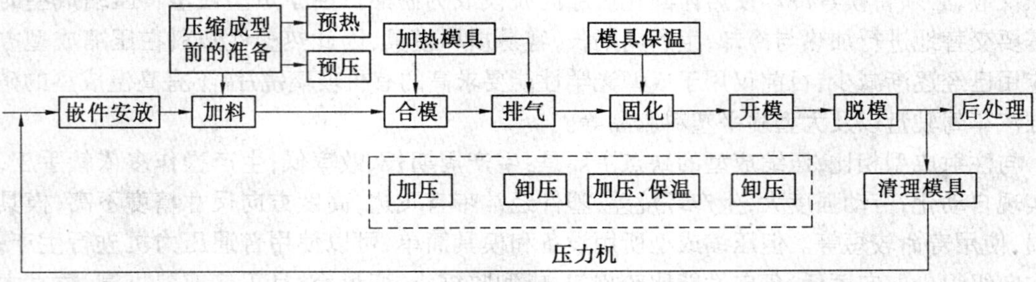

图 15.2 压缩成型工艺过程

1.压缩成型前的准备

(1)预热和干燥

一般热固性塑料吸湿性比较大,储存时容易受潮,因此,在成型前应对原料进行加热,除去其中的水分和其他挥发物,同时提高料温以缩短压缩成型周期,如果加热目的是前者则称为干燥,是后者则称为预热。

热塑性塑料成型前的加热主要是起干燥的作用,加热温度以不使塑料熔成团状或饼状为原则,同时还应防止塑料在加热过程中发生降解和氧化。热固性塑料成型前的加热通常兼有预热和干燥双重作用,但主要还是预热。加热设备常用电热烘箱和红外线加热炉。

(2)预压

预压是在室温或稍高于室温的条件下,将松散的热固性原料用预压模在压力机下压成质量一定、形状规整的预压物(也称为压片、锭料或型坯)。预压物多为圆片状,也可以与塑件形状相似,其大小以能紧凑地放入模具中为宜。预压力一般在 40 ~ 200 MPa 之间,型坯密度最好能达到塑件密度的 80%左右。

预压使加料方式由松散态原料称重添加改为预压计数添加,不仅准确简单还可以降低塑料的压缩率,减小模具的装料室,简化模具的结构;可以避免原料粉的飞扬,改善劳动条件;预压物的传热效率比松散态快,可缩短预热和固化的时间,并能避免制品出现气泡等缺陷,有利于提高制品的质量。

2.压缩成型过程

热固性塑料压缩成型过程通常分为加料、合模、排气、固化、脱模和模具清理等几个阶段。成型前应对模具预热,成型带有嵌件的塑件时,还应考虑嵌件的预热和安放。

(1)嵌件的安放

嵌件通常是作为制品中导电部分或制品与其他物体的连接部分。加料前应将嵌件安放在模具的固定位置,安放位置必须准确平稳,否则容易损伤模具或造成废品。

(2)加料

加料就是在模具加料腔内加入已经预热的、定量物料。加料的定量方法有质量法、容积法和计数法三种:质量法最准确,但需要用衡器称量,操作麻烦;容积法是使用具有一定容积或带有容积刻度的容器加料,虽然不及质量法准确,但操作方便;计数法只用于加预压物。

对于较大或较复杂的模腔,应根据塑料在型腔内的流动情况和各个部位需用量的多少合理地堆放物料,否则容易造成制品局部疏松,这在成型流动性差的塑料时尤为突出。成型粉料或粒料时,宜堆成中间稍高的形式,以便于空气的排出。

(3)合模

加完料后即行合模。在凸模接触物料之前,合模速度宜快,以便缩短成型周期,避免塑料过早固化或降解。当凸模触及塑料以后,则改为慢速,否则容易在流动性不好的较冷塑料上形成高压,从而损坏模具中的嵌件、成型杆件或型腔。此外放慢速度也有利于模具内气体的充分排除,避免物料随气体排出模外。合模所需的时间由几秒至数十秒不等,待模具闭合后即可增大压力(通常为 15 ~ 35 MPa)对原料进行加热加压。

(4)排气

在压缩成型热固性塑料时,物料在模腔中会释放出一定的水蒸气、低分子挥发物以及交联反应和收缩时产生的气体,因此,模具闭合后,有时还需卸压,即将凸模松动少许时间以便排气。排气可以缩短固化时间,避免制品起泡和内部残存太多气孔,有利于提高塑件性能和表面质量。排气次数一般为 1 ~ 3 次,每次 3 ~ 20 s。

(5)固化

对于热塑性塑料,固化只需将模具冷却,使制品获得相当强度而不致在脱模时变形即可。对于热固性塑料,固化则是在压缩成型温度下保持一段时间,使其发生物理、化学变化,交联成立体网状分子结构而硬化定型。固化时间一般由 30 秒至数分钟不等。固化时间取决于塑料类型、塑件厚度、物料形状以及预热和压缩成型的温度,一般由实验确定,固化时间过长或过短对制品的性能都是不利的。

(6)脱模

对于小型制品,如果模具不是固定在压力机工作台上,则脱模必须要靠模具与脱模板的撞击来完成。有嵌件的制品,脱模前应先用特种工具将嵌件固定杆脱开。为避免热固性塑料制品因冷却而翘曲,可将其放在与模具型腔形状相仿的型面上在加压的条件下冷却。

(7)模具清理

脱模后,须用铜签(或钢刷)清除留在模具内的塑料碎屑、飞边等,然后再用压缩空气吹净凸凹模和分形面。出现塑料污模或粘模现象而不易清理时,应用抛光剂拭刷。

3.压后处理

热固性塑料制件脱模后常需在较高温度下保温一段时间,即退火处理。后处理能使塑料的交联固化更趋完全,有利于提高塑件的电学性能和力学性能;可以减少或消除塑件的内应力,从而提高尺寸稳定性,防止变形与开裂;还可去除水分及挥发物等。后处理方法与注射成型的后处理方法一样,后处理温度一般比成型温度高 10 ~ 15 ℃即可。

15.1.3 压缩成型工艺参数

压缩成型工艺参数主要包括成型压力、成型温度和成型时间。

1.压缩成型压力

压缩成型过程中压力机通过凸模迫使塑料熔体充满型腔和固化时，在分型面投影面上所施加的单位压力称为压缩成型压力。施加成型压力的目的是使塑料熔体充满型腔并压实，增大塑件致密度，提高塑件的内在质量；克服在压缩成型过程中固化反应释放的小分子物质、水分以及塑料热膨胀等因素产生的涨模力，使模具闭合，保证塑件具有稳定的尺寸和形状，减少飞边，防止变形。但过大的成型压力会降低模具寿命。

压缩成型所需压力与塑料的种类与形态、压缩率、预热情况、制件的形状与尺寸、成型温度、模具温度、固化速度等因素有关。一般情况下，塑料的流动性越差、压缩率越大、固化速度和压缩比越高、制品越厚、形状结构越复杂、成型度越深，所需的成型压力也越大。表 15.1 列出了常用塑料成型压力范围，具体情况下的成型压力应由试验确定。

表 15.1　热固性塑料的压缩成型压力和压缩成型温度

塑料名称	压缩成型压力/MPa	压缩成型温度/℃
酚醛塑料(PF)	7～42	146～180
三聚氰胺甲醛塑料(MF)	14～56	140～180
脲甲醛塑料(UF)	14～56	135～155
聚酯塑料(UP)	0.35～3.5	85～150
邻苯二甲酸二丙烯酯塑料(PDPO)	3.5～14	120～160
环氧树脂塑料(EP)	0.7～14	145～200
有机硅塑料(DSMC)	7～56	150～190

2.压缩成型温度

压缩成型温度一般是指压缩成型时的模具温度。成型温度是使热固性塑料流动、充模并最终固化成型的主要因素，它决定成型过程中聚合物交联反应的速度以及塑件的最终性能。

热固性塑料压缩成型时，随着温度的升高物料受热软化熔融后的流动性也增大，但交联反应开始后，聚合物熔体粘度逐渐增大，流动性减小，并且交联反应速度随着温度的升高而增快。因此，在合模后应迅速增大成型压力，使物料在温度还不是很高而流动性又较大时充满型腔各部分。

在一定温度范围内提高模具温度能加快热固性塑料的固化速度、缩短模压周期、提高生产效率。但模具温度过高会造成固化速度太快，导致塑料熔体来不及流动充模就固化定型，还可能引起树脂和有机填料的分解，使塑件表面颜色暗淡；同时还会降低塑件的力学性能。

模具温度过低则固化过慢，成型周期过长，且会造成外层固化不完全，无法承受内层挥发物压力，导致塑件表面暗淡无光。

压缩成型温度的确定应综合考虑成型材料的成型周期、形态、预热情况，以及成型物料的固化反应特性和制品的厚度等因素。表 15.1 列出了常用塑料压缩成型温度范围，薄壁制件可取其上限(深度成型除外)，厚壁制件则取下限，同一制件有厚薄断面分布的，取温度的下限或中间值，以防薄壁处过热分解。

3.压缩成型时间

压缩成型时热固性塑料熔体充满型腔后需要在一定压力和温度下保持一定的时间,才能使其充分交联固化,获得性能优良的塑件。压缩成型时间是指从闭模加压到固化脱模所需的时间。压缩时间的长短对塑件的性能影响很大,时间过长不仅生产率降低,多消耗热能,还会使树脂交联过度(过熟),增加塑件收缩,在树脂和填料之间产生内应力,从而降低塑件力学性能,严重时还会引起塑件破裂。压缩时间太短,树脂固化不完全(欠熟),塑件物理和力学性能差,外观无光泽,脱模后易扭曲变形。

压缩时间与物料种类(树脂种类、挥发物含量等)、塑件形状、模具结构、压缩成型工艺条件(温度、压力等)以及操作步骤(是否排气、预压、预热)等因素有关。压缩成型温度升高,塑料固化速度加快,所需压缩时间减少;压缩成型压力增大,压缩时间也应略有减少;预热处理也可缩短压缩时间;压缩时间通常还随塑件厚度的增加而增加。一般的酚醛塑件,压缩时间为1~2 min,有机硅塑料达2~7 min。

成型温度、成型压力和成型时间是相互关联的三个工艺参数。实际生产中,一般先凭经验确定三者中的一个,然后再通过实验调整其他两个。如果这样仍不能获得良好效果,可再调整先确定的那个参数。

15.2 压缩模设计基础

15.2.1 压缩模的结构组成

典型的压缩模结构如图15.3所示,分为上模和下模两大部分,分别固定在压力机的上下工作台上,采用导柱导向。工作时上模下行,上凸模3进入下模加料腔,使其中的物料在压力下受热熔融、流动,充满型腔并交联固化成型。而后开模,手工将侧型芯20抽出,最后顶出机构通过推杆11将塑件顶出脱模。

压缩模的结构大部分与注塑模相同,包括成型零部件、导向机构、侧向分型与抽芯机构、脱模机构、支承零部件等,均可参照注塑模结构设计。但送料方式与注塑模不同,压缩成型为直接向模腔中加料,不需要浇注系统,而是在型腔之上增加加料腔,从而造成模腔结构的变化。这将在第四节中详细介绍。

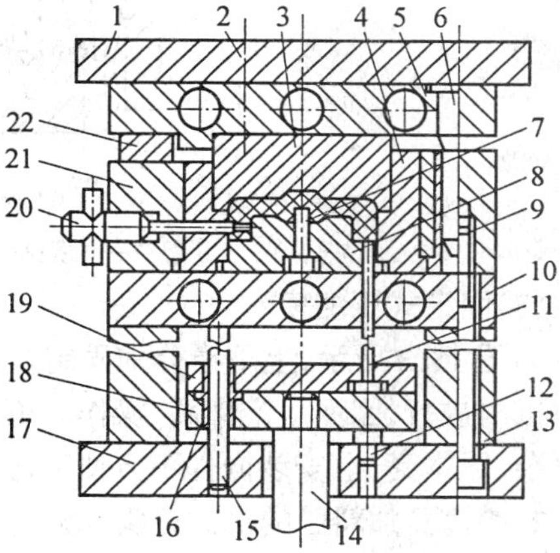

图15.3 压缩模结构

1—上模座板;2—螺钉;3—上凸模;4—凹模镶块;5—加热板;6—导柱;7—型芯;8—下凸模;9—导套;10—加热板;11—推杆;12—挡钉;13—垫块;14—压机顶杆;15—推板导柱;16—推板导套;17—下模座板;18—推板;19—推杆固定板;20—侧型芯;21—凹模固定板;22—承压板

压缩成型热固性塑料时,模具温度必须高于塑料的交联温度,因此,需要对模具加热。图15.3中加热板5、10分别对上下模进行加热,加热板圆孔中插有加热元件(电加热棒)。压缩成型热塑性塑料时,在型腔周围开设温度控制通道,在塑化和定型阶段,交替通入蒸汽或冷却水进行加热和冷却。

15.2.2 压缩模的分类

压缩模分类方法很多,如按模具在压力机上

的固定方式分类、按模具加料腔的形式分类、按上下模配合特征分类、按分型面特征分类等。下面主要介绍前两种形式的分类。

1.按模具在压力机上的固定方式分类

(1)移动式压缩模

移动式压缩模的模具不固定在压力机上,压缩成型前打开模具把塑料加入型腔,然后将上下模闭合,送入压力机工作台上进行加压加热固化成型。成型后将模具移出压力机,使用卸模专用工具(如卸模架)开模脱出塑件。有侧型芯时先抽出侧型芯,模具分开后用推杆顶出塑件。图 15.4 是移动式压缩模结构图,采用 U 型支架撞击上下模板进行脱模。

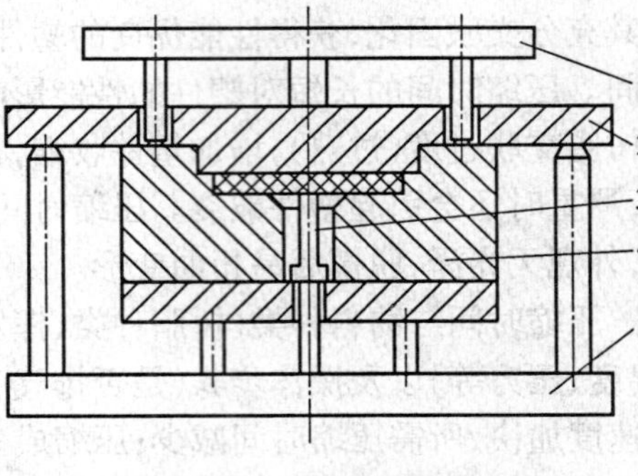

图 15.4　移动式压缩模

1—上卸模架;2—凸模板;3—推杆;4—凹模;5—下卸模架

移动式压缩模结构简单,制造周期短,但加料、开模、取件等工序均为手工操作,生产率低、劳动强度大、模具易磨损,适于压缩成型批量不大的中小型塑件以及形状复杂、嵌件较多、加料困难、带有螺纹的塑件。

(2)半固定式压缩模

如图 15.5 所示,一般是将上模固定在压力机上,下模沿导轨移进或移出压力机,以便在机外加料或利用机外顶出装置取件。下模移进采用定位块定位,合模时靠导向机构导向。也可按需要采用下模固定的形式,成型后移出上模,用手工或机外卸模装置取出塑件。这种结构便于安放嵌件和加料,从而减轻劳动强度,并可与通用模架配合使用。当移动式模具过重或嵌件较多时,多采用此类模具。

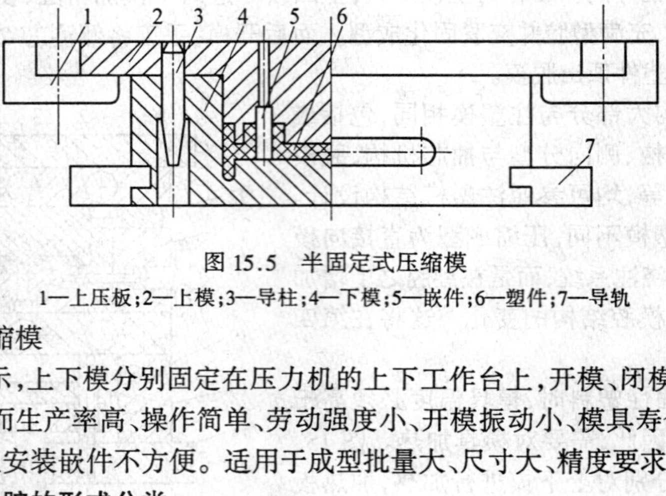

图 15.5　半固定式压缩模

1—上压板;2—上模;3—导柱;4—下模;5—嵌件;6—塑件;7—导轨

(3)固定式压缩模

如图 15.3 所示,上下模分别固定在压力机的上下工作台上,开模、闭模、脱模等动作均在压力机内进行,因而生产率高、操作简单、劳动强度小、开模振动小、模具寿命较长。但模具结构复杂,成本高,且安装嵌件不方便。适用于成型批量大、尺寸大、精度要求高的塑件。

2.按模具加料腔的形式分类

(1)溢式压缩模

溢式压缩模又称敞开式压缩模,如图 15.6 所示。这种压缩模无单独的加料腔,型腔本身即为加料腔,型腔总高度 h 等于塑件高度。由于凸模与凹模之间无配合,完全靠导柱定位,故塑件的径向尺寸精度不高。压制时多余的物料极易从分型面处溢出而形成径向飞边,去除困难且常会损伤塑件的外观。宽度为 b 的环形面积是挤压面,其宽度较窄,可减薄塑件的飞边。飞边的存在使得压力机压力不能全部传给塑料,致使塑件密度较低,力学性能较差,特别是当模具闭合太快时,会增加溢料量,造成原料的浪费和塑件密度的进一步降低。但如果模具闭合太慢,则由于塑料在挤压面迅速固化,会造成飞边增厚。

溢式压缩模结构简单、造价低廉、耐用(凸模与凹模间无摩擦),塑件容易取出,特别是偏平塑件可以不设顶出机构,用手工取出或用压缩空气吹出制品即可。由于无加料腔,操作者容易接近下部型腔,安装嵌件方便。适用于压制扁平的小型薄壁塑件,特别是对强度和尺寸精度无严格要求的塑件(如钮扣、装饰品等),但由于装料容积有限,对于高压缩比的塑料及带有片状或纤维填料的塑料,最好采用颗粒料或预压锭料进行压制。产品的一致性差,所以不适宜成型薄壁或壁厚均匀性要求很高的塑件。此外,溢式压缩模要求加料量大于塑件质量(在 5% 以内),因此原料有一定的浪费。

(2)不溢式压缩模

不溢式压缩模又称封闭式压缩模,如图 15.7 所示。该模具在型腔上部增加了一个截面相同的加料腔,无挤压面,凸模与加料腔间有较小的配合间隙,压缩时多余的塑料从间隙中溢出,在垂直方向形成很薄的飞边,去除比较容易。

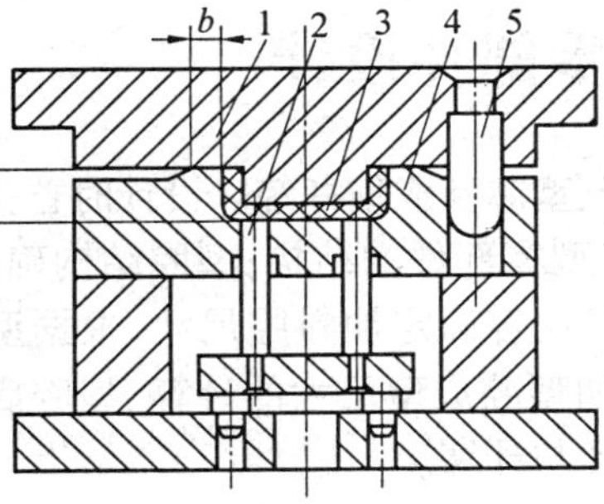

图 15.6 溢式压缩模

1—凸模;2—顶杆;3—塑件;4—凹模;5—导柱

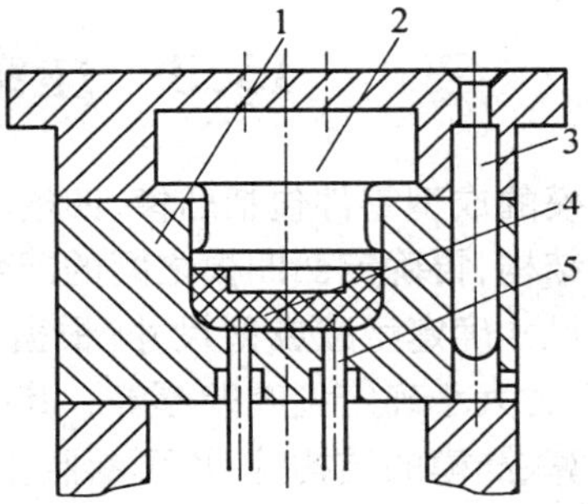

图 15.7 不溢式压缩模

1—凹模;2—凸模;3—导柱;4—塑件;5—顶杆

该模具可将压力机的压力几乎全部传递给塑件,所以成型压力大,塑件密度及强度较高。由于塑料的溢出量少,因此加料必须准确称量,否则塑件高度尺寸精度不易保证。对于流动性好、不容易按体积计量的塑料一般不采用不溢式压缩模。

不溢式压缩模的凸模与凹模配合段单面间隙约为 0.025 ~ 0.075 mm,配合高度不宜过大,不配合部分可以如图 15.7 所示,将凸模上部截面减小,也可将凹模对应部分尺寸加工成 15′ ~ 20′的锥面。

此类模具由于凸模与加料腔侧壁摩擦,因而会擦伤加料腔侧壁,顶出时带有划痕的加料腔也会损伤塑件外表面。另外,该模具脱模困难必须设置顶出装置。

不溢式压缩模适于压制形状复杂、薄壁、长流程和深腔塑件,也适于压制流动性差、单位压力高、表观密度小的塑件,特别适用于压制棉布、玻璃布或长纤维填充的塑料。

(3)半溢式压缩模

半溢式压缩模又称半开式压缩模,如图 15.8 所示。型腔上方设有加大的加料腔,两者分界处有一环形挤压面(在中小型模具中宽约 2 ~ 4 mm,大型模具中宽约 3 ~ 5 mm),挤压面限制了凸模的下压行程,故易于保证塑件高度尺寸精度。凸模与加料腔呈间隙配合,并在凸模的四周开有溢流槽,使余料通过配合间隙或溢流槽排出,因此加料量可不必严格控制,按体积计量便可。溢料速度可通过间隙大小和溢料槽多少进行调节,其塑件的致密度比溢式压缩模好。

半溢式压缩模压制带有小嵌件的制品比用溢式模具方便，因为后者常需用预压锭压制，易引起嵌件破碎。当塑件外缘形状复杂时，应将凸模与加料腔周边配合面截面形状简化，以方便模具加工。

此类模具加料腔截面尺寸大于塑件，凸模和型腔壁间无摩擦，不会划伤型腔壁表面，顶出时也不会损伤塑件外表面。

半溢式模具主要适于成型流动性较好的塑料及形状较复杂的、带有小型嵌件的塑件。半溢式模具由于具有挤压边缘，不适于带有片状或长纤维填料的塑料的成型。

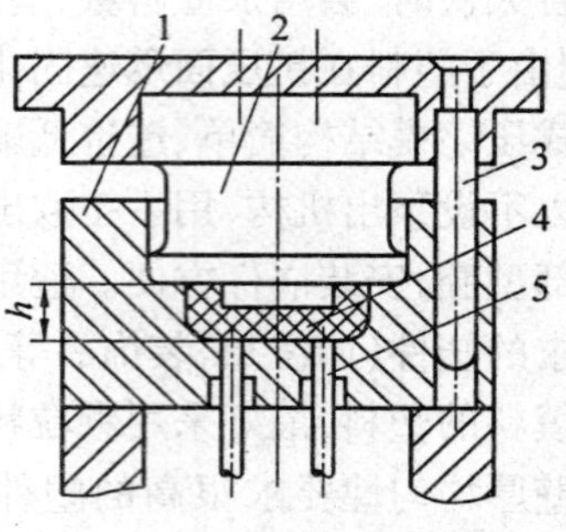

图 15.8　半溢式压缩模

1—凹模；2—凸模；3—导柱；4—塑件；5—顶杆

将以上三种基本类型模具的特点进行择优组合或改进，还可以演变成其他类型的压缩模，如带加料板的压缩模、半不溢式压缩模等。

15.3　压缩模成型零部件设计

压缩模的成型零件包括凸模、凹模、瓣合模、模套、型芯及成型杆等。设计时首先应确定型腔的总体结构，再确定凸凹模之间的配合尺寸以及成型零部件的结构；型腔结构确定后，还应根据塑件尺寸确定型腔成型尺寸，根据加料量和物料比容确定加料腔尺寸，根据型腔结构大小、压制压力大小确定型腔壁厚等。其中有些内容，如型腔成型尺寸的计算、型腔底板及壁厚尺寸的计算、凸模的结构等，均可参照注塑模进行设计与计算。

15.3.1　型腔总体设计

型腔总体设计包括模具内施压方向、凸凹模的配合形式及分型面位置的选择与确定。

1.施压方向的确定

施压方向是指凸模向模腔内塑料传递压力的方向。施压方向对塑件质量、模具结构和脱模的难易程度都有重要的影响，确定施压方向时要考虑下述因素。

(1)便于加料

图 15.9 为同一塑件的两种不同的施压方向，图(a)的加料腔较窄，深度大，不利于加料，压制时还会使凸模升起、造成溢料；图(b)的加料腔直径大而浅，便于加料。

(2)有利于压力传递

施压方向应使压力传递距离尽量短，以减少压力损失并使塑件组织均匀。圆筒形的制件一般应顺着轴线施压，如图 15.10(a)所示。但细长杆、管类塑件，沿轴向施压时因摩擦的影响使压力损失加大，成型压力不易均匀地作用在全长范围，塑件底部会因压力小而产生质地疏松或角落填充不足的现象。为此可以采用图 15.10(b)所示横向施压的形式，但塑件外表面会产生分型痕迹或飞边使外观受到影响。

(3)便于安装固定嵌件与活动型芯

当塑件上有嵌件或成型工艺要求有活动型芯时，若将其安装在上模，如图 15.11(a)，则安装不方便，嵌件和活动型芯也易固定不牢而落下，导致模具损坏。若将嵌件和活动型芯与凸模一起安装在下模，如图 15.11(b)，不但操作方便，而且可以利用嵌件和活动型芯顶出塑件，避免在塑件外表面留下顶出痕迹。

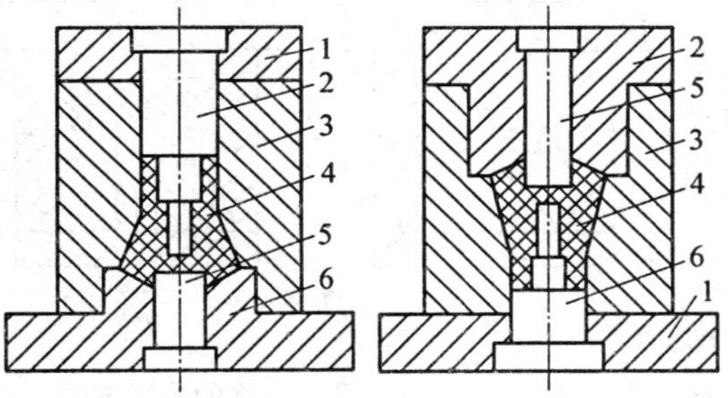

(a)　　(b)

图 15.9　便于加料的施压方向

1—固定板；2—上凸模；3—凹模；4—塑件；5—型芯；6—下凸模

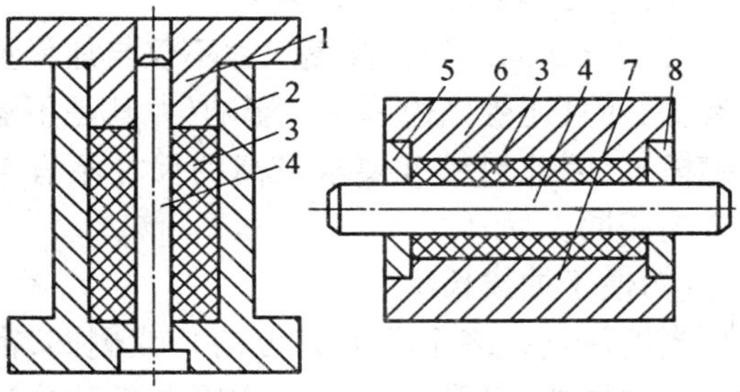

(a)轴向施压　　(b)横向施压

图 15.10　有利于压力传递的施压方向

1—凸模固定板；2—凹模；3—塑件；4—型芯；5—左挡板；6—上凹模；7—下凹模；8—右档块

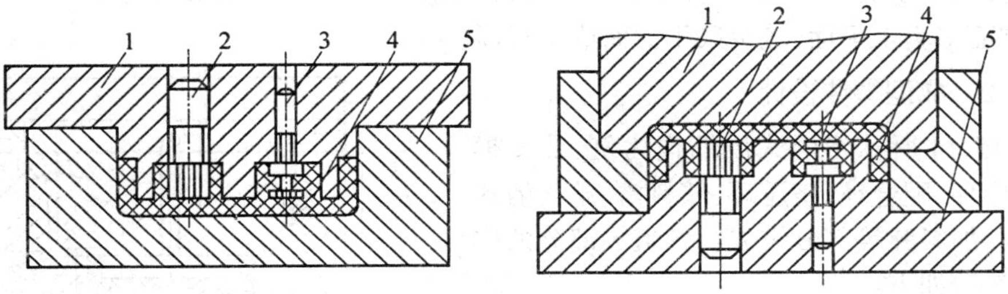

(a)嵌件与活动型芯装于上模　　(b)嵌件与活动型芯装于下模

图 15.11　嵌件与活动型芯的安装固定方向

1—上模；2—活动型芯；3—嵌件；4—塑件；5—下模

(4)便于塑料流动

要使塑料便于流动，加压时应使料流方向与压力方向一致。在图 15.12(a)中，型腔设在上模，凸模位于下模，加压时塑料逆着加压方向流动，同时分型面上需要切断飞边，也不利于塑料熔体的流动，因而需要增大压力。在图 15.12(b)中，型腔设在下模，凸模位于上模，加压方向与料流方向一致，有利于塑料充满型腔。

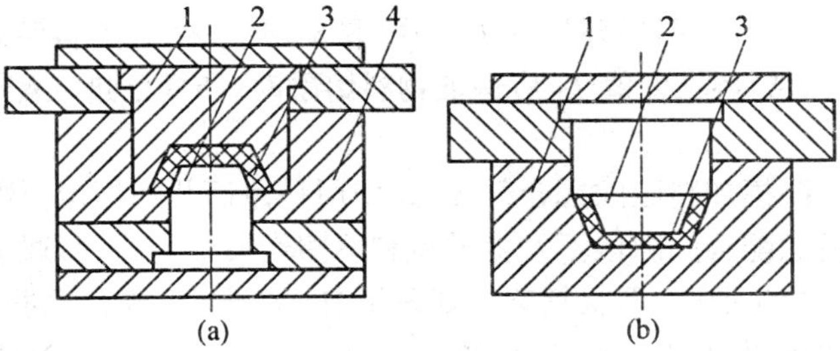

(a)　　(b)

图 15.12　便于塑料流动的施压方向

1—凹模；2—凸模；3—塑件；4—容料模

(5)保证凸模强度

由于施压时凸模受力较大，对于那些从正反面都可以加压成型的塑件，选择加压方向时，应将较复杂的型面放在凹模，将较简单的型面放在凸模。简化凸模形状有利于保证其强度，图 15.13(b)所示结构的凸模强度就比图 15.13(a)的高。

(6)保证重要尺寸的精度

沿加压方向的塑件高度尺寸不仅与加料量多少有关,而且还受飞边厚度的影响(尤其是不溢式压缩模)。因此对精度要求较高的尺寸不宜与加压方向相同。

(7)便于抽拔长型芯

当塑件具有多个不同方位的孔或侧凹,需多方向侧向抽芯,且利用开模力作侧向机动分型抽芯时,应注意将抽芯距离长的型芯设在加压方向(即开模方向)上,而将抽芯距较短的型芯设在侧面作为侧向分型抽芯。

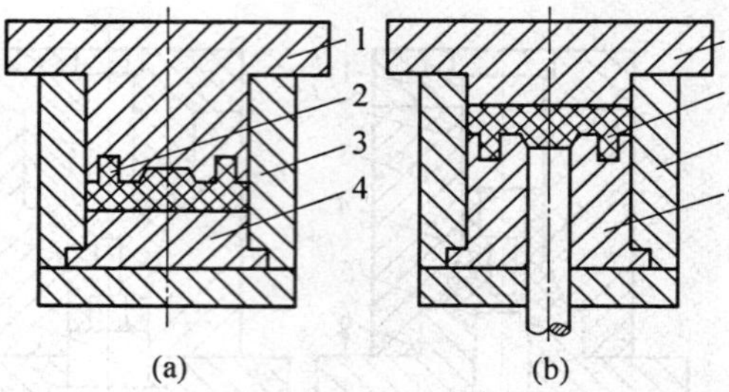

图 15.13　保证凸模强度的施压方向

1—凸模;2—塑件;3、4—凹模镶块

2.分型面位置和形状的选择

施压方向选定后,即可确定分型面的位置,为了便于制造,压缩模的挤压边缘(溢式或半溢式)和分型面多为水平面,较少采用曲面或弯折面。

15.3.2　成型零件设计

以图 15.14 所示半溢式压缩模为例,凸凹模一般由引导环、配合环、挤压环、储料槽、排气溢料槽、承压面、加料腔等部分组成。各组成部分的作用及设计参数如下。

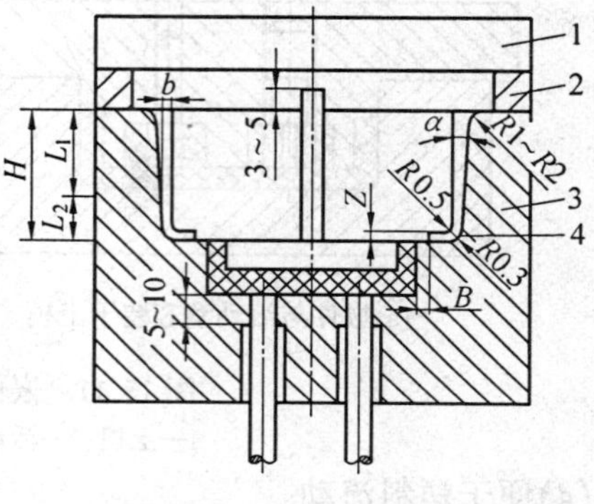

图 15.14　压缩模凸凹模的组成部分

1—凸模;2—承压块;3—凹模;4—排气槽

(1)引导环(L_1)

引导环是引导凸模进入凹模的部分,除加料腔较浅(高度在 10 mm 以内)的凹模外,一般加料腔上部均设有一段长为 L_1 的引导环。此段锥面的斜度为 α,并设有圆角 R,其作用是使凸模顺利进入凹模,减少凸凹模之间的摩擦,避免在顶出塑件时擦伤表面,增大模具使用寿命,减少开模阻力,并且有利于排气。一般移动式压缩模引导环斜角 α 取 20′ ~ 1°30′,固定式压缩模 α 取 20′ ~ 1°。有上下凸模时为了加工方便,α 可取 4° ~ 5°,圆角 R 通常取 1 ~ 2 mm。引导环长度 L_1 一般取 5 ~ 10 mm,当加料腔高度 $H \geqslant 30$ mm 时,L_1 取 10 ~ 20 mm。总之引导环长度值 L_1 应保证物料熔融时,凸模已进入配合环。

(2)配合环(L_2)

配合环是凸模与凹模加料腔的配合部分,其作用是保证凸凹模定位准确,阻止塑料溢出并能通畅排气。凸凹模的配合间隙以不发生溢料和不擦伤模壁为原则,通常对于移动式模具,经热处理的凸凹模为 H8/f7 配合,形状复杂的则采用 H8/f8 配合,或者根据热固性塑料的溢料值作为间隙的标准即取单边间隙 0.025 ~ 0.075 mm,移动式模具单边间隙取小值,固定式模具则取较大值。

配合环长度 L_2 应根据凸凹模的间隙而定,间隙小则长度取短些。一般移动式压缩模 L_2 取 4 ~ 6 mm。对于固定式压缩模,当加料腔高度 $H \geqslant 30$ mm 时,L_2 通常取 8 ~ 10 mm。

(3)挤压环(B)

挤压环的作用是限制凸模下行的位置,并保证水平飞边最薄。挤压环宽度 B 按塑件大小及模具用钢而定,中小型模具通常取 2 ~ 4 mm,大型模具则取 3 ~ 5 mm。挤压环主要用于溢式和半溢式压缩模。

(4)储料槽

为储存溢料,减少凸模与凹模的直接摩擦,同时便于塑件脱模,在凸模与加料腔之间通常应留出环形小空间作为储料槽(图 15.14),槽深 Z 通常取 0.5~1.5 mm,Z 过大易发生塑件缺料或不致密,Z 过小则影响塑件精度并使飞边增厚。储料槽不能设计成连续的环形槽,否则余料将牢固地包在凸模上难以清理。储料槽主要用于半溢式和不溢式压缩模。

(5)排气溢料槽

压缩成型时,为了减少飞边保证塑件精度和质量,必须将产生的气体和余料排出模外,通常利用压缩成型过程中卸压排气或利用模具的配合间隙排气。但对于形状复杂或深型腔塑件,或流动性较差的塑料(如含纤维填料的塑料),应在凸模上选择适当位置开设排气溢料槽。

排气溢料槽的尺寸及位置要适当,否则易导致塑件密度过低甚至缺料,一般可按试模情况决定是否需要开设排气溢料槽并确定其尺寸。排气溢料槽的大小视成型压力和溢料量多少而定,凡是成型压力大的深型腔模具,应开设较小的排气溢料槽,其形式如图 15.15 所示。图(a)为圆形凸模上开设四条深 0.2~0.3 mm 的凹槽与凹模间形成溢料槽;图(b)为圆形凸模上磨出 0.2~0.3 mm 的三方平面进行排气和溢料;图(c)和图(d)是矩形截面凸模上开设排气溢料槽。排气溢料槽应开到凸模的上端,使其合模后高出加料腔,以便余料顺利排出,同时应避免排出的余料连成一片或包住凸模而造成清理困难。

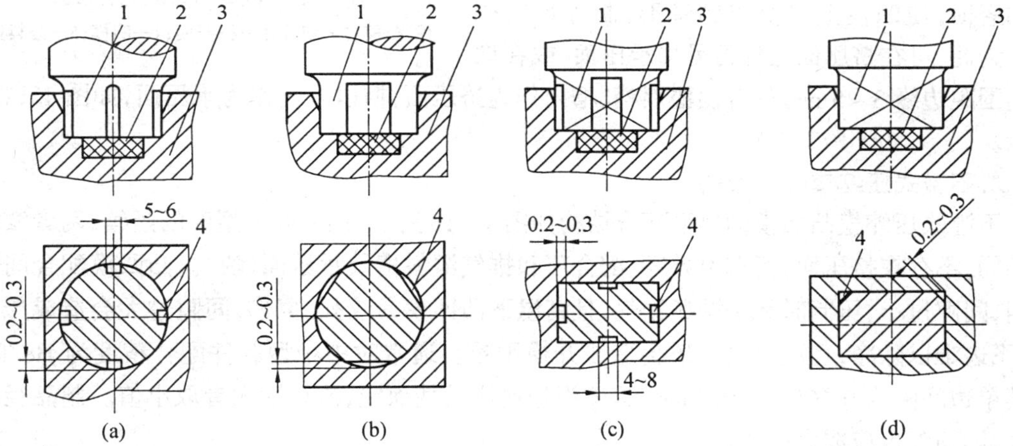

图 15.15 排气溢料槽的形式

1—凸模;2—塑件;3—凹模;4—排气槽

(6)承压面

承压面的作用是减轻挤压环的载荷,延长模具的使用寿命。承压面结构如图 15.16 所示,

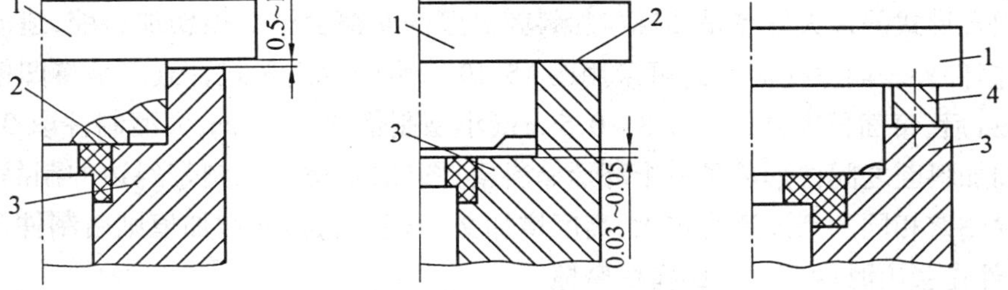

图 15.16 压缩模承压面的结构形式

1—凸模;2—承压面;3—凹模;4—承压块

图(a)是用挤压环作承压面，模具容易变形或损坏，但飞边较薄；图(b)是用凸模台肩与凹模上端面作承压面，凸凹模在挤压环部分留有 0.03 ~ 0.05 mm 的间隙，可防止挤压部分变形或损坏，延长模具寿命，但飞边较厚，主要用于移动式压缩模；固定式压缩模通常采用图(c)的承压块作承压面，不易损坏挤压环，调节承压块的厚度可控制凸模进入凹模的深度或挤压环的间隙，减少飞边厚度，有时还可起到调节塑件高度和承受压力机余压的作用。

15.3.3 凸模与凹模配合形式及尺寸

压缩模的凸模与凹模配合形式及尺寸是压缩模设计的关键问题，其结构和尺寸随压缩模类型的不同而不同，分别介绍如下。

1. 溢式压缩模配合形式

溢式压缩模无加料腔，更无引导环和配合环，凸模和凹模在分型面水平接触形成挤压面。挤压面应光滑平整，且接触面积不宜过大，以便将飞边减至最薄。通常将接触面设计成宽度为 3 ~ 5 mm 的环形面，如图 15.17(a)所示。由于挤压面积比较小，单靠它承受压力机全部余压会导致过早变形和磨损，使凹模上口变成倒锥形，制件难以取出。为此，可在挤压面之外再另加承压面，或在型腔周围距边缘 3 ~ 5 mm 处开出溢料槽，槽内作为挤压面，槽以外则作为承压面，如图 15.17(b)所示。

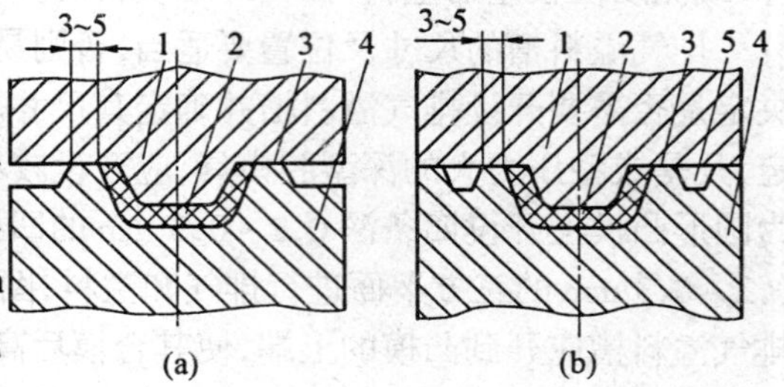

图 15.17　溢式压缩模配合形式

1—凸模；2—塑件；3—挤压面；4—凹模；5—溢料槽

2. 不溢式压缩模配合形式

不溢式压缩模凸凹模的典型配合结构如图 15.18 所示，加料腔是型腔的延续，两者截面尺寸相同，不存在挤压面，但有引导环、配合环和排气溢料槽及承压面(块)。凸凹模配合间隙应适当，间隙过小，压制时无法顺畅排气，且高温下凸凹模易咬死、擦伤；间隙过大会造成严重溢料，飞边难以除净，且溢料粘结还会造成开模困难。通常对中小型制件配合精度为 H8/f8，或取其单边间隙为 0.025 ~ 0.075 mm，具体视塑料流动性而定，流动性大者取小值。制品径向尺寸大，则间隙也应取大一些。

为了减小凸凹模间摩擦面积，配合段不宜太长。移动式压缩模配合段长度 L_1 为 3 ~ 5 mm，固定式压缩模为 4 ~ 6 mm，当加料腔高度大于 30 mm 时，配合段可取 8 ~ 10 mm。加料腔较深时，应将凹模入口做成带锥面的导向段，其斜度为 20′ ~ 1°，入口处做成半径为 1.5 mm 的圆角，以引导凸模准确地进入型腔。

上述配合形式的最大缺点是凸模与加料腔侧壁的摩擦会逐渐损伤加料腔，造成塑件脱模困难，并使塑件外表面擦伤。为此可采用图 15.19 所示的改进形式，图(a)是将凹模型腔向上延长 0.8 mm 后，每面再向外扩大 0.3 ~ 0.5 mm(小型制件取 0.3 mm，大型制件取 0.5 mm)，这时在凸模和加料腔之间便形成了一个环形储料槽；图(b)最适于压制带斜边的制品，它将型腔上端按制件侧壁相同的斜度适当扩大，高度增加 2 mm 左右，横向增加值则由制件侧壁斜度决定，这样制件在脱出时就不再与凹模壁摩擦。

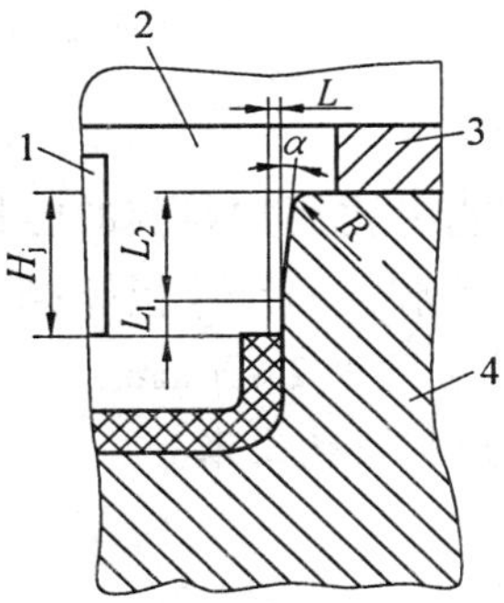

图 15.18　不溢式压缩模配合形式

1—排气溢料槽；2—凸模；3—承压块；4—凹模

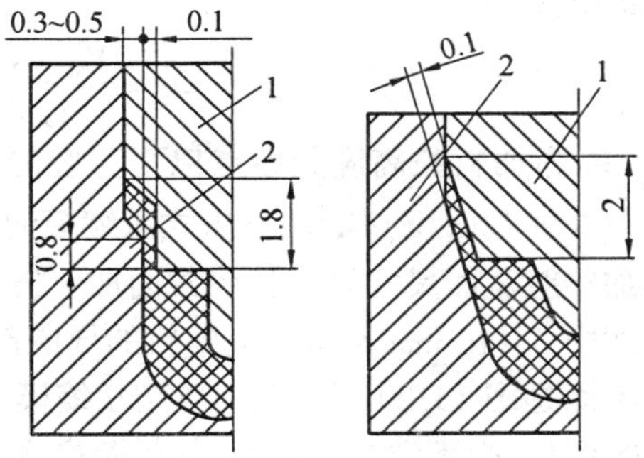

图 15.19　不溢式压缩模配合的改进形式

1—凸模；2—凹模

3. 半溢式压缩模配合形式

半溢式压缩模凸凹模的配合形式如图 15.14 所示，它既有溢式压缩模的水平挤压环，又有不溢式压缩模凸模与加料腔间的配合环和引导环。另外，在凸模上还设有排气溢料槽。有关内容前面已有介绍，不再赘述。

15.3.4　加料腔尺寸的计算

溢式压缩模无加料腔，不溢式及半溢式压缩模在型腔以上有一段加料腔。加料腔容积要足够大，以防在压制时原料溢出模外。

1. 塑件体积及塑件所需原料的体积

如果已知塑件品种及塑件质量，则塑件体积 V_s 计算如下

$$V_s = \frac{G_z}{\rho} = \frac{(1+K)G_s}{\rho} \tag{15.1}$$

式中，G_z 为塑件质量（G_s）加上溢料和毛边质量（可按塑件净重的 5% ~ 10% 计算）；K 为飞边、溢料的质量系数，根据塑件分型面大小选取，通常取 $K = 0.05 \sim 0.10$；ρ 为塑件的密度，g/mm³，见表 15.2。

塑件所需原料的体积 V_{sl} 为

$$V_{sl} = (1+K)kV_s \tag{15.2}$$

式中，k 为压缩比，即塑料原料与同质量塑件的体积之比，见表 15.2。

表 15.2　常用热固性塑料的密度与压缩比

塑料名称	密度 $\rho/(\mathrm{g \cdot cm^{-3}})$	压缩比 k
酚醛塑料（粉状）	1.35 ~ 1.95	1.5 ~ 2.7
酚醛塑料（碎布填充）	1.36 ~ 1.43	3.5 ~ 18.0
氨基塑料（粉状）	1.50 ~ 2.10	2.2 ~ 3.0
脲醛塑料（纸浆填充）	1.47 ~ 1.52	2.2 ~ 3.0
三聚氰胺甲醛塑料（碎布填充）	1.55	5.0 ~ 10.0

2. 加料腔的高度

不溢式压缩模的加料腔高度从塑件下底面开始计算，半溢式压缩模从挤压边开始计算。加料腔容积应等于塑料原料体积减去型腔的容积。当加料腔容积确定后，可根据下式计算加

料腔的高度 H

$$H=\frac{V_{sl}-V_j-V_x}{A}+(5\sim10)\ \mathrm{mm} \tag{15.3}$$

式中，V_j 为加料腔高度起始点以下型腔的容积，mm^3；V_x 为下型芯占用加料腔的容积，mm^3；A 为加料腔的截面积，mm^2。不溢式压缩模的加料腔截面尺寸与型腔截面尺寸相等；半溢式压缩模的加料腔截面尺寸等于型腔截面加上挤压面的尺寸，挤压边宽度为 2 ~ 5 mm。

式中 5 ~ 10 mm 是指不装塑料的导向部分，可避免闭模时原料飞扬出来。

下面是图 15.20 所示几种典型压缩模加料腔高度计算式。

①图(a)为不溢式压缩模，加料腔高度 H 为

$$H=\frac{V_{sl}+V_x}{A}+(5\sim10)\ \mathrm{mm} \tag{15.4}$$

②图(b)为不溢式压缩模，可压制壁薄而高的杯形塑件，由于型腔容积大，原料体积较小，原料装入后尚不能达到塑件高度，这时型腔(包括加料腔)总高度 H 可采用塑件高度 h 加上 10 ~ 20 mm，即

$$H=h+(10\sim20)\ \mathrm{mm} \tag{15.5}$$

③图(c)为半溢式压缩模，加料腔在型腔的上方，其高度 H 为

$$H=\frac{V_{sl}+V_j}{A}+(5\sim10)\ \mathrm{mm} \tag{15.6}$$

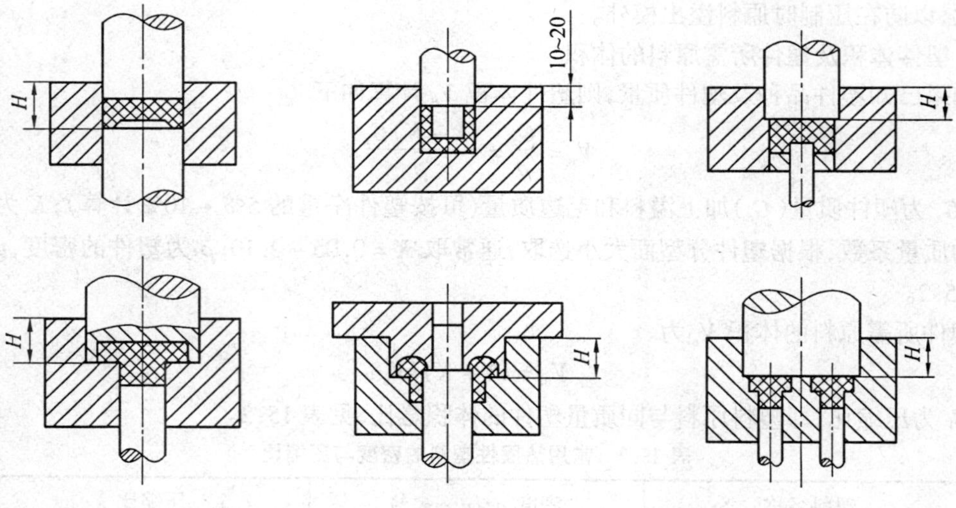

图 15.20　几种典型压缩模加料腔高度的计算

④图(d)为半溢式压缩模，塑件一部分形状在挤压边以上成型，由于加料后(即合模时)塑料才充满凸模的凹入部分，故凸模的凹入部分并不影响加料腔的容积，计算时一般不考虑。其加料腔高度的计算公式即为式(15.16)。

⑤图(e)为带中心导柱的半溢式压缩模，同图(d)一样，凸模凹入部分的容积可以不计，因此其加料腔高度 H 为

$$H=\frac{V_{sl}-V_j-V_d}{A}+(5\sim10)\ \mathrm{mm} \tag{15.7}$$

式中，V_d 为加料腔内导柱的体积，mm^3。

⑥图(f)为多型腔压缩模，其加料腔高度 H 为

$$H=\frac{V_{sl}+nV_{jm}}{A}+(5\sim10)\ \text{mm} \tag{15.8}$$

式中，V_{jm}为加料腔高度起始点以下单个型腔的容积，mm^3；n 为型腔的个数。

以碎布或以纤维为填料的塑料的压缩比特别大，为了降低加料腔的高度，可采取分次加料的办法，即加料后进行压缩，然后再加料再压缩，直到加足为止。也可以采用预压锭加料，这时加料腔的高度可酌情降低。

习　　题

1. 用压缩成型方法加工热固性塑料与加工热塑性塑料有何不同？

2. 试述压缩成型的工艺原理及工艺过程。

3. 什么是塑料制件的退火处理？它对塑料制品有哪些影响？

4. 压缩模具温度对塑料制品有哪些影响？

5. 试比较压缩模与注射模的结构组成。

6. 为什么在压缩工艺流程中要增加排气操作？

7. 为什么多型腔压缩模不宜采用不溢式结构？

8. 为什么压缩模常将凸模放在上模一边？

9. 如图 15.21 所示，该压缩成型该回转形制品，塑料为酚醛塑料，以木粉为填充料，计算所需加料室高度。

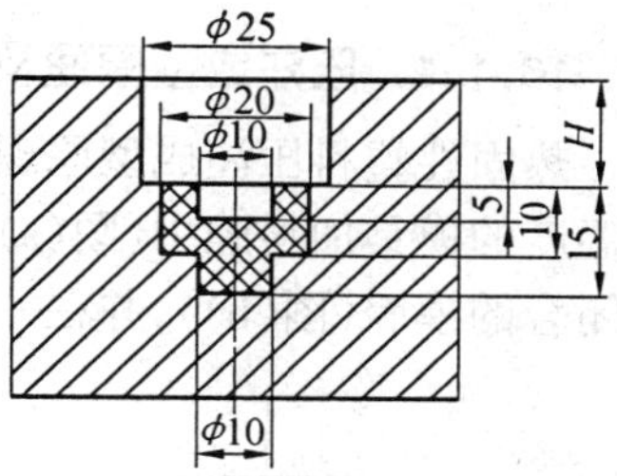

图 15.21

第 16 章　压注成型工艺与模具设计

压注成型又称传递成型，它是在克服压缩成型缺陷和吸收注射成型优点的基础上发展起来的一种塑料制品成型加工方法。一般来讲，压注成型对于热塑性塑料和热固性塑料制品均适用，但由于热塑性塑料固化需要冷却，所以必须对模具进行周期性的升温和降温，生产周期长，模具容易热疲劳，导致使用寿命降低，故当前压注成型主要用于生产热固性塑料制品。

16.1　压注成型原理及工艺

16.1.1　压注成型原理及特点

热固性塑料压注成型原理如图 16.1 所示，模具闭合后，将塑料（预压锭）加入已加热到一定温度的模具加料腔中（图(a)）使其受热熔融，在柱塞压力作用下，塑料熔体经过浇注系统充满闭合的模腔（图(b)），并在一定压力和温度下固化成型，最后打开模具取出塑件（图(c)）。

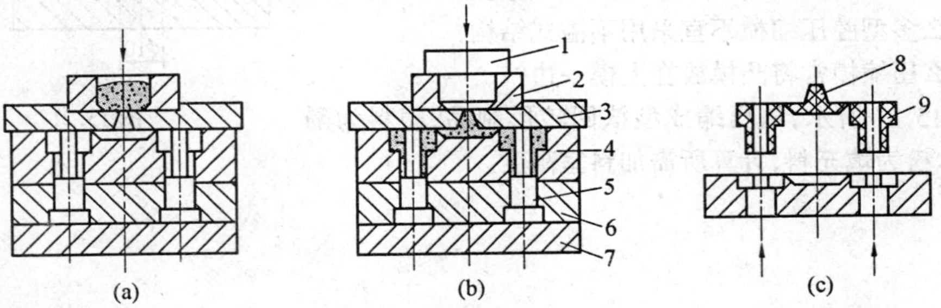

图 16.1　压注成型原理

1—柱塞；2—加料器；3—上模板；4—凹模；5—型芯；6—型芯固定板；7—下模板；8—浇注系统；9—塑件

与注射成型和压缩成型相比，压注成型的主要特点如下：

①模具在开始压注之前已完全闭合，塑料的加热塑化在加料腔内进行，压力机通过压注柱塞对加料腔内的塑料熔体加压时，熔体可以和注射成型一样，在压力作用下快速充满模腔并保压，因此塑料制品密度较高且较均匀。

②利用压注成型可以生产深度较大的薄壁制品或带有深孔的制品，也可以生产形状比较复杂以及带有精细或易碎嵌件、难于使用压缩成型的制品。

③压注成型时的溢料较压缩成型少且飞边厚度很薄，飞边容易去除，故比较容易控制制品的尺寸精度。另外，压注成型是在熔融状态下进行加压，所以成型出的制品性能比较均匀、质量也比较高，同时模具磨损比压缩模小，使用寿命较长。

④由于压注成型时物料在加料腔内已经熔融，进入模腔时温度比较均匀，所以需用的交联固化时间较短。当制品壁厚相同时，其固化时间只相当于压缩成型的 1/3 – 1/5。

压注成型也存在一些缺点，如模具结构比压缩模复杂（如必须设计浇注系统），成型压力也比压缩成型大，而且每次压注成型之后，加料腔内会留有一定余料，这些余料在高温下很容易交联固化，从而对下一次压注成型产生不良影响。另外压注成型与普通注射成型相似，也存在浇注系统冷料赘物而增加原料消耗和因取向而产生各向异性等问题。

16.1.2 压注成型工艺

压注成型的工艺过程和压缩成型(图 15.2)基本相似,只是操作细节略有差异,压缩成型是先加料后合模,而压注成型则是先合模再加料。压注成型的工艺条件与压缩成型相似,但有以下区别。

1.压注成型压力

由于塑料熔体经过浇注系统进入型腔有压力损耗,所以压注成型压力一般为压缩成型的2~3倍。塑料种类、模具结构及塑件形状不同,成型压力也不同。

2.压注成型温度

压注成型中塑料经过浇注系统时能从中获取一部分摩擦热,因而模具温度一般可比压缩成型低 15~30 ℃。

3.压注时间及保压时间

在一般情况下,压注时间控制在加压后 10~30 s 内将熔体充满型腔。由于流动摩擦的影响,熔体进入型腔后,温度增加且更为均匀,可临近树脂固化的上限温度,故其保压时间比压缩成型短。部分塑料压注成型的主要工艺参数见表 16.1。

表 16.1 部分塑料压注成型的主要工艺参数

塑料+填料	成型温度/℃	成型压力/MPa	压缩率/%	成型收缩率/%
环氧双酚 A 模塑料+玻璃纤维	138~193	7~34	3.0~7.0	0.001~0.008
矿物填料	121~193	0.7~21	2.0~3.0	0.0002~0.001
环氧酚醛模塑料+矿物和玻璃纤维	121~193	1.7~21	—	0.004~0.008
矿物和玻璃纤维	190~196	2~17.2	1.5~2.5	0.003~0.006
玻璃纤维	143~165	16~34	6.0~7.0	0.0002
三聚氢胺+纤维素	149	55~138	2.1~3.1	0.005~0.15
酚醛+织物和回收料	149~182	13.8~138	1.0~1.5	0.003~0.009
聚酯(BMC.TMC)+玻璃纤维	138~160	—	—	0.004~0.005
聚酯(SMC.TMC)+导电护套料	138~160	3.4~14	1.0	0.000 2~0.001
醇酸树脂+导电护套料	138~160	—	—	0.0005~0.004
聚酰亚胺+矿物质	160~182	13.8~138	1.8~2.5	0.003~0.010
聚酰亚胺+50%玻璃纤维	199	20.7~69	—	0.002
脲醛塑料+a-纤维素	132~182	13.8~138	2.2~3.0	0.006~0.014

16.2 压注模设计基础

16.2.1 压注模的分类

压注成型对设备要求不高,既可使用普通压力机,也可使用专用液压机,根据使用设备和操作方法的不同,压注模可分为以下类型。

1.普通压力机用压注模

普通压力机用压注模的浇注系统与加料腔是分开加工制造的,其中浇注系统与热固性注射模浇注系统相似,而加料腔突出了压注模的特点,故有时也称为料腔式压注模。与注射模和压缩模相似,压注模也可以分为移动式和固定式。

(1)移动式压注模

移动式压注模的上下模均不与压力机滑块和工作台面固定连接,可在任何形式的普通压力机上使用,加料、合模、开模、脱取制品等操作均可在压力机工作空间之外用手动操作,这种模具适于制品批量不大的压注成型生产。

图 16.2 是移动式压注模结构示例,压注成型时,首先闭合模具,然后将定量的成型物料装进加料腔加热熔融(加热装置设计与压缩模加热装置相似),并由压力机通过压注柱塞 3 将熔融物料经由浇注系统(主流道、分流道和浇口等)高速挤入闭合模腔,固化定型后成为制品。开模时先将加料器 4 从模具上取下,然后利用卸模架开启模具脱取制品。在这种模具中,压注柱塞对加料腔中物料所施加的成型压力,也起到合模力的作用。

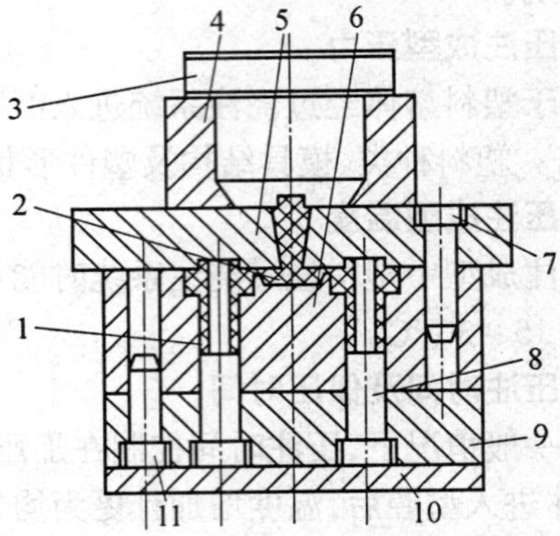

图 16.2 移动式压注模

1—制品;2—浇注系统;3—压注柱塞;4—加料器;5—上模座;6—凹模;7—导柱;8—凸模;9—凸模固定板;10—下模座;11—导柱

(2)固定式压注模

固定式压注模的上下模分别与压力机的滑块和工作台面固定连接,压注柱塞固定在上模部分,生产操作均在压力机工作空间进行,制品脱模由模内的顶出脱模机构保证,劳动强度较低,生产效率较高,主要适用于制品批量较大的压注成型生产。与移动式压注模相似,压注柱塞对加料腔内物料施加成型压力。

图 16.3 是固定式压注模的结构示例,上下模分别与压力机滑块和工作台面固定连接,在开模状态下,加料器 4 与上部凹模型板 16 可在模内悬浮,相当于注射模的中间板。压注成型

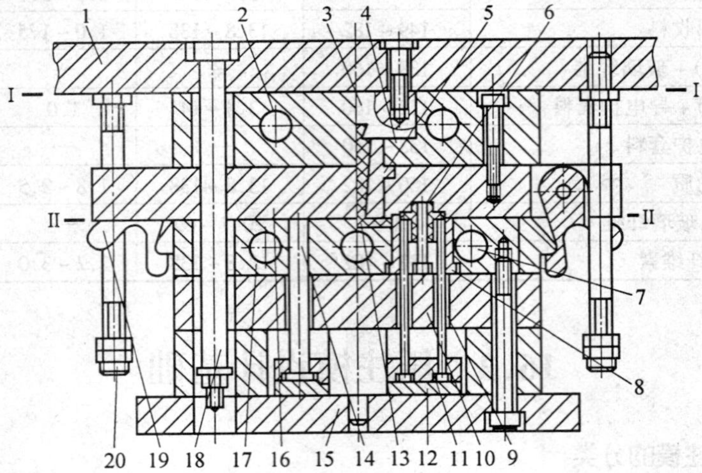

图 16.3 固定式压注模

1—上模座;2—加热器安装孔;3—压注柱塞;4—加料器;5—主流道衬套;6—凸模;7—加热器安装孔;8—下部凹模;9—顶杆;10—支撑板 11—顶杆固定板;12—顶杆底板;13—浇注系统;14—复位杆;15—下模座;16—上部凹模型板;17—下部凹模型板;18—定距拉杆;19—拉钩;20—拉杆

前,加料器与上部凹模型板通过定距拉杆 18 悬挂在上下模之间,Ⅰ Ⅱ面分型,可以进行加料(包括安装嵌件)、清模等操作。压注成型开始后,整个模具闭合,压力机滑块通过压注柱塞 3 将加料腔内的熔体经由浇注系统 13 高速挤进闭合模腔,并在模腔内成型和固化。开模时,由于拉钩的作用,上模部分与加料器在Ⅰ处分型;当Ⅰ面留出一定的加料空间后,拉杆 20 迫使拉钩 19 转动并与下模部分脱开,接着定距拉杆 18 发挥作用,Ⅱ面分型,而后顶出机构将制品顶出。

2.专用液压机用压注模

压注成型专用液压机实际上是具有两个液压缸的双压式液压机,一个液压缸供合模使用,称为主缸,另一个液压缸供压注成型使用,称为辅助缸。通常,主缸压力设计得比辅助缸压力大,这样可防止合模力不足而引起溢料现象。压注成型专用液压机可分为上下双压式和上侧双压式(即直角式)。

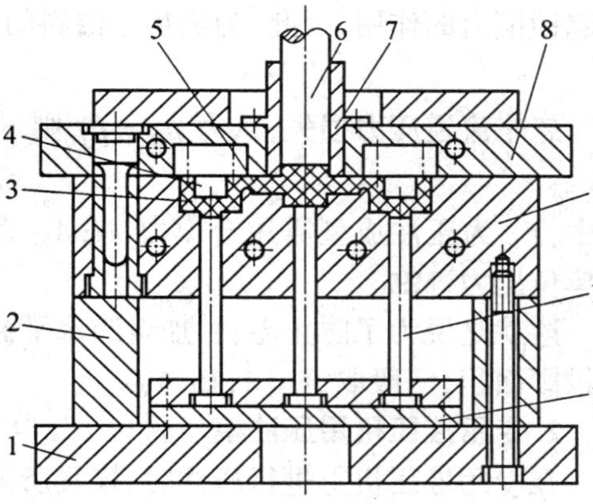

图 16.4 辅助柱塞式压注模

1—下模座;2—支撑板;3—制品;4—凸模;5—浇注系统;6—辅助柱塞(供压注用);7—加料器;8—上模座;9—凹模型板;10—顶杆;11—顶杆底板

图 16.4 是在上下双压式液压机上使用的压注模结构示例,这类模具的主流道与加料腔合为一体,辅助缸活塞杆(图中未画)与压注柱塞 6(或称为辅助柱塞)连接,它们可将熔融后的物料直接挤进闭合模腔(单腔模),或仅通过分流道挤进闭合模腔(多腔模),故可成型流动性很差的塑料。与普通压力机用压注模相比,这种压注模少了一个分型面,且成型压力也不再起合模力作用,故合模比较可靠,能减少溢料飞边,为了与普通压力机用压注模(料腔式压注模)区别,它们有时也被称为辅助柱塞式压注模。

16.2.2 压注模的结构组成

压注模一般可分为以下几个组成部分。

①成型零部件。与压缩模相仿,成型零部件同样由凹模、凸模、型芯等组成,分型面的形式及选择与注射模、压缩模类似。

②加料装置。加料装置由加料器和压柱(柱塞)组成。移动式压注模的加料器和模具本体是可分离的,开模前先取下加料器,然后开模取出塑件。固定式压注模的加料器设在上模部分,加料时可以与压柱部分定距分型。

③浇注系统。压注模的浇注系统与注射模相似,有主流道、分流道和浇口。单型腔模与注射模的点浇口或直接浇口相似,并可以在加料腔底部开设几个流道进入型腔。

④加热系统。固定式压注模的压柱、上模、下模三部分应分别加热。移动式压注模是利用压机上的上、下加热板加热。加热方式与压缩模相同。

此外,压注模也有与注射模、压缩模相类似的导向机构、侧向分型抽芯机构、脱模机构等。

16.2.3 压注模与压力机的匹配关系

为使压力机与压注模相匹配,应进行压力机有关技术参数的校核,具体校核内容和方法与压缩模、注射模有许多相似之处,下面仅对压力校核予以说明。

1.普通液压机用压注模

在普通液压机上的压注成型,塑料的压注力及模具的锁模力均由液压机主活塞缸供给。

①成型压力校核。从满足加料腔内单位成型压力的角度,柱塞(压柱)作用在加料腔内塑

料的总压力应小于液压机的公称压力，即

$$F_j = p_j A_j \leqslant KF \tag{16.1}$$

式中，F_j 为压注成型需用的总压力，N；p_j 为压注成型时作用在加料腔内塑料上的单位压力，MPa；A_j 为加料腔水平投影面积，mm；F 为液压机的公称压力，N；k 为安全系数。

②锁模力校核。采用普通液压机进行压注成型时，压柱对加料腔物料施加成型压力，同时也起锁模力的作用，因此，为满足不溢料的要求，必须使总成型压力大于锁模力，即

$$F_h \leqslant F_j$$

忽略流道压力损失，认为 $p_M = p_j$，则 $p_M A_M < p_j A_j$

即

$$A_M < A_j \tag{16.2}$$

式中，F_h 为压注成型需用合模力，N；A_M 为模腔及浇注系统水平投影面积，mm^2；p_M 为模腔内的单位压力，MPa。

这就是说为了防止溢料，加料腔水平截面积应大于型腔（包括浇注系统）在模具分型面上的投影面积，一般取 $A_j = 1.15\ A_M$。

2. 专用液压机用压注模

在专用液压机上进行压注时，模具所需合模力来自液压机的主活塞缸，压注力来自辅助活塞缸。因此成型压力应满足

$$F_z = p_j A_j \leqslant KF_t \tag{16.3}$$

式中，F_t 为辅助液压缸公称压力，N。

成型时不溢料合模力应满足

$$F_h < F_z \tag{16.4}$$

式中，F_z 为主液压缸公称压力，N。

16.3 压注模成型零部件设计

压注模的结构设计大多与注射模、压缩模相似，如型腔总体设计、分型面位置确定、合模导向机构、脱模机构和侧向分型与抽芯机构设计等均可参考前面有关章节。下面仅就加料器、压料柱塞、辅助柱塞等特殊模具结构进行介绍。

16.3.1 加料器设计

压注模的加料器结构因模具类型不同而有所差异。

1. 移动式料槽传递模

移动式料槽传递模的加料器放置在上模板之上，操作时可以从模具上取下。

(1)加料器形状

图 16.5 为移动式料槽传递模加料腔。加料器外形一般取圆形，如图(a)，加工容易。但一模多腔的加料器，为了有利于覆盖所有模腔，便于主流道开设，也可以采用矩形，如图 16.5(b)，或将矩形两短边改成半圆弧，如图 16.5(c)。加料腔可以与主流道设计为同一零件，也可以单独设计。矩形加料器多采用与主流道设计为同一零件，这时加料腔底部为平面，只有转角处带有较大圆角。圆形加料器多单独设计，而主流道开设在上模板上，此时加料腔底部是开通的，并与侧壁接壤处带有环形斜面（一般取 30°左右）。环形斜面水平投影面积应大于开通部分面积，这样可以在向加料腔物料施压时，防止熔融物料挤入加料器与上模板间的缝隙而使加料器向上抬升。

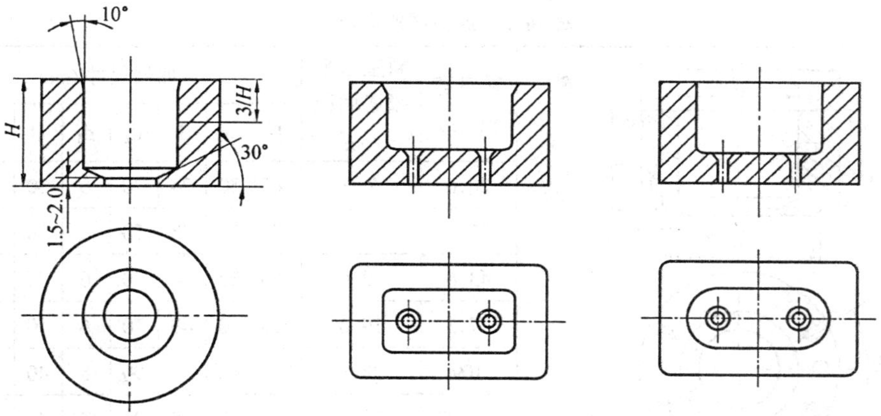

(a)圆形　(b)矩形　(c)变异矩形

图 16.5　移动式料槽传递模加料腔

(2)加料腔尺寸

加料腔容积应能保证成型所需的加料量,并留有余量,以满足浇注系统和加料腔底部残料对塑料的消耗,加料腔上部还应留有适当高度的导向段。

加料腔横截面积 A 应大于模腔和浇注系统在分型面上的最大投影面积之和 A_m,方可保证型腔的紧密闭合。根据生产实践,A 应按下式计算

$$A = (1.1 \sim 1.25)A_m \tag{16.5}$$

加料腔横截面积 A 确定后,应对加料腔单位面积传递压力按下式进行校核

$$q = \frac{T}{A} \geqslant p \tag{16.6}$$

式中,q 为加料腔内实际单位面积传递压力,MPa;T 为所选液压机吨位,kN;p 为塑料成型所需单位面积传递压力,MPa,见表 16.2。

表 16.2　若干热固性塑料所需单位面积传递压力

塑料名称	填料类型	p/MPa
酚醛塑料	木粉	60 ~ 70
	玻璃纤维	80 ~ 100
	碎布	70 ~ 80
三聚氰胺塑料	矿物	70 ~ 80
	石棉纤维	80 ~ 100
环氧塑料		4 ~ 100
硅酮塑料		4 ~ 100
脲醛塑料		70
DAP		50 ~ 60

加料腔高度 H 按下式计算

$$H = \frac{(V_1 n + V_2)K}{A} + (0.8 \sim 1.5)\ \text{cm} \tag{16.7}$$

式中,V_1 为每个塑件体积,cm^3;n 为每模成型塑件数量;V_2 为浇注系统与加料腔底部残料体积之和,cm^3;K 为塑件供料的体积系数(即压缩比),$K = \rho\nu$;ρ 为塑件密度,g/cm^3;ν 为塑件供料比容,cm^3/g。

加料器的壁厚应保证加料器有足够的强度和刚度,又不至于过分笨重。表 16.3 是加料腔外形尺寸与加料容积以及水平投影面积之间关系的经验数据。

表 16.3　加料器外形尺寸

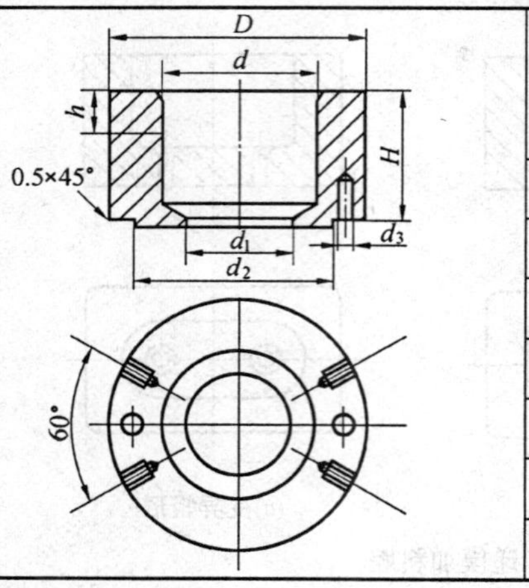

料室容积/cm^3	料室水平投影面积/cm^2	加器尺寸/mm							
		D	d	d_1	d_2	d_3	H	h	R
20.6	7.0	105	30	24	70	6	30	30	40
27.5	9.6	105	35	28	70	6	30	10	40
43.6	12.6	105	32	24	70	6	35	10	40
77.3	19.6	105	50	40	70	6	40	10	40
109	28.3	125	60	50	90	8	40	10	55
107.6	38.5	125	70	60	90	8	45	15	55
223	50.2	140	80	70	100	8	45	15	55

(3)加料器的定位

移动式料槽传递模加料腔应与模具中心重合，以使模具承受均衡的压力。由于加料器独立于模具主体部分之外且与其无刚性连接，因此只有当上模板上无安装嵌件的孔或其他孔时，才允许无严格定位，一般情况下都必须与上模板有可靠定位，常用定位方式：

①销钉定位。在加料腔下端底面装上 2～3 个销钉，工作时将加料器底面销钉对准上模板上的定位孔插入即可，如图 16.6 所示。销钉与定位孔间可有 0.5～1 mm 的间隙，以方便操作。因定位孔内有时可能进入塑料，必须定期清理。

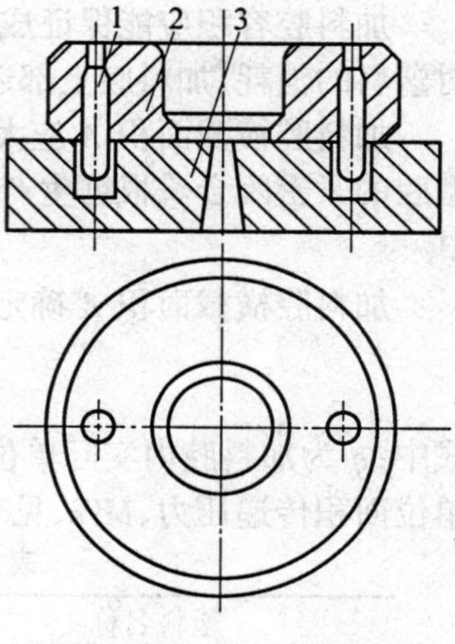

图 16.6　加料器的销钉定位
1—销钉；2—加料器；3—上模板

②外形定位。利用加料腔的外部径向尺寸定位，具体方法有两种，一是在上模板装上两个销钉，工作时将加料器与两个销钉接触，即可使加料腔与主流道同心，如图 16.7(a)所示；二是在上模板的上平面加工一台阶，使之与加料器外径配合，如图 16.7(b)所示。

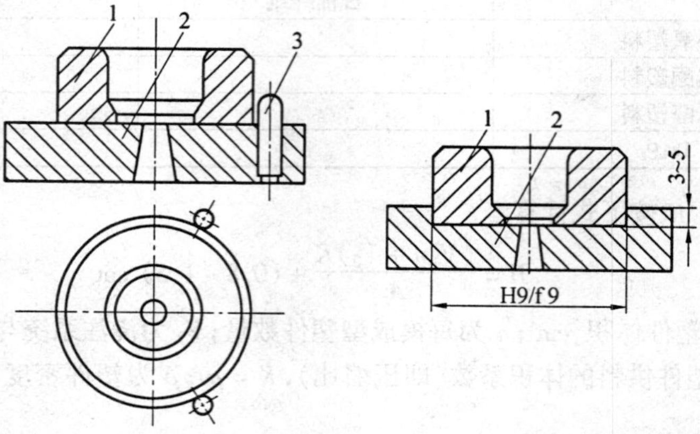

(a)外形销钉定位　　(b)外形台阶定位

图 16.7　加料器的外形定位法
1—销钉；2—上模板；3—加料器

③内形定位。在上模板上加工一圆形凸台,与加料腔下端采用 H9/f9 配合。这种方法效果最好,兼有防止塑料从加料腔下端溢出的作用,如图 16.8 所示。

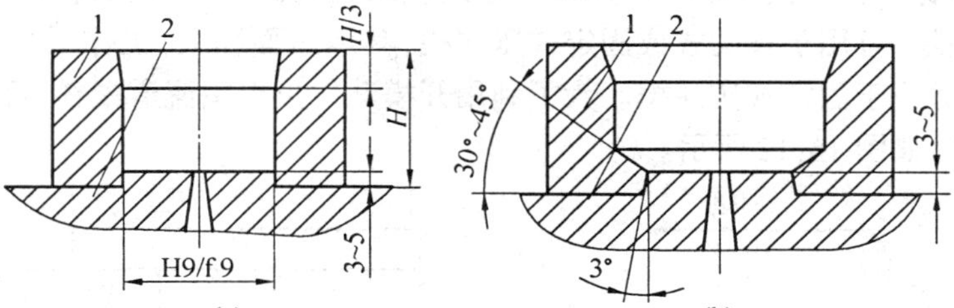

图 16.8 加料器的内形定位法

1—加料器;2—上模板

2.固定式料槽传递模

固定式料槽传递模加料器与上模固定在一起,主流道穿过加料器底部和凹模板,为防止物料钻入两者间的缝隙中,增设主流道衬套,如图 16.9。

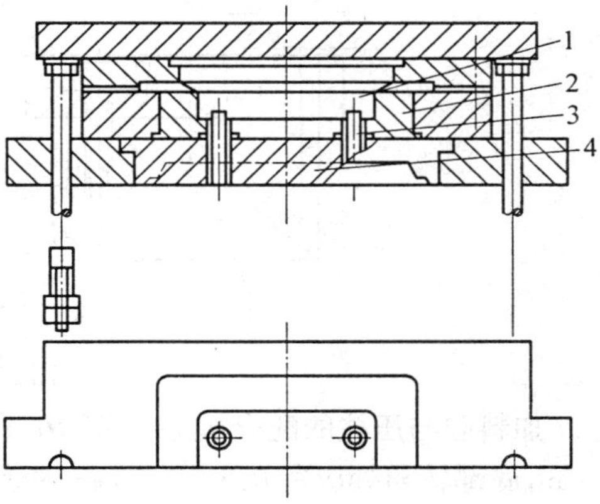

图 16.9 料槽传递模加料腔

1—压料柱塞;2—加料器;3—主流道衬套;4—凹模板

固定式料槽传递模的水平投影面积、高度尺寸计算以及加料腔内单位传递压力校核与移动式传递模相同。

3.柱塞式传递模

(1)加料腔形状和尺寸

柱塞式传递模加料腔的横截面皆为圆形。由于模具锁紧由主油缸完成,加料腔横截面积不受模腔面积的影响,只要加料腔容积能满足成型要求即可,故加料腔截面积比料槽式小,而高度较大。加料腔的横截面积可根据辅助油缸吨位和所用塑料要求的单位压力来确定

$$A \leqslant \frac{T_C}{p} \tag{16.8}$$

式中,A 为加料腔水平投影面积,m^2;T_C 为辅助油缸吨位,kN;p 为所用塑料要求的单位面积传递压力,MPa,由表 16.2 选定。

水平投影面积确定后,加料腔高度 H 由式(16.7)或式(16.8)确定。

对于柱塞式传递模,应该校核其型腔(包括浇注系统)的成型面积与合模力,其方法同注塑模。

(2)加料器安装方法

柱塞式传递模加料器常用两种方法固定到模具中,一种是加料器上端用螺母锁紧,如图 16.10(a)所示;另一种是加料器上带有凸台,通过压板压紧,如图 16.10(b)所示。

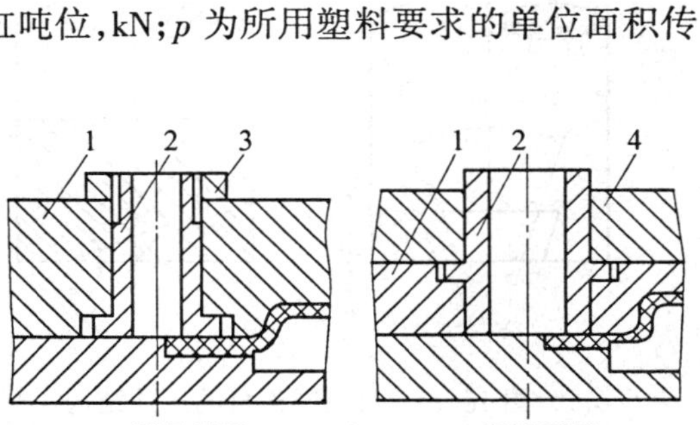

(a)螺母锁紧　(b)模板压紧

图 16.10 柱塞式传递模加料器安装方法

1—上模板;2—加料器;3—螺母;4—压板

16.3.2 压柱的结构设计

压料柱塞简称压柱。图 16.11 是几种典型压柱结构，图(a)不带凸缘，主要用于移动式压注模；图(b)有凸缘，可用于移动式或固定式压注模，其承压面积大，工作平稳；图(c)、图(d)为带底板的压柱，适用于固定式压注模。为了利用开模动作拉出主流道凝料，可在固定式压柱下面开设拉料沟槽，如图 16.12 所示。

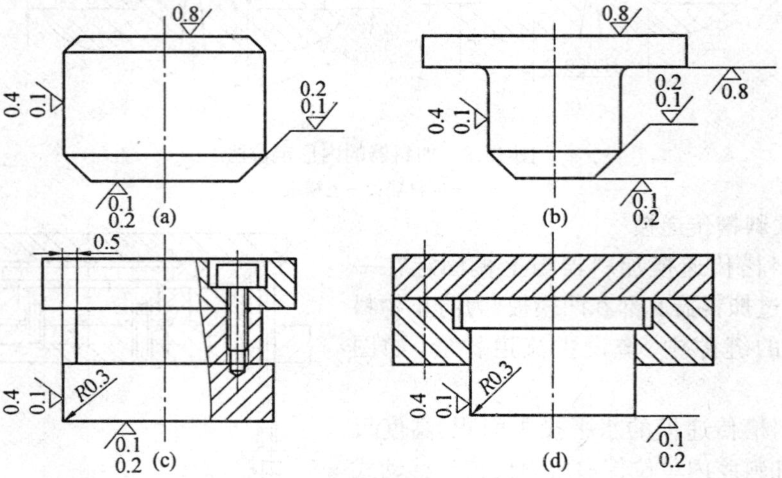

图 16.11 压柱的结构

加料腔与压柱的配合关系如图 16.13 所示。压柱高度 h_1 应比加料腔高度 h_2 小 0.5 ~ 1 mm，底部转角处应留 0.3 ~ 0.5 mm 的储料间隙。

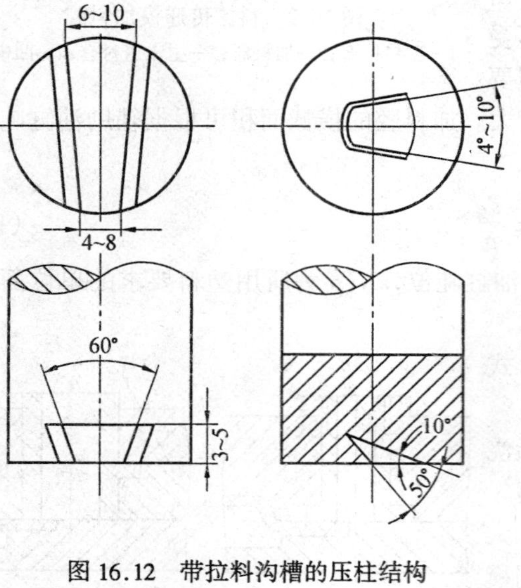

图 16.12 带拉料沟槽的压柱结构

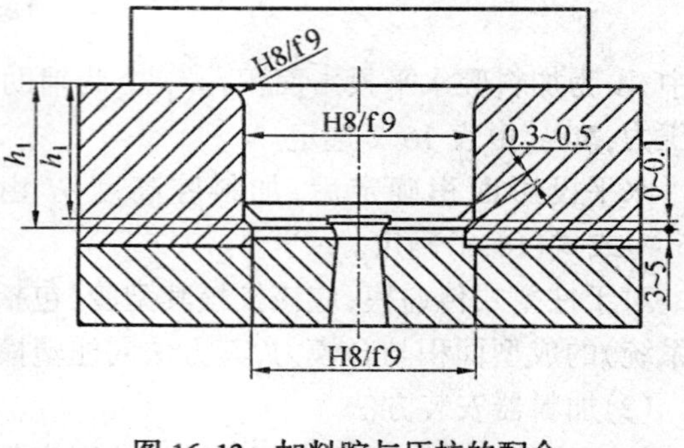

图 16.13 加料腔与压柱的配合

16.3.3 浇注系统设计

压注模浇注系统的形状与注射模浇注系统相似，但两者的要求有所不同。注射模要求塑料熔体在流道中流动时，压力损失和热量损失尽量小，应尽量减少熔体与流道间的热传递；而压注模同样要求压力损失小，但要求熔体在浇注系统中流动时应进一步塑化和提高温度，并以最佳的流动状态进入型腔，因此有时还需要在流道中安置加热器。压注模浇注系统如图 16.14 所示，其主流道、分流道和浇口的设计要点如下。

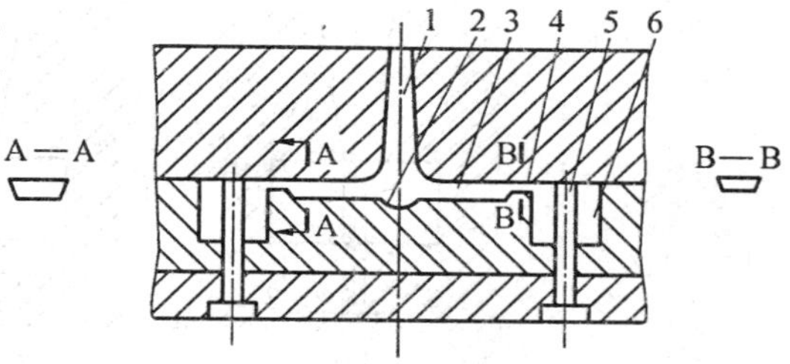

图 16.14 压注模浇注系统
1—主流道；2—冷料槽；3—分流道；4—浇口；5—型芯；6—型腔

1.主流道

压注模常见的主流道有正圆锥形、倒圆锥形和分流锥形三种，如图 16.15 所示。正圆锥主流道主要用于多腔模，其末端具有与拉料杆共同构成的硬料穴，用来收集前锋硬料及脱取主流道凝料。倒圆锥形主流道常用于单型腔或同一塑件有几个浇口的结构，开模时主流道与塑件在浇口处拉断，并分别从各自的分型面取出。主流道最好与柱塞下端面的楔形槽(如图 6.12)相配合，开模时主流道凝料及加料腔中残余废料均可由压柱带出，便于清理。这种流道阻力小，适用于碎布、长纤维等填充的塑料成型。分流锥形主流道多用于塑件尺寸较大且模腔分布远离模具中心或分流道过长的压注模，通过分流锥的作用保证物料流动性能。分流锥的形状和尺寸需要按塑件的尺寸和模腔布置情况而定，当型腔呈圆形排列时，分流器和主流道均设计成圆锥形；当型腔呈两排并列时，分流器和主流道则设计成矩形截锥形。当型腔之间距离较大时，应采用大尺寸分流器或增加分流器的锥度。当正圆锥或倒圆锥主流道需要穿过多块模板时，最好使用浇口套。

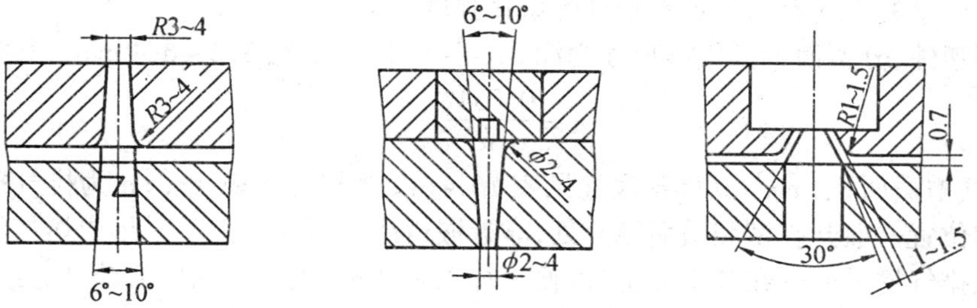

(a) 正圆锥形 (b)倒圆锥形 (c)为分流锥形

图 16.15 压注模主流道

2.分流道

由于热固性塑料流动性差，压注时要求塑料熔体在流动中压力损失小，并能进一步塑化和提高温度，以最佳流动状态进入型腔，因此压注模的分流道要设计的浅而宽，以达到较好的传热效果。常用的是梯形截面的分流道，最好设计在下模的分型面上，其截面积约是浇口截面积的 1.5 倍，长度一般为主流道的 1/3 ~ 1/2，分流道的布置与注射模类似。

3.浇口

压注模的浇口与注射模浇口基本相同，也有直接浇口、侧浇口、扇形浇口、环形浇口等多种形式，可根据塑件形状和需要选用。

倒锥形直接浇口如图 16.16 所示，图(a)用于以木粉为填料的塑件，型腔与浇口连接处用 0.5 ~ 1 mm 圆弧过渡，连接部分最小直径为 2 ~ 4 mm，连接长度为 2 ~ 3 mm，流道凝料将在细颈处折断，避免去除流道凝料时损伤塑件表面。图(b)、(c)多用于以碎布或长纤维为填料的塑件，由于流动阻力大，应放大浇口尺寸。为了克服易拉伤塑件表面的缺点，在浇口附近增加一个凸台，成型之后人工去除。

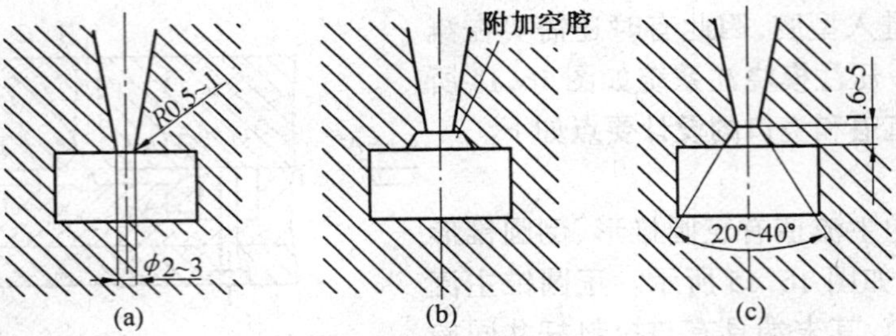

图 16.16　倒锥形直接浇口

梯形截面的侧浇口如图 16.17 所示，浇口的长度 L 常取 0.7 ~ 2 mm，过渡处应有倒角或圆弧连接，L 过长则物料流动阻力增大。浇口深度 h 一般为该处塑件壁厚的 1/3 ~ 2/3，应根据塑件大小与成型物料选择，小型塑件取 0.3 ~ 0.8 mm，大型塑件取 0.8 ~ 1.5 mm，纤维填充塑件取 1.6 ~ 2.4 mm。浇口宽度 b 一般为(5 ~ 15)h，木粉填料取 3 ~ 6 mm，纤维填料取 4 ~ 10 mm。

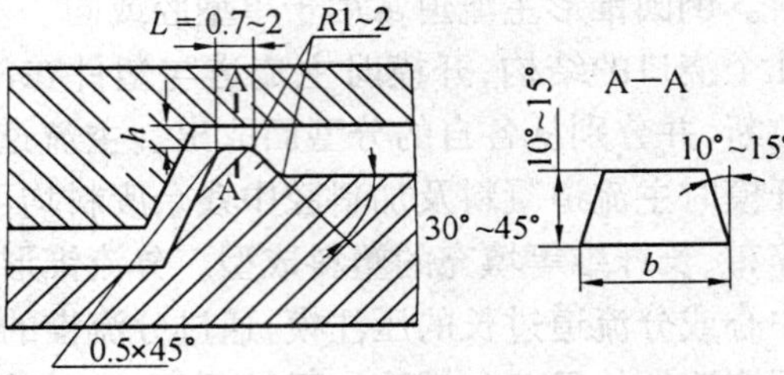

图 16.17　梯形截面侧浇口尺寸

16.3.4　排气槽

为排除型腔内原有空气，以及由于聚合作用而产生的气体，压注模设计时应开设排气槽，从排气槽溢出少量的冷料有助于提高塑件的熔接强度。

对于小型塑件，分型面上排气槽尺寸为深 0.04 ~ 0.13 mm，宽 3.2 ~ 6.4 mm，，其截面积为

$$A = \frac{0.05V_s}{n} \tag{16.10}$$

式中，A 为排气槽截面积，mm^2，其推荐尺寸见表 16.4；V_S 为塑件体积，cm^3；n 为排气槽数量。

排气槽的位置一般开在型腔最后填充处，靠近嵌件或壁最薄处由于易形成熔接缝，也应开设排气槽。但排气槽最好开在分型面上，以便于加工和清理，也可以利用活动型芯或推杆间隙排气，但每次成型后须清除溢入的塑料，以保持排气通畅。

表 16.4　排气槽截面积推荐尺寸

截面积 A/mm^2	宽/mm × 深/mm	截面积 A/mm^2	宽/mm × 深/mm
≈0.2	5 × 0.04	> 0.8 ~ 1.0	10 × 0.10
> 0.2 ~ 0.4	5 × 0.08	> 1.0 ~ 1.5	10 × 0.15
> 0.4 ~ 0.6	6 × 0.10	> 1.5 ~ 2.0	10 × 0.20
> 0.6 ~ 0.8	8 × 0.10		

习　题

1. 压注成型与压缩成型有哪些相同点与不同点？
2. 压注成型与注射成型有哪些相同点与不同点？
3. 为什么压塑粉只用于压注成型而不能用于注射成型？
4. 柱塞式压注模为什么需要专用的液压机？
5. 压注成型长纤维填充的长条形塑料制品时，浇口开设在长条形制品的中部好还是开设在长条形的端部好？为什么？

第 17 章　挤出成型工艺与模具设计

挤出成型又称为挤出模塑，一般是指借助螺杆或柱塞，通过加热加压的方式使塑料塑化并以流动状态通过口模，成为具有恒定截面的连续型材的成型方法。

挤出成型是重要且应用普遍的塑料成型方法之一，产品产量约占塑料制品总产量的70%。挤出成型适用于几乎所有热塑性塑料和部分热固性塑料的成型加工，可以成型管、板、棒、膜、单丝、电线和电缆等塑料包覆物，以及各种形式的异型材，还可用来进行混合、塑化、造粒、脱水、喂料和着色等准备工序或半成品加工。挤出工艺还可与其他成型技术组合，生产出中空吹塑制品、双轴拉伸薄膜和多层共挤复合膜等多种塑料产品。总之，挤出成型是一种生产效率高、应用范围广、适应性强和组合能力好的塑料成型方法，在塑料加工工业中具有举足轻重的地位。

挤出成型种类繁多，本章主要介绍管材挤出成型的基本原理、工艺及成型模具(机头)的设计，并对其他挤出成型作简单介绍。

17.1　挤出成型原理及工艺

17.1.1　挤出成型原理

以热塑性塑料管材的挤出为例，其成型原理如图 17.1 所示。粒状或粉状塑料通过料斗(图中未画出)以后，在旋转的挤出机螺杆的推动下，沿螺杆的螺旋槽向前方输送。在此过程中，不断地接受外加热和螺杆与物料之间、料筒与物料之间以及物料与物料之间的剪切摩擦热而逐渐熔融呈粘流态；然后在螺杆的推动下，塑料熔体通过一定形状的挤出模具(机头)、口模以及一系列辅助装置(定型、冷却、牵引、切割等装置)，最终获得所需截面形状的塑料型材。

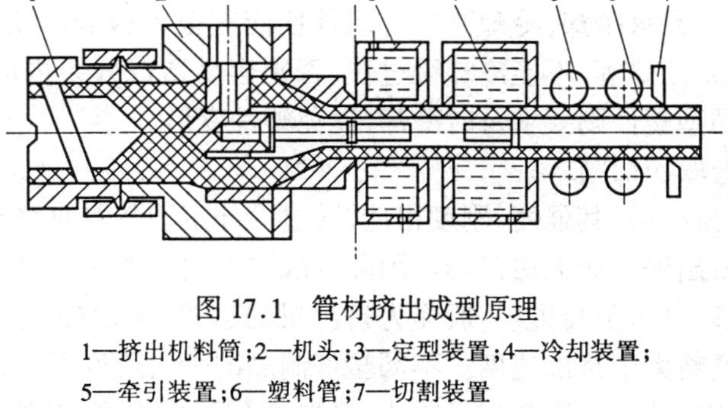

图 17.1　管材挤出成型原理

1—挤出机料筒；2—机头；3—定型装置；4—冷却装置；
5—牵引装置；6—塑料管；7—切割装置

17.1.2　挤出成型工艺过程

热塑性塑料的挤出成型工艺过程可分为塑化、成型和定型三个阶段。

第一阶段塑化，可分为干法塑化和湿法塑化。塑料原料在挤出机料筒的加热、螺杆的旋转压实及混合作用下，由粒状或粉状转变成粘流态称为干法塑化。塑料原料在机外溶解于有机溶剂中而成为粘流态物质称为湿法塑化，然后加入到挤出机的料筒中，挤出并且去掉溶剂，得到制品。生产中通常采用干法塑化方式。

第二阶段成型。粘流态塑料熔体在挤出机螺杆的推挤作用下，通过口模得到截面与口模形状相似的连续型材。

第三阶段定型。通过定型、冷却处理等，使挤出后的塑料连续型材固化为塑料制件。

下面介绍热塑性塑料的干法塑化挤出成型工艺过程。

1.原料的准备

挤出成型用的原料大多是粒状塑料，粉状用得很少。这是因为粉状原料含水分较多，会影响挤出成型的顺利进行，同时还会降低塑件的质量，使塑件出现气泡、表面灰暗无光、皱纹、流痕等缺陷，物理性能和力学性能也随之下降。同时粉状物料的压缩比大，不利于输送。无论粉状物料还是粒状物料在成型之前都应在烘箱或烘房中进行干燥处理，将原料的水分控制在0.5%以下。此外，在准备阶段还要尽可能去除原料中的杂质。

2.挤出成型

将挤出机预热到规定温度，保温一定时间(时间长短视塑料具体情况而定)后启动使螺杆旋转输送物料。料筒中的塑料在外加热和剪切摩擦热作用下熔融塑化后，在螺杆不断旋转推挤下，通过滤板和过滤网，再经机头成型为与口模形状相似的连续型材。

挤出开始阶段的塑件质量和外观都较差，工艺条件及设备调整正常后，才能正式投入生产。在挤出成型过程中要特别注意加热温度和剪切摩擦热对塑件质量的影响。

3.塑件的定型与冷却

热塑性物料离开机头口模后仍处于高温熔融状态，应立即进行定型和冷却，否则塑件在自重作用下会变形，出现凹陷或扭曲现象。一般情况下，定型和冷却是同时进行的，定型只不过是在限制挤出物变形条件下的冷却。挤出棒材、管材及型材时，需要有一个独立的定型过程；而挤出薄膜、单丝等制品时无需定型，仅通过自然冷却便可。对于某些有特殊要求，如透明或低结晶的制品也要采用独立的冷却系统。挤出板材与片材一般还要通过压辊压平，压辊也有定型与冷却的作用。管材的定型可用定径套、定径环和定径棒等，也有采用能通水冷却的特殊口模来定径的，但不管哪种方法，都是使型坯内外形成压力差，使其紧贴在定型零件的表面进行冷却定型。

冷却一般采用空气或水冷却，冷却速度对塑件性能有很大影响。硬质塑件(如聚苯乙烯、低密度聚乙烯和硬聚氯乙烯等)不能冷却得过快，否则容易造成残余内应力，并且影响塑件的外观质量；软质或结晶型塑件则要求及时冷却，以免塑件变形。

4.塑件的牵引、卷取和切割

塑件自机头口模挤出后，其强度、刚度很低，通过冷却定型装置时摩擦阻力又较大，如果不加以引导，则会造成挤出停滞而无法进行。因此，在冷却的同时，需要连续均匀地将塑件引出即牵引。牵引过程是通过牵引装置(一般作为挤出机的辅机)实现的，牵引速度与挤出速度相适应，一般是牵引速度略大于挤出速度。不同塑件制品的牵引速度不同，通常薄膜和单丝的牵引速度可以快些，以使塑件的厚度和直径减小，纵向断裂强度增高，扯断伸长率降低。硬质塑件的牵引速度则不宜过大，并且要求均匀，不然会影响其尺寸均匀性和力学性能。

经过牵引的塑件可根据使用要求在切割装置上裁剪(如棒、管、板、片及型材等)，或在卷取装置上绕制成卷(如薄膜、单丝、电线电缆等)。此外，对某些塑件(如薄膜等)有时还需要进行后处理，以提高尺寸稳定性。

图17.2为常见的挤出工艺过程示意图。

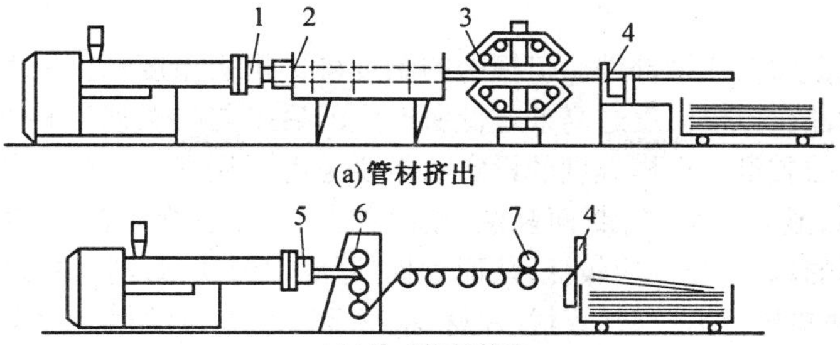

图 17.2　常见的挤出工艺过程示意图

1—管材挤出机头;2—定型与冷却装置;3—牵引装置;4—切割装置;
5—片/板材挤出机头;6—辊压冷却装置;7—切边与牵引装置

17.1.3　挤出成型工艺参数

挤出制品的质量和生产效率同原料配方、挤出成型设备及挤出工艺条件等密不可分,实际生产中需要根据原料的挤出成型工艺性和挤出成型设备结构(主要是螺杆结构、模头结构)特点,合理调整挤出工艺参数。挤出工艺参数主要包括温度、压力、挤出速度和牵引速度等。

1.温度

温度是保证挤出过程顺利进行的重要条件之一。塑料从加入料斗到最后成为制品要经历一个极为复杂的温度变化过程。严格地讲,挤出成型温度指塑料熔体进入机头时的温度,但是该温度在很大程度上取决于料筒和螺杆的温度,因为塑料熔体的热量除一部分来源于料筒中混合时产生的摩擦热以外,大部分是由料筒外部的加热器提供的。因此,在实际生产中为了方便检测,成型温度经常用料筒温度来近似。

(1)料筒温度

料筒各加热段温度的选择要根据挤出机结构特点、所用塑料的配方以及固体物料的形状(粒状、粉状)等进行。单螺杆挤出机主要用粒状原料成型,料筒的加料段、压缩段和均化段三段温度中,加料段温度最低,以后逐渐上升。双螺杆挤出机排气口前的温度不能太低,以保证物料到达排气孔时为半塑化状态并包覆螺槽表面,有效防止粉状物料被真空吸出。双螺杆机筒的温度一般设定为两端高,中间低,有时加料段温度分布还高于均化段温度。

在实际挤出过程中,即使是稳定挤出,各测试点的温度还是会随时间变化产生周期性的波动。习惯上,沿着塑料流动方向上的温度波动称为轴向温度波动,与塑料流动方向垂直的截面上的温度波动称为径向温度波动。

温度波动会给塑件质量带来十分不良的后果,使塑件产生残余应力,各点强度不均匀,表面灰暗无光。产生温度波动的因素很多,例如加热冷却系统不稳定、螺杆转速变化等,其中以螺杆设计和选用的影响最大。

(2)机头温度

机头是料筒与口模之间的过渡部分,通常机头温度必须控制在塑料热分解温度以下。机头温度偏高,会使挤出物的形状稳定性变差,制品收缩率增加,无法保证制品的外形尺寸;机头温度过高还会引起溢料、气泡、发黄、物料分解等弊端,甚至导致挤出生产无法正常进行;机头温度偏低时,物料容易塑化不良,熔体粘度增大,机头压力上升,温度过低物料不能充分塑化,不但产品无法成型,还会造成设备损坏。

(3)口模温度

口模是制品横截面的成型部件。口模处的温度可比机头温度稍低一些，但应保证塑料熔体具有良好的流动性。口模温度过高或过低所产生的后果与机头温度相似，所不同的是口模温度直接影响产品的质量。口模温度的设定除需要考虑所用塑料的配方体系外，还应考虑制品截面的几何形状，基本原则是，断面复杂、截面积大、壁厚及拐角部位，温度应较高；断面简单、截面积小、壁薄的部位，温度应较低；截面对称、厚薄均匀处，口模与芯模温差应较小。

表 17.1 是几种塑料挤出成型(管材、片材、板材及薄膜等)时的温度参数。

表 17.1 热塑性塑料挤出成型时的温度参数

塑料名称	挤出温度/℃				原料水分含量/%
	加料段	压缩段	均化段	机头及口模段	
丙烯酸类聚合物	室温	100～170	约 200	175～210	≤1.025
醋酸纤维素	室温	110～130	约 150	175～190	<0.5
聚酰胺(PA)	室温～90	140～180	约 270	180～270	<0.3
聚乙烯(PE)	室温	90～140	约 180	160～200	<0.3
硬聚氯乙烯(HPVC)	室温～60	120～170	约 180	170～190	<0.2
软聚氯乙烯及氯乙烯共聚物	室温	80～120	约 140	140～190	<0.2
聚苯乙烯(PS)	室温～100	130～170	约 220	180～245	<0.1

2.压力

在挤出过程中，由于料流的阻力、螺杆螺槽深度的变化以及过滤板、过滤网和口模等的阻碍，塑料熔体内部沿料筒轴线方向会产生一定的压力。该压力可以使塑料熔体均匀密实，是得到合格塑件的重要条件之一。和温度一样，压力随时间的变化也会产生周期性波动，这种波动对塑件质量同样有不利影响，如产生局部疏松、表面不平、弯曲等缺陷。产生压力波动的原因主要有螺杆与料筒的设计不合理、螺杆转速的变化、加热冷却系统的不稳定等。为减小压力波动，应合理控制螺杆转速，保证加热和冷却温度调节的精度。

3.挤出速度与螺杆转速

挤出速度是指单位时间内从口模中挤出的塑化好的物料的质量或长度，它表征挤出机生产能力的高低。影响挤出速度的因素很多，如机头、螺杆和料筒的结构、螺杆转速、温控系统结构、塑料的性能等。在挤出机的结构、塑料品种以及制件类型已确定的情况下，挤出速度仅与螺杆转速有关。因此，螺杆转速是控制挤出速率和制品质量的重要工艺参数。螺杆转速过高时，挤出速率过快，熔体在口模内的流动便会不稳定，还会加大离模膨胀，使制品表面质量下降，同时冷却时间过短也容易引起制品变形和弯曲。螺杆转速过低挤出速率过慢，物料在料筒内受热时间过长，会造成物料降解，使制品物理及力学性能下降。

4.牵引速度

牵引速度直接影响产品壁厚、尺寸公差、性能以及外观。牵引速度越快，制品壁厚越薄，冷却后的制品在长度方向的收缩也越大；牵引速度越慢，制品壁越厚，且容易在口模与定型装置之间积料。牵引会引起拉伸取向，拉伸取向程度越高，塑件沿取向方向的拉伸强度也越大。通常，牵引速度应与挤出速度相匹配，两者的比值称为牵引比，其值必须等于或大于 1。

表 17.2 是几种塑料管材的挤出成型工艺参数。

表 17.2　几种塑料管材的挤出成型工艺参数

工艺参数		原料品种					
		聚酰胺－1010（PA－1010）	硬聚氯乙烯（HPVC）	软聚氯乙烯（SPVC）	低密度聚乙烯（LDPE）	ABS	聚碳酸酯（PC）
管材外径/mm		31.3	95	31	24	32.5	32.8
管材内径/mm		25	85	25	19	25.5	25.5
料筒温度/℃	后段	250～270	80～100	90～100	90～100	160～165	200～240
	中段	260～270	140～150	120～130	110～120	170～175	240～250
	前段	260～280	160～170	130～140	120～130	175～180	230～255
机头温度/℃		220～240	160～170	150～160	130～135	175～180	200～220
口模温度/℃		200～210	160～180	170～180	130～140	190～195	200～210
螺杆转速/($r \cdot min^{-1}$)		15	12	20	16	10.5	10.5
口模内径/mm		44.8	90.7	32	24.5	33	33
芯棒外径/mm		38.5	79.7	25	19.1	26	26
口模平直部分长度/mm		45	120	60	60	50	87
牵引比		1.5	1.04	1.2	1.1	1.02	0.97
真空定径套内径/mm		31.7	96.5	——	25	33	33
定径套长度/mm		——	300	——	160	250	250
定径套与口模间隙/mm		20	——	——	——	25	20

17.2　挤出模设计基础

挤出成型模具又称挤出机机头或挤出模头，是将经挤出机塑化均匀的高分子材料在最佳的温度和压力下通过挤出成型模具，成为具有一定断面形状的处于粘流态的连续体，再经过定型装置进一步调整断面形状和尺寸，定型为连续的型材。因此，挤出成型模具严格地说应包括挤出机机头和定型装置两大部分。

17.2.1　挤出成型机头的结构组成

下面以图 17.3 所示的典型管材挤出成型机头为例，介绍机头的结构组成。

1.机头

挤出机头是挤出成型模具的主要部件，它的作用包括以下四个方面：一是使来自挤出机的塑料熔体由螺旋运动变为直线运动；二是通过几何形状与尺寸的变化产生必要的成型压力，保证塑件密实；三是通过剪切流动使塑料熔体得到进一步的塑化；四是成型所需断面形状的连续塑件。机头主要由以下几部分组成：

①口模和芯棒。口模 3 用来成型塑件的外表面，芯棒 4 用来成型塑件的内表面，二者决定

了塑件的截面形状。

②过滤板和过滤网。过滤板 9 和过滤网 10 的作用是将塑料熔体由螺旋运动转变为直线运动,过滤杂质和尚未塑化的塑料原料,并形成一定的压力。过滤板又称多孔板,同时还起着支承过滤网的作用。

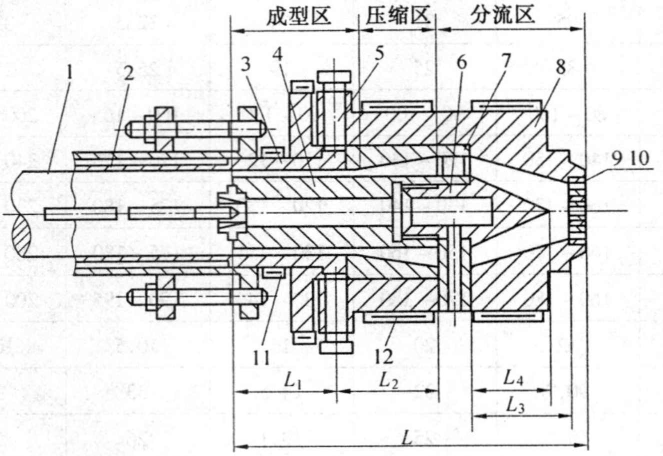

图 17.3　管材挤出成型机头

1—管材;2—定径套;3—口模;4—芯棒;5—调节螺钉;6—分流器;7—分流器支架;8—机头体;9—过滤板;10—过滤网;11、12—电加热圈

③分流器和分流器支架。分流器 6(俗称鱼雷头)使通过它的塑料熔体分流,变成薄环状并且平稳地进入成型区,同时进一步对熔体加热和塑化。分流器支架 7 主要用来支承分流器及芯棒,同时也能对分流后的塑料熔体产生进一步剪切和混合作用,但有时会产生熔接痕而影响塑件强度。小型机头的分流器与其支架可设计成一个整体。

④机头体。机头体 8 相当于模架,用来安装固定机头的各零部件。机头体与挤出机料筒紧密连接,连接处应密封以防塑料熔体泄漏。

⑤温度调节系统。用于保证塑料熔体在机头中正常流动及挤出成型质量,如电加热圈 11、12 即用于加热。

⑥调节螺钉。调节螺钉 5 用来调节口模与芯棒间的同轴度,以保证挤出塑件壁厚均匀。通常调节螺钉的数量为 4~8 个,视口模的尺寸而定。

2.定型装置

离开口模后的塑料熔体虽然具备了既定的截面形状,但仍处于粘流态,不能抵抗自重引起的变形,因此需要用定型装置——定径套 2 对其进行冷却定型,使塑件固化,以获得良好的表面质量、准确的尺寸及几何形状、综合物理及力学性能。通常采用冷却、加压或抽真空的方法,将从机头中挤出的塑件定型,并通过精整使塑件截面尺寸更精确、表面更光亮。

17.2.2　挤出成型机头的分类

1.按塑件形状分类

成型的塑件有管材、棒材、板材、片材、单丝、粒料、各种异型材、吹塑薄膜、带有塑料包覆层的电线电缆等,它们所用的机头分别称为管机头、棒机头、膜机头等。

2.按挤出塑件的出口方向分类

按塑料熔体在机头中的运动方向不同,可分为直通机头(或称直向机头)和角式机头(或称横向机头)。直通机头中熔体的挤出流向与挤出机螺杆的轴线平行;角式机头中熔体的挤出流向与挤出机螺杆的轴线呈一定角度,其中当二者垂直时称为直角机头。直通机头和角式机头的选用与塑件结构类型有关,如可以采用直通机头挤出成型聚氯乙烯硬管,而挤出成型带有塑料包覆层的电线电缆时,则需要采用直角机头。

3.按塑料熔体在机头内所受压力分类

挤出成型的塑件品种规格不同时,熔体在机头内所受压力的大小也不同。低压机头是指塑料熔体所受压力小于 4 MPa 的机头;高压机头则指熔体所受压力大于 10 MPa 的机头。

17.2.3 挤出成型机头的设计原则

1.正确选用机头形式

按照所成型的塑料原料特点和成型工艺的特点,正确地设计和确定机头的结构形式。

2.流道应能改变塑料熔体的运动,并产生适当的压力

设置在料筒和机头连接处的过滤板和过滤网,既要能将料筒中受螺杆作用而呈旋转运动的塑料熔体在进入机头后转变成直线运动,也要能增大熔体流动阻力,对熔体造成一定压力。

3.流道应流畅并有对称性

为了使塑料熔体能沿着机头中的流道均匀平稳地流动和挤出,机头的内腔必须对称并呈光滑的流线型,流道不能有阻滞的部位和死角(以免熔体过热分解),表面粗糙度 Ra 应小于 0.1 μm。

4.机头内应有分流装置和适当的压缩区

为了使进入机头的熔体进一步塑化,机头内一般都设置了分流器和分流器支架等分流装置,但塑料熔体经分流再行汇合,一般会产生熔接痕,使得塑件离开口模后强度降低或开裂。因此,必须在机头中设置一段压缩区,以增大熔体的流动阻力,消除熔接痕。对于不需要分流装置的机头,当塑料熔体通过机头中间流道以后,需要一个扩展区扩展其宽度。为使熔体或塑件密度不因扩展而降低,机头中也需设置适当的压缩区域,以借助流动阻力来保证熔体或塑件组织密实。

5.机头成型区应尽量补偿离模膨胀效应和收缩效应的影响

塑料熔体在成型前后,其物理性能、机头压力、温度等因素都有变化,从而导致离模膨胀效应(又称挤出胀大效应),使塑件截面形状尺寸变化和长度收缩。因此在设计机头时,一方面要对口模进行适当的形状和尺寸补偿;另一方面要合理确定流道尺寸,控制口径成型长度(塑件截面形状的变化与成型时间有关),从而保证塑件正确的截面形状和尺寸。

6.机头需设置调节装置

为了控制和调节挤出压力、挤出速度、挤出成型温度等工艺参数以及挤出型坯的尺寸,从而有效地保证塑件的形状、尺寸、性能和质量,机头中需设置调节装置,用以控制熔体流量、口模和芯棒间的侧隙以及挤出成型温度。同时机头的结构应紧凑,便于操作、调整和维修。

7.合理选择材料

各零部件可分为结构零部件和成型零部件两类。前者主要起支撑作用,选用一般钢材即可。机头体、口模和芯棒等成型零部件,由于与流动的塑料熔体直接接触时会产生一定的摩擦磨损,高温挤出成型过程中有害气体的挥发会对成型零部件产生较强的腐蚀作用,进而加剧它们的摩擦和磨损,因此成型零部件应选用耐热、耐磨、耐腐蚀、韧性高、硬度高、热处理变形小及加工性能(包括抛光性能)好的模具材料,以提高机头的使用寿命,如选用镍铬钢、不锈钢、工具钢等,并进行淬火、抛光、镀铬(镀层厚 0.01 ~ 0.02 mm)等处理。

17.3 管材挤出成型机头设计

管材是挤出成型生产的主要产品之一。塑料管材以其质量轻、耐腐蚀、绝缘性好、成本低、能耗少、价格便宜、铺设方便、便于回收等优点，广泛应用于各种液体、气体和固体的输送，并可作为电线电缆护套和结构材料。管材挤出方法具有生产过程连续、产量大、效率高、质量稳定等特点。用于塑料管材的主要原材料是热塑性塑料。

挤管模属于环隙口模。普通挤管模包括管机头和定径套(定型装置)两大部分。管机头按管材挤出方向与挤出机轴线之间的关系分为直管机头、直角机头、斜角机头和旁侧式机头四种形式；定径套可分为压缩空气定径和真空定径两大类。

17.3.1 管机头类型及其特征

熔融塑料自分流板挤出后，被分流器支架分成若干段，重新汇合后进入由芯棒与口模形成的环形通道，从而形成连续的管料。管机头常用的结构形式有直通式、直角式、旁侧式等。

1.直通式机头

直通式机头是最普通的机头，如图 17.3 所示，熔体在机头内的流动方向与挤出方向一致。直通式机头可以进行内外径同时冷却定型，因此定径精度高；熔体的流动阻力较小、料流稳定均匀、生产率高；同时结构简单、易制造、成本低。但芯模加热困难，熔体经过分流器及分流器支架时形成的熔接痕不易消除，管材力学性能较差。直通式机头主要用于挤出成型软硬聚氯乙烯、聚乙烯、尼龙、聚碳酸酯等小口径管材。

2.直角式挤管机头

直角式挤管机头又称弯管机头，如图 17.4 所示，机头料流与挤出机料流方向呈直角。直角式挤管机头内无分流器及分流器支架，塑料熔体包围芯棒流动成型时只产生一条分流痕迹，适用于对管材要求较高的场合。这类机头可生产大小口径的各种管材，也能生产电线电缆类制品。芯模加热容易，但结构比直通式机头复杂，制造成本较高。直角式机头主要用于挤出成型聚乙烯、聚丙烯等管材。

3.旁侧式挤管机头

旁侧式挤管机头与直角式挤管机头相似，如图 17.5 所示。其结构更为复杂，熔体流动阻

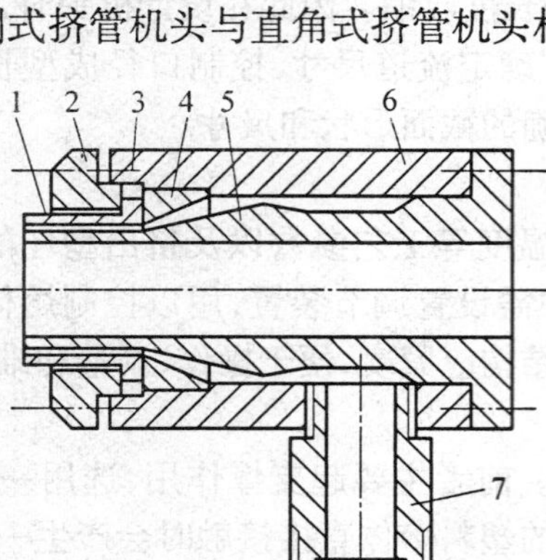

图 17.4 直角式挤管机头

1—口模；2—压环；3—调节螺钉；4—口模座；5—芯棒；6—机头体；7—机颈

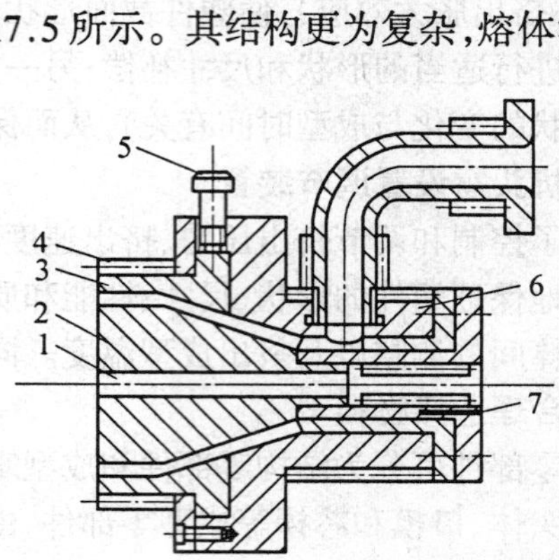

图 17.5 旁侧式挤管机头

1—进气口；2—芯棒；3—口模；4—电加热器；5—调节螺钉；6—机头体；7—测温孔

力也较大,但占地相对较少。来自挤出机的料流先流过一个弯形的流道再进入机头一侧,料流包围芯棒后沿机头轴线方向流出。这种设计可使管材的挤出方向与挤出机呈任意角度,适合大口径管材的高速挤出。

17.3.2 管机头尺寸及工艺参数的确定

以直通式管机头(图 17.3)为例,介绍口模、芯棒、分流器等主要机头零件的结构设计。

1. 口模

口模是成型管材外表面的零件。主要尺寸为口模内径和定型段长度。设计前,必须明确所用的挤出机型号、塑料制品的内外直径以及精度要求。

(1)口模的内径 D

D 按下式计算

$$D = kd_s \tag{17.1}$$

式中,d_s 为管材塑件外径,mm;k 为补偿系数(定径套定管材内径时,k 值为 1.10 ~ 1.30;定径套定管材外径时,k 值为 0.95 ~ 1.05)。

口模内径 D 由管材的外径 d_s 决定。当管材离开口模后,一方面压力降低会使塑料管出现弹性回复而膨胀;另一方面牵引和冷却又使塑料管产生收缩。因此,口模断面尺寸一般凭经验确定(k 值是经验数据),生产中通过调节螺钉调节口模与芯棒间的环隙使其达到合理值。

(2)定径段长度 L_1

图 17.3 中 L_1 所示为定型段,即口模的平直部分,此部分与芯棒的平直部分共同组成管子的成型部分。塑料通过定型部分时,料流阻力增加,使塑件密实,同时定型部分也使料流稳定均匀,螺旋运动和熔合线得以消除。定径段过长时,料流阻力增加太大;过短则起不到定型作用,也容易造成管材表面不光滑。目前国内通常还是凭经验确定其长度 L_1。

按管材外径 d_s 计算

$$L_1 = (0.5 \sim 3.0)d_s \tag{17.2}$$

按管材壁厚度 t 计算

$$L_1 = (8 \sim 15)t \tag{17.3}$$

当管子直径较大时定径长度取小值,反之取大值;挤软管时取大值,挤硬管时取小值。

2. 芯棒

芯棒是成型管材内表面形状的零件。芯棒与分流器之间一般用螺纹连接,芯棒中心孔用来通入压缩空气,以便在管材中产生内压,实现外径定径。芯棒主要尺寸包括芯棒外径、压缩段长度和压缩角。

(1)芯棒外径 d

芯棒外径通常指定型段直径,它决定管材的内径。与口模内径 D 设计相似,需要考虑离模膨胀和冷却收缩效应的影响,芯棒的外径 d 一般按下列经验公式确定

外定径时 $$d = D - 2\delta \tag{17.4}$$

内定径时 $$d = d_0 \tag{17.5}$$

式中,δ 为口模与芯棒的单边间隙,通常取 $\delta = (0.83 \sim 0.94) \times t$,mm;$d_0$ 为管材的内径,mm。

(2)压缩段长度 L_2

芯棒的长度由定型段长度 L_1 和压缩段长度 L_2 两部分组成,通常 L_1 可与 L_2 相等或稍长一些。压缩段 L_2 与口模中锥面部分构成压缩区,使塑料熔体的分流痕迹被熔合消除。L_2 值

可按下面经验公式确定

$$L_2=(1.5\sim2.5)D_0 \tag{17.6}$$

式中，D_0 为过滤板出口处直径，mm。

(3)压缩角 β

压缩区的锥角 β 称为压缩角。β 过大会造成管材表面粗糙无光泽，一般取 30°~60°，其值与塑料流动特性有关，粘度较低时 β 取较大值(45°~60°)，反之则 β 取小值(30°~45°)。

3. 分流器与分流器支架

分流器是机头的重要组成部分，其结构如图 17.3 中分流器 6 所示。分流器的作用是对塑料熔体进行分流减薄，进一步加热和塑化。

图 17.6 为分流器与分流器支架的整体结构。分流器的尺寸参数主要是扩张角 α、分流锥长度 L_3 及分流器顶部圆角半径 R 三部分。α 的选取与塑料粘度有关，通常取 30°~90°，粘度较低时取 30°~80°，粘度较高时取 30°~60°。α 过大，料流的流动阻力就会太大，熔体易过热分解；α 过小，则不仅不利于机头对塑料的均匀加热，还会增加机头的体积。分流器的扩张角 α 应小于芯棒压缩段的压缩角 β。

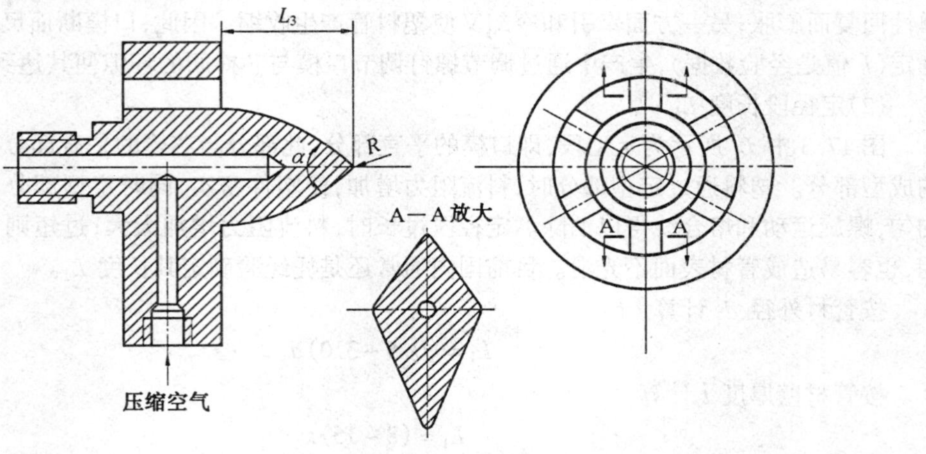

图 17.6 分流器与分流器支架整体结构

分流锥长度 L_3 一般由下式确定

$$L_3=(1.5\sim2.5)D_0 \tag{17.7}$$

式中，D_0 为过滤板出口处的直径，mm。

分流器顶部圆角半径 R 不宜过大，一般取 0.5~2 mm，表面粗糙度 Ra 应小于 0.4~0.2 μm。安装分流器时，应保证与机头体同轴度在 0.02 mm 之内。分流器与过滤板间应保持一定的距离，该距离过小会引起出管不均匀；过大又容易造成塑料滞留时间延长而分解，一般取10~20 mm或稍小于 $0.1D_1$(D_1 为螺杆直径)。

分流器支架主要用来支承分流器与芯棒。芯棒、分流器与分流器支架一般是分别加工后再装配在一起的，小型机头可设计成整体式结构。

为了消除塑料通过分流器支架后形成的结合线，分流器支架上的分流筋应做成流线型。在挤出过程中，机头内压力可高达 15 MPa，分流筋的强度应能保证在此高压下不会发生剪切破坏。在满足强度要求的前提下，分流筋的宽度和长度应尽可能小，数量也应尽可能少。为了减少分流痕迹，一般小型机头用 3 根分流筋，中型机头用 4 根，大型机头用 6~8 根。

4. 拉伸比与压缩比

拉伸比是指芯棒与口模间成型区环形间隙的截面积与管材截面积之比，它反映在牵引力作用下，管材从高温型胚到冷却定型后的截面变形、纵向取向程度和拉伸情况。拉伸比 I 的计算式如下

$$I = \frac{D^2 - d^2}{d_s^2 - D_s^2} \tag{17.8}$$

式中，D_s、d_s 为塑料管材的内、外径；D、d 为口模内径、芯棒外径。

几种常用塑料的容许使用拉伸比范围如表 17.3 所示。

表 17.3　常用塑料的许用拉伸比范围

塑料品种	硬聚氯乙烯 (HPVC)	软聚氯乙烯 (SPVC)	聚碳酸酯 (PC)	ABS	低密聚乙烯 (LDPE)	高密聚乙烯 (HDPE)	聚酰胺 (PA)
拉伸比	1.00～1.08	1.10～1.08	0.90～1.05	1.00～1.10	1.20～1.50	1.10～1.20	0.90～1.05

压缩比是指机头和多孔板相接处最大料流截面积与芯棒和口模间成型区环形间隙的截面积之比，它反映挤出过程中塑料熔体的压实程度。一般低粘度塑料压缩比取 4～10，高粘度塑料取 2.5～6.0。

17.3.3　管材的定径及定径套设计

塑件被挤出口模时的温度仍相当高，为防止由于自重和离模膨胀效应而发生变形，必须同时采取一定的定径和冷却措施，这一过程通常由定径套完成。经过定径套的初步冷却，管材随即进入水槽完成最后的冷却定型。管材的定径通常有外径定径和内径定径两种方法，我国塑料管材标准大多以外径为基本尺寸，故常用外径定径法。

1. 外径定径法

外径定径是使管材的外壁和定径套的内壁相接触，常用内压法或真空吸附法来实现，如图 17.7 所示。

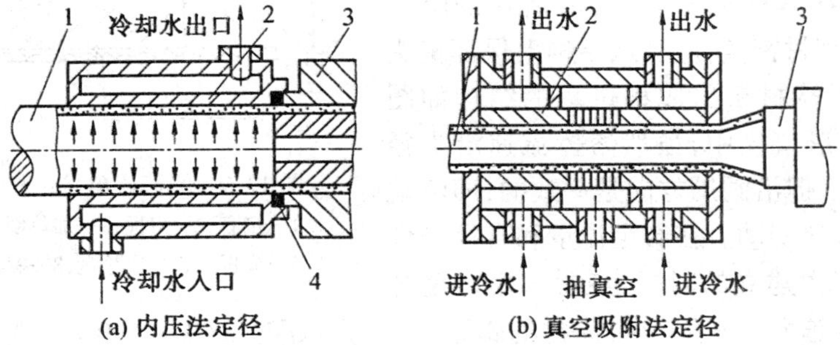

图 17.7　外径定径原理

1—管材；2—定径套；3—口模；4—绝缘垫圈

内压法定径是在管子内部通入 0.02～0.28 MPa 的压缩空气。为了保证管内压力，须用堵塞密封防止漏气。定径套长度一般小于 10 倍的管材外径，定径套内径应比管材外径大 0.8%～1.2%。内压法定径效果好，适用于生产直径较大的管材。

真空吸附法定径装置结构比较简单，管口不用堵塞，主要是定径套上开设许多用于抽真空的小孔，孔径取 0.6～1.2 mm，当塑料粘度较大或管材壁较厚时取大值，反之取小值。真空度通常取 53.3～66.7 kPa。真空定径套不能与机头口模相连接，应留有 30～100 mm 的间距。真

空吸附法定径的管材表面光洁，尺寸精度高，壁厚均匀，内应力小，适用于生产小口径管材。

2. 内径定径法

内径定径法如图 17.8 所示，是通过定径套内循环水冷却定型挤出管材，适用于内径公差要求较高的管材，其内壁产生的压应力比外径冷却时小。内径定径法常用于直角式机头和旁侧式机头，这类机头便于定径套的冷却水管从芯棒处伸进。内径定径法装置结构简单，操作方便，适于挤出成型聚乙烯、聚丙烯、聚酰胺等管材。

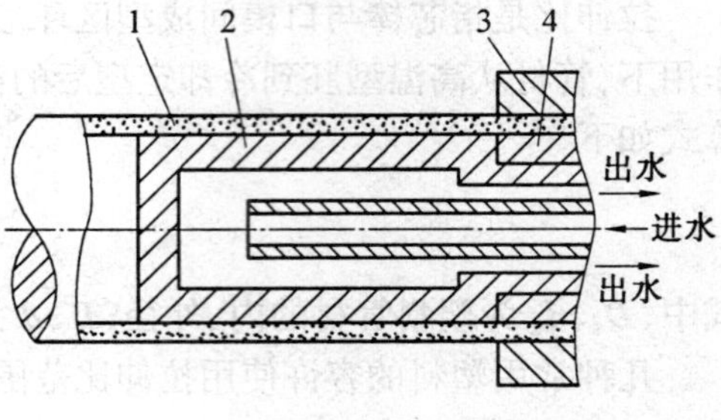

图 17.8 内径定径原理

1—管材；2—定径套；3—机头；4—芯棒

设计定径套时，长度方向应带有一定锥度，可在 0.6:100 ~ 1.0:100 之间选取；其外径一般取大于管材内径的 2% ~ 4%；定径套长度一般取 80 ~ 300 mm，牵引速度较大或管材壁厚较大时取大值，反之则取较小值。

17.4 棒材挤出成型机头设计

塑料棒材是指形状规则的实心型材，如实心的圆形、方形、三角形、菱形、多边形等型材。棒材挤出成型机头应使用在相匹配的挤出机上，尽量避免使用大挤出机成型小直径的棒材。成型机头由口模、机头体以及加热圈等主要部分组成，其中口模是决定棒材成型尺寸的关键零件。

17.4.1 挤出机头设计

棒材挤出机头结构比较简单，流道中不需要分流措施，整个机头流道只要做成无滞料区的光滑过渡就可以满足流动要求。由于棒材都是实心制品，横截面积比其他型材都大，故流道的阻力小，要想使实心型材密实，应当从结构上保证机头有足够的压力。棒材挤出成型机头的结构如图 17.9 所示，在圆形口模中，虽然熔体流速沿半径方向有很大变化，但沿圆周方向是一致的，即流动速度仅在一个方向变动。在给定流量和直径条件下，管道越短，应力建立的时间也越短，熔体离开口模时的膨胀就越大。一般塑料棒材的膨胀程度可以超过 38% ~ 120%。为此，在设计口模时常采用以下两种方式，一是减少模孔直径，二是使棒材制品的牵引速度等于口模处型坯的离模速度。流道平直部分直径小，可起到增加机头压力，促进阻流的作用。对于棒材密实度要求不高或作为提供二次加工坯料用时，挤出机头可设计成组合式结构，如图 17.10 所示，加工制造十分容易。

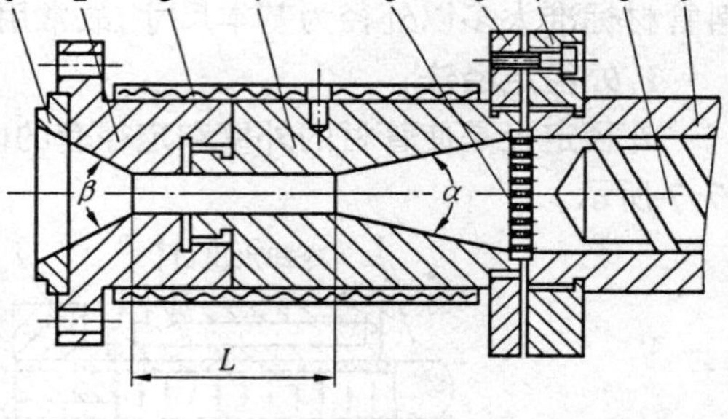

图 17.9 圆形棒料挤出机头典型结构

1—接套；2—口模；3—加热圈；4—机头体；5—栅板；6、7—法兰盘；8—螺杆；9—机筒

棒材挤出机头的主要设计参数（图 17.9）有机头成型段长度 L、收缩角 α、过渡角 β。设计不当则不能保证棒材成型尺寸和外观质量，特别是收缩角选择不当会影响表面粗糙度。

定型长度一般取 $L=(4\sim10)D$（D 为口模平直部分直径），也可以按塑料棒材直径 D_s 选取：

$D_s \leqslant (60 \sim 150)$ mm 时，取 $L=(150 \sim 200)$ mm

$D_s \geqslant (60 \sim 150)$ mm 时，取 $L=(230 \sim 300)$ mm

机头的收缩角通常取 30°～60°，长度根据棒材直径大小和物料特性而定。机头出口过渡角取 45°以下，主要以易于补料为原则。

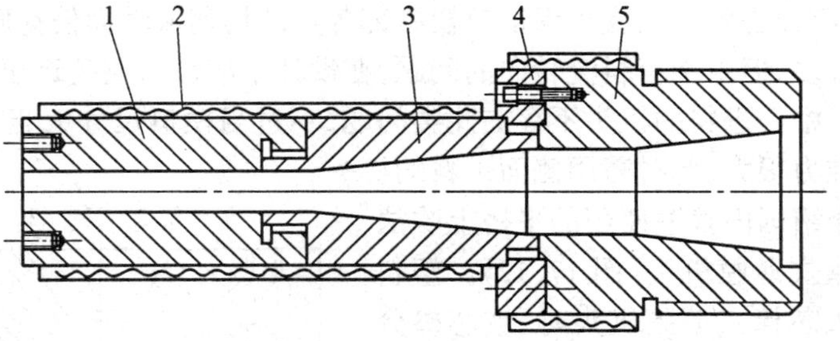

图 17.10　组合式圆形棒料挤出机头

1—口模；2—加热圈；3—接套；4—连接套；5—机头体

17.4.2　定型套设计

棒材的定型套相当于管材的定径套，但由于是实心料，结构比较简单，如图 17.11 所示。为了加强对棒材的冷却效果，定型套上可设计出螺旋式冷却槽。为减少机头热量向定型套的传递，两者间应当安放绝热板，其材料通常用聚四氟乙烯，因为它耐高温，导热系数小，且具有自润滑性和弹性，不会影响棒材的表面粗糙度。

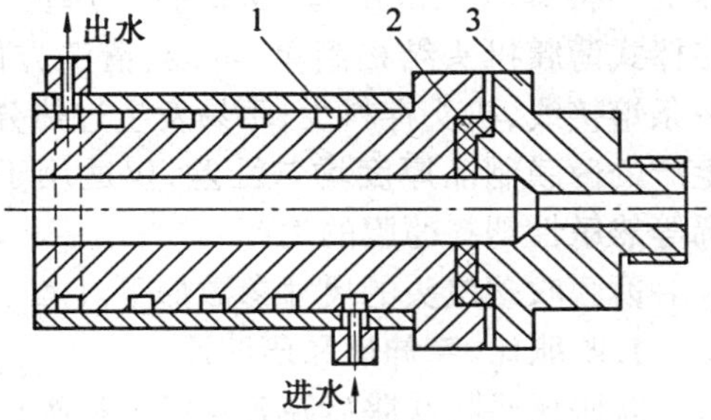

图 17.11　带冷却装置的挤出棒材定型套

1—定型套；2—绝热板；3—机头

定型套长度依据冷却介质的温度而定，温度低时可取短些，反之则取长些；当棒材直径在 50 mm以下时，定型套长度取 200～350 mm；其直径为 50～100 mm 时，定型套长度可取300～500 mm。

定型套的内径决定了棒材的最后尺寸，其值取决于塑料的收缩率，当棒材直径小于100 mm 时可参考表 17.4。同时内径沿长度方向还应设计出一定斜度(75:1)，以减少流动阻力。

表 17.4　棒材挤出成型时的收缩率

塑料名称	PA1010	PA66	ABS	PC	POM	氯化聚醚	聚　砜
收缩率/%	2.5～5	3～6	1～2.5	1～2.5	2.5～4	1.5～3.5	1～2

17.5　薄膜吹塑机头设计

薄膜吹塑是指由机头挤出的塑料管胚，被机头中心通入的压缩空气吹胀成泡管，进而得到所需薄膜的生产方法。生产塑料薄膜的方法主要有挤出法、压延法和拉伸法等，其中挤出吹塑法设备简单、成本低廉、生产率高、废料少，而且同一台设备可生产多种规格薄膜，同时吹胀和拉伸还可以提高薄膜的力学性能，因此应用最广。吹塑法适于生产聚氯乙烯、聚苯乙烯、聚乙烯、聚丙烯和聚酰胺等多种塑料薄膜。

根据牵引方向的不同，挤出吹塑法可以分为平挤上吹法、平挤下吹法和平挤平吹法三种。其中应用较多的是前两种，这两种方法使用的是直角机头，平挤平吹法则使用水平机头。

吹塑机头种类繁多，但总体上分侧面进料和中心进料两大类，侧面进料的有芯棒式机头，中心进料的有“十字形”机头、螺旋芯棒式机头、莲花瓣式机头、旋转机头和复合薄膜(又称多层共挤出)机头等。侧面进料机头易于保证口模唇部各点的均匀流动而使薄膜厚度波动减少，所以工业上应用比较多，但由于有料流转向的问题，在设计中应设法避免近于挤出机一侧的料流速度大于另一侧。中心进料的机头不存在此类问题，不过当模口尺寸大于 200 mm 时，塑料熔体对模芯底部的推力很大，此时需用侧面进料的机头。

下面只简要介绍国内普遍使用的平挤上吹法从侧面进料的芯棒式薄膜机头(图 17.12)。塑料熔体从挤出机挤入芯棒式薄膜机头时，被芯棒分成两股料流，同时发生 90°的转向，然后从机头与芯棒的环形缝隙挤出。从芯棒中心通入管胚的压缩空气将其吹胀成泡管，从而得到所需的薄膜。芯棒式薄膜机头结构简单，拆装、清洗方便，只有一条熔接线，机头存料少，不易发生过热分解。但生产的薄膜制品厚度均匀性差，仅适用于聚氯乙烯等热敏性塑料薄膜的生产。

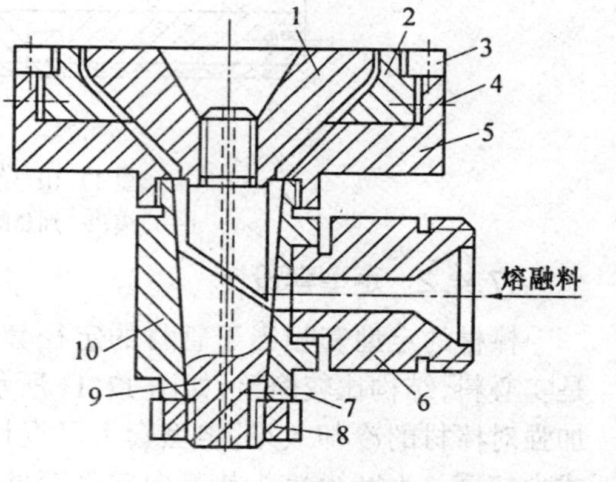

图 17.12　芯棒式薄膜机头

1—芯棒；2—口模；3—压紧圈；4—调节螺钉；5—上模体；6—机颈；7—定位销；8—螺母；9—芯棒轴；10—下模体

薄膜吹塑机头的尺寸参数如下。

1. 吹胀比、牵伸比和压缩比

吹胀比是指吹胀后膜管直径与机头口模直径之比，一般取 1.5 ~ 4，特殊情况下吹胀比也可大于 4，但太大的吹胀比会使薄膜厚度不易控制。

牵伸比是指膜管牵引速度与管坯挤出速度之比，一般取 4 ~ 6。

压缩比是指机颈内流道截面积与口模定型区环形流道面积之比，一般应≥2。

2. 出料口环形缝隙

薄膜机头的出料口环形缝隙 δ 的取值为 0.4 ~ 1.2 mm，或按 $\delta=(18\sim30)t$ 选取(t 为薄膜厚度)。δ 太小，则机头内的压力就会增大，挤出速度减慢，影响产量；而 δ 太大，则要得到一定厚度的薄膜，势必加大吹胀比和牵伸比，而吹胀比和牵伸比过大容易使薄膜生产不稳定，出现拉断和起褶，薄膜厚度的均匀性也差。

为了便于控制挤出薄膜的厚度，机头口模应可调，以便调节出料口环形缝隙的宽度。

3. 定型段长度

定型段位于机头口模与芯棒的一端，其长度 L_1 应比出料口环形缝隙宽度 δ 大 15 倍以上，以保证出料稳定，便于控制挤出薄膜的厚度，实际应用时一般取 δ 的 20 ~ 30 倍或更大。

4. 缓冲槽

为了保证料流均匀挤出，消除熔接痕，常在芯棒定型区开设 1 ~ 2 个缓冲槽，槽深 $h=(3.5\sim8)\delta$，宽度 $B=(5\sim10)\delta$。

5. 芯棒扩张角与分料斜面

芯棒扩张角 α 原则上不能取得太大，否则会增加熔体流动阻力，使薄膜厚度不均匀，通常 α 取 80° ~ 90°，必要时取 100° ~ 120°。芯棒分料斜面与塑料的流动性有关，其形状要尽可能减少料流的差距，同时还必须保证物料在机头内畅流无阻，不应有死点和停滞区，以免造成物料的过热分解。一般该斜角 β 取 40°～60°。

另外，芯棒上的料流汇合点到物料出口处的距离不应小于芯棒直径的 2 倍。

17.6 板材和片材挤出成型机头设计

板材、片材及薄膜的区别在于厚度，通常将厚度超过 1 mm 的称为板材，在 0.25～1 mm 之间的称为片材，厚度在 0.25 mm 以下的称为薄膜，三者之间没有严格的界限。利用挤出成型可以生产板材和片材，而薄膜则需要挤出吹塑等方法生产。板、片材挤出成型设备简单、生产成本低，材料冲击强度高，但厚度均匀性较差。

板机头最大的特点是熔体流道的模口（出料口）宽而薄，由于熔体在流道中经历由圆柱形变成窄缝形的变化，因此挤板机头设计的关键是使流道宽度方向上的速度均匀，以保证制件在宽度方向上的厚度均匀。板机头按其内部结构可分为鱼尾式、支管式、衣架形和螺杆分配式四类，其设计理论已比较成熟。本节只介绍鱼尾式和螺杆分配式机头的结构形式。

1.鱼尾式机头

图 17.13 为鱼尾式机头，模腔呈鱼尾形状，塑料熔体从机头中部进入模腔，向两侧分流，在模口处挤成一定宽度和厚度的板（片）材。模口处中间位置与两侧相比，物料所受压力大且散热小因而粘度较小，因此容易造成中部比两侧出料多、挤出的塑件厚度不均匀。为了克服此缺陷，需调节料流阻力的大小，因此通常在机头模腔内设置阻流器如图（a），或阻流棒如图（b）。鱼尾式机头结构较简单并且容易加工，适于多种塑料的挤出成型，如粘度较低的聚烯烃类塑料、粘度较高的塑料以及热敏性的聚氯乙烯和聚甲醛等，但不适于挤出成型宽幅板（片）材，通常要求幅宽小于 500 mm，板厚不大于 3 mm。鱼尾的扩张角不能太大，通常取 80°。

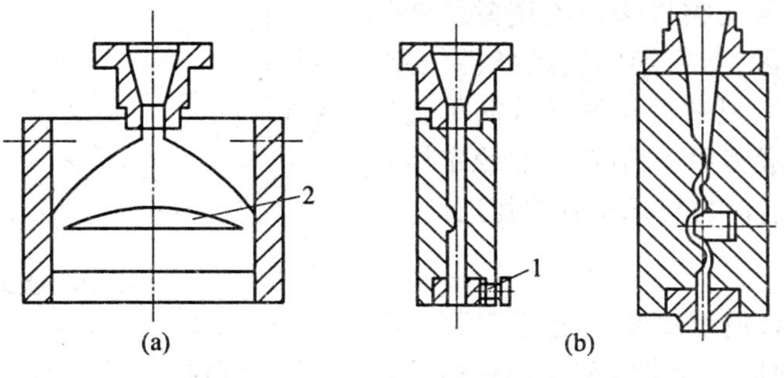

图 17.13 鱼尾式机头

1—模口调节器；2—阻流器

2.螺杆分配式机头

螺杆分配式机头就是在支管式机头的支管内安装一根旋转的螺杆，使物料沿螺槽强制推进，并在等压下沿侧缝均匀分配和挤出。螺杆分配式机头不仅适于宽幅板材（幅宽可达 4 000 mm）的生产，而且适于特厚板材（厚度可达 40 mm）的生产。对于高粘度的塑料、加有填料而流动困难的塑料以及热敏性塑料（如 PVC）都可采用这种形式的机头。

螺杆分配式机头可分为端部供料型和中央供料型两大类，如图 17.14 和图 17.15 所示。

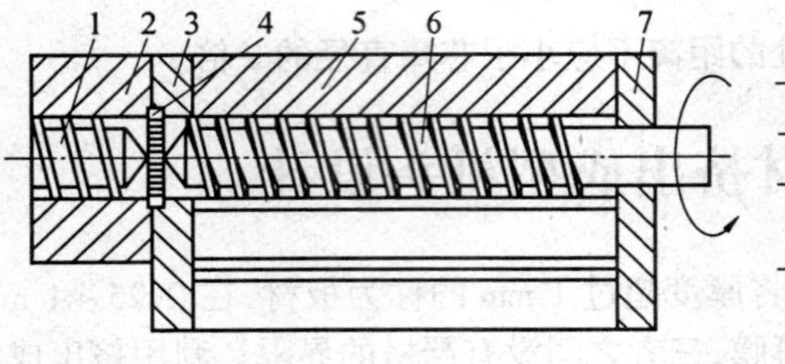

图 17.14　端部供料型螺杆分配机头

1—挤出机螺杆；2—机筒；3、7—机头外侧板；4—栅板；5—机头体；6—分配螺杆

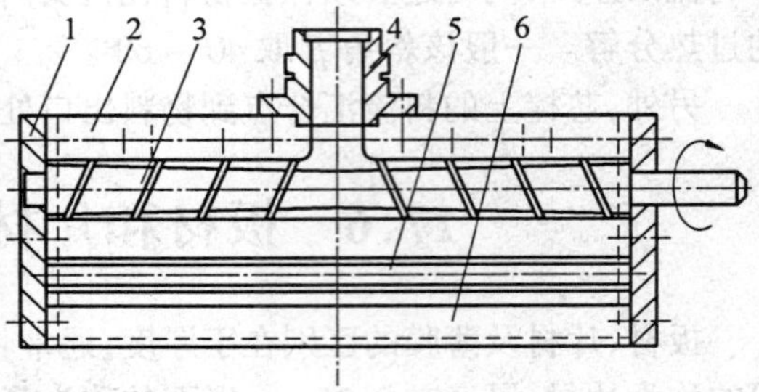

图 17.15　中央供料型螺杆分配机头

1—侧板；2—机头体；3—分配螺杆；4—机颈；5—阻流器；6—模口调节块

17.7　异型材挤出成型机头设计

除了截面规则的圆管、圆棒、片材及薄膜等挤出制品外，其他所有不规则截面形状的塑料挤出制品统称为异型材。异型材挤出成型时，自挤出机挤出的物料经分流锥后，随即汇合成管状，再由管状逐渐过渡到所需的截面形状，最后经过水槽冷却定型得到所需异型材制品。

异型材的形状复杂、塑料品种较多，在挤出过程中，不但各点的熔体流速难以控制，薄厚也不容易控制，因此如何使机头出口断面上各点的料流速度一致，是设计流道时需要解决的主要问题。异型材机头通常分为板式机头和流线型机头两种形式。

1.板式机头

板式机头如图 17.16 所示，结构简单、制造容易、安装调整方便。但此类机头内流道截面变化急剧，易形成若干死区，塑料熔体流动条件较差，常发生滞料过热分解，只适用于形状较简单及生产批量少的情况，一般多用于粘度低、热稳定性较好的聚烯烃类塑料，有时也可用于软聚氯乙烯。

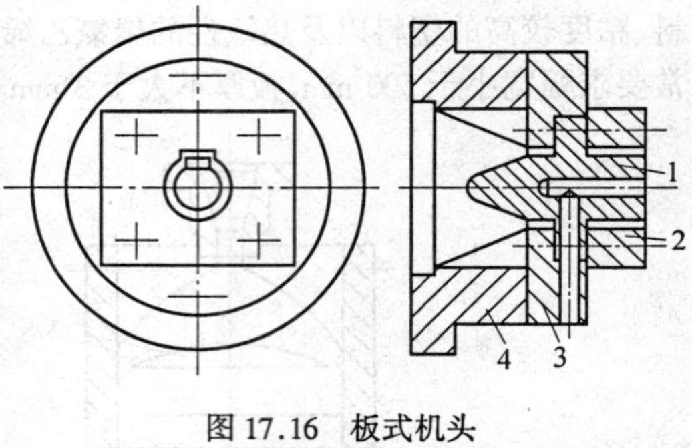

图 17.16　板式机头

1—芯棒；2—口模；3—支承板；4—机头体

2.流线型机头

如图 17.17 所示，流线型机头流道截面由圆形光滑地过渡为异型材所要求的截面形状和尺寸，即流道（包括口模成型区）表壁呈光滑的流线型曲面，各处均没有急剧过渡的截面尺寸或死角。虽然流线型机头的加工难度要比板式机头大，但能够克服板式机头内流道急剧变化的缺陷，从而保证复杂截面的异型材及热敏性塑料的挤出成型质量。流线型机头适合大批量生产。

根据加工制造方法的不同，流线型机头可分为整体式和分段拼合式两种。

图 17.17 所示为整体式流线型机头，其流道由圆环形至所要求形状的渐变过程如剖视图 A—A ~ F—F 所示。这种机头制造难度较大，加工精度要求高。在设计时应注意使过渡部分由易加工的旋转曲面或平面组成。

当异型材截面复杂时，为了降低整体式机头加工难度，可采用分段拼合式流线型机头，即将机头体分段加工以后再拼装。但拼接处易出现不连续光滑的截面过渡，因此熔体在分段拼合式流线型机头中的流动条件相对较差，成型质量不易控制。

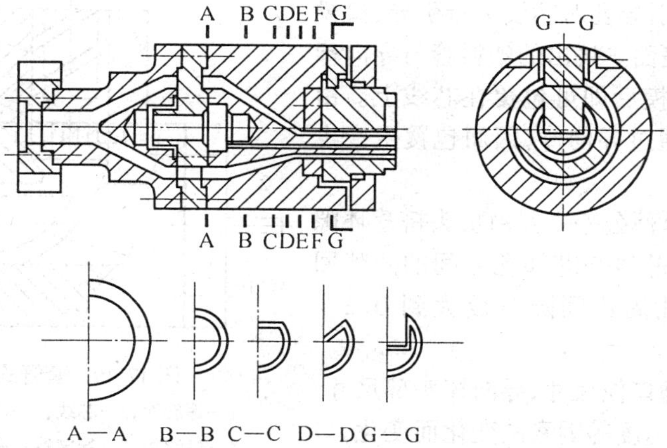

图 17.17　流线型机头

17.8　线缆包覆挤出成型机头设计

在金属导线外包覆一层软质塑料绝缘层的制品就是电线；在多股互相绝缘的塑料电线束外面再包覆一层软质塑料绝缘导管的制品就是电缆。电线和电缆一般是在挤出机上用转角式机头挤出成型的。电线通常用挤压式包覆机头生产，电缆用套管式包覆机头生产。

1. 挤压式包覆机头

与直角式机头类似，由导向器代替管材挤出机头中的芯模，导向器的内孔用于引入芯线。如图 17.18 所示，塑料熔体通过挤出机过滤板进入机头体，转向 90°后沿着导向器与机头体的环形间隙流动，形成封闭料环，而后在口模成型区最终包覆在芯线上。芯线连续地通过芯线导向棒，从而使包覆挤出生产能连续进行。

挤压式包覆机头结构简单，调整方便，广泛应用于电线生产中。但生产的电线芯线与包覆层同心度不好，包覆层不均匀。

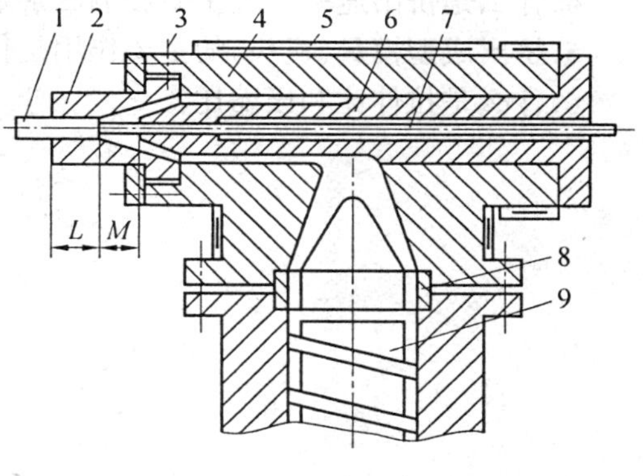

图 17.18　挤压式包覆机头

1—包覆塑件；2—口模；3—调节螺钉；4—机头体；5—电热器；6—导向棒；7—芯线；8—过滤板；9—挤出机螺杆

口模与芯棒尺寸的确定方法与管材挤出相同。定型段长度 L 为口模出口处直径 D 的 1.0～1.5 倍；导向棒前端到口模定型段的距离 M 也可取口模出口直径 D 的 1.0～1.5 倍；包覆层厚度一般取 1.25～1.60 mm。

2. 套管式包覆机头

图 17.19 为套管式包覆机头，其与挤压式包覆机头相似，不同之处在于套管式包覆机头是将塑料挤成管状，然后在口模外使塑料管立即收缩包覆在芯线上，收缩的办法是使芯线牵引的速度大于塑料管挤出速度，从而拉长塑料管，使其直径缩小；或者用抽真空的方法使塑料管紧密包覆在芯线上。

生产时，塑料熔体通过挤出机栅板的过滤进入机头体内，从芯棒两边通过心形通道汇合在一起，然后流向芯线导向棒。导向棒的作用相当于管材挤出机头中的芯棒，用以成型管材的内表面，同时以心部的引导孔对芯线进行引导，口模用于成型管材的外表面。挤出的塑料管与导向棒同心，塑料管挤出口模后即可包覆在芯线上。由于金属芯线连续地通过导向棒，因而包覆生产也会连续地进行。

由于包覆层的厚薄公差主要由机头挤管环隙决定，塑料也不会沿芯线与芯棒孔之间的间隙回流，因此导线引入孔周边间隙可放大到 0.2 ~ 0.3 mm。

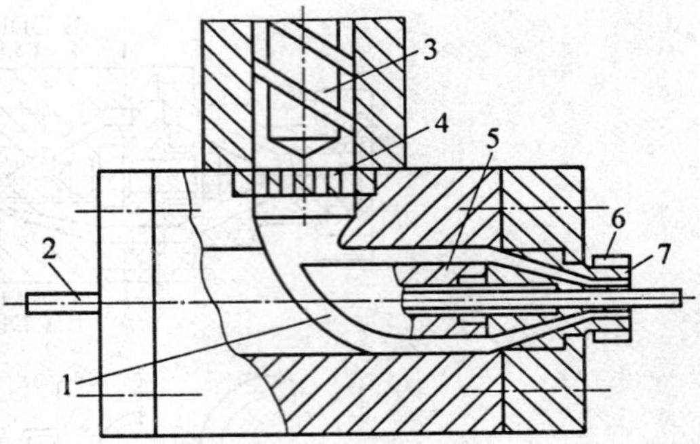

图 17.19　套管式包覆机头

1—螺旋面；2—芯线；3—挤出机螺杆；4—过滤板；5—导向棒；6—电热器；7—口模

包覆层的厚度随口模尺寸、导向棒头部尺寸、挤出速度、芯线移动速度等因素的变化而变化，口模定型段长度 L_1 为口模出口直径 D 的一半以下，否则螺杆背压过大，不仅产量降低，电缆表面还会出现流痕，从而降低表面质量。

习　题

1. 试述挤出成型的工艺原理及工艺过程。
2. 挤出成型可分为几个阶段？各阶段的作用是什么？
3. 口模温度如何选定？它对塑料制品有哪些影响？
4. 什么是挤出速率？其主要影响因素是什么？它对塑料制品有哪些影响？
5. 挤出成型模具(机头)的主要作用是什么？设计原则有哪些？
6. 什么是拉伸比和压缩比？

第18章 气动成型工艺与模具设计

气动成型是通过气体的压力，使高弹状态的塑料坯料在模具中产生塑性变形而成为制品的成型方法。气动成型按动力源可分为压缩空气吹塑成型和真空吸塑成型；按坯料和制品的形状特点可分中空容器吹塑成型和盒形制品气动成型，前者将由挤出成型的管坯或注塑成型的带底管坯吹胀成中空容器，后者将挤出成型的板、片坯胀成盒形制品。本章分两节讲述中空容器和盒形制品的气动成型方法。

18.1 中空吹塑成型工艺及模具设计

18.1.1 中空吹塑成型原理及工艺

中空吹塑成型是将处于高弹态的空心塑料管坯置于模具型腔中，借助压缩空气将其吹胀，使之紧贴于型腔壁上，经冷却定型得到中空塑料制品的成形方法。吹塑成型可以获得各种形状与大小的中空薄壁塑料制品，在工业中尤其是在日用工业中应用十分广泛。几乎所有的热塑性塑料都可以用于吹塑成型。

中空吹塑成型的方法较多，下面只简述较常用的挤吹、注吹、挤拉吹成型的基本原理及工艺特点。

1.挤吹成型

图18.1是挤吹成型工艺过程示意图，首先利用挤出方法将成型物料挤成管坯并将其引入对开的吹塑模中，如图(a)所示；闭合模具将型坯上下两端夹紧(兼起封底和缩口作用)，如图(b)所示；然后利用吹管向型坯内部吹入压缩空气，迫使型坯发生胀形以贴紧模壁并冷却定型，如图(c)所示；排放制品内压缩空气并开模脱取制品，如图(d)所示。

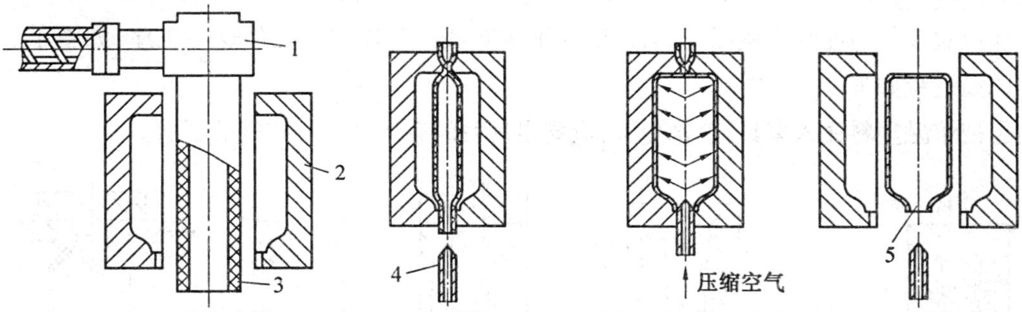

(a)型坯入模　(b)闭模　(c)吹气、保压、冷却定型　(d)放气后脱模

图18.1 挤吹成型

1—挤出机头；2—吹塑模；3—管状型坯；4—压缩空气吹管；5—制品

挤吹成型设备较简单，型坯从机头流出后可直接引入吹塑模成型，不需二次加热，生产效率较高，且坯料温度均匀，容易变形，制品应力小，强度较高。但在型坯下垂进入吹塑模的过程中会出现壁厚减薄和不均匀，使得制品壁厚不易控制。此外，在封底和切断时会产生余料和拼缝，从而影响材料利用率和制品质量。

2.注吹成型

图 18.2 是注吹成型工艺过程示意图,成型时首先利用注塑方法将带底的空心型坯成型在一个周壁带微孔的空心凸模上,如图(a)所示;将型坯与凸模一起移入对开的吹塑模中,如图(b)所示;闭合模具后通过空心凸模的中心通道和周壁微孔向型坯内部吹入压缩空气,迫使型坯发生胀形以贴紧模壁并冷却定型,如图(c)所示;排放制品内压缩空气并开模脱取制品,如图(d)所示。注射时也可以不用带微孔的空心凸模,使注塑工艺与模具简化,而在吹塑时,可用吹管插入管坯中吹气成型。

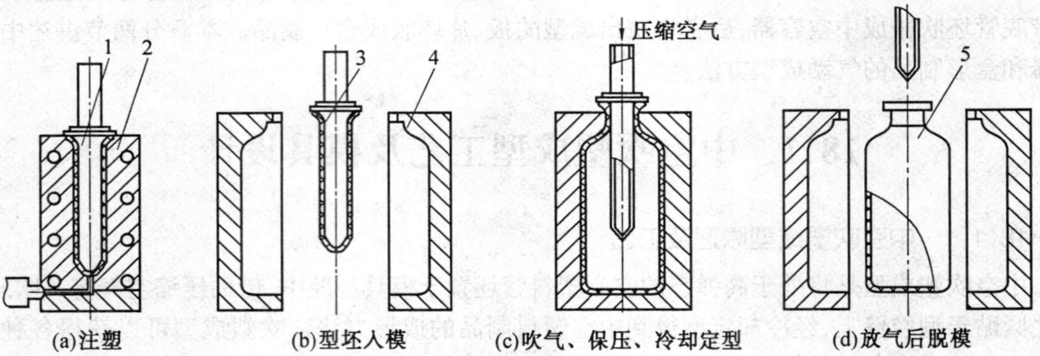

图 18.2　注吹成型

1—空心凸模;2—注射模;3—型坯;4—吹塑模;5—制品

与挤吹成型相比,注吹成型不需要封底和切断工序,但增加一套注塑模;另外,因需要型坯从注塑模向吹塑模的转移过程,使生产率降低,并使坯料温度下降,影响其胀形性能和导致制品存在应力,为此在坯料转移过程中还须对其二次加热。因此,注吹成型生产投资大、生产效率低、能源消耗较高。但由于注塑型坯壁厚不存在下垂问题,故注吹制品壁厚较均匀、质量差小、后续修整量小,所以大批量生产时可以使用注吹成型方法。

3.注拉吹成型

注拉吹成型与注吹成型相比,只是增加了将有底的型坯加以拉伸这一工序,如图 18.3 所示。成型过程如下:

①把熔融塑料注入模具,急剧冷却,成型出透明的有底型坯,如图(a)所示。

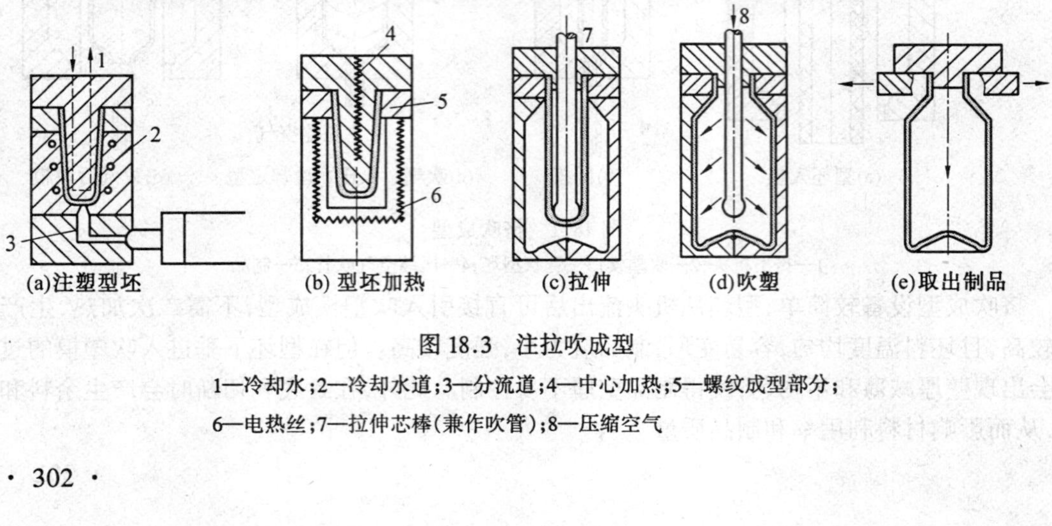

图 18.3　注拉吹成型

1—冷却水;2—冷却水道;3—分流道;4—中心加热;5—螺纹成型部分;

6—电热丝;7—拉伸芯棒(兼作吹管);8—压缩空气

②将型坯随模具螺纹成型块一起移到加热位置，用电热丝再将型坯内外加热，如图(b)所示。

③将型坯移至拉伸吹塑位置，进行拉伸，如图(c)所示。

④进行吹塑、冷却定型成制件，如图(d)所示。

⑤将成型制件移到下一位置，螺纹成型块半合部打开，取出制品，如图(e)所示。

注拉吹成型设备实际上是一台多工位注塑机模具，设有四个工位，每个工位相隔90°，图18.4所示是注塑有底型坯第一工位和拉伸吹塑第三工位。

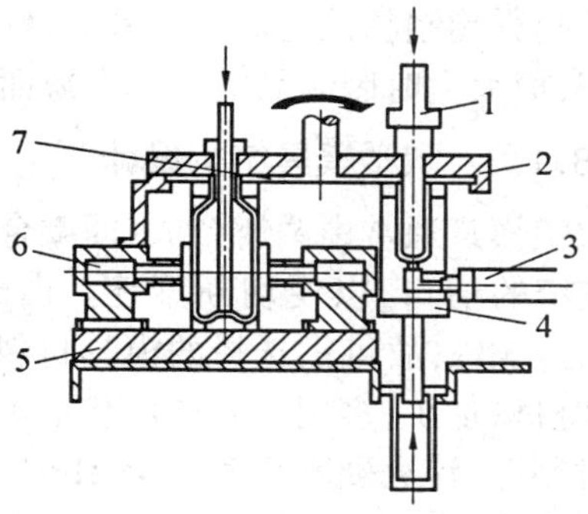

图 18.4　拉伸吹塑设备示意图

1—可动型芯；2—上模固定板；3—注塑装置；4—可动下模板；5—固定下模板；6—油缸；7—转盘

18.1.2　中空吹塑成型工艺参数

尽管中空吹塑方法多样，但成型工艺基本要素如压缩空气压力、吹胀比、拉伸比、成型温度及收缩率等是相同的。

1.坯料温度

一般来讲，坯料温度较高时容易吹胀成型，制品外形轮廓清晰，但坯料在转移位置时易变形破坏。料温较低时，坯料在吹塑前转移位置时虽不易变形破坏，但其胀形能力会变差，胀形时塑料内部会产生较大的应力，从而影响制品强度和外观。因此，挤吹时型坯温度应在高弹态范围内尽量取偏上温度，而在注吹时，应保证型坯转移时不变形的情况下，尽量采用高弹态范围内的较高温度。

2.模具温度

吹塑模温通常可在20～50 ℃间选取，过低时坯料在模具夹口处温度下降较快，影响型坯胀形，并导致制品表面出现斑纹和光亮度变差；过高时冷却定型时间长，生产率低，且制品的成型收缩大，尺寸和形状精度低。一般来讲，塑料的玻璃化温度较高时，模温可取较高值，反之则取较低值。

3.吹塑压力和吹塑速度

吹塑压力是指吹塑成型所用的压缩空气压力，其数值通常取0.2～0.7 MPa(对于注拉吹成型可取0.3～1.0 MPa)，对于薄壁、大容器、表面带有花纹图案及螺纹的中空制品，以及粘度与弹性模量较大的塑料，吹塑压力应取较大值。吹塑速度是指型坯的吹胀变形速度，其大小取决于通入型坯的压缩空气的流量。吹塑速度应尽量取较大值，以利于获取壁厚均匀、表面光亮的制品，生产率也可以提高。但过大的吹塑速度，会在型坯入口处因空气流速过大而形成局部真空，发生内陷，使制品形成横隔膜片，无法保证成型质量；还会因拉力过大容易使型坯在模具夹坯刃口处拉断，导致废品产生。

4.吹胀比

吹胀比是指制品径向最大尺寸与型坯径向尺寸之比，用 B_R 表示。对于尺寸和形状完全相同的型坯，吹胀比越大，可成型的制品尺寸越大，壁越薄，材料利用率越高，但壁太薄时影响制品的强度和刚度。

吹胀比的选择与制品和型坯的尺寸、形状以及塑料品种等因素有关，一般取2～4，特殊情况下也可取5～7。

5.延伸比

在注塑拉伸吹塑中，制品长度与拉伸前型坯长度之比称为延伸比，用 S_R 表示，此值与吹胀比一起影响制品性能。一般来讲，延伸比大的制品，其取向结构显著，强度高，透明性好，气密性好，但太大时因制品的壁厚太薄而失去使用价值。生产中一般取 $S_R B_R = 4 \sim 6$ 为宜。

18.1.3 吹塑模具结构设计

吹塑模具通常由两瓣合成(即瓣合式)，大型吹塑模可以设冷却水道，挤吹模的模口部分应做成较窄的切口，以便切断型坯。由于吹塑过程中模腔压力不大，一般压缩空气的压力为 0.2～0.7 MPa，故可供选择的模具材料较多，最常用的有铝合金、锌合金等。由于锌合金易于铸造和机械加工，多用来制造形状不规则的模具。对于大批量生产硬质塑料制件的模具，可选用钢材制造，淬火硬度为 40～44 HRC，模腔可抛光镀铬，使容器具有光泽的表面。

按模具结构和工艺方法的不同，吹塑模可分为上吹口和下吹口两类。图 18.5 是上吹口模具结构图，压缩空气由模具上端吹入模腔。图 18.6 是下吹口模具结构图，压缩空气自芯轴吹入。按模具的组合方式又可分为拼合式和镶嵌式结构。

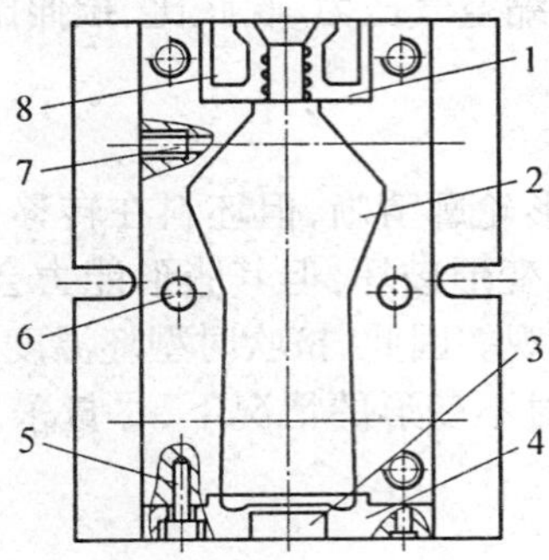

图 18.5 上吹口模具结构图

1—口部镶块；2—型腔；3、8—余料槽；4—底部镶块；5—紧固螺钉；6—导柱(孔)；7—冷却水道

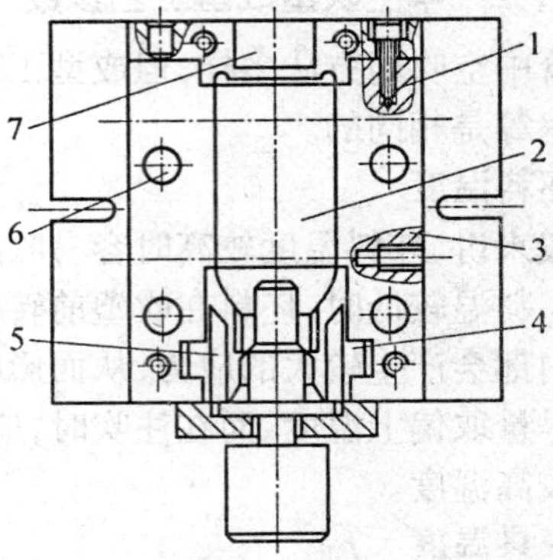

图 18.6 下吹口模具结构图

1—螺钉；2—型腔；3—冷却水道；4—底部镶块；5、7—余料槽；6—导柱(孔)

1.拼合式结构

模具整体由口板 1、腹板 2 和底板 5 组合而成，如图 18.7 所示。

口板和底板用钢材制造，腹板用铝合金或其他材料制成，三部分用螺钉和圆销紧固。两半片的定位由装在腹板上的导柱保证。冷却水道在腹板上做出。

为了保证三板之间的密合，每对板的接触面应减小，即在其左、右、后三面只留下必要的接触部分，这样可以相对地增大板间的紧固力，避免使用中松动产生缝隙，接触面的加工应保证平面性良好和必要的表面粗糙度。

2.镶嵌式结构

模体一般采用铝合金铸件或锻锭，在其口部和底部嵌入钢件，嵌件一般用压入方法，亦可用螺钉紧固。

图 18.8 为铝锭制成的模体 2，其上下各嵌入模口嵌件 1 和模底嵌件 5。在模体上加工出冷却水通路，两半模的对合由导销 4 保证。

图 18.9 为铸造出冷却水通路的模体 5，其后面由盖板 6 把水路封闭，上下各嵌入模口嵌件 1、2 和模底嵌件 8、9。嵌件由两片组成，其中间加工有冷却水通路，两片的对合由导销 3 保证。

镶嵌式结构在制造上要求较高，因为嵌件与模体之间必须接触紧密，否则容易发生漏水或在塑件上留有拼缝痕迹，为此可以采取先压嵌后加工的工艺。

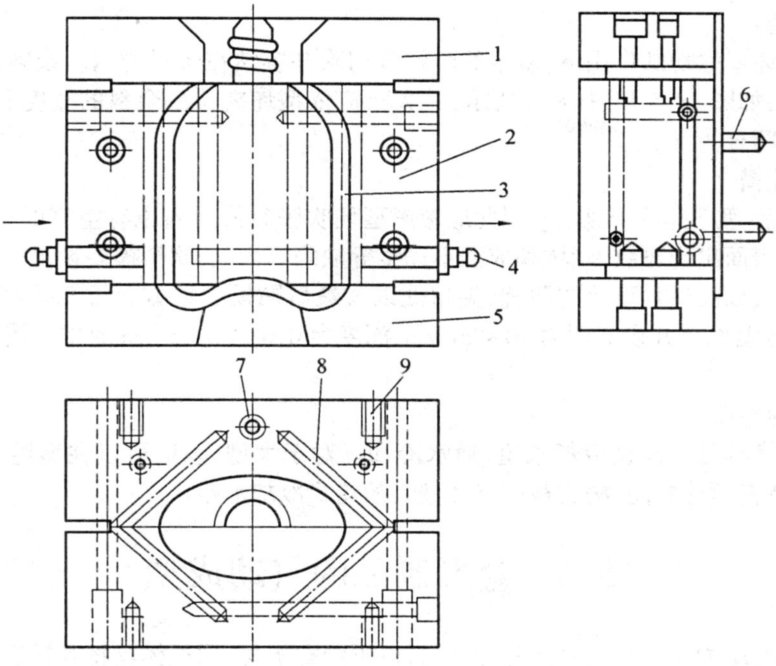

图 18.7　组合式吹塑模

1—口板；2—腹板；3—塑件；4—水嘴；5—底板；6—导柱；7—固定螺钉；8—水道；9—安装螺钉

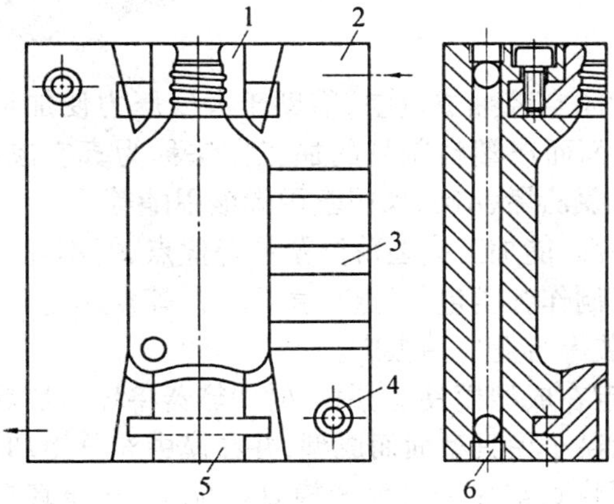

图 18.8　压入式结构

1—模口嵌件；2—模体；3—排气槽；4—导销；5—模底嵌件；6—堵头

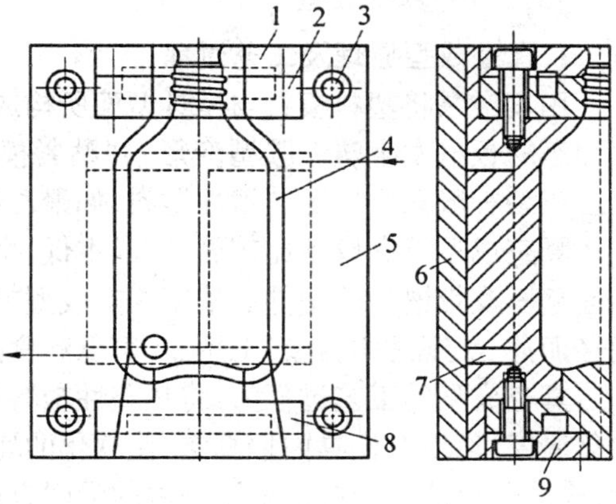

图 18.9　螺钉固定式结构

1、2—模口嵌件；3—导销；4—对合面；5—模体；6—盖板；7—冷却水路；8、9—模底嵌件

吹塑模具设计时应考虑以下要点。

(1)夹坯口

夹坯口亦称切口，用于在模具闭合时将型坯封口并将余料切除，如图 18.10(a)所示。夹料区的深度 h 可选型坯厚度的 2～3 倍，切口的倾斜角 α 可取 15°～45°，切口宽度 L 对于小型吹塑件取 1～2 mm，对于大型吹塑件取 2～4 mm。如果夹坯口角度太大，宽度太小，会降低塑件的接缝质量，甚至会出现裂缝，如图 18.10(b)所示。

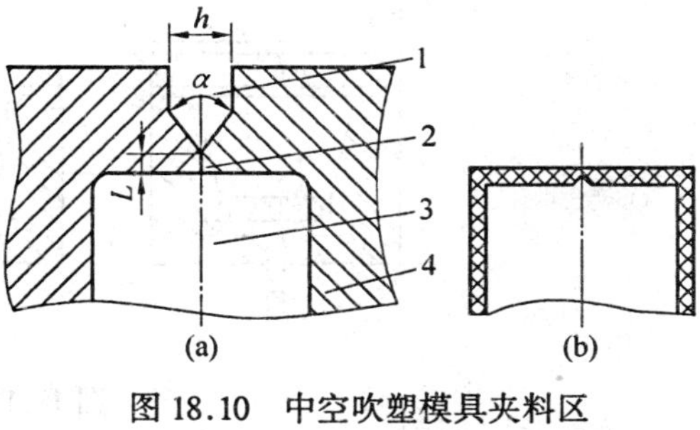

图 18.10　中空吹塑模具夹料区

1—夹料区；2—夹坯口(切口)；3—型腔；4—模具

(2)余料槽

型坯在夹坯口的切断作用下,多余的塑料被切除并容纳在余料槽内。余料槽通常设置在夹坯口的两侧,如图 18.5 和图 18.6 所示,其大小应依型坯夹持后余料的宽度和厚度来确定,以模具能严密闭合为准。

(3)排气孔槽

模具闭合后,型腔呈封闭状态,因此应考虑型坯吹胀时模具内原有空气的排除问题,排气不良会使塑件表面出现斑纹、麻坑和成型不完整等缺陷。为此,吹塑模要设置一定数量的排气孔。排气孔一般放在模具型腔的凹坑、尖角处以及最后贴模的地方。排气孔直径常取 0.5~1 mm。此外,分型面上开设宽度为 10~20 mm、深度为 0.03~0.05 mm 的排气槽也是排气的主要方法。

(4)模具的冷却

对于小型模具可以开设冷却水道,通水冷却。对于大型模具,可以在型腔背后铣一个空槽,再以板盖及密封件封闭,构成截面尺寸较大的箱式冷却水路。

18.2 盒形制品的气动成型

利用气体的压力使塑料板材或片材坯料(以下统称板材)通过模具将其转变为盒形制品的成型方法,称为盒形制品的气动成型,包括真空成型、气压成型等。

18.2.1 真空成型

1.真空成型原理及工艺过程

用真空泵将塑料板材与模具型面所构成的封闭空腔抽成真空,借助于大气压力使加热到高弹态的板材发生塑性胀型变形,并贴紧模具型面而成塑料制品的加工方法称为真空成型。真空成型一般只适用于热塑性塑料,如聚乙烯、聚氯乙烯、ABS、聚甲基丙烯酸甲酯等。

真空成型具有设备比较简单、成本低、生产率高、能加工大型薄壁塑件等优点,但不宜成型不同壁厚及带嵌件的塑件。采用真空成型方法可制作各类包装衬垫、壳、匣、盆等盒形制品,制件轻而薄、美观透明,在轻工用品、家电和食品包装等行业应用很广。

真空成型的工艺过程为:将热塑性塑料板固定在成型模具上,用辐射加热器将坯料加热至软化温度,然后在模具内抽真空,使软化的坯料紧贴于模具型面而成型,并在模中充分冷却、定型,最后脱出塑件。按板材胀型时的吸附方向,可将真空成型分为凹模真空成型、凸模真空成型和双向真空成型三种方法。

凹模真空成型工艺过程如图 18.11 所示,板材紧贴于凹模型面,所生产的塑件外表面精度较高。凹模成型只能用于成型深度不大的塑件,否则在型腔底部拐角处制品壁厚会显著变薄。

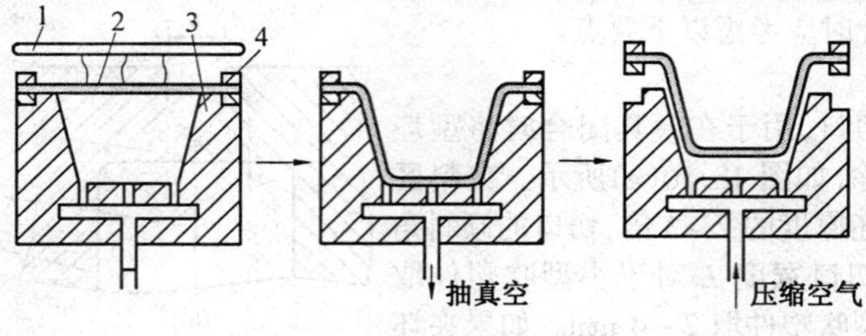

图 18.11 凹模真空成型

1—辐射加热器;2—塑料板材;3—凹模;4—压环

凸模真空成型则为板材紧贴于凸模型面，工艺过程如图 18.12 所示。该法可用于生产深度较大的薄壁塑件(高径比可达 1～1.5)，并可获得较准确的内部形状和尺寸。但是由于凸模顶面与板材间的摩擦作用，凸模成型时常出现底部厚、侧壁薄的现象，这种壁厚不均匀现象以聚乙烯板材尤为严重。

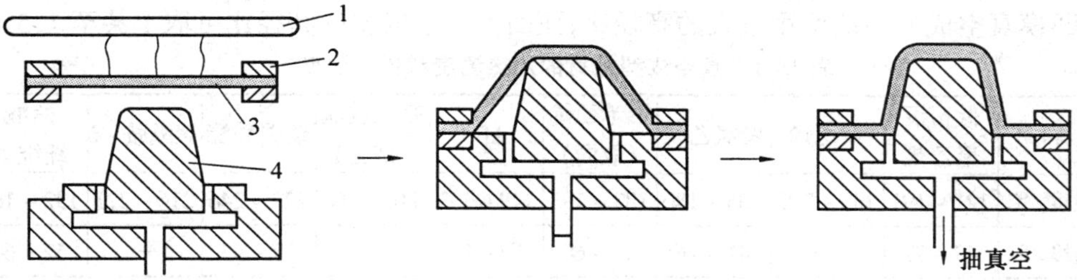

图 18.12　凸模真空成型

1—辐射加热器；2—压环；3—塑料板材；4—凸模

双向真空成型的特点是，模具上既有凸模又有凹模，工艺过程如图 18.13 所示。成型时先将板材夹持固定于凹模上端，并用可移动辐射器对板材加热，如图 18.13(a)所示；板材软化后移去加热器，然后在下模内微抽真空，并通过上模吹入少量压缩空气，使板材向下鼓起，如图 18.13(b)所示；凸模下行插入鼓起的塑料板中，同时切换真空抽气与压缩空气入口位置，于是板材将贴附凸模型面而成型，如图 18.13(c)所示。

这种方法在板材向下鼓起时，底部变形较大，再反向贴合凸模时，底部变形较小而根部变形较大，故总体变形较均匀，与凸模真空成型法相比，塑件壁厚不均程度可得到改善，常用于成型深腔塑件。

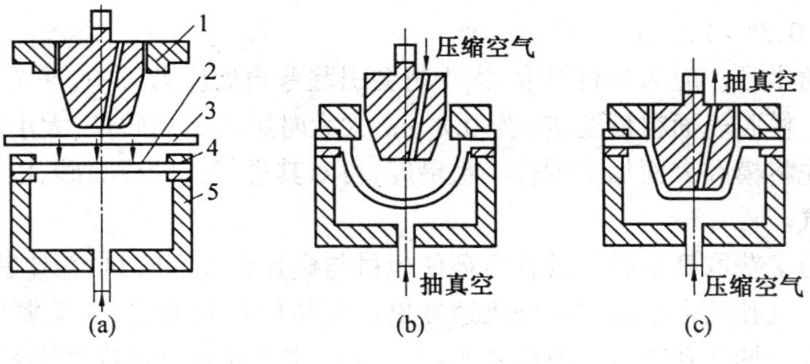

图 18.13　双向真空成型

1—凸模；2—塑料板材；3—辐射加热器；4—压环；5—凹模

2. 真空成型工艺参数

(1)成型温度

真空成型温度包括塑料板材加热温度和模具温度。塑料板材加热前通常还需要预热干燥，成型时一般用红外线加热器加热到高弹态。加热温度高，板材塑性变形能力大，变形抗力小，可以成型出几何轮廓清晰的塑件；但加热温度过高会使板材极限强度急剧下降，导致板材过早断裂，无法达到预定的变形程度。

模具温度高，有利于板材贴模成型，但冷却时间增长，生产率低，而且塑件容易粘附于模具导致脱模困难；模具温度低，生产率高，但塑件表面易出现冷斑甚至裂纹，壁厚也会不均匀。表 18.1 列出了几种真空成型板材的加热温度和模具温度供参考。

(2)变形程度

板材真空成型的变形极限决定于板材在热态下的强度和所允许的厚度减薄率。习惯上用高径比(板材成型后的塑件高度与径向尺寸的比值)表示变形程度,其数值通常取0.5~1。如果板材的成型极限高,则许可使用的高径比大,反之则小。此外,高径比还与具体成型工艺方法有关,凹模真空成型不能使用过大的高径比;而凸模真空成型的高径比可取1甚至1.5。

表18.1 真空成型板材的加热温度和模具温度

塑 料	低密度聚乙烯	聚丙烯	聚氯乙烯	聚苯乙烯(取向)	ABS	有机玻璃(挤出)	聚碳酸酯	聚酰胺-6	醋酸纤维素
加热温度/℃	121~191	149~202	135~180	182~193	149~177	110~160	227~246	216~221	132~163
模具温度/℃	49~77	—	41~46	49~60	72~85	—	77~93	—	52~60

(3)成型速度

成型速度取决于模具抽取真空的速度。一般来讲,成型温度高,宜用较快速度成型;大尺寸制品宜用慢速成型。如果成型过程中采用压缩空气,则成型速度还与压缩空气的流速有关。

(4)成型压力

对于凹模或凸模真空成型,成型压力一般为0.1 MPa,成型压力还与压缩空气压力有关,压缩空气压力通常取0.3~0.4 MPa。具体选择时需考虑塑料板材品种、厚度及成型温度等因素。塑料的相对分子质量比较大,板材较厚或成型温度较低时,均需用较大的成型压力。

3.真空成型模具

真空成型模具结构比较简单,设计时一般应考虑以下问题。

①脱模斜度。因盒形制品刚度较小,脱模困难,无论凸模凹模都应考虑足够的脱模斜度,通常,凹模可取0.5°~1.5°,凸模取2°~3°。

②最小圆角半径。应为板材厚度,太小将会引起弯角处应力集中,甚至无法成型。

③粗糙度。模腔表面粗糙度 Ra 为0.8 μm,太大时影响制品质量,太小时制品容易与型面粘附。一般是先将模腔表面加工到较小粗糙度,再对其进行打砂或喷砂,以形成均匀微沟或微坑储存微量空气。

④密封。为了获取真空必须设置压环使板材与模具型面间密封,并使其有足够的压紧力。

⑤抽气孔。气孔的大小既要保证迅速抽出板材与模具间的空气,又要保证成型后制品表面不留气孔痕迹。抽气孔直径一般取0.5~1.5 mm,主要受板材厚度和塑性影响,具体可按表18.2选取。

表18.2 真空成型抽气孔直径 mm

塑料 \ 板厚	0.25~0.8	0.8~1	1~2	2~3	3~5
聚乙烯	0.3~0.35	0.4~0.5	0.5~0.75	0.8	0.8
聚苯乙烯	0.3~0.5	0.5~0.6	0.6~0.9	1.0	1.0
硬聚氯乙烯	0.4~0.5	0.6~0.8	0.8~1.0	1.0~1.5	1.0~1.5
ABS	0.3~0.5	0.6~0.75	0.6~0.9	1.0	1.0
聚甲基丙烯酸甲酯	—	—	1.0~1.2	1.2~2.0	1.5~2.5

抽气孔的位置应设置在板材最后与模具型面贴合的部位,如型面的凹坑、角隅或轮廓复杂处。此外,还要分布足够数量的抽气孔,对于小型制品,气孔间距可取 20 ~ 30 mm,对于大型制品,此间距可适当增大;对于形状结构较复杂制品,在复杂部位应集中布置气孔。

⑥模具材料。真空成型对模具材料性能要求不高,一般选用金属材料。生产批量不大时可选用木材、石膏等非金属材料,为改善型面表面质量,减少磨损,可以涂上环氧树脂,并进行喷砂和抛光处理。

18.2.2 压缩空气成型

通过压缩空气的压力使已加热软化的塑料板材在凹模中成型的加工方法,称为压缩空气成型法,如图 18.14 所示。成型时,先将板材放置在型刃或下模端面,如图 18.14(a)所示;然后启动上模下移,并带动加热板靠合板材,同时由下模底部气孔向模内吹入压缩空气,迫使板材与加热板之间贴紧,以对板材实现模内加热,如图 18.14(b)所示;当板材达到预定温度时,切换压缩空气进出口位置,即由上模顶部气孔压入热空气,而由下模底部气孔排气,使板材发生塑性变形并与模具型面贴合成型,如图 18.14(c)所示;上模再次下移,利用型刃切除制品周边余料,如图 18.14(d)所示;上模回程并再次切换压缩空气进出口的位置,利用压缩空气,将塑件脱出模外,如图 18.14(e)所示。

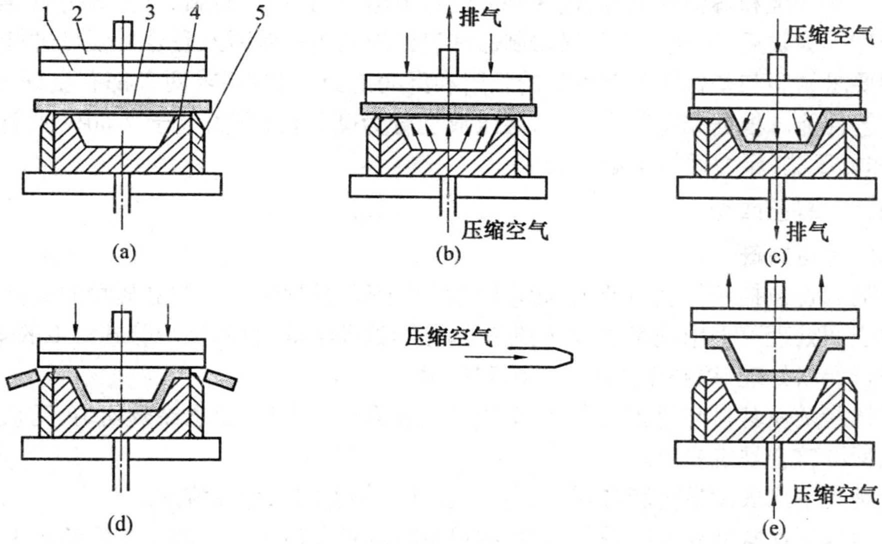

图 18.14　压缩空气成型

1—加热板;2—上模座;3—板材;4—凹模;5—型刃

压缩空气成型原理与真空成型相似,成型方法亦包括凹模成型、凸模成型等,主要区别是气源不同,因压缩空气成型可采用较高压力(一般取 0.3 ~ 0.8 MPa,必要时可取到 3 MPa),所以可成型较厚(1 ~ 5 mm)的板材,其制品精度、表面质量也比真空成型好。

习　题

1.中空吹塑成型时压缩空气的压力一般为多大?

2.试比较压缩空气成型与真空成型的优缺点。

3.挤吹成型与注吹成型有何不同?各有什么特点?

第19章 特殊塑料成型工艺

除了前述的成型工艺外,塑料还有一些比较特殊的成型加工方法,例如层压成型、铸塑成型、旋转成型、烧结成型、缠绕成型、喷射成型、流涎成型和压延成型等。本章主要介绍这些成型方法的原理和特点。

19.1 层压成型

层压成型是用涂有树脂的基体片材(基材)按一定数量叠合在一起,经过加热、加压使之成为层合板、层合管或层合棒等的加工方法。层压制品综合了树脂和基材两者的性能,具有强度高、质量轻、不易受潮等优点,用途非常广泛。

可用作层压基材的原料主要有玻璃纤维织物、合成纤维织物、麻纤维织物、纸张、棉布、石棉、碳纤维、硼纤维和陶瓷纤维等,这些基材经过酚醛树脂、环氧树脂、有机硅树脂、氨基树酯或不饱和聚酯等涂敷后,再经干燥并根据制品和模腔形状进行裁减及叠合后便可进行层压成型。层压成型要求树脂与基材间具有良好的粘附和湿润能力,同时要求两者都有良好的物理力学性能和工艺性能。根据成型压力大小,层压成型分为高压法(压力大于 7 MPa,通常采用 10 ~ 30 MPa)和低压法(压力通常小于 5 MPa)。

19.1.1 高压成型

1.基体片材制备

基材的制备包括基料表面处理、涂敷树脂、烘干等,是保证层压制品质量的关键。

基料表面处理可采用洗涤法、热处理法和化学处理法等,目的是清除基材中的浆料或对基体材料进行偶联处理,以利于树脂的湿润和粘附。

涂敷树脂是使基材与树脂复合,可采用浸渍或涂拭的方法,要求涂敷均匀、无杂质,树脂含量和硬化程度符合规定要求。

烘干是为了除去涂敷树脂过程中附着在基体材料上的水分或溶剂。

涂敷与烘干通常需要连续进行,常用的设备有卧式浸渍烘干机和立式浸渍烘干机。

2.板材层压成型

板材层压成型一般在层压机或者液压机上进行,主要工艺过程如下。

①叠料。将涂有树脂的基体片材裁剪成一定尺寸,并按一定的顺序叠合成一定厚度。为了改善层压板材的表观质量,可以在叠料两面分别叠上 2 ~ 4 张树脂含量较多的表面专用片材,并在表面涂上脱模剂(如硬脂酸锌等)。

②装机热压。将叠装好的层压单元推入层压设备的工作空间,然后启动设备进行热压成型。

③出机脱模。层压制品温度降到 60 ℃时,撤除压力,从层压设备中推出层压单元,并从层压模中脱取制品。

④切边。对层压制品脱模之后带有的毛边予以切除。

⑤后烘。如果层压制品脱模后存在硬化程度不足(欠熟)现象时,可进行后烘处理,即对制

品再次进行加热保温,促使其进一步硬化。对于硬化速度很慢的环氧酚醛层压板,后烘是必不可少的工序。

3.管材及其他制品的高压成型

层压管的成型工艺是,基材浸渍树脂干燥后,卷于加热的管上;然后放到模具中,通过压力机压制,得到层压管制品。

用模压方法还可以生产齿轮、滑动阀件、轴瓦、轴衬等制品。

19.1.2 低压成型

低压成型法主要应用于不饱和聚酯树脂、环氧树脂等,和在固化时产生挥发性副产物的树脂及固化温度在常温或加热状态下的成型。

低压成型可以生产大型层压制品,且不需大型压力设备,所以在层压成型中发展较快,但低压成型的制品外观质量和强度比高压成型差。低压成型方法较多,最常用的是接触法,又称为涂敷法、裱糊法或手糊法。具体工艺过程为:在涂有脱模剂的模具上将片材和树脂连铺带涂一层层贴合,每贴一层,都应将其中空气排出;当铺到预定厚度时,进行低压硬化处理,待树脂硬化到要求程度之后,进行适当修整便可得到制品。

19.2 铸塑成型

在模具中加入液态成型材料,经加热,在催化剂的作用下固化成型的方法,称为铸塑成型加工。铸塑用液态原料可以是聚合物溶液、单体经初聚或缩聚而成的浆料、单体与聚合物形成的混合溶液等。铸塑成型使用设备简单,成型仅需常压或低压,对模具强度要求很低,常以金属、玻璃等作为模具材料,生产投资小,适于成型各种尺寸的塑料制品,但其成型周期长、生产效率低、制品尺寸精度较差。根据成型特点不同,铸塑成型分为静态浇铸、离心浇铸等。

19.2.1 静态浇铸成型

将液态原料浇入静置的模具,使其完成聚合或交联反应并按模腔形状和尺寸固化成为塑料制品的方法称为静态浇铸成型,如图19.1所示。该方法操作比较简单,使用比较广泛,可用来生产聚己内酰胺、聚甲基苯烯酸甲酯、环氧树脂、聚苯乙烯、酚醛、有机硅、不饱和聚酯等塑料型材和制品。下面以环氧树脂为例简述静态浇铸工艺的典型工艺过程。

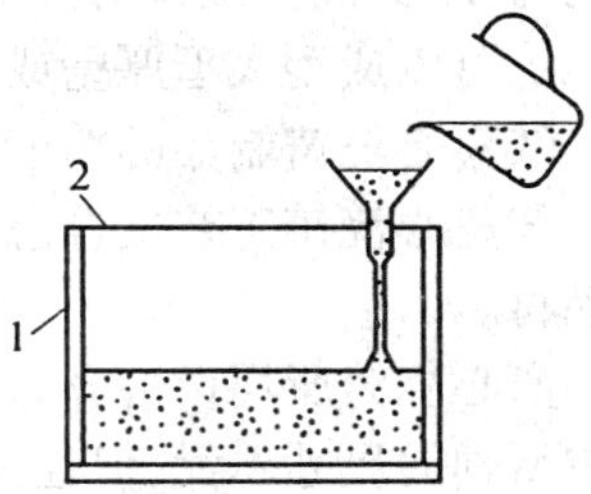

图19.1 静态浇注示意图

1—夹紧装置;2—玻璃板

1.液态原料配制

环氧液态原料通常由双A型环氧树酯,并添加硬化剂和适量填料配制,成型过程中依靠交联反应固化为制品。

环氧液态原料的配制方法为:首先按照模腔容积称取一定量的环氧树脂与干燥后的填料混合并加热到80 ℃左右,然后再添加除去硬化剂之外的其他各种组分,并进行均匀混合和自然冷却。

2.成型准备

浇铸成型前的准备工作包括清洗模具、涂拭脱模剂、安放嵌件和预热模具等,其取舍需要视塑料品种和成型质量等具体情况而定。

3.浇铸成型

浇铸成型指将液态原料浇入模腔,并使其通过聚合或交联反应固化成为制品的过程。浇铸成型所用模具的设计可参考注射模进行,但对模具材料的强度要求很低。根据塑料品种、制品质量及生产批量大小,可采用铸铁、钢材、铝合金、型砂、硅橡胶、塑料、玻璃,甚至水泥和石膏等材料制模。

浇铸成型环氧制品的具体操作方法为:将液态原料的各种组分混合均匀并向其中添加硬化剂后,通过浇口浇入已经涂拭脱模剂的模腔,然后液态原料便可在模腔内通过交联反应固化。如果在固化过程中采取加热和保温措施,应注意升温速度不宜过快,保温温度不宜过高,否则容易引起某些硬化剂挥发造成损失,或因原料中空气、水分、低分子物质逸出太快导致制品起泡。

4.后处理

后处理指制品脱模后,为了消除制品中的残余应力而采取的加热和保温等热处理措施。制品是否需要后处理以及后处理工艺条件均与塑料品种有关。例如,环氧树脂制品脱模后可以不用后处理,聚己内酰胺和聚甲基丙烯酸甲酯制品则需后处理。聚己内酰胺的后处理工艺为:将脱模后的制品置于 150~160 ℃机油保温 2 h,与油一起冷却至室温后放入水中煮沸24 h,然后再缓冷到室温,聚甲基丙烯酸甲酯的后处理工艺比较简单,即制品脱模后置于 70~80 ℃下保温 3~4 h。

19.2.2 离心浇铸成型

离心浇铸是将液态原料浇入可以进行旋转运动的模具中,利用离心力迫使液态原料充满旋转体模腔并固化成为制品。采用离心浇铸可以生产轴套、齿轮坯、滑轮、转子以及管材等旋转体制品。适于离心浇铸成型的塑料主要是一些粘度比较小、热稳定性比较好的热塑性塑料,如聚酰胺、聚乙烯、增塑聚氯乙烯等,也可以利用短切玻璃纤维增强聚酯成型塑料管材。与静态浇铸相比,离心浇铸的主要特点如下。

①可以成型大型厚壁或薄壁制品,而静态浇铸则很难成型大型薄壁制品。

②离心浇铸制品的精度和力学强度比静态浇铸制品好,但残余内应力比静态浇铸制品大。

③离心浇铸工艺比静态浇铸复杂,不宜成型形状复杂的制品;设备投资较高,模具一般使用钢材。

离心浇铸所用设备分为立式和卧式,立式设备适于成型轴向尺寸大的制品,而卧式设备适于成型轴向尺寸不大,但径向(或平面)尺寸比较大的制品。

离心浇铸工艺方面除考虑原料配制、固化温度和固化时间等参数外,还需要考虑离心力和设备转速。离心力大小与塑料品种及制品形状有关,通常可取 0.3~0.5 MPa,塑料粘度比较大或制品形状比较复杂时取较大值,反之可取较小值。设备转速与离心力呈正比,与制品半径和塑料熔体密度成反比。

19.3 搪塑和浸涂成型

19.3.1 搪塑

搪塑又称为涂凝,是由静态浇铸原理衍生出的成型方法,可以只用凹模型腔成型软质中空塑料制品(如塑料娃娃等),主要特点是设备费用低、工艺操作比较简单、生产效率高,但制品厚度和质量精度比较差。该法主要用于聚氯乙烯塑料。

搪塑成型使用粘度 10 Pa·s 左右的糊状原料，这类原料称为塑料糊或溶胶塑料，通常由聚合物和分散剂、稀释剂、胶凝剂、稳定剂、填充剂、表面活性剂等助剂组成。其中分散剂指包括液体增塑剂在内的一些非水溶性液体，可以促进固态或液态物质分散于水或其他介质中，以形成稳定的悬浮液；稀释剂主要用来降低塑料糊的粘度和减小分散剂的溶解作用；胶粘剂的作用是促使塑料糊转变成为膜状凝胶体；表面活性剂用于稳定或降低塑料糊的粘度。

聚氯乙烯塑料糊的配制方法如下，先将各种助剂与少量增塑剂混合并用碾磨机研细作为“小料”；然后将乳液状聚氯乙稀(或微悬浮状聚氯乙稀)与剩余的增塑剂在室温下搅拌混合，同时缓缓加入“小料”，直到成均匀的糊状为止。为了提高制品质量，还可将混合后的塑料糊进一步研细，并通过真空或离心方法脱除气泡。聚氯乙稀塑料糊在常温常压下一般是稳定的，但直接与光或与锌和铁等金属接触时容易产生降解，因此应选择合适的配料和储存设备及容器，储存温度一般不得超过 30 ℃。

搪塑成型的工艺过程为：

①将配好且经过脱泡的塑料糊浇入预热到 130 ℃左右的凹模型腔，并使整个型腔内壁均为糊料湿润，以避免在型腔的局部凹陷或凸出部位因排气不良而形成气泡；并同时保证制品表面上微细凸凹或花纹能够显现清晰；塑料糊灌满型腔后应停留一段时间(约 15 ~ 30 s；厚制品可适当延长)，待型腔表壁上形成一层膜状凝胶后，将剩余的塑料糊倒出。成型厚度较大的制品时，需要进行多次浇铸，每一次操作可获得 1 ~ 2 mm 厚度凝胶。

②将凹模及形成的凝胶一起加热并保温(即热处理)，促使附着在型腔表壁上的凝胶发生“胶凝”和“熔结”两种物理变化，以保证脱模后的制品具有良好的力学强度。“胶凝”是指聚合物不断吸收分散剂并同时发生溶胀的过程，在此过程中，凝胶中的液相部分不断挥发，而固相中的聚合物颗粒间距逐渐缩小并向连续状态转变。“熔结”是指“胶凝”后继续加热时，溶胀后的聚合物颗粒之间发生相互粘接的过程，此过程中，使凝胶中的液相将全部挥发，聚合物颗粒将完全粘结在一起形成十分均匀的单一连续固相。然后对其冷却便可获得制品。

搪塑成型加工法主要用于加工玩具(人物、动物等)和电器制品等。

19.3.2 浸涂

浸涂又称为蘸浸，其原理与搪塑相似。浸涂成型(图 19.2)仅使用凸模来成型软质中空制品，其成型过程与搪塑相似，即首先将经过预热的凸模浸入装有塑料糊的容器中，然后慢慢提起，塑料糊便会在凸模型面上附着一层膜状凝胶，再将凸模连同凝胶一起进行热处理，便可从凸模上脱取制品。浸涂成型所用的凸模可采用铝、黄铜、钢材、陶瓷和玻璃等材料制造。

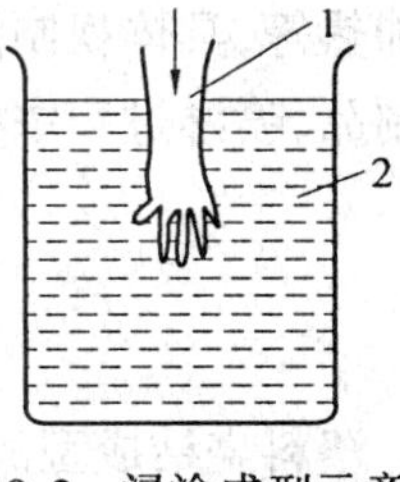

图 19.2 浸涂成型示意图

1—凸模；2—塑料糊

19.3.3 粉末浸涂

粉末浸涂成型是将加热到一定温度的模具进入到塑料粉末中，使其接触的塑料粉末熔融并粘附在模具上而成为塑料制品的成型方法。为了使塑件壁厚均匀，粉末浸涂成型一般采用沸腾浸涂法，如图 19.3 所示。将塑料粉末放到储槽中，在储槽的底部设有多孔板，吹入压缩空气，使塑料粉末呈流动沸腾状态，这时，将加热模具放入到料槽中，流动沸腾状态的塑料粉末遇到模具表面即发生熔融浸涂成型过程，浸涂后取出模具进行加热处理，使塑料粉末完全熔融然后冷却，脱模得到制品。

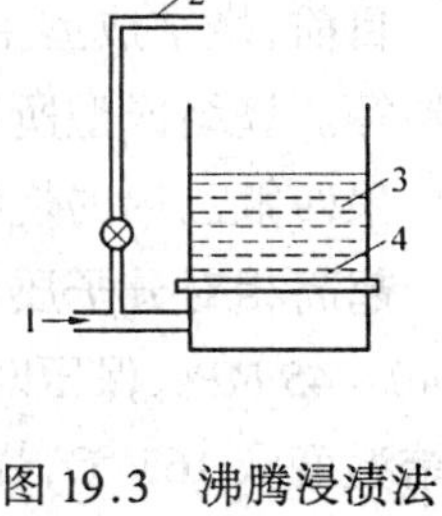

图 19.3 沸腾浸渍法

1—压缩空气；2—配管；

3—塑料粉末；4—多孔板

19.4 旋转成型

旋转成型又称滚塑成型，所使用的成型物料分为两类，一类为液态或糊状原料，另一类为粉料。前者的旋转成型与离心浇铸相似，可认为是一种特殊的铸塑方法，主要用于聚氯乙烯塑料，其制品包括玩具、皮球、瓶罐类容器等，也有用于大型中空制品。后者的旋转成型问世较晚，但已成为一种最经济的大型中空制品成型方法，已用于聚乙烯、聚丙烯、ABS、聚酰胺和聚碳酸酯等多种塑料，制品的直径和长度可达数米，容积可达 10 m^3。

图 19.4 是大型塑件的旋转成型示意图，首先将成型物料装入既可以自转又可以公转的模具中，然后启动旋转成型设备和加热装置，使物料在旋转和加热过程中熔融塑化，并依靠重力作用粘附在模腔表壁，待冷却定型后，便可从模内脱取制品。

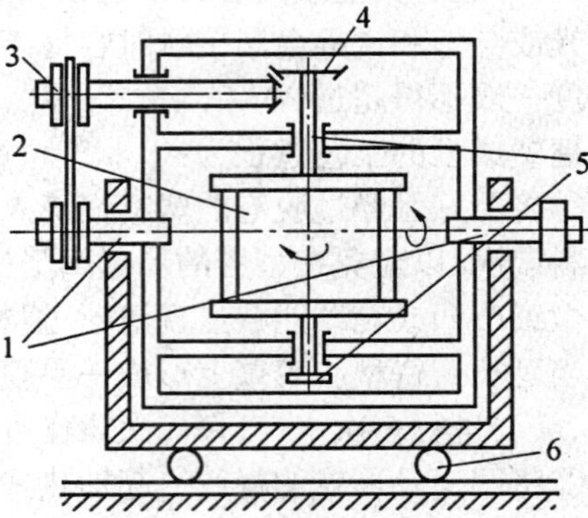

图 19.4 大型塑件旋转成型

1—主轴；2—模具；3—皮带传动；4—锥齿轮；5—副轴；6—导轮

旋转成型的主要特点是其转速比离心浇铸低得多，特别适于小批量生产大型中空制品。另外，制品厚度比中空吹塑均匀，内部很少残余应力，不容易出现变形或凹陷等缺陷。旋转成型的工艺条件与塑料品种和制品类型及尺寸有关。旋转成型模具一般用金属材料制造，小型模具常用铝材或钢材制成瓣合结构，而大型模具则多用薄钢板制成壳体结构。旋转成型过程中对模具采用外部热源加热，常用的加热方法有热风循环加热、明火加热、热液体传导加热、红外线辐射加热和电加热等，具体视制品情况和模具数量而定。旋转成型结束时常用水喷淋将模具冷却，然后脱取制品，喷淋过程中模具保持旋转。

19.5 烧结成型

塑料烧结成型的原理是，首先将松散的粉状物料用压力机在模内进行冷压预成型，然后将型坯置于烧结炉中加热到塑料的熔融温度并保温，使其熔结成密实的整体，再经冷却而成制品。目前，烧结成型主要用于粘度很高、流动性极差的聚四氟乙烯和超高相对分子质量聚乙烯塑料等。烧结成型所用的模具可参考金属粉末成形模具设计。

聚四氟乙烯的烧结工艺条件如表 19.1 所示。

超高相对分子质量聚乙烯的烧结成型要求其粉料的平均粒径小于 300 μm，预压成型压力约 40～45 MPa，保压时间 3 min 左右。烧结成型时，如果在空气中加热，加热速度约取 80 ℃/h，烧结温度取 163 ℃，烧结时间 4 h 左右，冷却速度可与加热速度相同；如果在氮气中加热，烧结温度可提高到 200 ℃，烧结时间可缩短到 1.5 h。

表 19.1 聚四氟乙烯的烧结工艺条件

型坯尺寸/mm	质　量/kg	加热速度/℃·h^{-1}	烧结温度/℃	烧结时间/h	冷却速度/℃·h^{-1}
$\phi50\times150$	0.2	90	360	4	35～50
$\phi100\times100$	1.7	60	360	9	30～50
$500\times500\times1$	0.55	100	360	4	30
$\phi400\times\phi80\times600$①	75	25	360	30	25(360～315 ℃) 18(315 ℃) 25(315～25 ℃)
$\phi400\times\phi80\times1\ 300$②	150	25	360	40	25(360～315 ℃) 18(315 ℃) 25(315～25 ℃)

注:①预压成型压力 15 MPa,保压时间 30 min。

②预压成型压力 15 MPa,保压时间 45 min。

19.6 缠绕成型与喷射成型

缠绕成型(图 19.5)是用浸有树脂的玻璃纤维(或织物)在型模上作规律性缠绕后,通过加热使缠绕物按照模具外形固化,然后经脱取获得制品。缠绕成型可以利用不同的缠绕规律充分发挥玻璃纤维的增强作用,使制品获得很高的比强度,而且很容易实现缠绕机械化、自动化和计算机控制。利用缠绕成型可以生产各种大型玻璃钢制品,如各种储罐、箱体、压力容器、增强管道、飞机整流罩以及火箭壳体和喷嘴等。

缠绕成型工艺分为湿法和干法两种。湿法缠绕成型是将玻璃纤维(或织物)经树脂浴槽浸渍后,在模具上进行缠绕成型,其特点是:工艺简单、操作方便、适用范围广、容易实现机械化和自动化,但树脂含量不易控制,纤维容易在型模陡坡处打滑,而且由于缺少干燥工序,树脂中会含有较多溶剂,故在固化时容易出现气泡。干法缠绕成型是将玻璃纤维(或织物)事先经过预浸和干燥,而后在模具上进行缠绕成型,特点是预浸纤维(或织物)可由其生产厂直接供给,树脂含量容易控制,缠绕时不容易打滑,缠绕设备比较干净,缠绕速度比较快,但必须严格保证预浸纤维(或织物)中的树脂处在乙阶段(如半溶酚醛树脂),所以不宜长期储存,生产成本也比较高。

喷射成型(图 19.6)是手糊成型的机械化形式。通过对手糊法的改进,不仅可以用切割的玻璃粗纱代替昂贵的玻璃纤维织物,而且还可以降低手糊法的劳动强度。喷射成型工艺参数可以参考手糊成型确定,其操作过程为:将玻璃粗纱切割后与树脂同时送入喷枪进行混合,通过喷枪压力可将混合物迅速喷射到模具型面,直到其粘附厚度达到预定数值;对型面上粘附的混合物进行滚轧以赶走空气并压平其表面;在室温或加热条件下对其进行固化,然后经过脱模便可获得制品。利用喷射成型可以生产浴房隔间、浴盆、船壳、汽车覆盖件、家具以及各种容器和储罐等。

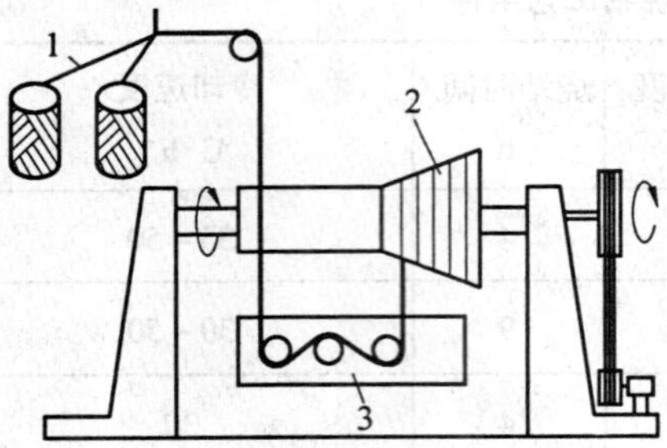

图 19.5 缠绕成型

1—玻璃纤维;2—模具;3—树脂浴槽

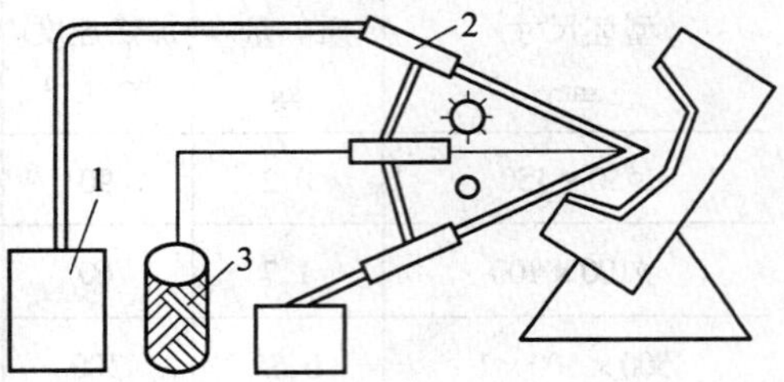

图 19.6 喷射成型

1—树脂;2—喷枪;3—玻璃纤维粗纱

19.7 流涎成型

流涎成型是塑料薄膜的生产方法之一,与其他薄膜生产方法相比较主要特点是薄膜厚度很小(5~10 μm)、厚度偏差不大(±10%)、质地均匀纯净,无残余应力、光亮度好、高度透明,多用于光学性能要求很高的场合,如电影胶片、安全玻璃中的夹层薄膜等,但生产速度很慢,需用大量溶剂,生产成本较高。适于流涎成型的塑料品种有三醋酸纤维素、聚乙烯醇、氯乙烯-醋酸乙烯共聚物、四氟乙烯-乙烯共聚物和聚碳酸酯等,其中以三醋酸纤维素流涎薄膜产量最大。

图 19.7 是流涎成型示意图,流涎成型使用塑料溶液作为原材料,成型前需将溶液中各组分混合均匀并进行过滤和脱除空气。流涎成型大多使用环形钢带成膜,如图 19.7(a)所示,也有用大直径转筒成膜的,如图 19.7(b)所示。

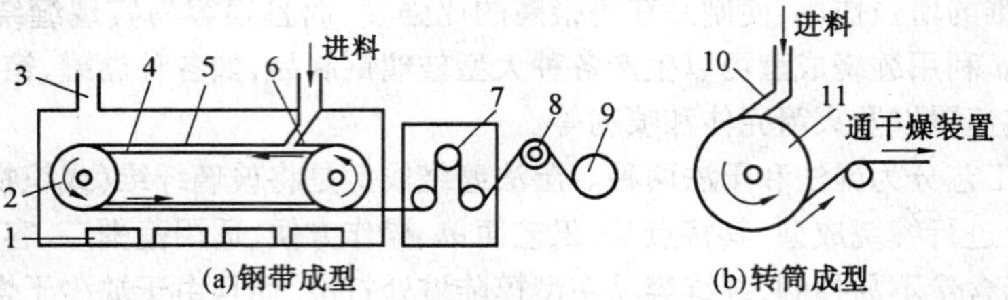

图 19.7 流涎成型

1—加热器;2—滚筒;3—溶剂(气体)回收区;4—环型钢带;5—流涎薄膜;
6、10—流涎机头口模;7—干燥装置;8—冷却辊;9—卷取辊;11—转筒

流涎成型的主要工艺参数包括成膜加热温度、钢带或转筒转速以及干燥温度等,具体数值与塑料品种和薄膜厚度等因素有关。例如,成型三醋酸纤维素薄膜时,加热温度约为 65 ℃,钢带转速约取 0.5~7.0 m/min,当膜厚较大时可取较小值,反之则取较大值。

19.8 压延成型

塑料压延成型类似于金属轧制,这种成型方法主要用来生产塑料薄膜或塑料板片材,并适用于大多数热塑性非晶态塑料,如聚氯乙烯、聚乙烯醇、ABS、橡胶改性聚苯乙烯、醋酸乙烯-丁二烯共聚物等,尤其以聚氯乙烯薄膜或片材产量最多。目前用压延法生产的硬质聚氯乙烯薄膜和板片材厚度为 0.5~1.0 mm,最大幅度已达 5 000 mm(国内为 2 300 mm),而软质聚氯乙烯薄膜和板片材的厚度为 0.2~0.7 mm。如果用布或纸随同软质塑料薄膜一起压延成型,则称之为压延涂层法,这种复合成型方法可以生产人造革、塑料壁纸等制品。

压延成型的主要设备是压延机,薄膜或板片材依靠压延机的辊筒对粘流状态下的条状或带状塑料进行压轧而成型,因此不需要模具。

除了压延机外,压延成型还需要捏合机、密炼机(或高效塑化机、挤出机)、辊压机(或挤出机)、引离辊、轧花装置、冷却装置、输送带、收卷机、切割机、测厚仪和金属检测器等辅机或仪器。

压延成型工艺过程分为供料阶段(前阶段)和压延阶段(后阶段),各阶段所含工步如表 19.2 所示,说明如下。

表 19.2 压延成型工艺过程

供料阶段				压延阶段						
配料	捏合	密炼机塑化 高速塑化机塑化 挤出机塑化	挤出机供料 辊压机供料	压延	引离	轧花	冷却	输送	卷取	切割

①配料。将聚合物及各种助剂按配方比例准确称取。

②捏合。将塑料各组分用捏合机进行混合和浸渍,以确保各组分能够均匀分散。

③塑化。也称为塑炼,其设备可以使用密炼机、高速塑化机或挤出机,经过捏合之后的初混物料在塑化过程中需要被加热到粘流温度之上并在强烈的剪切混合作用下达到组分均匀、密度均匀、温度均匀和粘度均匀。

④供料。供料设备可以是挤出机或辊压机。采用挤出机时,挤出机可将塑化后的物料转变成条状或带状物料供给压延机;而采用辊压机时,塑化后的物料需要在辊压缝隙中再经反复压轧以转变成带状形式供给压延机。供料过程也是对物料进一步塑化的过程。

⑤压延。压延时需要根据不同的塑料品种和制品类型、规格,用内热法将压延辊筒加热到一定温度,然后依靠辊筒的旋转运动和摩擦力,将挤出机或辊压机供给的物料依次带进各个辊隙,使物料在压延辊筒的压轧作用下转变成塑料薄膜或板片材。

⑥引离。指利用引离辊(安装在压延辊筒出料端的前方)将塑料薄膜或板片材从辊筒上均匀而无褶皱地剥离下来。引离辊也需要内加热,以增加薄膜或板片材之间的剥离力并避免出现冷拉伸现象,同时还能促使增塑剂挥发、防止制品起皱。

⑦轧花。轧花是为了使塑料薄膜或板片材表面具有一定的花纹。轧花装置由轧花辊和橡皮辊组成,两者在工作时均需用水内冷,以便使压轧出的花纹冷却固化。

⑧冷却。从压延机或轧花装置送出的塑料薄膜或板片材需要经过冷却才能定型和收卷,此冷却过程主要依靠薄膜或板片材经过四根冷却辊后实现。为了避免冷却过程中塑料与辊面粘连,冷却辊最好采用铝制磨砂辊筒。

⑨输送。冷却后的塑料薄膜或板片材放松且平坦地通过无端橡皮输送带的过程称为输送,其作用是消除或减小薄膜或板片材在成型过程中所产生的各种残余应力。为了防止薄膜或板片材在输送过程中发生冷拉伸,必须对输送带和压延机的速度比值进行合理的调整和控制。另外,输送前需要利用 β 射线测厚仪对薄膜或板片材的厚度及公差进行控制。

⑩卷取和切割。卷取和切割是收取制品的过程，卷取主要针对软质塑料薄膜而言。为了保证塑料薄膜在卷取过程中不发生收缩和起皱，收卷机应带有张力导辊，为保证张力大小适当，张力导辊通常都能控制收卷机卷取辊的转速随收卷直径增大而减小。

习　题

1. 试述本章塑料特殊成型加工方法的原理。

2. 说明层压成型、铸塑成型的特点。

附　　录

附录 A　常用塑料中英文名词对照表

中文名	英文名	缩写
醋酸纤维素	Cellulose acetate	CA
醋酸丁酸纤维素	Cellulose acetate butyrate	CAB
醋酸丙酸纤维素	Cellulose acetate propionate	CAP
聚醋酸乙烯酯	Poly(vinyl acetate)	PVAC
丙酸纤维素	Cellulose propionate	CP
羧甲基纤维素	Carboxmethyl cellulose	CMC
乙基纤维素	Ethyl cellulose	EC
硝酸纤维素	Cellylose nitrate	CN
聚苯乙烯	Polystyrene	PS
苯乙烯 - 丙烯腈	Styene-acrylonitride	SAN
苯乙烯 - 丁二烯	Styene-butadiene	SB
丙烯腈 - 丙烯酸酯 - 苯乙烯	Acrylonitrile-actrylid-styrene	AAS
丙烯腈 - 丁二烯 - 苯乙烯	Acrylonitrile-butadiene-styrene	ABS
丙烯腈 - 氯化聚乙烯 - 苯乙烯	Acrylonitrile-chlorizate-styrene	ACS
聚乙烯	Polyethyrene	PE
高密度聚乙烯	High density Polyethyrene	HDPE
中密度聚乙烯	Median density Polyethyrene	MDPE
低密度聚乙烯	Low density Polyethyrene	LDPE
聚乙烯醇	Poly(vinyl alcohol)	PVAL
聚乙烯基丁醛	Poly(vinyl butyral)	PVB
聚丙烯	Polypropylene	PP
聚丙烯醛	Poly(vinyl formal)	PVFM
聚烯烃	Polyolefine	PO
聚丁烯 - 1	Polybuthlene	PB
聚异丁烯	Polyisobuthlene	PIB
乙丙烯共聚物	Ethlene-propylene copolymar	EPC
离子聚合物	Ionomer	—
聚甲基丙烯酸甲酯	Polymethyl methacylate	PMMA

中 文 名	英 文 名	缩 写
聚氯乙烯	Poly(vinyl chloride)	PVC
聚醋酸氯乙烯	Polyvinyl chloride acetate	PVCA
聚偏氯乙烯	Poly(vinylidene chloride)	PVDC
乙烯－醋酸乙烯共聚物	Etylene-vinylacetate copolymer	EVA
氯乙烯－丙烯共聚物	Vinylchloride-propylone copolymer	—
聚甲醛 均聚物	Polyacetal(Homopolymer copolymer)	POM
聚甲醛 共聚物	Polyxymethyleme	
聚氯醚	Chlorinated polyether	CPE
聚碳酸酯	Polycarbonate	PC
聚砜	Polysulfone	PSF
聚苯醚	Poly(phenylene oxide)	PPO
改性聚苯醚	Modified pclyphenylene oxide	—
聚酚氧	Phenoxy	—
聚氨基甲酸酯	Ployurethane	PUR
聚对苯二甲酸乙二醇酯	Ploy(ethlene terephthalate)	PETP
聚邻苯二甲酸乙二醇酯	Poly(ethlene terephthalate)	PDAP
聚酰亚胺	Polymide	PI
聚磺酸酯	Poly sulfonate	—
聚芳砜	Poly arylsulfone	PAS
聚三氟氯乙烯	Polychlorotifluoroethylene	PCTFE, F－3
聚四氟乙烯	Polytetrofluoroethlene	PTFE
聚全氟乙丙烯	Tetraflouroethylene-hexafluore proopylene copolymer	FEP F－46
三氟氯乙烯－偏氟乙烯共聚物	Trifluorochoroelthlene Vinylidene copolymer	FEP F－32
四氟乙烯－乙烯共聚物	Tetrafluoroethylene-Ethylene copolymer	FEP F－40
四氟乙烯－偏氟乙烯共聚物	Tetrafluoroethlene-Vinylidene copolymer	FEP F－42
聚氟乙烯	Poly(vinyl flouride)	PVF F－1
聚偏氟乙烯	Poly(vinylidene flouride)	PVDF F－2
聚芳基醚	Polyarylether	PAE
聚酰胺(尼龙)	Polyamide	PA
聚－a吡咯烷铜(尼龙4)	Poly-a-pyrrolidene(Nylon－4)	PA4
聚已丙酰胺(尼龙6)	Polycoprolclam(Nylon－6)	PA6

中 文 名	英 文 名	缩 写
聚-W-氨基庚酸(尼龙7)	Poly-w-Amino Enanthicacid(Nylon-7)	PA7
聚辛内酰胺(尼龙8)	Polyoctanoyllactam(Nylon-8)	PA8
聚壬酰胺(尼龙9)	Polyoctanoylamide(Nylon-9)	PA9
聚十一酰胺(尼龙11)	Polyoctanoylamide(Nylon-11)	PA11
聚十二酰胺(尼龙12)	Polyoctanoylamide(Nylon-12)	PA12
聚环酰胺 聚1,4-环已烷二亚甲基辛酰胺	Poly1,4-cyclohaxylene dimethylene Suberamide	PCA
透明聚酰胺 聚对苯二酰三甲基已二胺	Polytrimethylhexamethytenetere-phthalamide	—
聚已二酰已二胺(尼龙66)	Polyhexamethyleneadipomide (Nylon-66)	PA66
聚癸酰已二胺(尼龙610)	Polyhexamethylene-Sebacamide(Nylon-610)	PA610
尼龙6/66共聚物	Nylon6/66copolymer	PA6/66
尼龙6/610共聚物	Nylon6/610copolymer	PA6/610
聚苯并咪唑	Polybenzimidazole	PBI
聚苯并噻唑	Polybenzothiazlie	PBT
酪朊	Casein	CS
二甲基乙酰胺	Dimethyl acetamide	DMA
甲酚、甲醛	Cresol-formaldehyde	CF
环氧树脂	Epoxide; Epoxy	EP
密胺甲醛树脂	Melamine-formaldehyde	MF
酚醛树脂	Phenol-formaldehyde	PF
硅树脂	Silicone	SI
磷酸三苯酯	Triphlphosphate	TPP
脲甲醛树脂	Urea-formaldehyde	UF
不饱和聚酯	Unsaturated polyester	UP
玻璃增强塑料	Fiber-glass reinforced plastics	FRP

附录 B　热塑性塑料的某些性能

塑料名称		抗拉弹性模量 /MPa	压缩比	成型收缩率 /%	与钢的磨擦系数	泊松比
聚乙烯	HDPE LDPE	840 ~ 950	1.73 ~ 1.9 1.8 ~ 2.3	1.5 ~ 3.0 1.5 ~ 3.6	0.11 0.23	0.38
聚丙烯	PP GFR	1 100 ~ 1 600	1.92 ~ 1.96	1.0 ~ 3.0 0.4 ~ 0.8	0.15 0.34	0.32
有机玻璃	PMMA 与苯乙烯共聚	3 160 3 150		0.5 ~ 0.7		0.35
聚氯乙烯	硬 PVC 软 PVC	2 400 ~ 4 200	2.3 2.3	0.2 ~ 0.4 1.5 ~ 3.0		
聚苯乙烯	GPS HIPS GFR(20% ~ 30%)	2 800 ~ 3 500 1 400 ~ 3 100 3 200	1.9 ~ 3.2	0.2 ~ 0.8 0.2 ~ 0.8 0.3 ~ 0.8	0.12 0.45	0.32
ABS	抗冲型 耐热型 GFR(30%)	2 900 1 800 1 800	1.8 ~ 2.0	0.5 ~ 0.7 0.4 ~ 0.5 0.1 ~ 0.15	0.21	
聚甲醛	POM P－4 填充	2 800	1.8 ~ 2.0	2.0 ~ 3.5 2.0 ~ 2.5	0.1 ~ 0.2	
聚碳酸酯	PC GFR(20% ~ 30%)	1 540 3 120 ~ 4 000	1.75	0.5 ~ 0.7	0.35 0.37	0.36 0.38
尼龙 1010	PA1010 GFR(30%)	1 800 8 700	2.0 ~ 2.1	1.0 ~ 2.5 0.3 ~ 0.6	0.31	
尼龙 6	PA6 GFR(30%)	2600	2.0 ~ 2.1	0.7 ~ 1.5 0.35 ~ 0.45	0.26	
尼龙 66	PA66 GFR(30%)	1 250 ~ 2 880 6 020 ~ 1 260	2.0 ~ 2.1	1.0 ~ 2.5 0.4 ~ 0.55		

附录 C 常用塑料的近似密度

材料	密度 $\rho/(g\cdot cm^{-3})$	材料	密度 $\rho/(g\cdot cm^{-3})$
硅橡胶(可用二氧化硅填充到 1.25)	0.8	丙酸纤维素	1.18~1.24
聚甲基戊烯	0.83	增塑聚氯乙烯(大约含 40%增塑剂)	1.19~1.35
聚丙烯	0.85~0.90	聚碳酸酯(以双酚 A 为基础)	1.20~1.22
高压(低密度)聚乙烯	0.89~0.93	交联聚氨酯	1.20~1.26
聚丁烯-1	0.91~0.92	苯酚甲醛树脂(没有填充)	1.26~1.28
聚异丁烯	0.91~0.93	聚乙烯醇	1.21~1.31
天然橡胶	0.92~1.0	醋酸纤维素	1.25~1.35
低压(高密度)聚乙烯	0.94~0.98	苯酚甲醛树脂(填充有机材料:纸、织物)	1.30~1.41
尼龙 12	1.01~1.04	聚氟乙烯	1.3~1.4
尼龙 11	1.03~1.05	赛璐珞	1.34~1.40
丙烯腈-丁二烯-苯乙烯共聚物(ABS)	1.04~1.06	聚对苯二甲酸乙二醇酯	1.38~1.41
聚苯乙烯	1.04~1.08	硬脂 PVC	1.38~1.41
聚苯醚	1.05~1.07	聚氧化甲烯(聚甲醛)	1.41~1.43
苯乙烯-丙烯腈共聚物	1.06~1.10	脲-三聚氰胺树脂(加有机填料)	1.47~1.52
尼龙 610	1.07~1.09	氯化聚氯乙烯	1.47~1.55
尼龙 6	1.12~1.15	酚醛塑料和氨基塑料(加无机填料)	1.5~2.0
尼龙 66	1.13~1.16	聚偏二氟乙烯	1.7~1.8
环氧树脂,不饱和聚酯树脂	1.1~1.4	聚酯和环氧树脂(加玻璃纤维)	1.8~2.8
聚丙烯腈	1.14~1.17	聚偏二氯乙烯	1.86~1.88
乙酰丁酸纤维素	1.15~1.25	聚三氟一氯乙烯	2.1~2.2
聚甲基丙烯酸甲酯	1.16~1.20	聚四氟乙烯	2.1~2.3
聚醋酸乙烯酯	1.17~1.20		

附录 D 常用热塑性塑料的软化与熔融范围

热塑性塑料		软化或熔融范围 $t/℃$	热塑性塑料	软化或熔融范围 $t/℃$
聚醋酸乙烯		35~85	聚氧化甲烯	165~185
聚苯乙烯		70~115	聚丙烯	160~170
聚氯乙烯		75~90(软化)	尼龙 12	170~180
聚乙烯	密度 0.92 g/cm^3	约 110	尼龙 11	180~190
	密度 0.94 g/cm^3	约 120	聚三氟氯乙烯	200~220
	密度 0.96 g/cm^3	约 130	尼龙 610	210~220
聚丁烯-1		125~135	尼龙 6	215~225
聚偏二氯乙烯		115~140(软化)	聚碳酸酯	220~230
聚甲基丙烯酸甲酯		126~160	聚-4-甲基戊烯-1	240
醋酸纤维素		125~175	尼龙 66	250~260
聚丙烯腈		130~150(软化)	聚对苯二甲酸乙二醇酯	250~260

附录 E　常用塑料的收缩率

材　　　　料	收缩率/%	材　　　　料	收缩率/%
聚乙烯(低密度)	1.5~3.5	聚酰胺 610	1.2~2.0
聚乙烯(高密度)	1.5~3.0	聚酰胺 610(30%玻璃纤维增强)	0.35~0.45
聚丙烯	1.0~2.5	聚酰胺 1010	0.5~4.0
聚丙烯(玻璃纤维增强)	0.4~0.8	醋酸纤维素	1.0~1.5
聚氯乙烯(硬质)	0.6~1.5	醋酸丁酸纤维素	0.2~0.5
聚氯乙烯(半硬质)	0.6~2.5	丙酸纤维素	0.2~0.5
聚氯乙烯(软质)	1.5~3.0	聚乙烯酸脂类塑料(通用)	0.2~0.9
聚苯乙烯(通用)	0.6~0.8	聚乙烯酸脂类塑料(改性)	0.5~0.7
聚苯乙烯(耐热)	0.2~0.8	聚乙烯醋酸乙烯	1.0~3.0
聚苯乙烯(增韧)	0.3~0.6	氟塑料 F-4	1.0~1.5
ABS(抗冲)	0.3~0.8	氟塑料 F-3	1.0~2.5
ABS(耐热)	0.3~0.8	氟塑料 F-2	2
ABS(30%玻璃纤维增强)	0.6~0.6	氟塑料 F-46	2.0~5.0
聚甲醛	1.2~3.0	酚醛塑料(木粉填料)	0.5~0.9
聚碳酸酯	0.5~0.8	酚醛塑料(石棉填料)	0.2~0.7
聚砜	0.5~0.7	酚醛塑料(云母填料)	0.1~0.5
聚砜(玻璃纤维增强)	0.4~0.7	酚醛塑料(棉纤维填料)	0.3~0.7
聚苯醚	0.4~1.0	酚醛塑料(玻璃纤维填料)	0.05~0.2
改性聚苯醚	0.5~0.7	脲醛塑料(纸浆填料)	0.6~1.3
氯化聚醚	0.4~0.8	脲醛塑料(木粉填料)	0.7~1.2
聚酰胺 6	0.8~2.5	三聚氰胺甲醛(纸浆填料)	0.5~0.7
聚酰胺 6(30%玻璃纤维增强)	0.35~0.45	三聚氰胺甲醛(矿物填料)	0.4~0.7
聚酰胺 9	1.5~2.5	聚邻苯二甲酸二丙烯酯(石棉填料)	0.28
聚酰胺 11	1.2~1.5	聚邻苯二甲酸二丙烯酯(玻璃纤维填料)	0.42
聚酰胺 66	1.5~2.2	聚间苯二甲酸二丙烯酯(玻璃纤维填料)	0.3~0.4
聚酰胺 66(30%玻璃纤维增强)	0.4~0.55		

附录 F　常用塑料注射成型工艺参数

常用塑料	注射机类型	螺杆转速/(r·min^{-1})	喷嘴形式	喷嘴温度/℃	料筒温度/℃			模具温度/℃	注射压力/MPa	保压力/MPa	注射时间/s	保压时间/s	冷却时间/s	成型时间/s
					前段	中段	后段							
LDPE	柱塞式	—	直通式	150~170	170~200	—	140~160	30~45	60~100	40~50	0~5	15~60	15~60	40~140
HDPE	螺杆式	30~60	直通式	150~180	180~190	180~200	140~160	30~60	70~100	40~50	0~5	15~60	15~60	40~140
乙丙共聚 PP	柱塞式	—	直通式	170~190	180~200	190~220	150~170	50~70	70~100	40~50	0~5	15~60	15~50	40~120
PP	螺杆式	30~60	直通式	170~190	180~200	200~220	160~170	40~80	70~120	50~60	0~5	20~60	15~50	40~120
玻纤增强 PP	螺杆式	30~60	直通式	180~190	190~200	210~220	160~170	70~90	90~130	40~50	2~5	15~40	15~40	40~100
软 PVC	柱塞式	—	直通式	140~150	160~190	—	140~150	30~40	40~80	20~30	0~8	15~40	15~30	40~80
硬 PVC	螺杆式	20~30	直通式	150~170	170~190	165~180	160~170	30~60	80~130	40~60	2~5	15~40	15~40	40~90
PS	柱塞式	—	直通式	160~170	170~190	—	140~160	20~60	60~100	30~40	0~3	15~40	15~30	40~90
HIPS	螺杆式	30~60	直通式	160~170	170~190	170~190	140~160	20~50	60~100	30~40	0~3	15~40	10~40	40~90
ABS	螺杆式	30~60	直通式	180~190	200~210	210~230	180~200	50~70	70~90	50~70	3~5	15~30	15~30	40~70
高抗冲 ABS	螺杆式	30~60	直通式	190~200	200~210	210~230	180~200	50~80	70~120	50~70	3~5	15~30	15~30	40~70
耐热 ABS	螺杆式	30~60	直通式	190~200	200~220	220~240	190~200	60~85	85~120	50~80	3~5	15~30	15~30	40~70
电镀级 ABS	螺杆式	20~60	直通式	190~210	210~230	230~250	200~210	40~80	70~120	50~70	0~4	20~50	15~30	40~90
阻燃 ABS	螺杆式	20~50	直通式	180~190	190~200	200~220	170~190	50~70	60~100	30~60	3~5	15~30	10~30	30~70
透明 ABS	螺杆式	30~60	直通式	190~200	200~220	220~240	190~200	50~70	70~100	50~60	0~4	15~40	10~30	30~80
ACS	螺杆式	20~30	直通式	160~170	170~180	180~190	160~170	50~60	80~120	40~50	0~5	15~30	15~30	40~70
SAN(AS)	螺杆式	20~50	直通式	180~190	200~210	210~230	170~180	50~70	80~120	40~50	0~5	15~30	15~30	40~70
PMMA	螺杆式	20~30	直通式	180~200	180~210	190~210	180~200	40~80	50~120	40~60	0~5	20~40	20~40	50~90
	柱塞式	—	直通式	180~200	210~240	—	180~200	40~80	80~130	40~60	0~5	20~40	20~40	50~90
PMMA/PC	螺杆式	20~30	直通式	220~240	230~250	240~260	210~230	60~80	80~130	40~60	0~5	20~40	20~40	50~90
氯乙聚醚	螺杆式	20~40	直通式	170~180	180~200	180~200	180~190	80~110	80~110	30~40	0~5	15~50	20~50	40~110

续附录 F

常用塑料	注射机类型	螺杆转速/(r·min⁻¹)	喷嘴形式	喷嘴温度/℃	料筒温度/℃			模具温度/℃	注射压力/MPa	保压力/MPa	注射时间/s	保压时间/s	冷却时间/s	成型时间/s
					前段	中段	后段							
均聚 POM	螺杆式	20 ~ 40	直通式	170 ~ 180	170 ~ 190	170 ~ 190	170 ~ 180	90 ~ 120	80 ~ 130	30 ~ 50	2 ~ 5	20 ~ 80	20 ~ 60	50 ~ 150
共聚 POM	螺杆式	20 ~ 40	直通式	170 ~ 180	170 ~ 190	180 ~ 200	170 ~ 190	90 ~ 100	80 ~ 120	30 ~ 50	2 ~ 5	20 ~ 90	20 ~ 60	50 ~ 160
PET	螺杆式	20 ~ 40	直通式	250 ~ 260	260 ~ 270	260 ~ 280	240 ~ 260	100 ~ 140	80 ~ 120	30 ~ 50	0 ~ 5	20 ~ 50	20 ~ 30	50 ~ 90
PBT	螺杆式	20 ~ 40	直通式	200 ~ 220	230 ~ 240	230 ~ 250	200 ~ 220	60 ~ 70	60 ~ 90	30 ~ 40	0 ~ 3	10 ~ 30	15 ~ 30	30 ~ 70
玻纤增强 PBT	螺杆式	20 ~ 40	直通式	210 ~ 230	230 ~ 240	240 ~ 260	210 ~ 220	65 ~ 75	80 ~ 100	40 ~ 50	2 ~ 5	10 ~ 20	15 ~ 30	30 ~ 60
PA6	螺杆式	20 ~ 50	直通式	200 ~ 210	220 ~ 230	230 ~ 240	200 ~ 210	60 ~ 100	80 ~ 110	30 ~ 50	0 ~ 4	15 ~ 50	20 ~ 40	40 ~ 100
玻纤增强 PA6	螺杆式	20 ~ 40	直通式	200 ~ 210	220 ~ 240	230 ~ 250	200 ~ 210	80 ~ 120	90 ~ 130	30 ~ 50	2 ~ 5	15 ~ 40	20 ~ 40	40 ~ 90
PA11	螺杆式	20 ~ 50	直通式	180 ~ 190	185 ~ 200	190 ~ 220	170 ~ 180	60 ~ 90	90 ~ 120	30 ~ 50	0 ~ 4	15 ~ 50	20 ~ 0	40 ~ 100
玻纤增强 PA11	螺杆式	20 ~ 40	直通式	190 ~ 200	200 ~ 220	220 ~ 250	180 ~ 190	60 ~ 90	90 ~ 130	40 ~ 50	2 ~ 5	15 ~ 40	20 ~ 40	40 ~ 90
PA12	螺杆式	20 ~ 50	直通式	170 ~ 180	185 ~ 220	190 ~ 240	160 ~ 170	70 ~ 110	90 ~ 130	50 ~ 60	2 ~ 5	20 ~ 60	20 ~ 40	50 ~ 110
PA66	螺杆式	20 ~ 50	自锁式	250 ~ 260	255 ~ 265	260 ~ 280	240 ~ 250	60 ~ 120	80 ~ 130	40 ~ 50	0 ~ 5	20 ~ 50	20 ~ 40	50 ~ 100
玻纤增强 PA66	螺杆式	20 ~ 40	直通式	250 ~ 260	260 ~ 270	260 ~ 290	230 ~ 260	100 ~ 120	80 ~ 130	40 ~ 50	3 ~ 5	20 ~ 50	20 ~ 40	50 ~ 100
PA610	螺杆式	20 ~ 50	自锁式	200 ~ 210	220 ~ 230	230 ~ 250	200 ~ 210	60 ~ 90	70 ~ 110	20 ~ 40	0 ~ 5	20 ~ 50	20 ~ 40	50 ~ 100
PA612	螺杆式	20 ~ 50	自锁式	200 ~ 210	210 ~ 220	210 ~ 230	200 ~ 205	40 ~ 70	70 ~ 120	30 ~ 50	0 ~ 5	20 ~ 50	20 ~ 50	50 ~ 110
PA1010	螺杆式	20 ~ 50	自锁式	190 ~ 200	200 ~ 210	220 ~ 240	190 ~ 200	40 ~ 80	70 ~ 100	20 ~ 40	0 ~ 5	20 ~ 50	20 ~ 40	50 ~ 100
	柱塞式	—	自锁式	190 ~ 210	230 ~ 250	—	180 ~ 200	40 ~ 80	70 ~ 120	30 ~ 40	0 ~ 5	20 ~ 50	20 ~ 40	50 ~ 100
玻纤增强 PA1010	螺杆式	20 ~ 40	直通式	180 ~ 190	210 ~ 230	230 ~ 260	190 ~ 200	40 ~ 80	90 ~ 130	40 ~ 50	2 ~ 5	20 ~ 40	20 ~ 40	50 ~ 90
	柱塞式	—	直通式	180 ~ 190	240 ~ 260	—	190 ~ 200	40 ~ 80	100 ~ 130	40 ~ 50	2 ~ 5	20 ~ 40	20 ~ 40	50 ~ 90
透明 PA	螺杆式	20 ~ 50	直通式	220 ~ 240	240 ~ 250	250 ~ 270	220 ~ 240	40 ~ 60	80 ~ 130	40 ~ 50	0 ~ 5	20 ~ 60	20 ~ 40	50 ~ 110
PC	螺杆式	20 ~ 40	直通式	230 ~ 250	240 ~ 280	260 ~ 290	240 ~ 270	90 ~ 110	80 ~ 130	40 ~ 50	0 ~ 5	20 ~ 80	20 ~ 50	50 ~ 130
	柱塞式	—	直通式	240 ~ 250	270 ~ 300	—	260 ~ 290	90 ~ 110	110 ~ 140	40 ~ 50	0 ~ 5	20 ~ 80	20 ~ 50	50 ~ 130

续附录 F

常用塑料	注射机类型	螺杆转速/(r·min⁻¹)	喷嘴形式	喷嘴温度/℃	料筒温度/℃			模具温度/℃	注射压力/MPa	保压力/MPa	注射时间/s	保压时间/s	冷却时间/s	成型时间/s
					前段	中段	后段							
PC/PE	螺杆式	20 ~ 40	直通式	220 ~ 230	230 ~ 250	240 ~ 260	230 ~ 240	80 ~ 100	80 ~ 120	40 ~ 50	0 ~ 5	20 ~ 80	20 ~ 50	50 ~ 140
	柱塞式	—	直通式	230 ~ 240	250 ~ 280	—	240 ~ 260	80 ~ 100	80 ~ 130	40 ~ 50	0 ~ 5	20 ~ 80	20 ~ 50	50 ~ 140
玻纤增强 PC	螺杆式	20 ~ 30	直通式	240 ~ 260	260 ~ 290	270 ~ 310	260 ~ 280	90 ~ 110	100 ~ 140	40 ~ 50	2 ~ 5	20 ~ 60	20 ~ 50	50 ~ 110
PSU	螺杆式	20 ~ 30	直通式	280 ~ 290	290 ~ 310	300 ~ 330	280 ~ 300	130 ~ 150	100 ~ 140	40 ~ 50	0 ~ 5	20 ~ 80	20 ~ 50	50 ~ 140
改性 PSU	螺杆式	20 ~ 30	直通式	250 ~ 260	260 ~ 280	280 ~ 300	260 ~ 270	80 ~ 100	100 ~ 140	40 ~ 50	0 ~ 5	20 ~ 70	20 ~ 50	50 ~ 130
玻纤增强 PSU	螺杆式	20 ~ 30	直通式	280 ~ 300	300 ~ 320	310 ~ 330	290 ~ 300	130 ~ 150	100 ~ 140	40 ~ 50	2 ~ 7	20 ~ 50	20 ~ 50	50 ~ 100
聚芳砜	螺杆式	20 ~ 30	直通式	380 ~ 410	385 ~ 420	345 ~ 385	320 ~ 370	230 ~ 260	100 ~ 200	50 ~ 70	0 ~ 5	15 ~ 40	15 ~ 20	40 ~ 50
聚醚砜	螺杆式	20 ~ 30	直通式	240 ~ 270	260 ~ 290	280 ~ 310	260 ~ 290	90 ~ 120	100 ~ 140	50 ~ 70	0 ~ 5	15 ~ 40	15 ~ 30	40 ~ 80
PPO	螺杆式	20 ~ 30	直通式	250 ~ 280	260 ~ 280	260 ~ 290	230 ~ 240	110 ~ 150	100 ~ 140	50 ~ 70	0 ~ 5	30 ~ 70	20 ~ 60	60 ~ 140
改性 PPO	螺杆式	20 ~ 50	直通式	220 ~ 240	230 ~ 250	240 ~ 270	230 ~ 240	60 ~ 80	70 ~ 110	40 ~ 60	0 ~ 8	30 ~ 70	20 ~ 50	60 ~ 130
聚芳酯	螺杆式	20 ~ 50	直通式	230 ~ 250	240 ~ 260	250 ~ 280	230 ~ 240	100 ~ 130	100 ~ 130	50 ~ 60	2 ~ 8	15 ~ 40	15 ~ 40	40 ~ 90
聚氨酯	螺杆式	20 ~ 70	直通式	170 ~ 180	175 ~ 185	180 ~ 200	150 ~ 170	20 ~ 40	80 ~ 100	30 ~ 40	2 ~ 6	30 ~ 40	30 ~ 60	70 ~ 110
聚苯硫醚	螺杆式	20 ~ 30	直通式	280 ~ 330	300 ~ 310	320 ~ 340	260 ~ 280	120 ~ 150	80 ~ 130	40 ~ 50	0 ~ 5	10 ~ 30	20 ~ 50	40 ~ 90
聚酰亚胺	螺杆式	20 ~ 30	直通式	290 ~ 300	290 ~ 310	300 ~ 330	280 ~ 300	120 ~ 150	100 ~ 150	40 ~ 50	0 ~ 5	20 ~ 60	30 ~ 60	60 ~ 130
醋酸纤维素	柱塞式	—	直通式	150 ~ 180	170 ~ 200	—	150 ~ 170	40 ~ 70	60 ~ 130	40 ~ 50	0 ~ 3	15 ~ 40	15 ~ 40	40 ~ 90
醋酸丁酸纤维素	柱塞式	—	直通式	150 ~ 170	170 ~ 200	—	150 ~ 170	40 ~ 70	80 ~ 130	40 ~ 50	0 ~ 5	15 ~ 40	15 ~ 40	40 ~ 90
醋酸丙酸纤维素	柱塞式	—	直通式	160 ~ 180	180 ~ 210	—	150 ~ 170	40 ~ 70	80 ~ 120	40 ~ 50	0 ~ 5	15 ~ 40	15 ~ 40	40 ~ 90
乙基纤维素	柱塞式	—	直通式	160 ~ 180	180 ~ 220	—	150 ~ 170	40 ~ 70	80 ~ 130	40 ~ 50	0 ~ 5	15 ~ 40	15 ~ 40	40 ~ 90
F46	螺杆式	20 ~ 30	直通式	290 ~ 300	300 ~ 330	270 ~ 290	170 ~ 200	110 ~ 130	80 ~ 130	50 ~ 60	0 ~ 8	20 ~ 60	20 ~ 60	50 ~ 130

· 327 ·

附录 G　SZ 系列注射机的主要技术参数

项　目		SZ－25/20	SZ－40/25	SZ－60/40	SZ－100/60	SZ－100/80	SZ－160/100	SZ－200/120	SZ－250/100	SZ－300/160	SZ－500/200	SZ－630/200	SZ－1000/300	SZ－2500/500	SZ－4000/800	SZ－6300/1 000	SZ－10000/1 600
注射装置	螺杆直径/mm	25	30	30	35	35	40	42	45	45	55	60	70	90	110	130	150
	螺杆转速/(r·min^{-1})	0～220	0～220	0～200	20～200	0～200	0～220	0～220	76～170	0～180	0～180	0～150	0～150	0～120	0～80	0～80	0～80
	理论注射容量/cm^3	25	40	60	100	100	160	200	250	300	500	630	1 000	2 500	400	6 300	10 000
	注射压力/MPa	200	200	180	150	170	150	150	150	150	150	147	150	150	150	140	140
	注射速率/(g·s^{-1})	35	50	70	85	95	105	120	135	145	173	245	325	570	770	1 070	1 130
	塑化能力/(kg·h^{-1})	13	20	35	40	40	45	70	75	82	110	130	180	245	325	430	535
锁模装置	锁模力/kN	20	25	40	60	80	100	120	120	160	200	220	300	500	800	1 000	1 600
	拉杆间距(H×V)/(mm×mm)	242×187	250×250	220×300	320×320	320×320	345×345	355×385	400×400	450×450	570×570	540×440	760×700	900×830	1 120×1 200	1 100×1 180	1 300×1 300
	模板行程/mm	210	230	250	300	305	325	305	320	380	500	500	650	850	1 200	1 200	1 500
	模板最小厚度/mm	110	130	150	170	170	200	230	220	250	280	200	340	400	600	600	750
	模板最大厚度/mm	220	220	250	300	300	300	400	380	450	500	500	650	750	1 100	1 100	1 500
	定位孔直径/mm	55	55	80	125	100	100	125	110	160	160	160	250	250	250	250	250
	定位孔深度/mm	10	10	10	10	10	10	15	15	20	25	30	40	50	50	50	50
	喷嘴伸出量/mm	20	20	20	20	20	20	20	20	20	30	30	30	50	50	50	50
	喷嘴球直径/mm	10	10	10	10	10	15	15	15	20	20	15	20	35	35	35	35
	顶出行程/mm	55	55	70	80	80	100	90	90	90	90	128	140	165	200	300	360
	顶出力/kN	6.7	6.7	12	15	15	15	22	28	33	53	60	70	110	280	280	300
电气	油泵电机功率/kW	7.5	7.5	11	11	11	15	15	18.5	18.5	22	30	37	40	110	135	151
	加热功率/kW	2.6	4.5	4.7	6	6	7.25	8.25	6.72	9.25	15.55	15	24.5	28.1	40.4	40.4	80
其他	机器质量/t	2.7	2.7	3	2.8	3.5	4	4.3	5	6	8	9	15	29	65	70	78
	外形尺寸(L×W×H)/(m×m×m)	2.1×1.2×1.4	2.5×1.3×1.4	4.0×1.4×1.6	3.9×1.3×1.8	4.2×1.5×1.7	4.4×1.5×1.8	4.0×1.4×1.9	5.1×1.3×1.8	4.6×1.7×2.0	5.6×1.9×2.0	6.0×1.5×2.2	6.7×1.9×2.3	10×2.7×2.8	12×2.8×3.8	12×2.8×3.8	12.6×4.05×3.9

附录 H　塑料模具材料

表 H－1　塑料模零件常用材料及热处理

零件类别	零件名称	材料牌号	热处理方法	硬　度	说　明
成型零件	凸模 凹模 型芯 螺纹型芯 螺纹型环 成型镶件 成型推杆	T8A、T10A	淬火	54 ~ 58 HRC	用于形状简单的小型芯、型腔
		CrWMn 9Mn2V Cr2Mn2SiWMoV	淬火	54 ~ 58 HRC	用于形状复杂、要求热处理变形小的型腔、型芯或镶件和增强塑料的成型模具
		Cr12 Cr4W2MoV			
		20CrMnMo 20CrMnTi	渗碳、淬火		
		5CrMnMo 40CrMnMo	渗碳、淬火	54 ~ 58 HRC	用于高耐磨、高强度和高韧性的大型型芯、型腔等
		3Cr2W8V 38CrMoAl	调质、渗氮	1 000 HV	用于形状复杂、要求耐腐蚀的高精度型腔、型芯等
		P20	预硬化	36 ~ 38 HRC	用于中小型热塑料注射模
		5NiSCa SM1	预硬化	35 ~ 45 HRC	用于大中型热塑料注射模
		SM2、PMS	预硬化后 时效硬化	40 ~ 45 HRC	用于注射模、长寿命而尺寸精度高的中小型模具
		06NiCrMoVTiAl 06Ni7Ti2Cr	精加工后 480 ~ 520 ℃ 时效	50 ~ 57 HRC	用于尺寸精度高的小型注射模，可作镜面抛光
		PMS、8CrMn	淬火空冷	42 ~ 60 HRC	用于大型注射模
		25CrNi3MoAl	调质、渗氮	1 100 HV	适用于型腔腐蚀花纹
		PCR	淬火空冷	42 ~ 53 HRC	用于制造聚氯乙烯及混有阻燃剂的热塑性塑料注射模
		4Cr5MoSiVS	淬火空冷、 二次回火	43 ~ 46 HRC	用于形状不太复杂的大型热塑性塑料注射模
		65Nb、LD2、 CG－2、012Al			用于小型、精密、形状复杂的型腔及嵌件，热处理后耐磨性好
		45	调质	22 ~ 26 HRC	用于形状简单、要求不高的型腔、型芯
			淬火	43 ~ 48 HRC	
		20、15	渗碳、淬火	54 ~ 58 HRC	用于冷压加工的型腔
模体零件	垫板(支承板) 浇口板 锥模套	45	淬火	43 ~ 48 HRC	
	动、定模板 动、定模座板	45	调质	230 ~ 270 HB	
模体零件	固定板	45	调质	230 ~ 270 HB	
		Q235A			
	推件板	T8A、T10A	淬火	54 ~ 58 HRC	
		45	调质	230 ~ 270 HB	

附表 H－1

零件类别	零件名称	材料牌号	热处理方法	硬　度	说　明
浇注系统零件	主流道衬套 拉料杆 拉料套 分流锥	T8A、T10A	淬火	50～55 HRC	
导向零件	导柱	20	渗碳、淬火	56～60 HRC	
	导套	T8A、T10A	淬火	50～55 HRC	
	限位导柱 推板导柱 推板导套 导钉	T8A、T10A	淬火	50～55 HRC	
抽芯机构零件	斜导柱 滑块 斜滑块	T8A、T10A	淬火	54～58 HRC	
	楔紧块	T8A、T10A	淬火	54～58 HRC	
		45		43～48 HRC	
推出机构零件	推杆(卸模杆) 推管	T8A、T10A	淬火	54～58 HRC	
	推块 复位杆	45	淬火	43～48 HRC	
	挡板	45	淬火	43～48 HRC	或不淬火
	推杆固定板 推杆垫板	45、Q235A			
定位零件	圆锥定位件	T10A	淬火	58～62 HRC	
	定位圈	45			
	定距螺钉 限 位 钉 限 位 块	45	淬火	43～48 HRC	
支承零件	支 承 柱	45	淬火	43～48 HRC	
	垫块	45、Q235A			
其他零件	加 料 圈 柱塞	T8A、T10A	淬火	50～55 HRC	
	手柄 套筒	Q235A			
	喷嘴 水嘴	45、黄铜			
	吊钩	45			

注：①螺纹型芯的热处理硬度也可取 40～45 HRC；
②牌号对照 P20(3Cr2Mo)、5NiSCa(5CrNiMnMoVSCa)、SM1(55CrNiMnMoVS)、SM2(20Cr4W3AlMnMo)、PMS(10Ni3CuAlVS)、8CrMn(8CrMnWMoVS)、PCR(Cr16Ni4Cu3Nb)、65Nb(65Cr4W3Mo2VNb)、LD(7Cr7Mo3VSi)、CG－2(6Cr4Mo3VSi)、012Al(5Cr4Mo3SiMnVAl)。

表 H－2　依塑料品种选用模具钢

用途		代表的塑料及制品		模具要求	使用钢材
一般热塑性、热固性塑料	一般	ABS	电视机壳、音响设备	高强度 耐磨损	55 钢、40Cr、P20、 SM1、SM2、8CrMn
		聚丙烯	电扇扇叶、容器		
	表面有花纹	ABS	汽车仪表盘 化妆品容器	高强度 耐磨损 光刻性	PMS 20CrNi3MoAl
	透明件	有机玻璃 AS	唱机罩、 仪表罩、 汽车灯罩	高强度 耐磨损 抛光性	5NiSCa SM2、PMS、 P20
增强塑料	热塑性	POM PC	工程塑料制件 电动工具外壳 汽车仪表盘	高耐磨性	65Nb 8CrMn PMS SM2
	热固性	酚醛 环氧	齿轮等		65Nb 8CrMn 06NiTi2Cr 06Ni6CrMoVTiAl
阻燃型物件		ABS 加阻燃剂	电视机壳 录音机壳 录象管罩	耐腐蚀	PCR
聚氯乙烯		PVC	电话机、阀门管件、 门手把	强度及耐腐蚀	38CrMoAl PCR
光学透镜		有机玻璃 聚苯乙烯	照相机镜头 放大镜	抛光性及防锈性	PMS、8CrMn、 PCR

表 H－3　依制品产量选用模具钢

模具寿命 (合格品范围内)/件	选用钢材	模具寿命 (合格品范围内)/件	选用钢材
100 000～200 000	40,55,40Cr	1 500 000	PCR、LD2、65Nb
300 000	P20、5NiSCa、8CrMn	2 000 000 以上	65Nb、06Ni7Ti2Cr、 06Ni6CrMoVTiAl、 25CrNi3MoAl 渗氮 012Al 渗氮
600 000	P20、5NiSCa、SM1		
800 000	8CrMn 淬火、P20		
1 200 000	SM2,PMS		

附录Ⅰ 塑料注塑模模架标准

1.中小型模架(GB/T 12556—1990)

模架周界尺寸范围为≤560 mm×900 mm,分 12 个尺寸系列(mm×mm):100×L,125×L,160×L,180×L,200×L,250×L,315×L,355×L,400×L,450×L,500×L,560×L。模架品种有 A1、A2、A3、A4 组成的基本型和 P1~P9 组成的派生型,共 13 个品种。其部分模架标准见附图 1 和表Ⅰ-1~Ⅰ-4。

2.大型模架(GB/T 12555—1990)

模架周界尺寸范围为(630×630) mm~(1 250×2 000) mm,模架品种有 A 型、B 型组成的基本型和 P1~P4 组成的派生型,共 6 个品种。A 型、B 型各分为 6 个尺寸系列(mm×mm):630×L,710×L,800×L,900×L,1 000×L,1 250×L。其中,A 型同中小型模架 A1,B 型同中小型模架 A2。

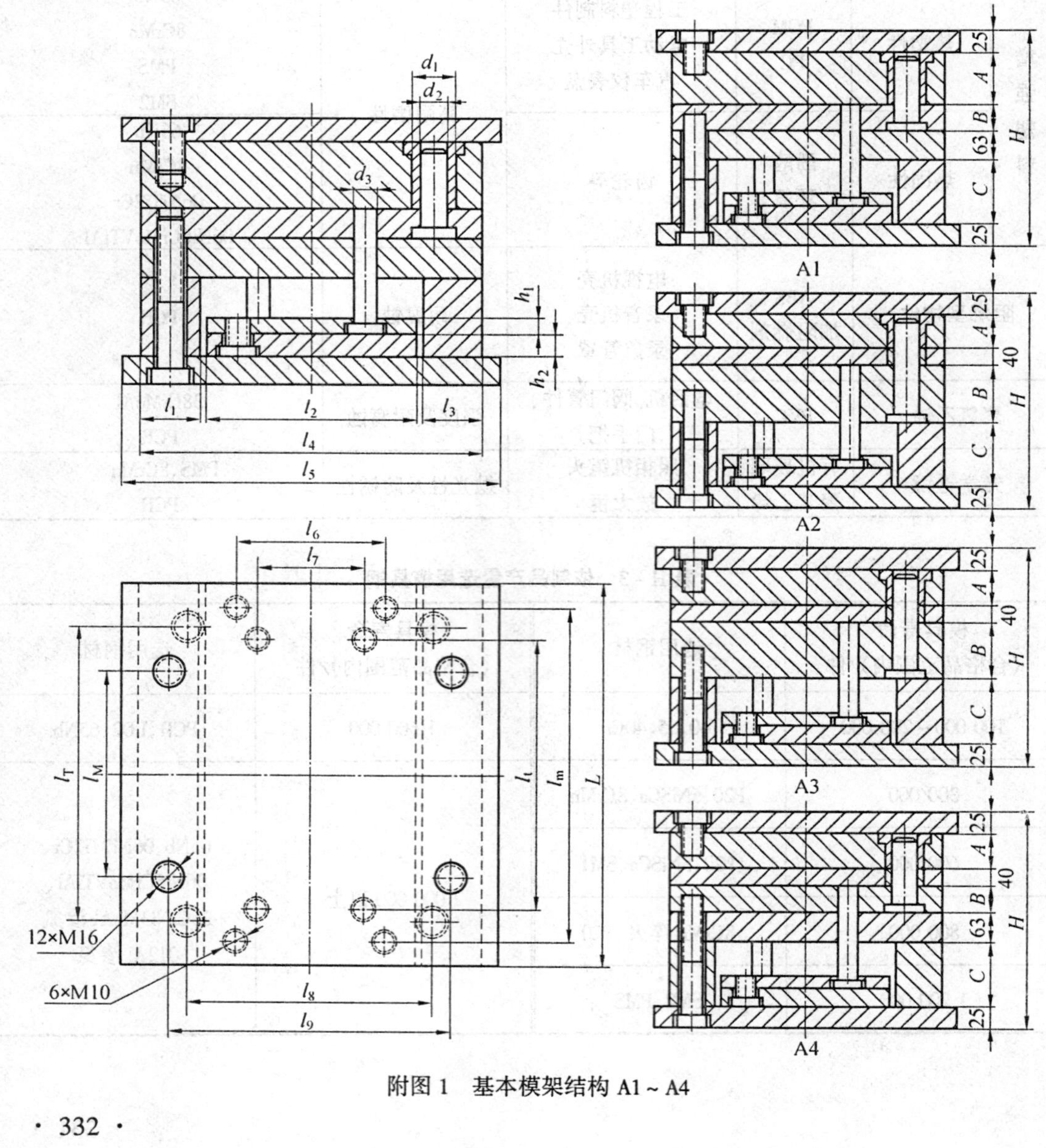

附图 1 基本模架结构 A1~A4

表 I-1　125 × *L* 模架

d_1	d_2	d_3	h_1	h_2	h_3	l_1	l_2	l_3	l_4	l_5	l_6	l_7	l_8	l_9
18	12	8	12.5	16	2	25	73	25	125	180	60	40	95	100

L	l_t	l_T	l_M	l_m
125	95	100	60	112
160	130	135	95	147
200	170	175	135	187

编号	模板		垫块	A1	A2	A3	A4
	A	*B*	*C*	*H*			
01	12.5	12.5	40	32 + *A* + *B* + *C*	57 + *A* + *B* + *C*	44.5 + *A* + *B* + *C*	69.5 + *A* + *B* + *C*
02		16					
03		20					
04		25	50				
05		32					
06		40					
07		50	63				
08		63					
09	16	12.5	40				
10		16					
11		20					
12		25	50				
13		32					
14		40					
15		50	63				
16		63					
17	20	12.5	40				
18		16					
19		20					
20		25	50				
21		32					
22		40					
23		50	63				
24		63					
25	25	12.5	40				
26		16					
27		20					
28		25	50				
29		32					
30		40					
31		50	63				
32		63					

编号	模板		垫块	A1	A2	A3	A4
	A	*B*	*C*	*H*			
33	32	12.5	40	32 + *A* + *B* + *C*	57 + *A* + *B* + *C*	44.5 + *A* + *B* + *C*	69.5 + *A* + *B* + *C*
34		16					
35		20					
36		25	50				
37		32					
38		40					
39		50	63				
40		63					
41	40	12.5	40				
42		16					
43		20					
44		25	50				
45		32					
46		40					
47		50	63				
48		63					
49	50	12.5	50				
50		16					
51		20					
52		25					
53		32	63				
54		40					
55		50					
56		63					
57	63	12.5	50				
58		16					
59		20					
60		25					
61		32	63				
62		40					
63		50					
64		63					

表 I-2　180×*L* 模架

d_1	d_2	d_3	h_1	h_2	h_3	l_1	l_2	l_3	l_4	l_5	l_6	l_7	l_8	l_9
24	16	10	12.5	16	2	32	114	32	180	250	100	80	142	148

L	l_t	l_T	l_M	l_m
200	162	166	114	186
250	212	216	164	236
315	277	281	229	301

编号	模板		垫块	A1	A2	A3	A4
	A	*B*	*C*	*H*			
01		20					
02		25	50				
03		32					
04	20	40	63				
05		50					
06		63	80				
07		80					
08		20					
09		25	50				
01		32					
11	25	40	63				
12		50		50+*A*+*B*+*C*	82+*A*+*B*+*C*	70+*A*+*B*+*C*	102+*A*+*B*+*C*
13		63	80				
14		80					
15		20					
16		25	50				
17		32					
18	32	40	63				
19		50					
20		63	80				
21		80					
22		20					
23		25	50				
24	40	32					
25		40	63				

编号	模板		垫块	A1	A2	A3	A4
	A	*B*	*C*	*H*			
26		50	63				
27	40	63	80				
28		80					
29		20					
30		25	63				
31		32					
32	50	40					
33		50	80				
34		63					
35		80					
36		20					
37		25	63	50+*A*+*B*+*C*	82+*A*+*B*+*C*	70+*A*+*B*+*C*	102+*A*+*B*+*C*
38		32					
39	63	40					
40		50	80				
41		63					
42		80					
43		20					
44		25	63				
45		32					
46	80	40					
47		50					
48		63	80				
49		80					

表 I－3　250×L(1)模架

d_1	d_2	d_3	h_1	h_2	h_3	l_1	l_2	l_3	l_4	l_5	l_6	l_7	l_8	l_9
35	25	16	16	20	2	50	148	50	250	315	132	108	194	200

L	l_t	l_T	l_M	l_m
250	194	210	128	234
315	259	225	193	299
355	299	315	233	339
400	344	360	278	384

编号	模板		垫块	A1	A2	A3	A4	编号	模板		垫块	A1	A2	A3	A4
	A	B	C	H					A	B	C	H			
01	20	20	50	50 + A + B + C	90 + A + B + C	75 + A + B + C	115 + A + B + C	33	50	20	63	50 + A + B + C	90 + A + B + C	75 + A + B + C	115 + A + B + C
02		25						34		25					
03		32	63					35		32					
04		40						36		40					
05		50						37		50	80				
06		63	80					38		63					
07		80						39		80					
08		100						40		100					
09	25	20	50					41	63	20	63				
10		25						42		25					
11		32	63					43		32					
12		40						44		40					
13		50						45		50	80				
14		63	80					46		63					
15		80						47		80					
16		100						48		100					
17	32	20	63					49	80	20	63				
18		25						50		25					
19		32						51		32					
20		40						52		40					
21		50	80					53		50	80				
22		63						54		63					
23		80						55		80					
24		100						56		100					
25	40	20	63					57	100	20	63				
26		25						58		25					
27		32						59		32					
28		40						60		40					
29		50	80					61		50	80				
30		63						62		63					
31		80						63		80					
32		100						64		100					

注：L = 400 mm 时，螺钉 M12 mm 用 12 只。

表 I－4　450×L(1)模架

d_1	d_2	d_3	h_1	h_2	h_3	l_1	l_2	l_3	l_4	l_5	l_6	l_7	l_8	l_9
50	40	25	25	32	2	80	285	80	450	500	264	240	364	370

L	l_t	l_T	l_M	l_m
450	364	380	270	428
500	414	430	320	478
560	474	490	380	538

编号	模板 A	模板 B	垫块 C	A1 H	A2 H	A3 H	A4 H
01	32	32	80	80 + A + B + C	143 + A + B + C	120 + A + B + C	183 + A + B + C
02		40					
03		50	100				
04		63					
05		80					
06		100	125				
07		125					
08		160					
09	40	32	80				
01		40					
11		50	100				
12		63					
13		80					
14		100					
15		125	125				
16		160					
17	50	32	80				
18		40					
19		50	100				
20		63					
21		80					
22		100	125				
23		125					
24		160					
25	63	32	100				
26		40					
27		50					
28		63	125				
29		80					
30		100					
31		125	160				
32		160					

编号	模板 A	模板 B	垫块 C	A1 H	A2 H	A3 H	A4 H
33	80	32	100	80 + A + B + C	143 + A + B + C	120 + A + B + C	183 + A + B + C
34		40					
35		50					
36		63	125				
37		80					
38		100					
39		125	160				
40		160					
41	100	32	100				
42		40					
43		50					
44		63	125				
45		80					
46		100					
47		125	160				
48		160					
49	125	32	100				
50		40					
51		50					
52		63	125				
53		80					
54		100					
55		125	160				
56		160					
57	1603	32	100				
58		40					
59		50					
60		63	125				
61		80					
62		100					
63		125	160				
64		160					

参考文献

[1] 李松江.模具制造技术与发展趋势[J].模具制造,2006(7):3-6.
[2] 陈志明,张海鸥,王桂兰.我国模具工业的现状与发展[J].锻压技术,2004(5):1-4.
[3] 刘向阳,屈平.我国模具工业发展现状[J].世界制造技术与装备市场,2004(2):58-60.
[4] 洪丽华,陈永禄.中国模具工业现状和模具技术发展趋势[J].机电技术,2007(2):97-99.
[5] 黄荣学,范洪远.我国模具工业发展概述及展望[J].机械工程师,2007(5):13-15.
[6] 郑涌.模具行业现状及其发展趋势[J].科技信息,2007(4):64-65.
[7] 屈伟平.我国模具制造业发展现状、存在的问题及对策[J].模具技术,2006(5):59-63.
[8] 曹宏深,赵仲治.塑料成型工艺与模具设计[M].北京:机械工业出版社,1993.
[9] 屈华昌.塑料成型工艺与模具设计[M].北京:机械工业出版社,2005.
[10] 齐晓杰.塑料成型工艺与模具设计[M].北京:机械工业出版社,2006.
[11] 王孝培.塑料成型工艺与模具设计[M].北京:机械工业出版社,2000.
[12] 许健南.塑料材料[M].北京:中国化工出版社,1999.
[13] 周达飞,唐颂超.高分子材料成型加工[M].北京:中国轻工业出版社,2000.
[14] 王贵恒.高分子材料成型加工原理[M].北京:化学工业出版社,1982.
[15] 孙连捷,等.安全科学技术百科全书[M].北京:中国劳动社会保障出版社,2003.
[16] 王卫卫.金属与塑料成形设备[M].北京:机械工业出版社,1996.
[17] 翟华嶂,李建保,黄勇.塑料挤出成型工艺[J].技术与装备,2006(2):18-20.
[18] 张春吉,唐跃,张惠敏.塑料挤出成型发展概况[J].工程塑料应用,2004,32(2):67-70.
[19] 高峰,李海梅,申长雨.塑料管材和板材的挤出成型[J].工程塑料应用,2003(7):8-13.
[20] 高峰,李海梅,申长雨.挤出成型发展现状[J].工程塑料应用,2003,31(6):52-55.
[21] 申长雨,陈静波,刘春太,等.塑料挤出成型加工设备[J].工程塑料应用,1999,27(11):28-33.
[22] 冯爱新.塑料成型技术[M].北京:化学工业出版社,2004.
[23] 屈华昌.塑料成型工艺与模具设计[M].北京:高等教育出版社,2001.
[24] 马金骏.塑料模具设计[M].北京:中国科学技术出版社,1994.